Fl Ps Dw

网页设计与制作从新手到高手

(Dreamweaver CS6+Photoshop CS6

梁霞 编著

中国铁道出版社
CHINA RAILWAY PUBLISHING HOUSE

内容简介

本书全面系统地介绍了使用 Dreamweaver、Flash 与 Photoshop 进行网页设计与制作的各种知识和技巧。全书共分为 18 章，内容包括网页设计基础，使用 Dreamweaver 创建网页对象，灵活设置网页布局，使用 CSS 美化网页，制作动态交互网页，使用 Flash 绘图并制作网页动画，使用 Photoshop 处理网页图像等，最后通过一个完整的企业网站设计综合实例对所学知识进行综合运用并深入剖析。

本书适合网页设计初学者从零开始学习网页设计知识，也适合有一定基础的读者学习和掌握更多的网页设计实用技能，还可作为大中专院校相关专业或社会上网页制作培训班的参考用书。

图书在版编目（CIP）数据

网页设计与制作从新手到高手：Dreamweaver CS6+Photoshop CS6+Flash CS6 / 梁霞编著. —北京：中国铁道出版社，2014.1

ISBN 978-7-113-17367-8

Ⅰ. ①网… Ⅱ. ①梁… Ⅲ. ①网页制作工具 Ⅳ. ①TP393.092

中国版本图书馆 CIP 数据核字(2013)第 223214 号

书　　名：网页设计与制作从新手到高手（Dreamweaver CS6+Photoshop CS6+Flash CS6）
作　　者：梁霞　编著

策　　划：苏　茜　　读者热线电话：010-63560056
责任编辑：吴媛媛　　编辑助理：吴伟丽
责任印制：赵星辰　　封面设计：多宝格

出版发行：中国铁道出版社（北京市西城区右安门西街 8 号　　邮政编码：100054）
印　　刷：三河市华丰印刷厂
版　　次：2014 年 1 月第 1 版　　2014 年 1 月第 1 次印刷
开　　本：787mm×1 092mm　1/16　印张：25.75　字数：598 千
书　　号：ISBN 978-7-113-17367-8
定　　价：49.00 元（附赠光盘）

致读者朋友

您是否厌倦了千篇一律的网页制作图书？想阅读一看就懂的网页设计与制作图书而无处找寻？希望自己能够轻松、快乐地学会操作，成为网页制作高手？本书能够精细、准确地抓住您的需求点，提高您的网页制作水平，是您不可或缺的好帮手！

本书综述

本书以“基本操作＋应用技巧＋实战案例”的教学方式，从初学者的实际需求出发，以通俗易懂的语言、精挑细选的应用技巧、翔实生动的操作案例，全面介绍了使用Dreamweaver、Flash与Photoshop进行网页设计与制作的基本方法、疑难问题与操作技巧。本书提供了一整套权威、专业的学习解决方案，使读者的学习过程更加轻松、高效，真正做到即学即用、融会贯通，迅速完成从入门新手到行家里手的根本转变。

内容导读

特色展示

特色1

从零开始，循序渐进——无论读者是否从事电脑相关行业的工作，都能从本书中找到最佳的学习起点，循序渐进地完成学习过程。

特色2

紧贴实际，案例教学——本书内容均紧密结合实际需求，以典型案例为主线，在此基础上适当扩展知识点，真正实现学以致用。

特色3

☑ **精美排版，图文并茂**——排版美观、大方，所有实例每步操作均配有插图和注释，能直观、清晰地查看实际操作过程和操作效果。

☑ **单双混排，超大容量**——采用单、双栏混排的形式，大大扩充了信息容量，在有限的篇幅中为读者奉送了更多的知识和实战案例。

特色4

特色5

☑ **独家秘技，扩展学习**——通过“高手点拨”、“多学点”和“小提示”等版块形式为读者指点迷津，拓展知识面，多方位完全掌握。

☑ **书盘结合，互动教学**——在多媒体光盘中，通过视频帮助读者体验实际应用环境，使读者全面掌握操作技能，提升实际运用能力。

特色6

光盘说明

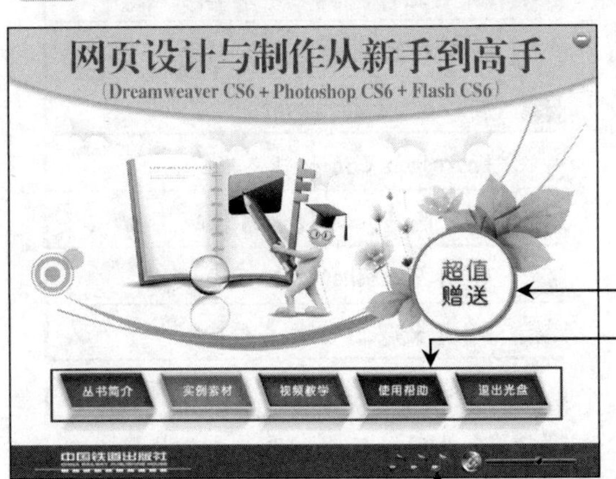

图 1 光盘主界面

①运行光盘。将光盘放入光驱中，光盘会自动运行。光盘运行后先播放一段片头动画然后进入光盘主界面。

单击此按钮，即可查看超值光盘赠送资源

光盘主功能区，单击相应按钮即可

背景音乐控制区，可选择背景音乐，调节音量

②进入二级视频界面。根据自己的学习需要，双击其中的视频文件，即可播放多媒体教学视频。

光盘章节内容选择区

多媒体教学视频列表选择区

单击此按钮，返回上一级界面

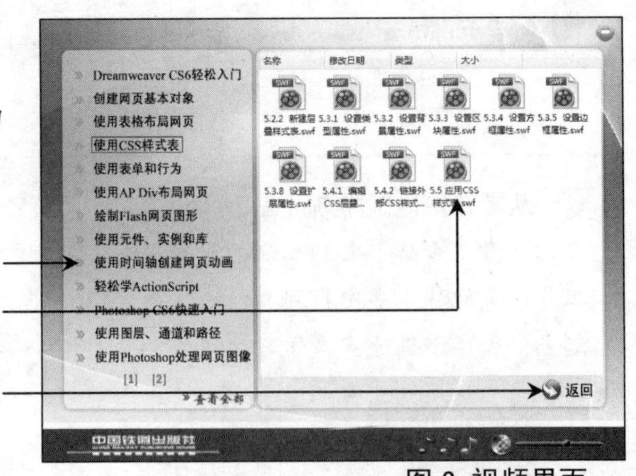

图 2 视频界面

如何阅读本书

由于本书采用了最新颖、最详细的讲解方法，因此特别针对如何阅读本书进行简要说明。首先建议您按照目录顺序进行学习，书中要点导航是您重点学习的主线；其次，建议您在学习中尽可能多地观看光盘中的教学视频，绝对可以起到事半功倍的效果；最后您可以根据学习情况阅读“高手点拨”、“多学点”等特色栏目，让学习变得更加轻松！

精品图书+多媒体演示+超值赠品=您的最佳选择

入门→提高→精通→实战，让您从新手变成高手！

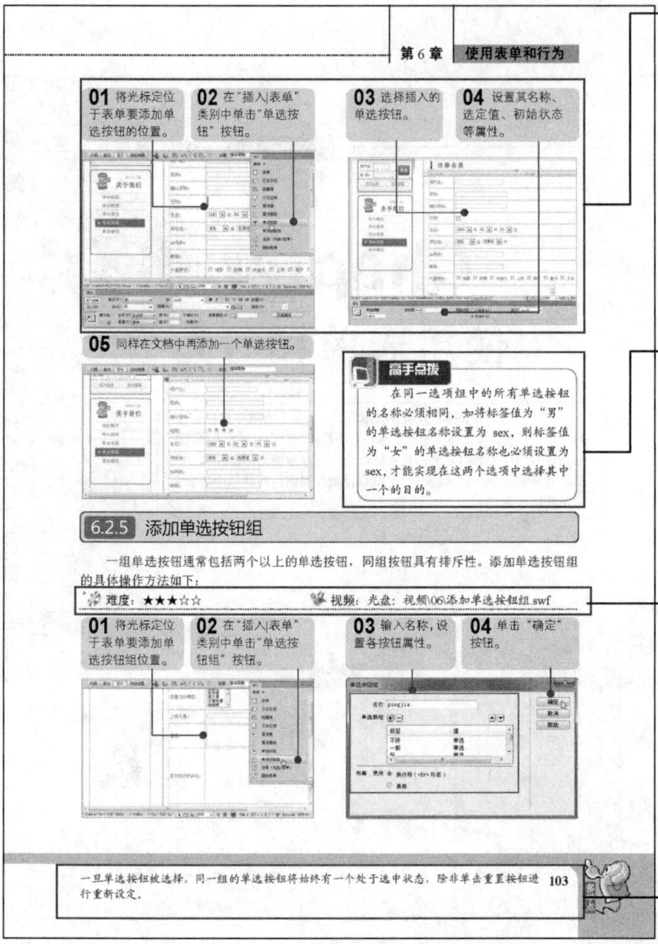

第6章 使用表单和行为

01 将光标定位于表单要添加单选按钮的位置。

02 在"插入表单"类别中单击"单选按钮"按钮。

03 选择插入的单选按钮。

04 设置其名称、选定值、初始状态等属性。

05 同样在文档中再添加一个单选按钮。

高手点拨

在同一选项组中的所有单选按钮的名称必须相同，如将标签值为"男"的单选按钮名称设置为 sex，则标签值为"女"的单选按钮名称也必须设置为 sex，才能实现在这两个选项中选择其中一个的目的。

6.2.5 添加单选按钮组

一组单选按钮通常包括两个以上的单选按钮，同组按钮具有排斥性。添加单选按钮组的具体操作方法如下：

难度：★★★☆☆ 视频：光盘：视频\06\添加单选按钮组.swf

01 将光标定位于表单要添加单选按钮组位置。

02 在"插入表单"类别中单击"单选按钮组"按钮。

03 输入名称，设置各按钮属性。

04 单击"确定"按钮。

一旦单选按钮被选择，同一组的单选按钮将始终有一个处于选中状态，除非单击重置按钮进行重新设定。 103

分步图解

详细分步讲解了本实例的操作方法，并用指示线明确注明操作位置

高手点拨

讲解初学者经常犯的错误或需要重点注意的问题，让您的学习不走弯路

素材路径

注明了本实例所用素材文件在本书光盘中的路径位置

拓展提示

特别设置"多学点"和"小提示"板块，对正文知识进行补充或提升

网上解疑

如果读者在使用本书的过程中遇到问题或者有好的意见和建议，可以通过 QQ 或邮箱联系我们，我们将竭诚为您提供服务！

QQ:843688388

jtbooks@126.com

第 1 章 从零开始学网页设计

在制作网页之前，需要对网页设计有一个全面的了解和认识。本章首先介绍网页的基本概念及构成要素，帮助读者理解网页的特点与结构；然后学习网站建设的基本流程，了解网站是如何从无到有的；最后告诉大家，网页版式与风格设计是建设一个成功网站的关键，学习基本的规律有助于设计出更美观、更实用的网站。

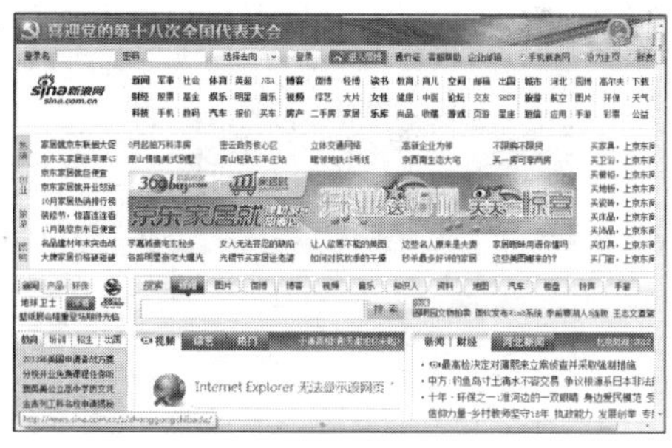

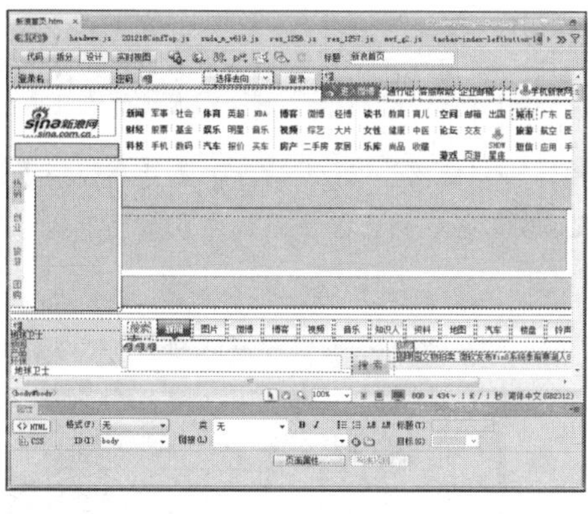

第 2 章 Dreamweaver CS6 轻松入门

Dreamweaver CS6 是一款专业的网页制作软件，它将可视布局工具、应用程序开发功能和代码编辑支持组合在一起，功能强大，使各个层次的开发人员和设计人员都能够快速创建界面吸引力的基于标准的网站和应用程序。本章将引领读者初步认识 Dreamweaver CS6。

第 3 章 创建网页基本对象

在网页中会包含各种各样的元素，如文本、图像、超链接、Flash 动画、声音和视频等，每一种元素都有其他元素无法替代的优势。本章将根据实际应用的需要介绍如何在网页中插入各种网页元素。

第4章 使用表格布局网页

若要制作一个既美观又能充分利用有限空间的网页，就需要对网页的版面进行合理的布局。Dreamweaver CS6 提供了多种强大的页面布局工具，本章将学习如何使用表格布局网页。

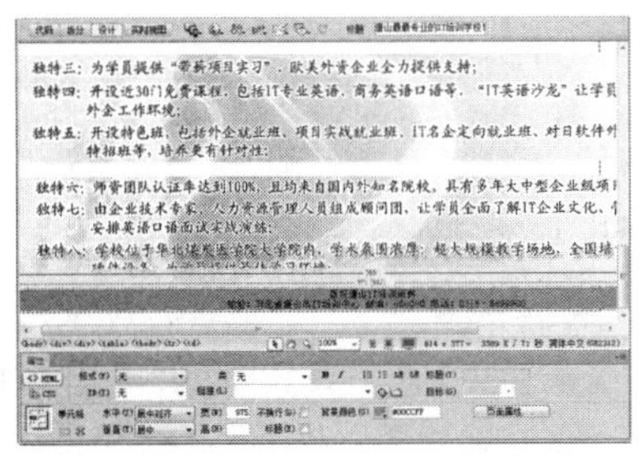

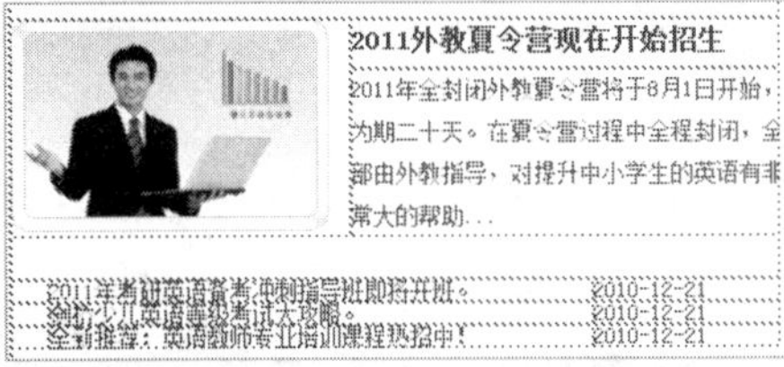

第5章 使用CSS样式表

CSS 样式表是网页制作中一个不可或缺的重要工具，需要使用 CSS 样式表来表现和控制网页的外观，以便在不同的浏览器环境中均可正常显示。本章将详细介绍 CSS 的基本概念，以及如何通过 CSS 控制网页元素，如文字外观、背景设置和元素定位等。

第 6 章 使用表单和行为

表单主要用于帮助服务器从客户端收集信息，如收集用户资料、获取用户订单，也可以实现搜索接口，因此表单是 Internet 用户同服务器进行信息交流的重要工具。使用行为可以为网页对象添加一些动态效果和简单的交互功能。本章将详细介绍如何在网页中创建表单及添加行为。

第7章 使用AP Div布局网页

AP Div（也称为层）是网页布局的容器，AP Div中可以包含文本、图形图像、动画、音频、视频、表格等可以放置到HTML中的元素，甚至可以在AP Div内嵌入AP Div。本章将详细介绍如何使用AP Div布局网页，读者需要熟练掌握。

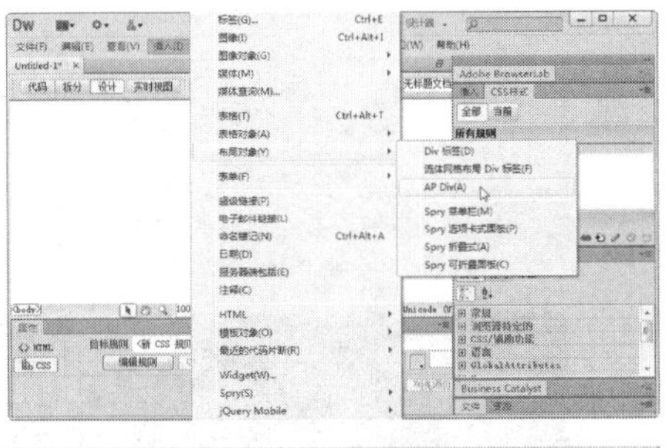

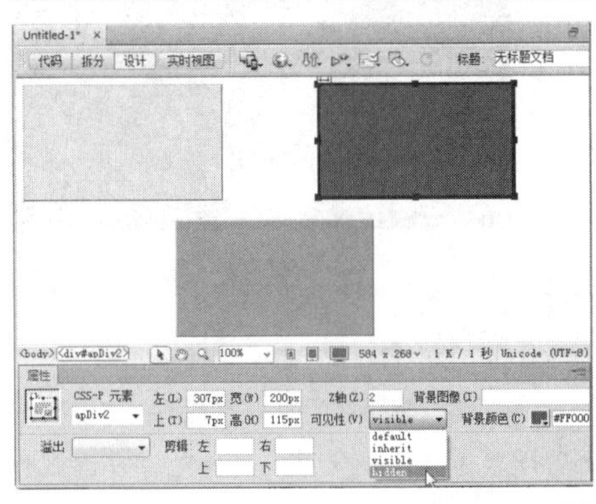

第8章 Flash CS6轻松入门

Flash作为网页设计中重要工具之一，在制作网页动画方面具有无可替代的功能。通过它可以制作各种网页动画，如广告、宣传片、MTV……甚至是全Flash动画网页。随着Flash功能的扩展与强大，它与其他软件的结合性也越来越好。本章将引领读者快速掌握Flash的入门操作知识。

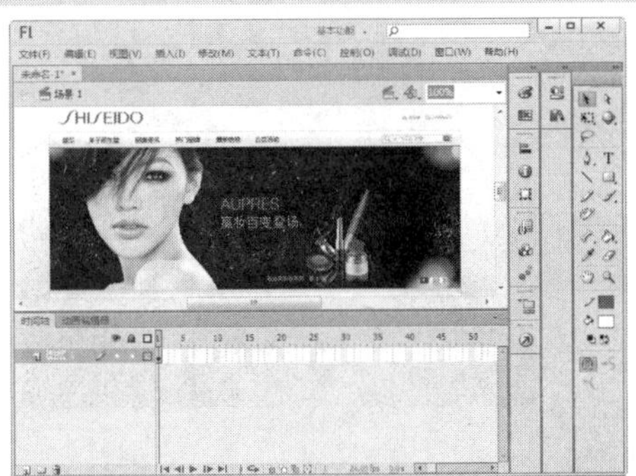

第 9 章 绘制 Flash 网页图形

在 Flash CS6 中能够绘制出各种精美的矢量图形，这是制作动画的重要基础。本章将详细介绍如何使用绘图工具，如何绘制与编辑图形对象等知识。

第 10 章 使用元件、实例和库

元件和实例是构成一部影片的基本元素，动画设计者通过综合使用不同的元件可以制作出丰富多彩的动画效果。在“库”面板中可以对文档中的图像、声音与视频等资源进行统一管理，以便在制作动画的过程中使用。

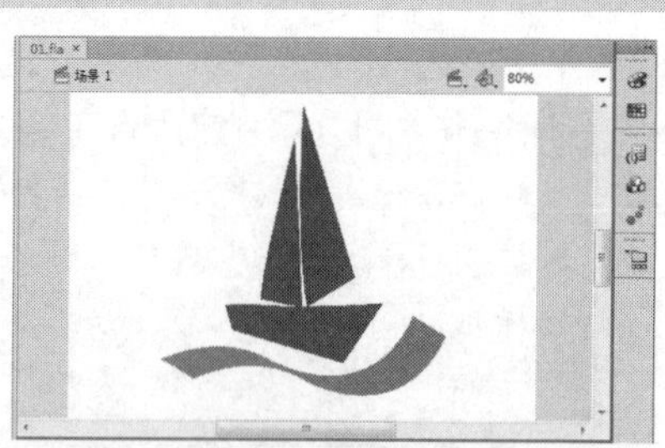

第 11 章　使用时间轴创建网页动画

时间轴是动画的重要载体，也是控制动画播放的编辑器。无论是什么类型的动画都离不开时间轴，本章将重点介绍如何利用时间轴制作各种类型的动画，如逐帧动画、补间动画、形状补间动画、引导层动画和遮罩动画等。

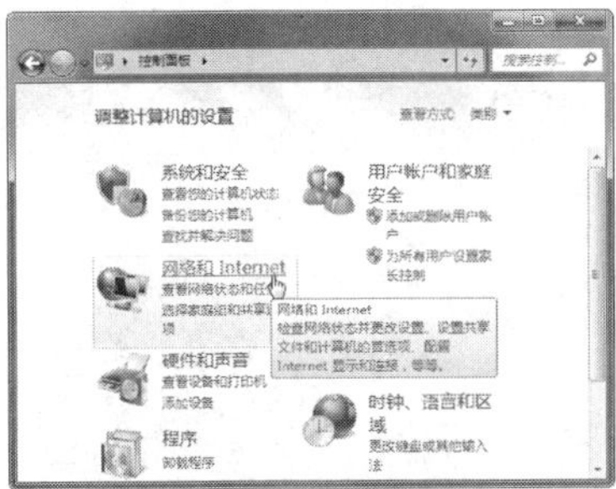

第 12 章　轻松学 ActionScript

ActionScript 是 Flash 中的脚本编写语言。使用 ActionScript 可以让应用程序以非线性方式播放，并添加无法在时间轴表示的有趣或复杂的功能。本章将介绍 ActionScript 语言的基础知识，主要包括如何使用“动作”面板、ActionScript 语法等。

第 13 章 Photoshop CS6 快速入门

由于网页中图像的大量使用，Photoshop 作为一款便利、专业的图像处理软件，它在网页制作中的作用不言而喻。Photoshop CS6 与其他软件的强大组合，已经成为现在网页制作的必备工具之一。本章将详细介绍 Photoshop CS6 软件应用的入门知识。

第 14 章 使用图层、通道和路径

在利用 Photoshop 绘制或处理网页图像时，图层、通道和路径是经常用到的功能，也是所有图像处理、效果制作中必不可少的功能。本章将详细介绍如何在 Photoshop CS6 中使用图层、通道和路径等知识。

第15章 使用Photoshop处理网页图像

应用于网页中的图像几乎都需要经过处理，在表现出设计者的意图后才会应用于网页中。大多数情况下，首先会先选择一幅原始图像，然后根据需要进行适当的修改或修饰。本章将详细介绍如何利用Photoshop CS6处理网页图像。

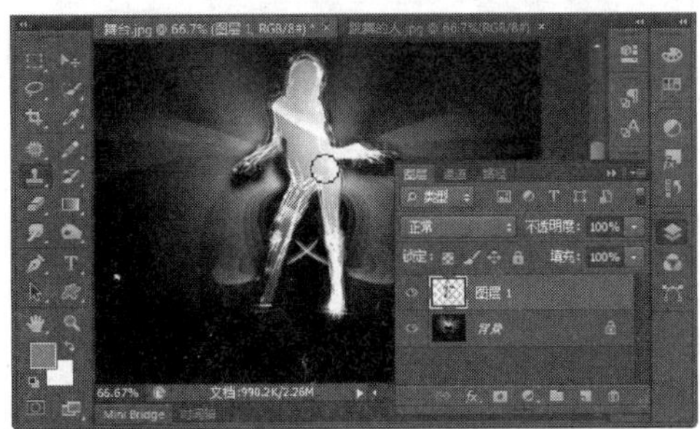

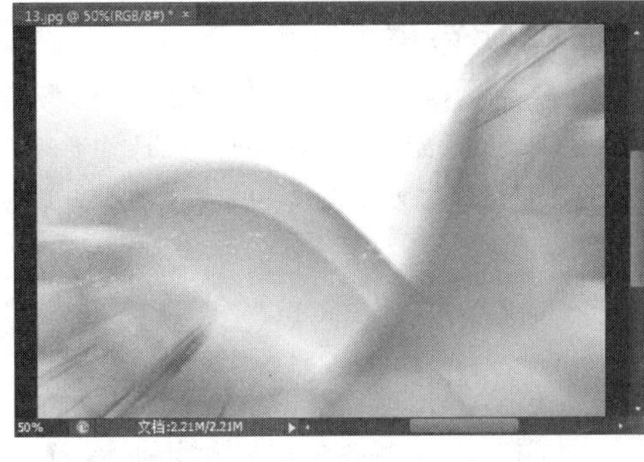

第16章 网页效果图切片与输出

网页效果图设计完成后，还需要将其切割为HTML需要的图形。切图是网页设计中非常重要的一环，合理的切图不仅有利于加快网页的下载速度，还可以针对不同用途对图片进行压缩。本章将详细介绍网页效果图切片与输出知识。

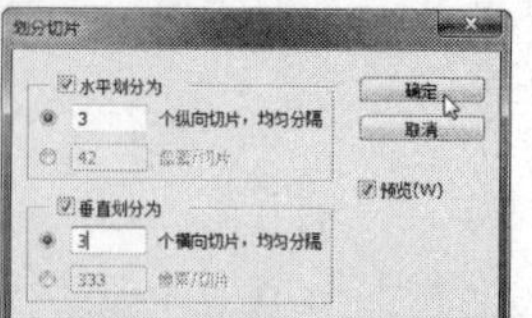

第 17 章 使用 Photoshop CS6 制作网页特效

Photoshop 在网页图像制作和处理方面的功能非常强大。本章将详细介绍如何利用 Photoshop CS6 制作特效文字、按钮和网页横幅等。通过本章的学习，读者要学会融会贯通，举一反三。

第 18 章 企业网站设计综合案例

本章将为读者展示完整的网站规划设计过程，从前期策划，到在 Photoshop 中设计首页的视觉稿，再到在 Dreamweaver 中制作成网页的整个过程。通过学习本章内容，读者能够全面掌握网页设计的流程和方法。

预计学习时间 60 分钟

Chapter 01

从零开始学网页设计

在制作网页之前，需要对网页设计有一个全面的了解和认识。本章首先介绍网页的基本概念及构成要素，帮助读者理解网页的特点与结构；然后学习网站建设的基本流程，了解网站是如何从无到有的；最后告诉大家，网页版式与风格设计是建设一个成功网站的关键，学习基本的规律有助于设计出更美观、更实用的网站。

要点导航

- 网页制作基础知识
- 网页设计原则
- 网页常用页面结构
- 网站制作流程
- 网页设计的发展趋势

重点图例

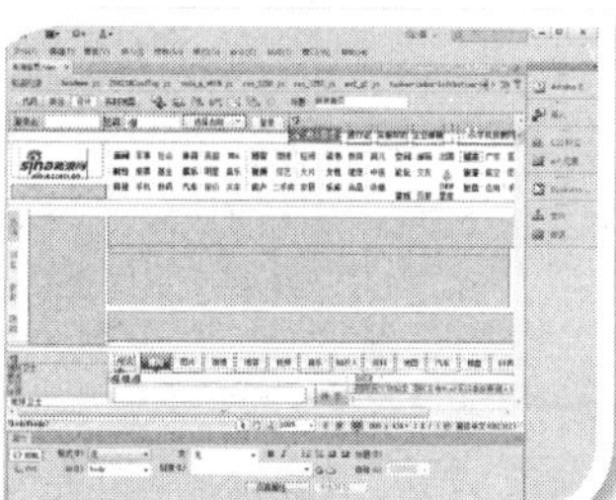

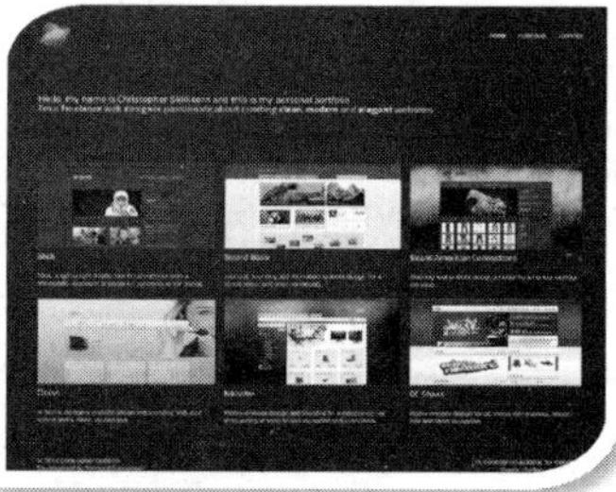

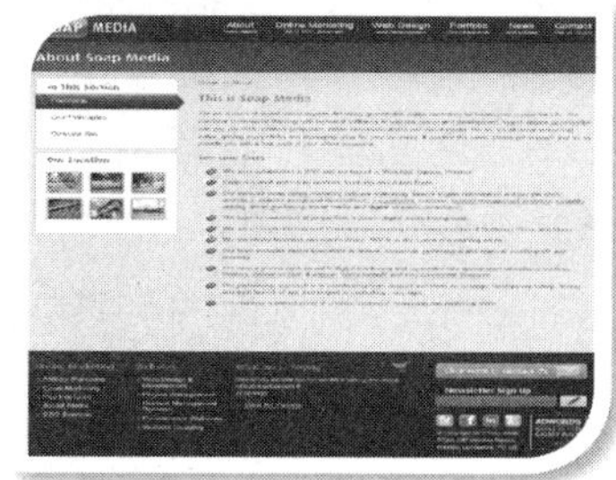

1.1 网页制作基础知识

网页凭借精美的页面、丰富的信息、便捷的获取方法吸引着越来越多的用户。下面将简要介绍网页及其相关概念，以帮助读者快速了解网页制作的内容和要素等知识。

1.1.1 网页、网站和主页

在学习网页设计与制作之前，首先要了解什么是网页、网站和主页，以及它们三者之间的相互关系。

1. 网页与网站

网页（Web Page）实际上是一个文件，网页中可以有文字、图像、声音及视频信息等。网页经由网址（URL）来识别与存取。当浏览者输入一个网址或单击某个链接时，在浏览器中显示出来的就是一个网页。每一个网页都是用 HTML（超文本置标语言）代码编写的文件。如下图所示分别为正常显示的网页与编辑状态中的网页。

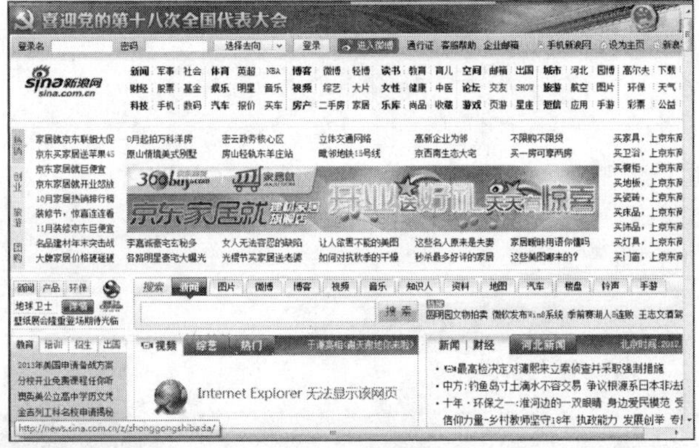

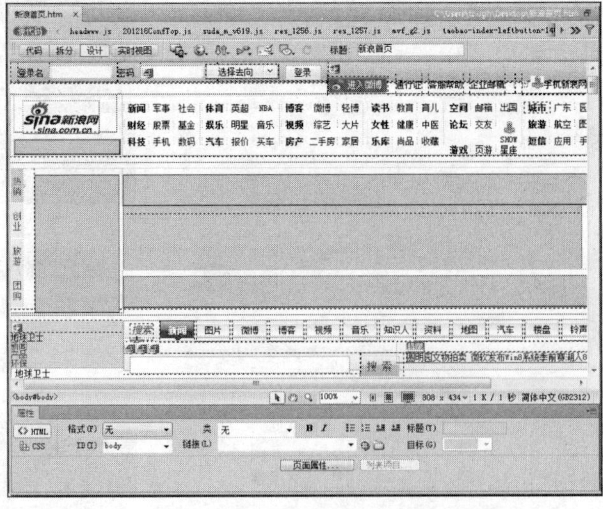

小提示

网页是 Internet 的基本信息单位，一般网页上都包含文本和图片等信息，而复杂的网页上还会有声音、视频和动画等多媒体内容。

网站是由许多个信息类型相同的网页组成的一个整体，各个网页之间通过超链接的方式连接在一起，它们之间可以相互访问。同时，网站之间又以不同的方式相互链接，构成一个庞大的网络体系，最终实现了更多信息的共享与交流。国内知名的网站有百度、搜狐、新浪和腾讯等。

2. 主页

在构成网站的众多网页中，有一个页面比较特殊，称为主页（Home Page）。主页是一个单独的网页，和一般网页一样可以存放各种信息；同时又是一个特殊的网页，即作为整个网站的起始点和汇总点。例如，当浏览者输入网址 www.163.com 后出现的第一个页面，即网易网站的主页，如下图所示。浏览者可以根据主页的导航进入其他页面，了解更多的内容。

首页和主页的区别如下：通常网站为了方便浏览者查找和分类浏览网站的信息，会将信息进行分类，并建立一个网页，以放置网站信息的目录，即网站的主页。并非所有的网站都将主页设置为首页，有的网站会在首页放置一段进入页面的动画，并将主页的链接放置在首页上，浏览者需要单击首页的超链接进入主页。

3. 网页的分类

按照网页的形式，可以将网页分为静态网页和动态网页。

静态网页就是只有 HTML 标记而没有程序代码的网页文件，其扩展名为.htm 或.html。静态网页工作原理如下图（左）所示。

动态网页是指不仅含有 HTML 标记，且含有程序代码的网页文件。动态网页常用的程序设计语言有 ASP.NET、JSP、PHP、ASP 等，其扩展名也不相同，一般是根据其程序设计语言来确定的，如 ASP 文件的扩展名为.asp。动态网页的工作原理如下图（右）所示。

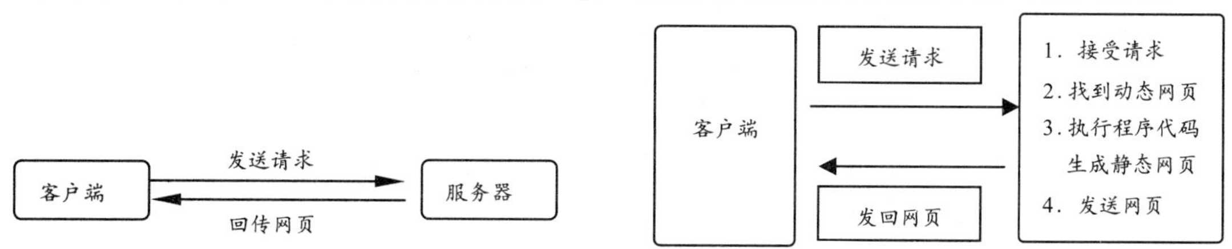

4. 网页的风格

网页风格在网页设计中非常重要，它是网页的魅力所在，也是设计者人格魅力的体现和企业文化的展示。例如：

在地址栏里经常会看到有一些网址特别长，而且还带有“?”，这样的链接一般是动态链接，其所对应的页面就是动态页面。

◎ 资讯类站点，如新浪、搜狐、网易等站点为访问者提供大量的信息，而且访问量较大，因此在设计时需注意页面结构的合理性、界面的亲和力等问题。如下图所示为搜狐网站首页。

◎ 资讯和形象相结合的网站，如一些大公司、高校等。在设计这类网站时，既要保证具有资讯类网站的性质，同时又要突出企业、单位的形象。如下图所示为中国银行网站首页。

◎ 形象类网站，如一些中小型公司或单位的网站。这类网站一般较小，功能也较为简单，设计时应将突出企业形象作为重点。如下图所示为某传媒公司网站首页。

5. 网页设计的意义

在学习网页设计前，需要先了解网页设计的意义或作用，以便提高其对网页设计的兴趣与积极性。

◎ 多功能网络社区的出现使虚拟空间像物理空间一样实实在在地成为人们生活的一部分，人们的生活逐渐由现实世界转向虚拟世界，而所有这些功能都是以一个个网页的形

小提示

在网页设计中，网页风格与色系、排版、窗口、程序、特效、架构、内容和走向等都有一定的关联。

式来实现的。如下图所示为天涯虚拟社区页面。

◎ 了解商家信息，完成购物消费，网站已经成为商务活动自由翱翔的空间。企业网站可以宣传自己的产品，政府网站可以增加政府工作的透明度，学校网站可以让考生及家长更好地了解学校状况。如下图所示为用于网上购物的京东商城首页。

◎ 网页也是一种时尚、一种自我展示的需求。在网络上无论你是知名人士，还是名不见经传的普通百姓，只要你的网页制作得漂亮，就会得到赞赏，成为关注的对象。如下图所示的网页就充分展现出了自己的个性。

网页设计的工作目标是通过使用更合理的颜色、字体、图片、样式进行页面设计美化，在功能限定的情况下，尽可能给予用户完美的视觉体验。

1.1.2 网页的基本功能元素

Internet 中的网页由于涉及内容和制作方法的差别而千变万化，但通常由几大版块组成，它们分别是网站 Logo、导航条、横幅、内容版块和版尾或版权版块等，下面将分别进行介绍。

1. 网站 Logo

网站 Logo 是指网站的标志、标识。成功的网站 Logo 有着独特的形象标识，在网站的推广和宣传中将起到事半功倍的效果。一个设计优秀的 Logo 可以给浏览者留下深刻的印象，为网站和企业形象的宣传起到十分重要的作用。设计制作的网站 Logo 应能体现该网站的特色和内容，以及其内在的文化内涵和理念。

网站 Logo 一般在网站的左上角或其他醒目的位置。企业网站常常使用企业的标志或注册商标作为网站的 Logo。如下图所示为雅虎和中国天气网站的 Logo。

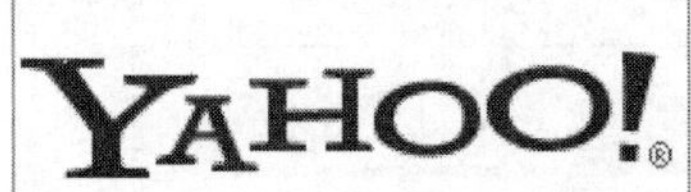

2. 导航条

导航条是网页设计中不可或缺的基础元素之一。导航条就如同一个网站的路标，有了它就不会在浏览网站时“迷路”。导航条链接着各个页面，只要单击其中的超链接就能进入相应的页面。

导航条的形式多种多样，其中包括文本导航条、图像导航条以及动画导航条等。导航栏一般放置在页面的醒目位置，让浏览者能在第一时间看到它。一般有 4 种常见的位置：页面的顶部、左侧、右侧和底部。

导航条设计的好坏决定着用户能否很方便地使用网站。导航条设计应直观明确，最大限度地为用户的使用考虑，尽可能使网页切换更加便捷。导航条的设计要符合整个网站的风格和要求，不同的网站会采用不同的导航方式，如下图所示。

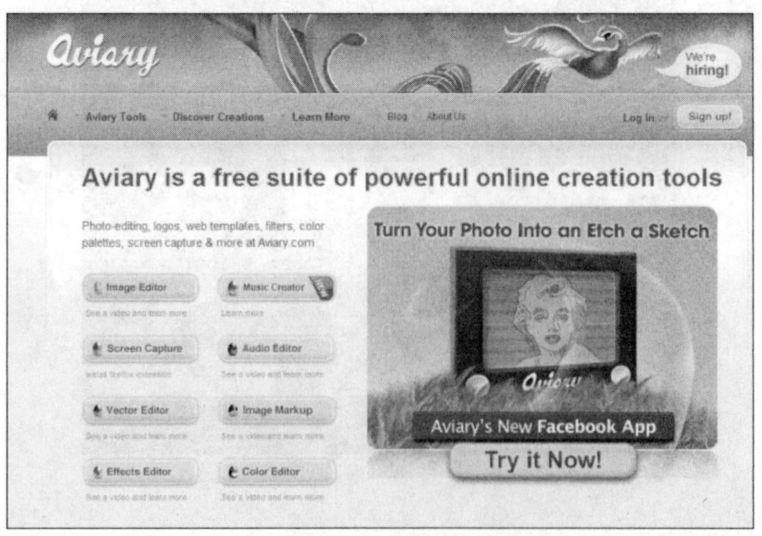

小提示

在二级网页中，页眉位置一般都留给 LOGO。另外，LOGO 往往被设计成为一种可以返回首页的超链接。

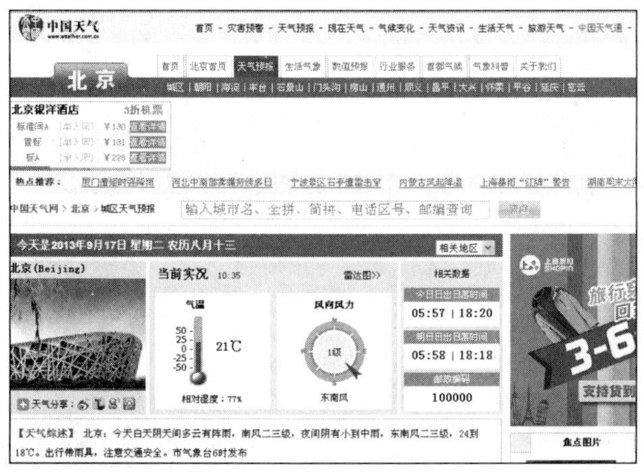

导航条设计应该遵循以下原则：

（1）让用户了解当前所处的位置；

（2）让用户能够根据走过的路径确定下一步的前进方向和路径；

（3）不要让用户浏览太多的页面才能找到需要的信息，应让其能够快速而简捷地找到所需的信息，并以最佳的路径到达这些信息页面；

（4）让用户使用网站遇到困难时能够寻求到解决困难的方法，找到最佳路径；

（5）让用户清楚地了解整个网站的结构概况，从而产生整体性感知。

3. 横幅

横幅（Banner）的内容通常为网页中的广告。在网页布局中，大部分网页将 Banner 放置在与导航条相邻处或其他醒目的位置，以吸引浏览者，如下图所示。

4. 内容版块

网页的内容版块是整个页面的组成部分。设计人员可以通过该页面的栏目要求来设计不同的版块，每个版块可以有一个标题内容，并且每个内容版块主要显示不同的文本信息，如下图所示。

网站 Banner 的常见尺寸是 480×60 像素或 233×30 像素，它使用 GIF 格式的图像文件，既可以使用静态图形，也可以使用动画图像。

多学点

5．版尾或版权版块

版尾，即页面最底端的版块。这部分位置通常放置网页的版权信息，以及网页所有者、设计者的联系方式等，如下图所示。有的网站也将网站的友情链接，以及一些附属的导航条放置在这里。

1.1.3 网页的基本组成元素

虽然网页种类繁多，形式内容各有不同，但网页的基本组成要素大体相同，包括文本、图片、超链接、动画、声音、视频、表格、表单和其他常见元素等。网页设计就是要将上述构成要素有机地整合，表现出美与和谐。

1．文本

文本是网页界面的主体，用于传达信息的主要元素，能准确地表达信息的内容和含义。文本传输速度快，而且网页中的文本可以设置其大小、颜色、段落和层次等属性，风格独特的网页文本设置会给浏览者以赏心悦目的感觉。

网页中的文本主要有标题、文字信息和文字链接等形式，如下图所示。

小提示：与图像相比，文字虽然不如图像那样易于吸引浏览者的注意，但能准确地表达信息的内容和含义。一个内容充实的网站，必然会使用大量的文本。

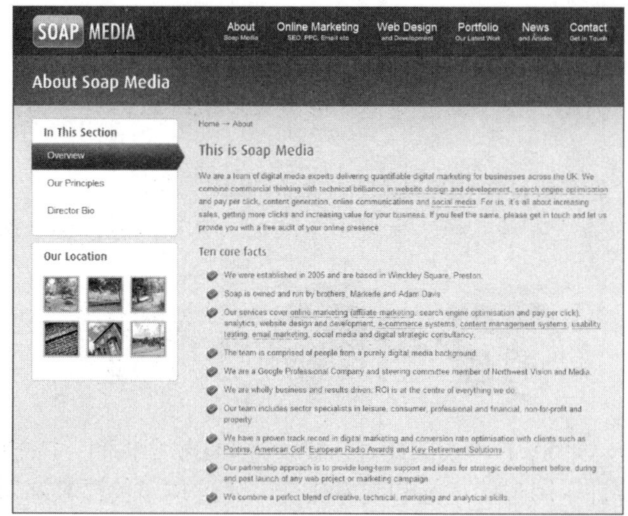

2. 图片

相对于文字来说，图片显得更加生动、直观，可以给人以较强的视觉冲击，因此使用图片可以使网页更加具有吸引力，如下图所示。网站 Logo、网页背景和链接等都可以使用图片。在网页设计中使用的图片格式主要包括 GIF、JPEG 和 PNG 等，其中使用最广泛的是 GIF 和 JPEG 两种格式。

3. 超链接

超链接在本质上属于一个网页的一部分，是一种允许用户同其他网页或站点之间进行链接的元素。超链接是指从一个网页指向一个目标的链接关系，这个目标可以是另一个网页，也可以是相同网页上的不同位置，还可以是一个图片、一个电子邮件地址、一个文件，甚至是一个应用程序。如右图所示为网页中的超链接。

新股聚焦　更多>>

- 新三板细则近期出台 加紧推出公司债案例
- 13新股发行市盈率过百 创业板解禁40天高管套现超6亿
- 2010年十大IPO超募全景扫描 资金被用于并购还贷买房
- 联想元老倪光南出山 其妻现身北京君正十大股东
- 国资委推央企整体上市 明年目标40家
- 凯美特资产评估缩水 1500万国资疑似流失
- 顺网科技上市4月即重组 或10亿收购竞争对手
- [商讯]大热商品低价销售，安心网购新浪先行

JPEG 文件的扩展名为.jpg 或.jpeg，是一种有损压缩格式，能够将图像压缩在很小的存储空间，图像中重复或不重要的资料会被丢失，因此容易损伤图像数据。

4．动画

动画具有很强的视觉冲击力，在网页中动画往往是第一视觉中心，在传达主要信息时动画是有效的手段。因此，为了更有效地吸引浏览者的注意，许多网站的广告都做成了动画的形式。

网页中的动画主要有两种：GIF 动画和 Flash 动画。其中：

（1）GIF 动画只有 256 种颜色，主要用于简单动画和图标，如下图所示。

（2）Flash 动画，即 SWF 格式的动画，是通过 Flash 制作的。Flash 动画采用矢量图形和流式播放技术，保证了图形的质量和观看速度。通过使用关键帧和图符使得所生成的动画（SWF）文件非常小，因此适合在网站中使用。如下图所示即为两幅 Flash 动画。

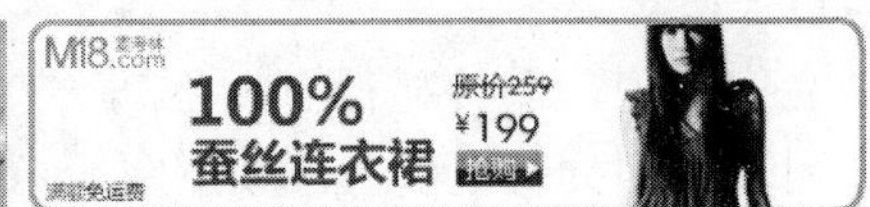

5．声音和视频

声音是多媒体网页的一个重要组成部分，用于网络的声音文件的格式非常多，常用的有 MIDI、WAV、MP3 和 AIF 等。很多浏览器不需要插件也可以支持 MIDI、WAV 和 AIF 格式文件的播放，而 MP3 和 RM 格式的声音文件则需要专门的浏览器进行播放。

6．表格

在网页中，表格用于控制网页中信息的布局方式。其中，包括两个方面：一是使用行和列的形式来布局文本和图像以及其他的列表化数据，二是可以使用表格来精确控制各种网页元素在网页中出现的位置。如下图所示的网页就是通过表格进行制作的。

小提示

随着 ActionScript 动态脚本编程语语的发展，Flash 已经不再局限于制作简单的交互动画程序，通过复杂的动态脚本编程可以制作出各种各样有趣、精彩的 Flash 动画。

7. 表单

网页中的表单通常用于接受用户在浏览器端的输入，然后将这些信息发送到网页设计者设置的目标端。这个目标可以是文本文件、Web 页、电子邮件，也可以是服务器端的应用程序。

表单一般用于收集联系信息、接收用户要求、获得反馈意见、设置来宾签名簿、让浏览者注册为会员并以会员的身份登录站点等。如下图所示的 163 邮箱登录界面就使用了表单。

8. 其他常见网页元素

其他常见网页元素包括悬停按钮、Java 特效、ActiveX 等各种特效。它们不仅能点缀网页，使网页更活泼、有趣，而且在网上娱乐、电子商务等方面也有着不可忽视的作用。

1.1.4 网页中的色彩

将色彩设计应用于网页界面设计中，会给网页带来鲜活的生命力。它既是界面设计的语言，又是视觉信息传达的手段和方式，是网页中不可缺少的重要元素。

颜色的使用在网页制作中起着非常关键的作用，色彩搭配成功的网站可以令人过目不忘。要在网页设计中自由掌握色彩的搭配技巧，首先需要了解一些网页配色的基础理论知识。

1. 各种色彩给人的感觉

◎ 红色——一种激奋的色彩，具有刺激效果，能使人产生冲动、愤怒、热情、活力，象征着人类最激烈的感情：爱、恨、情、仇，可以充分发泄情感。

◎ 绿色——介于冷暖两种色彩之间，能给人以和睦、宁静、健康、安全的感觉。

◎ 橙色——一种激奋的色彩，具有轻快、欢欣、热烈、温馨、时尚的效果。

◎ 黄色——具有快乐、希望、智慧和轻快的个性，它的明度最高。

◎ 蓝色——最具凉爽、清新、专业的色彩，常常以纯色来描写游历与闲适的气氛。

◎ 紫色——能表现神秘、深沉的个性，也能展现怪诞、奇异的感觉。

◎ 白色——能使人产生洁白、明快、纯真、清洁的感受。

◎ 黑色——能使人产生深沉、寂静、悲哀、压抑的感受。

◎ 灰色——能给人以中庸、平凡、温和、谦让、中立的感觉。

与大部分人的经验与联想有关，人们通过与自然界和社会的接触，逐步形成色的概念和联想。色彩的象征意义是具有世界性的，不同的民族产生的差异并不大。

如下图所示为以红色为主题的网页。

2．网页色彩搭配原理

◎ 色彩的鲜明性：网页的色彩要鲜艳，容易引人注目。

◎ 色彩的独特性：要有与众不同的色彩，使浏览者对网页的印象强烈。

◎ 色彩的合适性：就是说色彩和设计者表达的内容与气氛相适合，如用粉色体现女性站点的柔性。

◎ 色彩的联想性：不同色彩会产生不同的联想，蓝色想到天空，黑色想到黑夜，红色想到喜事等，选择色彩要和自己网页的内涵相关联。

3．网页色彩搭配的技巧

◎ 用一种色彩：先选定一种色彩，然后调整透明度或饱和度（说得通俗些就是将色彩变淡或加深），产生新的色彩用于网页中。这样的页面看起来色彩统一，具有层次感。

◎ 用两种色彩：先选定一种色彩，然后选择它的对比色。

◎ 用一个色系：简单地说，就是用一个感觉的色彩，如淡蓝、淡黄、淡绿，或土黄、土灰、土蓝。

◎ 用黑色和一种彩色：比如大红的字体配黑色的边框感觉很“跳”。

◎ 设计精美的网站都有其色调构成的总体倾向，要以一种或几种临近颜色为主导，使网页全局呈现某种和谐、统一的色彩倾向。

◎ 运用色系：先根据网页主题，选定一种主色，然后调整透明度或饱和度，也就是将色彩变浅或加深，调配出新的色彩。这样的页面看起来色彩一致，具有层次感。一般来说，适合于网页标准色的颜色有三大色系：蓝色系、黄/橙色系和黑/灰/白色系。

◎ 使用对比色：可以充分利用对比色进行设计，同时注意使用灰色调进行调和，这样的作品页面色彩丰富。

1.1.5 网站的类型

网站的分类可以从多种角度进行，如从技术方面、网站用途等，下面将从常用的几个角度对网站进行简单分类整理，以便于初学者对网站的类型有一个初步认识。

小提示

在制作网页时，不要将所有的颜色都用到，要控制在一定的范围之内；背景和前文的对比要大一些，这样能更好地突出文字内容。

按网站表现形式分类，可以分为静态网站和动态网站。

静态网站主要由静态页面组成，即客户端与服务器端不发生交互，访问者只能被动地浏览网站建设者提供的网页内容。其特点是：网页内容不会发生变化，除非网页设计者修改了网页的内容；不能实现和浏览网页用户之间的交互；信息流向是单向的。

动态网站指客户端与服务器端可以发生交互，指浏览器可以和服务器数据库进行实时数据交流的交互，而不是简单地添加一些动画等效果的动感网页。该类网站常见于用户注册、用户登录、搜索查询、用户管理和订单管理等。

如果从网站的使用目的出发进行考虑，可以将网站分为以下几种：

（1）产品（服务）查询展示型网站

产品（服务）查询展示型网站的核心目的是推广产品（服务），是企业的产品“展示框”。利用网络的多媒体技术、数据库存储查询技术、三维展示技术，配合有效的图片和文字说明，将企业的产品（服务）充分展现给新老客户，使客户能全方位地了解公司产品。

与产品印刷资料相比，网站可以营造更加直观的氛围和产品的感染力，促使商家及消费者对产品产生购买欲望，从而促进企业销售。如下图所示即为一个产品查询展示型网站。

本类网站主要以产品展示为主，立体展现产品规格、型号等信息，以方便客户随时查看产品信息，从而增强企业在网络中的竞争力。适用范围：适用于产品种类繁多，想建立网上产品展示平台，并需要及时让买家了解产品信息的企业。

（2）品牌宣传型网站

品牌宣传型网站非常强调创意设计，但不同于一般的平面广告设计。网站利用多媒体交互技术、动态网页技术，配合广告设计，将企业品牌在互联网上发挥得淋漓尽致。

本类型网站着重展示企业CI、传播品牌文化、提高品牌知名度。对于产品品牌众多的企业，可以单独建立各个品牌的独立网站，以便市场营销策略与网站宣传统一。如下图所示即为一个品牌宣传型网站。

B TO C网站，即BUSINESS TO CONSUMER，商家——消费者，主要是购物网站，等同于传统的百货商店，购物广场等。

本类网站以宣传企业和产品形象为核心，以简洁的结构、多样的风格综合打造企业品牌，全面提升客户体验。适用范围：适用于产品单一或种类不多，但非常重视企业形象塑造的企业。

（3）企业涉外商务网站

通过互联网对企业各种涉外工作提供远程、及时、准确的服务是企业涉外商务网站的核心目标。

本类网站可以实现渠道分销、终端客户销售、合作伙伴管理、网上采购、实时在线服务、物流管理、售后服务管理等，它将更进一步地优化企业现有的服务体系，实现公司对分公司、经销商、售后服务商、消费者的有效管理，加速企业的信息流、资金流、物流的运转效率，降低企业经营成本，为企业创造额外收益。

如下图所示即为一个企业涉外商务网站。

小提示

B TO B 网站，即 BUSINESS TO BUSINESS，商家——商家，主要是商务网站，等同于传统的原材料市场，如电子元件市场、建材市场等。

本类网站以实现渠道分销、终端客户销售、合作伙伴管理、网上采购、实时在线服务、物流管理、售后服务管理等，进一步地优化企业现有的服务体系，实现公司对分公司、经销商、售后服务商、消费者的有效管理等，从而降低企业经营成本。适用范围：通过互联网对企业各种涉外工作，提供远程、及时、准确的服务。

（4）网上购物型网站

通俗地说，网上购物型网站就是实现网上买卖商品，购买的对象可以是企业（B2B），也可以是消费者（B2C）。

为了确保采购成功，该类网站需要有产品管理、订购管理、订单管理、产品推荐、支付管理、收费管理、送发货管理、会员管理等基本系统功能。复杂的物品销售、网上购物型网站还需要建立积分管理系统、VIP 管理系统、客户服务交流管理系统、商品销售分析系统，以及与内部进销存（MIS，ERP）打交道的数据导入 / 导出系统等。

本类型网站可以开辟新的营销渠道，扩大市场，同时还可以接触最直接的消费者，获得第一手的产品市场反馈，有利于市场决策。如下图所示即为一个网上购物型网站。

本类网站以产品展示为基础，以在线询价、订购产品、在线支付为核心，将立体展现产品和网络营销充分整合，加强企业竞争力。此方案为产品展示型的升级版。适用范围：适用于产品种类繁多，想建立网上销售渠道，并需要及时了解买家信息或商机的企业。

（5）企业门户综合信息网站

企业门户综合信息网站是所有企业类型网站的综合，是企业面向新老客户、业界人士及全社会的窗口，是目前最普遍的形式之一。

该类网站将企业的日常涉外工作上网，其中包括营销、技术支持、售后服务、物料采购、社会公共关系处理等。该类网站涵盖的工作类型多，信息量大，访问群体广，信息更新需要多个部门共同完成。

C TO C 网站，即 CONSUMER TO CONSUMER，消费者——消费者，主要是拍卖网站，等同传统的旧货市场，跳蚤市场，废品收购站，一元拍卖，销售废、旧用品。

企业综合门户信息网站有利于社会对企业的全面了解，但不利于突出特定的工作需要，也不利于展现重点。如下图所示为一个企业门户综合信息网站。

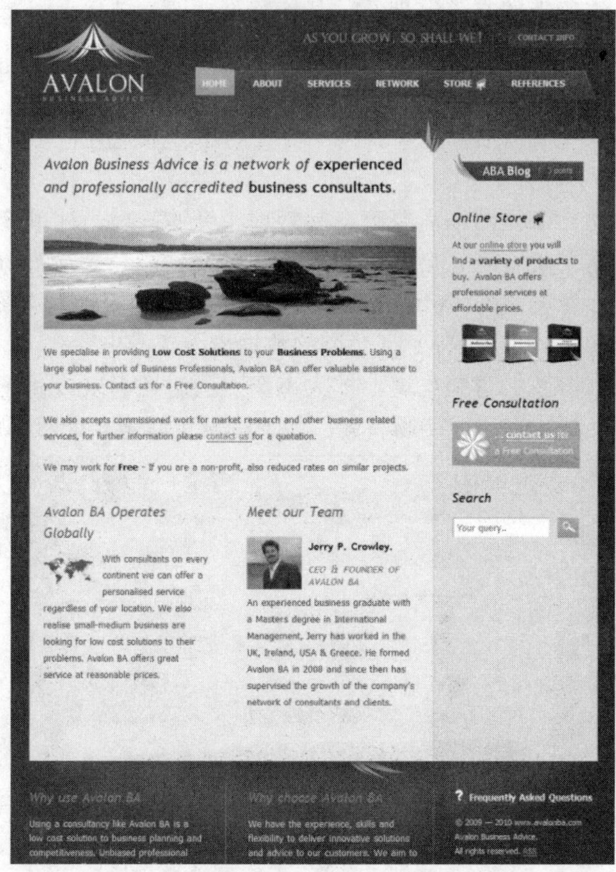

本类网站以某个行业的企业、产品信息为基础，整合整个行业资源，实现行业内新闻资讯、供求商机共通共享，打造行业专属平台。适用范围：适用于掌握某个行业大量客户、资讯，想整合整个行业信息，并需要及时了解行业供求商机、市场动态的企业。

（6）政府门户信息网站

政府门户信息网站是指利用政务网（政府专网）和内部办公网络而建立的内部门户信息网，是为了方便办公区域以外的相关部门（上、下级机构）互通信息、统一数据处理、共享文件资料而建立的。

政府门户信息网站主要包括以下功能：提供多数据源的接口，实现业务系统的数据整合；统一用户管理，提供方便、有效的访问权限和管理权限体系；可以方便建立二级子网站和部门网站；实现复杂的信息发布管理流程。如下图所示即为一个政府门户信息网站。

本类网站以信息资讯为主，涵盖多个或某个专业领域信息资讯，发布最新资讯，方便访问者及时了解、讨论，打造专属的信息交流互动平台。适用范围：适用于掌握某个或多个领域最新资讯，整合整个领域信息，并需要及时进行互动交流的企业。

小提示

互动游戏网站是近年来国内逐渐风靡起来的一类网站，这类网站的投入是根据所承载游戏的复杂程度来定，其发展趋势是向超巨型方向发展，有的已经形成独立的网络世界。

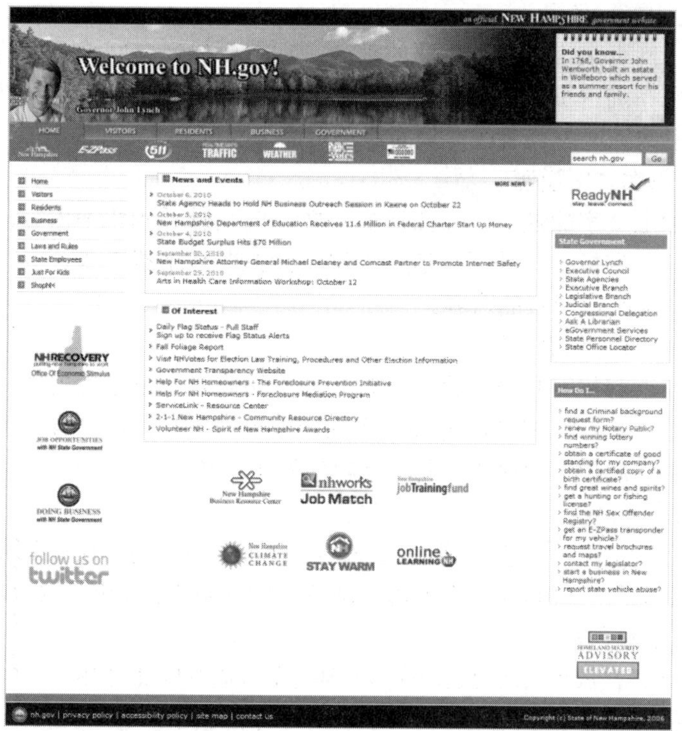

1.2 网页设计原则

网页的设计不仅涉及各种软件的操作技术，还关联到设计者对生活的理解和体验。网页设计就是要把适合的信息传达给适合的浏览者，要设计出一个既好看又实用的网页，就必须要遵循一些必要的原则。

网页设计原则共有以下几个方面：

（1）鲜明的主题

首先应该考虑网站的内容和用户的需要，以及网站的功能等。不论什么类型的网站，其内容只有满足读者需要才有可能称为一个好的网站。

（2）良好的网站导览

设计师不能主观地认为用户和网站开发人员一样了解该网站，当浏览者在浏览一个完全陌生的网站时，更需要网站具有很强的结构感和方位感，以便让用户知道自己在哪儿，以及能到哪儿去。

（3）醒目的导航栏

导航栏能让浏览者轻松到达不同的页面，它是网页元素中非常重要的内容之一，所以导航栏一定要清晰、醒目。一般来讲，导航栏要在“第一屏”能显示出来。此时，横向放置的导航栏要优于纵向的导航栏，原因很简单：如果浏览者的第一屏很“矮”，横向的仍能全部看到，而纵向的则不一定完全能看到。

Web 站点主页应具备的基本成分包括，页头：准确无误地标识站点和企业标志；E-mail 地址：用来接收用户垂询；联系信息：如普通邮件地址或电话；版权信息：声明版权所有者等。

（4）合理设计视觉效果

视觉效果对于网页来说是相当重要的部分，它主要体现在网页页面的结构和排版上。要善于使用表格来布局网页，注意多用表格把网站内容的层次性和空间性突出显示出来，使人一眼就能看出网站的重点所在，从而避免页面呆板无趣。

（5）为图片添加文字说明

给每幅图片加上文字的说明，在图片显示之前就可以看到相关内容，尤其是导航按钮和大图片更应如此。这样，即使网络速度很慢不能把图片下载下来，或用户在使用文本类型的浏览器时也可以阅读网页的内容。

（6）尽量减少拼写和语法错误

如果一个网站上有拼写和语法错误，肯定会给访问者留下不好的印象，以至于影响企业及其网站的形象。因此，网站的内容也应该像报纸杂志的出版一样，要有专门的人员进行文字的校对工作，最大限度地避免此类问题的发生。

（7）页面长度要适中

太长的页面传输会使用户在等待中失去耐心，而且为了阅读这些长文本，浏览者不得不使用滚动条。很多用户厌恶在网上使用滚动条，因此页面的长度不要太长。

（8）保持链接的有效性

首先，在将每个链接放到页面上之前应该对其有效性进行验证，但由于网站经常会发生变化，因此网络管理员在将其放到网站之后，还必须定期对其进行检查，以确定它们目前还是否有效。

（9）整个页面风格要一致

网站上所有网页中的图像、文字，包括背景颜色、区分线、字体、标题和脚注等，要统一表现风格，这样用户在浏览网页时会觉得舒服、顺畅，对该网站留下一个深刻的印象。

1.3 网页常用页面结构

网页布局结构的好坏是决定网页美观与否的一个重要方面。常见的网页结构有：左右对称型结构、上下分割型结构、“同”字形结构、T 形结构、“三”字形结构、封面型结构、Flash 型结构和标题文本型结构等。

通过合理的布局结构，可以将页面中的文字、图像等内容完美且直观地展现给访问者，同时合理安排网页空间，优化网页的页面效果和下载速度。反之，如果页面布局不合理，网页在浏览器中的显示将十分糟糕，页面中各个元素的显示效果可能会重叠或丢失。

因此，在对网页进行结构设计时，应该遵循对称性、平衡性、对比性，比例适当和空白等原则。

1.3.1 左右对称型结构

“左右对称”所指的只是在视觉上的相对对称，而非几何意义上的对称。这种结构将网页分割为左右两部分，分别在左或右配置文字，当左右两部分形成强弱对比时，则造成视觉心理的不平衡。

一般来说，网站首页的形式有两种，一种是纯粹的形象展示型，这种类型文字信息较少，图像信息较多；另一种是信息罗列型，这是大、中型企业网站和门户网站常用的方式。

不过，倘若将分割线虚化处理，或用文字进行左右重复或穿插，左右图文则变得自然和谐。一般使用这种结构的网站均把导航区设置在左半部，而右半部用作主体内容的区域。左右对称性结构便于浏览者直观地读取主体内容，却不利于发布大量的信息，所以这种结构对于内容较多的大型网站来说并不合适。

如下图所示的 Web planex.com 网站，左边放置简洁的导航，右边为信息的展示。因为左边特殊效果的使用，使整个页面看起来就像一本翻开的书，具有很强的立体感，在设计上很有创意。

1.3.2 上下分割型结构

上下分割型结构把整个版面分为上下两个部分，在上半部或下半部配置图片，另一部分则配置文本。配置有图片的部分感性而有活力，而文本部分则理性而静止。上下部分配置的图片可以是一幅或多幅。

如下图所示，网站利用对比色，把网站分成明显的上下结构。

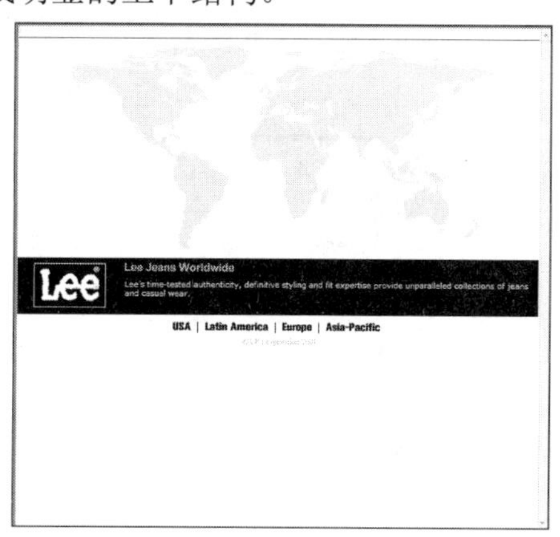

上下分割型结构与左右对称型布局类似，其区别仅在于是一种上下分为两页的框架。

1.3.3 “同”字形结构

“同”字形结构名副其实，采用这种结构的网页往往将导航区置于页面顶端，左右两侧为功能区和附加信息区，中间为主要信息显示区和重要资料显示区。

这种结构比左右对称结构要复杂一些，不但条理清晰，而且直观简洁，有视觉上的平衡感，给人开放、大气的感觉，但是这种结构也比较僵化。在使用这种结构时，高超的用色技巧会规避“同”字形结构的缺陷。

如下图所示为网站采用导航栏在上，内容分为左中右三部分，主要突出中间部分的内容。

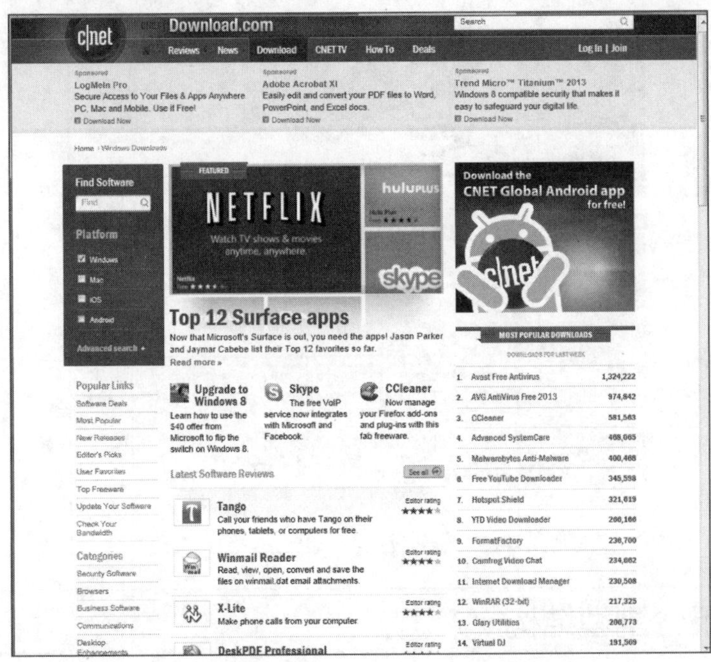

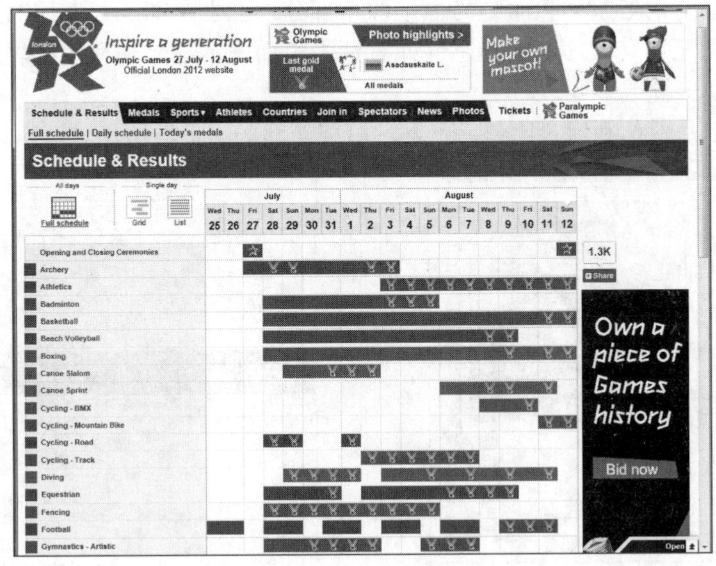

小提示

“国”字型布局由“同”字型布局进化而来，因布局结构与汉字“国”相似而得名。

1.3.4 T 字形结构

T 字形结构的大致布局是将网站的主标识放在左上角，导航栏在上部的中间占有大部分的位置，然后左边出现重要的提示信息，右边是页面主体，出现大量信息并通过合理的版块划分达到传达信息的目的，如下图所示。

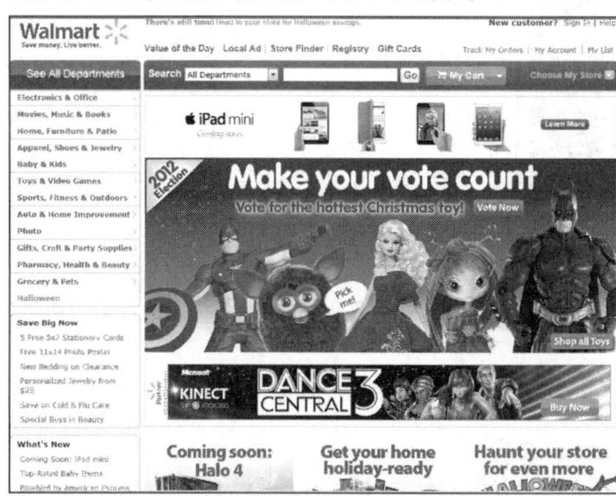

1.3.5 “三”字形结构

“三”字形结构是一种简洁明快的网页布局，在国外用的比较多。这种结构的特点是突出中间一栏的视觉效果。如下图所示为首页采用上、中、下“三”字形结构。

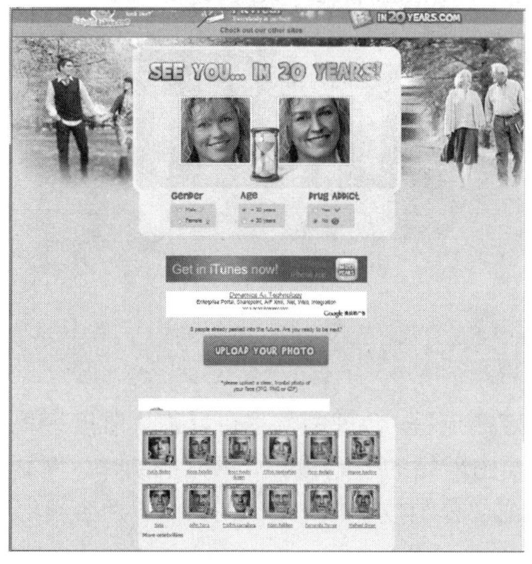

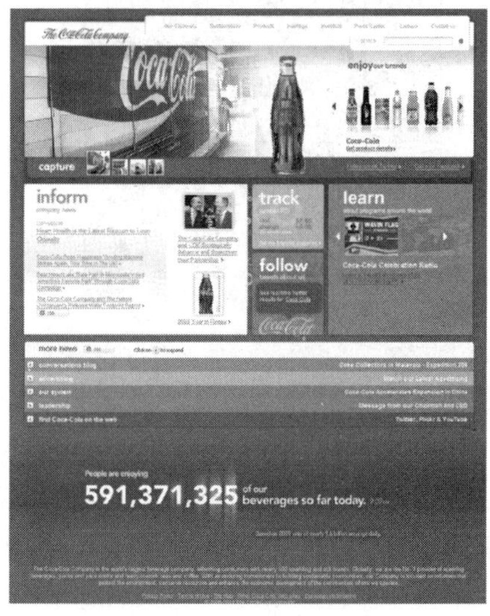

1.3.6 封面型结构

封面型结构基本上是出现在一些网站的首页，大部分为一些精美的平面设计结合一些小的动画，放上几个简单的链接或仅是一个“进入”的链接，甚至直接在首页的图片上做链接而没有任何提示。

T 型布局结构，因与英文大写字母 T 相似而得名。

这种类型大部分出现在企业网站和个人主页，如果处理得好，会给人带来赏心悦目的感觉。如下图所示为封面首页，一眼看去像一本杂志的封面一样，但主题非常突出。

1.3.7 Flash 型结构

Flash 型结构是指整个网页就是一个 Flash 动画，它本身就是动态的，画面一般比较绚丽、有趣，是一种比较新潮的结构方式。

其实这种结构与封面型结构是类似的，不同的是由于 Flash 强大的功能，页面所表达的信息更加丰富。其视觉效果及听觉效果如果处理得当，会是一种非常有魅力的结构。如下图所示为全屏采用 Flash，极富动感。

1.4 网站制作流程

规范的网站建设应遵循一定的流程，合理的流程可以最大限度地提高工作效率。网站建设流程主要由网站的规划设计、网站的制作、网站的测试、网站的上传与发布四个部分组成。

1.4.1 网站的规划设计

网站是由许多网页组成的，如何将这些内容组织成一个设计独特、受人欢迎的网站，这就需要设计人员对网站的内容、结构等各方面有一个很好的规划设计。建立一个网站，

小提示

综合框架型布局是结合左右框架型布局和上下框架型布局的页面布局技术。

一般需要考虑以下几个方面：

（1）确定网站的主题及风格

设计网站的第一步，就是要确定网站的主题及风格，考虑为什么要建立网站，所建立的网站针对的访问者是谁，网站能提供什么样的信息内容给访问者，将这些问题充分考虑清楚后，才能动手建立网站。

（2）规划网站的整体结构

这一步要确定网站中的栏目和层次。一个网站是由若干个网页组成的，设计时要通过合理的整体规划将网页组织起来形成网站。网站栏目实质上是一个网站内容的大纲索引，规划栏目的过程实际上是细化网站内容的过程。

网站栏目设计原则有三：一是网站内容重点突出，二是方便访问者浏览，三是便于管理者进行维护。此外，网站栏目划分要服从并体现网站主题。

（3）收集整合网页素材

信息是网站的根本。确定主题和整体结构后，要根据网站主题组织网站内容、收集各种信息资料，将收集到的资料转换成网页所能识别的文件格式，将书面文字转化为文本文件，将图片转换成适用于网页的格式，录制并编辑需要的音效文件、视频文件和动画文件。

例如，建立学院网站要收集：学院简介、培训中心、专业简介等内容资料。整理资料则是根据上述收集到的资料进行进一步挑选和细化，将收集到的网页素材落实为站标、广告栏、导航栏等页面元素。

1.4.2 网站的制作

网站制作过程中，一般需要考虑以下几个方面：

（1）确定页面的版面布局

网页版面布局是指通过浏览器显示的完整页面。网页版面布局主要针对网站首页的版面设计，其他网页的版面在与主页风格统一的前提下有所变化。确定了页面的版面布局后，就可以在 Photoshop 等平面设计软件中设计页面的效果图了。效果图制作完成后，用切片工具对整体页面进行合理的分割并输出为 Web 页所用的格式。

（2）制作网页

按照确定的版面布局，利用网页制作工具制作成为网页，其中包括静态网页制作和动态网页制作。

（3）添加网页特效

网页特效是指对网页进行美化，强化网页的视觉冲击力，使之更具有艺术效果。美化网页可以通过 HTML 语句、Flash 动画等技术手段实现。

1.4.3 网站的测试

当网站制作完成后，需要对网站进行审查和测试。测试的对象不仅是网页，而是整个网站及所涉及的所有链接，测试内容包括功能性测试和完整性测试两个方面。

功能性测试就是要保证网页的可用性，达到最初的内容组织设计目标，实现所规

规划一个网站，可以先用树状结构把每个页面的内容大纲列出来。尤其在制作大型网站时，特别要把架构规划好，还要考虑到以后的扩充性，免得以后再更改整个网站的结构。

定的功能，读者可方便快速地寻找到所需的内容。完整性测试就是保证页面内容显示正确，链接准确。具体的测试主要有浏览器兼容性测试、平台兼容性测试和超链接有效性测试。

（1）浏览器兼容性测试

目前浏览器有 Internet Explorer 与 Netscape 两大主流浏览器，两者对 HTML 和 CSS 等语法的支持度是不同的。这两大浏览器分别拥有各自的卷标语法，其版本越高，所支持的语法就越多。如果在网页中应用了某浏览器的专有语法或较新的 HTML，在其他浏览器中浏览时可能会导致显示错误。在 Dreamweaver 中提供了可以检查网页中是否含有某版本，浏览器不能识别的语法功能，设计者可以借助其进行检查。

（2）平台的兼容性测试

设计者要为用户着想，必须最少在一台 PC 和一台 Mac 机上测试自己的网站网页，看看兼容性如何。

（3）超链接完好性测试

超链接是连接网页之间、网站之间的桥梁，浏览者是不愿意访问一个经常出现“找不到网页”的问题网站的，作为设计者必须检测超链接的完好性，保证链接的有效性，不要留下太多的坏链接。

1.4.4 网站的上传与发布

网站制作完成后，需要把它发布到互联网上。在发布之前，要先申请域名和主页空间，然后利用专用软件上传，FTP 有很多种软件，最著名的是 CuteFTP 和 LeapFTP，也可以用 Dreamweaver 内置的 FTP 上传。

1.5 网页设计的发展趋势

网页设计同其他行业一样，每年都会有流行的新设计。下面综合最近几年网页设计的特点，对未来网页设计的趋势进行预测。

1. 巨大的 Logo/标头（headers）

为了给访问者留下深刻的印象，巨大的 Logo 及与其大小不相上下的标头，势必将成为一个发展趋势，如下图（左）所示。

2. 肥厚的字体

肥厚的字体尽管在传统媒体中的出现已经超过了 200 年，但在网页设计中开始应用还是比较新的。肥厚的字体普遍是大写字母，其醒目并令人印象深刻，能大胆地表现自己，如下图（右）所示。

许多设计师以前避开肥厚字体不用，是因为以前标志和标头都比较小、比较简朴的缘故。和巨大的标头组合在一起之后，肥厚的字体将会吸引浏览者的注意力。

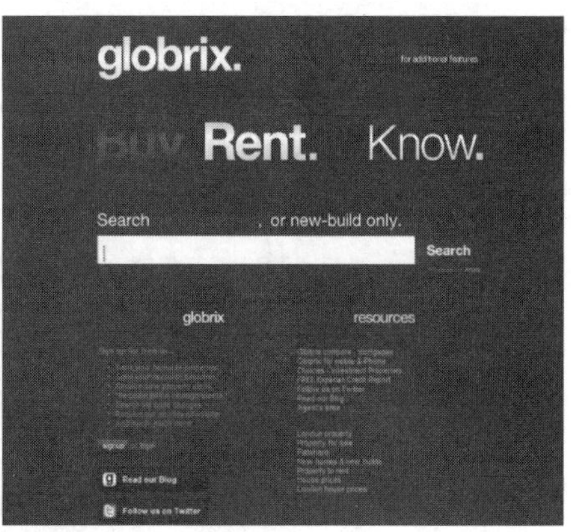

3. 素描/手绘设计

手绘设计并不是真正全新的一种潮流，但它在网页设计中仍然处于前沿，很多设计师欣赏这种风格，但又怯于创作此类作品。在网页设计的发展趋势中，素描尽管不是网页设计的主要焦点，但它将会以新颖和令人兴奋的方式被用于个性标准的页面文案，如下图所示。

4. 交互式/直观设计

Flash 动画会有更好的发展。现在动画网格轻松、专业，尽管一些设计师更愿意选择 jQuery 制作表格和弹出式窗口，但动画在设计界仍然占有一席之地，特别是在表现细节方面，如下图所示。

现在，复古设计成为风尚流行起来。虽然很多设计的团体钦佩复古的网页设计，但如果没有留下“已复原”的印象，就很难完全掌握这种风格。

5. 巨幅图片

与巨大 Logo/标头 header 很接近，大幅图片也做着同样的事情，它创造了难忘的视觉冲击。在过去的设计经历中，网页设计师们逐渐发现，在他们的设计中使用巨幅图片的表现方式来表达网站的风格会更加的舒适、惬意，如下图所示。

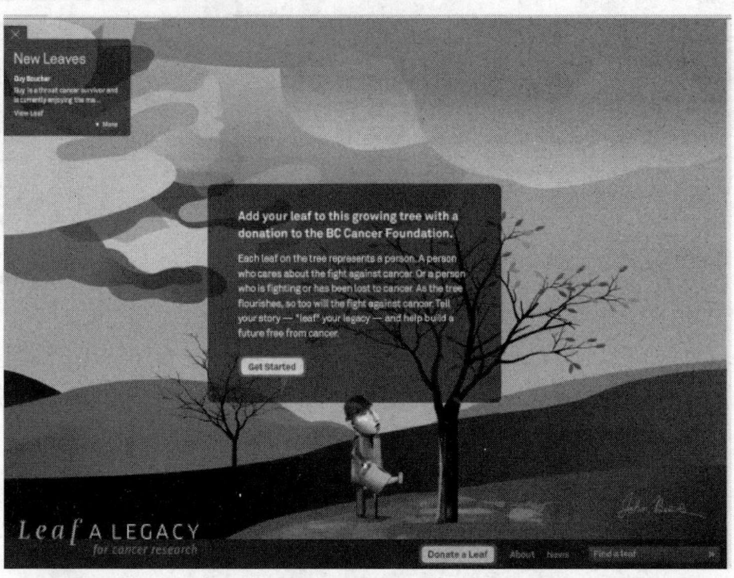

6. 大尺寸的底部

也许大尺寸的底部应用已经很普遍了，但在现在或将来浏览者会发现它们将会更夸张。大尺寸的底部不是减少底部信息的堆放，而是以较少的重要的信息为主，如下图所示。

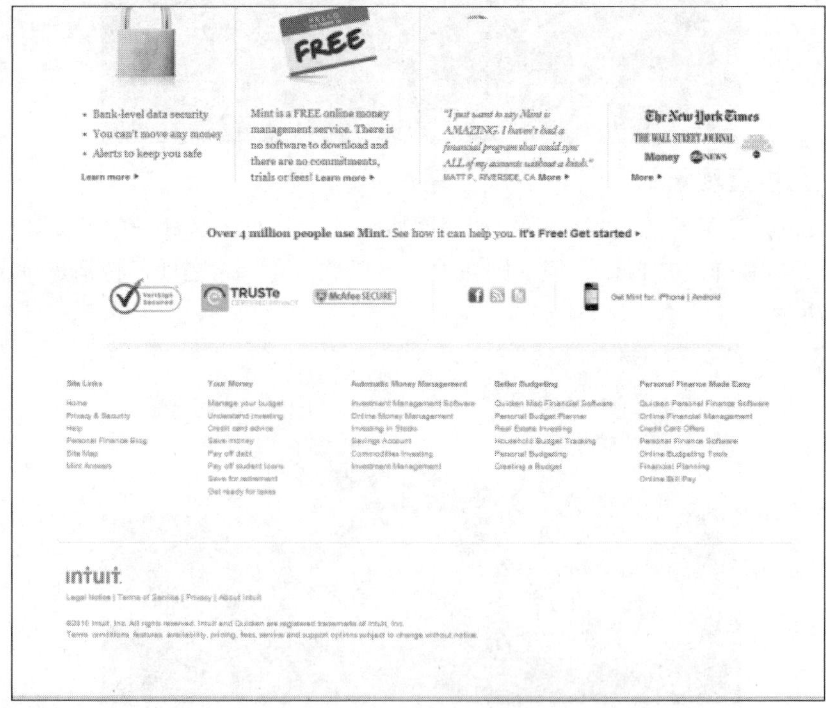

小提示

未来的底部会减少事先考虑的因素，成为设计的主要部分。底部将会寻求这些特征：包含随机的信息的脚本，比如不同的社会媒体的更新、每日调查和 flickr 等。

7．杂志布局

越来越多的人从传统的打印媒体转移到在线信息娱乐，而设计师们也会将网页设计更加符合这些转变。杂志布局网页设计通常将所有信息小心地放在首页上，使浏览者有机会根据兴趣去探索，如下图所示。

8．改变视角

桌面视角已经重复到令人厌烦了，将来浏览者会看到一个更加贴切实际的视角，从而打破传统的排版方式，给浏览者以新颖的视觉效果，如下图（左）所示。

9．简约主义

以大片空白和醒目的排版、出人意料的颜色方案为特点的简约网站将逐渐进入人们的视野，如下图（右）所示。简约主义不是冷酷的，它是温暖的，开门见山的。

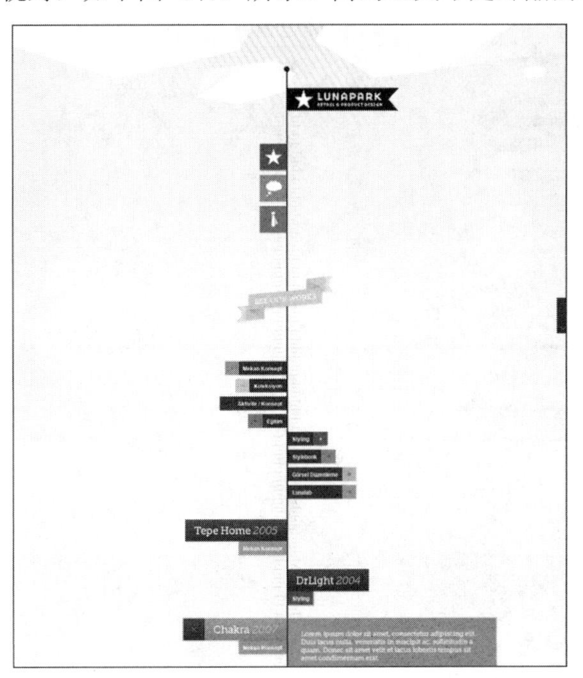

弹出对话框目前正在被广泛地使用，它流畅、美观、潮流，更容易设计和使用，成为那些为可用性担心的设计师的完美解决方法。

预计学习时间 60 分钟

Chapter 02

Dreamweaver CS6 轻松入门

Dreamweaver CS6 是一款专业的网页制作软件，它将可视布局工具、应用程序开发功能和代码编辑支持组合在一起，功能强大，使各个层次的开发人员和设计人员都能够快速创建界面吸引力的基于标准的网站和应用程序。本章将引领读者初步认识 Dreamweaver CS6。

要点导航

- Dreamweaver CS6 简介
- Dreamweaver CS6 工作界面
- Dreamweaver CS6 简介
- 轻松创建本地站点
- 设置页面属性

重点图例

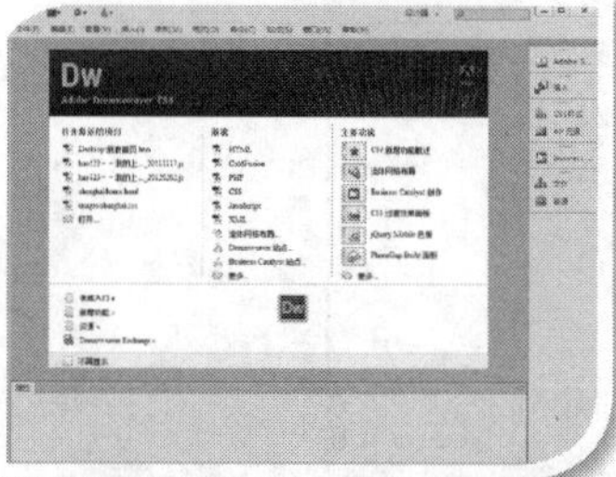

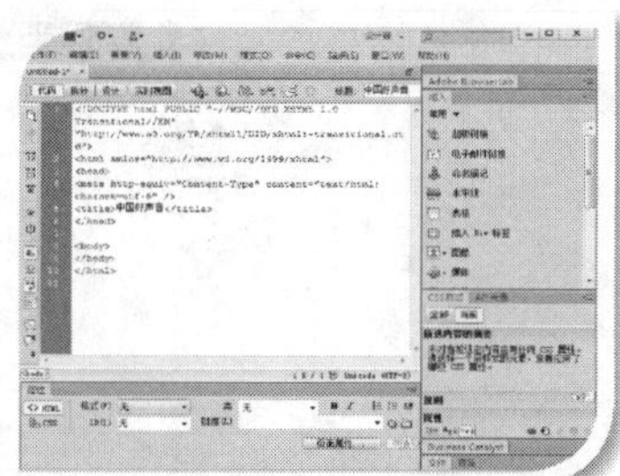

2.1 Dreamweaver CS6 简介

Dreamweaver CS6 是一款专业的 HTML 编辑软件，用于对 Web 站点、Web 页和 Web 应用程序进行设计、编码和开发。无论是喜欢直接编写 HTML 代码，还是偏爱于在可视化编辑环境中工作，Dreamweaver 都会提供众多工具，丰富用户的 Web 创作体验。

利用 Dreamweaver 中的可视化编辑功能，可以快速地创建页面，而无须编写任何代码。不过，如果用户更喜欢用手工直接编码，Dreamweaver 还包括许多与编码相关的工具和功能。

Dreamweaver 在网页设计领域具有强大的功能，但它不能简单地定位为网页设计软件，它还有许多重要的作用，具体如下：

（1）Web 站点架设：使用 Dreamweaver 可以方便地实现站点架设、管理与维护，简单地发布站点至网络网站空间，实施远端维护等操作。

（2）网页内容排版：在 Dreamweaver“所见即所得”的工作环境中，可以轻松创建表格、层和框架，对网页资料进行完美编排。

（3）网页特效制作：Dreamweaver 可以通过简单的图像转换、动态行为、时间轴和层的结合实现具有各种视觉特效的网页。

（4）网页应用程序开发：使用 Dreamweaver 可以开发诸如 coldfusion、asp、asp.net、php 等类型的动态网页。

2.2 Dreamweaver CS6 工作界面

Dreamweaver CS6 的工作界面主要由菜单栏、文档工具栏、编辑区、标签选择器、状态栏、属性检查器、面板组等部分组成，插入栏则整合在面板组中。下面将引领读者一起认识 Dreamweaver CS6 的工作界面。

2.2.1 启动 Dreamweaver CS6

安装 Dreamweaver CS6 软件后，单击“开始”|“所有程序”| Adobe Dreamweaver CS6 命令，启动 Dreamweaver CS6，首先在屏幕上出现启动画面，显示 Dreamweaver CS6 的图标、版本号和版权信息等，如下图（左）所示。

随着初始化进程的展开，调用程序的名称不断出现在启动画面上。启动画面消失后，将打开如下图（右）所示的窗口，该窗口主体中间是起始页。

Dreamweaver 是网页设计与制作领域中用户最多、应用最广、功能最强的软件，无论是在国内还是国外，它都是备受专业 Web 开发人员欢迎的软件之一。

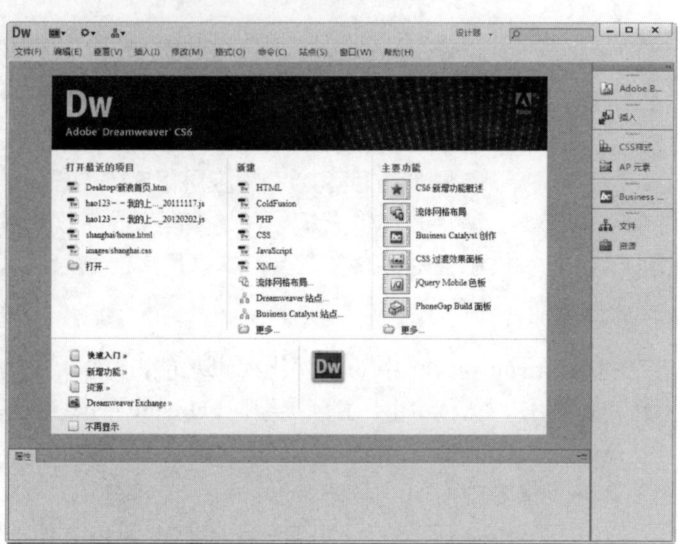

在起始页中单击“新建”栏中的 HTML 选项，新建一个空白网页，此时即可进入 Dreamweaver CS6 的工作界面，如下图所示。

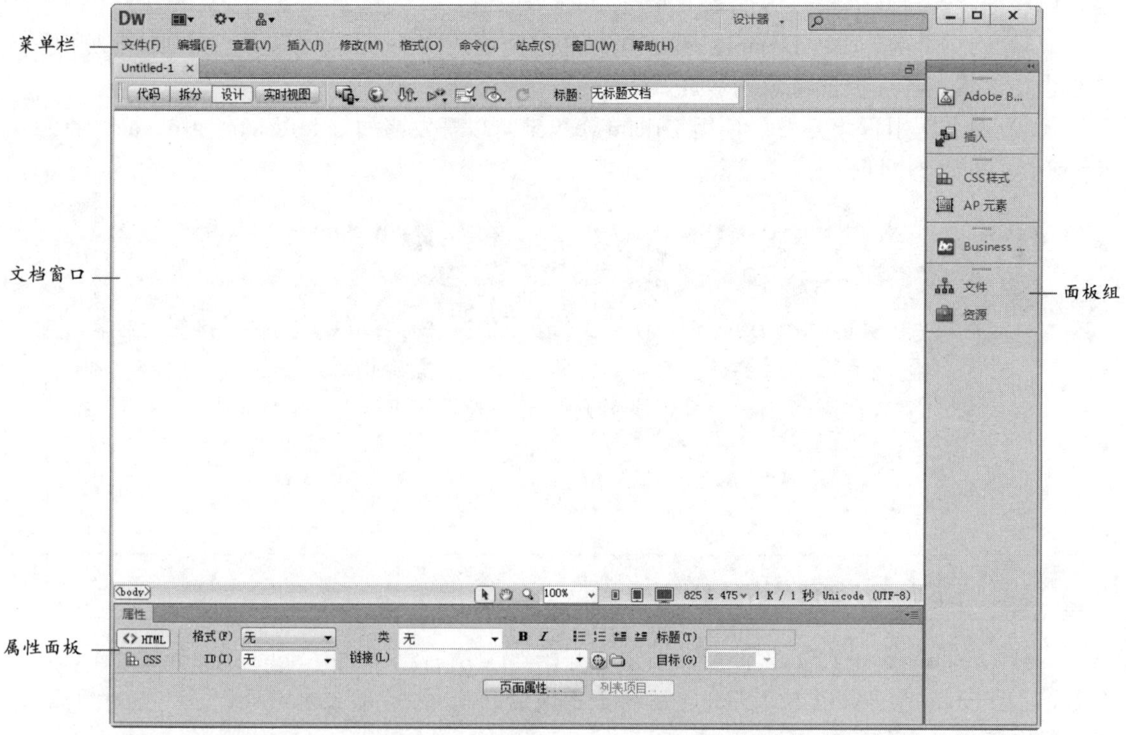

2.2.2 文档窗口

启动 Dreamweaver CS6，单击“文件”|“新建”命令或按【Ctrl+N】组合键，打开如下图所示的“新建文档”对话框。

小提示：Dreamweaver 的工作界面包括：标题栏、菜单栏、插入面板组、文档工具栏、文档窗口、状态栏、属性面板和浮动面板组。

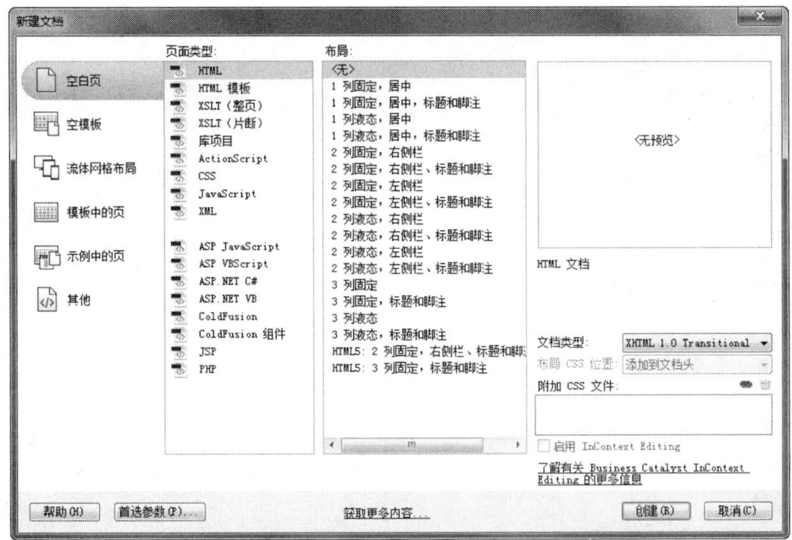

选择“页面类型”列表框中的 HTML 选项，单击“创建”按钮，即可新建网页并进入文档窗口。

文档窗口用于显示当前文档。为了控制文档窗口的显示方式，Dreamweaver CS6 提供了三种显示模式，通过文档工具栏的三个按钮来实现相互之间的切换。这三个按钮分别是“代码”按钮、“拆分”按钮及“设计”按钮，其中设计模式为默认时的显示模式。

当显示模式为默认的设计模式时，在文档窗口内只显示网页的可视化外观，如下图所示。

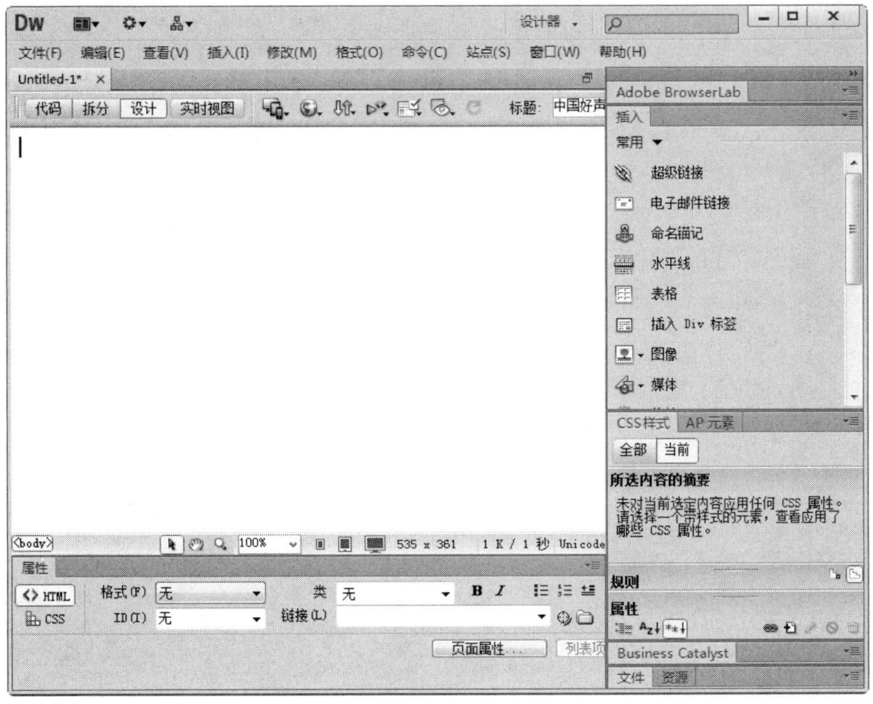

单击“代码”按钮，在文档窗口内将只显示打开文档的代码，如下图所示。

“代码”视图是一个用于编写和编辑 HTML、JavaScript、服务器语言代码，以及任何其他类型代码的手工编码环境。

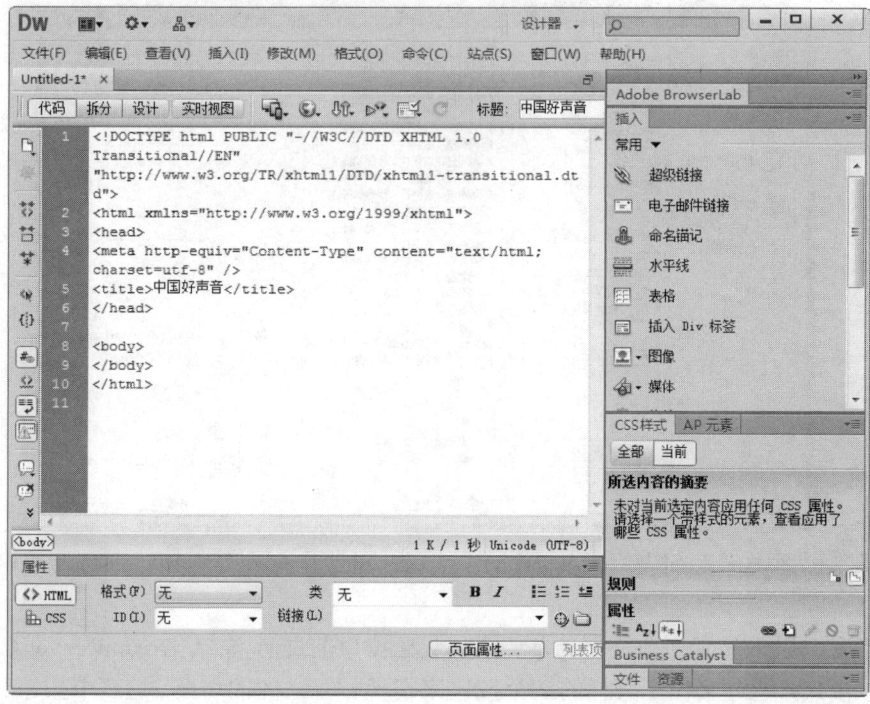

单击“拆分”按钮，文档的可视化外观将显示文档窗口将被一分为二，左边显示网页的代码，右边显示网页的可视化外观，如下图所示。

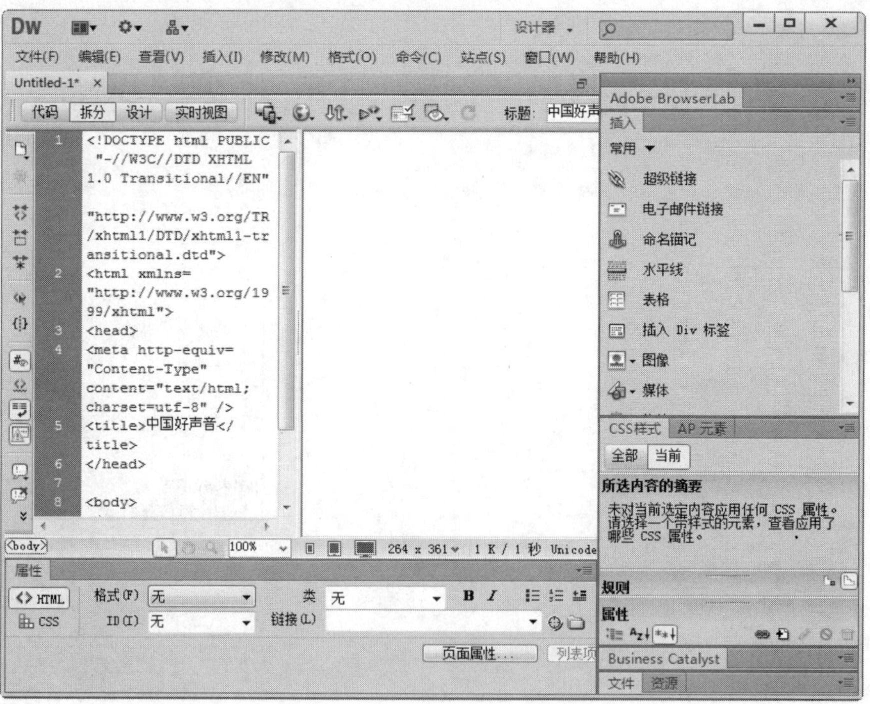

小提示

“拆分”视图是“设计”视图和“代码”视图的有机结合，它提供了可以在单个窗口中同时看到同一文档的“代码”和最终在浏览器中看到的可视化效果功能。

2.2.3 菜单栏

菜单栏中包含了 Dreamweaver CS6 中大多数的命令，是管理网页文件、编辑网页内容的重要工具。菜单栏包括“文件”、“编辑”、“查看”、“插入”、“修改”、“格式”、“命令”、“站点”、“窗口”、“帮助” 10 个选项。

单击菜单名称，或按住【Alt】键的同时按键盘上各菜单英文名称的首字母，都能打开相应的下拉菜单，将其中的命令显示在屏幕上。如右图所示为打开的“编辑”菜单，它集中了大部分可以实现的操作。

Dreamweaver CS6 还为一些命令提供了快捷键，它们是单击菜单命令的快捷方式之一。例如，单击“插入” | “表格”命令或按【Ctrl+Alt+T】组合键，都可以在网页中插入表格。

如果菜单命令中的右侧有三角符号，表示单击该命令时将打开其子菜单，在新打开的菜单内仍然可能包含子菜单；如果命令的右侧有省略号，则表示单击该命令时将弹出对话框，只有用户在其中进行设置并单击“确定”按钮后，所选菜单中的命令才能执行。

2.2.4 文档工具栏

文档工具栏中包含一些按钮，可以在文档的不同视图间快速切换，如“代码”视图、“设计”视图，以及同时显示“代码”和“拆分”视图的“设计”视图，如下图所示。文档工具栏中还包含一些与查看文档、在本地和远程站点间传输文档有关的常用命令和选项，如“在浏览器中预览/调试”、“检查浏览器兼容性”等。

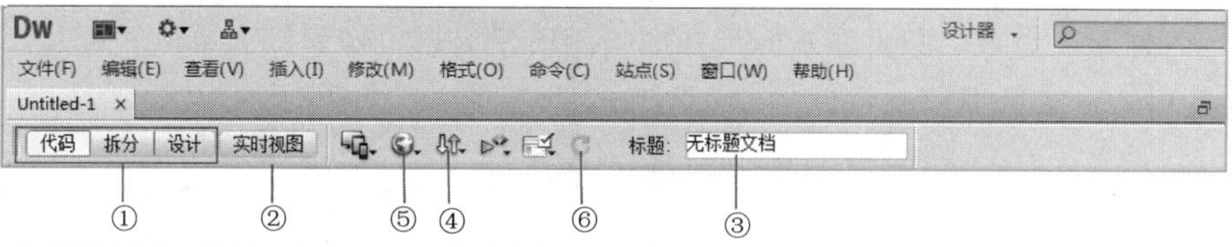

① 使用视图切换按钮可以在不同的视图之间切换。

② 使用实时视图按钮可将设计视图切换到实时视图。

③ 文档的标题是用户为文档输入的一个标题，它将显示在浏览器的标题栏中，例如，在其中输入“中国人民解放军”作为标题，在浏览器中的显示状态如下图所示。

④ 文件管理按钮提供了对站点的文件操作。

⑤ 在浏览器中“预览/调试”按钮用于把用户做好的网页、站点放在 IE 中浏览。

“修改”选项具有对页面属性及页面元素修改的功能，如表格的插入、单元格的拆分、合并，以及对库、模板和时间轴等的修改。

⑥ 刷新设计视图按钮用于在“代码”视图中进行更改后刷新文档的设计视图。

视图选项中包含了一些辅助设计工具，不同视图下其显示的选项也不尽相同，例如，设计视图下的菜单显示如右图所示，其中各个选项都只应用于设计视图下。

下面将介绍设计视图下的菜单显示，其中：

（1）网格

网格在文档窗口中显示的是一系列水平线和垂直线，可用于精确地放置对象，如下图（左）所示。

若要显示或隐藏网格，可单击“查看”|“网格”|“显示网格”命令。设置其参数时，可单击“查看” | “网格” | “网格设置”命令，打开如下图（右）所示的“网格设置”对话框。

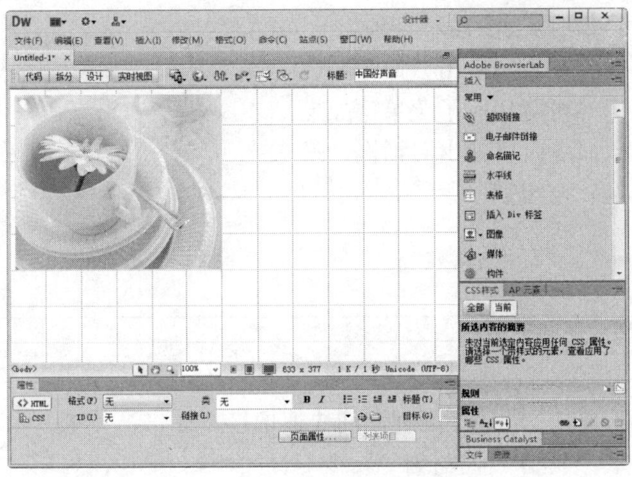

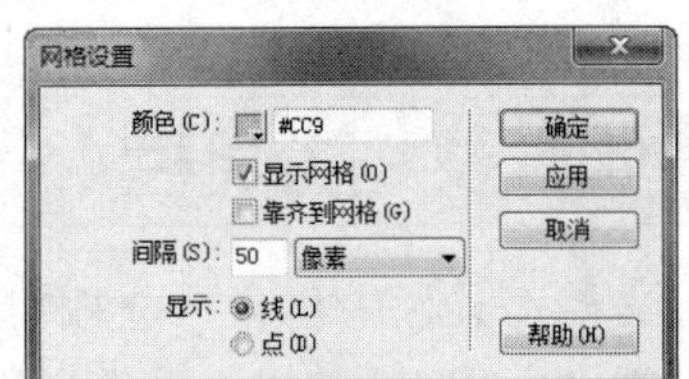

（2）标尺

标尺可用于测量、组织和规划布局，它显示在页面的左边框和上边框。单击“查看”|“标尺”|“显示”命令，即可显示标尺。如下图所示为以“像素”为单位的标尺。

小提示

若要修改文档的标尺量度单位，可单击“查看”|“标尺”命令，在弹出的下拉菜单中选择所需的标尺单位。标尺单位有英寸、厘米和像素 3 种。

（3）辅助线

若要更改辅助线，可单击“查看”|“辅助线”|“编辑辅助线”命令，在打开的“辅助线”话框即可进行设置，如下图（左）所示。

若要更改当前辅助线的位置，可将鼠标指针放在辅助线上，当指针变为双向箭头形状时拖动鼠标即可，如下图（右）所示。

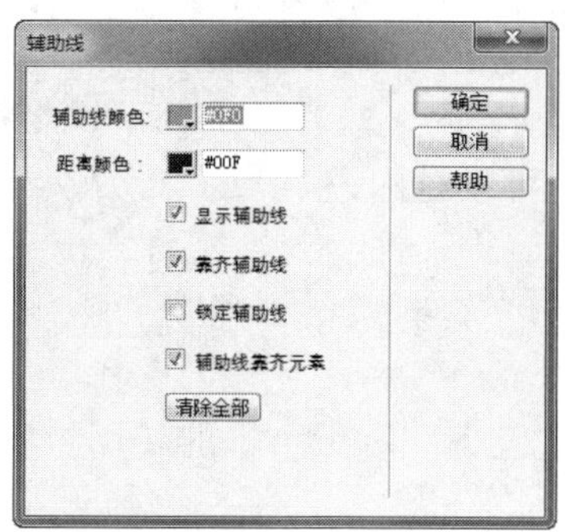

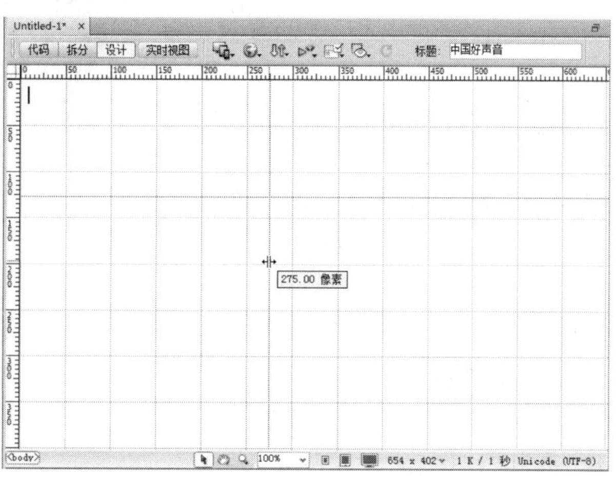

高手点拨

单击“查看”|“工具栏”|“文档”命令，将在 Dreamweaver CS6 中显示文档工具栏。若去掉“文档”选项前的对勾标记，就可以隐藏文档工具栏。

2.2.5 状态栏

状态栏位于文档窗口的底部，提供与用户正在编辑的文档有关的其他信息，包括标签选择器、缩放工具、窗口大小显示区、文档大小和下载时间显示区五部分，如下图所示。

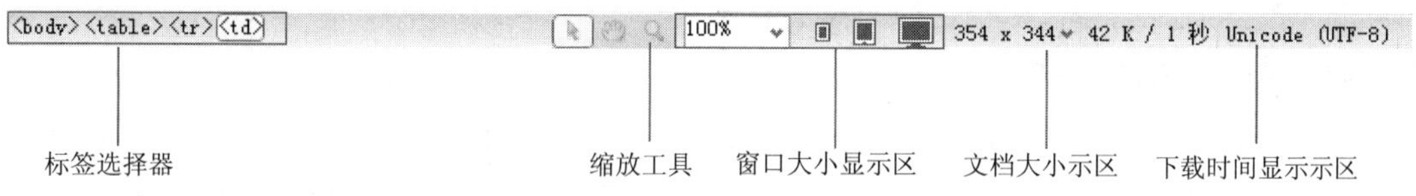

1. 标签选择器

标签选择器主要有两个用途：显示当前光标位置的 HTML 源代码标记和选中标记在文档中对应的内容。

每当用户在文档窗口中对文档内容进行格式化时，标签选择器中就会显示相应的标记。例如，将一段文字加粗，实际上是在 HTML 代码中将该段文字的两端分别加上<strong>和</strong>标记，当将光标放置到该段文字中时，标签选择器中就会显示<strong>标记，如下图（左）所示。

如果要选中某个标记所在文档中对应的内容，可以直接在标签选择器中单击该标记按钮。例如，文档主体通常包含在<body>和</body>标记中，单击标签选择器中的<body>标记，即可选中文档中所有位于<body>和</body>标记中的内容，如下图（右）所示。

使用网格和辅助线可以相对精确地对对象进行布局和定位。在实际网页设计的过程中，可以随时显示网格和辅助线。

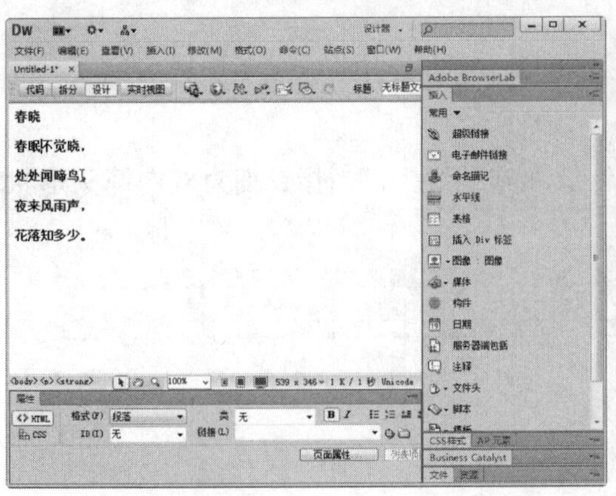

右击标签选择器，将弹出如下图所示的快捷菜单，从中可以对标记做个性化设置。

删除标签
快速标签编辑器...
设置类
设置 ID
代码浏览器...
将内联 CSS 转换为规则...
折叠标签
折叠外部标签

2. 缩放工具

使用缩放工具可以设置当前页面的缩放比率，如下图所示。

3. 窗口大小显示区

窗口大小显示区用于调整当前文档窗口的大小，以“像素”为单位，如下图（左）所示。窗口大小下拉菜单主要用于设置文档窗口和显示器屏幕之间的对应关系，单击窗口大小显示区的任意位置，即可打开该菜单，如下图（右）所示。

小提示

缩放窗口时，可以从“缩放工具”弹出的菜单中选择一个预先设置的缩放比率或者在“缩放工具”文本框中键入一个缩放比率。如果要缩小文档，可以在按住【Alt】键的同时，在页面上单击。

在该菜单中，左侧是文档窗口的大小，右侧是显示器窗口的大小，根据显示器屏幕的大小选择相应的选项，文档窗口大小也会相应的发生变化。

如果要定制文档窗口大小，可以在菜单中选择“编辑大小”选项，弹出如右图所示的“首选参数”对话框，从中可以自行编辑需要的尺寸。

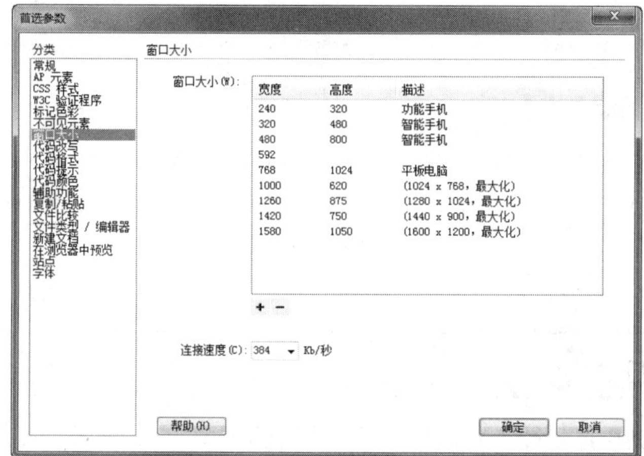

4. 文档大小和下载时间显示区

文档大小和下载时间显示区显示当前页面的文档大小和估计下载时间，在如下图所示的状态栏中，当前文档的大小为 1KB，大约需要 1s 的下载时间。

文档大小、下载时间都是由 Dreamweaver CS6 估算的，考虑到网络环境的差异，上述数值仅仅是一个参考值，更准确的数值需要通过应用环境进行测试得到。

2.2.6 “属性”面板

单击“窗口”｜“属性”命令，可以显示或隐藏“属性”面板，默认其显示在文档窗口的下方。“属性”面板用于定义页面元素或内容的相应属性。由于选择的元素或内容不同，“属性”面板中显示的属性选项也有所区别。

在默认状态下，“属性”面板为文本状态，如下图所示。

Unicode(UTF-8)显示当前的编码格式是 UTF-8。目前存在的 UTF 格式有：UTF-7，UTF-7.5，UTF-8，UTF-16，以及 UTF-32。

当在文档窗口中选中表格时，“属性”面板会显示如下图所示的外观。

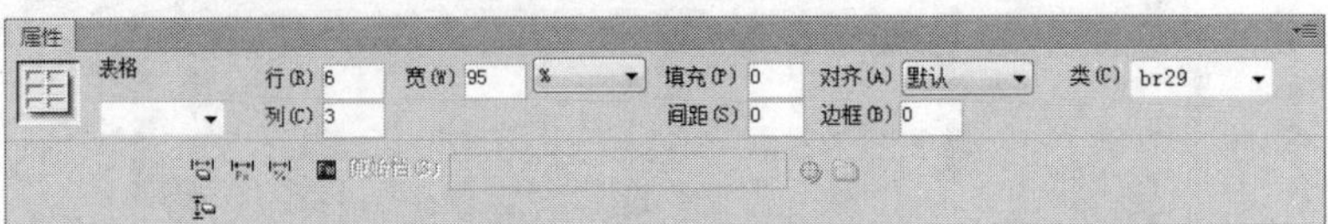

当选中图像时，“属性”面板会显示如下图所示的外观。

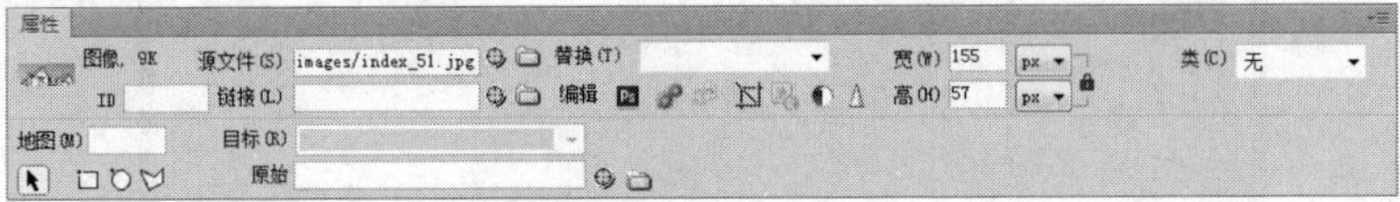

2.2.7 面板组

Dreamweaver CS6 将各种工具面板集成到面板组中，其中包括“插入”面板、“行为”面板、“框架”面板、“文件”面板、“CSS 样式”面板和“历史”面板等，如下图（左）所示。用户可以根据自己的需要选择隐藏或显示面板。

单击“窗口”|“行为”命令，将展开“行为”面板，如下图（右）所示。

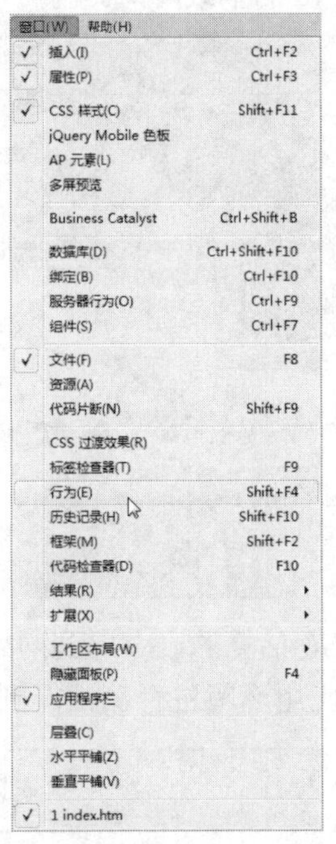

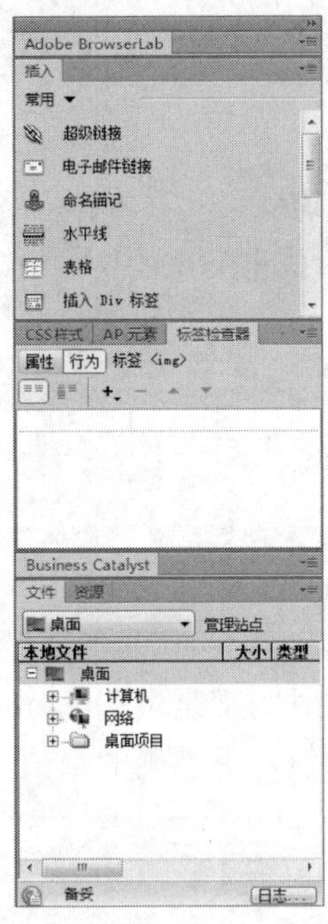

2.2.8 “插入”面板

Dreamweaver CS6 将“插入”工具栏整合在右侧面板组中，用户使用起来更为灵活、方便。“插入”面板按以下形式进行组织：

小提示

除属性面板外，其他的面板统称为浮动面板，这主要是根据面板的特征命名的。每个面板组都可以展开和折叠，并且可以和其他面板组停靠在一起或取消停靠。

“常用”类别可以创建和插入常用的对象，如图像和 Flash 等，如下图（左）所示。“布局”类别主要用于网页布局，可以插入表格、Div 标签，如下图（右）所示。

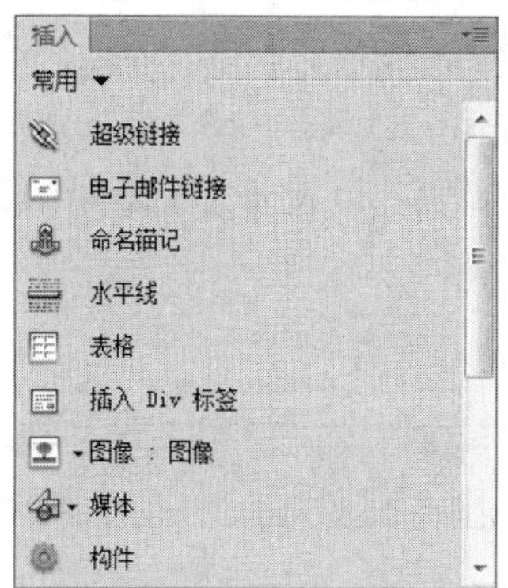

“表单”类别用于创建表单和插入表单元素，如下图（左）所示。“数据”类别可以插入 Spry 数据对象和其他动态元素，如记录集、重复区域、数据集，以及重复项和重复列表等，如下图（右）所示。

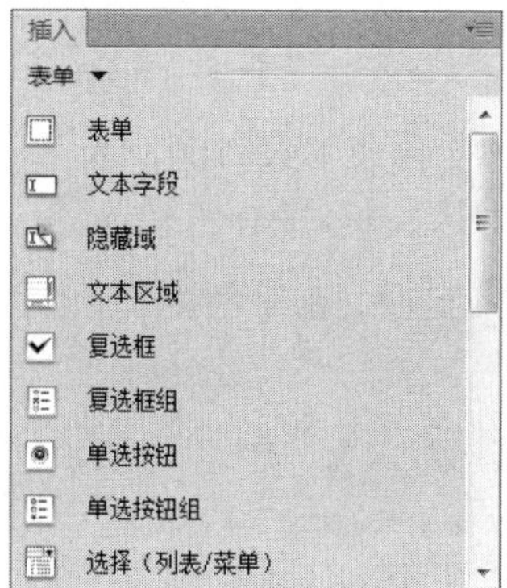

Spry 类别包含一些用于构建 Spry 页面的按钮，如 Spry 验证文本域、Spry 数据集等，如下图（左）所示。“文本”类别可以插入各种文本格式设置标签和列表格式设置标签，如下图（中）所示。“收藏夹”类别可以将“插入”栏中最常用的按钮分组和组织到某一常用位置，如下图（右）所示。

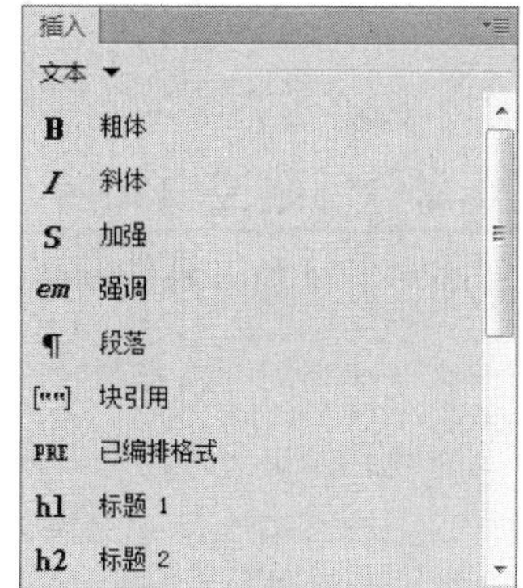

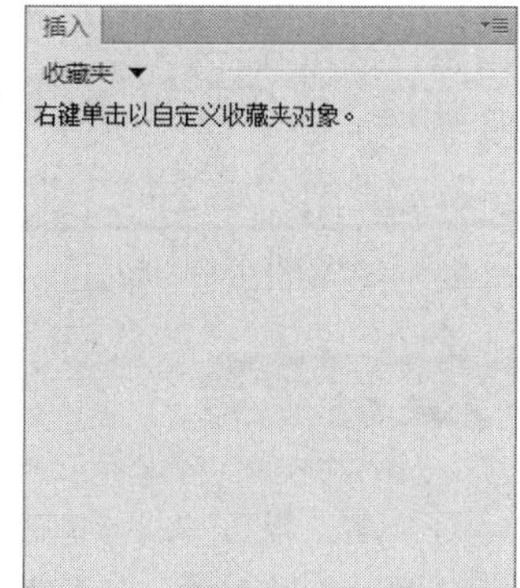

某些类别具有带弹出菜单的按钮。从弹出的菜单中选择一个选项，该选项则会成为按钮的默认操作。

2.3 Dreamweaver CS6 简介

在 Dreamweaver 中编辑的网页通常被称为文档，文档的创建和存储是制作网页最基本的操作。使用 Dreamweaver 既可以创建空白网页和空白模板，也可以创建基于模板的页面，以及基于 Dreamweaver 示例的页面。

2.3.1 创建空白文档

在 Dreamweaver CS6 中要创建一个 Dreamweaver 空白文档，可以按照以下两种方法进行操作。

难度：★☆☆☆☆ 视频：光盘: 视频\02\创建空白文档.swf

1. 在起始页中创建空白文档

在起始页中创建空白文档的具体操作方法如下：

在网络迅速发展的今天，经常需要从网络上传送文件或下载资源，而从网络上传送或下载的一般都是压缩文件。使用前必须先解压缩该文件，具体操作方法如下：

01 启动软件，在起始页中单击“新建”栏中的 HTML 选项。

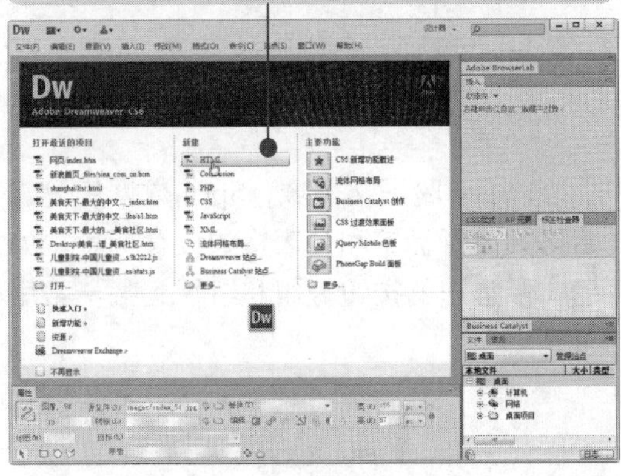

02 此时，即可创建一个空白文档。

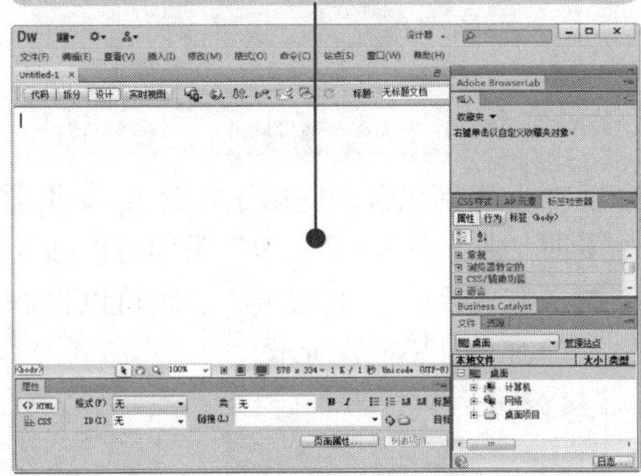

2. 使用“文件”|“新建”命令创建空白文档

使用“文件”|“新建”命令创建空白文档的具体操作方法如下：

高手点拨

Dreamweaver 模板的创建有三种方式，下面介绍一种最常用的方法。单击“文件”|“新建”命令，弹出“新建文档”对话框，在左侧选择“空模板”选项，在中间选择模板类型，在右侧单击“创建”按钮即可成功创建空白模板。

小提示

如果要创建基于模板的文档，可单击“新建文档”对话框中的“空模板”选项，在“模板类型”中选择相应的文件类型，单击“创建”按钮即可创建一个基于模板的文档。

01 单击“文件”|“新建”命令。

02 选择“空白页”和文档类型。

03 单击“创建”按钮即可创建空白文档。

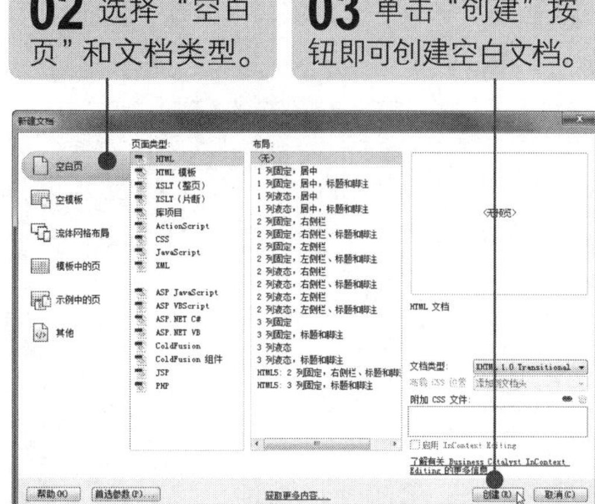

2.3.2 保存和关闭网页文档

保存和关闭网页文档是制作网页中一个重要的操作步骤，下面将介绍如何保存和关闭网页文档。

难度：★☆☆☆☆　　视频：光盘：视频\02\保存和关闭网页文档.swf

1．保存网页文档

当网页文档经过修改后应及时存储文档，以便修改操作生效，具体操作方法如下：

01 在空白文档中输入所需的文字。

02 单击“文件”|“保存”命令。

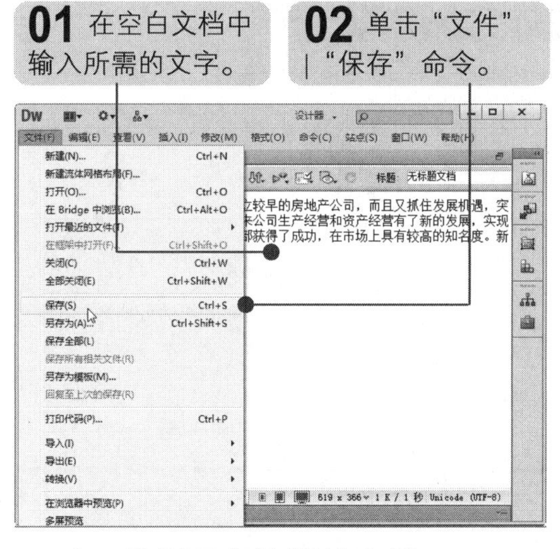

03 选择路径并输入文件名。

04 单击“保存”按钮，保存文档。

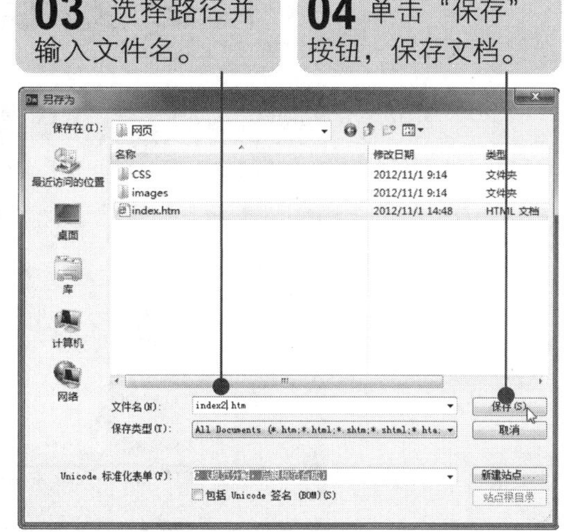

2．关闭正在编辑的文档

关闭正在编辑的文档的具体操作方法如下：

按【Ctrl+S】组合键，弹出“另存为”对话框，可以保存网页文档；按【Ctrl+W】组合键，可以实现网页文档的关闭。

01 在要关闭的文档窗口中单击“文件”|“关闭”命令。

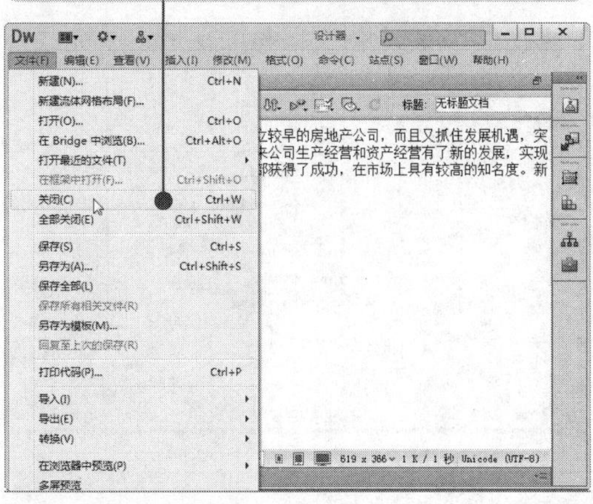

02 单击“是”按钮保存文档，单击“否”按钮则不保存文档。

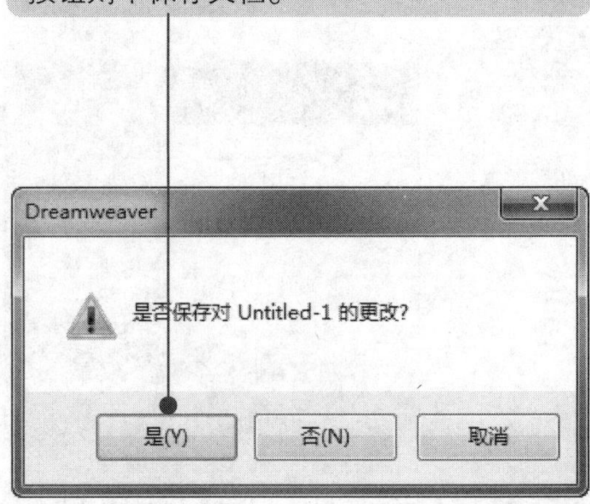

2.3.3 打开网页文档

打开现有文档也有多种方法，下面将介绍几种常用的打开操作。

启动 Dreamweaver CS6，显示起始页。如果在“打开最近的项目”栏中列出了需要打开的文档，则直接单击文档名即可。

在 Dreamweaver CS6 已经启动的情况下，单击“文件”|“打开”命令，弹出“打开”对话框，选择需要打开的文档，单击“打开”按钮即可，如下图所示。

2.3.4 预览网页

在 Dreamweaver 中制作网页时，用户可以随时在浏览器中进行浏览，以便于查看、控制当前网页的效果，具体操作方法如下：

小提示

按【Ctrl+O】组合键，弹出“打开”对话框，从中选择要打开的文件，单击“打开”按钮，也可以打开网页文档。

素材：光盘：素材\02\index.htm　　效果：光盘：无

难度：★☆☆☆☆　　视频：光盘：视频\02\预览网页.swf

01 在编辑窗口中单击按钮。

02 选择“预览在IExplore”选项。

03 在浏览器中查看当前网页。

2.4 轻松创建本地站点

在创建站点时，通常先建立一个文件夹作为根目录，将制作的所有网页放在此文件夹中，最后把这个根目录上传到 Web 服务器上。下面将介绍如何利用 Dreamweaver CS6 建立一个站点目录。

设计制作网页最终要在 Dreamweaver 中实现站点的创建。在 Dreamweaver CS6 中可以轻松地创建本地站点，具体操作方法如下：

难度：★★☆☆☆　　视频：光盘：视频\02\轻松建立本地站点.swf

01 单击“站点”|“新建站点”命令。

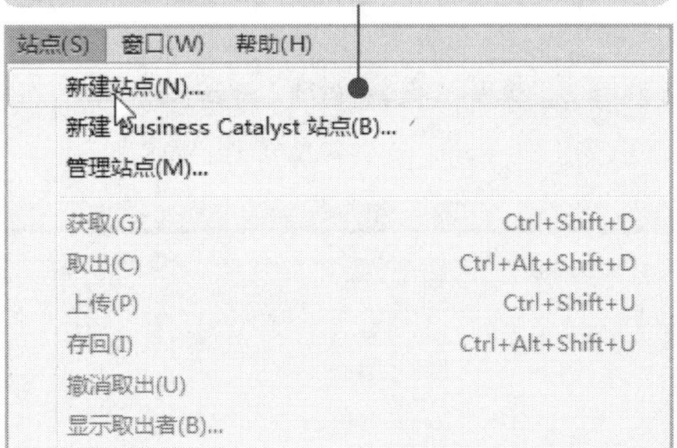

02 修改站点名称。

03 单击“浏览文件”按钮。

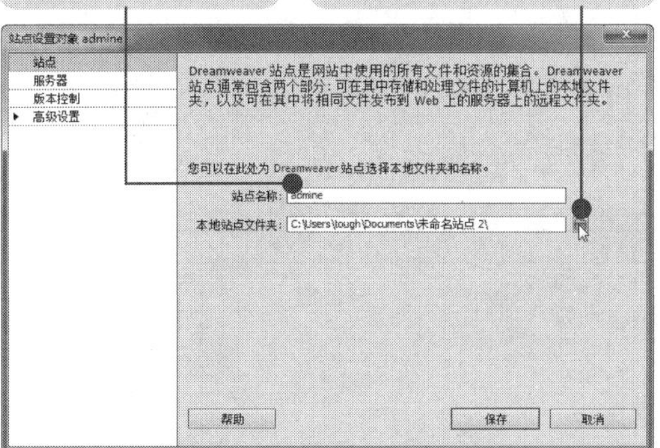

创建站点切记盲目，应该先对网站进行整体规划。按照网站中存储的文件类型进行规划，将不同类型的文件分别存放在不同的文件夹下。

04 选择本地站点文件夹。

05 单击“选择”按钮。

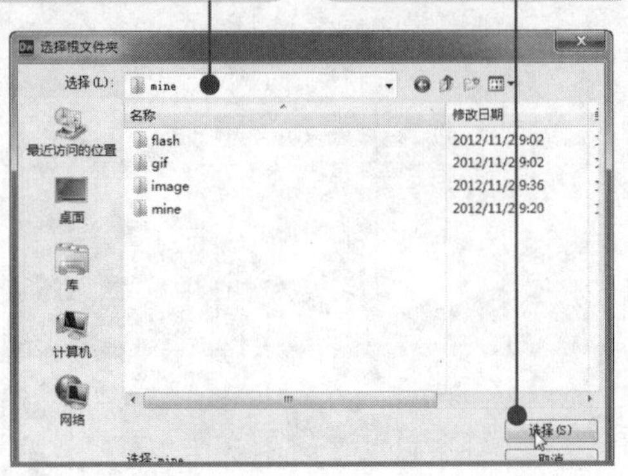

06 单击“高级设置”|“本地信息”选项。

07 设置选项内容，单击“保存”按钮。

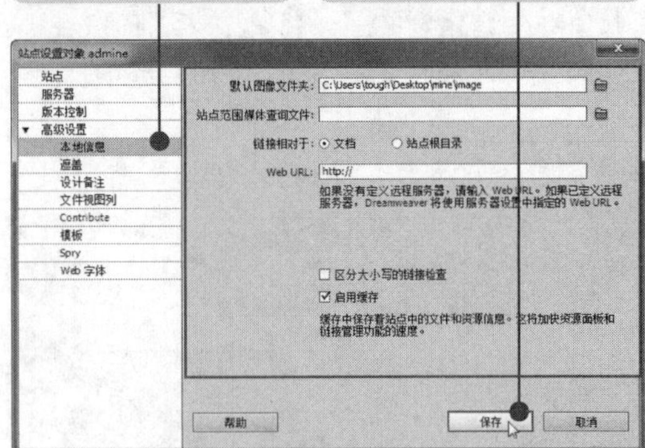

2.5 设置页面属性

在制作网页时，页面属性的设置非常重要。页面的属性主要包括背景图像、背景颜色、普通文本颜色、链接文本颜色以及页面边距等，下面将详细介绍如何对其进行设置。

2.5.1 设置外观属性

外观属性包括普通文本的属性设置、页面边距设置，以及页面背景的设置，下面将逐一进行介绍。

难度：★☆☆☆☆　　视频：光盘：视频\02\设置外观属性.swf

1. 设置普通文本

设置普通文本的具体操作方法如下：

01 新建文档，单击“属性”面板中的“页面属性”按钮。

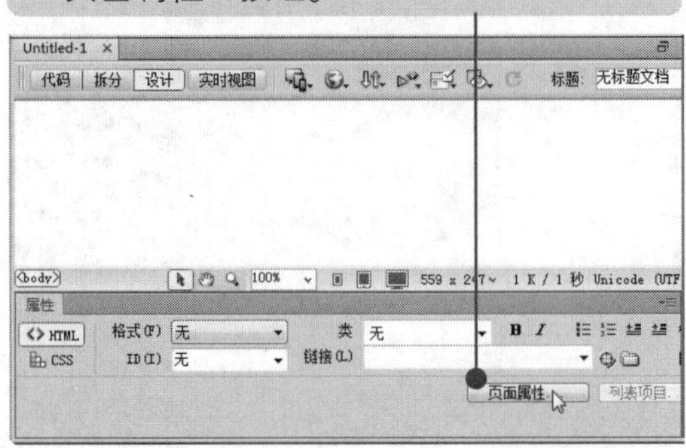

02 选择“外观（CSS）”选项。

03 设置字体、颜色等，单击“确定”按钮。

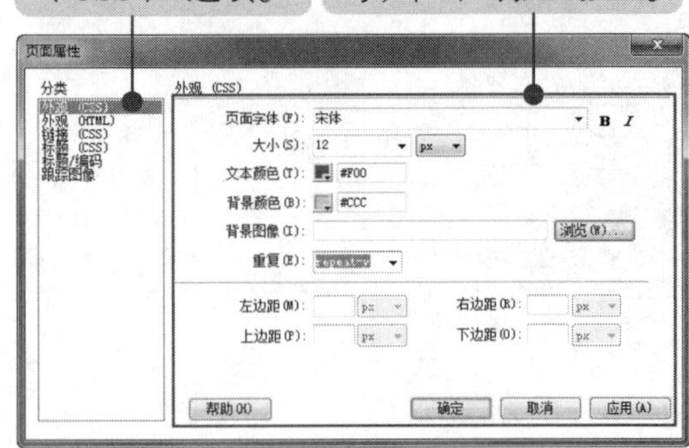

小提示

设置字体时，如果下拉列表中没有要使用的字体，需单击“编辑字体”命令，在弹出的“编辑字体列表”对话框中添加要使用的字体。

04 在文档中输入所需的文字。

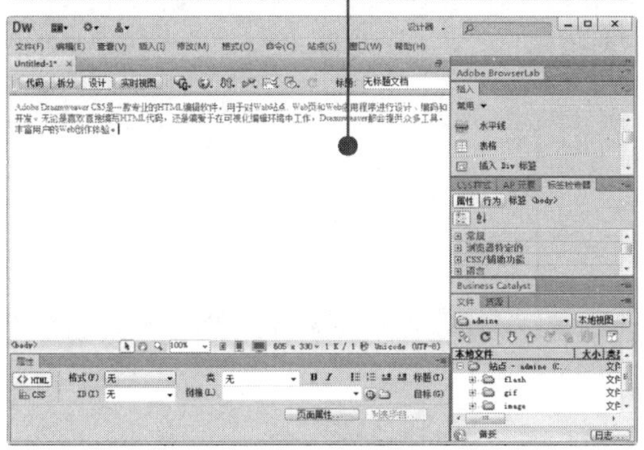

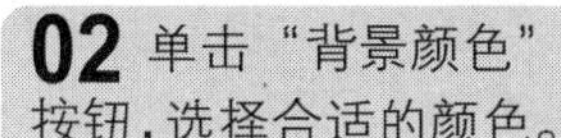

高手点拨

打开“页面属性”对话框除了单击属性工具栏上的“页面属性”按钮，还可以单击“修改”|“页面属性”按钮，再或者是直接使用【Ctrl+J】组合键。

2. 背景颜色的设置

设置网页背景颜色的具体操作方法如下：

01 单击“属性”面板中的“页面属性”按钮。

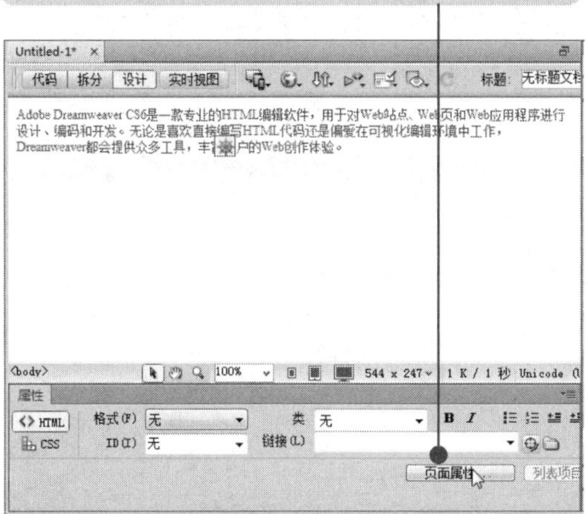

02 单击“背景颜色”按钮，选择合适的颜色。

03 单击“确定”按钮。

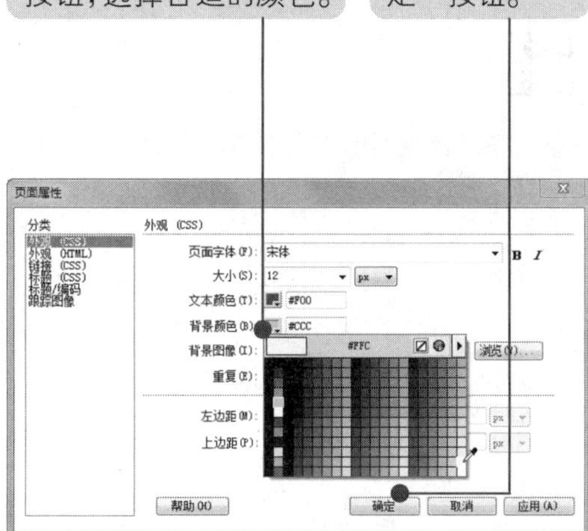

04 此时，文档背景色变为选定的颜色。

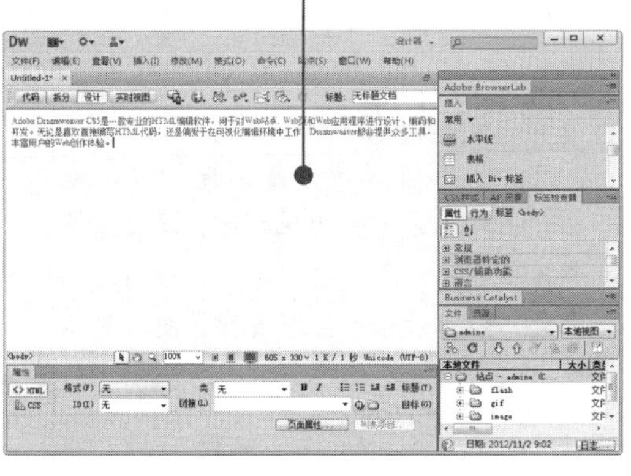

高手点拨

每个页面都有默认属性，就算页面属性对话框里不显示该属性，它也是实际存在的。比如网页文档的默认背景色都是白色，颜色代码#FFFFFF，但页面属性的外观设置栏里不显示出来。

在 Dreamweaver CS6 中创建的每个页面，都可以在“页面属性”对话框中指定局部和格式设置属性。既可为创建的每个新页面指定新的页面属性，也可以修改现有的页面属性。

3. 背景图像的设置

设置网页背景图像的具体操作方法如下：

01 单击“属性”面板中的“页面属性”按钮。

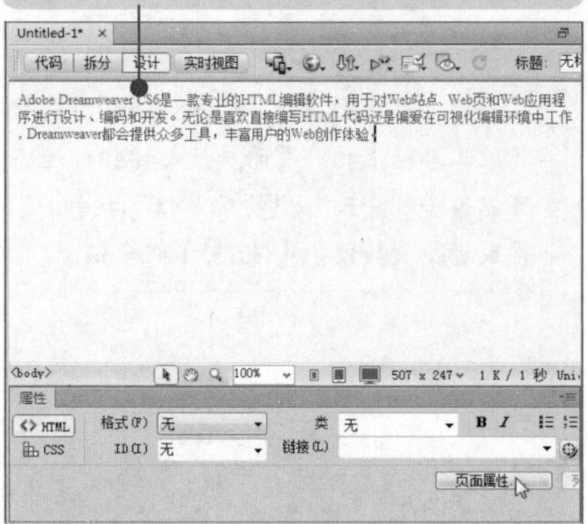

02 输入背景图像路径，或单击“浏览”按钮。

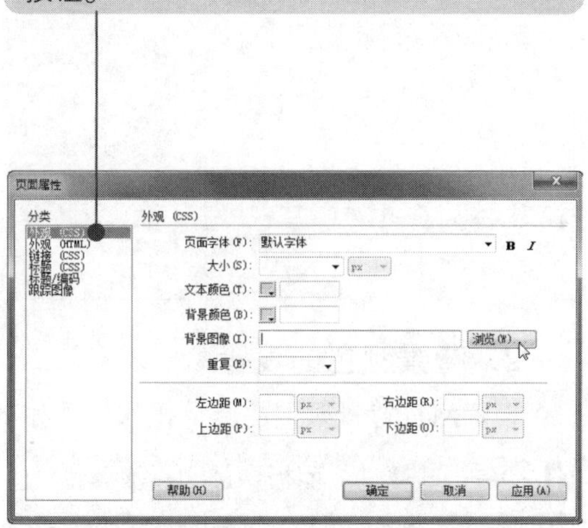

03 选择合适的图像。

04 单击“确定”按钮。

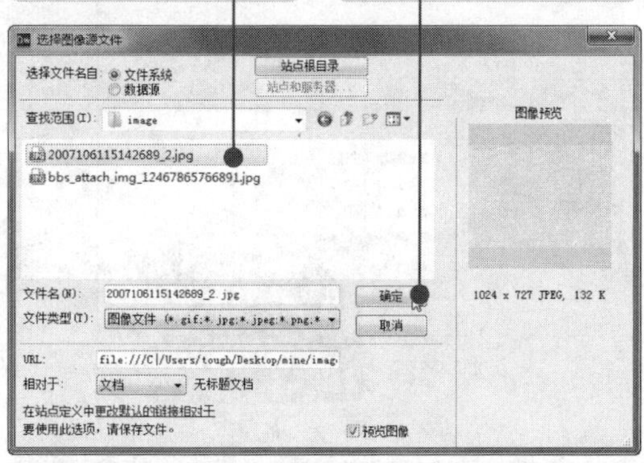

05 设置重复方式为 repeat -x。

06 单击“确定”按钮。

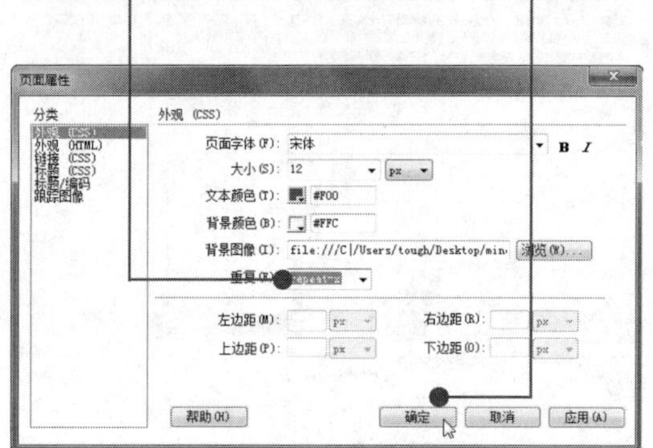

07 查看设置背景图像后的文档效果。

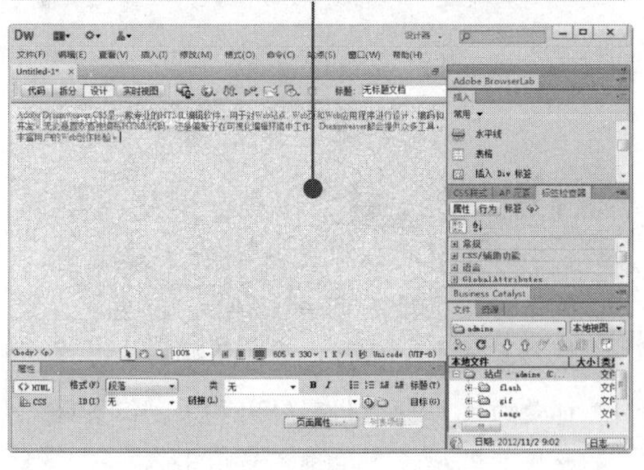

高手点拨

如果同时使用背景图像和背景颜色，下载图像时会出现颜色，然后图像覆盖颜色。如果背景图像包含任何透明像素，则背景颜色会透过背景图像显示出来。

小提示

与浏览器一样，如果图像不能填满整个窗口，Dreamweaver 会平铺（重复）背景图像。若要禁止背景图像以平铺方式显示，可使用层叠样式表禁用图像平铺。

2.5.2 设置链接属性

超链接是指从一个网页指向一个目标的连接关系，这个目标可以是另一个网页，也可以是相同网页上的不同位置，还可以是一个图片、一个电子邮件地址、一个文件，甚至是一个应用程序。

超链接文字有 3 种状态，分别是未访问、激活和已访问。为了方便浏览者清楚哪些网页已经被浏览过，可以把超链接文字的 3 种状态设置为不同的颜色，以示区分。

下面将通过实例来介绍如何设置链接属性，具体操作方法如下：

素材：光盘：素材\02\link.htm　　效果：光盘：效果\02\link.htm

难度：★☆☆☆☆　　视频：光盘：视频\02\设置链接属性.swf

01 打开素材，单击"属性"面板中的"页面属性"按钮。

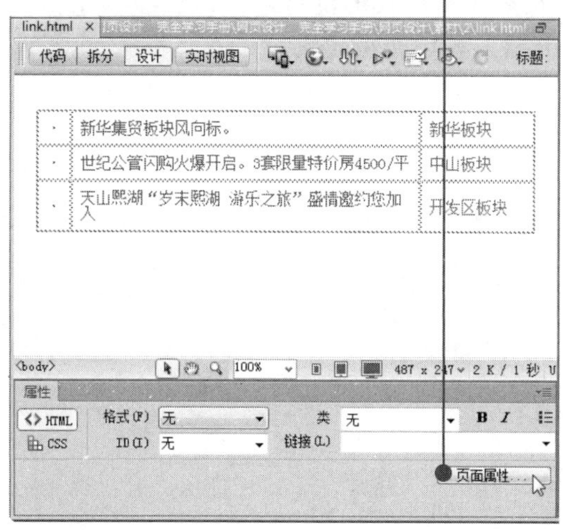

02 选择"链接(CSS)"，设置链接前后颜色。

03 单击"确定"按钮。

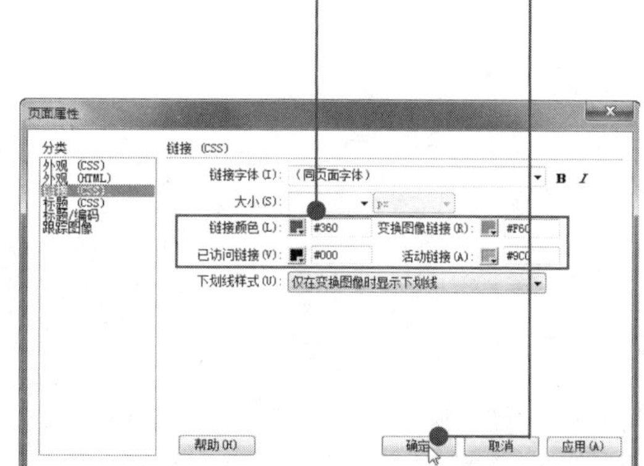

04 在浏览器中查看网页文字链接的效果。

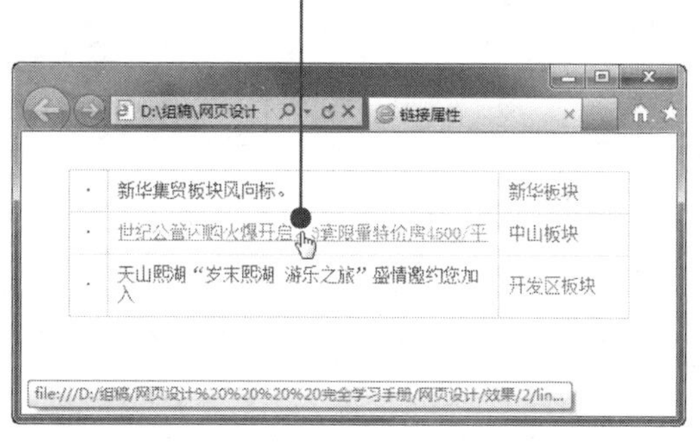

高手点拨

链接颜色用于指定应用于链接文本的颜色；已访问链接的颜色用于指定访问过的链接的颜色；鼠标经过时链接的颜色用于指定当鼠标（或指针）位于链接上时应用的颜色；活动链接的颜色用于指定鼠标（或指针）在链接上单击时应用的颜色。

如果要自定义页面上的个别链接，则需要创建个别的 CSS 规则，然后将这些规则单独应用于各个链接。

预计学习时间 60分钟

Chapter 03

创建网页基本对象

在网页中会包含各种各样的元素，如文本、图像、超链接、Flash动画、声音和视频等，每一种元素都有其他元素无法替代的优势。本章将根据实际应用的需要介绍如何在网页中插入各种网页元素。

要点导航

- 添加文本
- 为网页添加图像
- 为网页创建超链接

重点图例

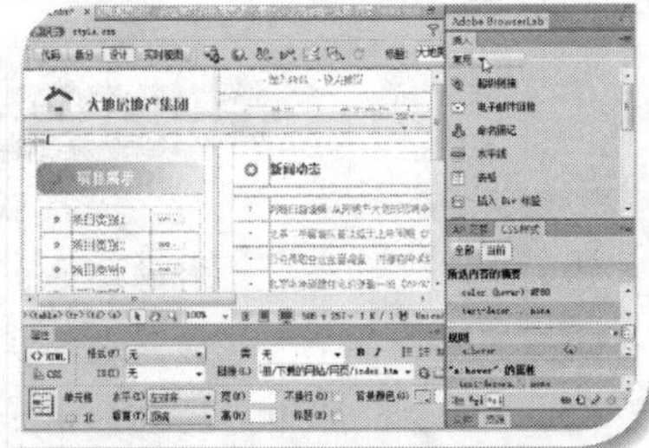

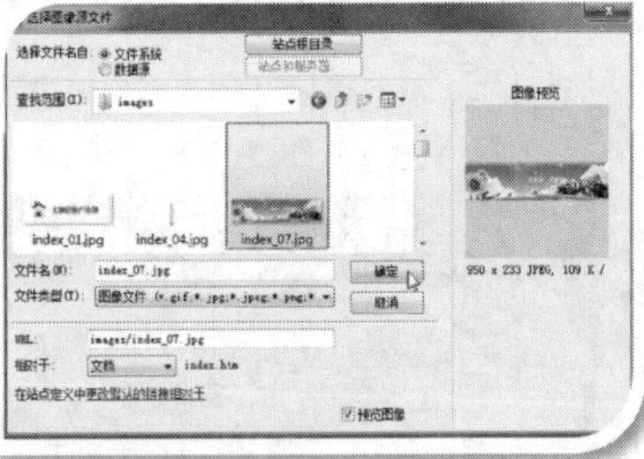

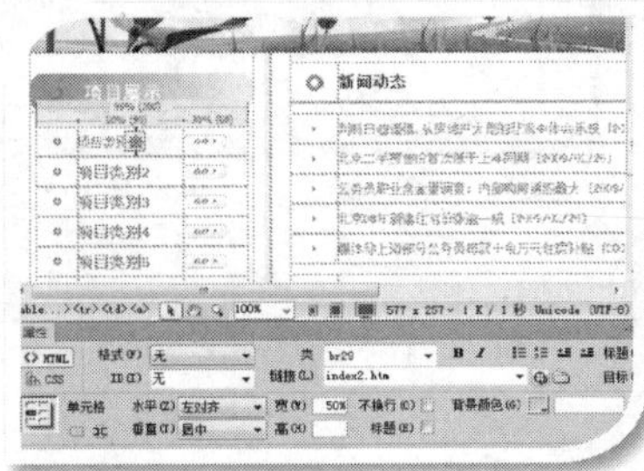

3.1 添加文本

文本是信息传播的主要符号，它在网页中同样也是信息传播的主要方式。文本占用空间小，在网络中传输速度极快，可以很快地浏览和下载。

3.1.1 添加普通文本

在 Dreamweaver CS6 中输入文字有多种方法，可以直接进行输入，也可以将文本剪切或复制过来，具体操作方法如下：

难度：★☆☆☆☆　　视频：光盘：视频\03\添加普通文本.swf

01 单击“文件”|“新建”命令，新建文档。

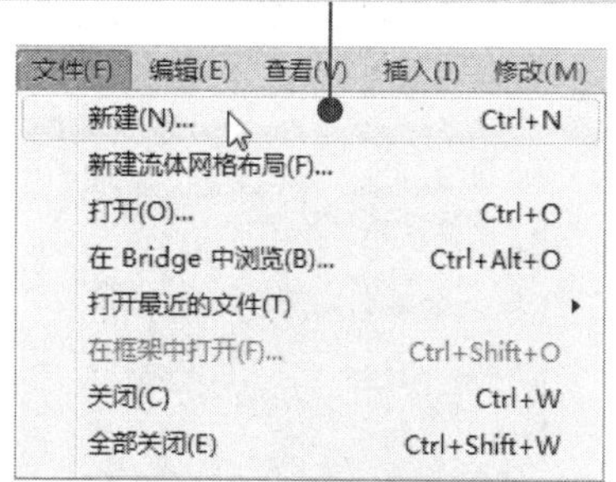

02 将光标定位在文档窗口中，输入文字。

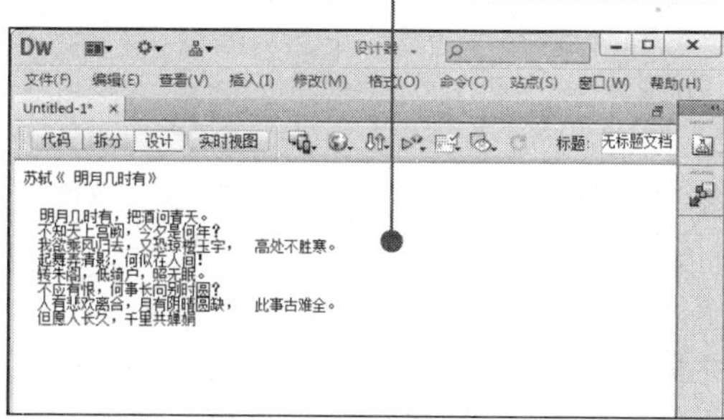

3.1.2 添加特殊符号

Dreamweaver CS6 提供了丰富的特殊字符插入功能，可以插入如注册商标、版权和货币符号等特殊符号。添加特殊符号的具体操作方法如下；

素材：光盘：素材\03\大地房地产集团.htm　　效果：光盘：无

难度：★☆☆☆☆　　视频：光盘：视频\03\添加特殊符号.swf

01 将光标移至页面底部要插入的位置。

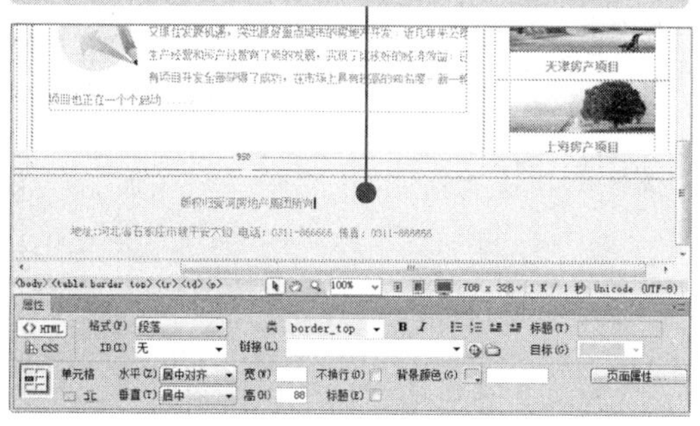

02 在“插入”面板中单击字符中的“版权”选项。

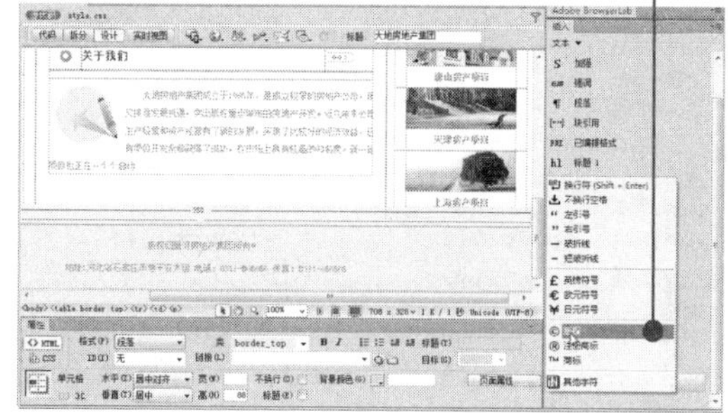

文档格式都是以 HTML 编码形式存在的，而 HTML 编码中只允许字符之间包含一个空格，所以在 Dreamweaver 中无论按多少次空格键都只会输入一个空格。

多学点

3.2 为网页添加图像

网页中的图片具有传递信息和美化网页的作用，它既是文字表达的有力补充，又是网页美化装饰中最具渲染力的元素，是网页中必不可少的元素之一。

3.2.1 为网页添加图像

图像文件的格式很多，但一般在网页中使用的图片格式并不多，主要有 GIF、JPG 和 PNG 三种格式。下面将学习如何在网页中插入图像，使网页更加美观。

素材：光盘：素材\03\大地房地产集团.htm　效果：光盘：效果\03\大地房地产集团.htm

难度：★☆☆☆☆　视频：光盘：视频\03\为网页添加图像.swf

01 将光标定位于要插入图像的位置。

02 打开“插入”面板，选择“常用”类别。

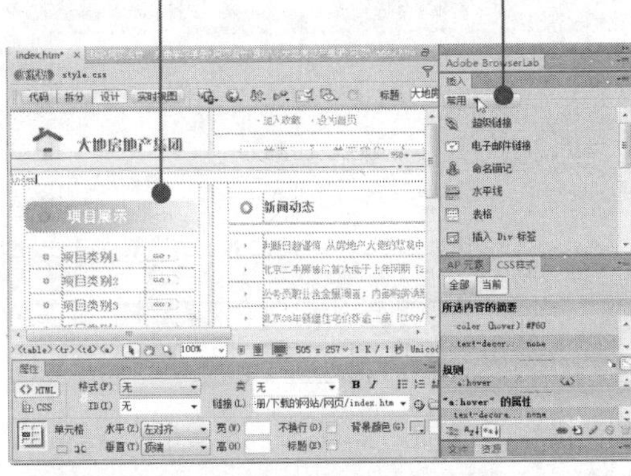

03 单击“图像”按钮。

04 选择“图像”选项。

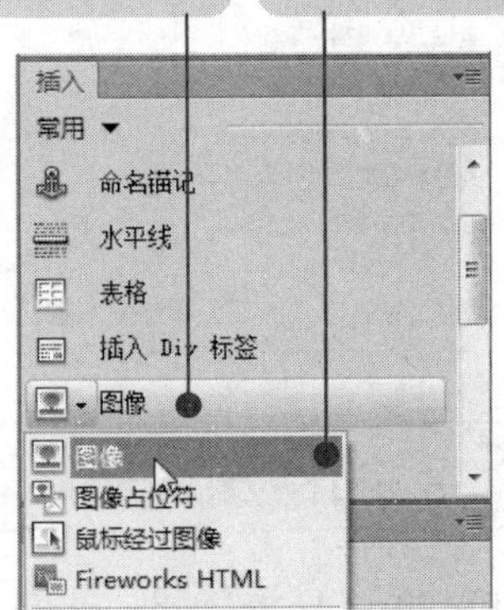

05 浏览并选中要插入的图像。

06 单击“确定”按钮。

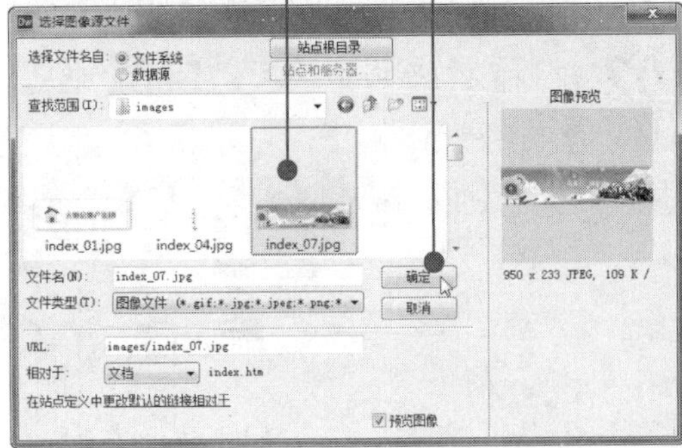

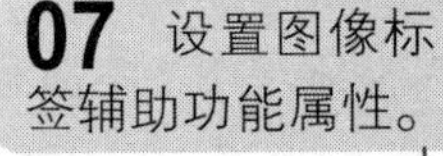

07 设置图像标签辅助功能属性。

08 单击“确定”按钮。

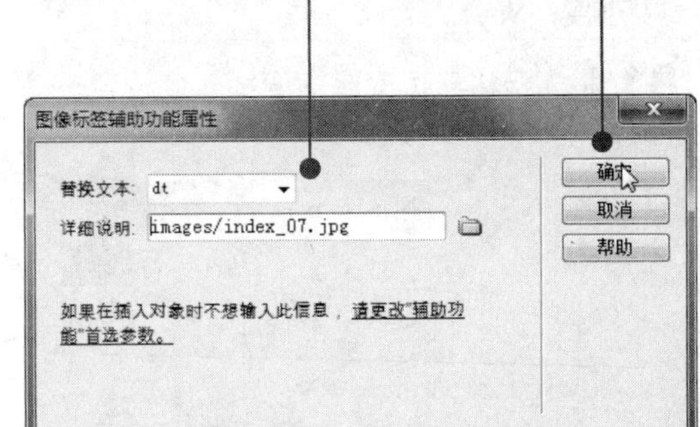

小提示：GIF 全称为“Graphics Interchange Format”，意为可交换图像格式，它是第一个支持网页的图像格式。GIF 最多支持 256 种颜色，可以使图像变得容量相当小。

09 在网页中插入所选的图像。

10 在浏览器中浏览网页，查看图像效果。

3.2.2 为网页添加占位符

图像占位符是 Dreamweaver 对图像功能的补充，是在目标图像插入网页之前所使用的替代图形。在对网页进行布局时经常用到这一功能，可以设置不同的颜色和文字来替代图像。

使用占位符插入图像的具体操作方法如下：

难度：★★☆☆☆　　视频：光盘：视频\03\使用占位符插入图像.swf

01 将光标定位于要插入占位符位置。

02 打开"插入"面板，选择"常用"类别。

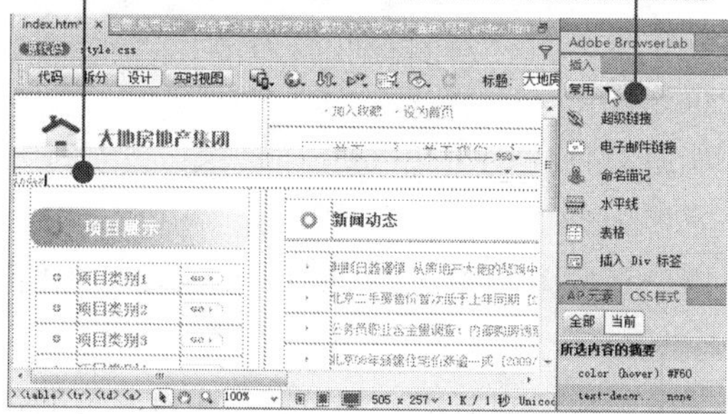

03 单击"图像"下拉按钮。

04 选择"图像占位符"。

05 设置占位符的各种属性。

06 单击"确定"按钮。

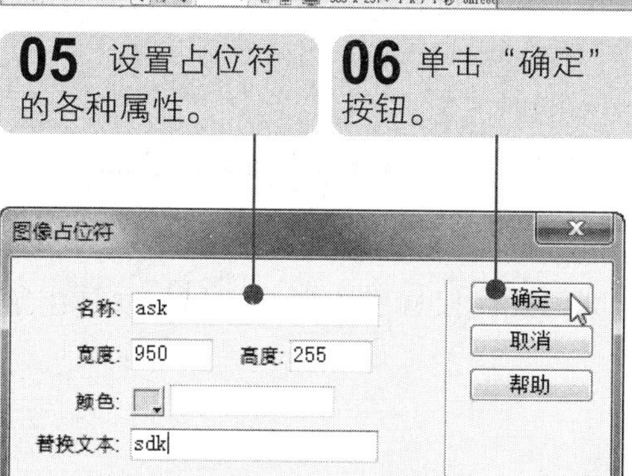

07 在文档中插入一个图像占位符。

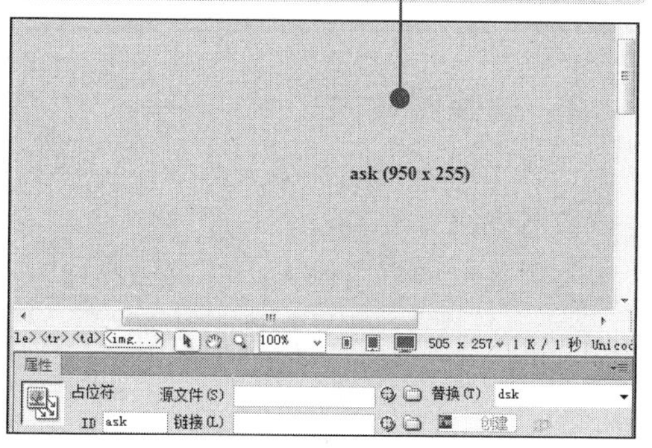

对于某些类型的图像，提供替代文本是很重要的，这样使用屏幕阅读器或只显示文本浏览器的用户就可以访问这些图像提供的文本信息。

3.2.3 图像属性的设置

在网页中插入的图像大小、位置通常需要调整才能与网页相匹配，在 Dreamweaver 中可以通过属性检查器来设置图像的基本属性，如下图所示。

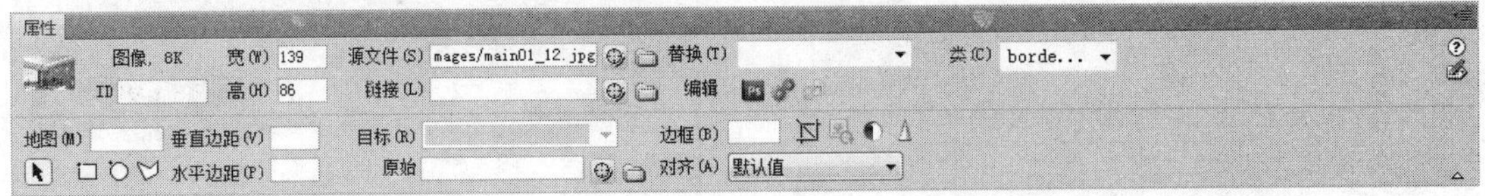

其中，各选项的作用如下：

◎ 名称：在属性检查器左上角，显示当前图像的缩略图，同时显示图像的大小。在缩略图右侧有一个文本框，可以在其中输入图像的名称。

◎ 宽、高：在这两个文本框中可以设置图像在页面中显示的宽度和高度。

◎ 源文件：该文本框用来指定图像资源的 URL 路径，可以直接在文本框中输入路径和图像文件名称，也可以单击右侧的“浏览文件”按钮，弹出“选择图像源文件”对话框，从中选择合适的图像。

◎ 链接：在该文本框中可以输入图像超链接的 URL 地址，这时图像会被设置为一个超链接，在浏览器中单击该图像，即可跳转到相应的 URL 地址上。同样，也可以单击右侧的“浏览文件”按钮，弹出“选择文件”对话框，在其中选择合适的链接对象。

◎ 替换：在该下拉列表框中可以输入图像的替换文字，这样当图像没有被显示时，相应的区域上将会显示该文字。

◎ 编辑：该选项区包括多个按钮，利用这些按钮可以对图像进行相应的编辑操作。

◎ 地图：用于在一幅图像上创建一个或多个链接热区。

◎ 垂直边距：在该文本框中可以设置图像在垂直方向上的空白间距。

◎ 水平边距：在该文本框中可以设置图像在水平方向上的空白间距。

◎ 目标：在该下拉列表框中可以设置链接页面应该载入的框架或窗口。如果图像上没有链接，则该下拉列表框无效。

◎ 边框：在该文本框中可以设置图像的边框宽度，其中的数值是以“像素”为单位的，输入 0 则表示没有边框。

◎ 对齐：在该下拉列表框中可以设置图像和文本的对齐方式。

难度：★☆☆☆☆　　视频：光盘：视频\03\图像属性的设置.swf

1. 调整图像大小

调整图像大小的方法有两种：一种是以可视化的形式用鼠标操作调整，另一种是在属性检查器中进行调整。

利用鼠标调整图像大小的具体操作方法如下：

小提示

更改值会缩放图像实例的显示大小，但这不会缩短下载时间。若要缩短下载时间并确保所有图像实例以相同大小显示，需使用图像编辑应用程序缩放图像。

01 选中网页图片，图像边框显示控制点。

02 直接用鼠标拖动图像控制点，改变其大小。

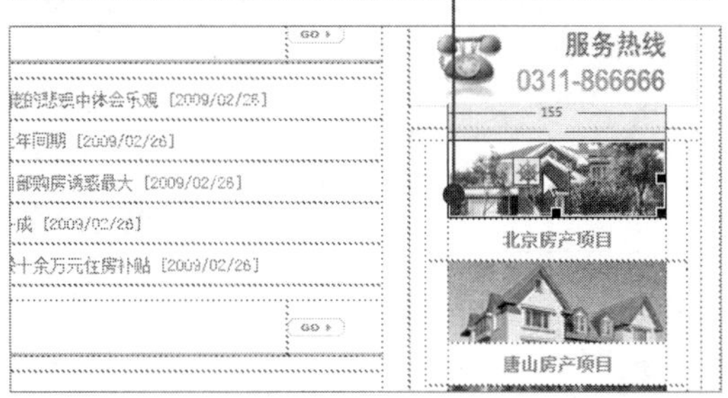

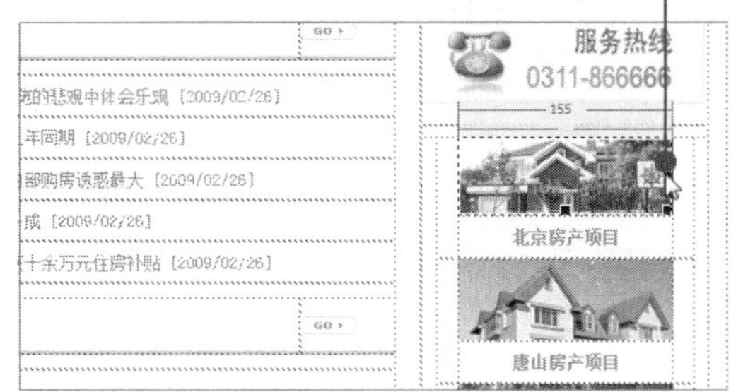

在属性检查器中调整图像大小的具体操作方法如下：

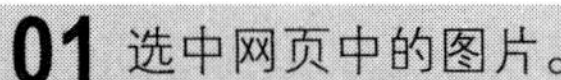

01 选中网页中的图片。

02 在属性检查器中设置图像的宽度和高度。

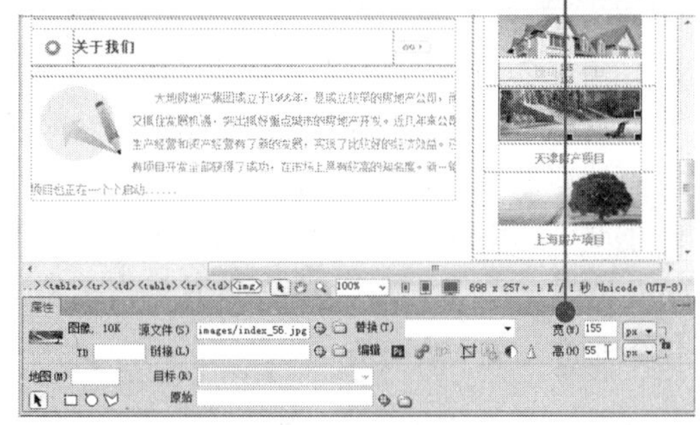

2. 设置图像对齐方式

当在文档中插入图像后，可以通过设置图像的对齐方式来调整图像的位置，使图像与同一行中的文本、另一个图像、插件或其他元素对齐。

图像的对齐方式主要包括：基线、顶端、居中、底部、文本上方、绝对居中、绝对底部、左对齐和右对齐。如下图所示为左对齐和右对齐图片对齐方式。

设置图像对齐方式的具体操作方法如下：

左对齐：图片将基于全部文本的左边对齐，如果文本内容的行数超过了图片的高度，则超出的内容再次基于页面的的左边对齐。

01 选中要调整的图像。

02 在属性检查器中设置“对齐”为“右对齐”。

03 查看设置图像对齐方式后的效果。

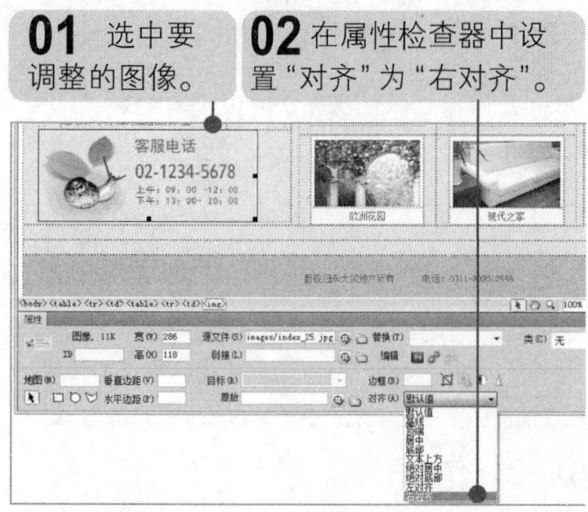

3.2.4 插入多媒体元素

一个优秀的网站应该不仅仅是由文字和图片组成的，而应该是动态的、多媒体的。为了增强网页的表现力，丰富文档的显示效果，还可以在页面中插入 Flash 动画、Java 小程序、音频播放插件等多媒体元素。

素材：光盘：素材\03\爱我家房地产集团.htm

效果：光盘：效果\03\爱我家房地产集团.htm

难度：★★☆☆☆　　视频：光盘：视频\03\插入多媒体元素.swf

1. 插入 Flash 动画

在 Dreamweaver CS6 文档中插入 Flash 动画的具体操作方法如下：

01 打开素材文件。

02 将光标定位于要插入 Flash 动画的位置。

03 选择“插入”面板中的“常用”选项。

04 单击“媒体”下拉按钮，选择 SWF。

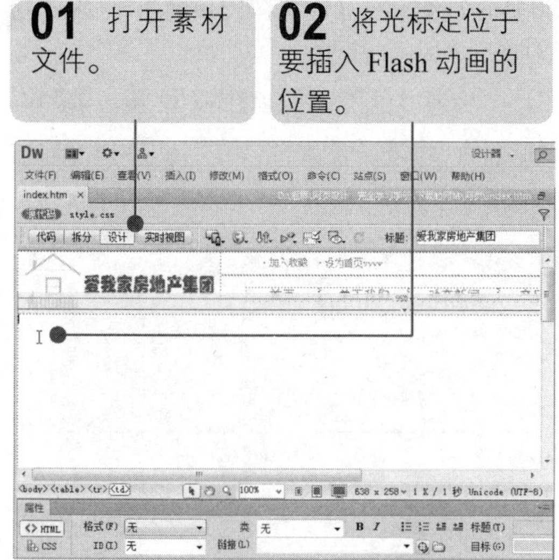

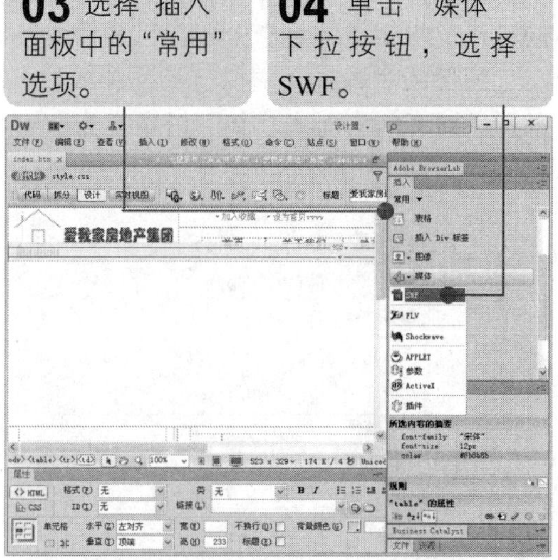

小提示　单击“插入”|“媒体”|“SWF”命令，弹出“选择 SWF”对话框，从中选择合适的 SWF 影片也可以完成 Flash 动画的插入。

05 选择需要的 SWF 文件。

06 单击“确定”按钮。

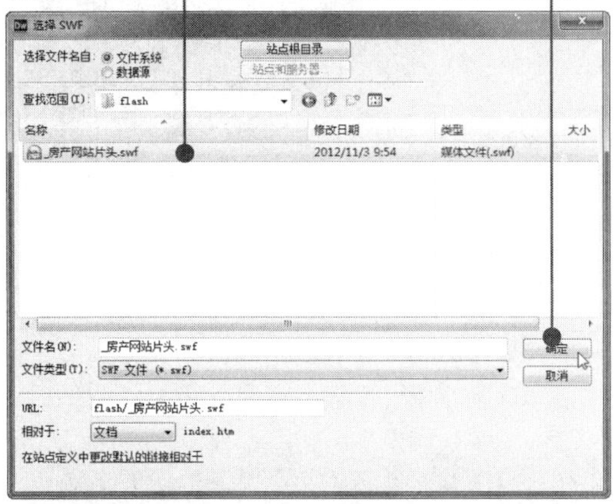

07 设置对象标签辅助功能属性。

08 单击“确定”按钮。

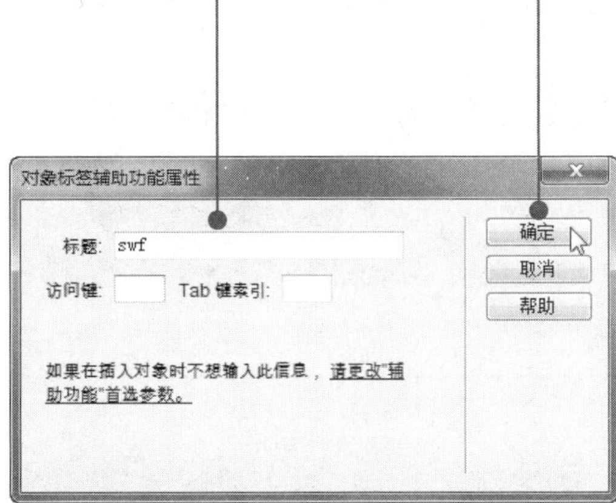

09 将所选文件插入到指定位置。

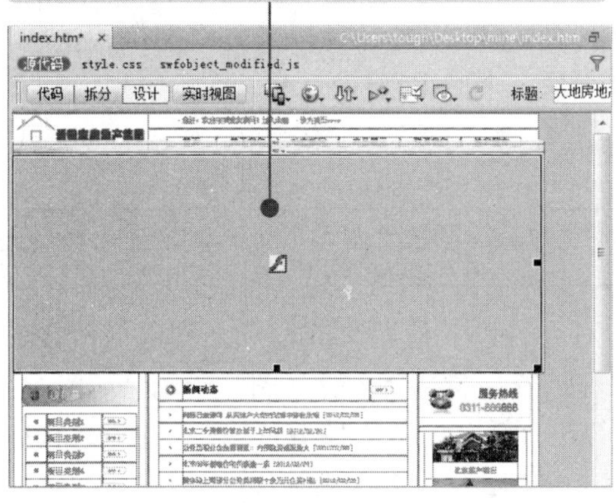

10 单击按钮或按【F12】键，进行浏览。

2. 修改 Flash 动画的属性

在网页中插入 Flash 动画后，单击插入的动画，即可在“属性”面板中显示所选动画的各项属性，通过修改其中的选项可以更改所插入的动画，具体操作方法如下：

01 单击插入的动画文件。

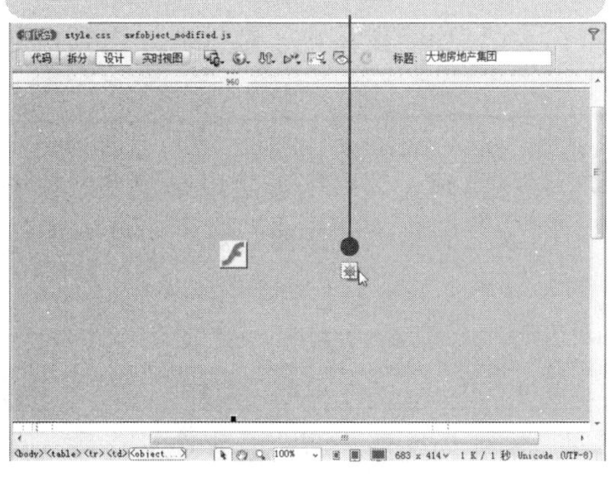

02 在“属性”面板中调整“宽”和“高”。

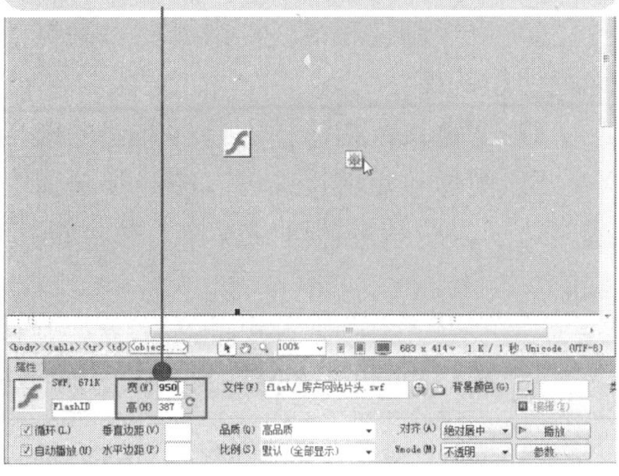

背景颜色：指定影片区域的背景颜色。在不播放影片时（加载时和播放后）显示此颜色。

循环：选中此复选框，动画将在浏览器端循环播放。

03 按【F12】键，在浏览器中进行浏览。

3.3 为网页创建超链接

超链接是指从一个网页指向一个目标的连接关系，这个目标可以是另一个网页，也可以是相同网页上的不同位置，还可以是一个图片、一个电子邮件地址、一个文件，甚至是一个应用程序。

3.3.1 超链接的类型

超链接在本质上属于网页的一部分，它是一种允许同其他网页或站点之间进行链接的元素。超链接可以是网页中的一段文字也可以是一张图片，甚至可以是图片中的某一部分。它允许网页元素与其他网页、站点、图片、文件等进行链接，从而使Internet上的信息构成一个有机的整体。在网页设计中，超链接的应用非常广泛，熟练应用超链接是设计网页的基本要求。

常见的超链接有以下几种类型：

◎ 网页间超链接：指链接到其他文档或文件（如图形、电影或声音文件等）的超链接。

◎ 网页内超链接：也称为命名锚链接，指链接到本地站点中同一页或其他页特定位置的超链接。

◎ 电子邮件超链接：指可以启动电子邮件程序，允许用户撰写电子邮件并发送到指定地址的超链接。

◎ 空链接：指未指定目标文档的链接。

◎ 图像热点链接：可以在一张图像上创建多个链接区域，这些区域可以是矩形、圆形或多边形，这些链接区域就称为热点链接。当单击图像上的热点链接时，就会跳转到所链接的页面上。

3.3.2 创建与网页文档的链接

在了解了超链接的类型后，下面将详细介绍如何创建超链接。与网页文档的链接是最

小提示

网页中的链接按照链接路径的不同，可以分为相对路径和绝对路径。相对路径就是相对于当前文件的路径；绝对路径是指包括服务器规范在内的完全路径，通常使用http://来表示。

常见的超链接类型，利用这种链接可以从一个文档跳转到另一个文档。

若要创建与网页文档的链接，具体操作方法如下：

素材：光盘：素材\03\大地房地产集团.htm

效果：光盘：无

难度：★★☆☆☆　　视频：光盘：视频\03\创建与网页文档的链接.swf

01 选中要创建链接的对象，可以是文本或图像。

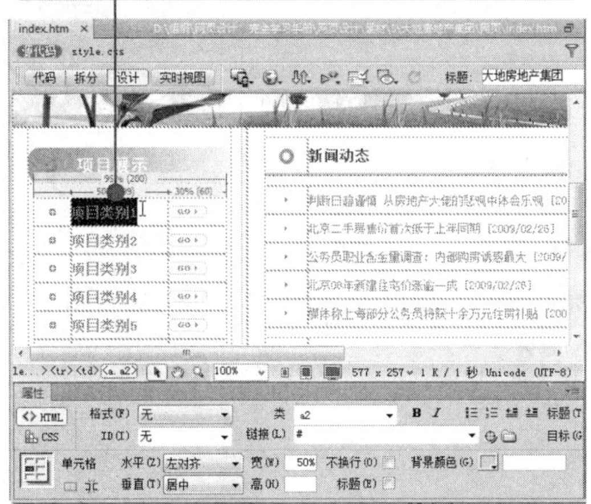

02 单击“链接”文本框右侧“浏览文件”按钮。

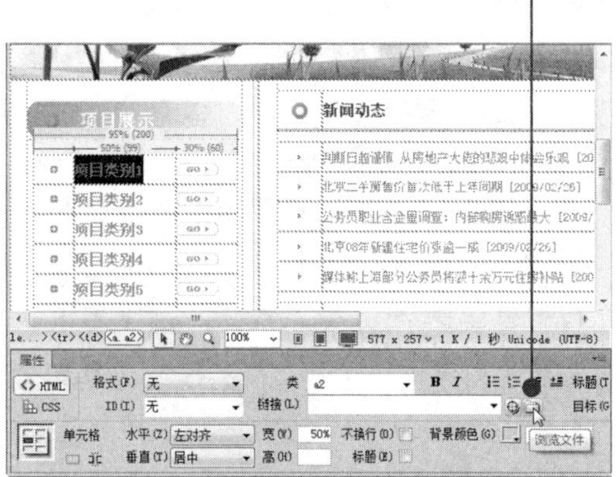

03 选择需要链接的文档。

04 单击“确定”按钮。

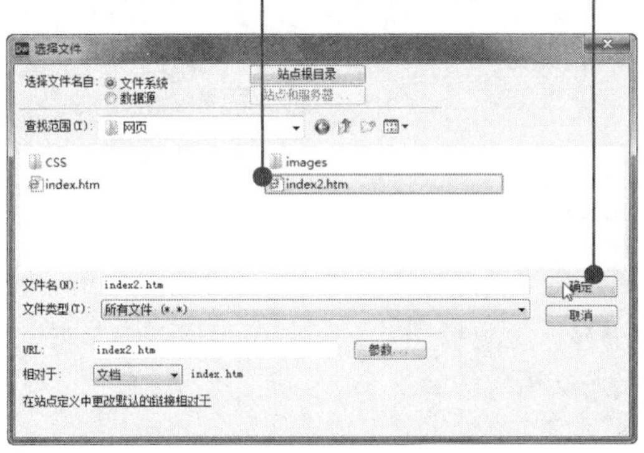

05 此时，即可建立相应的链接。

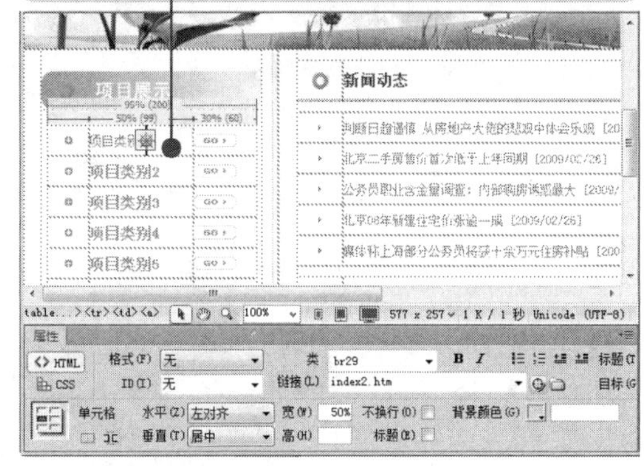

3.3.3 创建电子邮件链接

电子邮件链接是一种特殊的链接，单击此类链接不是跳转到相应的网页上，而是启动电脑中的 E-Mail 程序。

创建电子邮件链接的具体操作方法如下：

难度：★★☆☆☆　　视频：光盘：视频\03\创建电子邮件链接.swf

超链接可以通过设置链接的颜色来表示链接是否已经被单击，注意这是在<body>标签中设置的，而不是在<a>标签中。

01 选择目标文本或图像。

02 在属性检查器“链接”下拉列表框中输入“mailto:”和邮箱地址。

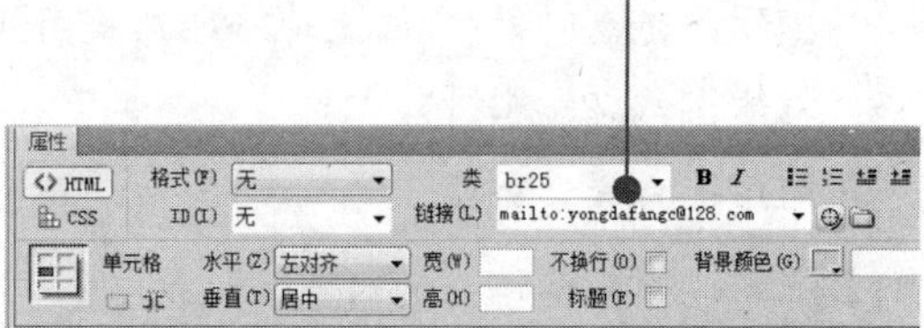

3.3.4 创建图像热点链接

热点链接是在一张图像中设置多处热点，可以分别为这些热点设置不同的链接。在设置热点时，热点链接区域可以是规则的，也可以是不规则的。用户可以选择使用矩形、椭圆形和多边形三种热点工具。

创建热点链接的具体操作方法如下：

难度：★★☆☆☆　　视频：光盘：视频\03\创建图像热点链接.swf

01 选中要创建链接的图片。

02 在属性检查器中单击任一形状的热点工具按钮。

03 用热点工具在选中的图像上绘制热点区域。

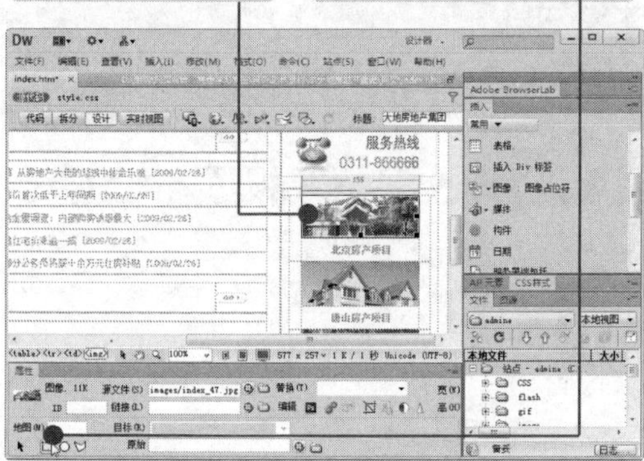

04 选中绘制的热点区域。

05 在属性检查器“链接”文本框中输入要链接的文件。

06 重复操作，绘制多个热点区域，并建立相应的链接。

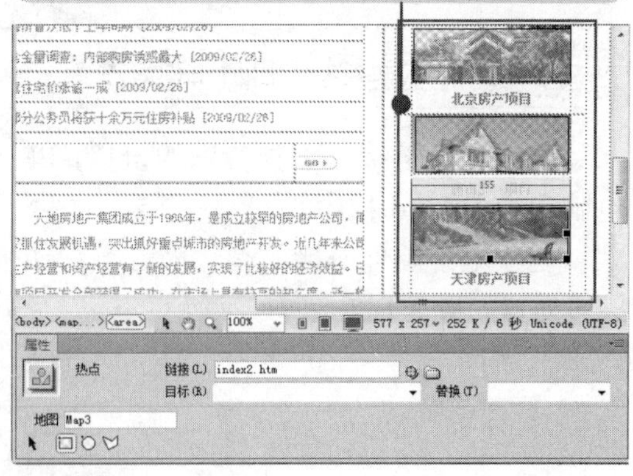

小提示

一个<area>代表一个“热点区域”，它拥有4个重要属性：shape指明区域的形状；href为热点区域链接的URL地址；targe为目标；alt为替换文本。

3.3.5 创建锚链接

当用户浏览一个内容较多的网页时，查找信息会浪费大量的时间。在这种情况下，可以在网页中创建锚链接，定位于页面中作为书签。单击相应的锚链接，就会跳转到页面中指定的位置。

创建锚链接的具体操作方法如下：

难度：★★☆☆☆　　视频：光盘：视频\03\创建锚链接.swf

01 将光标定位于将要设置锚记的位置。

02 单击"插入"面板中的"命名锚记"按钮。

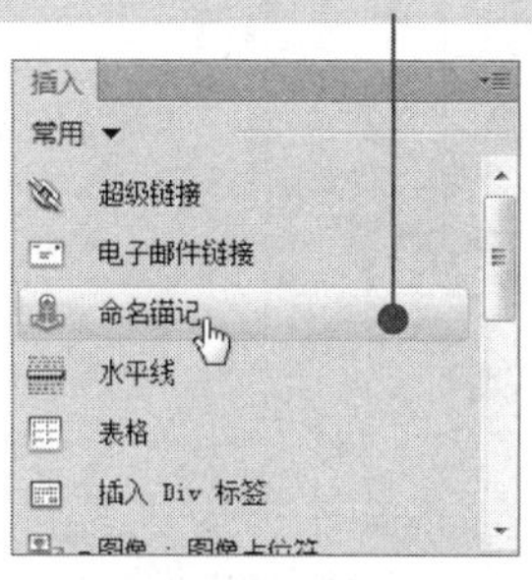

03 输入锚记名称。

04 单击"确定"按钮。

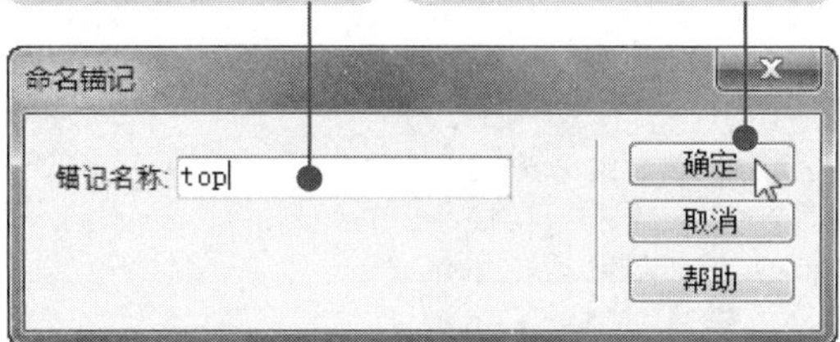

05 在网页中插入了一个锚记。

06 选择作为超链接的文字。

07 在属性检查器"链接"文本框中输入锚记名称。

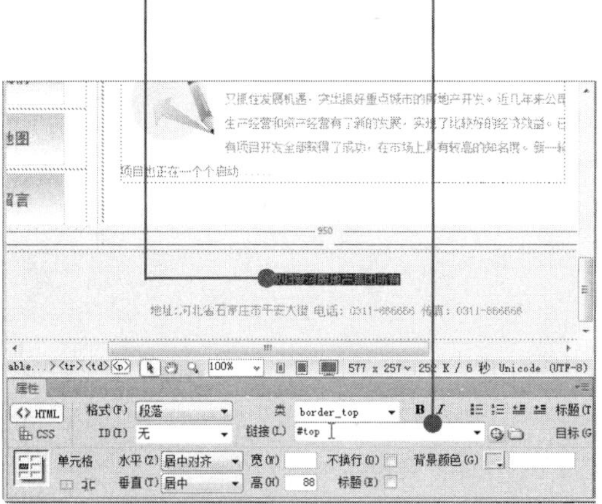

08 在浏览器中单击版权信息，即可返回页面顶部。

命名锚点名称规则：在一个文档中锚点的名称是唯一的；<a>标签的 ID 属性可以替代 name 属性，用于命名锚点的相关操作，因此 ID 属性的名称和 name 属性的名称同样不可以重复。

3.3.6 创建空链接

空链接是指未指定目标文档的链接。使用空链接可以为页面上的对象或文本附加行为，具体操作方法如下：

难度：★★☆☆☆　　视频：光盘：视频\03\创建空链接.swf

01 选中要创建空链接的图片。

02 在属性检查器“链接”文本框中输入“#”。

03 预览设置效果，单击后不会跳转到其他页面。

超链接是怎么进行分类的呢？

按链接载体分为文本链接和图像链接；按链接目标分为内部链接、外部链接、锚点链接、E-mail链接和执行文件链接。

小提示　使用空链接不会跳转到任何位置，对于附加 Dreamweaver 行为有特殊作用。

预计学习时间 60 分钟 

Chapter 04

使用表格布局网页

若要制作一个既美观又能充分利用有限空间的专业网页，就需要对网页的版面进行合理的布局。Dreamweaver CS6 提供了多种强大的页面布局工具，本章将学习如何使用表格布局网页。

要点导航

- 使用表格布局页面
- 在表格中添加内容
- 编辑表格

重点图例

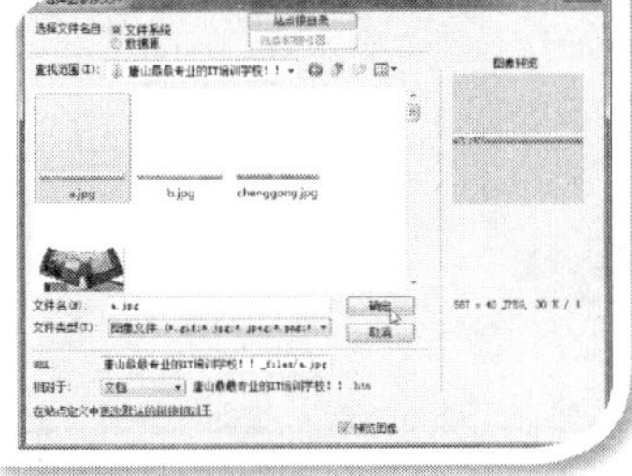

4.1 使用表格布局页面

表格是网页中一个重要的容器元素，它能使网页结构紧凑、整齐，使网页内容显示一目了然。在 Dreamweaver 中不仅可以简便、快捷地创建表格，进行表格修改操作也很方便。

4.1.1 创建普通表格

表格（Table）在网页制作中是一个非常重要的概念，它是由不同的行、列、单元格组成的一种能够有效描述信息的组织方式。表格在网页中使用非常普遍，如使用表格进行布局，规划网页中的各种元素等。

Dreamweaver CS6 提供了多种插入表格的方法，下面将详细介绍如何在网页中插入表格。

素材：光盘：素材\04\IT 培训学校.htm　　效果：光盘：无

难度：★★☆☆☆　　视频：光盘：视频\04\ 创建普通表格.swf

1．利用“插入”面板插入表格

利用“插入”面板插入表格的具体操作方法如下：

01 打开素材文件。

02 在“插入”面板中单击“表格”按钮。

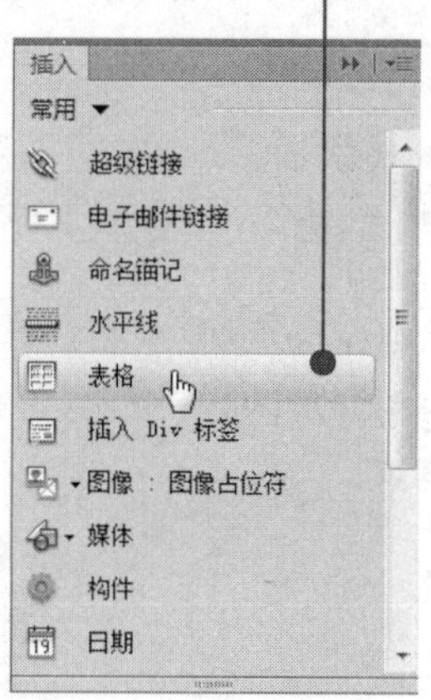

高手点拨

如果窗口中没有显示“插入”面板，单击“窗口”|“插入”命令即可打开此面板，或按【Ctrl+F2】组合键也可以快速打开“插入”面板。

表格是用于在页面上显示表格式数据，以及对文本和图形进行布局的强而有力的工具。

03 设置所需的表格参数。

04 单击“确定”按钮。

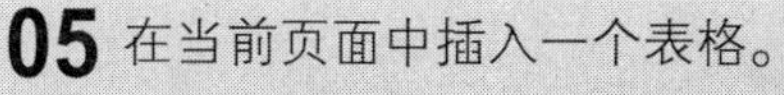

05 在当前页面中插入一个表格。

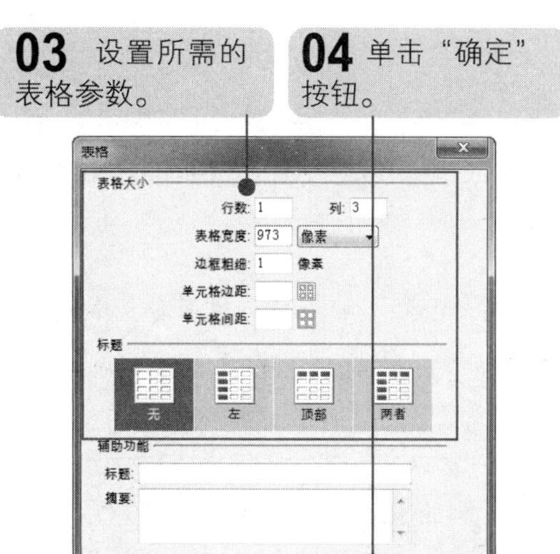

2. 利用菜单命令插入表格

利用菜单命令插入表格的具体操作方法如下：

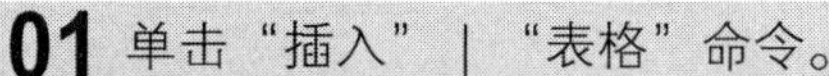

01 单击“插入”|“表格”命令。

02 设置所需表格的各项属性。

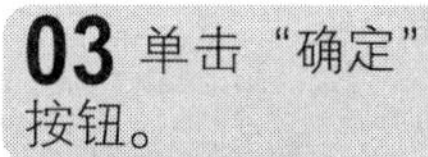

03 单击“确定”按钮。

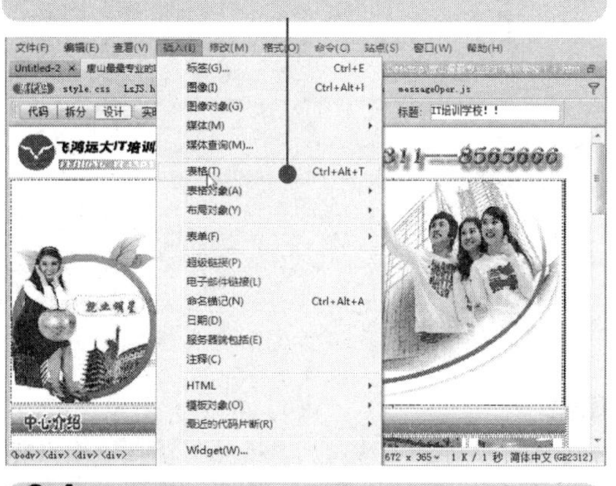

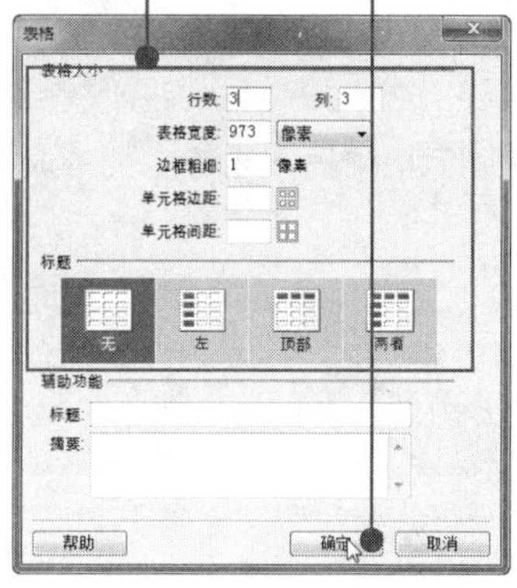

04 在页面中插入 3 行 3 列表格。

除了以上两种插入表格的方法外，使用【Ctrl+Alt+T】组合键也可以快速插入表格。

边框粗细用于设置表格边框的宽度。如果设置为 0，浏览时则看不到表格的边框。

4.1.2 创建嵌套表格

在表格中插入新的表格，称为表格的嵌套，采用这种方式可以创建出复杂的表格布局，这也是网页布局常用的方法之一。

创建嵌套表格的具体操作方法如下：

难度：★★☆☆☆　　视频：光盘：视频\04\创建嵌套表格.swf

01 将光标移至目标单元格中。

02 在"插入"面板"常用"栏中单击"表格"按钮。

03 设置表格的各项属性。

04 单击"确定"按钮。

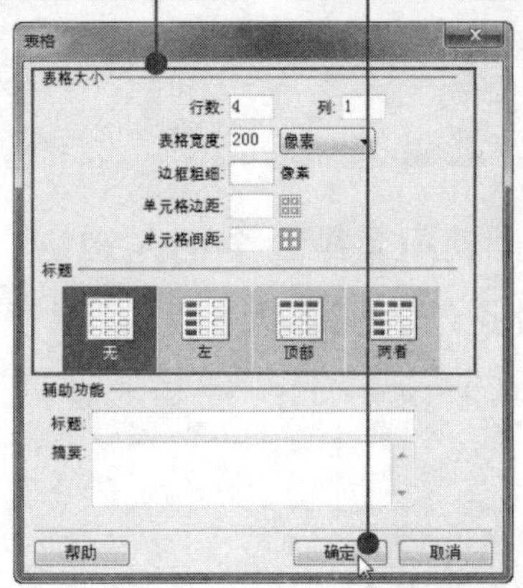

05 在单元格中插入4行1列的表格。

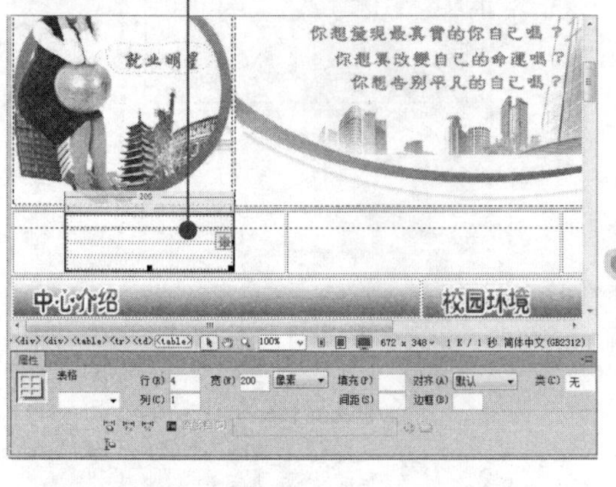

嵌套表格的宽度受表格单元的限制，也就是说所插入的表格宽度不会大于容纳它的单元格宽度。

比如我们现在看一下表格内的单元格有多宽，可以将光标定位在第一个单元格内，然后单击属性面板下的这个按钮。

高手点拨

网页的排版有时会很复杂，在外部需要一个表格来控制总体布局，如果内部排版的细节也通过总表格来实现，容易引起行高列宽等的冲突，给表格的制作带来困难。其次，浏览器在解析网页的时候，是将整个网页的结构下载完毕之后才显示表格，如果不使用嵌套，表格非常复杂，浏览者要等待很长时间才能看到网页内容。

小提示　设计网页时，可以先使用较大的表格设置出网页的基本版面，然后再通过嵌套表格对网页细节进行设计，这是最传统的网页布局手段。

4.2 在表格中添加内容

在创建表格后，可以在表格中添加所需的各种内容。下面将学习如何在表格中添加文本、图像等网页元素。

4.2.1 在表格中插入图像

在设计网页时，图像是一个重要的元素，因此在表格中插入图像是一种常用的操作，具体操作方法如下：

难度：★★☆☆☆　　视频：光盘：视频\04\在表格中插入图像.swf

01 将光标移至需要插入图像的单元格中。

02 在“插入”面板“常用”栏中单击“图像”按钮。

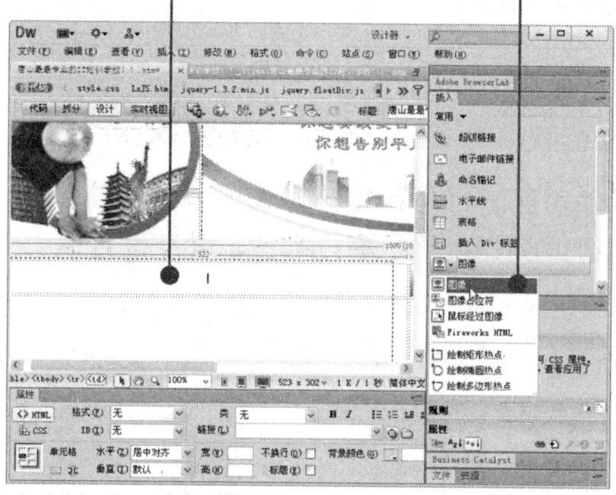

03 选择要插入的图像文件。

04 单击“确定”按钮。

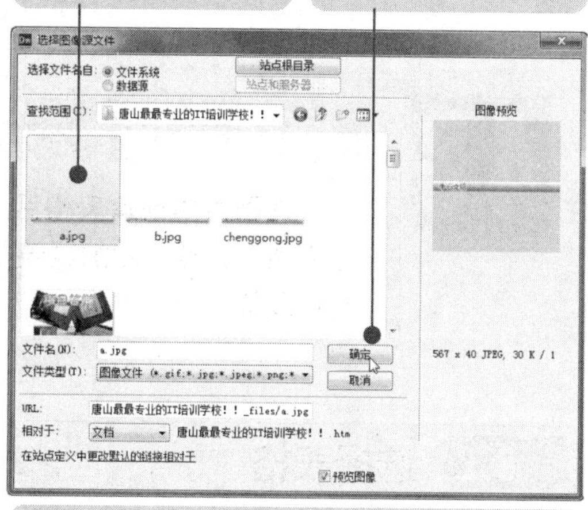

05 设置图像标签辅助功能属性。

06 单击“确定”按钮。

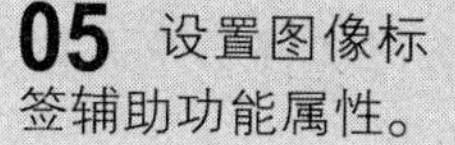

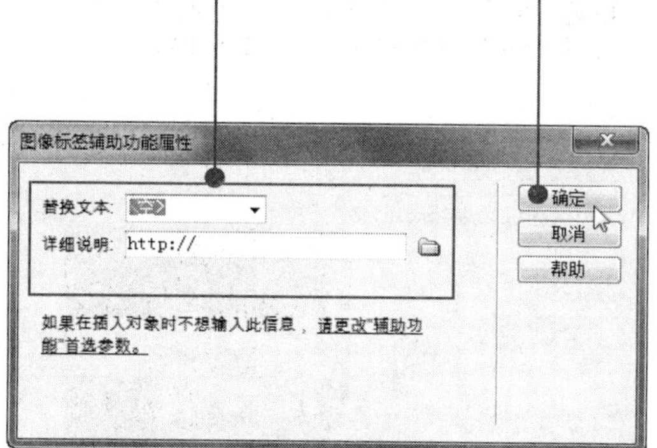

07 在单元格中插入所需的图像。

插入图像：单击“插入”选项卡，在弹出的下拉列表中选择“图像”选项；使用【Ctrl+Alt+I】快捷方式；直接将图片拖放到工作区中。

多学点

4.2.2 在表格中添加文本

若要在表格中添加文本，可将光标移至表格单元格中，通过键盘直接在单元格中输入文字，或由其他文档复制并粘贴文字到当前单元格中，具体操作方法如下：

难度：★★☆☆☆　　视频：光盘：视频\04\在表格中添加文本.swf

01 将光标移至单元格中，插入 1 行 1 列，宽度为 90%的表格。

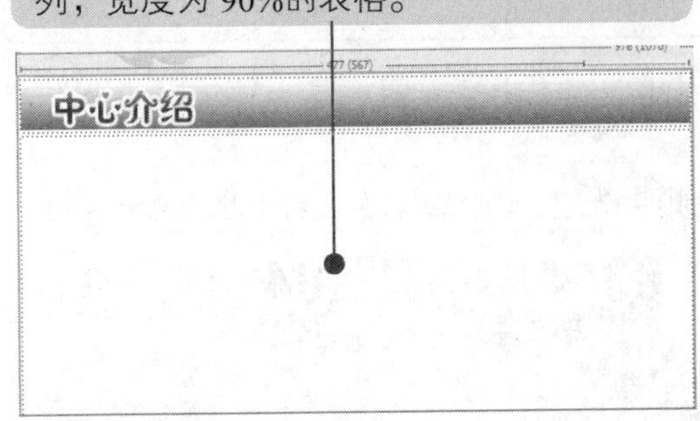

02 将光标移至刚插入的表格中，输入或粘贴文字即可。

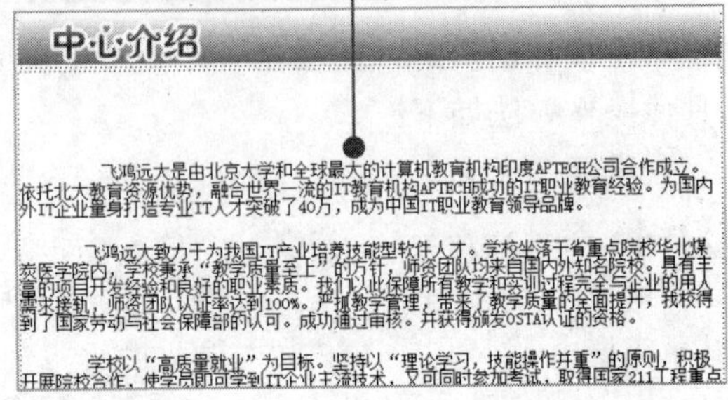

4.3 编辑表格

在网页中创建表格后，还可以对其进行各种编辑操作，如合并或拆分表格单元格、添加或删除表格行或列、调整行高或列宽，以及设置表格标题等。

4.3.1 选择表格

在对插入的表格进行编辑前，应首先选择表格中要编辑的区域，可以选择整个表格、一行、一列、连续或不连续的多个单元格。选择表格的具体操作方法如下：

难度：★☆☆☆☆　　视频：光盘：视频\04\选择表格.swf

01 打开要进行表格操作的网页文件。

02 若选择不连续的多个单元格，可按住【Ctrl】键单击对应的单元格。

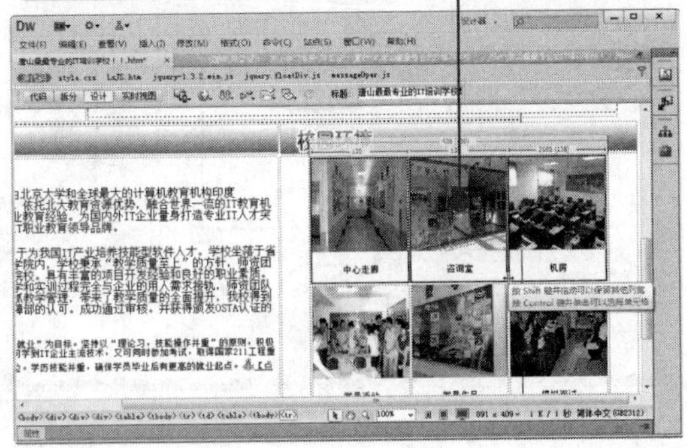

小提示

当光标移动到表格、行、列或单元格上时，Dreamweaver 将高亮显示选择区域中的所有单元格。当表格没有边框，单元格跨多行或多列或者表格嵌套时，这一功能非常有用。

03 若选择连续的多个单元格，则按住鼠标左键向各个方向拖动即可。

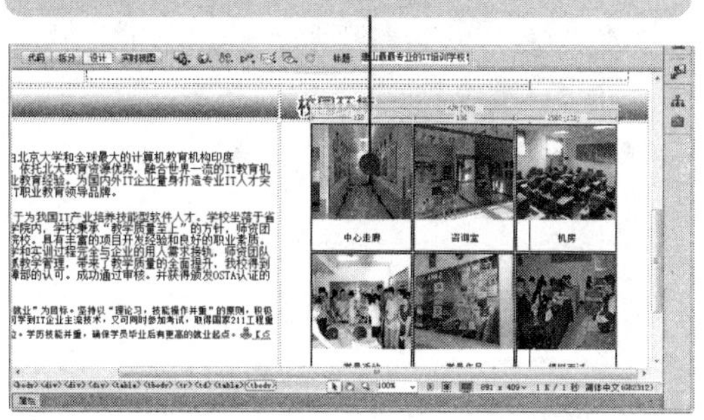

04 若选择整个表格，将光标置于某个单元格中。

05 选择标签选择器上的 table 标签。

4.3.2 拆分与合并单元格

拆分单元格是指将一个单元格拆分为多个单元格，合并单元格是指将多个连续的单元格合并成一个单元格。合并与拆分单元格有很多方法，下面将介绍使用快捷菜单操作的方法。

难度：★☆☆☆☆　　视频：光盘：视频\04\拆分与合并单元格.swf

1. 合并单元格

在表格的使用过程中，有的内容需要占两个或两个以上的单元格，此时需要把多个单元格合并成一个单元格，具体操作方法如下：

01 打开要进行表格操作的网页文件。

02 选择将要合并的几个单元格。

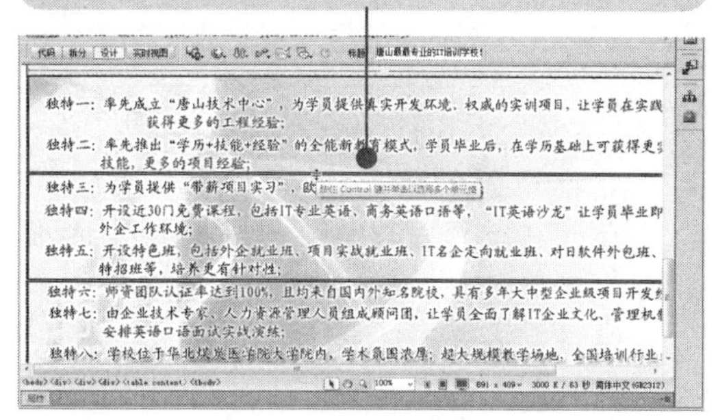

03 右击单元格，选择“表格”|“合并单元格”选项。

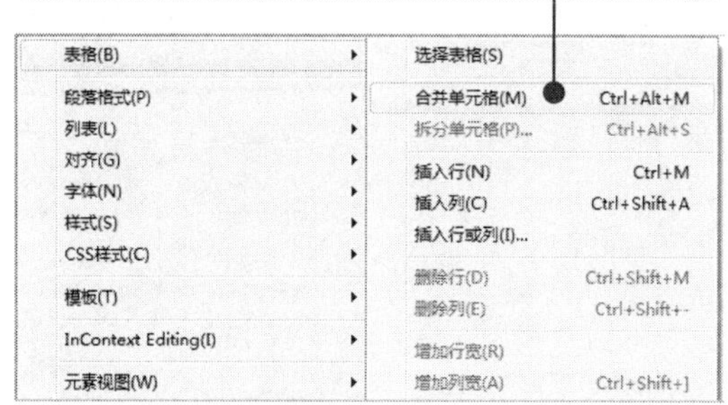

04 选中的单元格即可被合并成 1 个单元格。

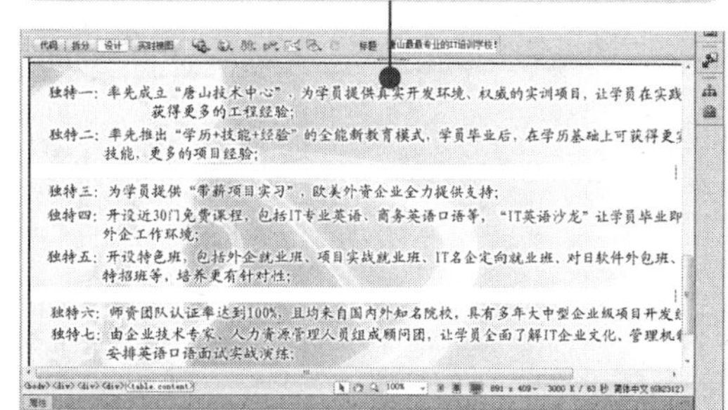

合并单元格还有其他方法，选择要合并的单元格，单击“修改”|“表格”|“合并单元格”命令或按【Ctrl+Alt+M】组合键即可合并单元格。

多学点

2．拆分单元格

拆分单元格的具体操作方法如下：

01 将光标移至要被拆分的单元格中。

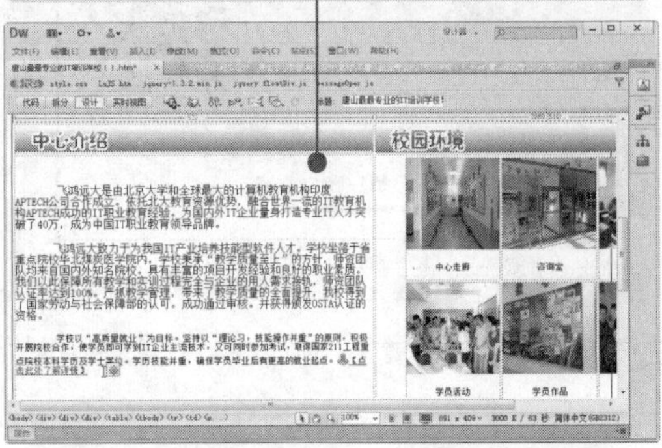

02 右击单元格，选择“表格”|“拆分单元格”选项。

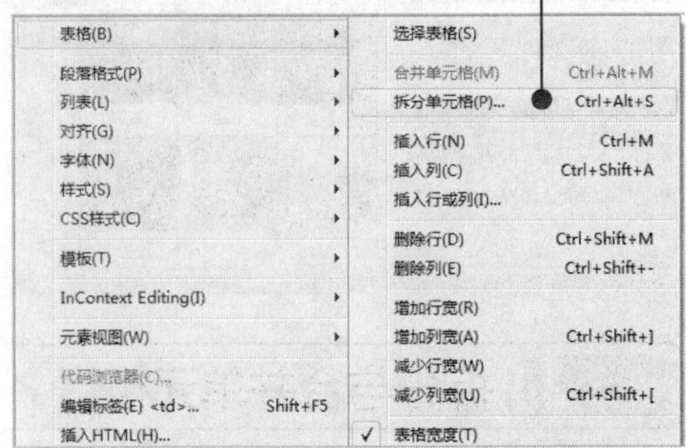

03 设置将单元格拆分成的行数或列数。

04 单击“确定”按钮。

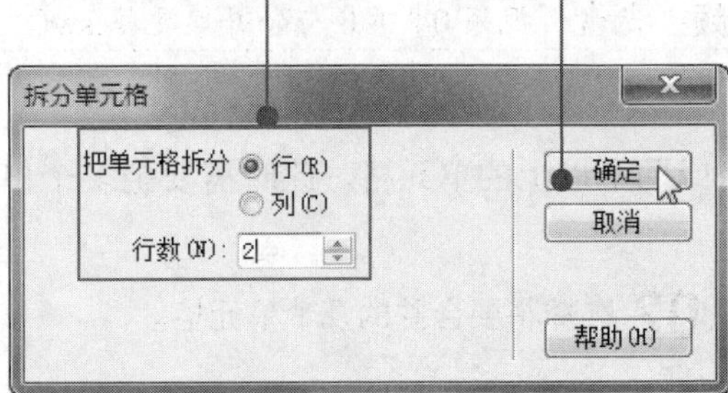

05 查看效果，单元格被拆分成2行。

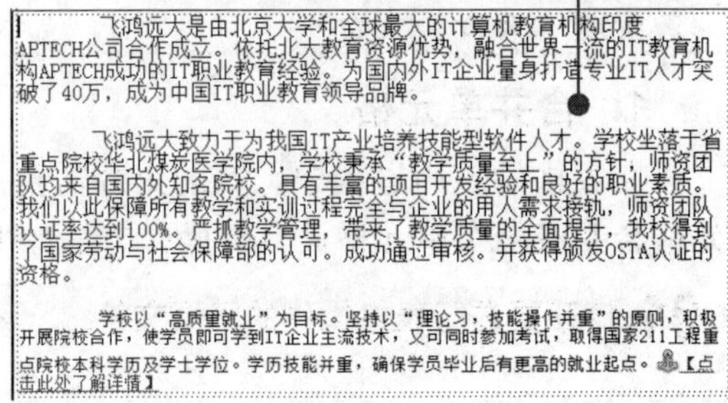

4.3.3 添加与删除行和列

在制作网页的过程中，在表格中添加行或列是经常用到的表格基本操作之一。下面将详细介绍行和列的添加与删除方法。

难度：★★☆☆☆　　视频：光盘：视频\04\添加与删除行和列.swf

1．添加行和列

当表格的行或列不足时，就需要添加行或列。添加行或列的具体操作方法如下：

01 将光标移至要插入行的单元格中。

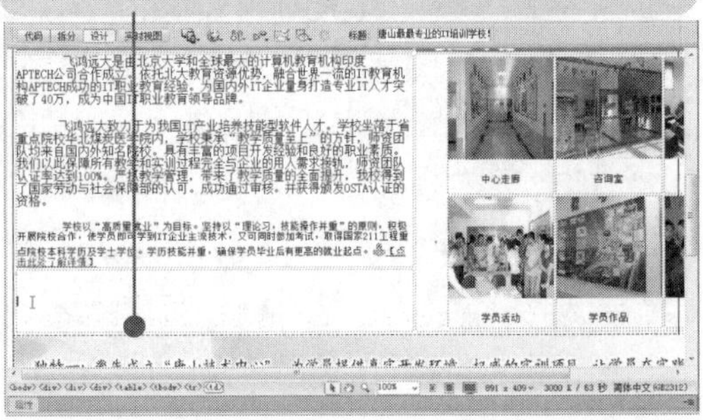

02 右击单元格，选择“表格”|“插入行或列”选项。

小提示：选择要拆分的单元格，按【Ctrl+Alt+S】组合键或单击“修改”|“表格”|“拆分单元格”命令也可以实现单元格的拆分。

03 选中“行”，设置行数和位置。

04 单击“确定”按钮。

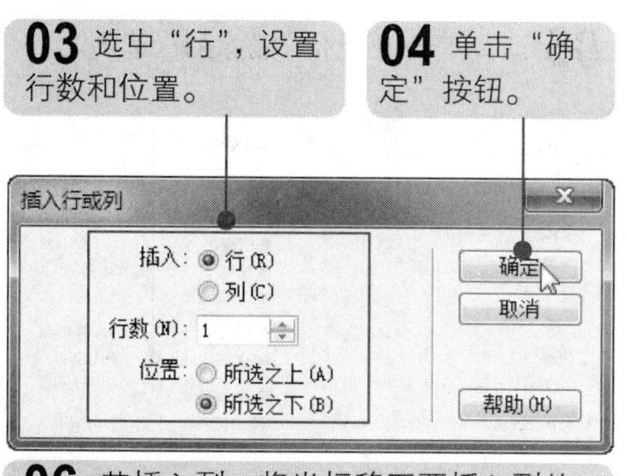

05 查看插入行后的表格效果。

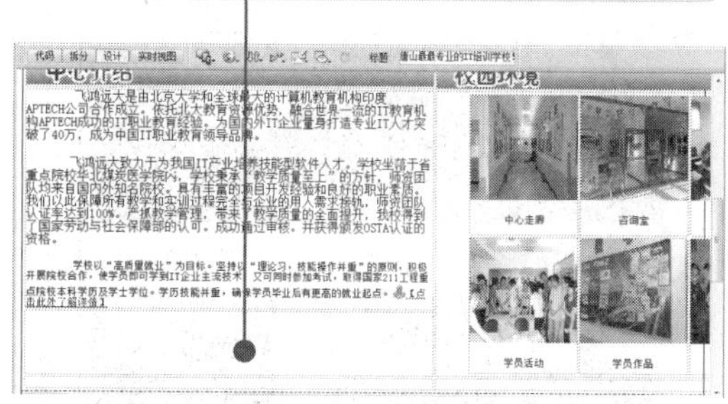

06 若插入列，将光标移至要插入列的某一单元格中。

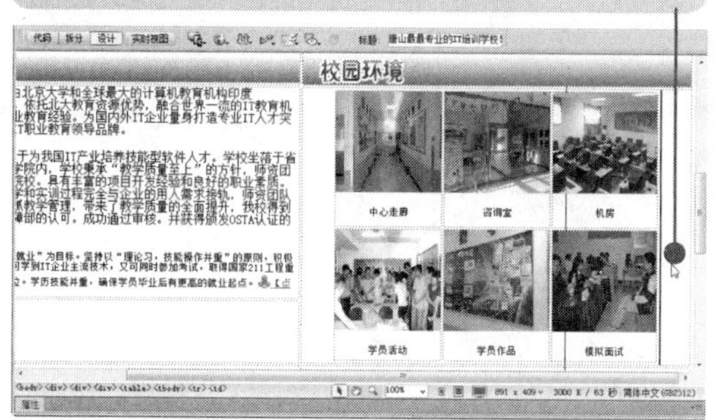

07 右击单元格，选择“表格”|“插入行或列”选项。

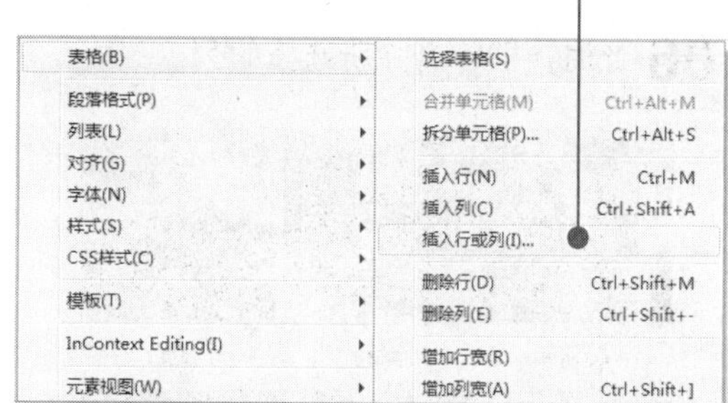

08 选中“列”，设置列数和位置。

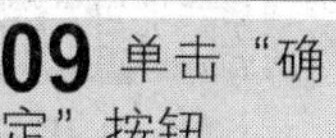

09 单击“确定”按钮。

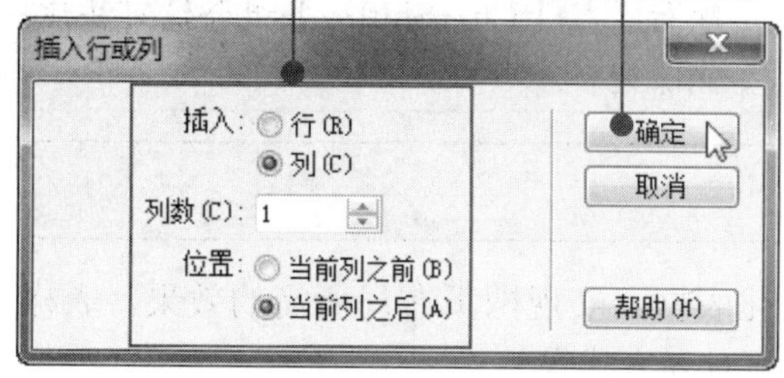

10 查看效果，在表格中插入 1 列。

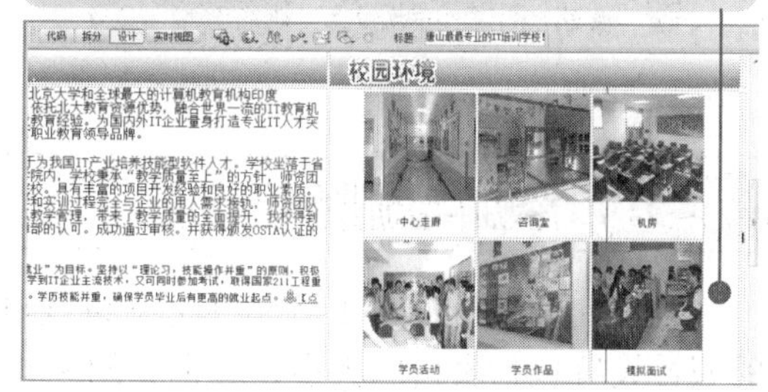

2. 删除行和列

若在表格中出现多余的行或列，可以将其删除，具体操作方法如下：

01 在表格中右击要删除的行。

02 选择“表格”|“删除行”选项。

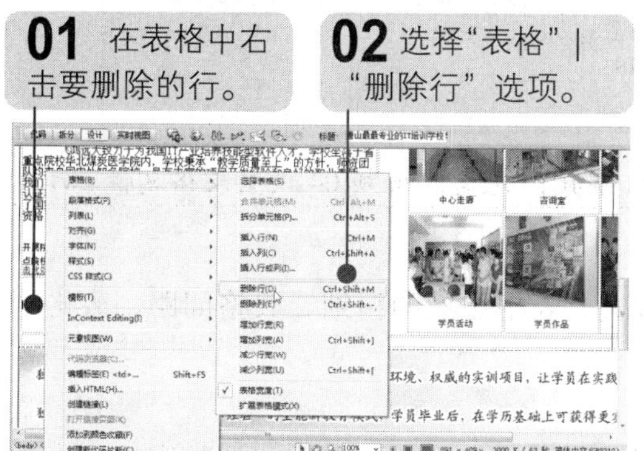

03 查看删除所选行后的效果。

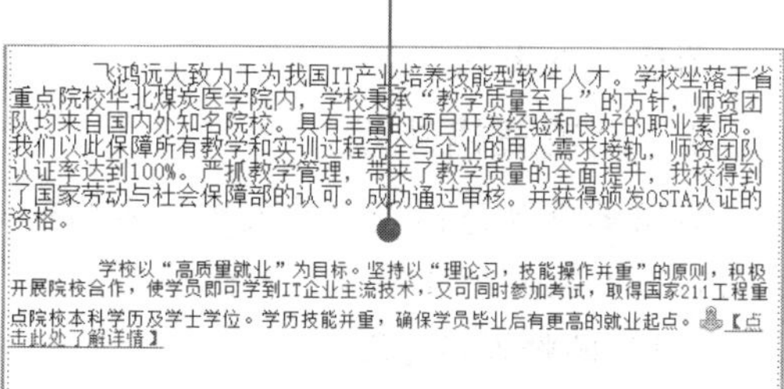

选中整个表格，在“属性”检查器中的“行”或“列”文本框中输入数值也可以实现行或列的添加与删除。

04 若要删除列，则将光标移至要删除列的某一单元格中并右击。

05 选择“表格” | “删除列”选项。

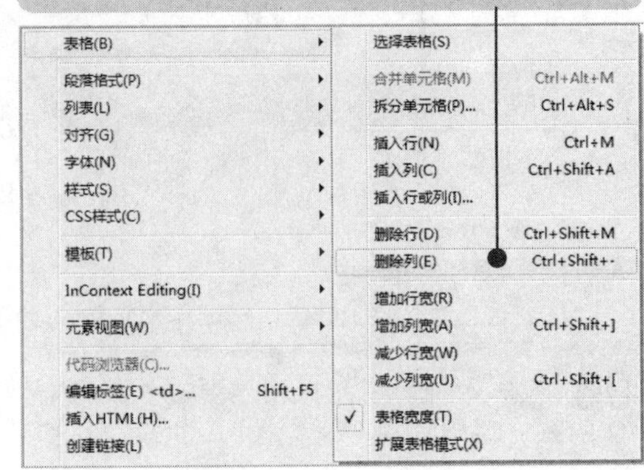

06 此时，即可删除所选择的列。

高手点拨

按【Ctrl+Shift+M】组合键可快速删除行，按【Ctrl+Shift+-】组合键可快速删除列。

4.3.4 添加与删除行和列

利用属性检查器对表格属性进行设置可以美化表格，实现网页布局所需的效果。表格的属性设置包括表格的大小、边框、间距、填充和对齐方式等。

选择表格后，属性检查器就会显示相应的属性。选择整个表格时，其检查器中的选项如下图所示。

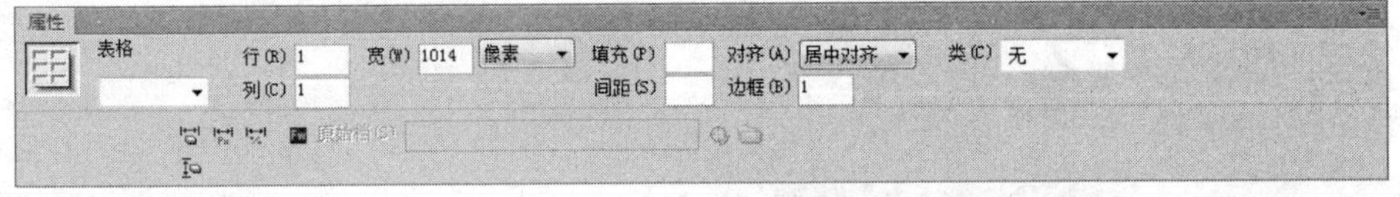

难度：★★☆☆☆　　视频：光盘：视频\04\设置表格属性.swf

1. 设置表格外观

表格的外观包括表格的大小、表格的对齐方式、表格边框的粗细、表格间距、表格填充等，下面将介绍如何设置表格外观。

（1）调整表格宽度

表格宽度是以“像素”为单位或表示为占浏览器窗口宽度的百分比，调整表格宽度的具体操作方法如下：

小提示　如果正在删除的行或列中包含数据，Dreamweaver 并不会发出警告。

01 打开要调整外观的网页文件。

02 选择一个表格。

03 在属性检查器中设置表格宽度为428 像素。

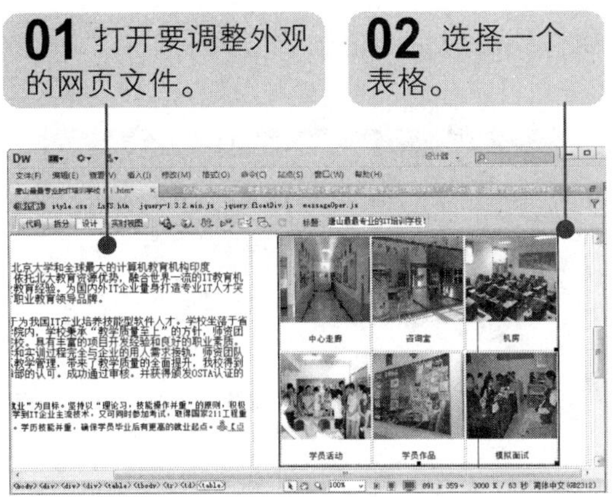

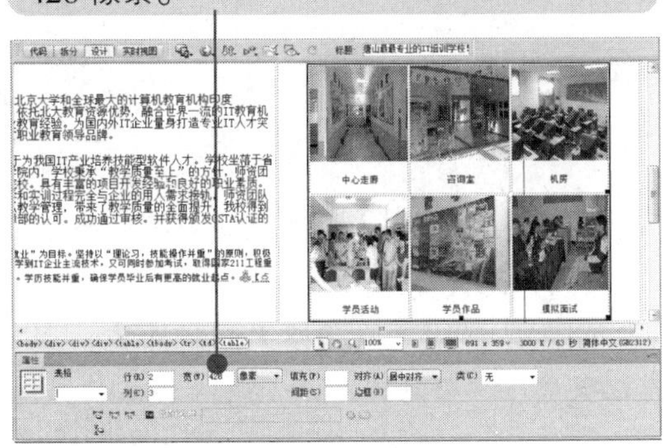

（2）设置表格的对齐方式

表格的对齐方式用于确定表格相对于同一段落中其他元素的显示位置，其中包括左对齐、右对齐和居中对齐。修改表格对齐方式的具体操作方法如下：

01 打开要修改表格对齐方式的网页文件。

02 选择其中的一个表格。

03 设置对齐方式为“居中对齐”。

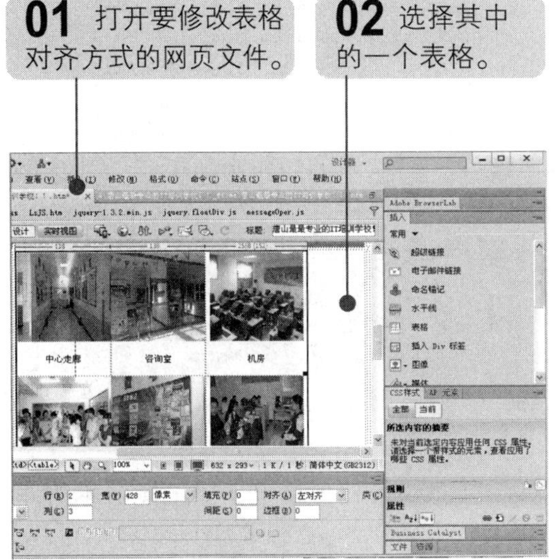

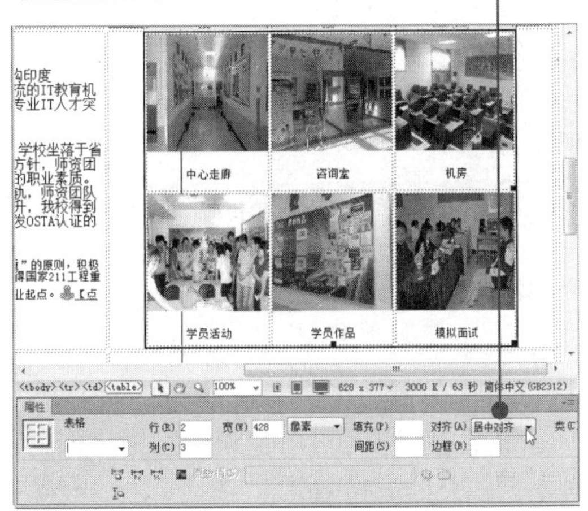

（3）设置边框粗细

边框粗细是指表格边框的宽度，以“像素”为单位。在插入表格时，默认边框为 1 像素。若要确保浏览器显示的表格没有边框，需要将“边框”设置为 0 像素，如下图所示。

表格边框为 3 像素

表格边框为 0 像素

多学点

当将对齐方式设置为“默认”时，其他内容不显示在表格的旁边。若要在其他内容旁边显示表格，需使用“左对齐”或“右对齐”。

若要修改表格边框的粗细，只需修改表格“属性”面板中的边框数值大小即可，如下图所示。

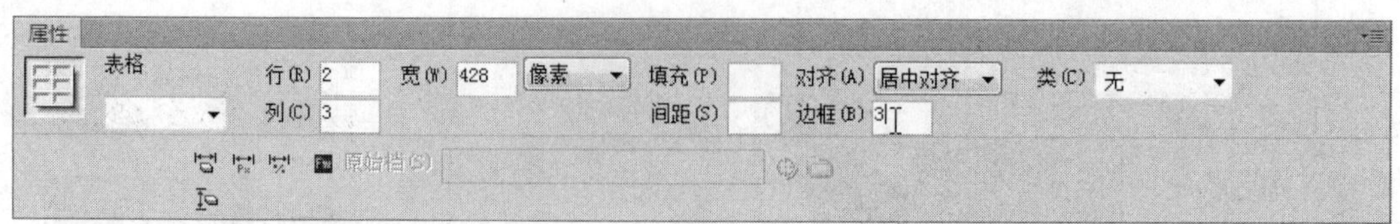

（4）设置间距

间距是指相邻单元格之间的距离，以“像素”为单位。如下图所示为两种不同间距的表格效果。

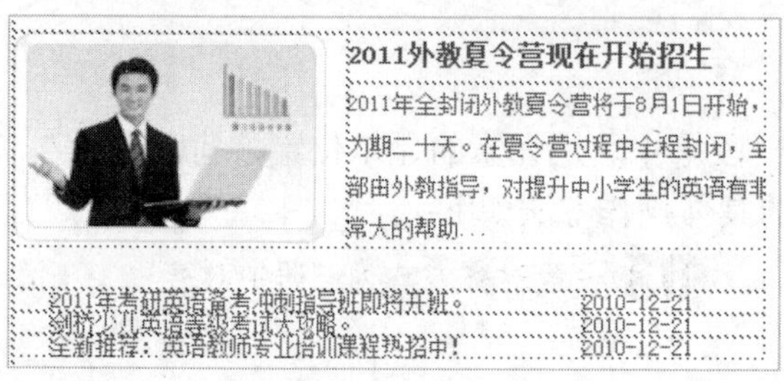

间距为 0 像素

间距为 10 像素

若要修改单元格之间的间距，只需修改表格“属性”面板中的间距数值大小，如下图所示。

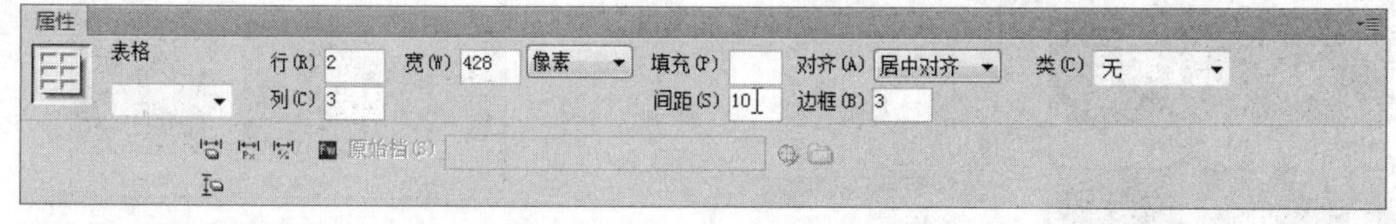

（5）设置填充

填充是指单元格内容和单元格边框之间的距离，以“像素”为单位。如下图所示为两种不同填充的表格效果。

2011外教夏令营现在开始招生

2011年全封闭外教夏令营将于8月1日开始，为期二十天。在夏令营过程中全程封闭，全部由外教指导，对提升中小学生的英语有非常大的帮助...

填充为 0 像素

2011外教夏令营现在开始招生

2011年全封闭外教夏令营将于8月1日开始，为期二十天。在夏令营过程中全程封闭，全部由外教指导，对提升中小学生的英语有非常大的帮助...

填充为 20 像素

若要修改单元格内容和单元格边框之间的距离，只需修改表格“属性”面板中的填充值大小，如下图所示。

小提示

如果没有明确指定单元格间距和单元格边距的值，大多数浏览器都按单元格边距设置为 1，单元格间距设置为 2 显示表格。

2. 清除列宽与行高

在调整表格大小时，如果要重新定义表格的宽度或高度，可以清除已定义的宽度和高度。

使用“清除列宽”和“清除行高”按钮可以从表格中删除所有指定的行高或列宽值，如下图所示。

原图

清除列宽后表格效果

清除行高后表格效果

4.3.5 设置单元格属性

单元格属性设置包括：设置单元格的大小、单元格的对齐方式，以及单元格的背景颜色等。在选择表格行、列或单元格后，“属性”面板的显示效果如下图所示。

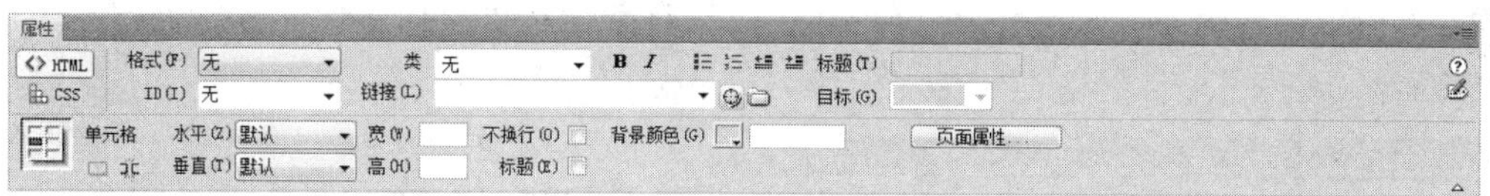

难度：★★☆☆☆　　视频：光盘：视频\04\设置单元格属性.swf

1. 设置对齐方式

单元格对齐属性包括“水平”和“垂直”。“水平”属性用于指定单元格、行或列内容的水平对齐方式，如左对齐、右对齐和居中对齐等；“垂直”属性用于指定单元格、行或列内容的垂直对齐方式，如顶端、居中、底部和基线等。

修改单元格对齐属性的具体操作方法如下：

通过设置单元格的对齐方式，可以使单元格里的内容，从不同的地方开始显示。如在“垂直”下拉栏选择顶端，输入的文字可以从最上面一行开始。

01 打开网页素材文件。

02 选择要设置对齐方式的单元格。

03 设置单元格水平和垂直对齐方式为“居中对齐”。

2．设置宽和高

宽和高是指所选单元格的宽度和高度，以“像素”为单位，或按整个表格宽度或高度的百分比指定。修改单元格宽和高的具体操作方法如下：

01 打开网页素材文件。

02 选择需要设置高度的单元格。

03 在属性检查器中设置单元格高度为 120 像素。

04 同样设置其他单元格高度。

3．设置单元格背景颜色

用户可以为表格中的单元格设置背景颜色，使表格的外观更加多姿多彩，具体操作方法如下：

小提示

默认情况下，浏览器选择一列的宽度来容纳列中最宽的图像或最长的行，选择一行的高度来容纳该行中的所有文本和图像。

01 打开网页素材文件。

02 选择要设置背景颜色的单元格。

03 单击属性检查器背景颜色块，选择所需颜色。

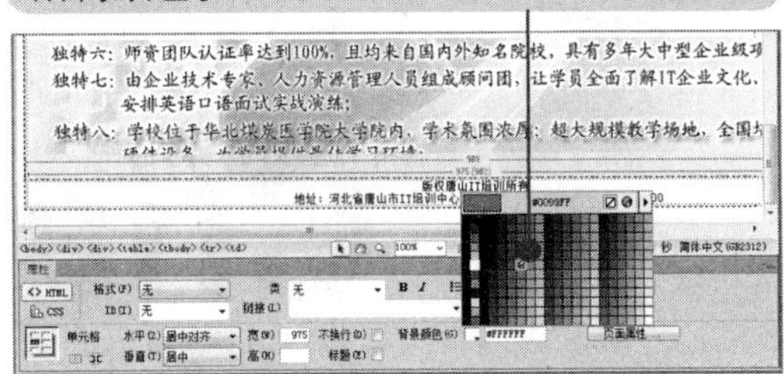

04 查看设置背景颜色后的单元格效果。

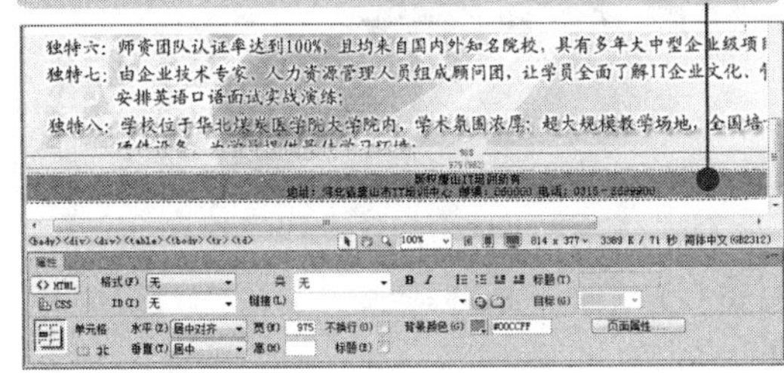

高手点拨

在设置单元格背景颜色时，选择的颜色要与整体的颜色布局相似，色调不能相差太大。

4. 合并与拆分单元格

合并单元格是将所选的单元格、行或列合并为一个单元格。只有当单元格形成矩形或直线的块时才可以合并这些单元格。

拆分单元格是将一个单元格分成两个或更多个单元格，一次只能拆分一个单元格；如果选择多个单元格，则此按钮将被禁用。

如下图所示，方框内分别为“合并单元格”和“拆分单元格”按钮。

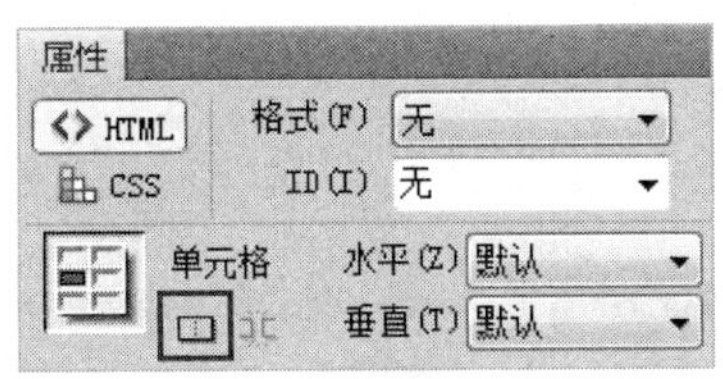

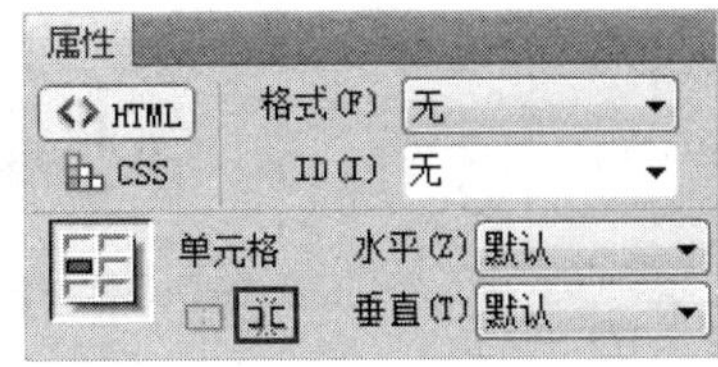

5. 不换行

不换行是指防止换行，从而使给定单元格中的所有文本都在一行上。如果启用“不换行”，则当输入数据或将数据粘贴到单元格时，单元格会加宽来容纳所有数据。

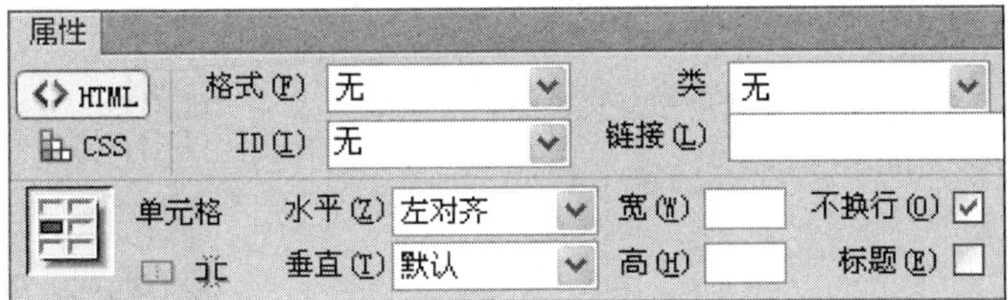

通常，单元格在水平方向扩展以容纳单元格中最长的单词或最宽的图像，然后根据需要在垂直方向进行扩展以容纳其他内容。

多学点

预计学习时间 60 分钟

Chapter 05

使用 CSS 样式表

CSS 样式表是网页制作中一个不可或缺的重要工具，需要使用 CSS 样式表来表现和控制网页的外观，以便在不同的浏览器环境中均可正常显示。本章将详细介绍 CSS 的基本概念，以及如何通过 CSS 控制网页元素，如文字外观、背景设置和元素定位等。

要点导航

- CSS 样式表简介
- 创建样式表
- 设置 CSS 样式表属性
- 管理层叠样式表
- 应用 CSS 样式表

重点图例

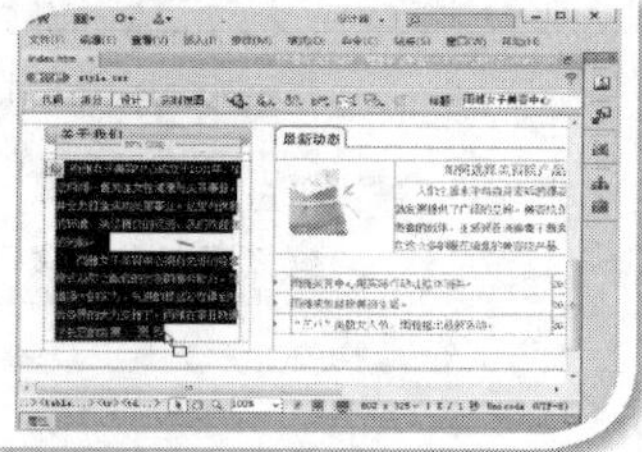

5.1 CSS 样式表简介

CSS 可以使网页设计与维护更规范、更有效率，这是网页设计师必备的知识技能。下面将详细介绍 CSS 样式表的基础知识。

5.1.1 CSS 概述

CSS（Cascading Stylesheets，层叠样式表）是用于控制网页样式，且可以与网页内容分离的一种标记性语言。它可以将网页的内容与表现形式分开，使网页的外观设计从网页内容中独立出来并单独管理。当需要改变网页的外观时，只需更改相关的 CSS 样式即可。

CSS 样式表具有以下特点：

◎ CSS 样式表能为网页上的元素精确地定位，轻易地控制网页中的文字、图片等各种元素。

◎ CSS 样式表把网页上的内容结构和格式控制相分离。把两者分开就会大大方便网页的设计者。内容结构和格式控制相分离，使得网页可以只由内容构成，而将所有网页的格式控制指向某个 CSS 样式表文件。这样分离有以下两个好处：

第一，简化了网页的格式代码，外部的样式表还会被浏览器保存在缓存中，加快了下载显示的速度，也减少了需要上传的代码数量（因为重复设置的格式将只被保存一次）。

第二，只要修改保存着网站格式的 CSS 样式表文件，就可以改变整个站点的风格特色，在修改页面数量庞大的站点时，显得格外有用。这样就避免了逐个网页进行修改，大大减少了重复劳动的工作量。

5.1.2 CSS 的基本语法

CSS 的样式规则由两部分组成：选择器和声明。

选择器 {属性:值}

选择器就是样式的名称，包括自定义的类、HTML 标签、ID 和复合内容。

自定义的类（也称“类样式”）：可以将样式属性应用到任何文本范围或文本块。所有类样式均以句点“.”开头。例如，可以创建名称为.red 的类样式，设置其 color 属性为红色，然后将该样式应用到一部分已定义样式的段落文本中。

HTML 标签：可以重定义特定标签（如 p 或 h1）的格式。创建或更改 h1 标签的 CSS 规则时，所有用 h1 标签设置了格式的文本都会立即更新。

ID、复合内容：可以重定义特定元素组合的格式，或其他 CSS 允许的选择器形式的格式。例如，“a:link”就是定义未单击过的超链接的高级样式。

而声明则用于定义样式元素。声明由两部分组成：属性和值。在下面的示例中，H1 是选择器，介于大括号（{}）之间的所有内容都是声明：

CSS 样式通常用名称或是 HTML 标记来表示，HTML 文档中的 CSS 样式不仅可以控制大多数传统的文本格式属性，如字体、字号等，还可以定义一些特殊的 HTML 属性，如定位、特效等。

```
H1 {
font-size:16 pixels;
font-family:Helvetica;
font-weight:bold;
}
```

若要添加 CSS 样式表，可以采用以下四种方法：

1．添加在 HTML 标识符（tag）中

```
< tag style="properties">网页内容< /tag>
```

举例：

```
< p style="color: blue; font-size: 10pt">CSS 实例< /p>
```

代码说明：

用蓝色显示字体大小为 10pt 的“CSS 实例”。尽管使用简单、显示直观，但这种方法不怎么常用，因为这样添加无法完全发挥样式表的优势，即“内容结构和格式控制分别保存”。

2．添加在 HTML 头信息标识符< head>中

```
< head>
< style type="text/css">
< !-- 样式表的具体内容 -->
< /style>
< /head>
```

type="text/css"表示样式表采用 MIME 类型，帮助不支持 CSS 的浏览器过滤掉 CSS 代码，避免在浏览器面前直接以源代码的方式显示我们设置的样式表。但为了保证上述情况一定不要发生，还有必要在样式表里加上注释标识符"< !--注释内容-->"。

3．链接样式表

同样是添加在 HTML 的头信息标识符< head>中：

```
< head>
< link rel="stylesheet" href="*.css" type="text/css" media="screen">
< /head>
```

*.css 是单独保存的样式表文件，其中不能包含< style>标识符，且只能以.css 为后缀。media 是可选的属性，表示使用样式表的网页将用什么媒体输出。

rel 属性表示样式表将以何种方式与 HTML 文档结合。取值如下：

◎ Stylesheet：指定一个外部的样式表。

◎ Alternate stylesheet：指定使用一个交互样式表。

4．联合使用样式表

同样是添加在 HTML 的头信息标识符< head>中：

```
< head>
< style type="text/css">
< !--
@import "*.css"
```

CSS 样式可以应用到使用标注 HTML 标记所格式化的文本上，可以定义到通过 class 属性所定义范围的文本上，也可以应用到其他的那些符合 CSS 标准规范的文本上。

```
其他样式表的声明
-->
< /style>
< /head>
```

以@import 开头的联合样式表输入方法和链接样式表的方法很相似，但联合样式表输入方式更有优势。因为联合法可以在链接外部样式表的同时，针对该网页的具体情况做出别的网页不需要的样式规则。

高手点拨

联合法输入样式表必须以@import 开头。如果同时输入多个样式表有冲突时，将按照第一个输入的样式表对网页进行排版；如果输入的样式表和网页里的样式规则冲突时，则使用外部的样式表。

5.1.3 引用 CSS 的方式

当 CSS 与网页中的内容建立关系时，即可称为 CSS 样式的引用。CSS 样式的引用主要有以下几种方式。

1. 将外部样式表链接到 HTML 文件上

此方法通过<link>标签实现，将<link>标签加入到<head>标签之间，具体格式如下：

```
<head>
<meta http-equiv="Content-Type" content="text/html; charset=utf-8" />
<title>远方英语培训</title>
<link href="css/style.css" rel="stylesheet" type="text/css" />
</head>
```

2. 将外部样式表导入到 HTML 文件中

将样式表导入到 HTML 文件中与将样式表链接到 HTML 文件中相似，也是将外部定义好的 CSS 文件引入到网页中，从而在网页中进行应用。但是，导入的 CSS 使用@import 在内嵌样式表中导入，导入方式可以与其他方式进行结合，具体格式如下：

```
<head>
<meta http-equiv="Content-Type" content="text/html; charset=utf-8" />
<title>远方英语培训中心</title>
<style type="text/css">
@import url("css/style.css");
</style>
</head>
```

3. 将样式表内嵌到 HTML 文件中

内嵌样式表是将 CSS 样式定义直接置入<style>...</style>标签之间，然后插入到网页的头部位置，具体格式如下：

```
<head>
<meta http-equiv="Content-Type" content="text/html; charset=utf-8" />
<title>远方英语培训中心</title>
<style type="text/css">
body {
    margin: 0px;
    padding: 0px;
}
</style>
```

一般情况下，较小的 CSS 用导入，较大的 CSS 用链接。

5.2 创建样式表

在学习了 CSS 样式的引用方法后，下面将重点介绍如何根据不同的方式来创建 CSS 样式。

5.2.1 引用 CSS 的方式

在 Dreamweaver CS6 中，编辑 CSS 需要通过“CSS 样式”面板来完成。利用“CSS 样式”面板可以轻松地创建和管理 CSS 规则。下面将详细介绍“CSS 样式”面板的基本操作方法。

1. 打开“CSS 样式”面板

单击“窗口”|“CSS 样式”命令，即可打开“CSS 样式”面板，如下图（左）所示。按【Shift+F11】组合键，也可以展开或隐藏“CSS 样式”面板。

2. “所有”模式与“当前”模式

“CSS 样式”面板在“所有”模式下，显示应用到当前文档的所有 CSS 规则。单击其中任意一个规则，该规则的属性出现在下方的列表框中，如下图（右）所示。

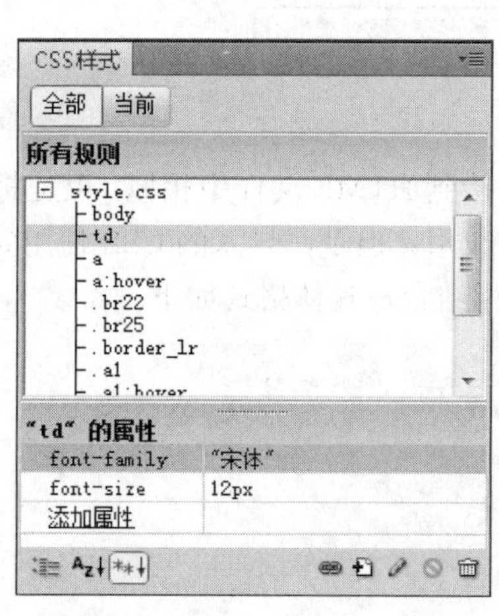

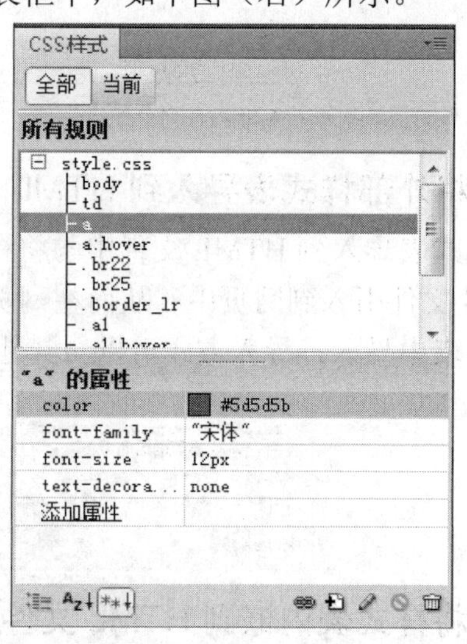

在“CSS 样式”面板中单击“显示列表视图”按钮，属性将以“列表视图”排列，如下图（左）所示。

在“CSS 样式”面板中单击“显示类别视图”按钮，属性将以“类别视图”排列，如下图（中）所示。

若单击“切换到当前选择模式”按钮，在“当前”模式中“CSS 样式”面板显示当前所选内容属性的摘要，如下图（右）所示。

小提示

CSS 的主要优点是容易更新，只要对一处 CSS 规则进行更新，则使用该定义样式的所有文档的格式都会自动更新为新样式。

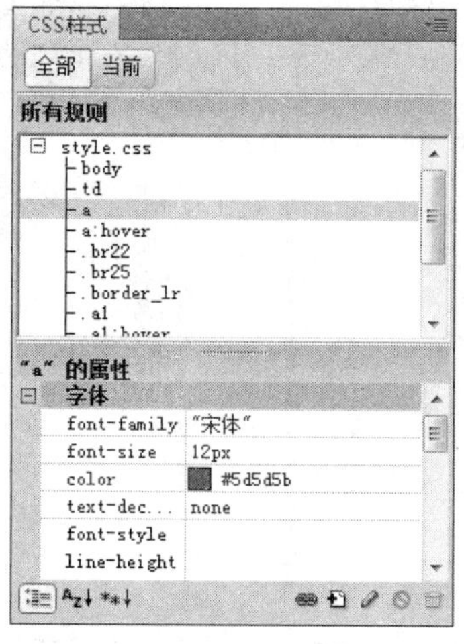
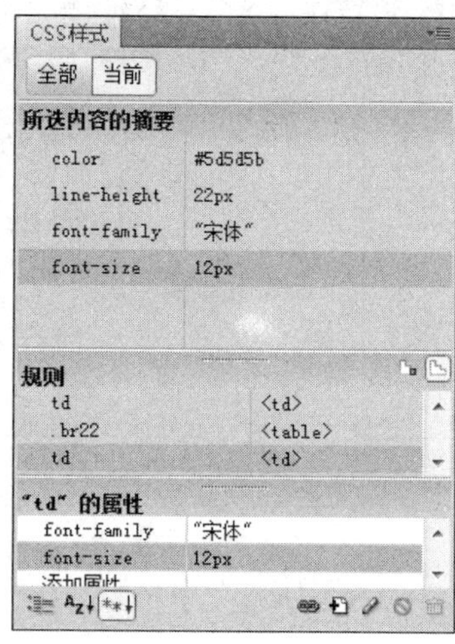

高手点拨

“附加样式表”按钮：打开“链接外部样式表”对话框，选择要链接到或导入到当前文档中的外部样式表。

“新建 CSS 规则”按钮：打开“新建 CSS 规则”对话框，在其中选择要创建的样式类型。

5.2.2 新建层叠样式表

在 Dreamweaver CS6 中创建新样式表的具体操作方法如下：

素材：光盘：素材\05\index.htm　　效果：光盘：无

难度：★☆☆☆☆　　视频：光盘：视频\05\新建层叠样式表.swf

01 打开“CSS 样式”面板。

02 单击“新建 CSS 规则”按钮。

03 选择“类”，输入名称，选择“新建样式表文件”。

04 单击“确定”按钮。

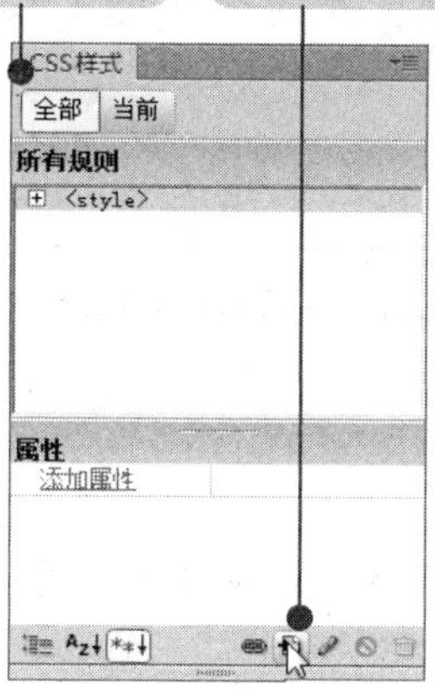
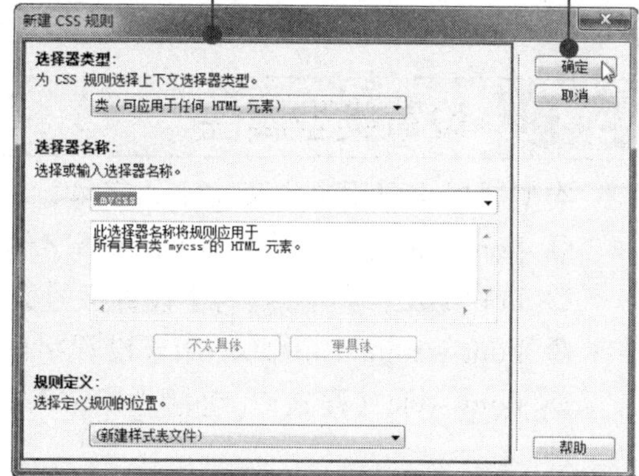

默认状态下，新建的空白文档中没有定义任何 CSS 样式，“属性”面板的“样式”下拉列表框中仅显示“无”选项，即没有 CSS 样式。

05 设置保存名称和保存类型。

06 单击“保存”按钮。

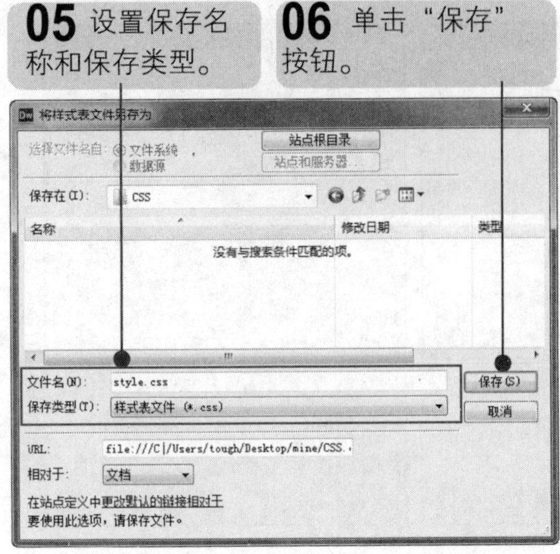

07 设置 CSS 规则相关属性选项。

08 单击“确定”按钮。

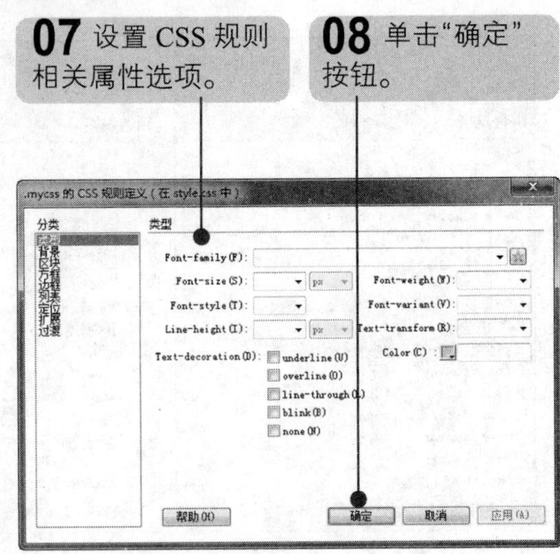

在选择 CSS 样式类型时，有四个选项可供选择，各选项的功能如下：

◎ 类（可应用于任何 HTML 元素）：表示创建一个可以应用于任何 HTML 元素的 CSS 样式。需要注意的是，类的名称都是以“.”开头的。

◎ 标签（重新定义 HTML 元素）：表示创建一个对现有某些标记格式进行重新定义的 CSS 样式。

◎ ID（仅用于一个 HTML 元素）：表示创建一个对所有含有某个 ID 属性的标记进行重新定义。需要注意的是，ID 必须以“#”开头。

◎ 复合内容（基于选择的内容）：表示创建一个同时影响两个或多个标签、类或 ID 的复合规则。

5.3 设置 CSS 样式表属性

CSS 样式表属性主要集中在“CSS 规则定义”对话框的“分类”列表框中，共有“类型”、“背景”、“区块”、“方框”、“边框”、“列表”、“定位”与“扩展”等。下面将学习如何设置 CSS 样式表属性。

5.3.1 设置类型属性

类型属性主要用来定义文字的字体、大小、样式和颜色等，其属性项如图所示。

◎ Font-family（字体）：用于选择字体类型。

◎ Font-size（大小）：用于设置字号大小。

◎ Font-weight（粗细）：用于设置字体粗细。

◎ Font-style（样式）：包括“正常”、“斜体”和“偏斜体”三种样式，可以选择其中的一种。

◎ Font-variant（变体）：用于设置字体的变体效果，有“正常”和“小型大写字母”两个选项。

小提示

CSS 样式可以精确地规范文字等内容的格式，通过 CSS 样式规定的文字不会随浏览器的不同而改变，从而使页面的布局更加“牢固”，并保持页面的美观。

◎ Line-height（行高）：包括“正常”和“值”两个选项，如果选择“正常”选项，则采取正常的行高；如果选择“值”选项，则可以设置行高的具体数值。

◎ Text-transform（大小写）：用于设置首字母大写、全部大写、全部小写或不进行任何设置。

◎ Text-decoration（修饰）：选择下画线、上画线、删除线、闪烁字体或无修饰五种效果。

◎ Color（颜色）：用于设置颜色参数。

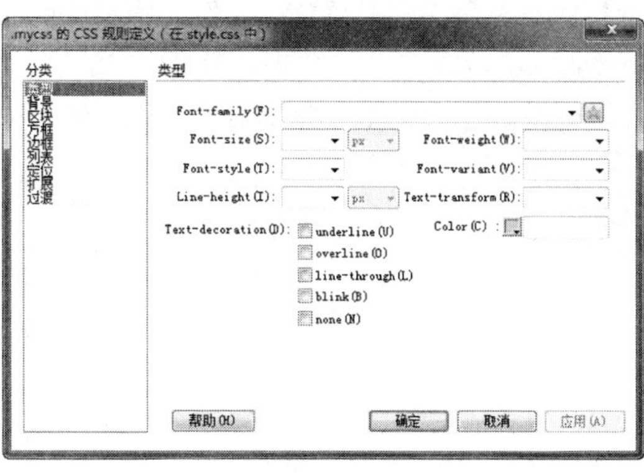

如下图所示为应用样式前后的对比效果。

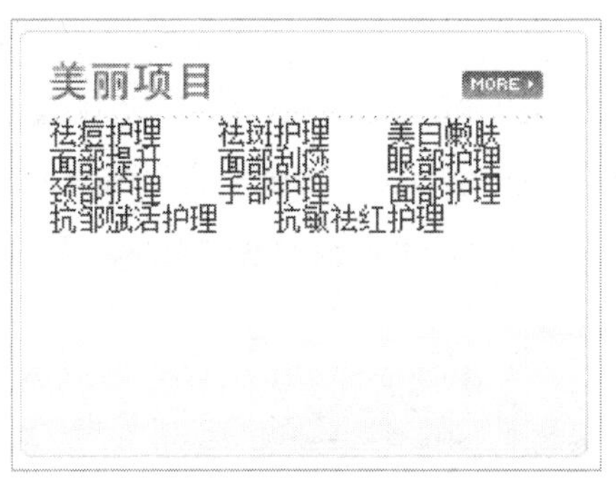

原图

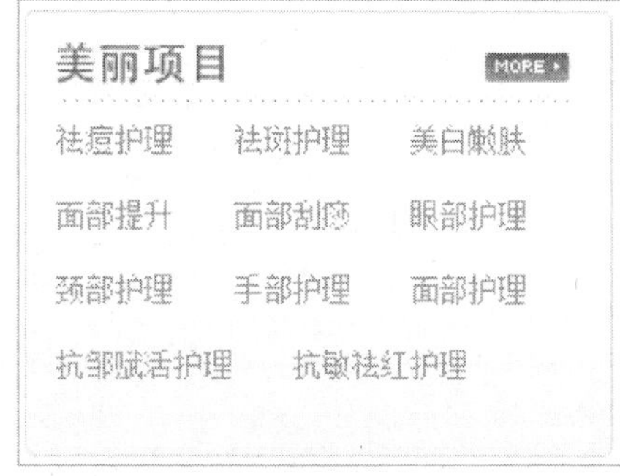

应用样式后

设置类型属性的具体操作方法如下：

难度：★☆☆☆☆　　视频：光盘：视频\05\设置类型属性.swf

01 打开网页文件。

02 单击“新建 CSS 规则”按钮。

03 新建 CSS 规则，并命名为“.br30”。

04 单击“确定”按钮。

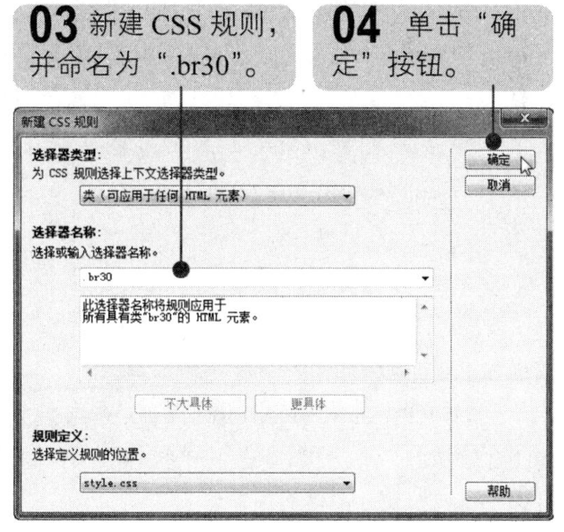

如果尚未打开“CSS 样式”面板，按【Shift+F11】组合键可打开。上述属性若对于样式并不重要，可将其保留为空。

05 设置“类型”属性。

06 单击“确定”按钮。

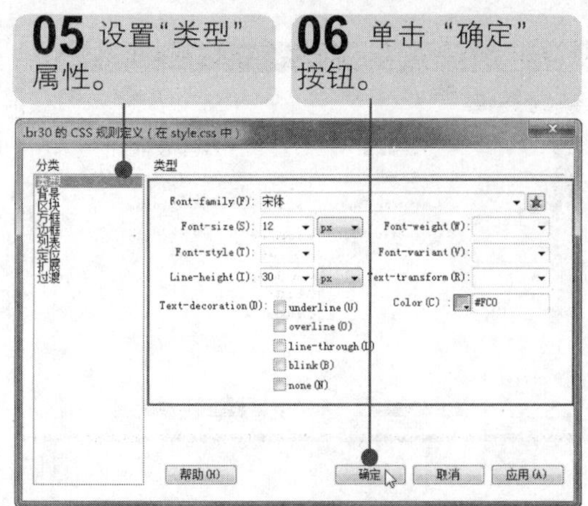

07 将样式应用在网页中。

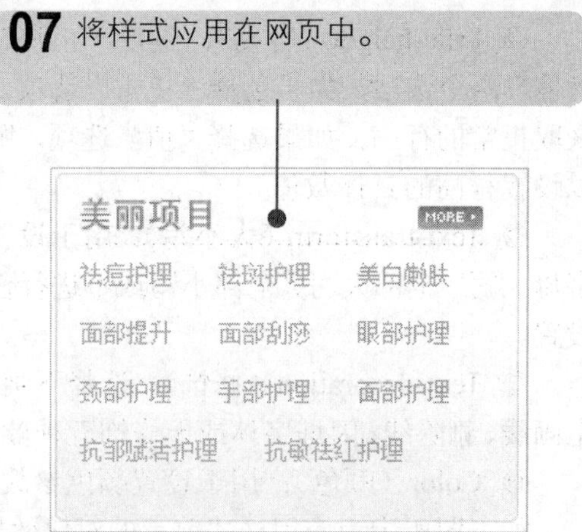

5.3.2 设置背景属性

背景属性的属性项主要用于设置背景颜色、背景图像等属性，其属性项如图所示。

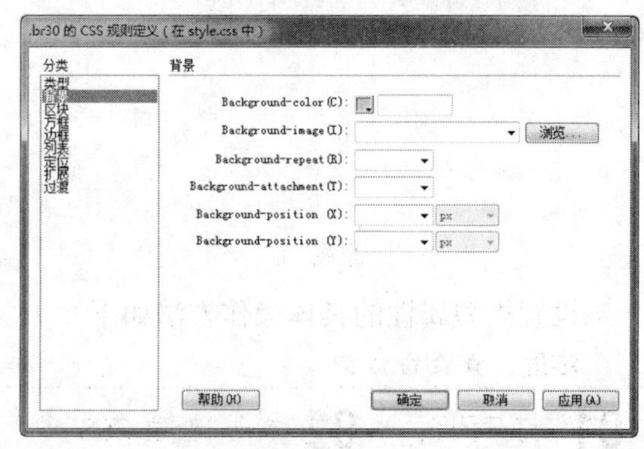

◎ Background-color（背景颜色）：用于设置选中文本的背景颜色，如果单击该选项的颜色卡，可以在弹出的颜色选项板中直接选取需要的颜色。

◎ Background-image（背景图像）：用于设置文本的背景图像，如果单击“浏览”按钮，可以在弹出的对话框中选择背景图像。

◎ Background-repeat（重复）：用于设置是否或如何重复背景图像。其中有四个选项：选择 no-repeat（不重复）选项，只在元素开始处显示一次图像；选择 repeat（重复）选项，在元素的后面水平和垂直平铺图像；选择 repeat-x（横向重复）和 repeat-y（纵向重复）选项，分别显示图像的水平带区和垂直带区。

◎ Background-attachment（附件）：用于设置背景图像是固定在一处，还是连同网页一起滚动。

◎ Background-position（X）（水平位置）：用于设置背景图像相对于页面元素在水平方向上的初始位置，可以使用“左对齐”、“居中对齐”和“右对齐”三种对齐方式，也可以设置具体的数值。

◎ Background-position（Y）（垂直位置）：用于设置背景图像相对于页面元素在垂直方向上的初始位置，可以使用“顶部对齐”、“居中对齐”和“底部对齐”三种对齐方式，也可以设置具体的数值。

如下图所示分别为表格设置背景颜色和背景图片之后的效果。

小提示

如果采用图像作为 Web 页的背景，也可指定其位置和平铺属性。通过组合使用这两种属性，可确定背景图像在页面上的位置以及图像显示的频率。

设置背景属性的具体操作方法如下：

难度：★★★☆☆　　视频：光盘：视频\05\设置背景属性.swf

01 打开要设置背景属性的文件。

02 单击“新建 CSS 规则”按钮。

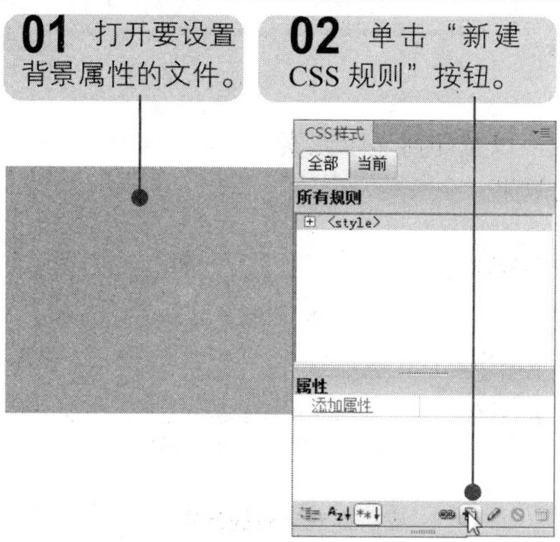

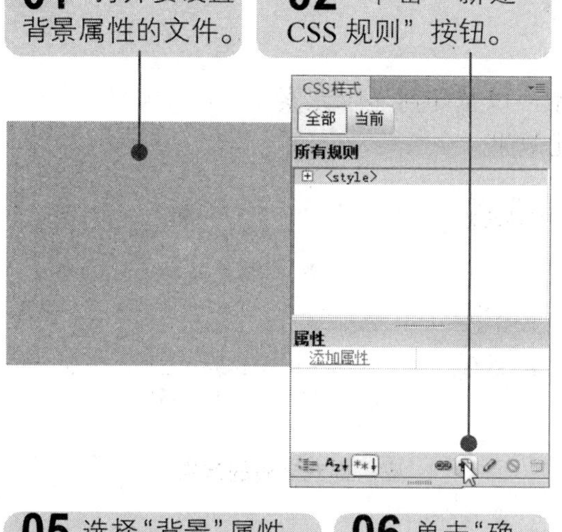

03 将新建 CSS 规则命名为“.bg_top”。

04 单击“确定”按钮。

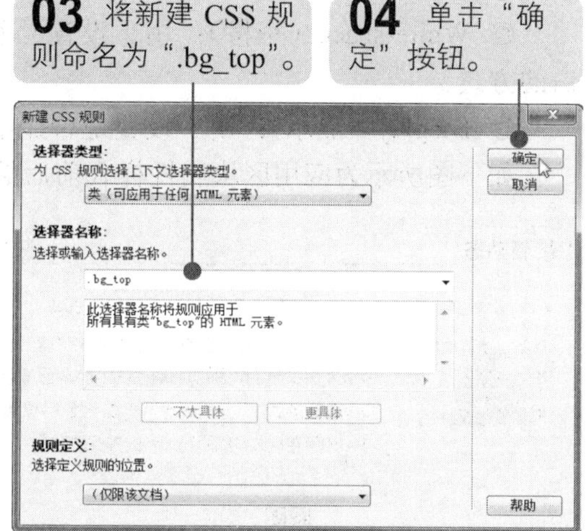

05 选择“背景”属性，设置背景图像路径。

06 单击“确定”按钮。

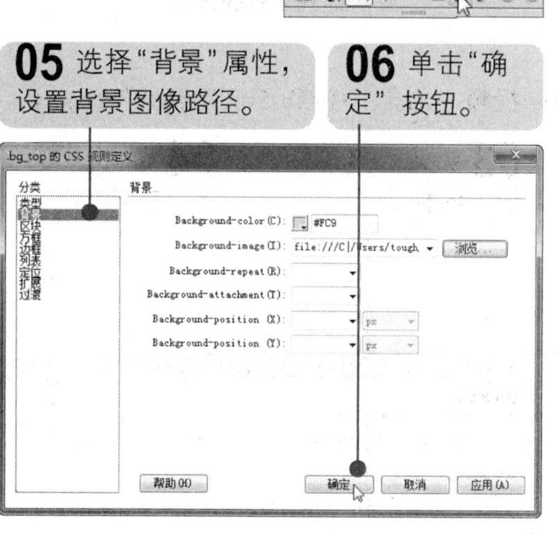

07 查看设置背景属性后的效果。

5.3.3 设置区块属性

区块属性主要用于设置字体间的间距、文本对齐、文字缩进等属性，其属性项如下图所示。

◎ Word-spacing（单词间距）：用于设置单词之间的距离值，如果在其中选择“值”选项，可以在其后的下拉列表框中选择间距单位。

网页中的任何元素都可以应用背景属性。例如，创建一个样式，将背景颜色或背景图像添加到任何页面元素中，比如在文本、表格、页面等的后面，还可以设置背景图像的位置。

◎ Letter-spacing（字母间距）：用于设置字母或字符之间的距离值，其使用方法与“单词间距”下拉列表框相同。若要缩小字母间距，可以输入一个负值。

◎ Vertical-align（垂直对齐）：用于设置使用该属性项元素的垂直对齐方式。

◎ Text-align（文本对齐）：用于设置文本在元素内的对齐方式。

◎ Text-indent（文字缩进）：用于设置第一行文本缩进的程度。

◎ White-space（空格）：用于设置元素中空白的方式。

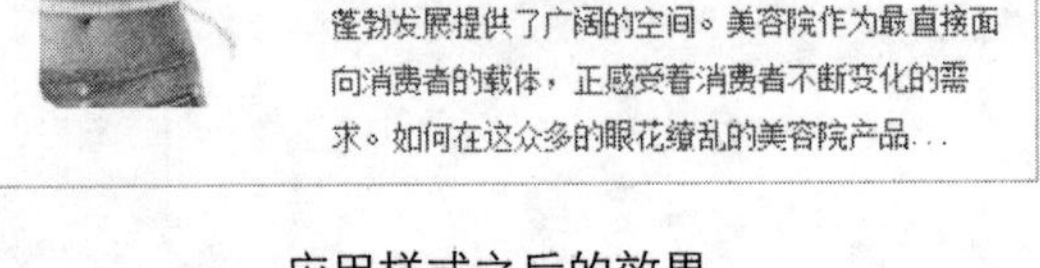

◎ Display（显示）：用于设置是否显示元素，以及如何显示元素。

如下图所示为应用区块属性样式前后的对比效果。

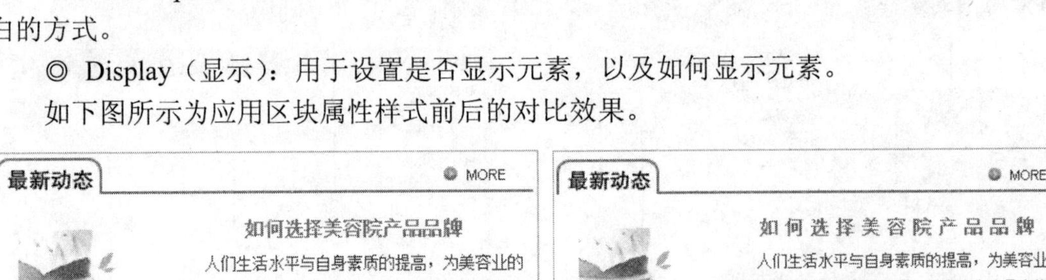

原图　　　　应用样式之后的效果

设置区块属性的具体操作方法如下：

难度：★★★☆☆　　　　视频：光盘：视频\05\设置区块属性.swf

01 打开网页文件。

02 单击“新建 CSS 规则”按钮。

03 新建 CSS 规则，输入名称。

04 单击“确定”按钮。

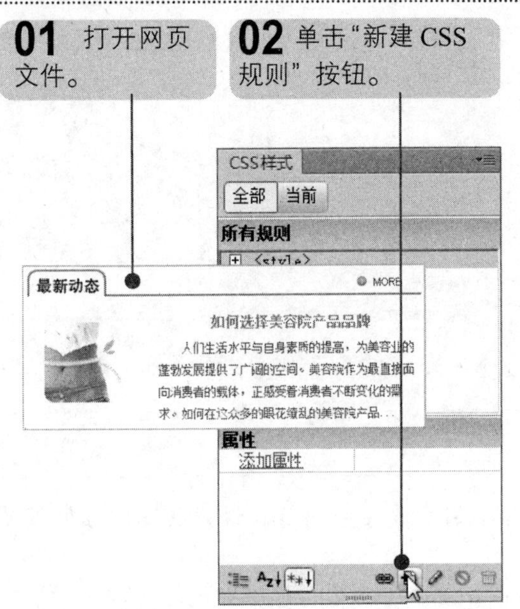

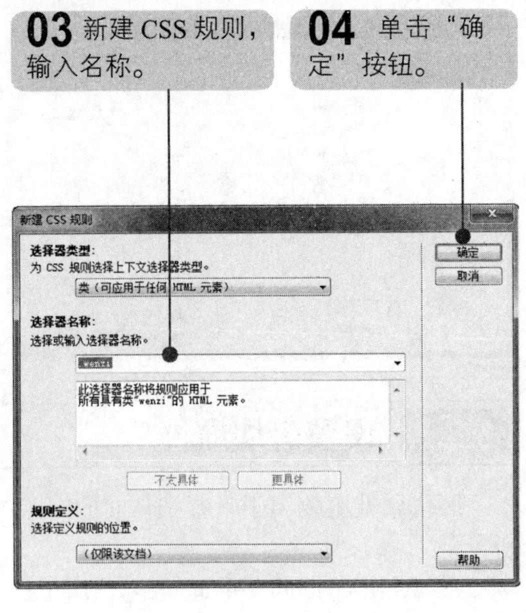

小提示

文字缩进用于设置文本第一行的缩进值。负值用于将文本第一行向外拉。要在每段前空两格，可设置为 2em，因为 em 是当前字体尺寸，2em 就是两个字的大小。

05 选择"区块"属性，设置字母间距为 5 像素。

06 单击"确定"按钮。

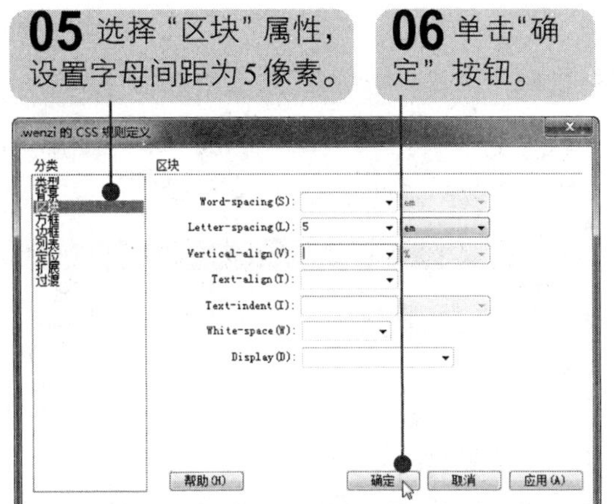

07 查看设置区块属性后的效果。

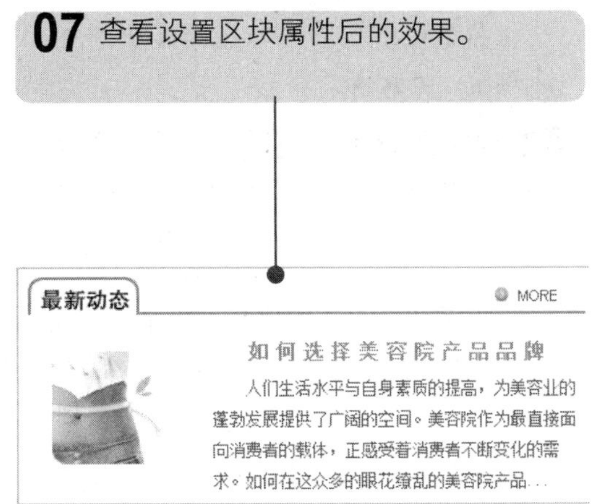

5.3.4 设置方框属性

方框属性项主要用于设置元素在页面上的放置方式，其属性项如右图所示，

◎ Width（宽）：用于设置元素对象的宽度。

◎ Height（高）：用于设置元素对象的高度。

◎ Float（浮动）：用于设置文本、表格、层等元素对象在哪条边围绕所选的元素对象浮动，其他元素则按照通常的方式环绕在浮动元素的周围。

◎ Clear（清除）：用于设置当层出现在被设置了清除属性的元素上时，该元素移到层的下方。

◎ Padding（填充）：用于设置元素内容与元素边框（或边界）之间的间距，如果选中"全部相同"复选框，可以使元素内容到各个边的填充量相同；取消选择"全部相同"复选框，则可以分别设置元素内容到各边的填充量。

◎ Margin（边界）：用于指定一个元素的边框（或填充）与另一个元素之间的间距（仅在设置段落、标题、列表等的属性时才会显示该属性）。如果选中"全部相同"复选框，可以使各个边框的间距相同；取消选择"全部相同"复选框，可以分别设置元素各边框的间距。

如下图所示为应用方框属性前后的对比效果。

原图

应用样式效果

使用"CSS 样式定义"对话框的方框（又称盒子）类别可以为控制元素在页面上的放置方式的标签和属性定义设置。

设置方框属性的具体操作方法如下：

难度：★★★☆☆　　视频：光盘：视频\05\设置方框属性.swf

01 打开要设置的网页文件。

02 单击“新建CSS规则”按钮。

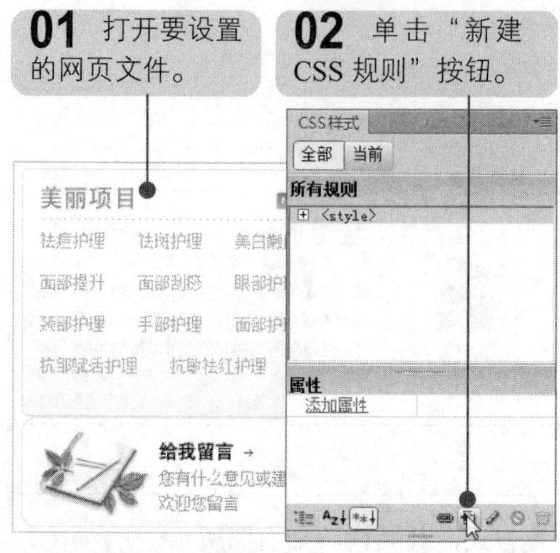

03 新建CSS规则，输入名称“.pad”。

04 单击“确定”按钮。

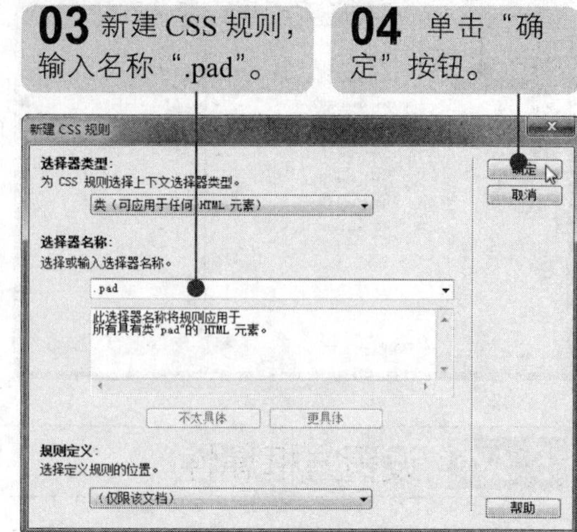

05 选择“方框”属性，设置填充为10像素。

06 单击“确定”按钮。

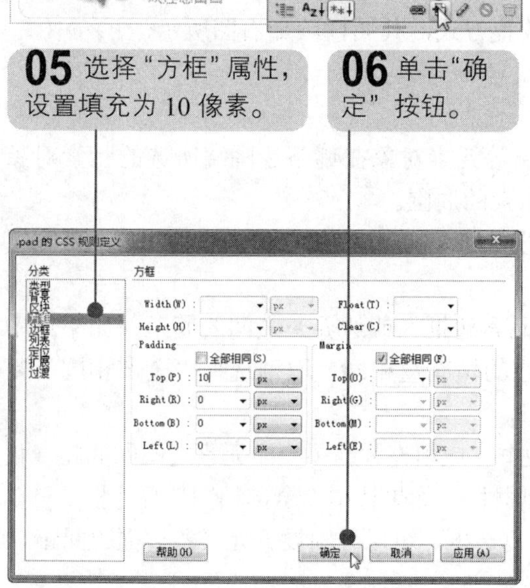

07 查看设置方框属性后的效果。

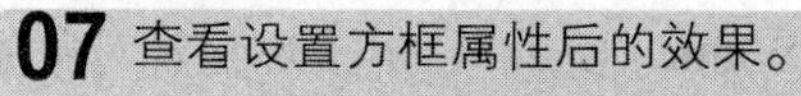

5.3.5 设置边框属性

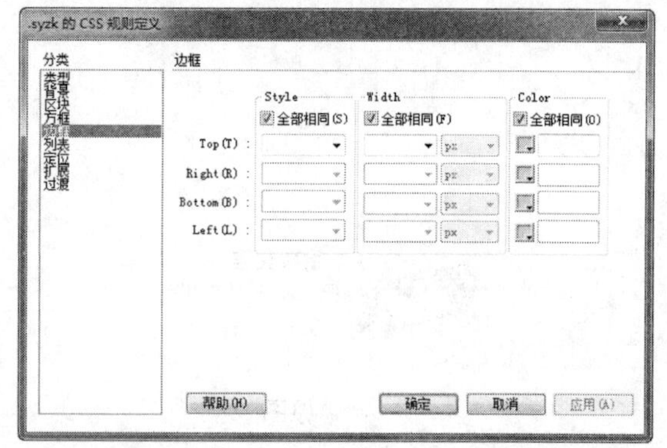

边框属性用来定义元素周围的边框，以及边框的粗细、颜色和线条样式，其属性项如右图所示。

◎ Style（样式）：该选项区用于设置边框的样式外观，可供选择的样式包括点画线、虚线、实线、双线、槽状、脊状、凹陷、凸出以及无样式。如果选中“全部相同”复选框，可以为“上”、“下”、“左”、“右”四条

小提示　可以在应用填充和边距设置时将设置应用于元素的各个边，也可以使用“全部相同”设置将相同的设置应用于元素的所有边。

边的边框设置相同的样式；如果取消选择“全部相同”复选框，则可以使“上”、“下”、“左”、“右”四条边的边框设置为不同的样式。

◎ Width（宽度）：该选项区用于设置边框的粗细，在该选项区的下拉列表框中可以选择“细”、“中”、“粗”三种宽度，也可以设置具体数值。“上”、“下”、“左”、“右”四条边既可以设置为相同的粗细，也可以设置为不同的粗细。

◎ Color（颜色）：该选项区用于设置边框的颜色，其中“上”、“下”、“左”、“右”四条边既可以设置为相同的颜色，也可以设置为不同的颜色。

如下图所示为设置左右边框前后的对比效果。

关于我们

雨雅女子美容中心成立于2001年，在这期间一直关注女性健康与美容事业，并全力打造成功美丽事业。这里有优雅的环境，装修精良的设施，我们欢迎您的光临。

雨雅女子美容中心拥有先进的经营模式及与之配套的完善的服务能力。凭借强大的实力、先进的模式及在得到社会各界的大力支持下，雨雅在事业取得了长足的发展...更多

原图

关于我们

雨雅女子美容中心成立于2001年，在这期间一直关注女性健康与美容事业，并全力打造成功美丽事业。这里有优雅的环境，装修精良的设施，我们欢迎您的光临。

雨雅女子美容中心拥有先进的经营模式及与之配套的完善的服务能力。凭借强大的实力、先进的模式及在得到社会各界的大力支持下，雨雅在事业取得了长足的发展...更多

设置左右边框后的效果

设置边框属性的具体操作方法如下：

难度：★★★☆☆　　视频：光盘：视频\05\设置边框属性.swf

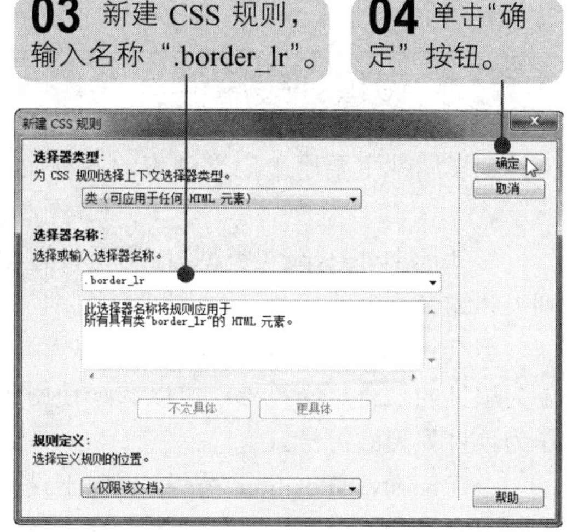

高手点拨

类名称必须以（.）开头，ID 必须以（#）开头，能够包含任何字母和数字。如果忽略不写（.）或（#），系统会自动添加。

取消“全部相同”选项，可以分别设置元素各个边的边框样式属性、边框宽度和边框颜色。

05 选择“边框”属性，设置左右边框各为1像素。

06 单击“确定”按钮。

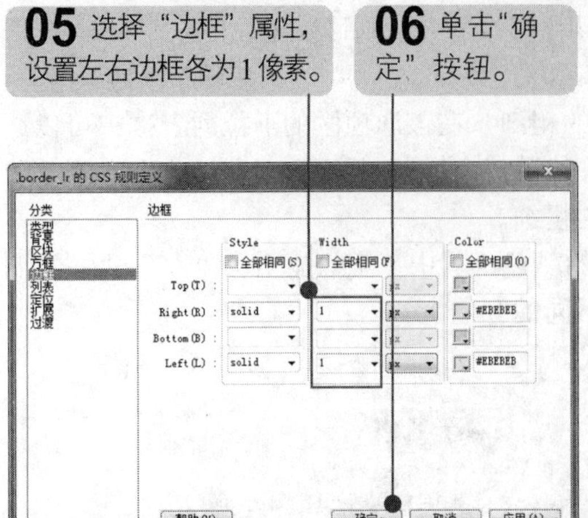

07 选择单元格，右击CSS样式“.border_lr”。

08 选择“套用”选项。

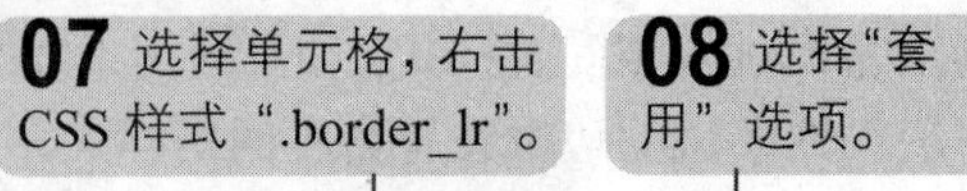

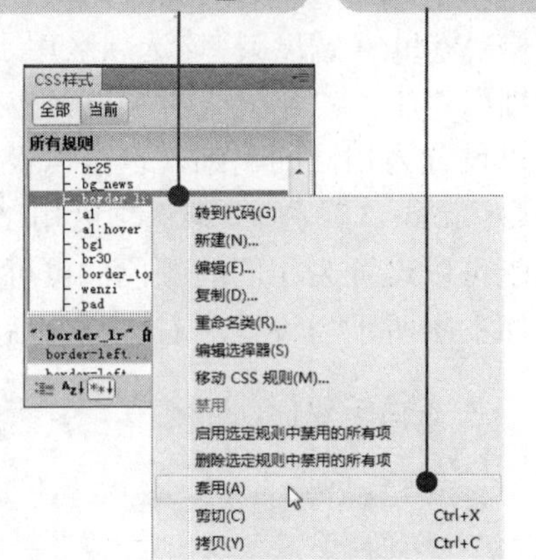

09 查看设置边框属性后的效果。

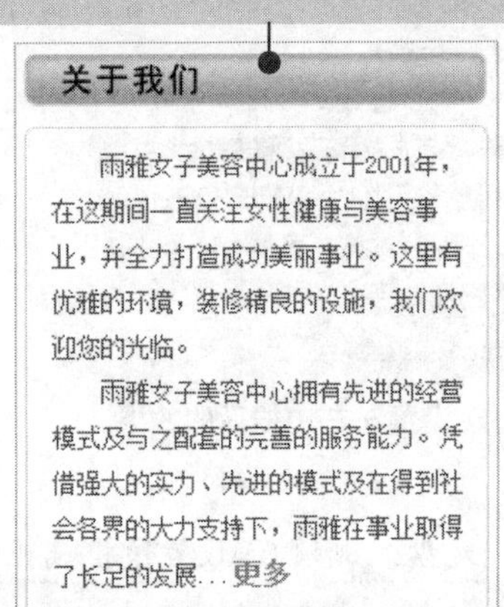

Solid（实线）、groove3D（槽线式边框）、ridge3D（脊线式边框）、inset3D（内嵌效果的边框）

5.3.6 设置列表属性

列表属性主要用来定义列表的各种属性，如列表项目符号、位置等，其属性项如右图所示。

◎ List-style-type（类型）：用于设置项目列表和编号列表的符号。

◎ List-style-image（项目符号图像）：用于为项目列表自定义符号，可以选择使用图像作为项目列表的符号。

◎ List-style-Position（位置）：用于设置列表项文本是否换行和缩进，如果选择“外”选项，则缩进文本；如果选择“内”选项，则文本换行到左边距。

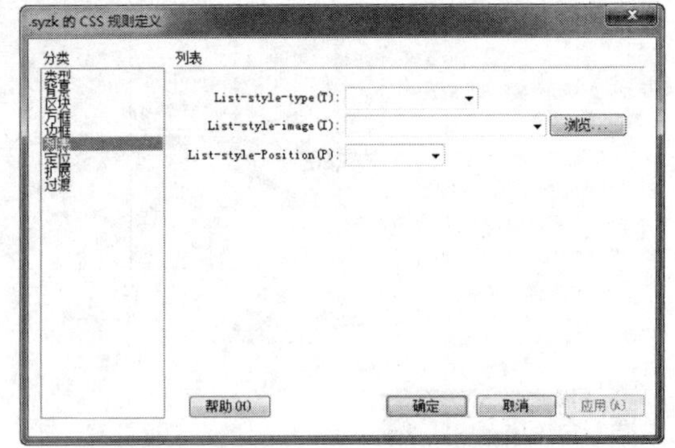

小提示

“CSS 规则定义”对话框的“列表”类别为列表标签定义列表设置（如项目符号大小和类型）。

5.3.7 设置定位属性

定位属性主要用来定义层的大小、位置、可见性、溢出方式和剪辑等属性，其属性项如右图所示。

这些属性项主要用于设置层的属性或将所选文本更改为新层，其中：

◎ Position（类型）：用于设置浏览器定位层的方式。

◎ Visibility（显示）：用于设置内容的可见性，其中包括“继承”、“可见”和“隐藏”三种方式。

◎ Width（宽）：用于设置层的宽度。

◎ Height（高）：用于设置层的高度。

◎ Z-Index（Z 轴）：用于设置内容的叠放顺序，其中的数值可以设置为正，也可以设置为负。

◎ Over flow（溢位）：用于设置当容器（如 DIV 或 P）的内容超出容器的显示范围时的处理方式，可以选择“可见”、“隐藏”、“滚动”和“自动”选项进行处理。

◎ Placement（置入）：用于设置内容块的位置和大小。

◎ Clip（裁切）：用于设置内容的可见部分。

5.3.8 设置扩展属性

扩展属性用来设置打印页面时分页、指针样式和滤镜特殊效果，该类属性的属性项如右图所示。

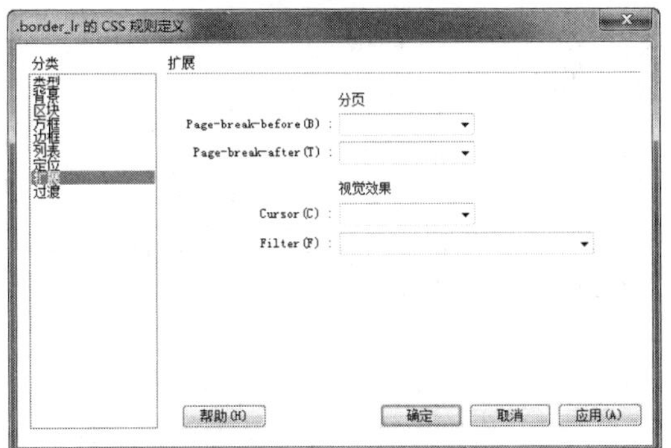

◎ Page-break-before（之前）：用于设置打印时在样式所控制的元素对象之前强制分页。

◎ Page-break-after（之后）：用于设置打印时在样式所控制的元素对象之后强制分页。

◎ Cursor（光标）：用于设置鼠标指针悬停在样式所控制的元素对象之上时的形状。

◎ Filter（过滤器）：用于设置样式所控制元素对象的特殊效果。

如下图所示为设置光标属性前后的对比效果。

原图

设置光标属性后的鼠标指针变为十字形状

“定位”样式属性使用“层”首选参数中定义层的默认标签，将标签或所选文本块更改为新层。

设置扩展属性的具体操作方法如下：

难度：★★★☆☆　　视频：光盘：视频\05\设置扩展属性.swf

01 打开要设置的网页文件。

02 单击“新建CSS规则”按钮。

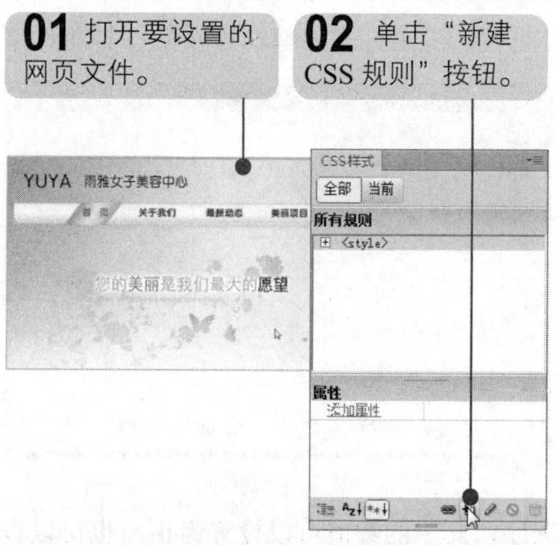

03 新建CSS规则，输入名称“.pointer”。

04 单击“确定”按钮。

05 选择“扩展”属性，设置“光标”属性项值为crosshair。

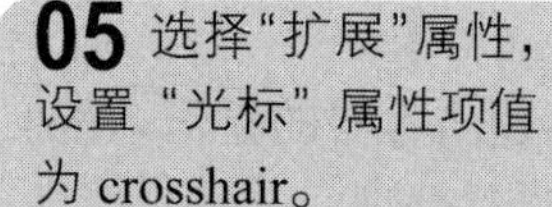

06 单击“确定”按钮。

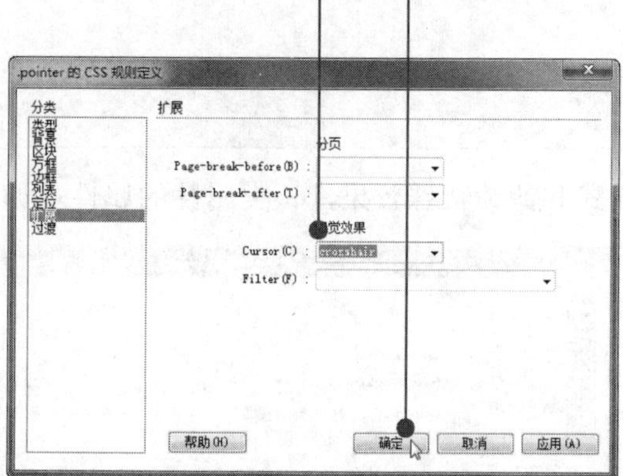

07 选择单元格，右击CSS样式“.pointer”。

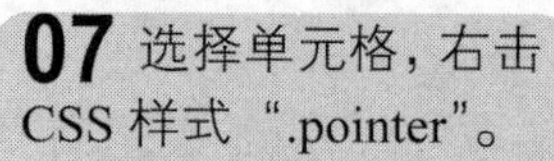

08 选择“套用”选项。

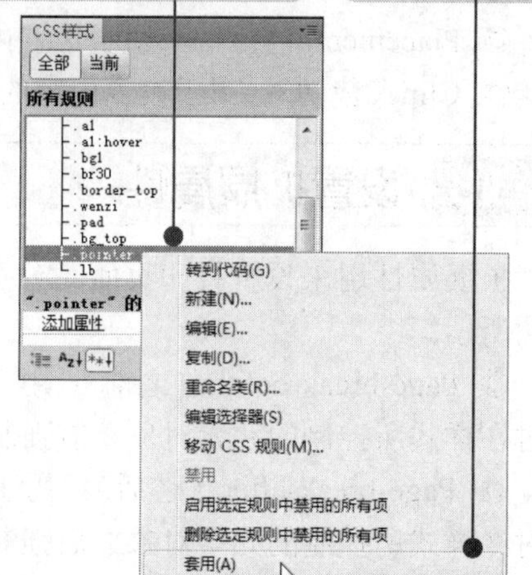

09 查看设置边框属性后的效果。

高手点拨

CSS的无参数滤镜共有六个（FlipH、FlipV、Invert、Xray、Gray和Light），它们没有参数，相对来讲，灵活性要差，但用起来更方便，效果也相当明显。用它们可以使文字或图片翻转，获得图片的“底片”效果，设置可以制作图片的“X光片”效果。

小提示

“扩展”样式属性包括过滤器、分页和光标选项，它们中的大部分效果仅受Internet Explorer 4.0和更高版本的支持。

5.4 管理层叠样式表

如果对已经创建的 CSS 样式不满意，或网页中的某些内容所应用的 CSS 样式需要修改，可以对其进行编辑修改或删除重新创建等操作，也可以对 CSS 样式进行导入与导出等操作。

5.4.1 编辑 CSS 层叠样式

编辑已有的 CSS 样式，需要在“CSS 样式”面板中找到相应的 CSS 样式，然后在其属性编辑器中进行编辑即可。编辑自定义 CSS 样式的具体操作方法如下：

难度：★★★☆☆　　视频：光盘：视频\05\编辑 CSS 层叠样式.swf

01 选中需要修改的 CSS 样式。

02 单击“编辑样式”按钮。

03 修改 CSS 样式选项。

04 单击“确定”按钮。

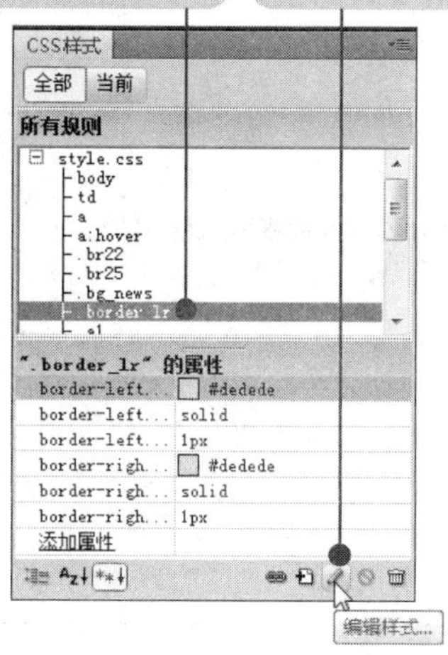

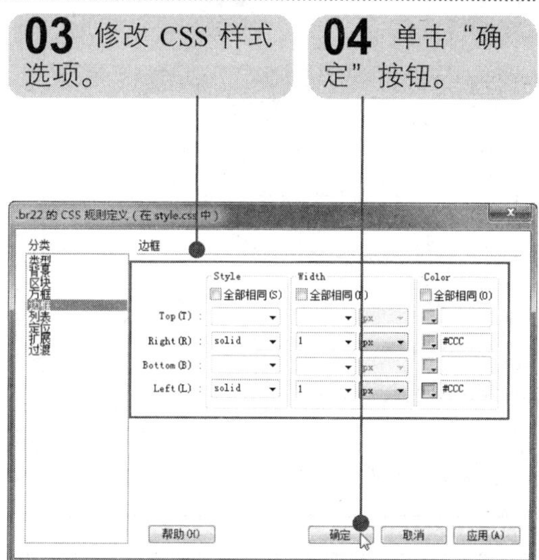

在所有规则中选择要编辑的 CSS 样式并双击，弹出“CSS 规则定义”对话框，从中可以进行 CSS 样式的修改。

5.4.2 链接外部 CSS 样式表文件

外部样式表是一个包含样式并符合 CSS 规范的外部文本文件，在编辑外部样式表后，链接到该样式表的所有文档内容都会相应的发生变化，外部样式表可以应用于任何页面。

在当前文档中附加外部样式表的具体操作方法如下：

难度：★★★☆☆　　视频：光盘：视频\05\链接外部 CSS 样式表文件.swf

修改样式后，套用该样式的对象将自动更新样式。

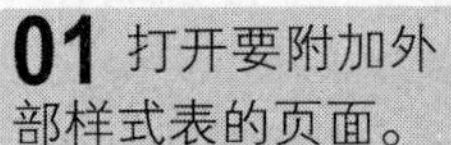

01 打开要附加外部样式表的页面。

02 单击"附加样式表"按钮。

03 单击"浏览"按钮。

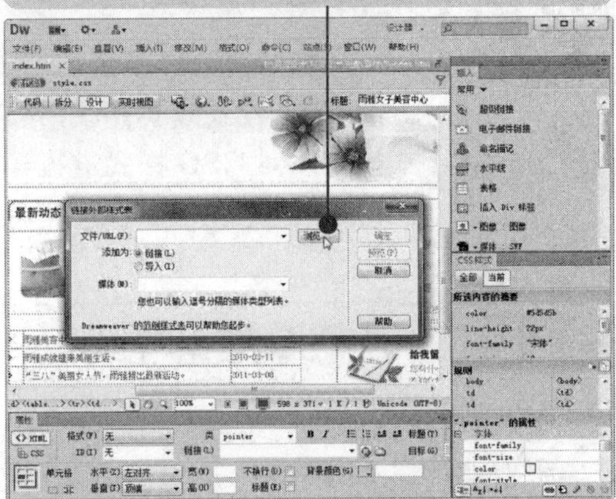

04 选择要链接的外部样式文件。

05 单击"确定"按钮。

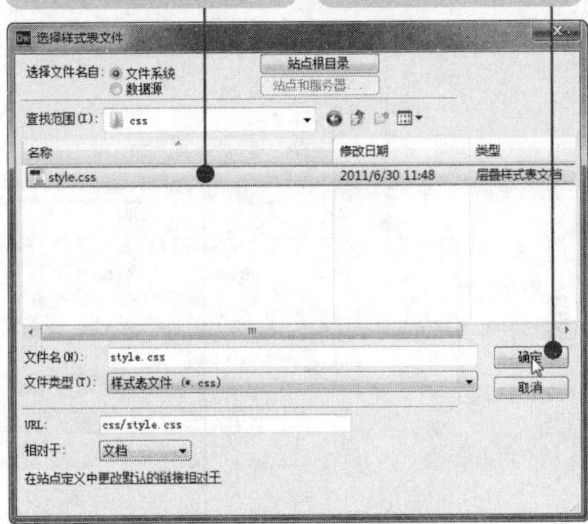

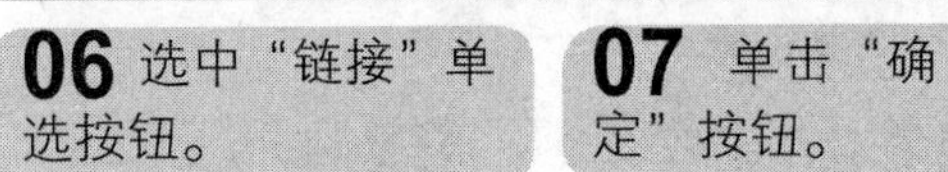

06 选中"链接"单选按钮。

07 单击"确定"按钮。

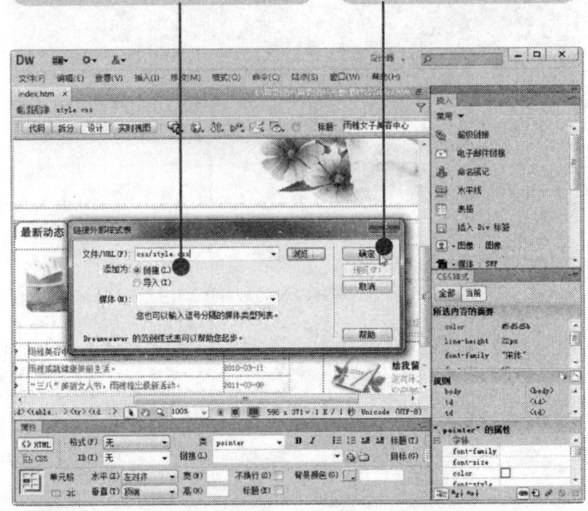

5.4.3 删除 CSS 层叠样式

对于不再使用或无效的 CSS 样式，可以将其删除，以减小网页或网站的大小，同时还可以起到优化网页的作用。

删除 CSS 样式的具体操作方法如下：

在打开的"CSS 样式"面板中选中需要删除的 CSS 样式并右击，在弹出的快捷菜单中选择"删除"选项，即可将该 CSS 样式删除，如右图所示。

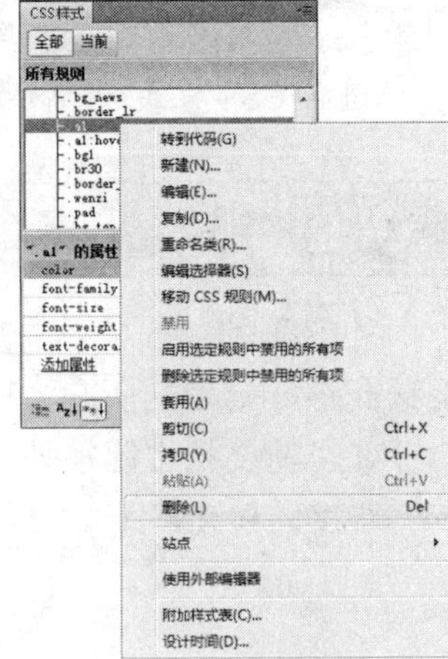

小提示

选择"链接"单选按钮将在 HTML 代码中创建一个 link href 标签，并引用已发布的样式表所在的 URL。

5.5 应用 CSS 样式表

当创建和编辑CSS样式后，即可根据需要在网页中套用CSS样式。下面将重点介绍几种常用的 CSS 样式引用方法。

难度：★★★☆☆　　视频：光盘：视频\05\应用 CSS 样式表.swf

1. 通过快捷菜单应用 CSS 样式

套用 CSS 样式的具体操作方法如下：

选中需要套用样式的文本或其他元素对象并右击，在弹出的快捷菜单中选择“CSS 样式”选项，然后在其子菜单中选择需要的 CSS 样式即可，如下图所示。

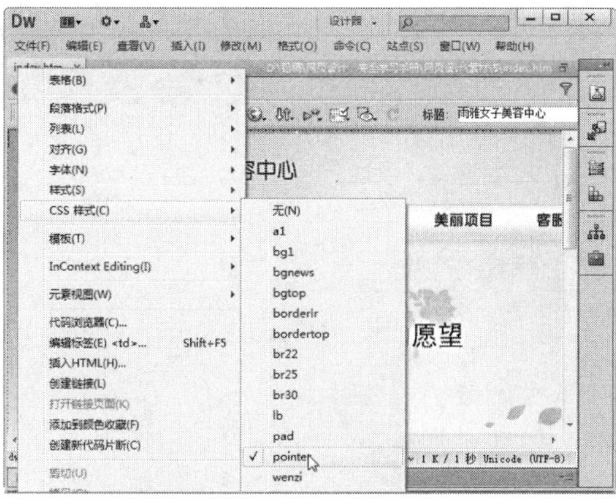

2. 使用 CSS 样式快捷菜单应用 CSS 样式

套用 CSS 样式的操作方法如下：

01 选择要链接的外部样式文件。

02 右击需要选择的 CSS 样式。

03 选择“套用”选项，将 CSS 样式套用到选中对象上。

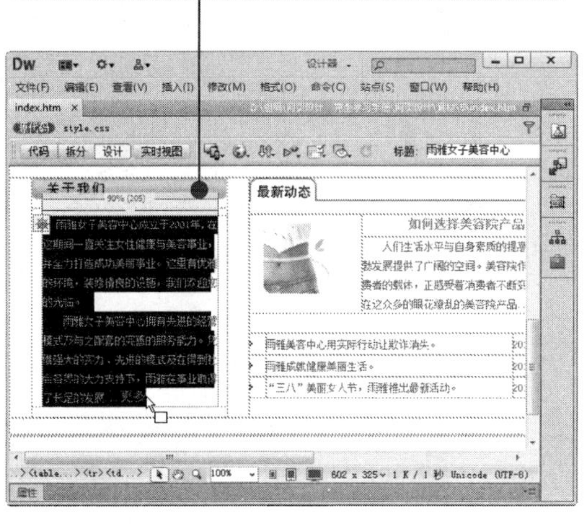

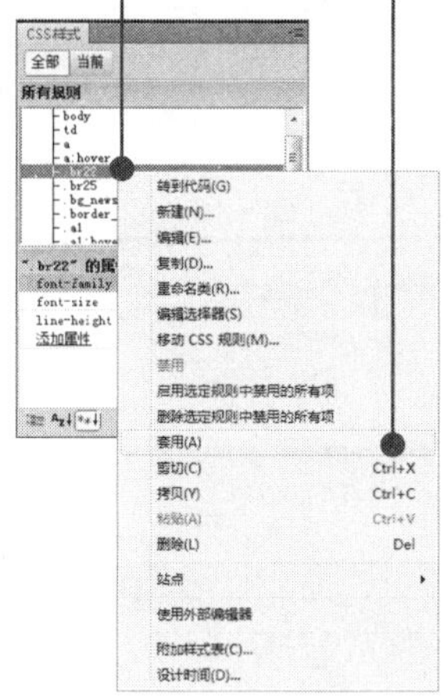

样式表的使用有三种方式：连接、导入、嵌入。其中连接和导入可用于多个页面共用一个样式表文件；嵌入则仅对单一页面起作用。

3．通过“属性”面板应用 CSS 样式

也可以通过“属性”面板套用 CSS 样式，具体操作方法如下：

01 选中要套用样式的文本或其他对象。

02 选择需要的 CSS 样式。

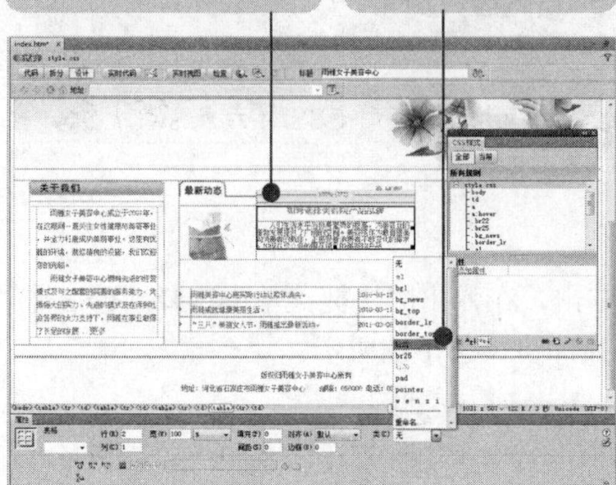

03 应用 CSS 样式后，查看页面效果。

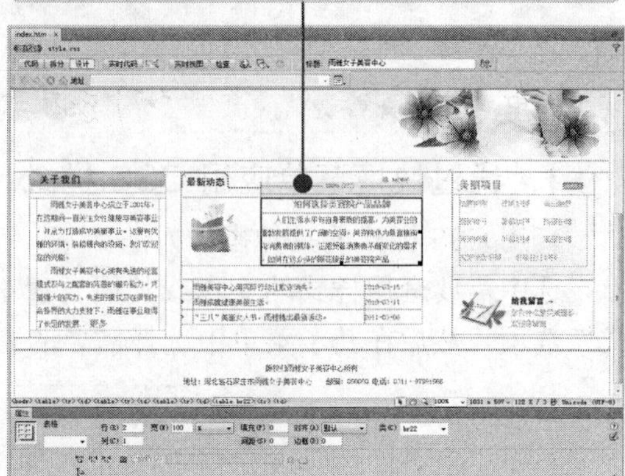

小提示

CSS 样式可以用于同时控制多个文档，并包括文档中的所有样式。使用 CSS 样式表的优越在于当 CSS 样式更新或修改时，所有使用该样式表的文档格式也会自动更新改变。

预计学习时间 60 **分钟** 

Chapter 06

使用表单和行为

表单主要用于帮助服务器从用户端收集信息，如收集用户资料、获取用户定单，也可以实现搜索接口，因此表单是Internet用户同服务器进行信息交流的重要工具。使用行为可以为网页对象添加一些动态效果和简单的交互功能。本章将详细介绍如何在网页中创建表单及添加行为。

要点导航 

- 创建与设置表单
- 创建表单对象
- 行为和事件
- 创建与设置表单

重点图例

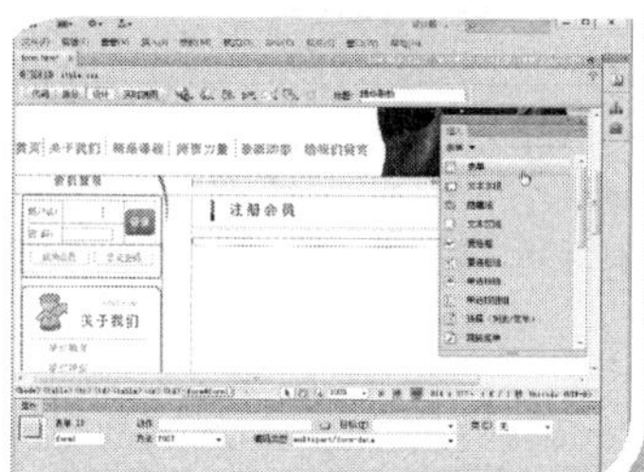

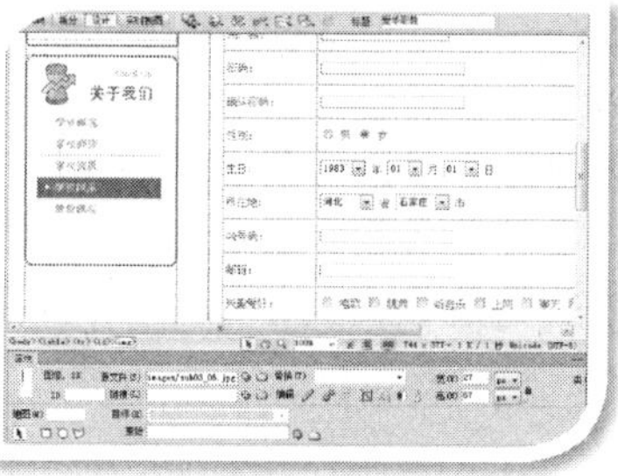

6.1 创建与设置表单

在制作实现信息交互的动态网页时，表单是必不可少的选项。它是接收用户信息的重要窗口，然后交由服务器端的脚本处理相关信息，并进行反馈。

6.1.1 认识表单

一个完整的交互表单由两部分组成：一个是客户端包含的表单页面，用于填写浏览者进行交互的信息；另一个是服务端的应用程序，用于处理浏览者提交的信息。如下图所示即为使用表单的网页。

6.1.2 创建表单

在文档中创建表单的操作非常简单，具体操作方法如下：

打开一个目标文件，将光标定位在文档中要插入表单的位置，然后在“插入”面板的“表单”类别中单击“表单”按钮，此时在页面中将显示一个红色的虚线框，即表示插入了一个空表单，如下图所示。

小提示

表单是用户和服务器之间的桥梁，用于收集用户信息。表单由两部分组成：一部分是前台显示程序，另一部分是后台处理程序。

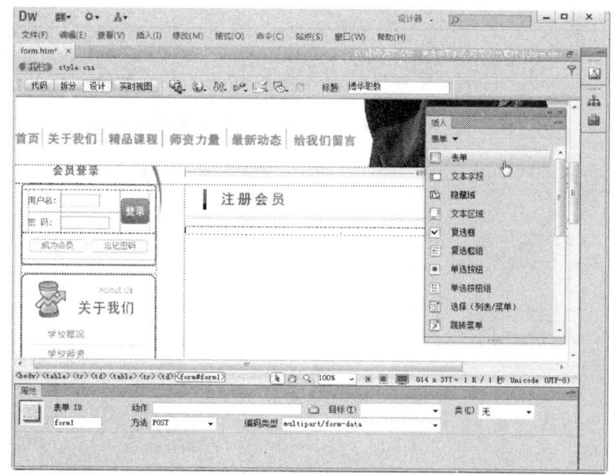

6.1.3 设置表单属性

在插入空表单后，单击红色虚线选中表单，在属性检查器中即可查看表单的相关属性，如下图所示。

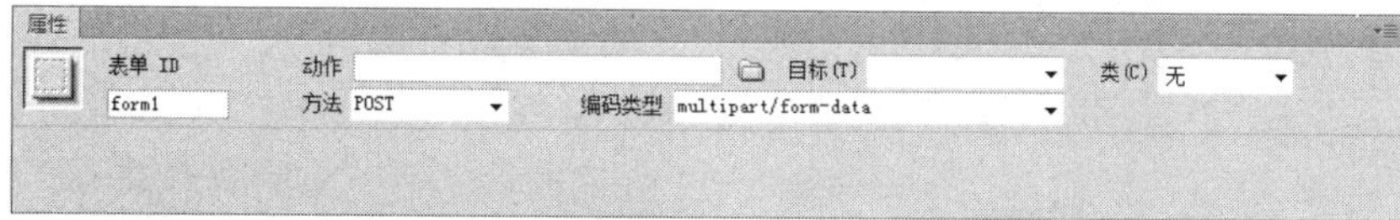

其中：

◎ 表单 ID：用于输入表单名称，以便在脚本语言中控制该表单。

◎ 方法：用于选择表单数据传输到服务器的方法。

◎ 动作：用于输入处理该表单的动态页或脚本的路径，可以是 URL 地址、HTTP 地址，也可以是 Mailto 地址。

◎ 目标：用于选择服务器返回反馈数据的显示方式。

◎ 编码类型：用于指定提交服务器处理数据所使用 MIME 编码类型。默认设置 application/x-www-form-urlencoded，与 POST 方法一起使用。

6.2 创建表单对象

在创建表单后，即可向其中添加表单对象。在 Dreamweaver 中可以创建各种表单对象，如文本框、单选按钮、复选框、按钮和下拉菜单等，下面将分别对其进行介绍。

6.2.1 添加文本字段

文本字段是表单中常用的元素之一，主要包括单行文本字段、密码文本字段和多行文本区域三种。

POST 方法在 HTTP 请求中嵌入表单数据；GET 方法将值附加到请求该页面的 URL 中；默认方法使用浏览器的默认设置将表单数据发送到服务器。通常，默认方法为 GET 方法。

在网页中最常见的单行文本字段与密码文本字段是用户登录界面，如下图（左）所示。多行文本区域一般用于发表留言或书写较多的文字时使用，如下图（右）所示。

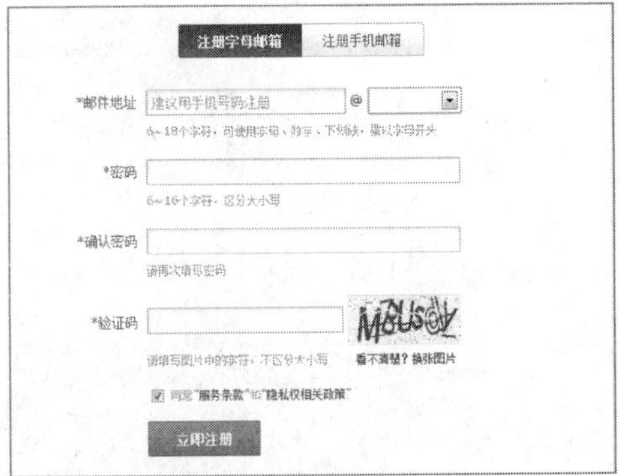

下面将通过实例介绍如何添加文本字段，具体操作方法如下：

素材：光盘：素材\06\form.htm　　效果：光盘：无

难度：★★★☆☆　　视频：光盘：视频\06\添加文本字段.swf

01 将光标移至要添加文本字段的位置。

02 单击“插入|表单”类别中“文本字段”按钮。

03 设置输入标签辅助功能属性。

04 单击“确定”按钮。

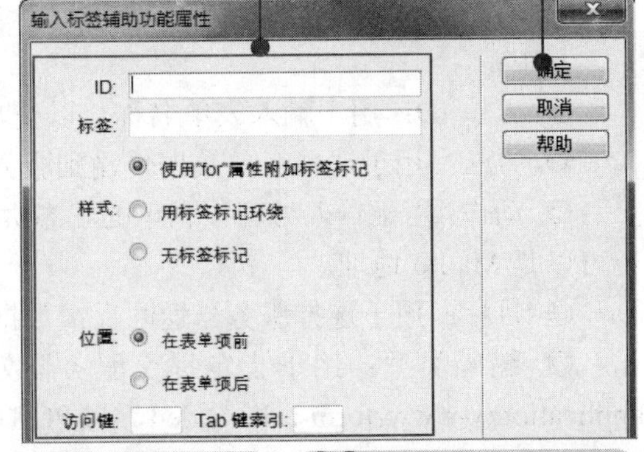

05 选择添加的文本字段。

06 在属性检查器中设置其属性。

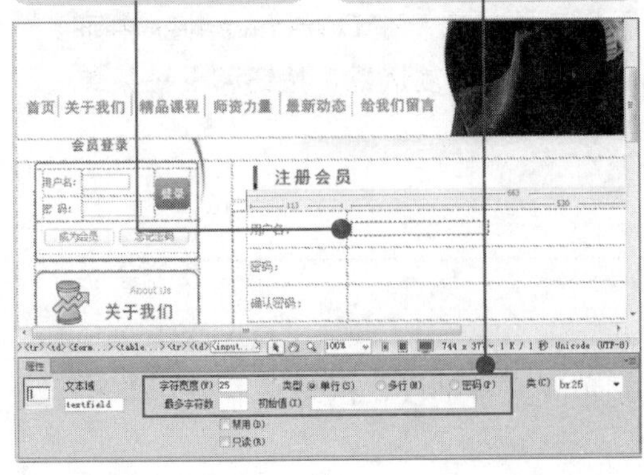

07 再插入一个文本字段。

08 设置其字符宽度为 27 像素，类型为“密码”。

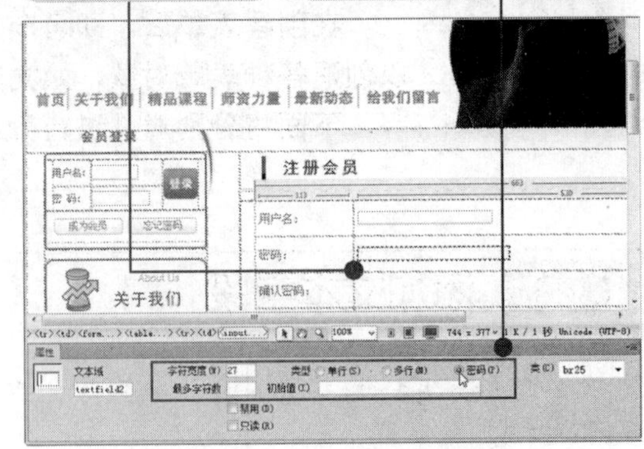

小提示

 插入一个文本域，可以在其中输入字母或数字，可以是单行或多行，或者作为密码文本域，还可以将输入的密码以*字符显示。

09 同样再插入一个文本字段。

10 设置文本字段属性。

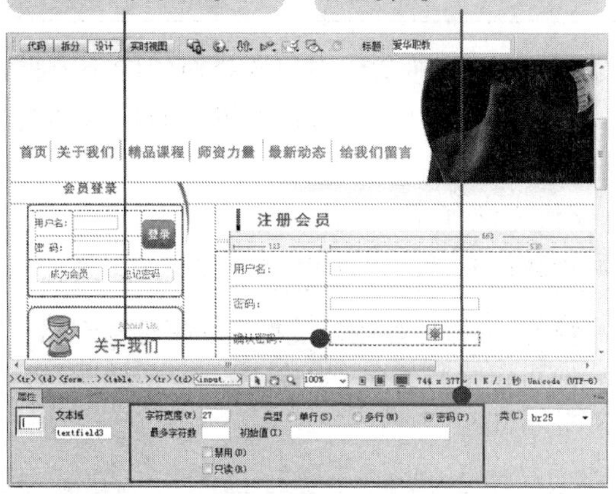

11 查看文本字段的显示效果。

6.2.2 添加隐藏域

隐藏域用来收集或发送信息的不可见元素，对于网页的访问者来说隐藏域是看不见的，它主要用于实现浏览器同服务器交换信息。

下面将通过实例介绍隐藏域的设置方法，具体操作方法如下：

难度：★★★☆☆　　视频：光盘：视频\06\添加隐藏域.swf

01 定位光标于表单中要插入隐藏域的位置。

02 在“插入|表单”类别中单击“隐藏域”按钮。

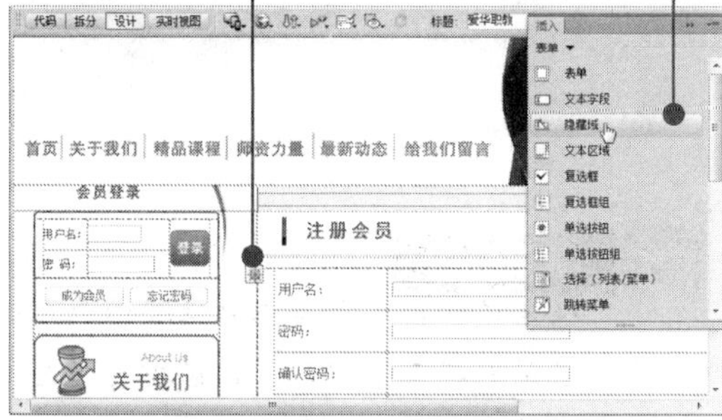

03 在表单中插入一个隐藏域。

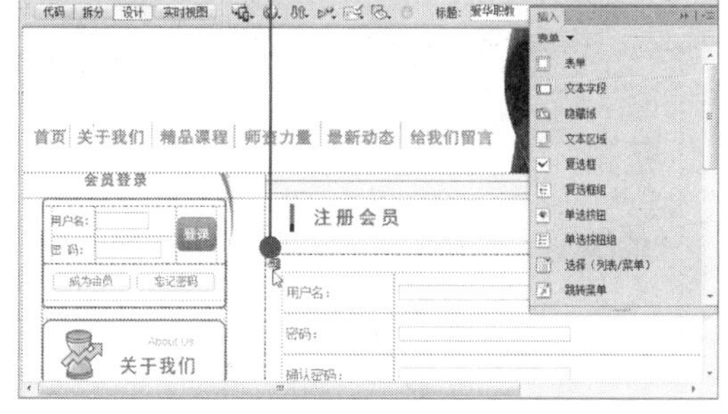

04 选中“隐藏域”标识。

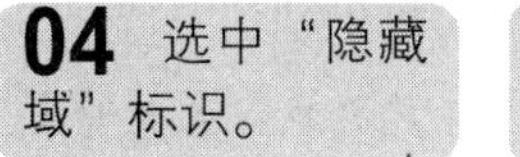

05 设置其名称，并为隐藏域赋值。

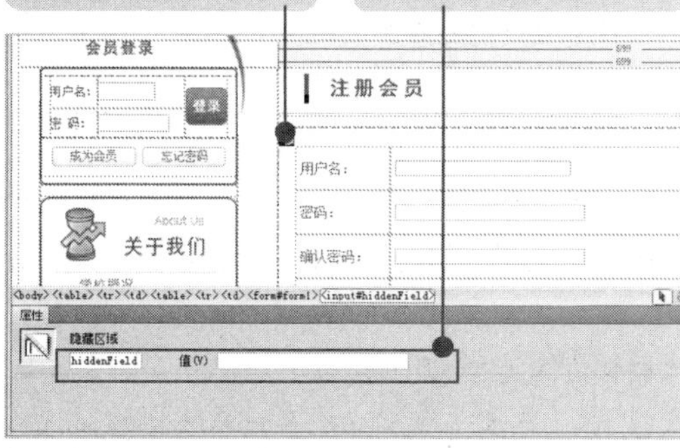

如果已经插入隐藏域却看不见该标记，单击“查看”|“可视化助理”命令，在其子菜单中选择“不可见元素”选项。

隐藏域可存储访问者输入的信息内容，并向服务器提供这些数据，便于通过后台处理程序实现在该访问者下次访问此站点时显示这些数据的目的。

6.2.3 添加复选框

复选框是在一组选项中允许用户选中多个选项。它是一种允许用户选择对勾的小方框，用户选中某一项，与其对应的小方框就会出现一个小对勾；再单击鼠标左键，对勾将消失，表示此项已被取消。

下面将通过实例介绍如何添加复选框，具体操作方法如下：

难度：★★★☆☆ 视频：光盘：视频\06\添加复选框.swf

01 将光标定位于表单中要添加复选框的位置。

02 在“插入|表单”类别中单击“复选框”按钮。

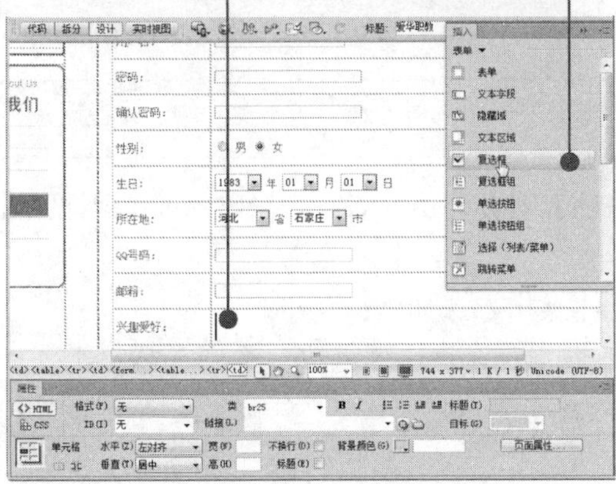

03 选择插入的复选框，在属性检查器中可以设置其名称、选定值、初始状态等属性。

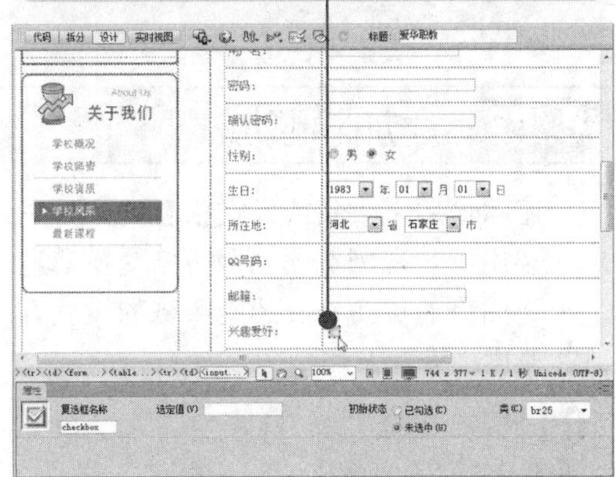

04 同样在文档中添加多个复选框。

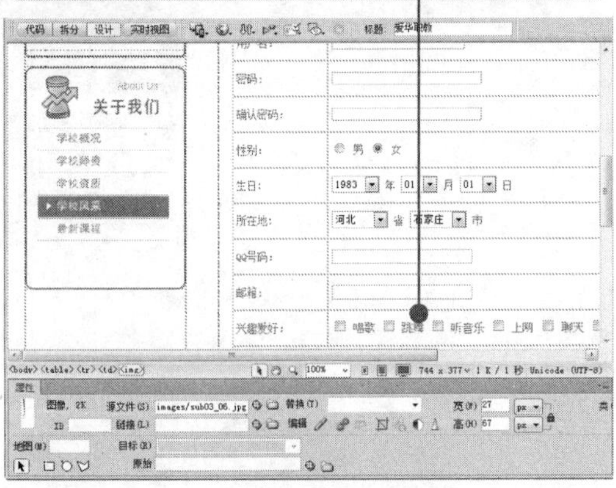

高手点拨

选定值：设置复选框被选择时的取值。当用户提交表单时，该值被传送给服务器端应用程序（如CGI）。

初始状态：设置首次载入表单时复选框是已选还是未选。

6.2.4 添加单选按钮

单选按钮通常不会单一出现，而是多个单选按钮一起成组使用，且只允许选择其中的一个选项。

下面将通过实例介绍单选按钮的添加方法，具体操作方法如下：

难度：★★★☆☆ 视频：光盘：视频\06\添加单选按钮.swf

小提示 复选框表单对象可以限制访问者填写的内容，使收集的信息更加规范，更有利于信息的统计。

01 将光标定位于表单要添加单选按钮的位置。

02 在"插入|表单"类别中单击"单选按钮"按钮。

03 选择插入的单选按钮。

04 设置其名称、选定值、初始状态等属性。

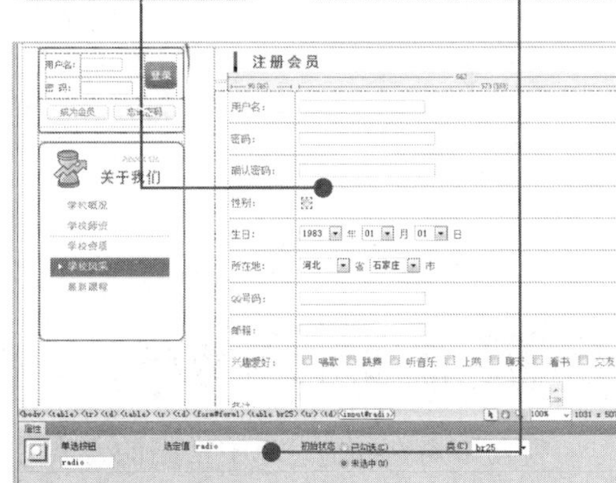

05 同样在文档中再添加一个单选按钮。

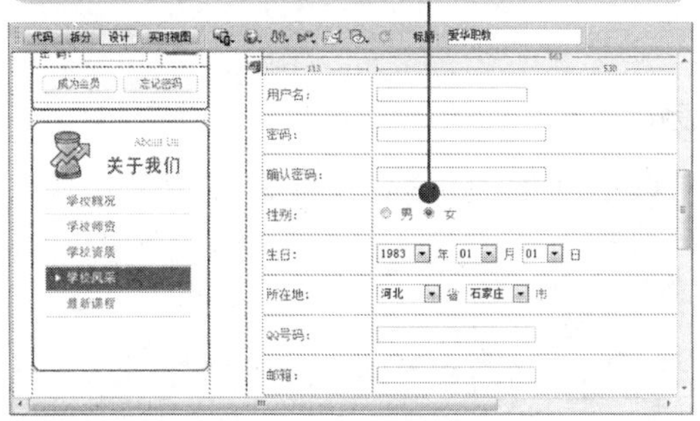

高手点拨

在同一选项组中的所有单选按钮的名称必须相同，如将标签值为"男"的单选按钮名称设置为 sex，则标签值为"女"的单选按钮名称也必须设置为 sex，才能实现在这两个选项中选择其中一个的目的。

6.2.5 添加单选按钮组

一组单选按钮通常包括两个以上的单选按钮，同组按钮具有排斥性。添加单选按钮组的具体操作方法如下：

难度：★★★☆☆　　视频：光盘：视频\06\添加单选按钮组.swf

01 将光标定位于表单要添加单选按钮组位置。

02 在"插入|表单"类别中单击"单选按钮组"按钮。

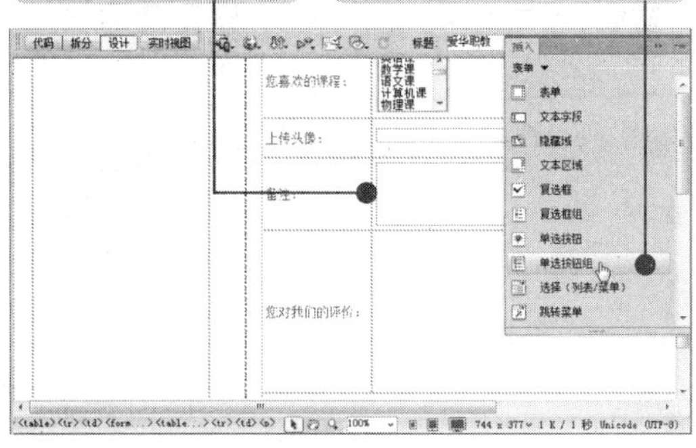

03 输入名称，设置各按钮属性。

04 单击"确定"按钮。

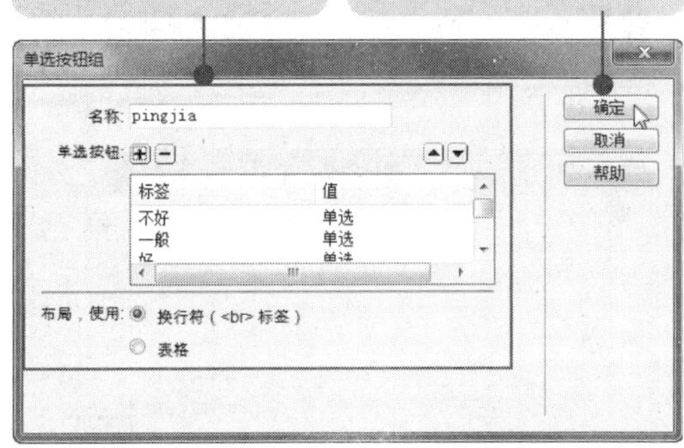

一旦单选按钮被选择，同一组的单选按钮将始终有一个处于选中状态，除非单击重置按钮进行重新设定。

05 在表单中添加单选按钮组。

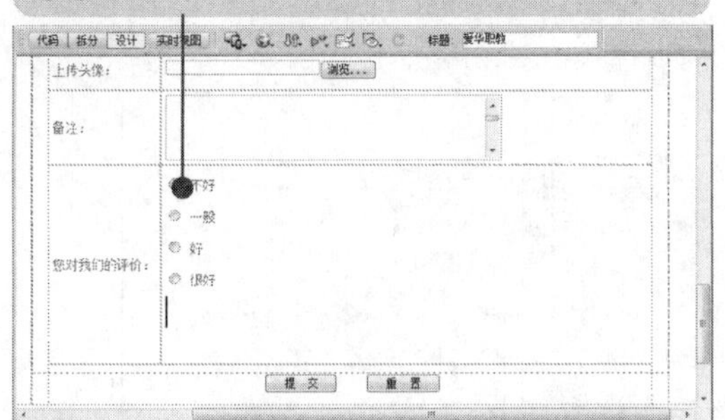

高手点拨

在表单中添加单选按钮组，只能添加垂直方向排列的单选按钮，且只能添加文本提示的单选按钮。

6.2.6 添加列表和菜单

列表和菜单也是表单中常用的元素之一，它可以显示多个选项，通过滚动条可以显示更多的选项。

1. 插入菜单

插入菜单的具体操作方法如下：

难度：★★★☆☆　　视频：光盘：视频\06\添加列表和菜单.swf

01 将光标定位于表单中要添加菜单位置。

02 在“插入|表单”类别中单击“选择（列表/菜单）”按钮。

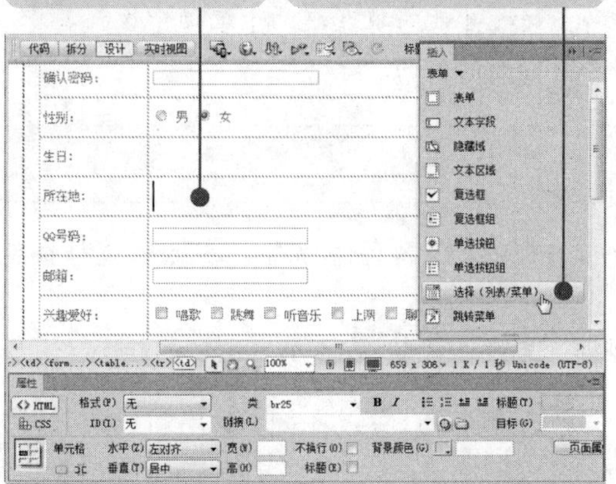

03 选择插入的菜单。

04 设置相关属性，单击“列表值”按钮。

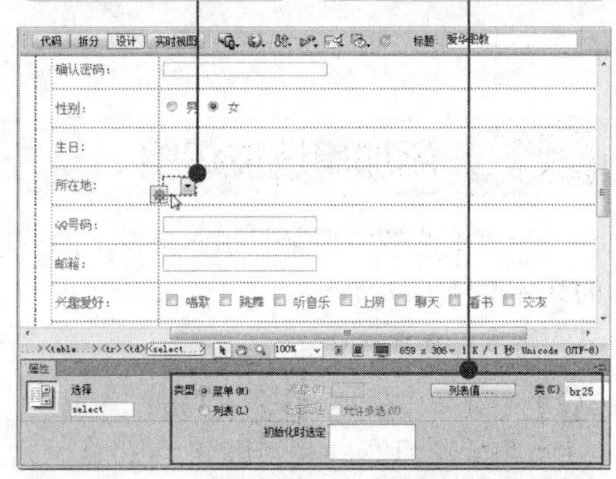

05 单击+或-按钮，添加或删除菜单中选项。

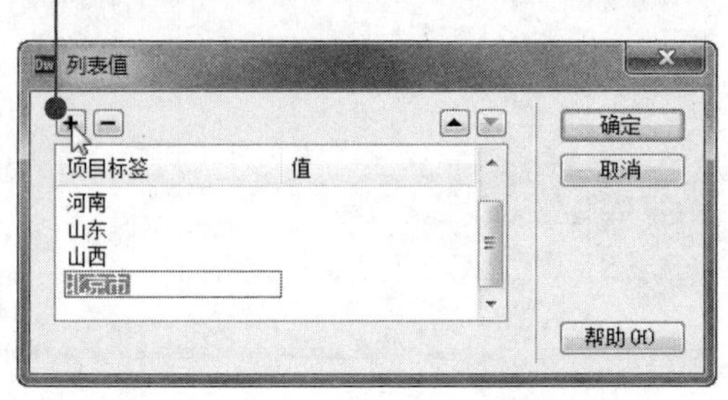

06 单击▲或▼按钮，调整菜单中选项顺序。

07 单击“确定”按钮。

小提示

列表和菜单都属于HTML表单菜单，对应的标签为<select></select>。

08 完成菜单选项添加，并使设置生效。

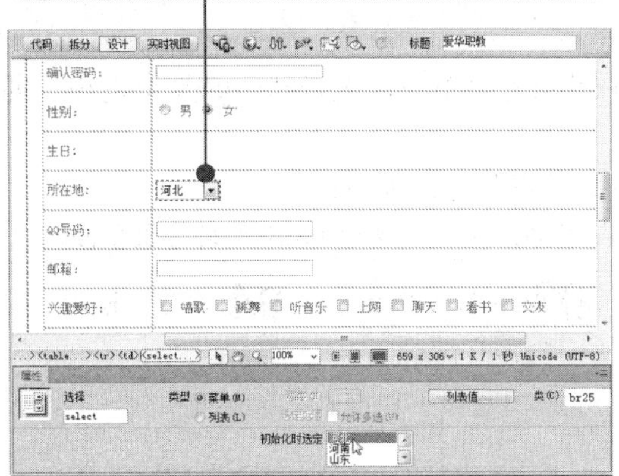

09 采用同样的方法，插入其他菜单。

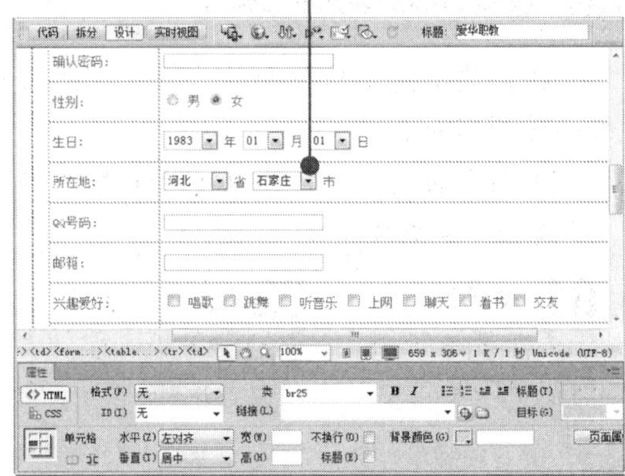

2. 插入列表

下面将介绍如何插入列表，具体操作方法如下：

01 将光标定位于表单要添加菜单位置。

02 在“插入|表单”类别中单击“选择（列表/菜单）”按钮。

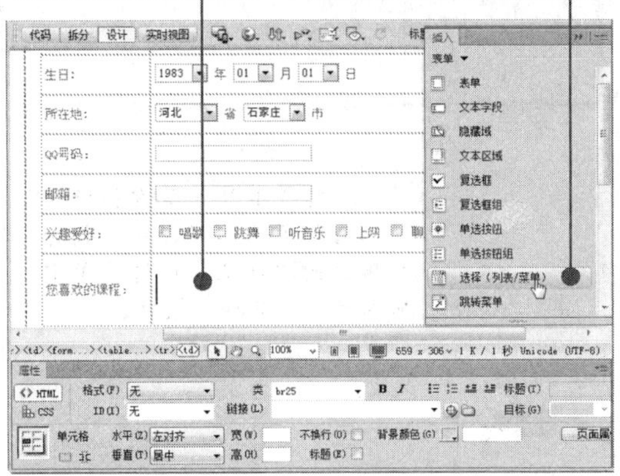

03 选择添加的列表。

04 选中“列表”单选按钮，单击“列表值”按钮。

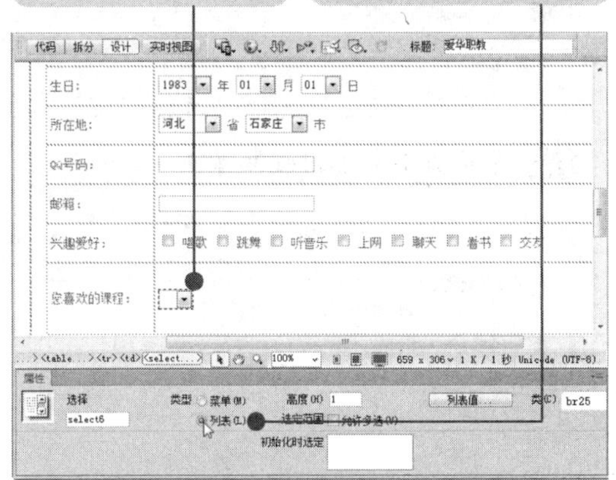

05 单击⊞按钮，添加菜单项。

06 单击“确定”按钮。

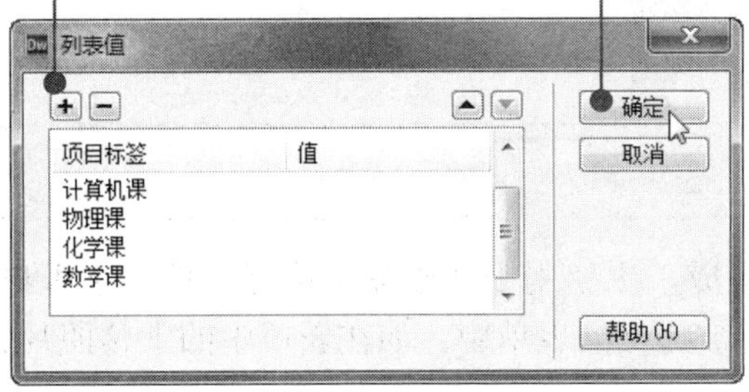

07 查看菜单滚动列表，根据需要设置其他属性。

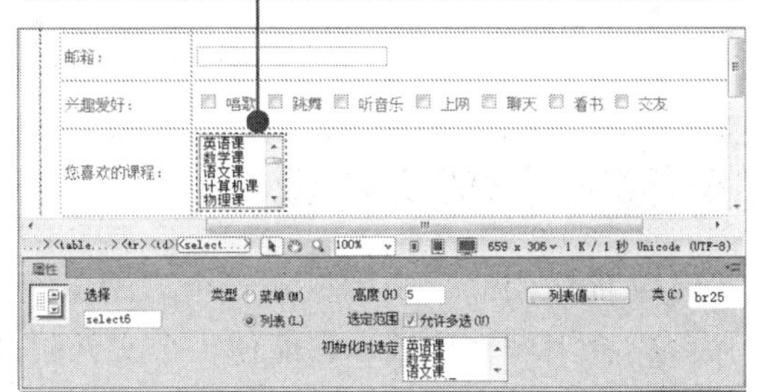

列表和菜单的区别：一种是用户单击时下拉的，为下拉菜单或下拉列表；另一种则显示一个列有项目的可滚动列表，可以从该列表中选择项目，为滚动列表或者列表菜单。

6.2.7 添加跳转菜单

跳转菜单是下拉菜单的一种。在跳转菜单中显示子菜单项，选择其中的某个选项，即可跳转到相应的网页上。

下面将通过实例介绍跳转菜单的添加方法，具体操作方法如下：

难度：★★★☆☆　　视频：光盘：视频\06\添加跳转菜单.swf

01 将光标定位于表单要添加跳转菜单位置。

02 在“插入|表单”类别中单击“跳转菜单”按钮。

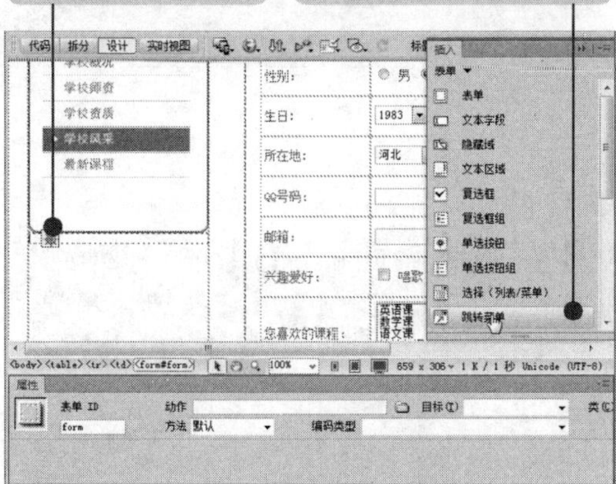

03 单击⊞按钮，添加菜单项。

04 单击“确定”按钮。

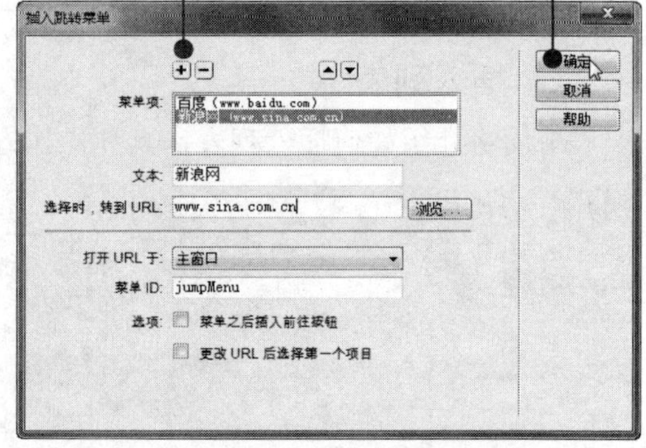

05 在网页中添加跳转菜单。

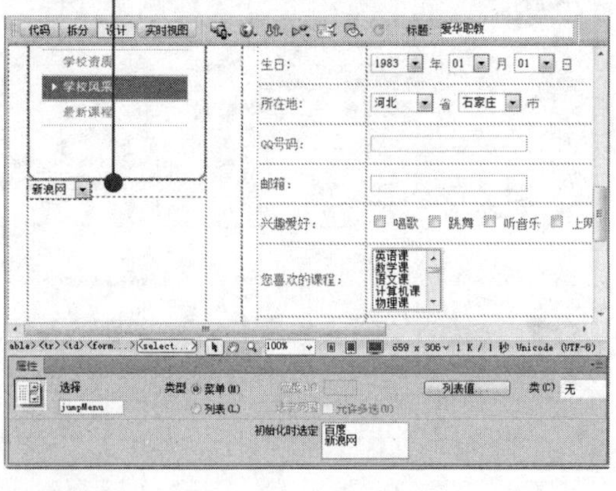

跳转菜单开始动作和跳转菜单动作关系非常密切。跳转菜单开始动作是在跳转菜单中加入一个“前往”按钮。

6.2.8 添加文件域

文件域由一个文本框和一个“浏览”按钮组成，主要用于从磁盘上选择文件。在表单中经常会用到文件域，它能使一个文件附加到正被提交的表单中，如在表单中的上传照片、图片，在邮件中添加附件。

小提示

跳转菜单对站点访问者可见，并列出链接到文档或文件的选项。可以创建到整个 Web 站点内文档的链接，也可以创建到可在浏览器中打开的任何文件类型的链接。

将光标定位于表单中要添加文件域的位置，在“插入”面板“表单”类别中单击“文件域”按钮，即可在文档中添加一个文件域。在属性检查器可以设置其名称、字符宽度和最多字符数等属性，如下图所示。

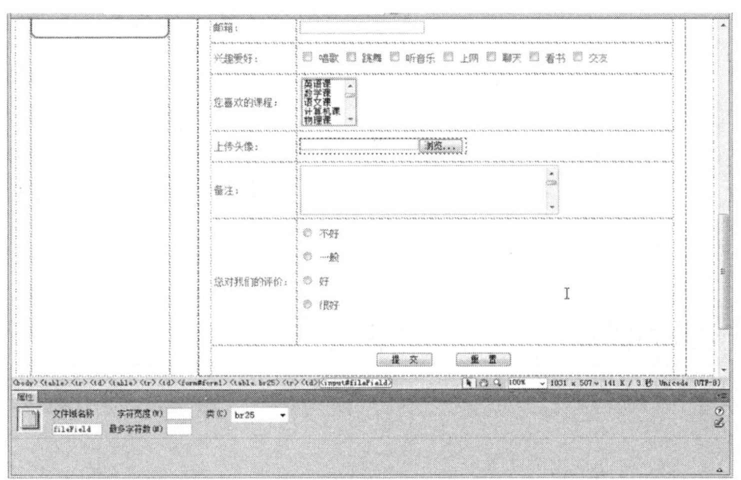

6.2.9 添加标准按钮

在表单中，按钮用来控制表单的操作。使用按钮可以提交表单或重设表单等。在 Dreamweaver CS6 中，表单按钮可以分为三类：提交按钮、重置按钮和普通按钮。其中：

◎ 提交按钮：使用该按钮可以把表单中的所有内容发送到服务器端的指定应用程序。

◎ 重置按钮：在填写表单的过程中若要重新填写，单击该按钮可以使全部表单元素的值还原为初始值。

◎ 普通按钮：该按钮没有内在行为，但可以用脚本语言为其指定动作。

下面将介绍如何添加按钮，具体操作方法如下：

难度：★★★☆☆ 视频：光盘：视频\06\添加标准按钮.swf

01 将光标定位于表单要添加按钮的位置。

02 在“插入|表单”类别中单击“按钮”选项。

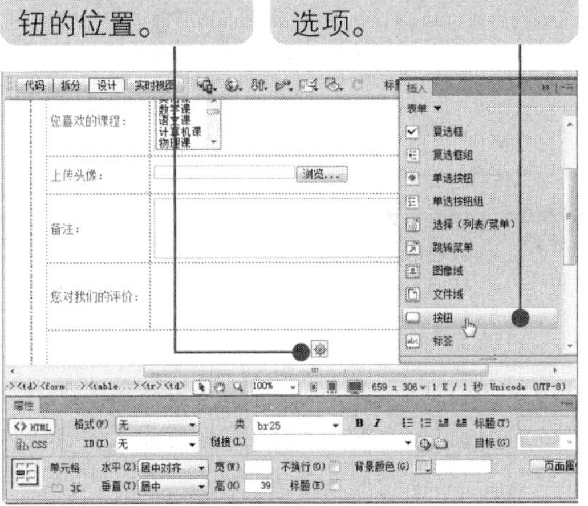

03 选择添加的按钮。

04 在属性检查器中设置其属性。

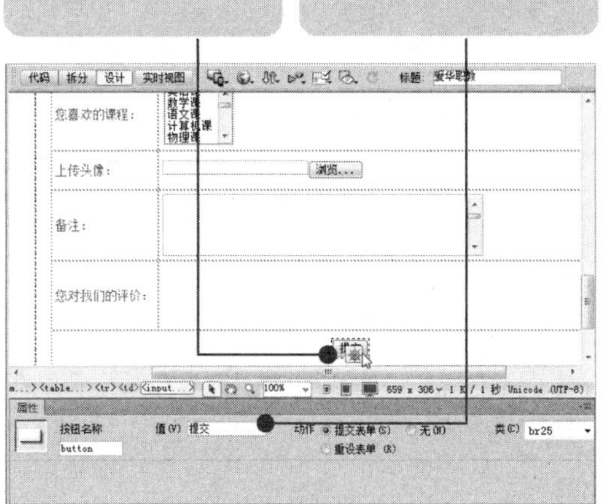

如果需要将整个文件传送到服务器上，可以在表单中建立文件域来实现。若要使用文件域，表单的方式必须设置为 POST。

05 再插入一个按钮。

06 设置该按钮值为“重置”。

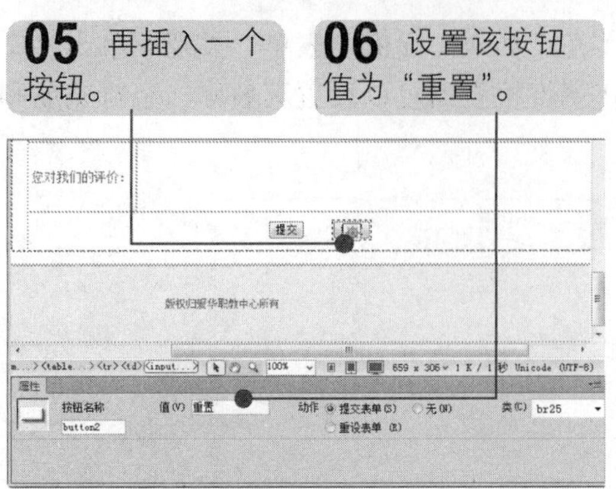

高手点拨

若设置“动作”为“提交表单”，则该按钮为提交按钮，对应的 type 值为 submit；若选择“重设表单”，则该按钮为重置按钮，对应的 type 值为 reset；若选择“无”，则该按钮为普通按钮，对应的 type 为 button。

6.2.10 添加图像域

为了使网页更加美观，可以对按钮的外形进行编辑。例如，使用图像作为按钮，即添加图像域。

下面将介绍如何添加图像域，具体操作方法如下：

难度：★★★☆☆　　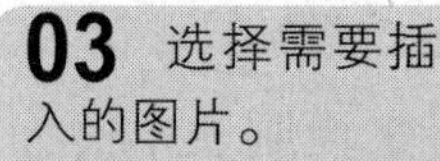视频：光盘：视频\06\添加图像域.swf

01 将光标移至表单要插入图像域位置。

02 单击“插入|表单”类别中的“图像域”按钮。

03 选择需要插入的图片。

04 单击“确定”按钮。

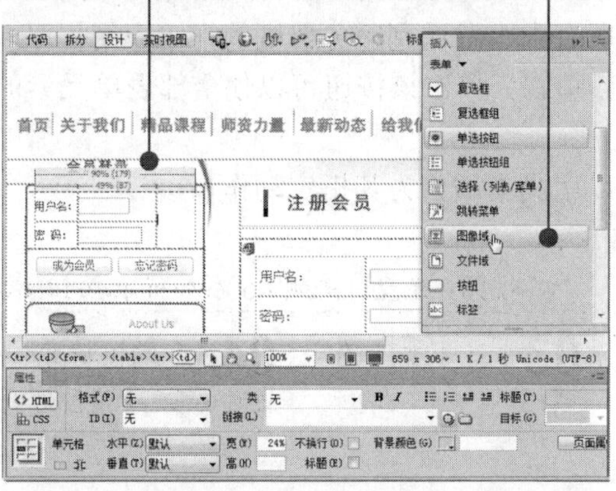

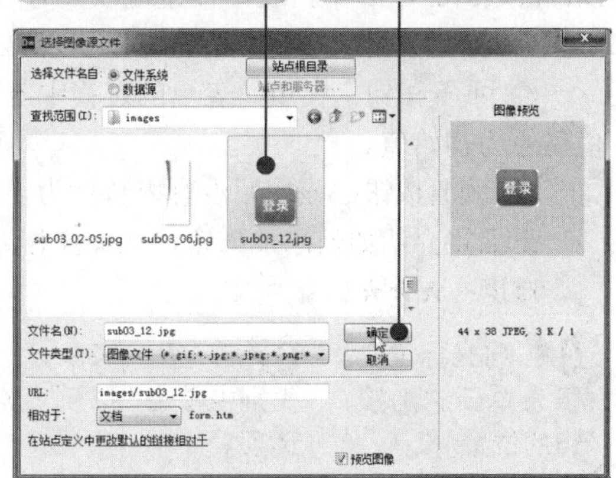

05 将图像域插入到网页中。

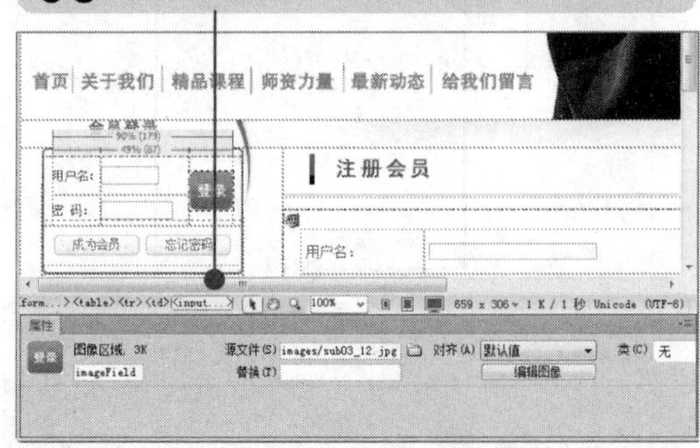

高手点拨

图像域是作为表单内部的对象来使用的，它应用于表单中，其作用是触发表单的相关操作，与按钮的功能和类型是相似的，只是它以图片的方式显示出来，单独使用无任何意义。

小提示

如果使用图像来执行任务而不是提交数据，则需要将某种行为附加到表单对象。

6.3 行为和事件

所谓行为，就是响应某一事件而采取的一个操作。行为是一系列使用 JavaScript 程序预定义的页面特效工具，是 JavaScript 在 Dreamweaver 中内置的程序库。当把行为赋予页面中某个元素时，也就是定义了一个操作，以及用于触发这个操作的事件。

6.3.1 认识行为和事件

下面将对行为和事件分别进行简要介绍。

1．什么是行为

行为是某个事件和由该事件触发的动作组合；事件用于指明执行某项动作的条件，如鼠标指针移动到对象上方、离开对象、单击对象、双击对象等都是事件。

动作是行为的另一个组成部分，它由预先编写的 JavaScript 代码组成，利用这些代码执行特定的任务，如打开浏览器窗口、弹出信息等。

通过事件可以触发动作，如页面加载、鼠标指针移至其上、鼠标单击等都可以作为事件，用来触发行为动作的产生。

2．添加事件

在 Dreamweaver CS6 中，可以将事件分为不同的种类，有的与鼠标有关，有的与键盘有关，如鼠标单击、键盘某个键按下。有的事件还和网页相关，如网页下载完毕、网页切换等。为了便于理解，我们将事件分为四类：鼠标事件、键盘事件、页面事件和表单事件。常用的事件如下：

◎ onBlur：当指定的元素停止从用户的交互动作上获得焦点时，触发该事件。例如，当用户在交互文本框中单击后，再在文本框之外单击，浏览器会针对该文本框产生一个 onBlur 事件。

◎ onClick：当用户在页面中单击使用行为的元素，如文本、按钮或图像时，就会触发该事件。

◎ onDblclick：在页面中双击使用行为的特定元素，如文本、按钮或图像时，就会触发该事件。

◎ onError：当浏览器下载页面或图像发生错误时触发该事件。

◎ onFocus：指定元素通过用户的交互动作获得焦点时触发该事件。例如，在一个文本框中单击时，该文本框就会产生一个 onFocus 事件。

◎ onKeydown：当用户在浏览网页时，按下一个键后且尚未松开该键时，就会触发该事件。该事件常与 onKeydown 与 onKeyup 事件组合使用。

行为是用来动态响应用户操作、改变当前页面效果或执行特定任务的一种方法。行为由对象、事件和动作构成。

◎ onKeyup：当用户浏览网页时，按下一个键后又松开该键时，就会触发该事件。

◎ onLoad：当网页或图像完全下载到用户浏览器后，就会触发该事件。

◎ onMouseDown：浏览网页时，单击网页中建立行为的元素且尚未松开鼠标之前，就会触发该事件。

◎ onMousemove：在浏览器中，当用户将鼠标指针在使用行为的元素上移动时，就会触发该事件。

◎ onMouseover：在浏览器中，当用户将鼠标指针指向一个使用行为的元素时，就会触发该事件。

◎ onMouseout：在浏览器中，当用户将鼠标指针从建立行为的元素移出后，就会触发该事件。

◎ onMouseup：在浏览器中，当用户在使用行为的元素上按下鼠标并松开后，就会触发该事件。

◎ onUnload：当用户离开当前网页，如关闭浏览器或跳转到其他网页时，就会触发该事件。

6.3.2 “行为”面板

通过“行为”面板可以使用和管理行为。“行为”面板的显示列表分为两部分，左栏用于显示触发动作的事件，右栏用于显示动作，如右图所示。

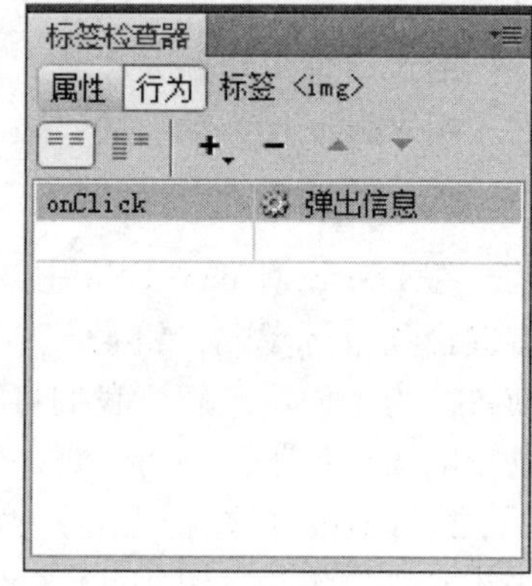

◎ 显示设置事件按钮：仅显示附加到当前文档的那些事件。事件被分别划归到客户端或服务器端类别中。每个类别的事件都包含在可折叠的列表中。“显示设置事件”是默认的视图。

◎ 显示所有事件按钮：按字母顺序显示属于特定类别的所有事件，如图（左）所示。

◎ 添加行为按钮+：单击该按钮，将显示特定下拉菜单，其中包含可以附加到当前选定元素的动作。当从该列表中选择一个动作时，将弹出对话框，可以在此对话框中设置该动作的参数。如果下拉菜单上的所有动作都处于灰色状态，则表示选定的元素无法生成任何事件，如下图（中）所示。

◎ 删除事件按钮−：从行为列表中删除所选的事件和动作。

◎ 向上箭头按钮和向下箭头按钮：在行为列表中上下移动特定事件的选定动作，只能更改特定事件的动作顺序。

◎ 事件：显示一个下拉菜单，其中包含可以触发该动作的所有事件，如下图（右）所示。此下拉菜单仅在选中某个事件时可见（当单击所选事件名称旁边的箭头按钮时显示此下拉菜单）。

浏览器都会提供一组事件，事件与动作相关联。当访问者与网页进行交互时，浏览了其生成的事件，但并非所有的事件都是交互的，如设置网页每10s自动重新载入。

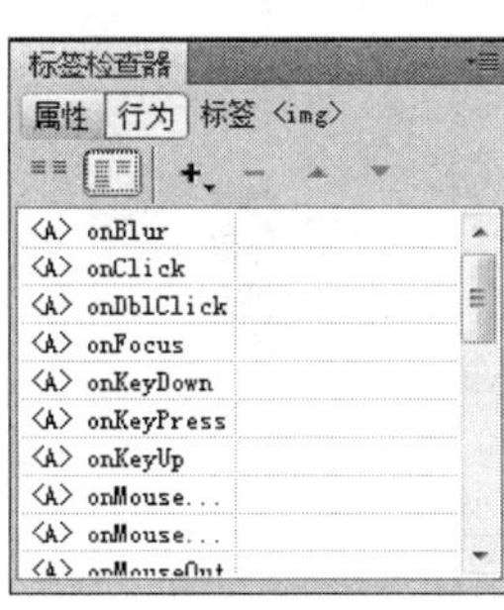

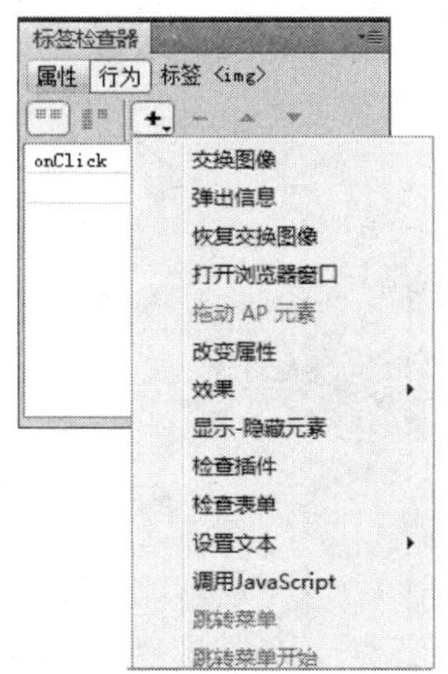

“行为”面板的基本操作包括打开面板、显示事件、添加行为和删除行为等，具体操作方法如下：

难度：★★★☆☆　　视频：光盘：视频\06\“行为”面板.swf

01 单击“窗口”|“行为”命令，打开“行为”面板。

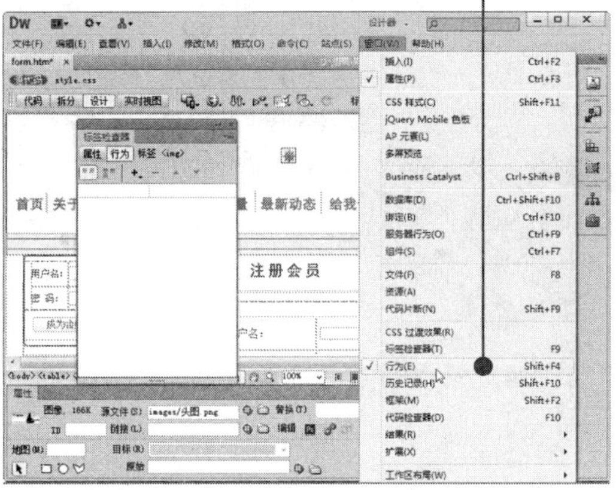

02 选择要添加行为的对象。

03 单击+按钮，选择“弹出信息”选项。

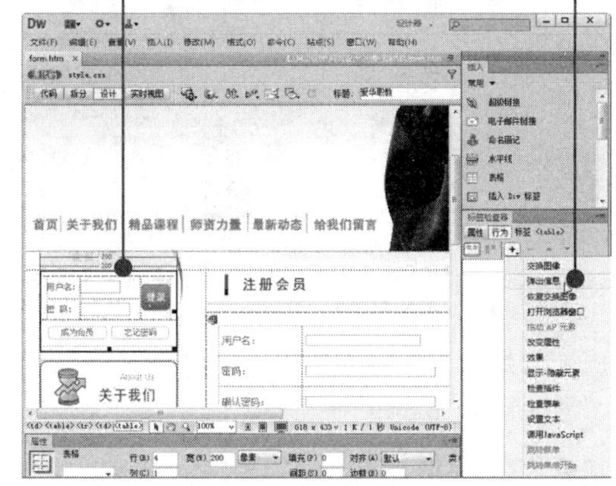

04 输入需要弹出的信息。

05 单击“确定”按钮。

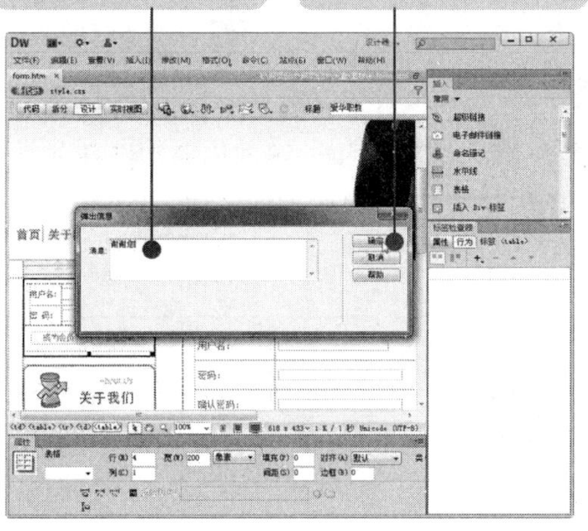

06 查看默认事件 onClick 和弹出信息。

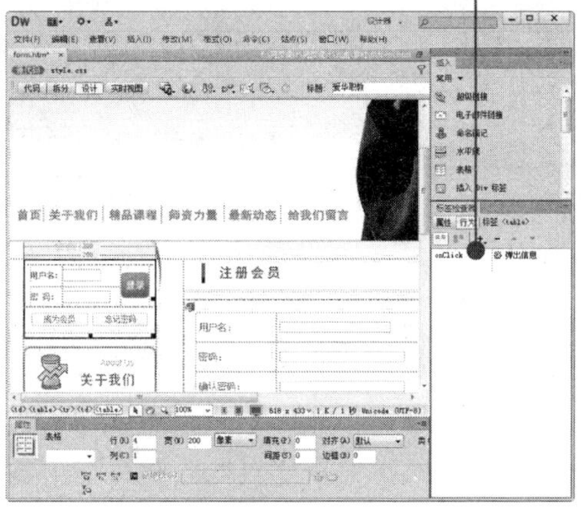

使用【Shift+F4】组合键也可以打开行为面板。

07 单击事件右侧下拉按钮。

08 选择其他事件，如 onMouseOver。

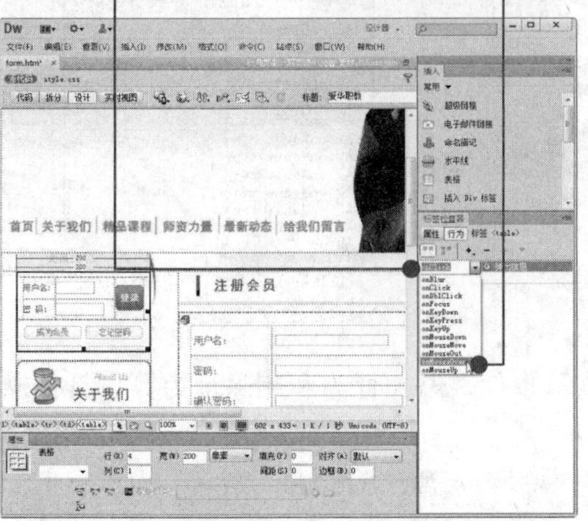

09 若需修改动作属性，双击“行为”面板右栏，在打开的对话框中重新设置动作属性。

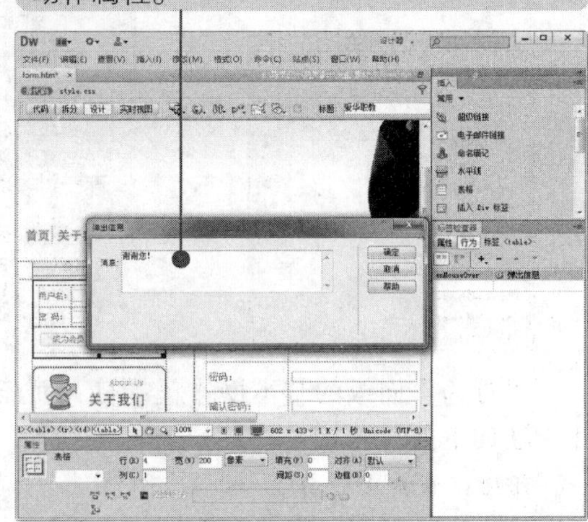

10 若要删除行为，首先将其选中。

11 单击“删除事件”按钮–即可。

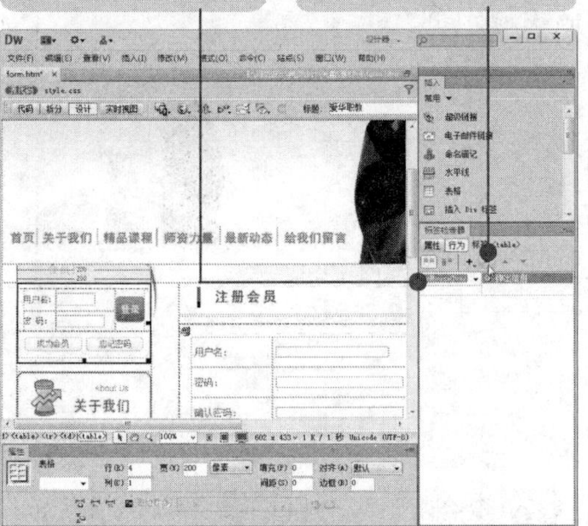

“行为”面板可以实现很多功能，如调用JavaScript、改变属性、检查浏览器等。

6.4 创建与设置表单

Dreamweaver CS6 内置了很多行为，如交换图像、弹出信息和打开浏览器窗口等。下面将简单介绍如何使用内置的行为，轻松实现各种交互效果。

6.4.1 使用“弹出信息”动作

使用“弹出信息”动作可以在事件发生时弹出一个事先指定好的提示信息框，为浏览者提供信息，该提示信息框只有一个“确定”按钮。

下面将通过实例进行介绍，具体操作方法如下：

小提示 右击要修改的行为，在弹出的下拉菜单中也可以编辑行为或删除行为。

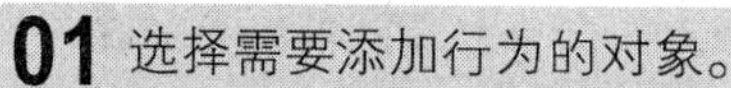
难度：★★★☆☆　　视频：光盘：视频\06\使用“弹出信息”动作.swf

01 选择需要添加行为的对象。

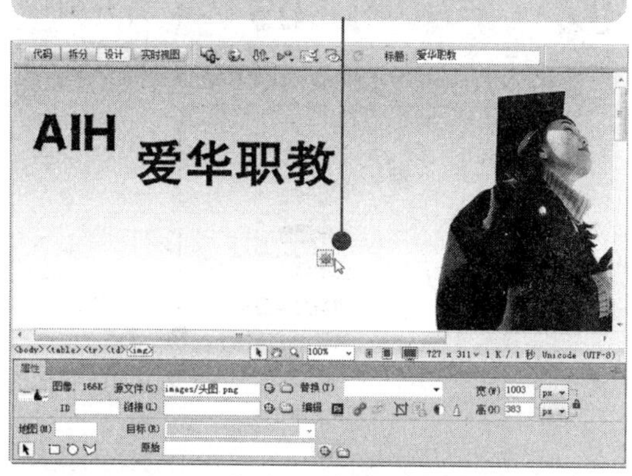

02 在“行为”面板中单击 + 按钮。

03 选择“弹出信息”选项。

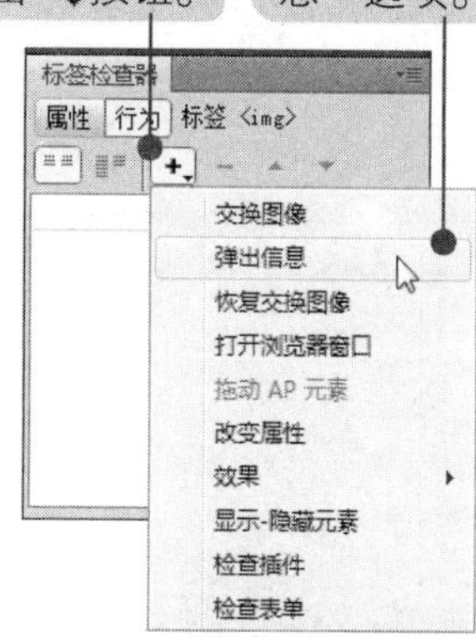

04 输入需要的信息。

05 单击“确定”按钮。

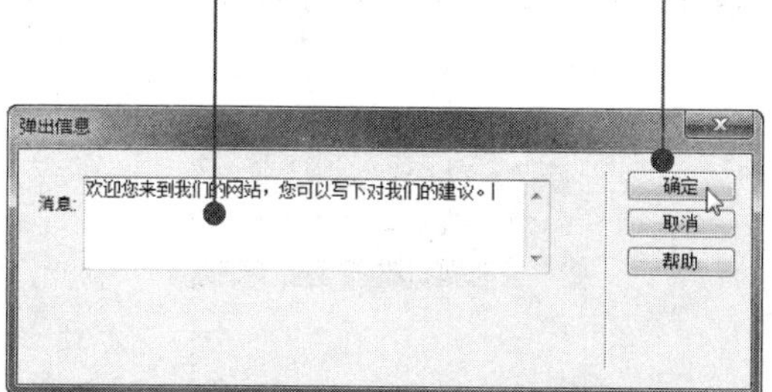

06 为动作设定默认事件 onClick。

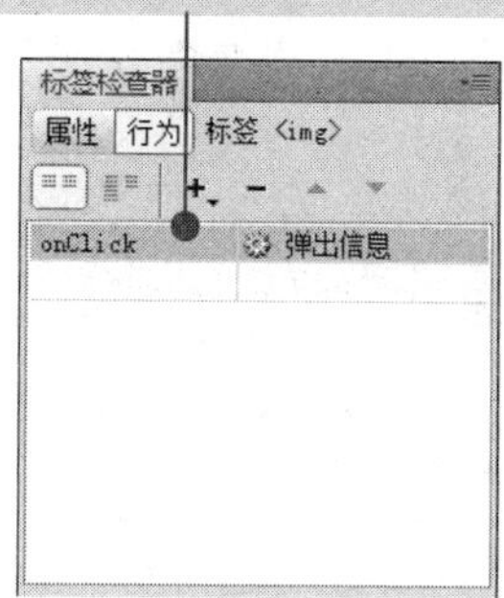

07 浏览页面，单击相应图片，即可弹出提示信息框。

6.4.2 使用“打开浏览器窗口”动作

使用“打开浏览器窗口”动作可以在事件发生时打开一个新浏览器窗口。用户可以从中设置新窗口的各种属性，如窗口名称、大小等。

如果输入 JavaScript 表达式，需将其放在大括号（{}）中。如果要显示大括号，需在前面添加反斜杠转义字符（\{和\}）。

下面将通过实例进行介绍，具体操作方法如下：

难度：★★★☆☆　　视频：光盘：视频\06\使用“打开浏览器窗口”动作.swf

01 选择需要添加行为的对象。

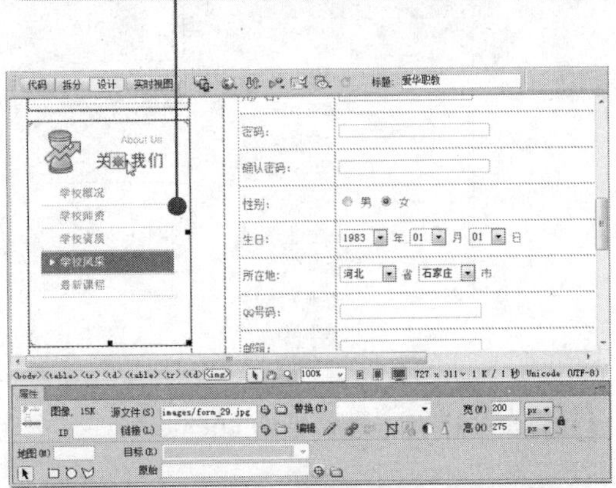

02 在“行为”面板中单击 + 按钮。

03 选择“打开浏览器窗口”选项。

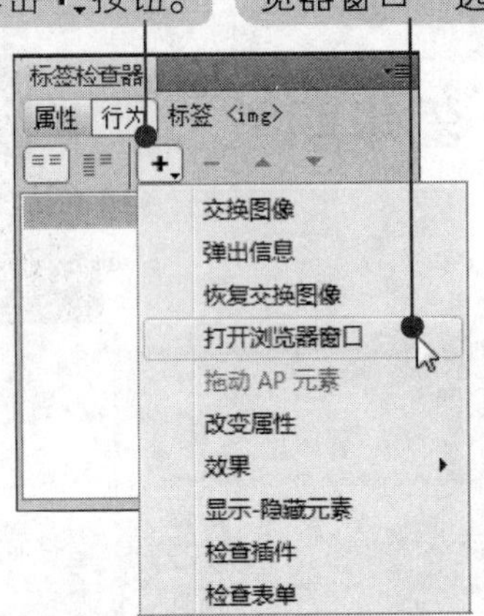

04 设置所需的窗口选项。

05 单击“确定”按钮。

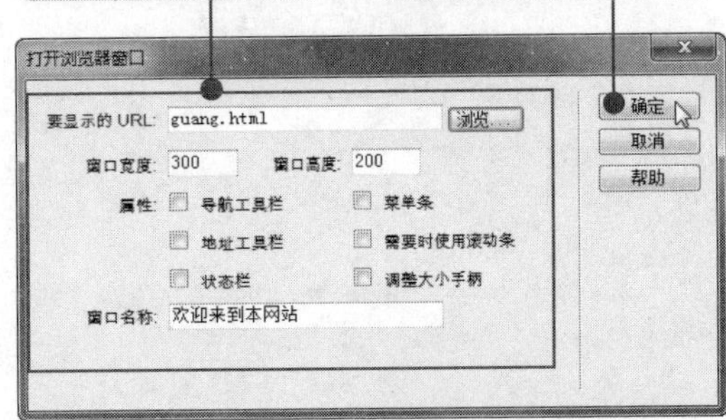

06 为动作设定默认事件 onClick。

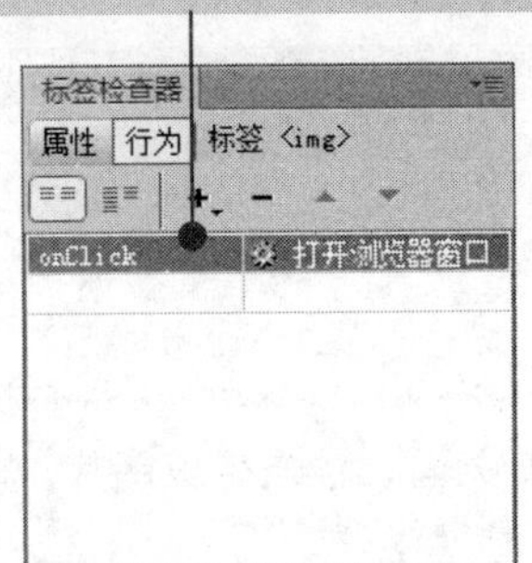

07 浏览页面，单击相应图片，即可打开浏览器窗口。

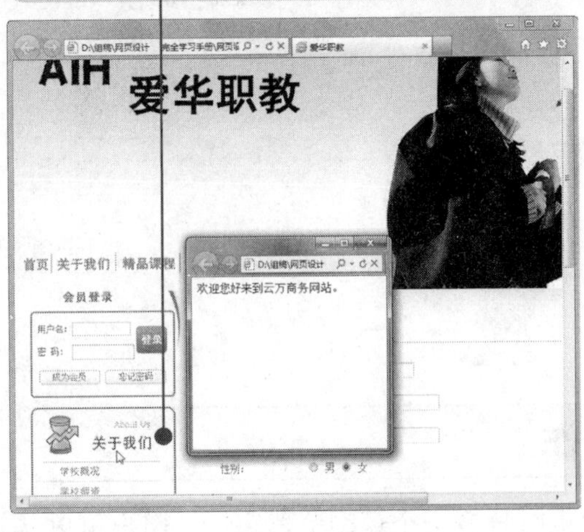

小提示

如果不为窗口设置属性，那么它将使用启动它的窗口的大小和属性打开。为窗口指定任何属性都会自动关闭其他那些没有明确打开的属性。

预计学习时间 50 分钟

Chapter 07 使用 AP Div 布局网页

AP Div（也称为层）是网页布局的容器，AP Div 中可以包含文本、图形图像、动画、音频、视频、表格等可以放置到 HTML 中的元素，甚至可以在 AP Div 内嵌入 AP Div。本章将详细介绍如何使用 AP Div 布局网页，读者需要熟练掌握。

要点导航

- AP 元素面板
- AP Div 的创建与设置
- AP Div 的编辑与设置
- AP Div 与表格的相互转换

重点图例

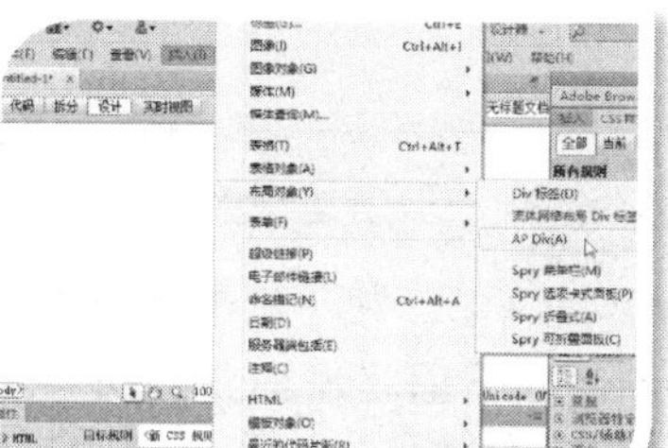

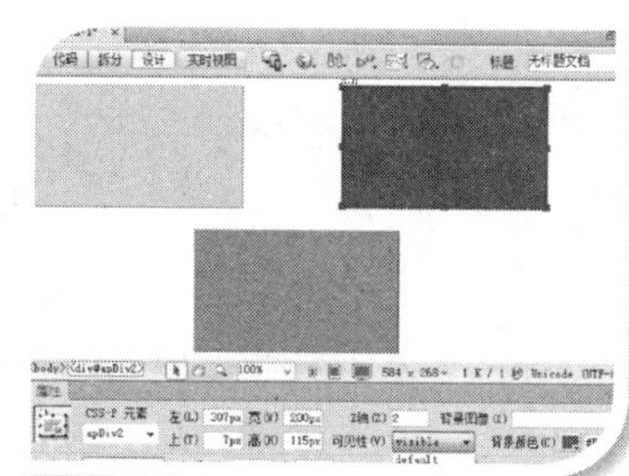

7.1 AP 元素面板

在 AP 元素较多的情况下，“AP 元素”面板提供了一种快速管理的方法。“AP 元素”面板可以准确指定 AP 元素、防止重叠、更改可见性和堆叠 AP 元素，简化了其操作方法。

AP 元素按照 Z 轴的顺序显示为一列名称。默认情况下，第一个创建的 AP 元素显示在列表底部，最新创建的 AP 元素显示在列表顶部。

单击“窗口”|“AP 元素”命令，即可显示“AP 元素”面板，如下图所示。

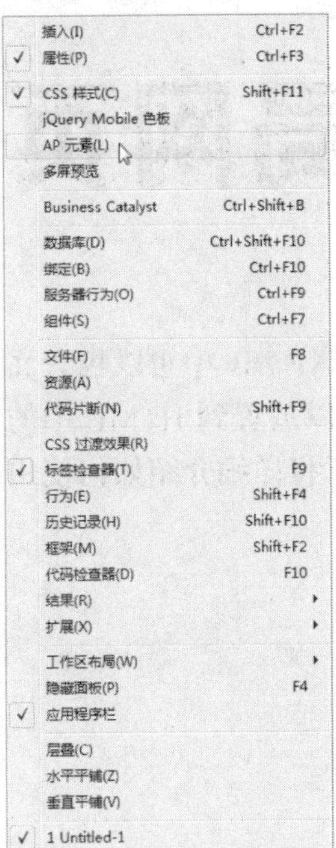

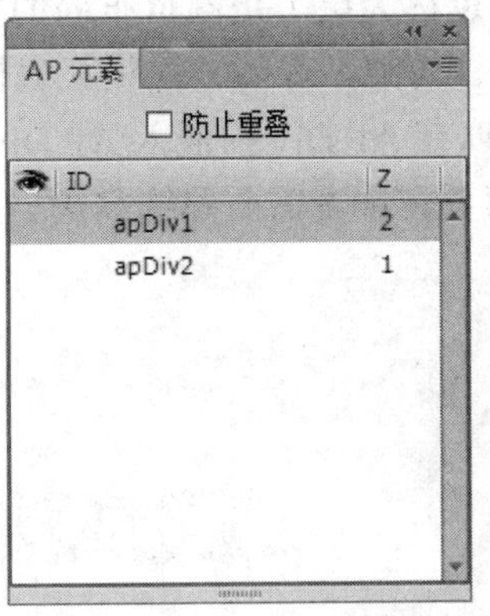

7.2 AP Div 的创建与设置

在 Dreamweaver CS6 中，创建 AP Div 的方法有多种，可以选择不同的方法进行创建。下面将详细介绍如何创建 AP Div，以及对创建的 AP Div 进行所需的设置。

7.2.1 创建 AP Div

下面将介绍几种常用的创建 AP Div 的方法。

难度：★★☆☆☆　　视频：光盘：视频\07\创建 AP Div.swf

小提示

利用 AP 元素可以灵活准确地在页面中放置内容，无论将其放置到文档中的哪一个位置，都可以随意移动和设置大小。

1. 利用菜单命令创建 AP Div

利用菜单命令创建 AP Div，具体操作方法如下：

01 单击“插入”|“布局对象”|AP Div 命令。

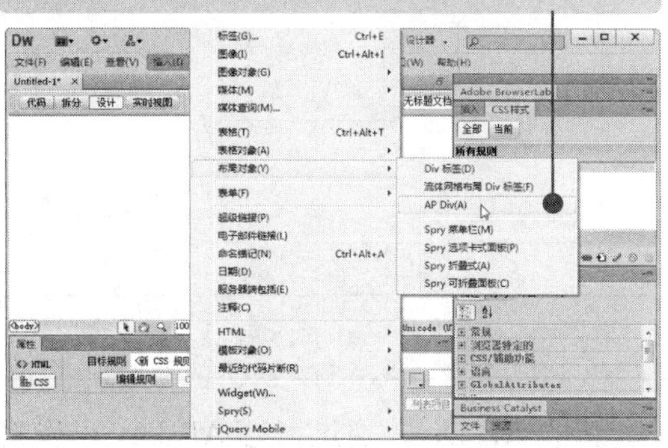

02 自动插入 200×115 像素的 AP Div。

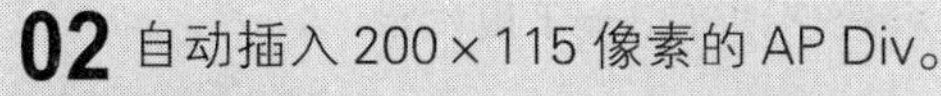

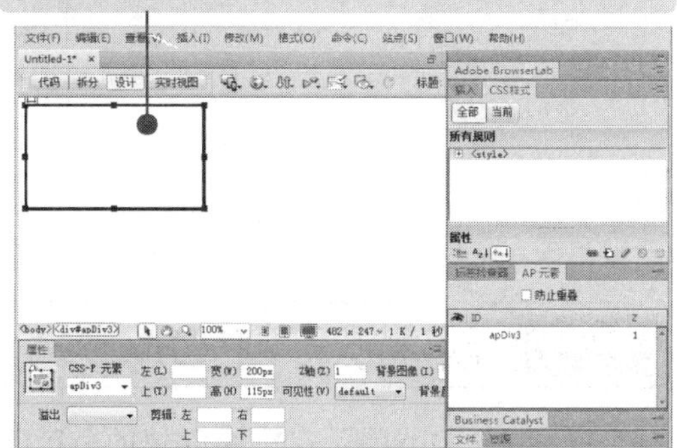

2. 利用按钮绘制 AP Div

利用按钮绘制 AP Div 的具体操作方法如下：

01 单击“插入|布局”类别下的“绘制 AP Div”按钮。

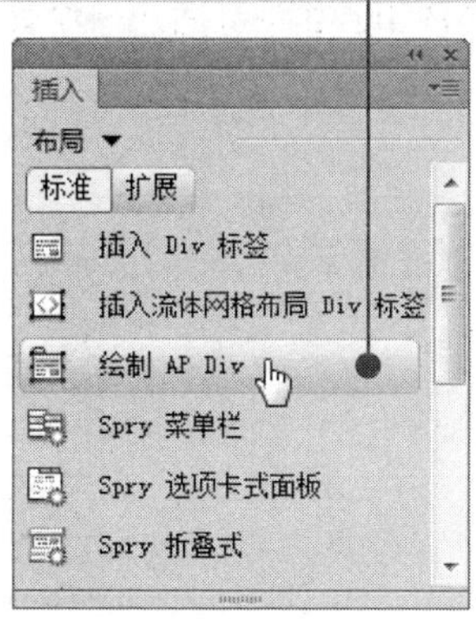

02 将“绘制 AP Div”按钮拖入编辑窗口。

03 插入 200×115 像素的 AP Div。

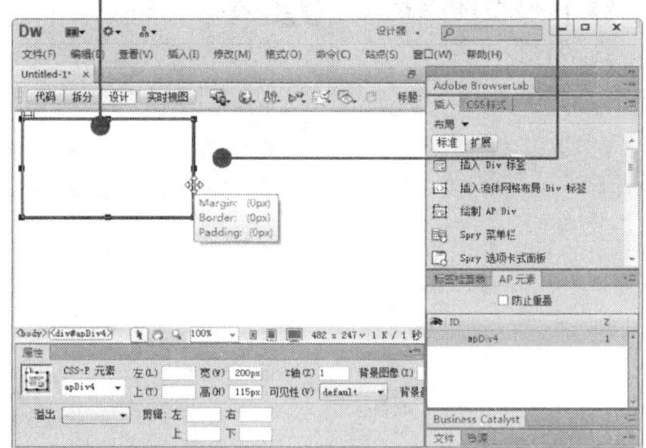

3. 手动绘制 AP Div

手动绘制 AP Div 的具体操作方法如下：

01 单击“插入|布局”类别下的“绘制 AP Div”按钮。

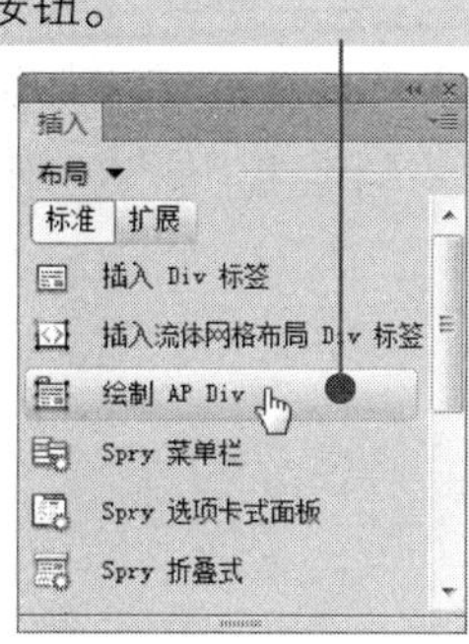

02 按住鼠标左键并拖动，绘制 AP Div。

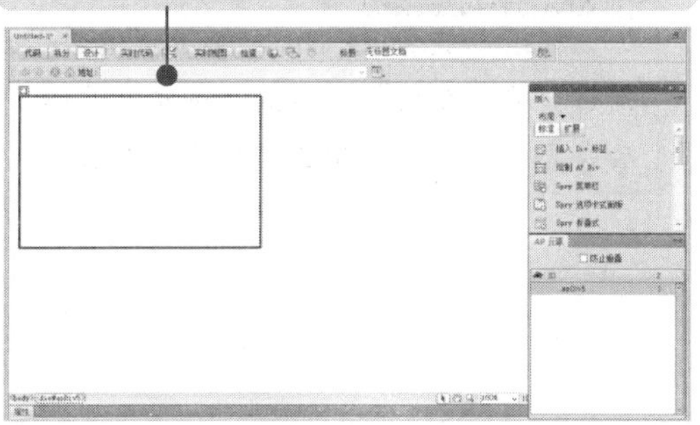

AP Div 是使用了 CSS 样式中的绝对定位属性中的 Div 标签，可以被准确定位在网页中的任何位置。它可以和表格相配合实现网页的布局，还可以与行为相结合实现网页动画效果。

高手点拨

若要一次绘制多个 AP Div，单击“绘制 AP Div”按钮后，按住【Ctrl】键不放，连续进行绘制即可，如下图所示。

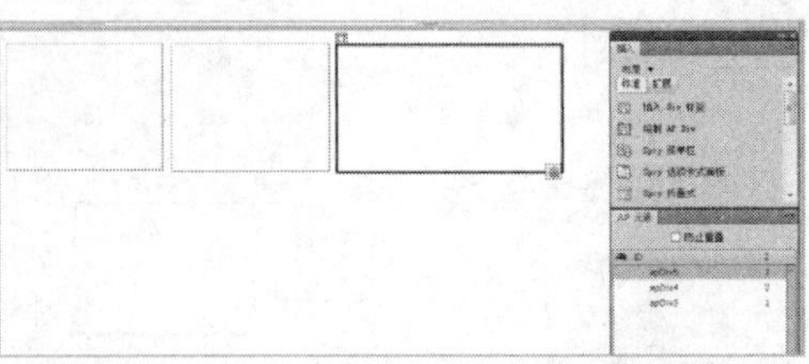

7.2.2 创建嵌套 AP Div

嵌套 AP Div 就是在已经创建的 AP Div 中嵌套新的 AP Div，通过嵌套 AP Div 可以将 AP Div 组合成一个整体。

难度：★★☆☆☆　　视频：光盘：视频\07\创建嵌套 AP Div.swf

1. 利用菜单命令创建嵌套 AP Div

利用菜单命令创建嵌套 AP Div 的具体操作方法如下：

01 将光标放置在 AP Div 中。

02 单击“插入”|“布局”类别下的 AP Div 按钮。

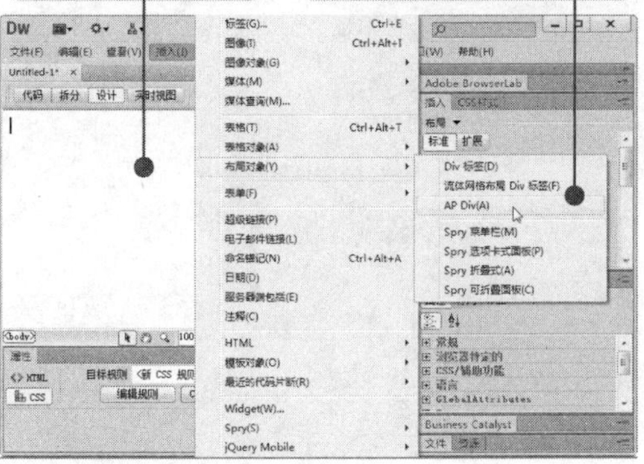

03 在 AP Div 中即可插入一个嵌套 AP Div。

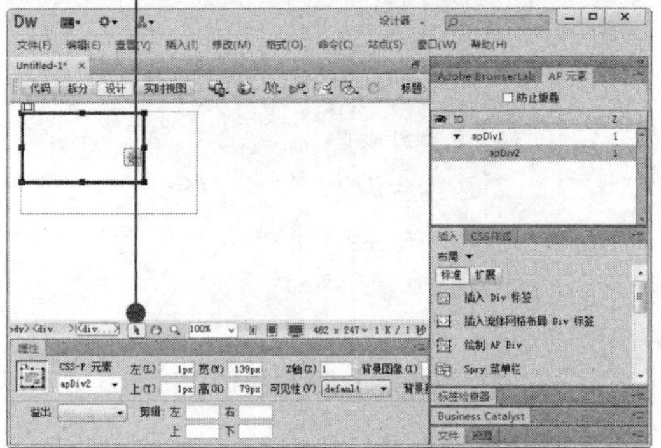

高手点拨

在绘制嵌套 AP Div 之前，首先要设置“首选参数”。单击“编辑”|“首选参数”命令，弹出“首选参数”对话框，在左侧选择“Ap 元素”选项，在右侧选中“在 AP Div 中创建以后嵌套”复选框，单击“确定”按钮。

小提示　要想绘制嵌套的 AP Div，必须取消选择“防止重叠”选项，才能在 AP Div 内部拖动鼠标进行绘制。

2. 拖动按钮创建嵌套 AP Div

拖动按钮创建嵌套 AP Div 的具体操作方法如下：

01 将光标放置在 AP Div 中。

02 单击“插入|布局”类别下的“绘制 AP Div”按钮。

03 将“绘制 AP Div”按钮拖入目标 AP Div 中。

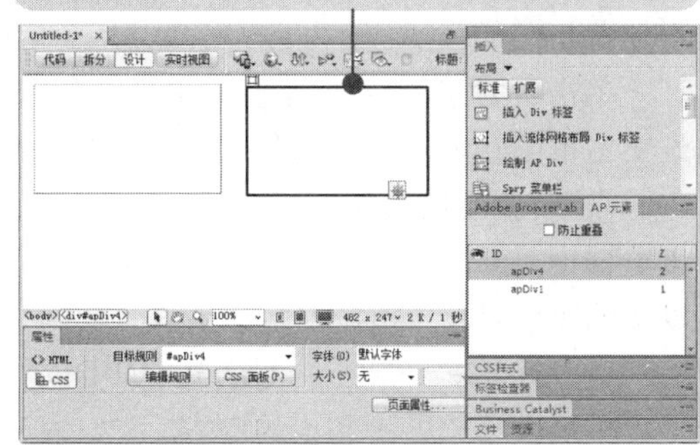

04 在 AP Div 中插入一个嵌套 AP Div。

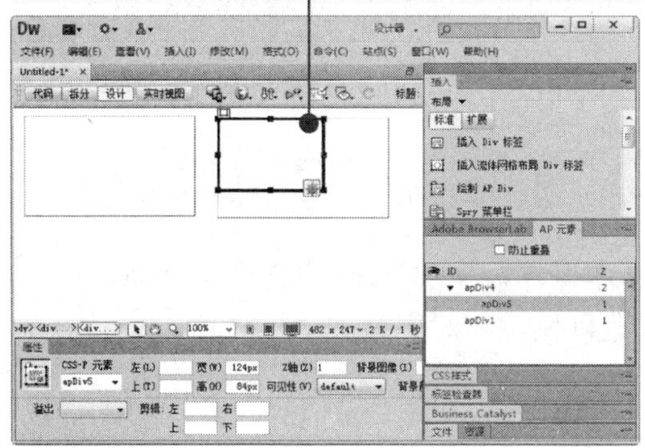

> **高手点拨**
>
> 嵌套层的特点：子层随父层移动，子层相对于父层定位；设计视图中，子层不一定定位于父层内；父层被删除，子层也就被删除了。

7.2.3 AP Div 的属性

选中某个 AP Div，在属性检查器中就会显示该 AP Div 的所有属性，可以查看或修改对应的属性值，如下图所示。

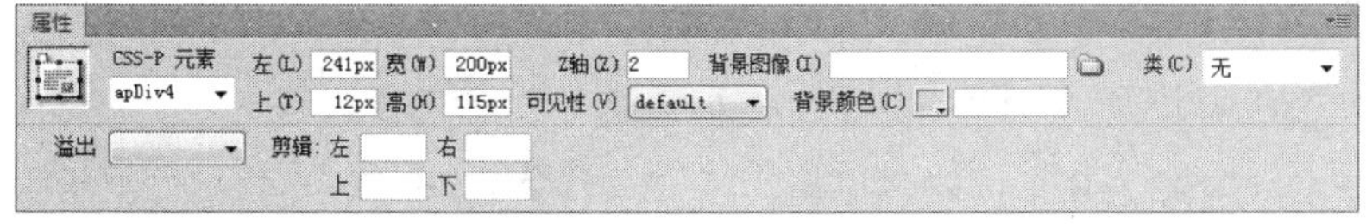

其中：

◎ 设置名称：在“CSS-P 元素”下拉列表框中可以设置 AP Div 的名称。

◎ 宽、高：宽和高用来设置 AP Div 的宽度和高度，以“像素”为单位。

◎ 设置 Z 轴坐标：通过设置 AP Div 的 Z 坐标值可以改变 AP Div 的叠放次序。在浏览器中，Z 坐标值较大的 AP Div 会出现在 Z 坐标值较小的 AP Div 上面。

◎ 设置可见性：通过 AP Div 的“可见性”选项，可以指定该 AP Div 是否可见。“可见性”有以下四个选项：

default（默认）：不指定可见性属性。

插入 DIV 标签和绘制 AP Div 的区别：插入 Div 标签是在当前位置插入固定层；绘制 AP Div 是在当前位置插入可移动层，可以根据他的 top 和 left 来规定这个层的显示位置。

inherit（继承）：使用该 AP Div 父层的可见性属性，该项用于 AP Div 的嵌套使用。

visible（可见）：显示该 AP Div 的内容，而不管父层的值是什么。

hidden（隐藏）：隐藏 AP Div 的内容，而不管父层的值是什么。

◎ 设置背景：在“背景图像”文本框中直接输入背景图像的存放路径或单击按钮，在弹出“选择图像源文件”对话框中选择一幅背景图像，单击“确定”按钮，即可为 AP Div 添加背景图像。

单击“背景颜色”颜色按钮，在弹出的调色板中选择一种合适的背景色（或直接在该文本框中输入背景色的色码），即可为 AP Div 设置背景色。

◎ 设置溢出属性：溢出属性用于控制当 AP Div 的内容超过 AP Div 指定大小时如何在浏览器中显示。在属性检查器中的“溢出”下拉列表框中可以设置溢出属性。溢出属性有以下四个选项：

visible（可见）：设置在 AP Div 中显示超出部分的内容，实际上该 AP Div 会通过扩展大小来匹配超出的内容。

hidden（隐藏）：设置不在浏览器中显示超出的内容。

scroll（滚动）：使浏览器在 AP Div 上添加滚动条，而不管是否需要滚动条。

auto（自动）：使浏览器仅在 AP Div 的内容超出其边界时才显示滚动条。

7.3 AP Div 的编辑与设置

下面将重点介绍 AP Div 的基本操作，如 AP Div 的选择和移动，调整大小，调整堆叠顺序，以及设置可见性和对齐等。

7.3.1 选择 AP Div

在对 AP Div 进行操作与编辑之前，首先需要选择对应的 AP Div。

难度：★☆☆☆☆　　视频：光盘：视频\07\选择 AP Div.swf

1. 通过选择柄选择 AP Div

通过选择柄可以进行 AP Div 的选择，具体操作方法如下：

01 单击 AP Div 内部，AP Div 被激活。

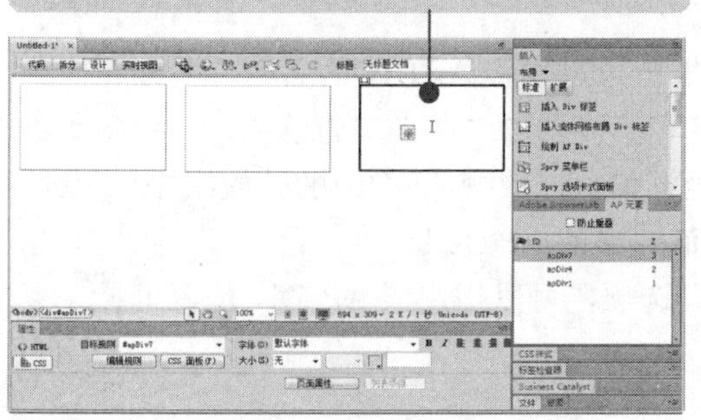

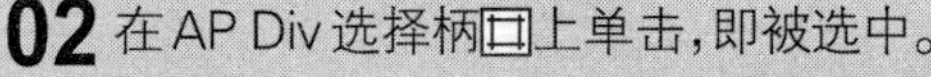

02 在 AP Div 选择柄上单击，即被选中。

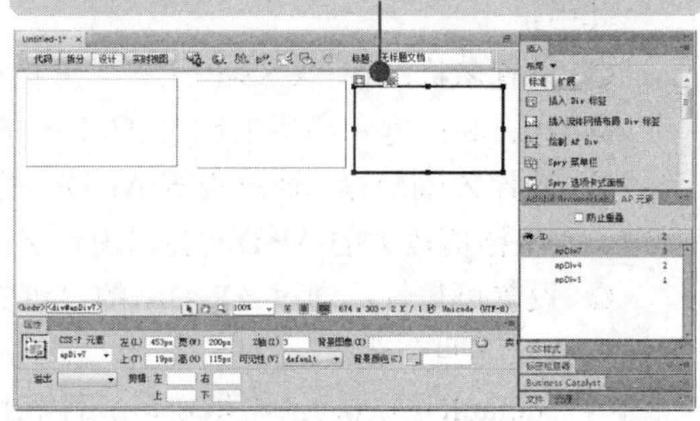

小提示　剪辑：用来指定 AP Div 的哪一部分是可见的，输入的数值是距离 AP Div 的 4 个边界的长度。

2. 通过 AP Div 边线进行选择

通过 AP Div 边线选择 AP Div 的具体操作方法如下：

01 将鼠标指针移到 AP Div 边线上，指针变为形状。

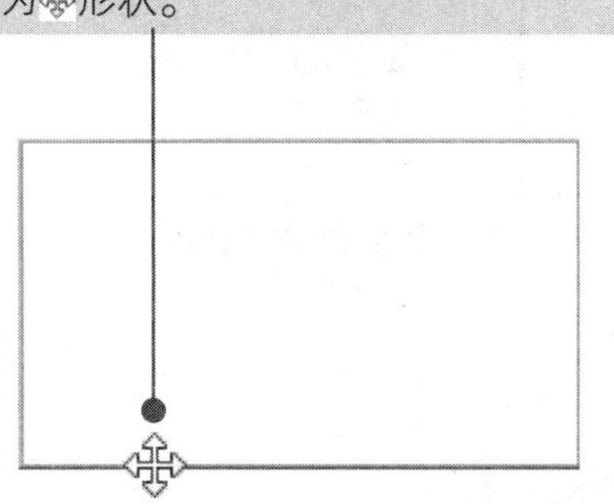

02 单击鼠标左键，AP Div 即被选中。

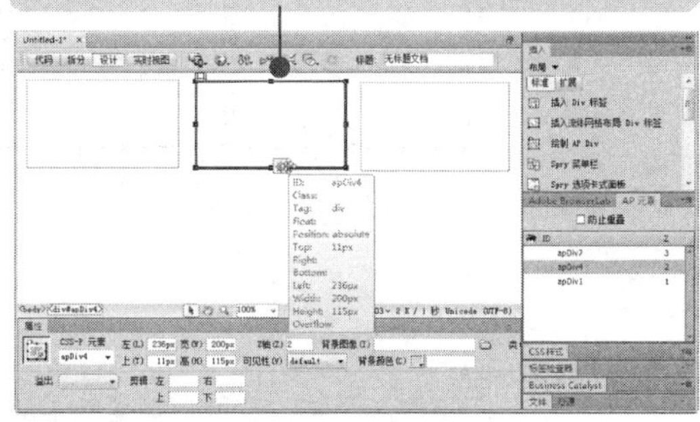

3. 通过 AP Div 名称进行选择

通过 AP Div 名称进行选择的具体操作方法如下：

01 单击“窗口”|“AP 元素”命令，打开“AP 元素”面板。

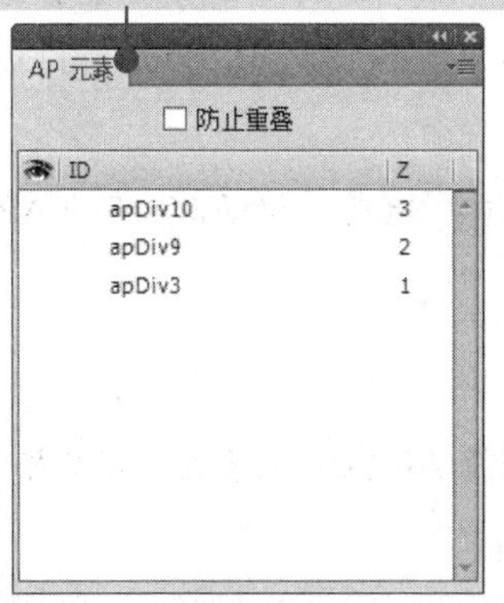

02 单击某个 AP Div 的名称。

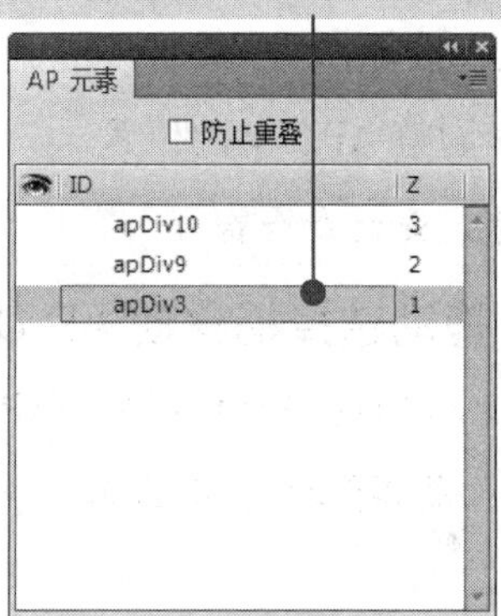

03 该 AP Div 即被选中。

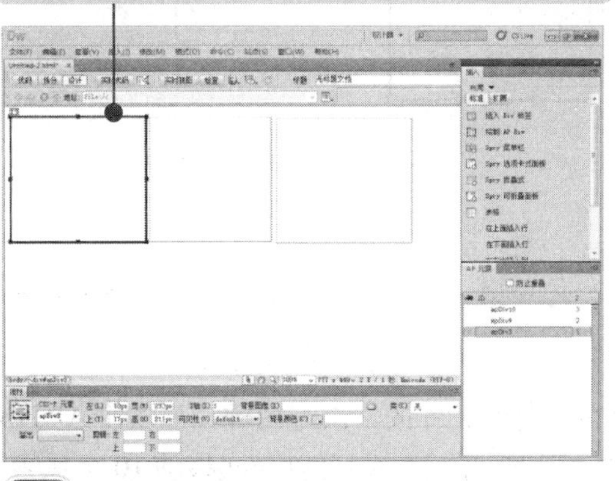

高手点拨

若要选择多个 AP Div，按住【Shift】键的同时用鼠标连续单击多个 AP Div 名称，如下图所示。

如果选中的是多个 AP Div，则只有一个 AP Div 的方形控制柄是黑色实心的，其他选中的 AP Div 的方形控制柄是空心的。

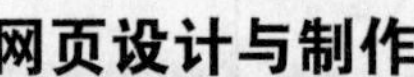
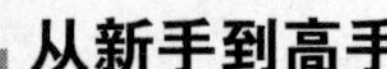

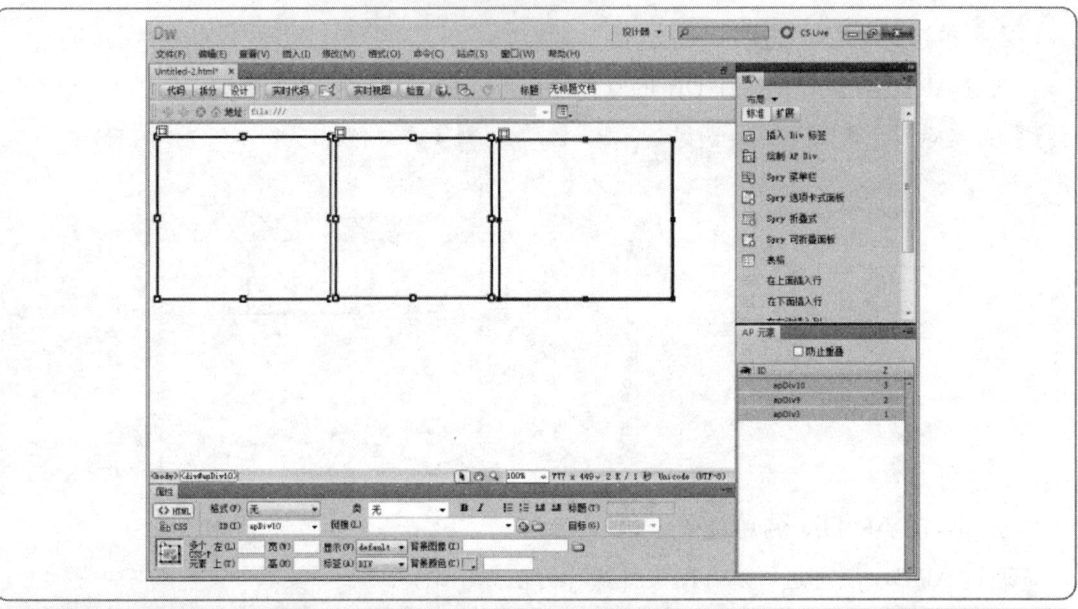

7.3.2 移动 AP Div

有时 AP Div 的创建位置并不是自己期望的位置，当需要改变其位置时，可以通过以下操作精确调整 AP Div 的位置。

难度：★☆☆☆☆　　视频：光盘：视频\07\移动 AP Div.swf

1．拖动选择柄移动 AP Div

通过拖动选择柄可以移动 AP Div，具体操作方法如下：

01 选择需要移动的 AP Div。

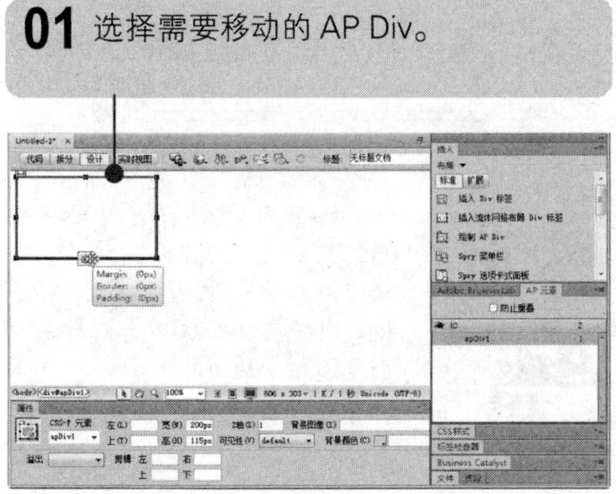

02 选择 AP Div 选择柄，将其拖至合适位置。

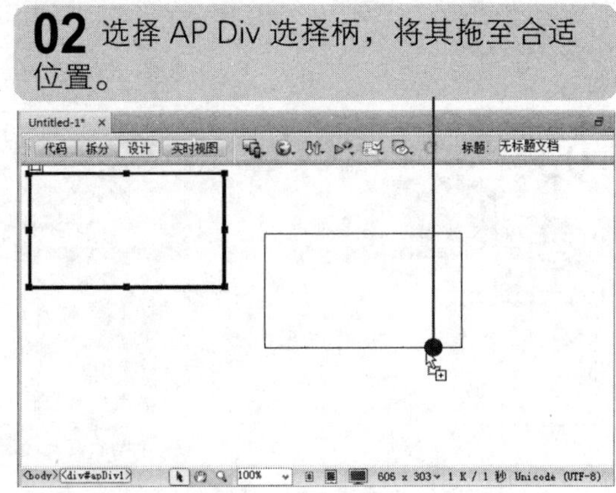

2．使用方向键移动 AP Div

选择需要移动的 AP Div，然后按键盘上对应的方向键。每按一次方向键，可以使 AP Div 向相应的方向移动 1 个像素；按住【Shift】键的同时再按方向键，则可以一次移动 10 个像素。

3．在属性检查器中调整 AP Div 位置

在属性检查器中可以调整 AP Div 的位置，具体操作方法如下：

小提示 按住【Ctrl+Shift】组合键的同时，按键盘移动键，每次可增加或减少 10 个像素。

01 选择需要移动的 AP Div。

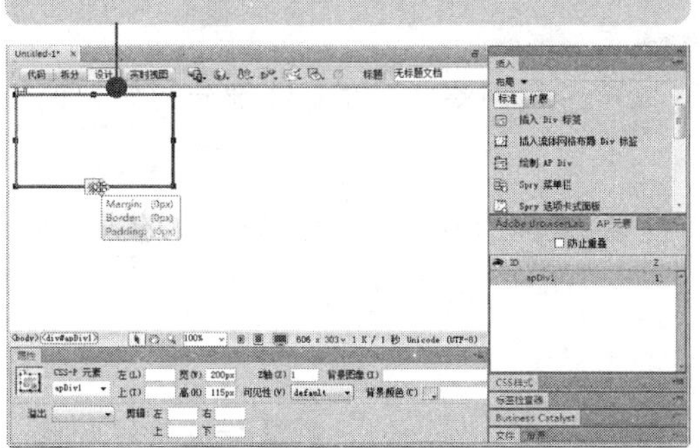

02 在属性检查器中的“左”和“上”文本框中分别输入所需移动的数值。

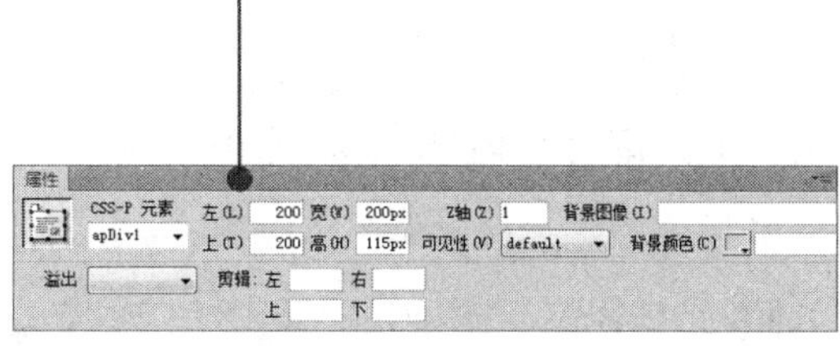

03 AP Div 的位置将自动进行移动。

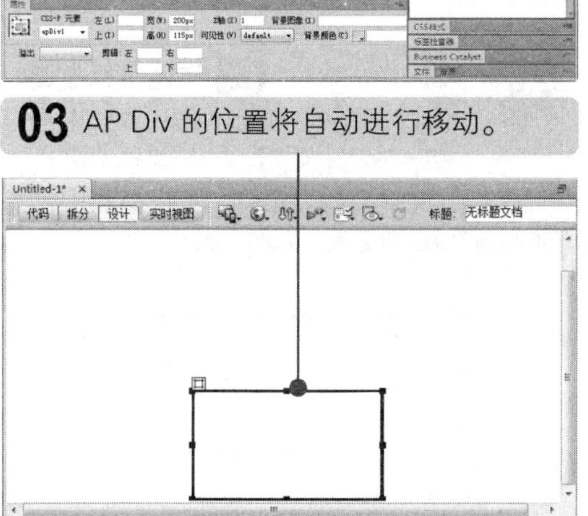

7.3.3 对齐 AP Div

用户还可以对多个 AP Div 同时进行操作，如左对齐、右对齐、上对齐与对齐下缘等，具体操作方法如下：

难度：★☆☆☆☆　　视频：光盘：视频\07\对齐 AP Div.swf

01 选中需要对齐的 AP Div。

02 单击“修改”|“排列顺序”|“上对齐”命令。

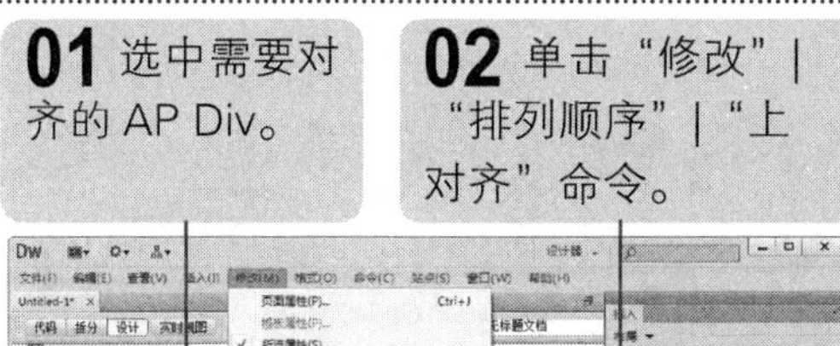

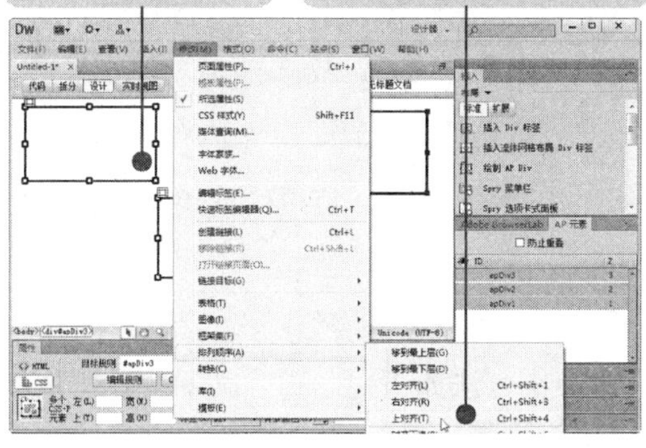

03 以最后选中的 AP Div 上边线为准进行对齐。

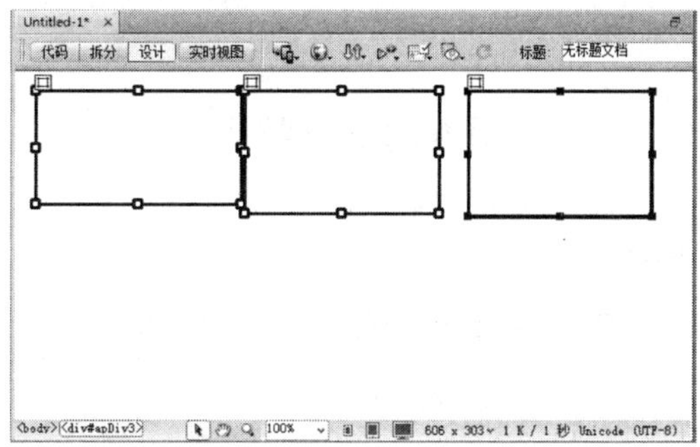

按住【Ctrl】键，同时按光标移动键，可将选中的 Ap Div 对齐。按【→】键可右对齐，按【←】键可左对齐，按【↑】键可上对齐，按【↓】键可下对齐。

7.3.4 调整 AP Div 的大小

与 AP Div 的位置一样，AP Div 的大小同样可以再进行调整。下面将详细介绍如何调整 AP Div 的大小。

难度：★☆☆☆☆　　视频：光盘：视频\07\调整 AP Div 的大小.swf

1. 通过控制点调整大小

通过控制点可以调整 AP Div 大小，具体操作方法如下：

01 选中需要调整大小的 AP Div，周围出现八个控制点。

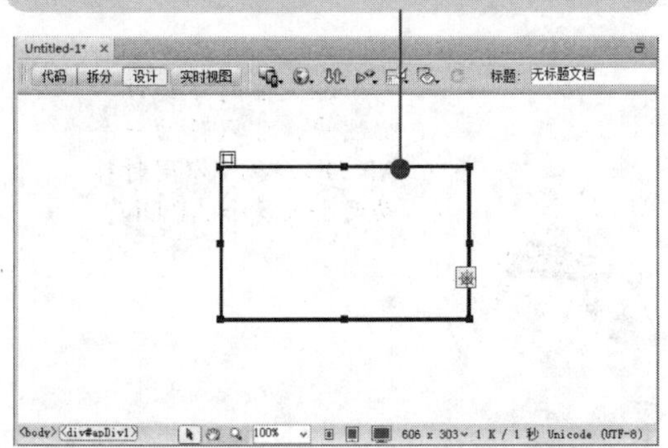

02 将鼠标指针置于任一控制点上。

03 按住鼠标左键，拖动左右边框中间控制点调整宽度。

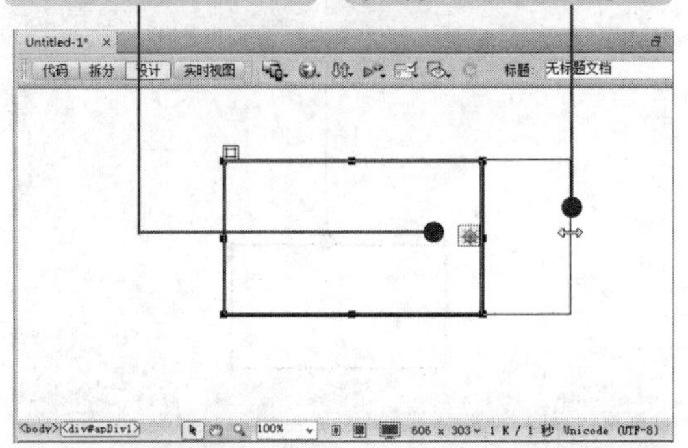

04 按住鼠标左键，拖动上下边框中间控制点调整高度。

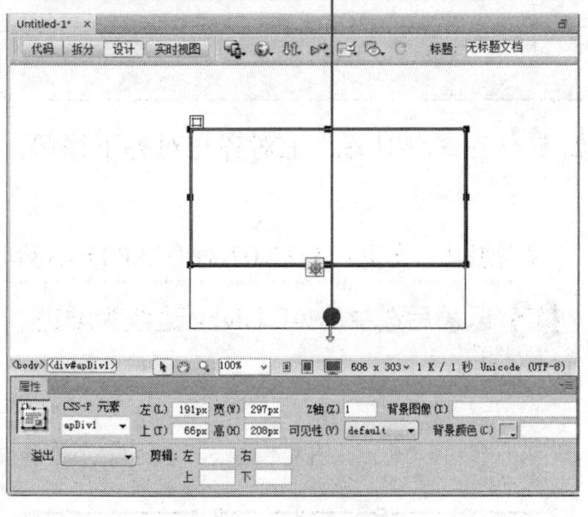

05 按住鼠标左键，拖动 4 个角控制点，同时调整高度和宽度。

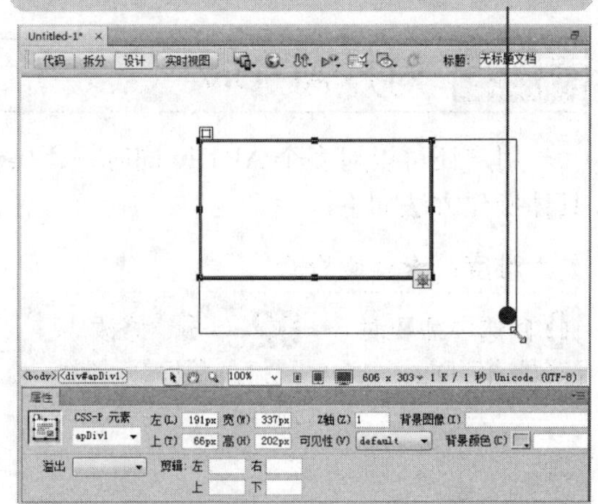

2. 使用方向键调整大小

选中需要调整大小的 AP Div，然后按【Ctrl+方向键】组合键，每按一次组合键，可以调整 1 个像素的大小。

3. 在属性检查器中调整大小

在属性检查器中可以调整 AP Div 的大小，具体操作方法如下：

小提示 调整 AP Div 时，既可以单独调整一个 AP Div，也可以同时调整多个 AP Div。

01 选中需要调整大小的 AP Div。

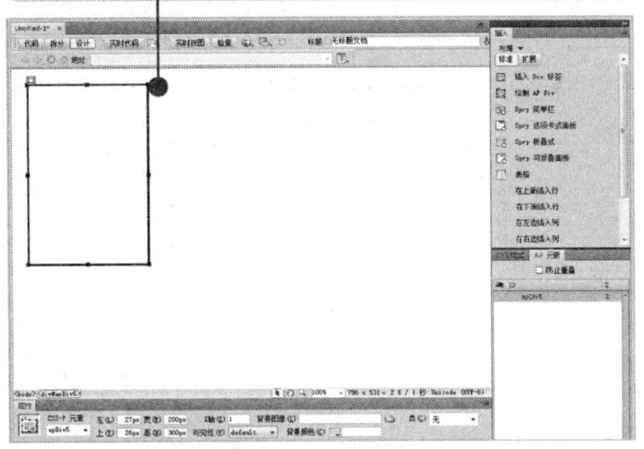

02 在属性检查器中的“宽”和“高”文本框中分别输入数值。

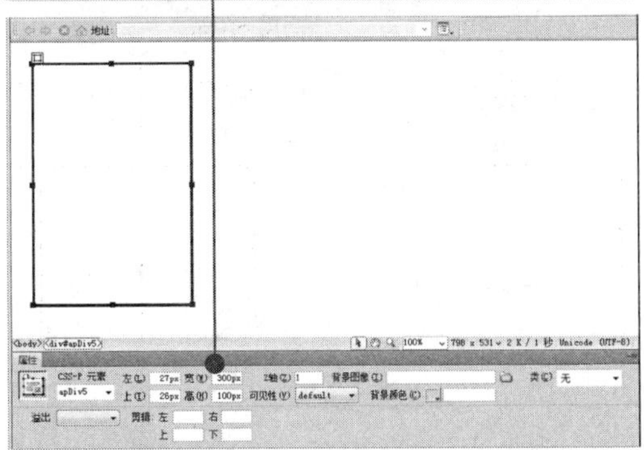

03 设置完毕后，AP Div 大小自动发生变化。

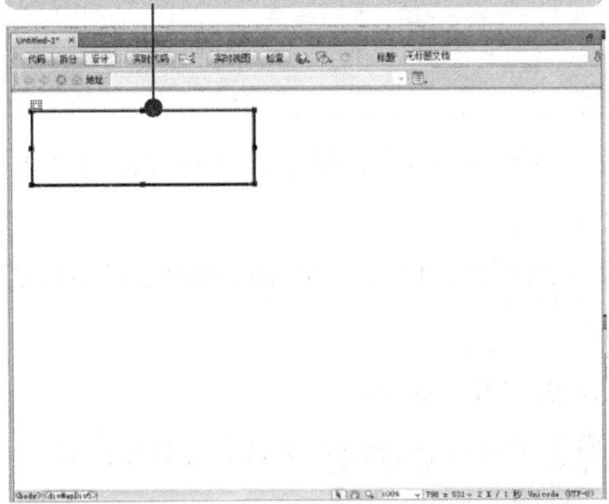

04 若想同时调整多个 AP Div，则需要选择多个创建好的 AP Div。

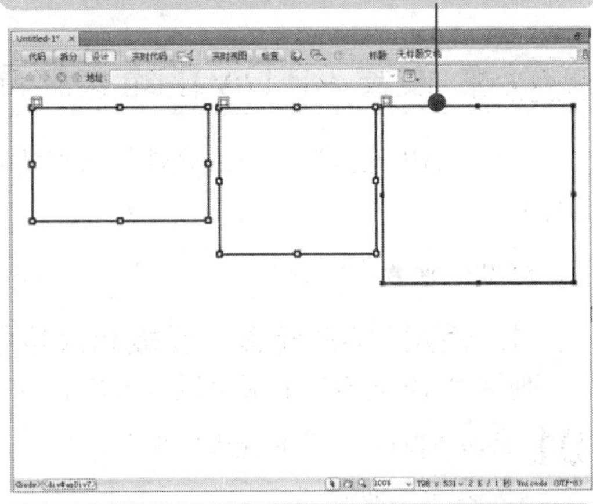

05 在属性检查器“多个 CSS-P 元素”属性中输入高度和宽度值。

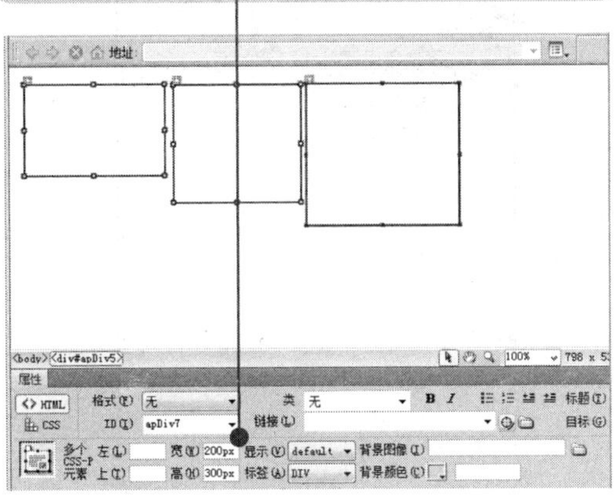

06 被选中的所有 AP Div 的宽度和高度即被调整。

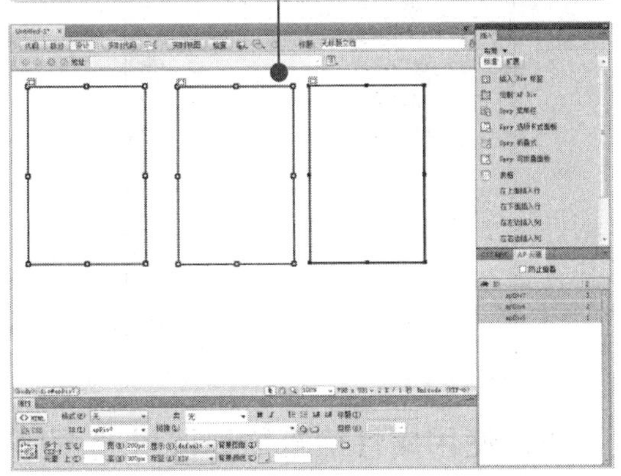

4．通过菜单命令进行调整

通过菜单命令也可以调整 AP Div 的大小，具体操作方法如下：

应用网格靠齐方式。选中 AP Div，同时按住【Ctrl+Shift+方向键】，可按网格靠齐增量来调整大小。

01 选择多个已经创建的 AP Div。

02 单击“修改”|“排列顺序”|“设成高度相同”命令。

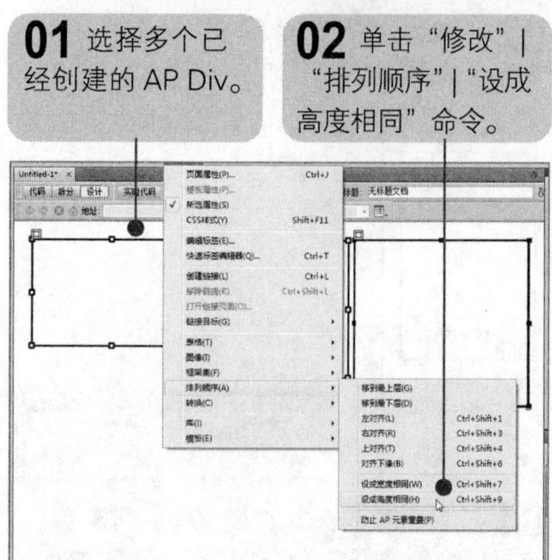

03 所选择的 AP Div 的高度将完全相同。

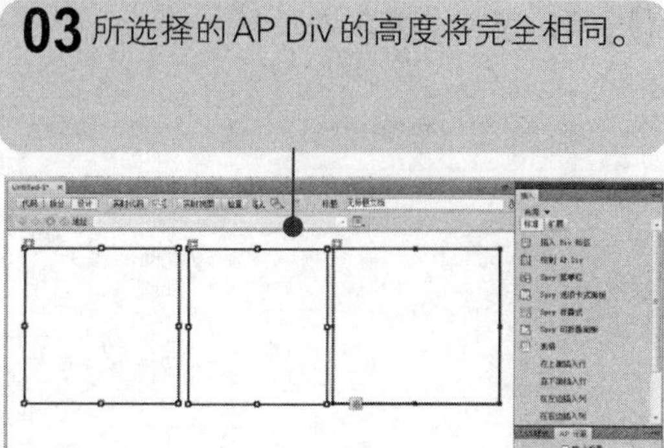

7.3.5 设置 AP Div 的堆叠顺序

使用“AP 元素”面板或属性检查器均可以改变 AP Div 的堆叠顺序，下面将分别对其进行介绍。

难度：★★☆☆☆　　视频：光盘：视频\07\设置 AP Div 的堆叠顺序.swf

1．使用“AP 元素”面板修改堆叠顺序

使用“AP 元素”面板可以修改堆叠顺序，具体操作方法如下：

01 单击“窗口”|“AP 元素”命令，打开“AP 元素”面板。

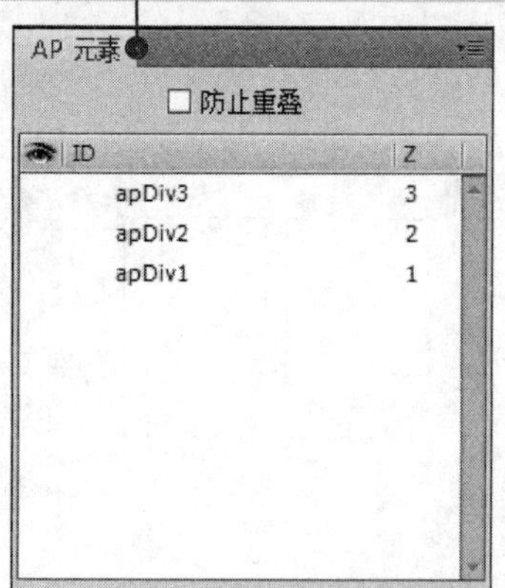

02 修改各 AP Div 的 Z 值，即可修改其堆叠顺序。

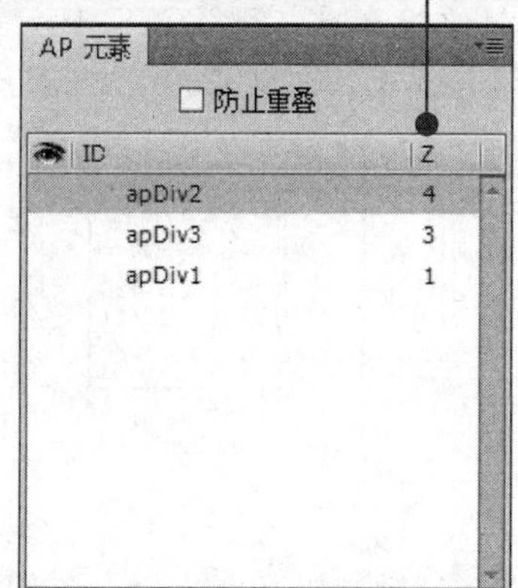

2．使用属性检查器修改堆叠顺序

使用属性检查器修改堆叠顺序，具体操作方法如下：

小提示

对网页进行排版时，常需要控制叠放在一起的不同网页元素的显示顺序，以实现特殊的效果。

01 选择需要修改堆叠顺序的 AP Div。

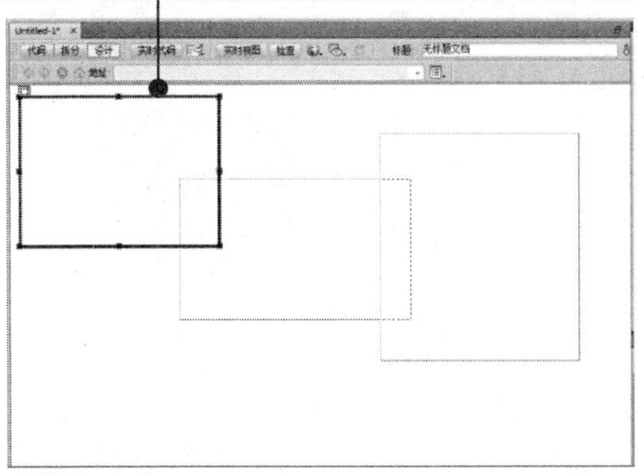

02 在属性检查器中设置"Z 轴"值为 4。

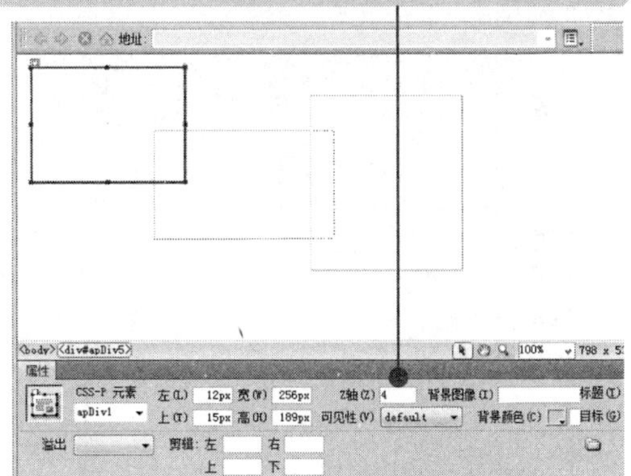

03 AP Div 的顺序将自动调整。

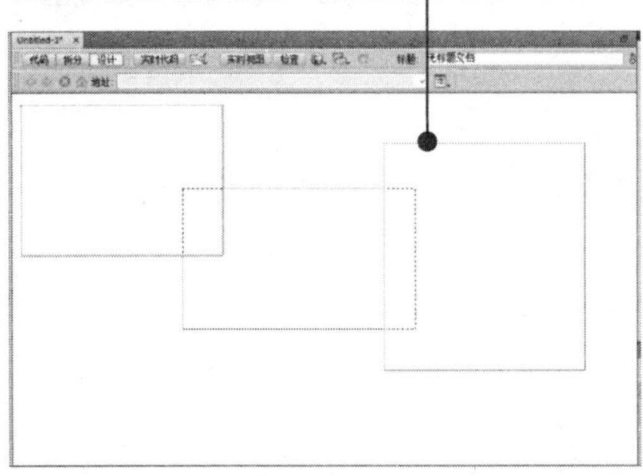

7.3.6 改变 AP Div 的可见性

可见性是 AP Div 的另一重要属性，主要用于控制 AP Div 的显示，可以通过"AP 元素"面板与属性检查器改变 AP Div 的可见性。

难度：★★☆☆☆　　视频：光盘：视频\07\改变 AP Div 的可见性.swf

1. 在"AP 元素"面板中改变可见性

在"AP 元素"面板中可以改变可见性，具体操作方法如下：

01 绘制 3 个 AP Div，修改不同的颜色。

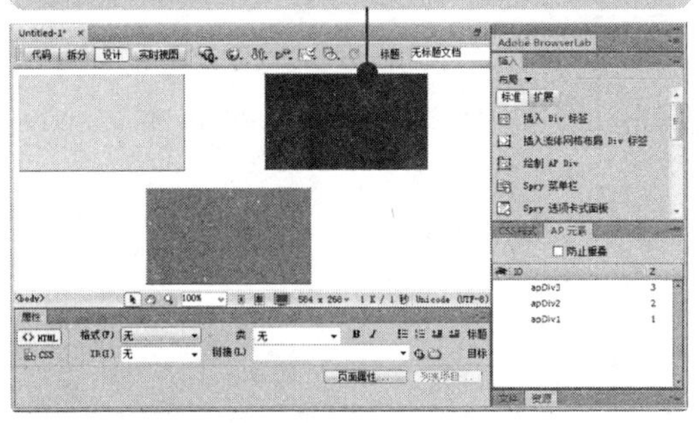

02 单击"窗口"|"AP 元素"命令，打开"AP 元素"面板。

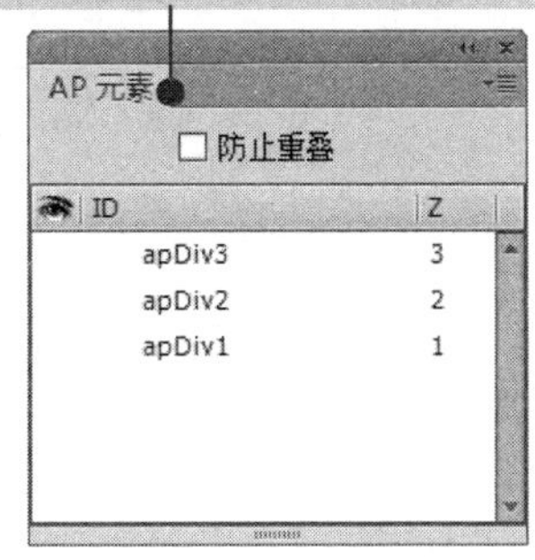

若想统一更改所有 AP 层的可见性，可用鼠标单击列顶端的眼睛图标。

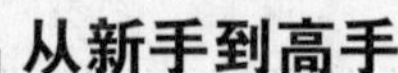

03 单击 AP Div 名称左侧眼睛图标，改变可见性。

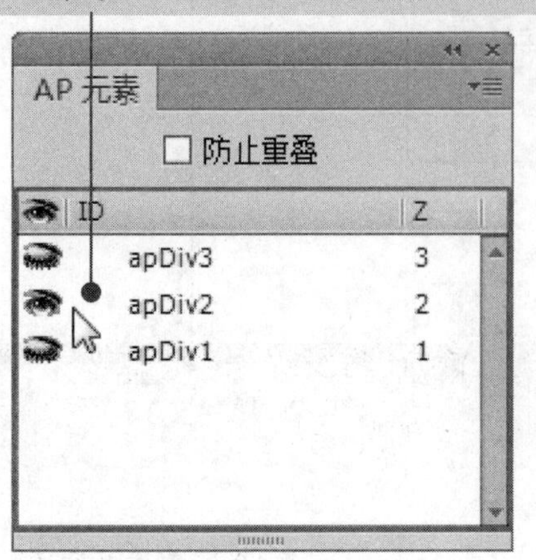

04 AP Div 被隐藏后将不在文档中显示。

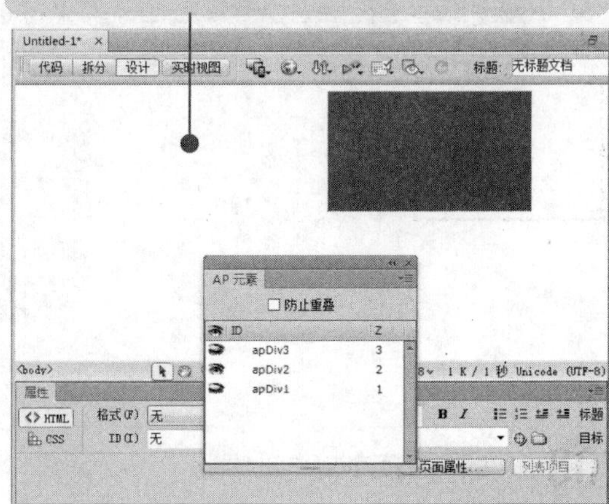

2. 在属性检查器中更改可见性

在属性检查器中也可以更改可见性，具体操作方法如下：

01 选中需要设置可见性的 AP Div。

02 在属性检查器中选择“可见性”为 hidden。

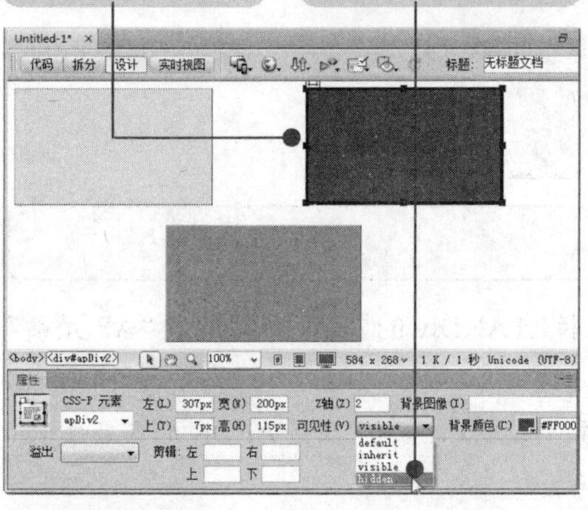

03 设置完毕后，AP Div 即被隐藏。

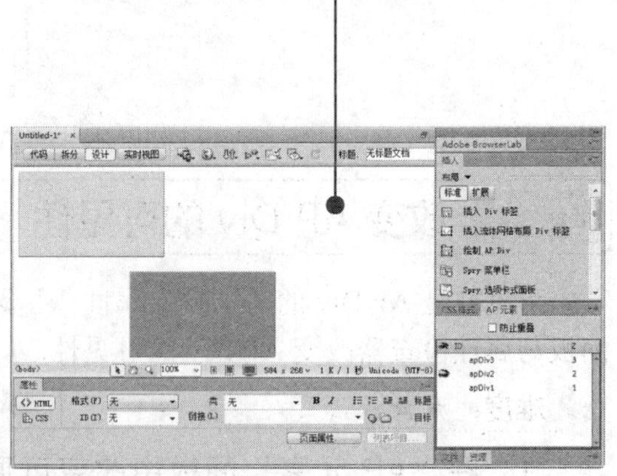

7.3.7 防止 AP Div 重叠

在“AP 元素”面板中选中“防止重叠”复选框，可以防止各 AP Div 之间互相重叠，具体操作方法如下：

难度：★☆☆☆☆　　视频：光盘：视频\07\防止 AP Div 重叠.swf

小提示

闭上的眼睛图标表示 AP 层被隐藏，处于不可见状态；睁开的眼睛图标表示 AP 层被显示，处于可见状态；没有眼睛图标表示该 AP 层继承其父 AP 层的可见属性。

01 单击“窗口”|“AP 元素”命令，打开“AP 元素”面板。

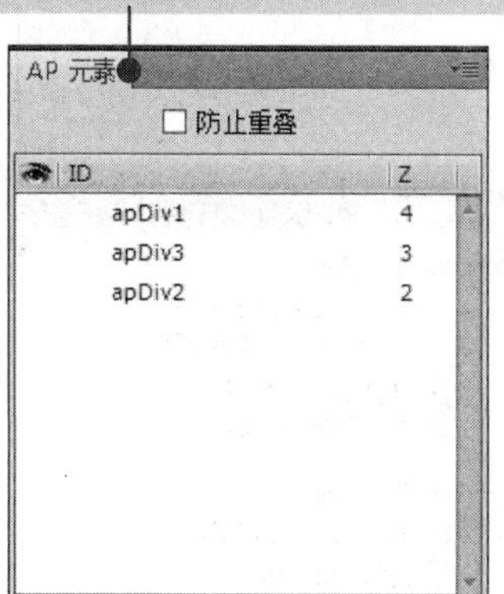

02 选中“防止重叠”复选框，可以防止 AP Div 重叠。

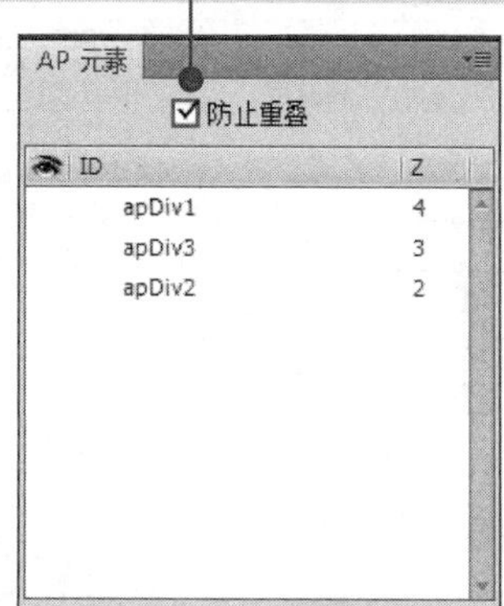

7.4 AP Div 与表格的相互转换

使用 AP Div 能够更加方便、灵活、精确地定位网页元素对象。为了便于排版及页面排版的整体性，许多网页设计者总是先用 AP Div 对网页进行布局定位，然后将 AP Div 转换为表格。

7.4.1 将 AP Div 转换为表格

下面将介绍如何将 AP Div 转换为表格，具体操作方法如下：

素材：光盘：素材\07\index.htm　　效果：光盘：无

难度：★★☆☆☆　　视频：光盘：视频\07\将 AP Div 转换为表格.swf

01 在 Dreamweaver CS6 中打开网页文档。

02 选中需要转换为表格的 AP Div。

隐藏的 AP Div 不能转换为表格。重叠的 AP Div 也不允许转换为表格，因为表格的单元格是不能重叠的。

03 单击“修改”|“转换”|“将 AP Div 转换为表格”命令。

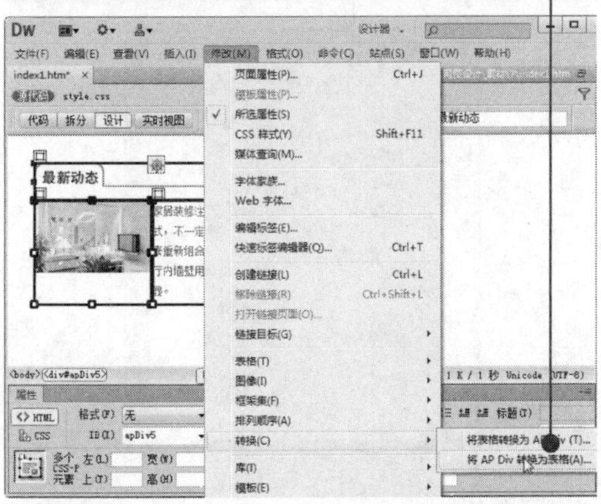

04 采用默认设置，单击“确定”按钮。

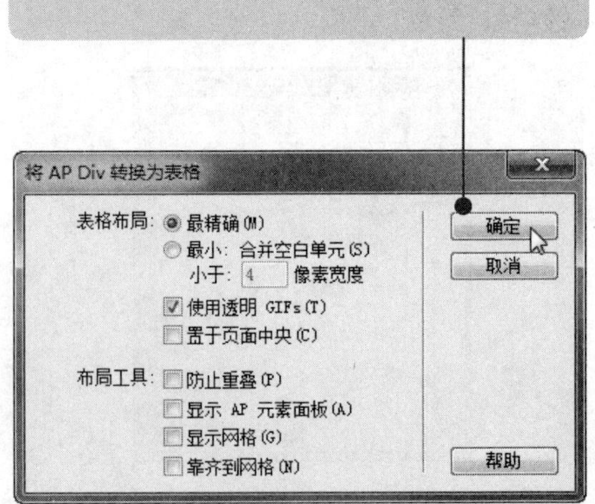

05 查看将 AP Div 转换为表格后的效果。

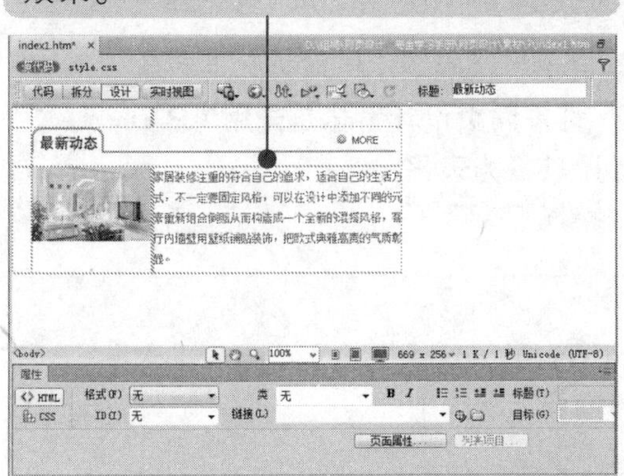

高手点拨

如果选中“最小”单选按钮，表格将包含较少的空行和空列，但是，最好不要选中此项，以免生成的表格可能与网页布局不能精确匹配。当选择此项时，可以设置小于多少像素宽度会合并单元格。

在“将 AP Div 转换为表格”对话框中，各选项的含义如下：

◎ 最精确：为每一个 AP Div 创建一个单元格，并为保留 AP Div 之间的空白间隔附加一些必要的单元格。

◎ 最小：把指定像素内的空白单元格合并，使合并后的表格包含较少的空行和空列。

◎ 使用透明 GIFs：使用透明的 GIFs 填充转换后表格的最后一行。

◎ 置于页面中央：将转换后的表格置于页面的中央。

◎ 防止重叠：选中该复选框，可以防止 AP Div 之间重叠。

◎ 显示 AP 元素面板：选中该复选框，转换完成后将显示“AP 元素”面板。

◎ 显示网格：选中该复选框，转换完成后将显示网格。

◎ 靠齐到网格：选中该复选框，将会启用吸附到网格功能。

7.4.2 将表格转换为 AP Div

如果需要对当前表格布局设计进行较大改动时，则调整过程将十分烦琐，此时可以将表格转换为 AP Div 后再进行调整，具体操作方法如下：

难度：★★☆☆☆　　视频：光盘：视频\07\将表格转换为 AP Div.swf

小提示

如果文档有嵌套的 AP Div 元素，则无法将该文档的 AP Div 布局转换为表格布局。

01 在 Dreamweaver CS6 中打开网页文档。

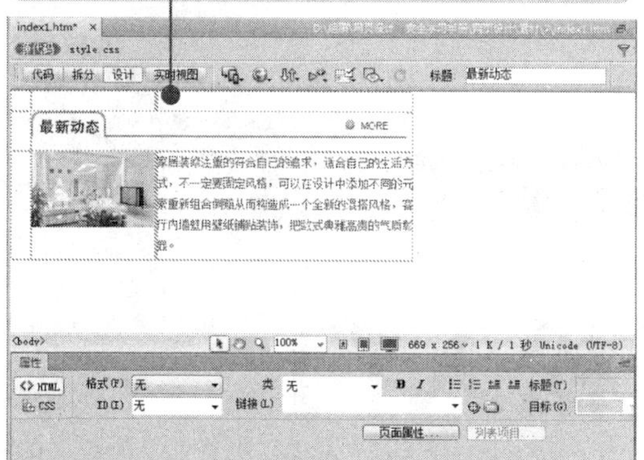

02 选中需要转换为 AP Div 的表格。

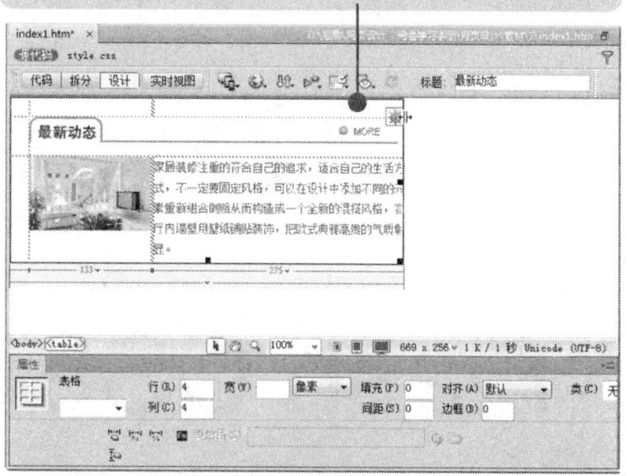

03 单击"修改"|"转换"|"将表格转换为 AP Div"命令。

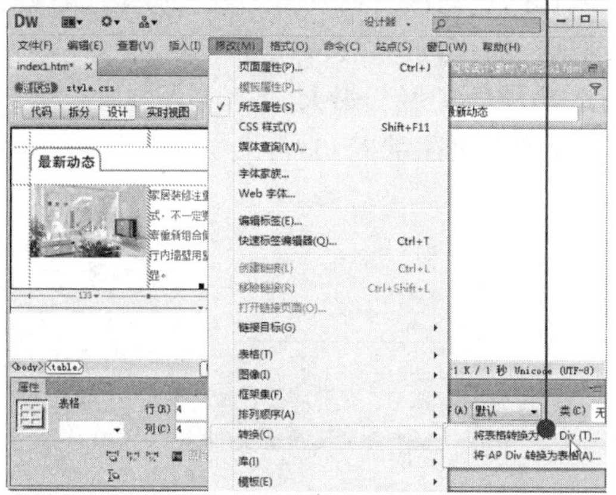

04 弹出"将表格转换为 AP Div"对话框，单击"确定"按钮。

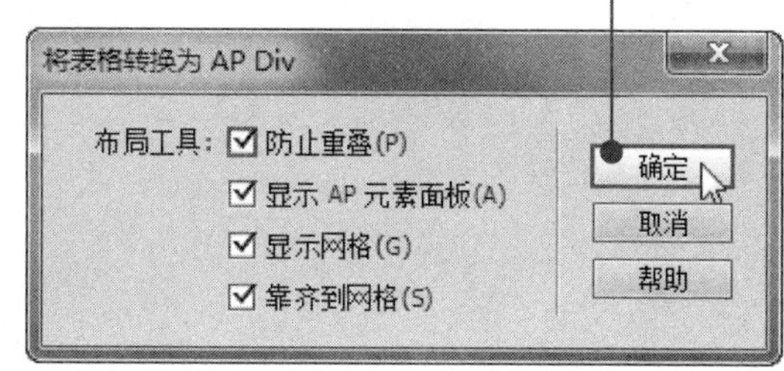

05 查看将表格转换为 AP Div 后的效果。

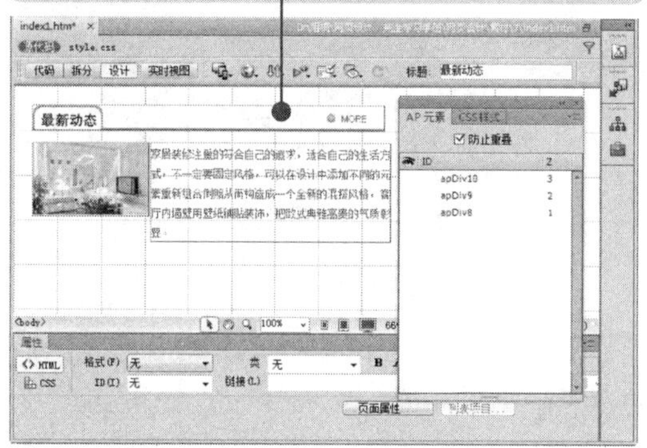

AP Div 与表格之间进行转换，必须确保没有重叠层。

在"将表格转换为 AP Div"对话框中，各选项的含义如下：

◎ 防止重叠：选中此复选框，可以在 AP Div 操作中防止 AP Div 互相重叠。

◎ 显示 AP 元素面板：选中此复选框，在转换完成时将显示"AP 元素"面板。

◎ 显示网格：选中此复选框，在转换完成时将显示网格。

◎ 靠齐到网格：选中此复选框，在转换完成时将启用网格的吸附功能。

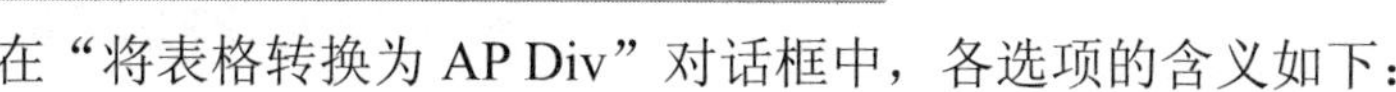

如果文档应用了模板或模板文档，就不能把表格转换为 Ap Div。如果确实需要转换，可在存为模板之前进行转换。

预计学习时间 30 分钟

Chapter 08

Flash CS6 轻松入门

Flash 作为网页设计中重要工具之一，在制作网页动画方面具有无可替代的功能。通过它可以制作各种网页动画，如广告、宣传片、MTV……甚至是全 Flash 动画网页。随着 Flash 功能的扩展与强大，它与其他软件的结合性也越来越好。本章将引领读者快速掌握 Flash 的入门操作知识。

要点导航

- Flash CS6 简介
- Flash CS6 基本操作

重点图例

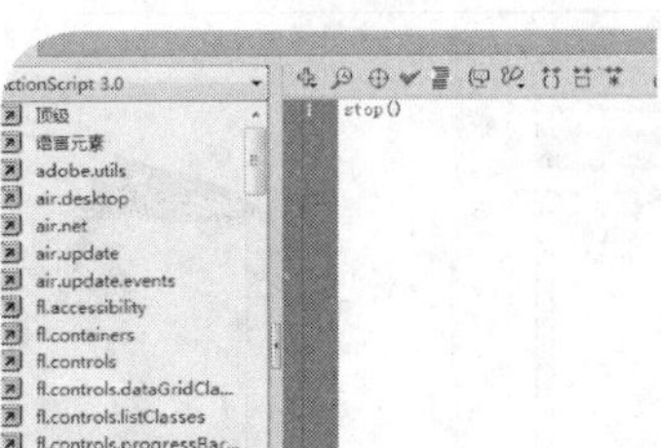

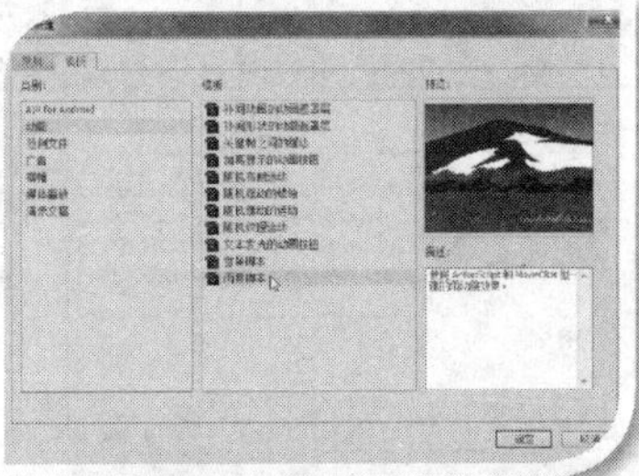

8.1 Flash CS6 简介

Flash CS6 是一款多媒体动画制作软件，具有功能强大、简单易学、操作方便、生成影片文件小、适合在网络中传输、交互性强等优点，备受广大用户推崇，现已广泛应用于互联网、多媒体演示及游戏软件制作等众多领域。

8.1.1 Flash 动画技术与特点

Flash 作为最优秀的二维动画制作软件之一，和它自身的鲜明特点息息相关。Flash 既吸收了传统动画制作上的技巧和精髓，又利用了电脑强大的计算能力，对动画制作流程进行了简化，从而提高了工作效率，在短短几年就风靡全球。

Flash 动画主要具有以下特点：

（1）文件数据量小

Flash 动画主要使用的是矢量图，数据量只有位图的几千分之一，从而使得其文件较小，但图像细腻。

（2）融合音乐等多媒体元素

Flash 可以将音乐、动画和声音融合在一起，创作出许多令人叹为观止的动画效果。

（3）图像画面品质高

Flash 动画使用矢量图，矢量图可以无限放大，但不会影响画面图像质量。一般的位图一旦被放大就会出现锯齿状的色块。

（4）适于网络传播

Flash 动画可以上传到网络，供浏览者欣赏和下载，其体积小、传输和下载速度快，非常适合在网络上使用。

（5）交互性强

这是 Flash 风靡全球最主要的原因之一，通过交互功能，欣赏者不仅能够欣赏动画，还能置身其中，借助鼠标触发交互功能，从而实现人机交互。

（6）制作流程简单

Flash 动画采用“流式技术”的播放形式，制作流程像流水线一样清晰简单，一目了然。

（7）功能强大

Flash 动画拥有自己的脚本语言，通过使用 ActionScript 语言能够简易地创建高度复杂的应用程序，并在应用程序中包含大型的数据集和面对对象的可重用代码集。

（8）应用领域广泛

Flash 动画不仅可以在网络上进行传播，同时也可以在电视、电影、手机上播放，大大扩展了它的应用领域。

Flash CS6 是 Adobe 公司推出的 Flash 最新版本，相对于以前的版本，Flash CS6 拥有更为强大的功能。

8.1.2 认识 Flash CS6

要想熟练地使用 Flash CS6 软件，首先必须要熟悉其工作界面，然后深入学习其他的软件功能和创作技巧。下面将介绍 Flash CS6 的初始界面和工作界面组成，以及主菜单和常用面板的功能等知识。

1. Flash CS6 初始界面

第一次启动 Flash CS6 时，默认显示如下图所示的初始界面。下面将详细介绍初始界面的各个组成部分及其功能。

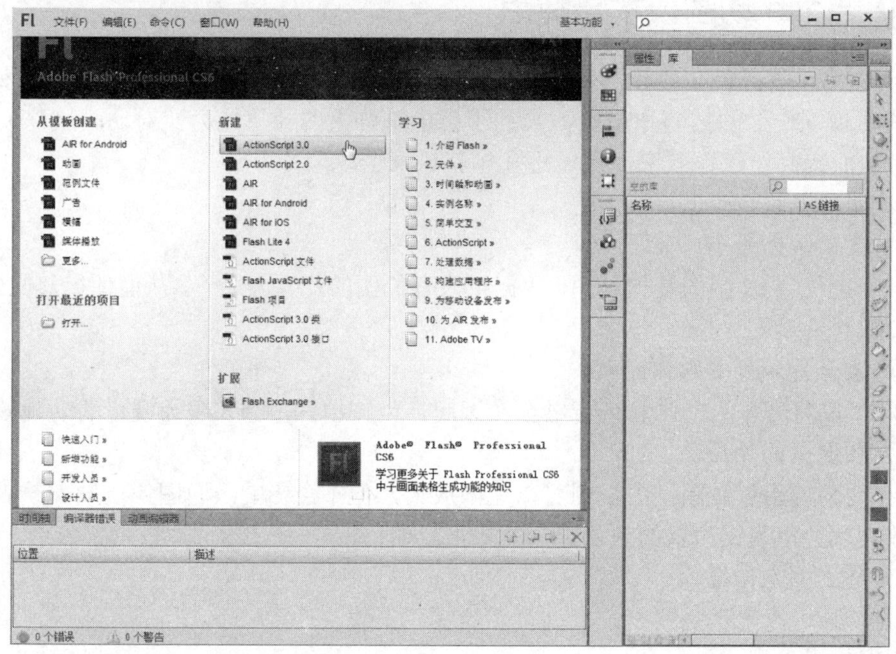

◎ 从模板创建：在该区域中是已保存的动画文档，可以选择某一个文档作为模板进行编辑和发布，可以提高工作效率。

◎ 打开最近的项目：在该区域中显示最近打开过的文档，以方便用户快速打开。

◎ 新建：在该区域中可以根据需要快速新建不同类型的 Flash 文档。

◎ 扩展：单击该选项，将在浏览器中打开 Flash Exchange 页面，该页面提供下载 Adobe 公司的扩展程序、动作文件、脚本、模板，以及其他可扩展 Adobe 应用程序功能的项目。

◎ 学习：在该区域中选择“学习”的相关条目，可在浏览器中查看由 Adobe 公司提供的 Flash 学习课程。

◎ 相关链接：在该区域中 Flash 提供了“快速入门”、“新增功能”、“开发人员”和“设计人员”的网页超链接，用户可以使用这些资源进一步了解 Flash 软件。

2. Flash CS6 工作界面

Flash CS6 的工作界面与 Flash CS5 的工作界面相近，如下图所示。下面将详细介绍各区域的名称及其功能。

小提示

选中“不再显示”复选框，弹出提示信息框，单击“确定”按钮则在下次重新启动 Flash CS6 时不再显示欢迎屏幕。

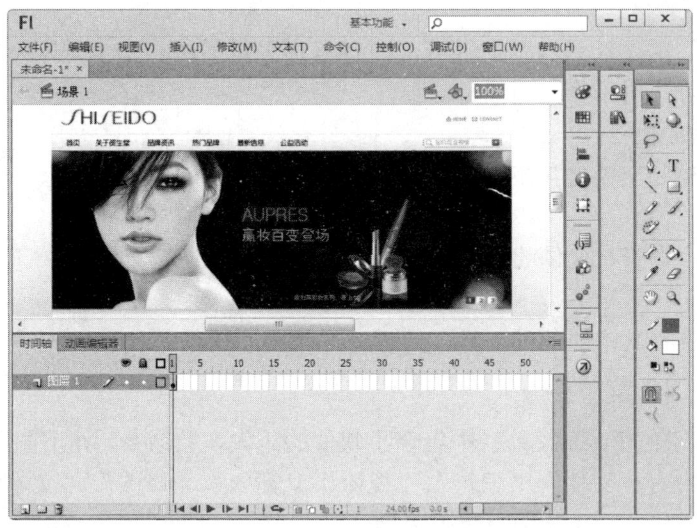

（1）应用程序栏

单击该栏右侧的“基本功能”下拉按钮，弹出如下图（左）所示的下拉列表，其中提供了多种默认的工作区预设，选择不同的选项，即可在需要的工作区进行预设。

在列表最后提供了“重置‘基本功能’”、“新建工作区”和“管理工作区”三个选项，其中“重置‘基本功能’”用于恢复工作区默认状态，“新建工作区”用于创建个人喜好的工作区配置，“管理工作区”用于管理个人创建的工作区配置，可以进行重命名和删除操作，如下图（右）所示。

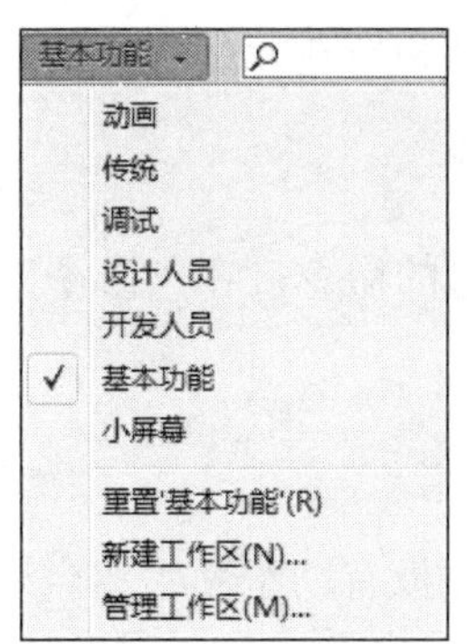

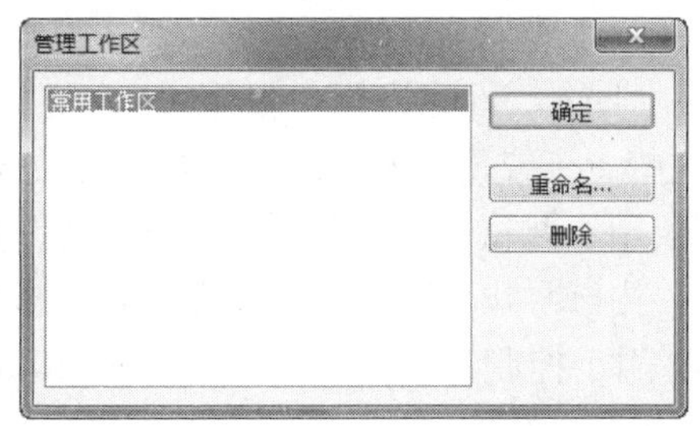

（2）菜单栏

菜单栏提供了 Flash 的命令集合，几乎所有的可单击命令都可以在菜单栏中直接或间接找到相应的操作选项。

（3）窗口选项卡

显示文档名称，提示有无保存文档。用户修改文档但没有保存则显示“*”。如果不需要，则可以关闭文档。

（4）编辑栏

在该栏左侧显示当前场景或元件，单击右侧的“编辑场景”按钮，可以选择需要编辑的场景；单击“编辑元件”按钮，可以选择需要切换编辑的元件。单击右侧 100% 下拉按钮，可以选择所需要的舞台大小。

在使用“工具箱”时，可以根据个人习惯摆放工具箱的位置，还可以将其调整为单栏、双栏或多栏形式。

（5）舞台/工作区

舞台是放置、显示动画内容的区域，内容包括矢量插图、文本框、按钮、导入的位图图形或视频剪辑等，用于修改和编辑动画。

（6）时间轴面板

用于组织和控制文档内容在一定时间内播放的图层数和帧数。

（7）面板

面板用于配合场景、元件的编辑和 Flash 的功能设置。

（8）工具箱

在工具箱中选择其中的各种工具，即可进行相应的操作。

3．Flash CS6 菜单栏

和其他软件一样，Flash 菜单栏中集合了软件的绝大多数命令。如下图所示为 Flash CS6 的主菜单栏，其中有“文件”、“编辑”、“视图”、“插入”、“修改”、“文本”、“命令”、“控制”、“调试”、“窗口”和“帮助”等菜单项。

文件(F)	编辑(E)	视图(V)	插入(I)	修改(M)	文本(T)	命令(C)	控制(O)	调试(D)	窗口(W)	帮助(H)

◎ 文件：包含最常用的命令，如“新建”、“打开”、“关闭”、“保存文档”、“导入”、“导出”、“发布相关”和“退出”等命令。

◎ 编辑：用于对帧的复制与粘贴、编辑时的参数设置，以及自定义工具面板、字体映射等。

◎ 视图：用于快速设置屏幕上显示的内容，如浮动面板、时间轴和网格标尺等。

◎ 插入：该菜单中的命令利用率非常高，如转换元件和新建元件等。

◎ 修改：用于修改文档的属性和对象的形状等。

◎ 文本：用于设置文本属性。

◎ 命令：Flash CS6 允许用户使用 JSFL 文件创建自己的命令，在“命令”菜单中可以运行、管理这些命令或使用 Flash 默认提供的命令。

◎ 控制：用于测试影片，以符合自己的设想等。

◎ 调试：用于导出 SWF 格式来播放动画影片。

◎ 窗口：用于控制各个面板的打开与关闭，Flash 的面板有助于使用舞台中的对象、整个文档、时间轴和动作等。

◎ 帮助：该菜单中含有 Flash 官方帮助文档，用户在遇到困难时可以按【F1】键来寻求帮助。

4．Flash CS6 常用面板

在 Flash CS6 中提供了各类面板，用于观察、组织和修改 Flash 动画中的各种对象元素，如形状、颜色、文字、实例和帧等。默认情况下，面板组停靠在工作界面的右侧。下面将详细介绍几种常用的面板。

（1）“颜色/样本”面板组

默认情况下，“颜色”面板和“样本”面板合为一个面板组。“颜色”面板用于设置笔触颜色、填充颜色及透明度等，如下图（左）所示。“样本”面板中存放了 Flash 中所有的

Flash 共提供了 20 多个控制面板，帮助用户快速执行特定的命令，如“颜色”面板、“库”面板、“属性”面板和“历史记录”面板等。

颜色，单击“样本”面板右侧的 ▾≡ 按钮，在弹出的下拉菜单中可以对其进行管理，如下图（右）所示。

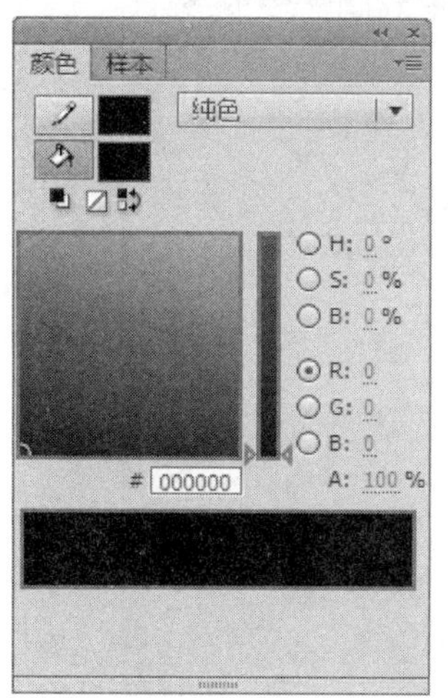

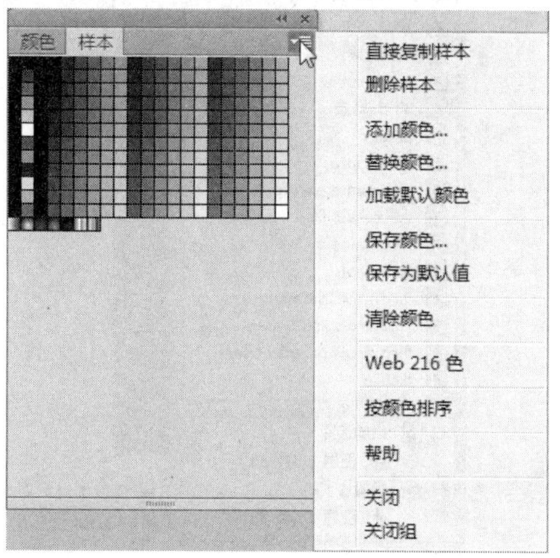

（2）“库/属性”面板

默认情况下，“库”面板和“属性”面板合为一个面板组。“库”面板用于存储和组织在 Flash 中创建的各种元件，它还用于存储和组织导入的文件，包括位图图形、声音文件和视频剪辑等，如下图（左）所示。

“属性”面板用于显示和修改所选对象的参数，它随所选对象的不同而不同，当不选择任何对象时，“属性”面板中显示的是文档的属性，如下图（右）所示。

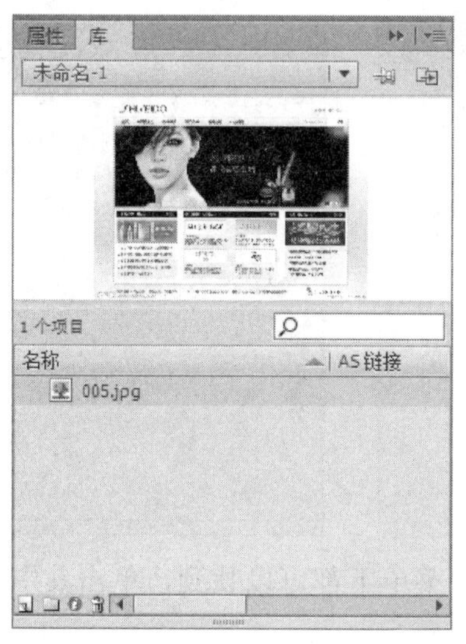

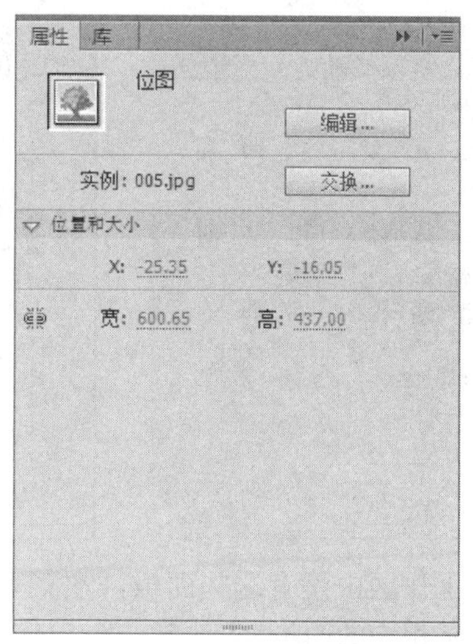

（3）“动作”面板

“动作”面板用于编辑脚本。“动作”面板由三个窗格构成：动作工具箱、脚本导航器和脚本窗格，如下图所示。

“颜色”面板用于修改 FLA 的调色板并更改笔触和填充的颜色；“库”面板用于存储在 Flash 创作环境中创建或在文档中导入的媒体资源。

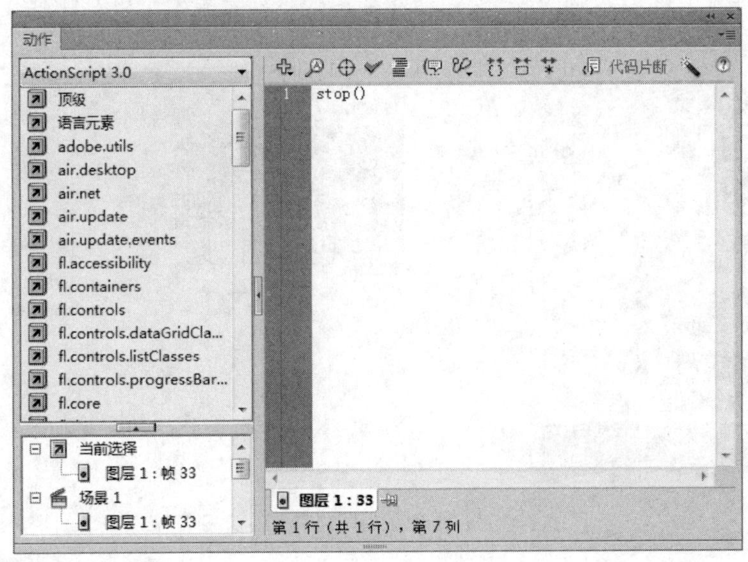

（4）“对齐/信息/变形”面板

默认情况下，“对齐”面板、“信息”面板和“变形”面板组合为一个面板组。其中，“对齐”面板主要用于对齐同一个场景中选中的多个对象，如下图（左）所示。

“信息”面板主要用于查看所选对象的坐标、颜色、宽度和高度，还可以对其参数进行调整，如下图（中）所示。“变形”面板用于对所选对象进行大小、旋转和倾斜等变形处理，如下图（右）所示。

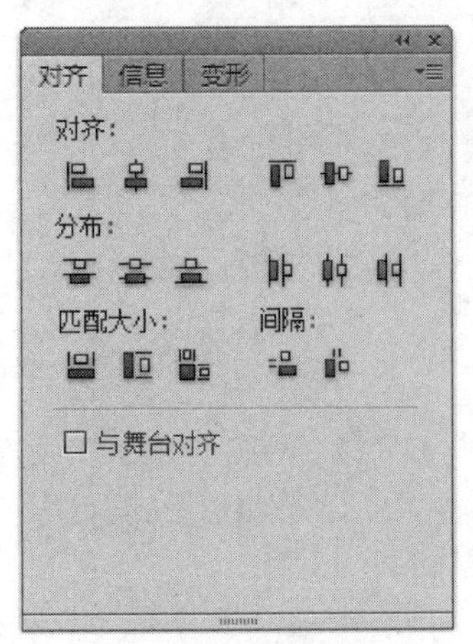

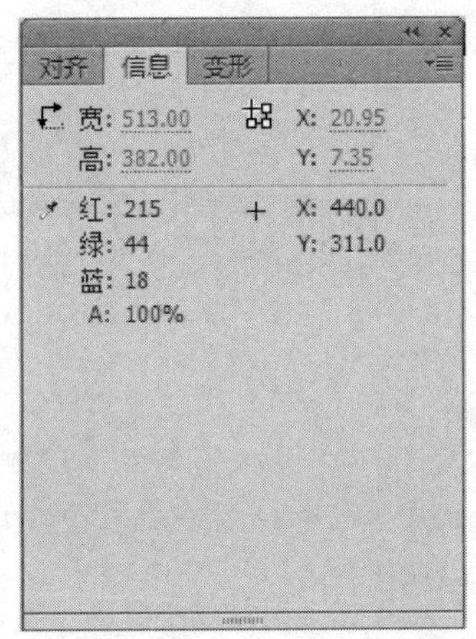

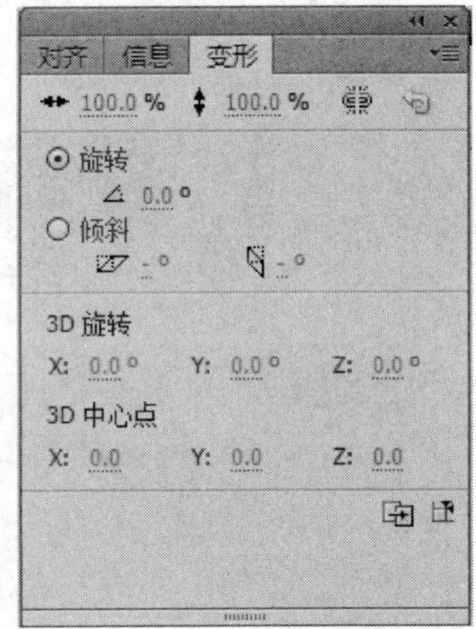

若工作区中没有这些面板，在菜单栏的“窗口”菜单下都可以找到，单击其中的命令即可显示相应的面板。

除了上述面板外，Flash CS6 还有许多其他的面板，如“滤镜”面板、“参数”面板、“调试控制台”面板和“辅助功能”面板等，其功能和特点在此不再一一介绍。在后面的章节中将会对其进行详细介绍，这些面板在“窗口”菜单中都可以找到，单击相应的命令即可将其打开。

小提示

“窗口”菜单中包含了 Flash 中所有的面板，若所需要的面板没有出现在工作界面中，可以单击“窗口”菜单，找到所需的面板进行使用即可。

8.2 Flash CS6 基本操作

下面将详细介绍在 Flash CS6 中如何进行文档操作，其中包括启动与退出 Flash CS6 软件，Flash 文件的管理，面板的操作，以及舞台的设置等。

8.2.1 Flash CS6 文档管理

下面将详细介绍如何对 Flash 文件进行管理，如新建文件、保存文件、打开文件，以及关闭文件等。

1. 新建文件

新建 Flash 文件的操作方法如下：单击“文件”|“新建”命令或按【Ctrl+N】组合键，弹出“新建文档”对话框，如右图所示。

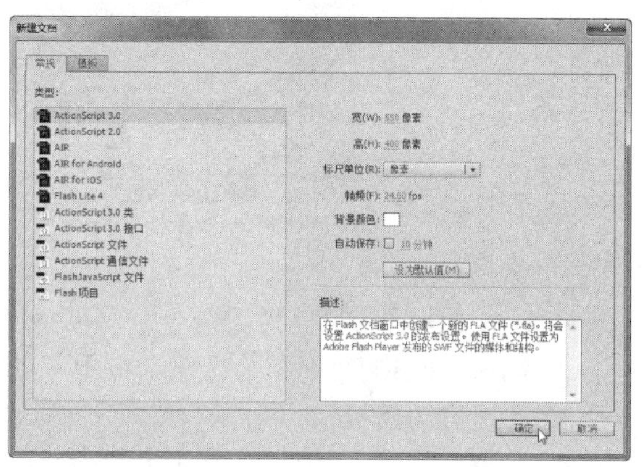

在“常规”选项卡中，可以创建各种常规文件，可以对选中文件进行宽度、高度、背景颜色等设置。在“描述”列表框中，显示了对该文件类型的简单介绍。单击“确定”按钮，即可创建相应类型的文档。

也可以使用模板来创建新文档，具体操作方法如下：

在“新建文档”对话框中选择“模板”选项卡，然后在“类别”列表中选择一种类别，在其右侧会显示出与其对应的模板、预览效果及相关描述信息，如下图（左）所示。单击“确定”按钮，即可创建一个模板文件，如下图（右）所示。

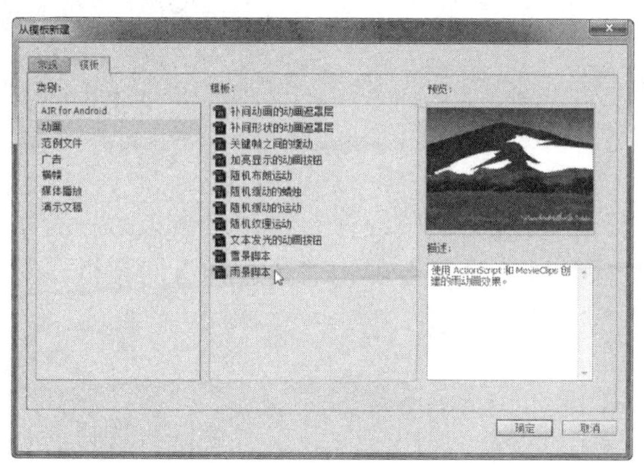

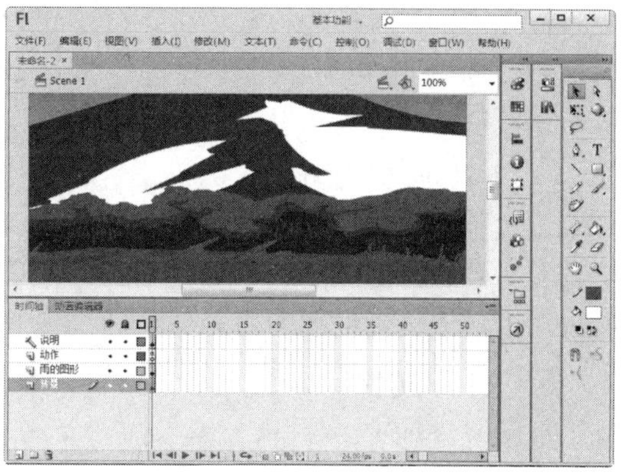

当启动 Flash CS6 后，会显示其初始界面，也可以从初始界面的“新建”和“从模板创建”区域中根据自己的需要来创建新文件。

使用模板创建文档，可以快速地制作相应的 Flash 动画。其中，使用的模板可以是 Flash 自带的标准模板，也可以选择保存的模板。

2．保存文件

当动画制作完成后，需要对文件进行保存，通常有四种保存文件的方法，分别为保存文件、另存文件、另存为模板文件和全部保存文件，下面将分别对其进行介绍。

（1）保存文件

如果是第一次保存文件，则单击“文件”|“保存”命令，如下图（左）所示，弹出“另存为”对话框，其中有六种保存类型，如下图（右）所示。如果文件原来已经保存过，则直接选择“保存”命令或按【Ctrl+S】组合键即可。

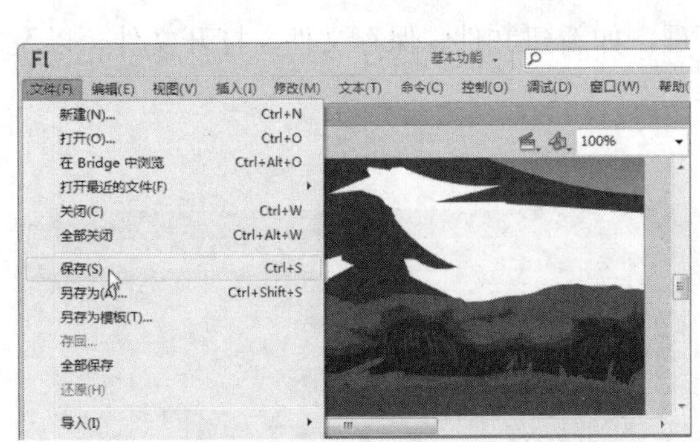

（2）另存文件

单击“文件”|“另存为”命令，可以将已经保存的文件以另一个名称或在另一个位置进行保存。在弹出的“另存为”对话框中可以对文件进行重命名，也可以修改保存类型。

（3）另存为模板

单击“文件”|“另存为模板”命令或按【Ctrl+Shift+S】组合键，可以将文件保存为模板，这样就可以将该文件中的格式直接应用到其他文件中，从而形成统一的文件格式。

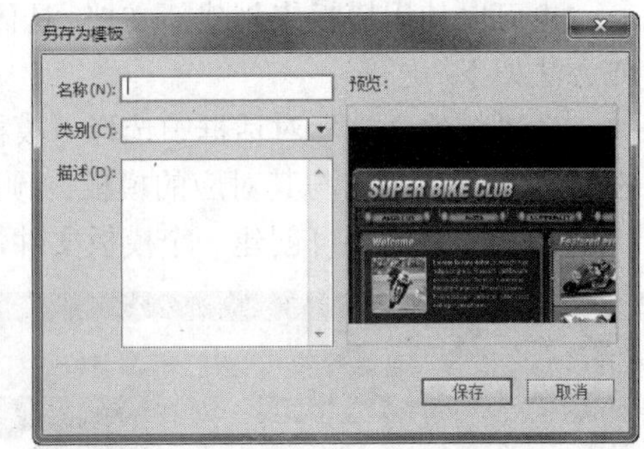

在弹出的“另存为模板”对话框中可以填写模板名称，选择其类别，对模板进行描述，如右图所示。

（4）全部保存文件

“全部保存”命令用于同时保存多个文档，若这些文档曾经保存过，单击该命令后系统会对所有打开的文档再次进行保存；若没有保存过，系统会弹出“另存为”对话框，然后再逐个对其进行保存即可。

3．打开文件

单击“文件”|“打开”命令或按【Ctrl+O】组合键，弹出“打开”对话框。选择要打开文件的路径，选中要打开的文件，单击“打开”按钮即可，如下图所示。

小提示

在选择的文件上双击可以打开文件；在按住【Ctrl】键的同时逐个单击文件可以选择不相邻的多个文件；在按住【Shift】键的同时单击文件，可以选择相邻的多个文件。

4. 关闭文件

单击“文件”|“关闭”命令或按【Ctrl+W】组合键，即可关闭文档；单击“文件”|“全部关闭”命令或按【Ctrl+Alt+W】组合键，可以一次关闭所有文档，如下图（左）所示。

另外，在打开文档的标题栏上单击“关闭”按钮×，也可以关闭文件，如下图（右）所示。在关闭文件时，若文件未被修改或已保存，则可以直接关闭当前文件；若文件经过修改后尚未保存，则会弹出询问是否保存的提示信息框。

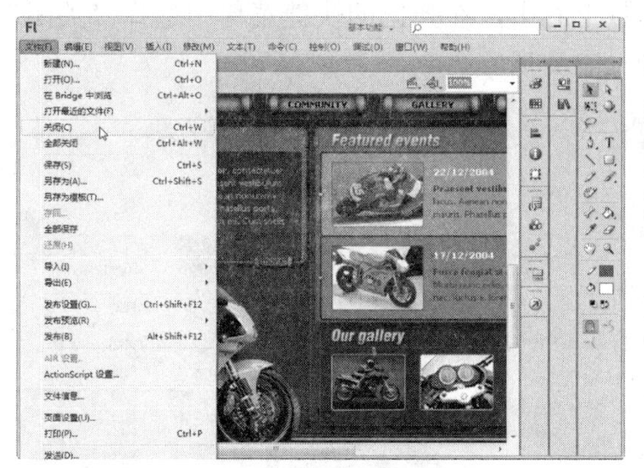

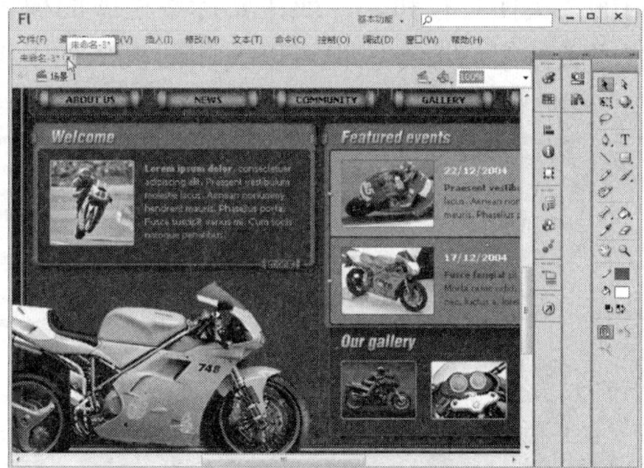

8.2.2 Flash 面板的操作

下面将详细介绍在 Flash CS6 中如何进行面板操作，其中包括展开与折叠面板，打开与关闭面板，折叠为图标与展开面板，将面板拖动为浮动状态，以及放大与缩小面板等。

1. 展开与折叠面板

双击要折叠面板的标签，可以将面板从展开状态更改为折叠状态，如下图（左）所示。再次双击面板标签，即可将面板从折叠状态更改为展开状态。

在面板标签上右击，在弹出的快捷菜单中选择“最小化组”命令，如下图（右）所示，可以将面板从展开状态更改为折叠状态；若选择“恢复组”命令，则可以将面板从折叠状态更改为展开状态。

在关闭文件时，若文件未被修改或已保存，则可以直接关闭当前文件；若文件经修改后尚未保存，则会弹出询问是否保存的提示信息框。

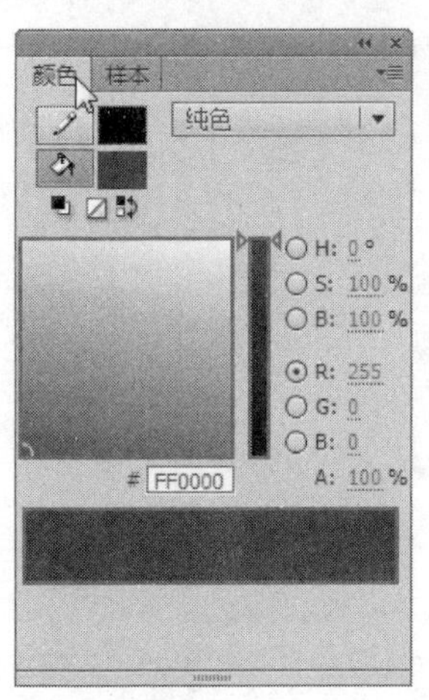
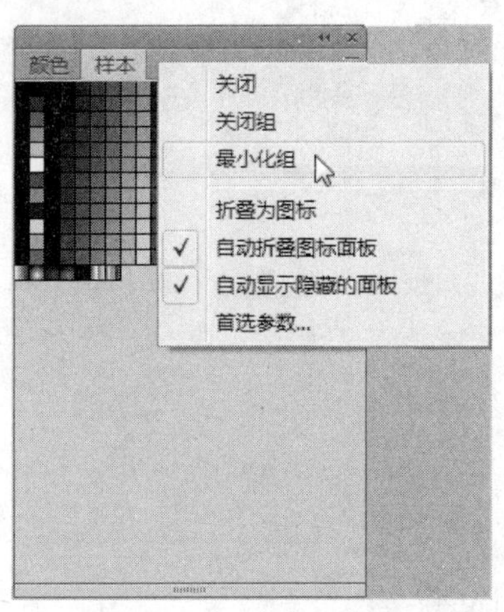

2. 打开与关闭面板

单击“窗口”菜单项，在弹出的下拉菜单中显示面板命令，在每个面板命令后都跟有快捷键，按此快捷键也可以打开相应的面板，如下图（左）所示。例如，按【Shift+F9】组合键，即可打开“颜色”面板。

当打开某个面板后，在“窗口”菜单中相应的命令前会出现“√”标记，表示当前工作区中该面板处于打开状态，再次单击该命令即可将其关闭。在打开的面板中单击其右上角的“关闭”按钮，或在其标签栏或面板标签上右击，在弹出的快捷菜单中选择“关闭”或“关闭组”命令，也可以关闭面板，如下图（右）所示。

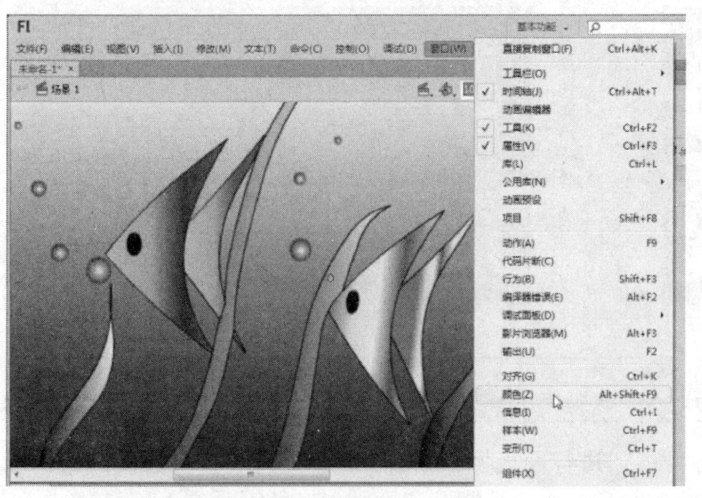
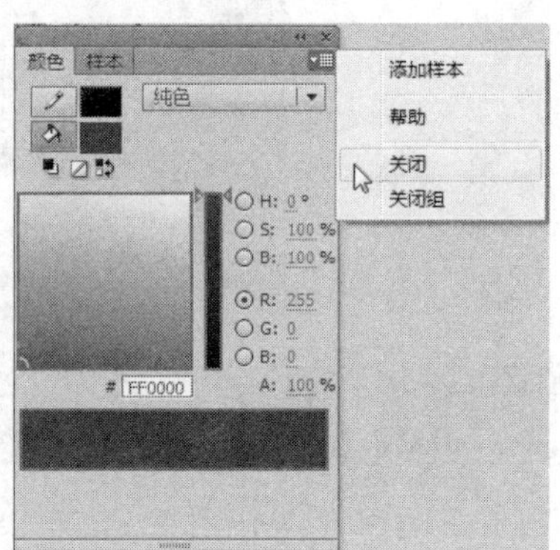

3. 折叠为图标与展开面板

双击面板顶部区域，即可将此面板折叠为图标或展开面板，如下图（左）所示。单击面板组右侧的“折叠”按钮或“展开”按钮，即可将相应的面板折叠为图标或展开面板，如下图（中）所示。

在某个面板上右击，在弹出的快捷菜单中选择“折叠为图标”或“展开面板”命令，即可将面板折叠为图标或展开面板，如下图（右）所示。

小提示：当面板折叠为图标后，单击面板图标即可打开相应的面板，再次单击该面板图标或单击面板右上角的按钮，又可将面板折叠为图标。

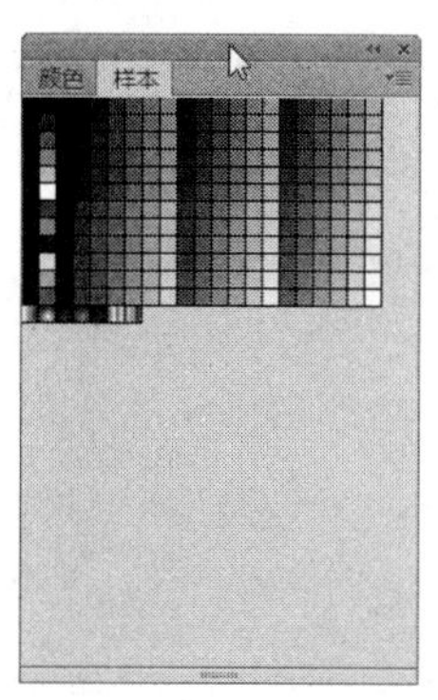

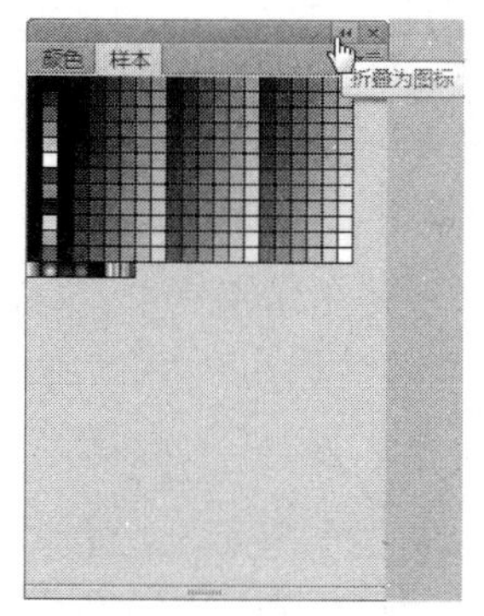

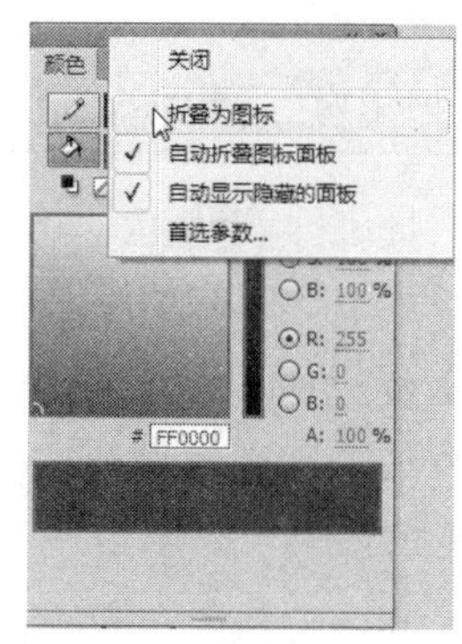

4. 将面板拖动为浮动状态

将鼠标指针指向面板顶部区域或面板标签上，然后单击并拖动鼠标，在合适的位置松开，即可将面板拖动为浮动状态，如下图（左）所示。用户可以把面板拖到工作界面的任意位置，也可以拖至其他面板上，使其成为一个面板组，如下图（右）所示。

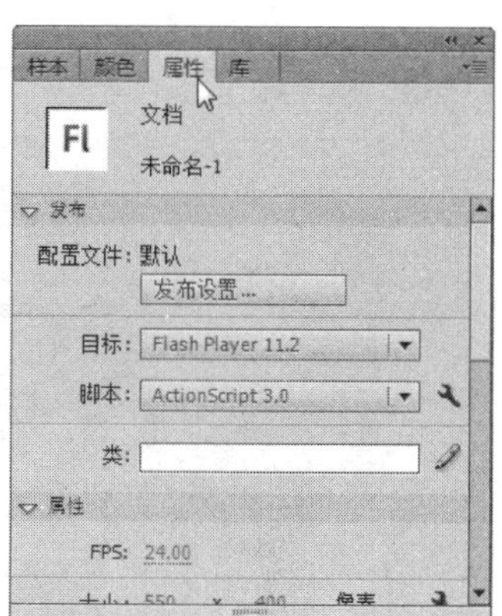

5. 放大与缩小面板

当面板显示不够大或过大时，可以将其进行放大或缩小操作。将鼠标指针指向面板边缘处，当指针变为双向箭头时拖动鼠标，即可放大或缩小面板，如下图所示。

当在面板顶部区域或面板标签上右击时，在弹出的快捷菜单中若选择“关闭组”或“关闭面板”命令，不会真的关闭面板或面板组，而是将其重新折叠为面板图标。

8.2.3 操作工作区

工作区是进行 Flash 影片创作的场所，其中包括菜单、场景和面板。用户可以根据自己的需要来显示工作面板和辅助功能，创建工作区。

1．设置动画环境

在场景中右击，在弹出的快捷菜单中选择“页面属性”命令，或打开“属性”面板，设置舞台的尺寸、背景颜色及动画的帧频等，如右图所示。

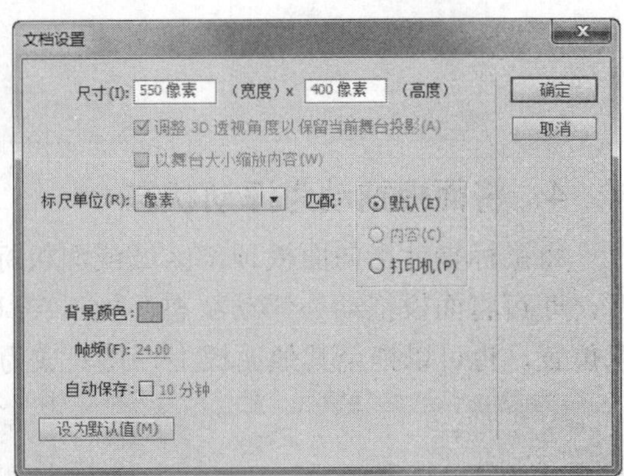

2．使用标尺

在 Flash CS6 中，若要显示标尺，可以单击“视图”|“标尺”命令或按【Ctrl+Alt+Shift+R】组合键，此时在舞台的上方和左侧将显示标尺，如下图（左）所示。

另外，在舞台的空白处右击，在弹出的快捷菜单中选择“标尺”命令，也可以将标尺显示出来，如下图（右）所示。

默认情况下，标尺的度量单位为“像素”，用户可以对其进行更改，具体操作方法如下：

单击“修改”|“文档”命令或按【Ctrl+J】组合键，弹出“文档属性”对话框，在“标尺单位”下拉列表框中选择一种单位，然后单击“确定”按钮即可，如下图所示。

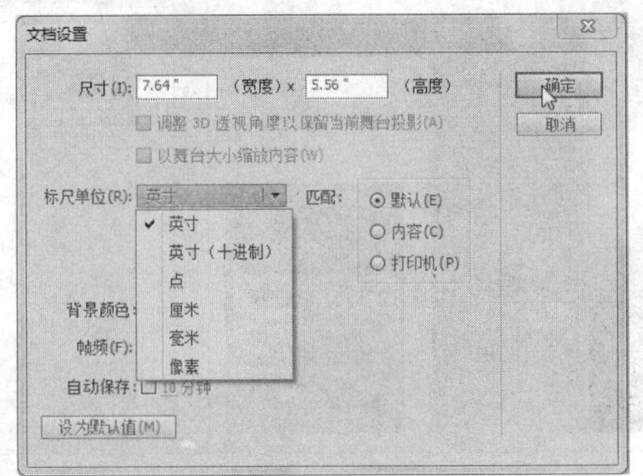

小提示 在显示标尺的情况下移动舞台上的元素时，将在标尺上显示几条线，指出该元素的尺寸。

3. 使用网格线

单击“视图”|“网格”|“显示网格”命令或按【Ctrl+'】组合键，舞台中将会显示出网格，如下图（左）所示。

另外，还可以根据需要对网格的颜色和大小进行修改，而且可以设置贴紧至网格及贴紧精确度。单击“视图”|“网格”|“编辑网格”命令，在弹出的“网格”对话框中进行相应的设置，单击“确定”按钮即可，如下图（右）所示。

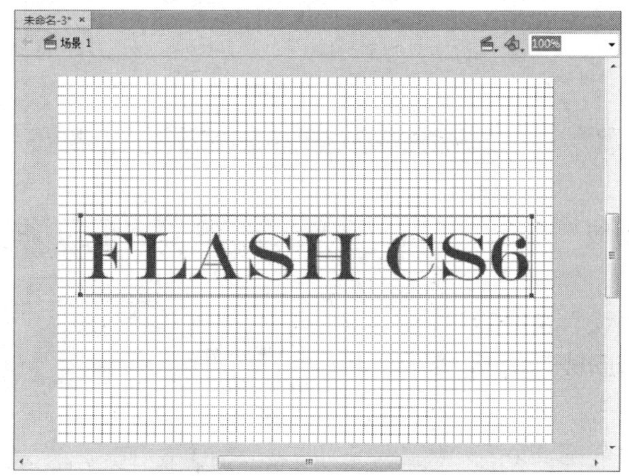

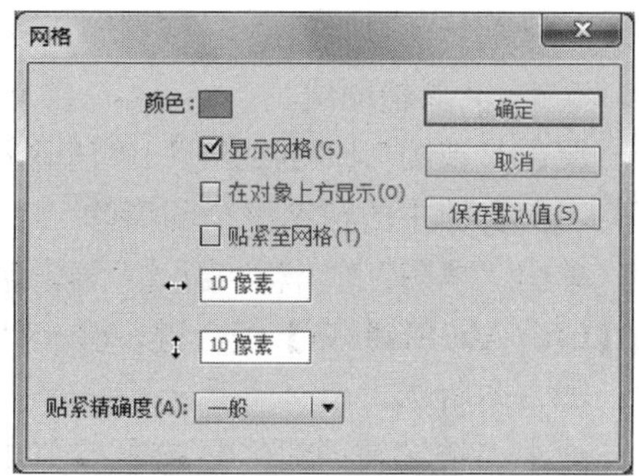

4. 使用辅助线

在显示标尺的情况下，将鼠标指针移至水平或垂直标尺上，然后单击鼠标左键，当鼠标指针下方出现一个小三角时，按住鼠标左键并向下或向右拖动，移至合适的位置后松开鼠标，即可绘制出一条辅助线，如下图所示。

默认情况下，辅助线是呈显示状态的。若辅助线没有显示出来，可以通过单击“视图”|“辅助线”|“显示辅助线”命令或按【Ctrl+;】组合键使其显示出来。

用户还可以移动、锁定和清除辅助线，具体操作方法如下：

（1）移动辅助线

将鼠标指针移至辅助线上，当指针下方出现小三角时，按住鼠标左键并拖动即可对辅助线进行移动，如下图（左）所示。若将辅助线拖到场景以外，则可以删除辅助线。

（2）锁定辅助线

单击“视图”|“辅助线”|“锁定辅助线”命令，或在舞台空白区域右击，在弹出的快捷菜单中单击“辅助线”|“锁定辅助线”命令，如下图（右）所示，可将当前文档中的所有辅助线锁定。

在网格设置中，“保存默认值”按钮用于将当前的设置保存为系统的默认值，而不是恢复为系统的默认值，当再次新建文件时，系统会依此为默认值显示网格。

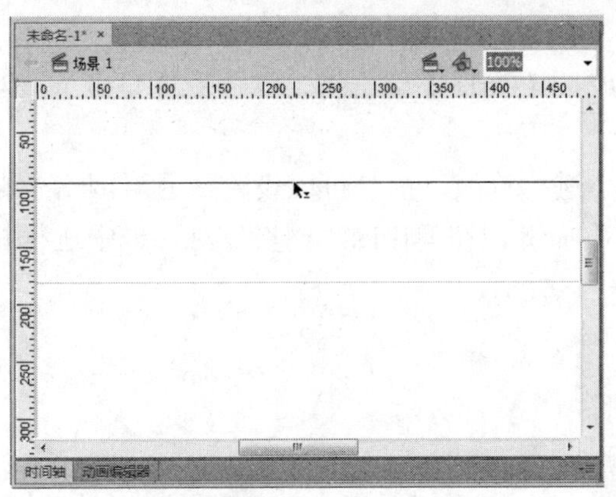
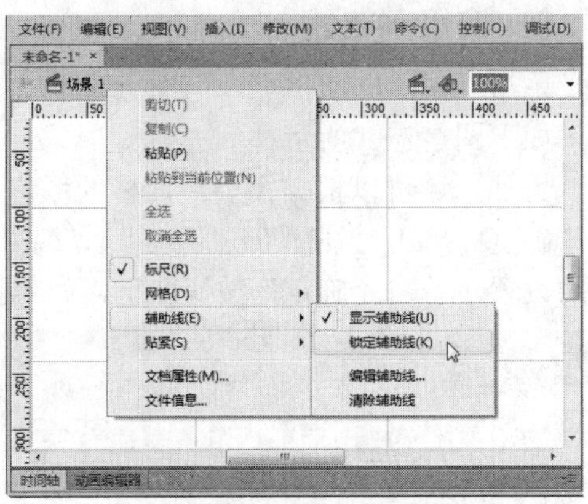

（3）清除辅助线

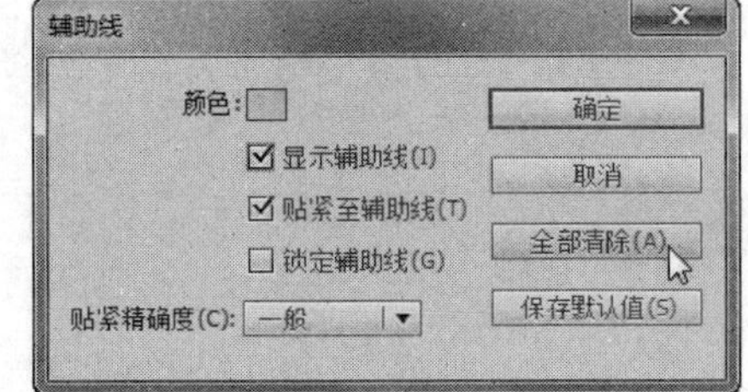

单击“视图”|“辅助线”|“清除辅助线”命令，可将当前文档中的辅助线全部清除。

单击“视图”|“辅助线”|“编辑辅助线”命令或按【Ctrl+Alt+Shift+G】组合键，弹出“辅助线”对话框，如右图所示。

选中“锁定辅助线”复选框或单击“全部清除”按钮，单击“确定”按钮，即可将辅助线锁定或全部清除。在该对话框中，还可以根据需要对辅助线的颜色等进行设置。

8.2.4 舞台设置

在 Flash CS6 窗口中，可以对舞台进行缩放和平移操作，下面将分别对其进行介绍。

1．缩放舞台

当舞台中的对象过大或过小时，就很难对这些对象进行精确编辑，这时可以对舞台进行缩放，以便于编辑这些对象。

在 Flash CS6 中，缩放舞台的方法主要有以下两种：

方法一：使用工具箱中的缩放工具

使用工具箱中的缩放工具可以对舞台进行缩放操作。

方法二：设置显示比例

在舞台上方的“显示比例”下拉列表框中输入数值或选择相应选项，即可调整显示比例，如下图所示。

2．平移舞台

有时舞台中的图形对象过大而无法完全显示，如下图所示。但由于要进行精确编辑，又不希望将图像缩小，这时可以通过平移舞台来将图形原来看不到的区域显示出来再进行编辑。

小提示　“紧贴至辅助线”可以将舞台中的对象和辅助线紧贴。若设置了“紧贴至网格”，在创建辅助线时，辅助线也会自动紧贴至网格。

平移舞台的方法主要有以下三种：

方法一：直接用鼠标拖动舞台两侧水平和垂直的滚动条进行移动。

方法二：使用工具箱中的手形工具进行平移，其使用方法将在后面章节进行详细介绍。

方法三：使用鼠标上的滑轮对舞台进行上下移动。

每次启动 Flash 后，工作区布局为上次退出前的状态（隐藏面板除外）。

预计学习时间 90 分钟

Chapter 09

绘制 Flash 网页图形

在 Flash CS6 中能够绘制出各种精美的矢量图形，这是制作动画的重要基础。本章将详细介绍如何使用绘图工具，如何绘制与编辑图形对象等知识。

要点导航

- Flash 绘图基础
- 使用绘图工具
- 绘制图形对象
- 编辑图形对象

重点图例

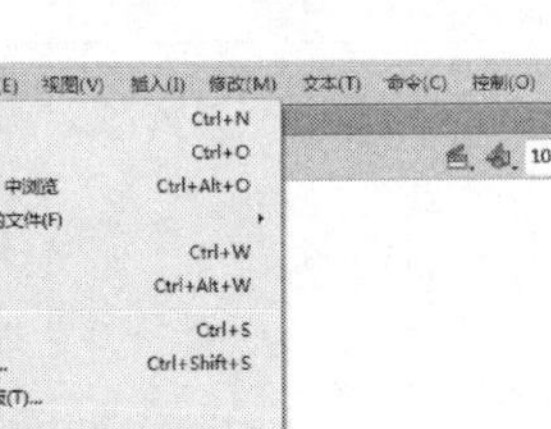

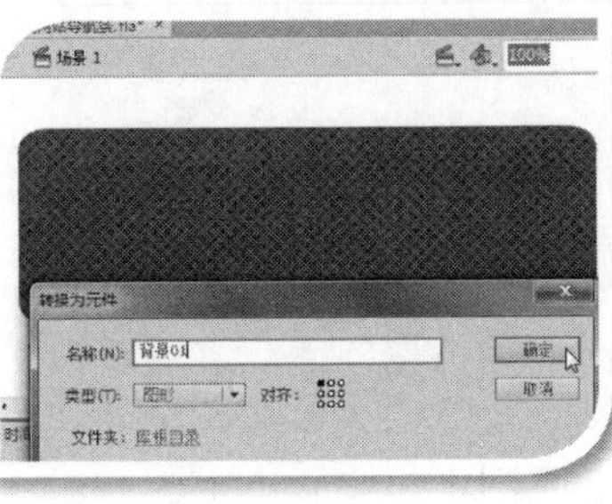

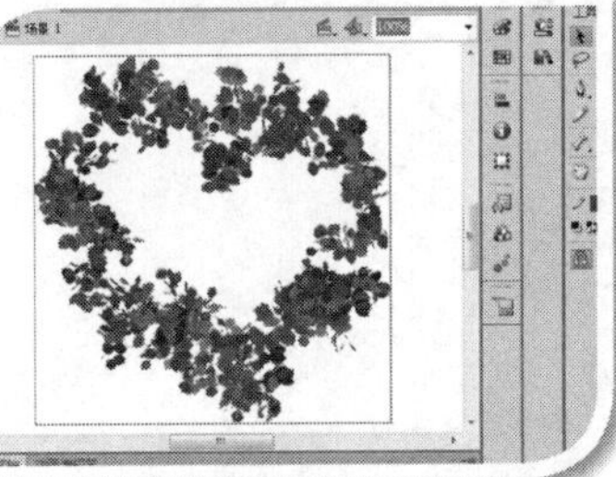

9.1 Flash 绘图基础

在绘制 Flash 图形之前，首先介绍在 Flash CS6 中进行绘图的基础知识，包括如何导入图片，认识图层，以及创建与删除图层等。

9.1.1 导入图片

图片是 Flash 动画制作中必不可少的一种元素，其应用十分广泛，精美的图片可以提高 Flash 动画的可欣赏度。下面将介绍如何导入外部图片，具体操作方法如下：

素材：光盘：素材\09\02.jpg　　效果：光盘：无

难度：★☆☆☆☆　　视频：光盘：视频\09\导入图片.swf

01 单击“文件”|“导入”|“导入到舞台”命令。

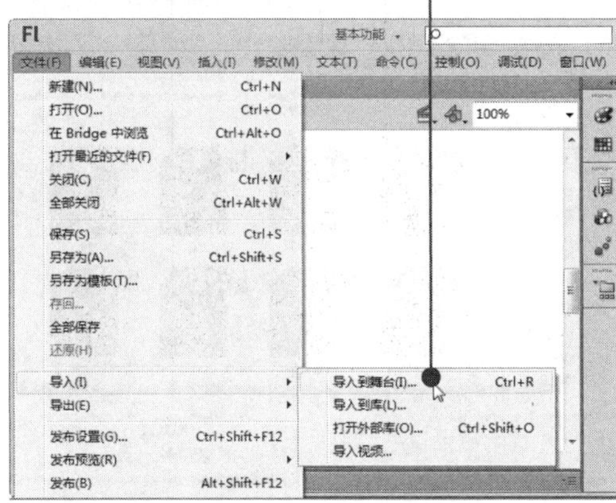

02 选择要导入的图片。

03 单击“打开”按钮。

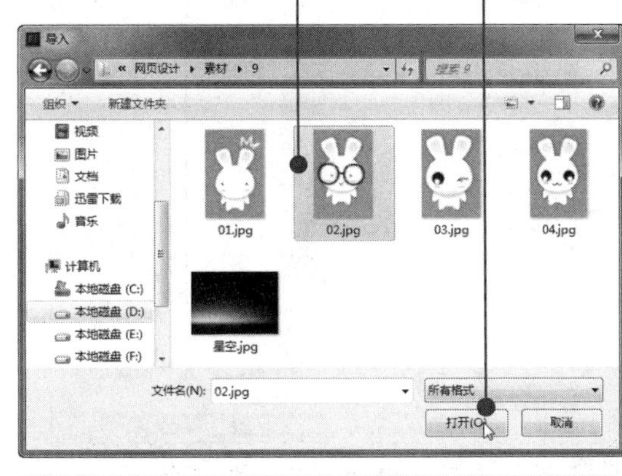

04 在舞台中即可导入需要的图片。

05 单击“文件”|“导入”|“导入到库”命令。

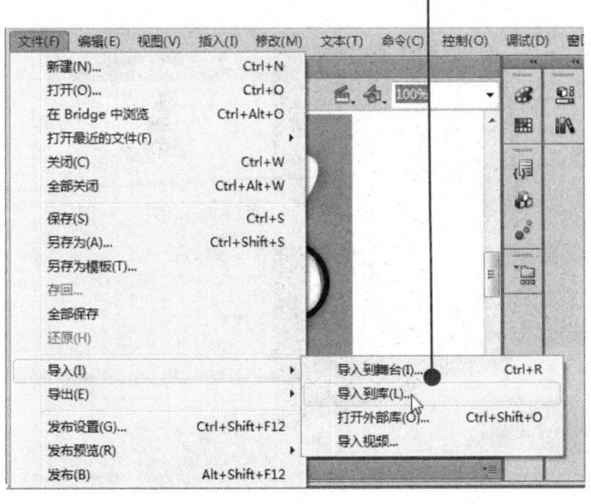

如果导入的图片是有序列的，会提示是否导入序列中的所有图像，如果导入，则会将序列分布到每一帧上。

06 选择要导入库中的图片。

07 单击“打开”按钮。

07 打开“库”面板。

08 查看导入的素材图片。

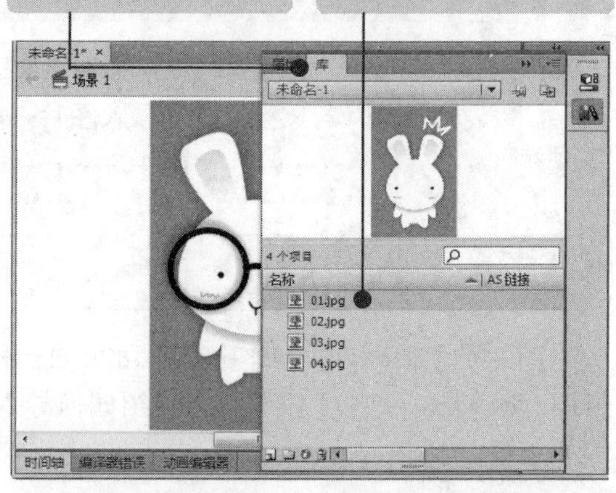

09 单击“文件”|“导入”|“打开外部库”命令。

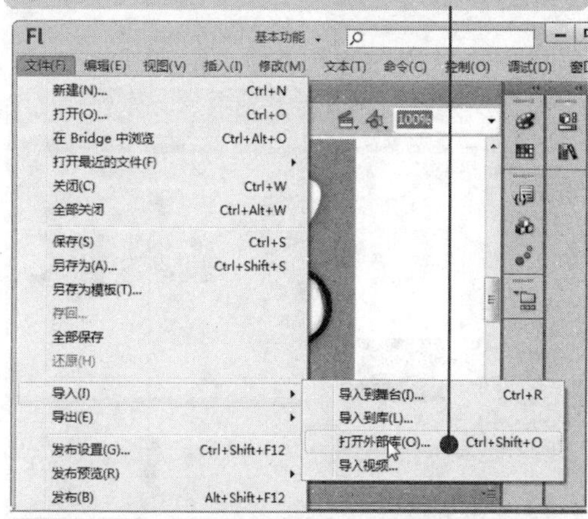

10 选择要打开的文件。

11 单击“打开”按钮。

12 选择需要的素材，并拖至舞台。

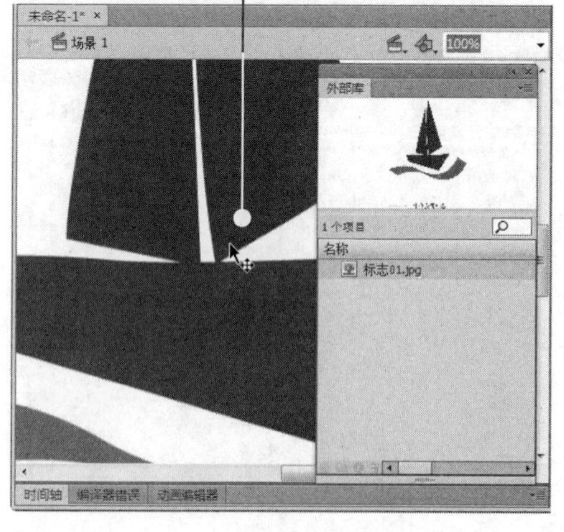

按【Ctrl+R】组合键，弹出“导入”对话框，选择要导入的图片，也可以将图片导入到舞台。

小提示

 将其他应用程序中的位图直接粘贴到当前 Flash 文档中：复制其他应用程序中的图像，在 Flash 中，选择“编辑”|“粘贴到中心位置”命名即可复制位图。

9.1.2 认识图层

在创建和编辑 Flash 文件时，使用图层可以方便地对舞台中的各个对象进行管理。通常将不同类型的对象放在不同的图层上，还可以对图层进行管理，以便创作出具有特殊效果的动画。

与其他图像处理或绘图软件类似，Flash CS6 也具有图层功能。不同图层中的对象互不干扰，使用图层可以方便地管理舞台中的内容。在 Flash CS6 中新建一个文档时，工作界面中只有一个图层，随着内容愈加复杂，就需要更多的图层来组织和管理动画。图层位于“时间轴”面板的左侧，如下图所示。

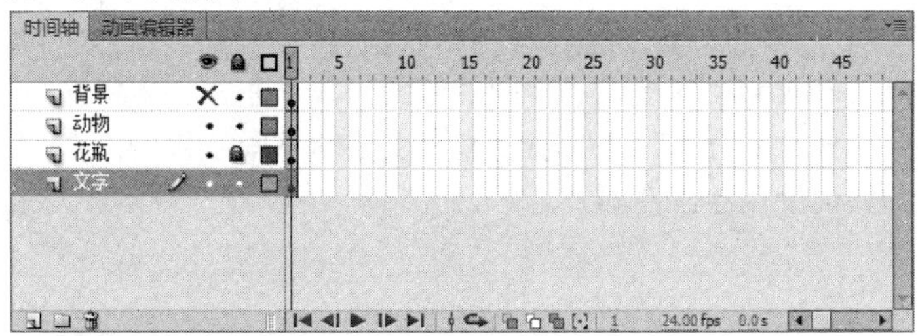

在绘制图形时，必须明确要绘制的图形在哪个图层上。当前图层上会有一个标志。

9.1.3 创建与删除图层

在“时间轴”面板的图层区域下方有四个按钮，分别用于新建图层、新建图层文件夹和删除图层，如右图所示。

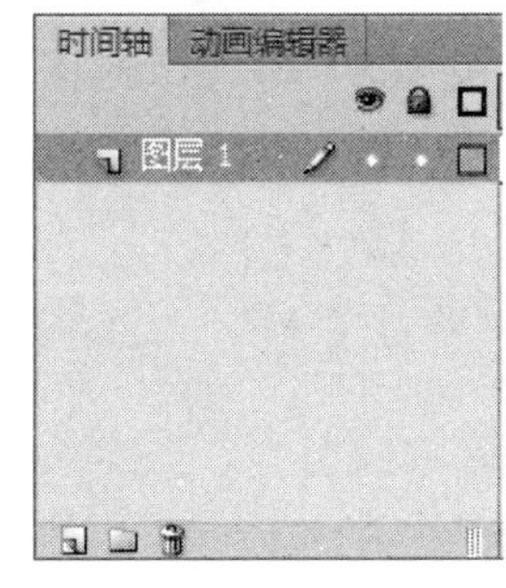

单击“时间轴”面板中的“新建图层”按钮或单击“插入”|“时间轴”|“图层”命令，即可插入一个新的图层，默认名称为“图层 2”。新建的图层自动处于当前编辑状态，且显示为蓝色，如下图（左）所示。

单击“图层 1”将其选中，然后单击“新建图层”按钮，将在“图层 1”和“图层 2”之间插入一个名为“图层 3”的新图层，如下图（右）所示。

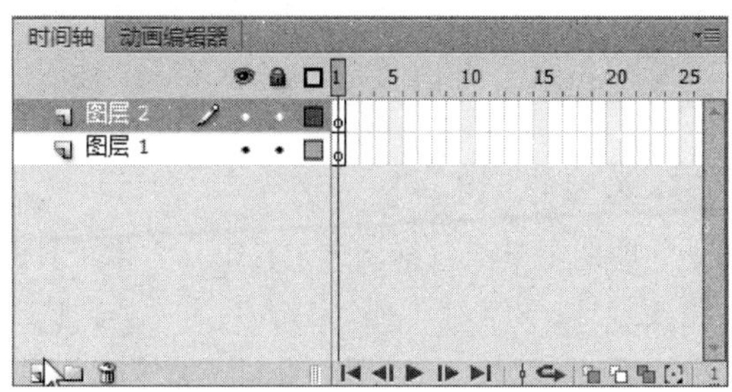

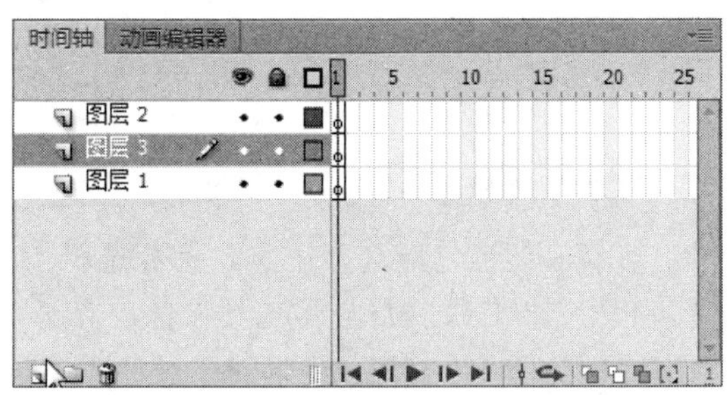

单击“插入图层文件夹”按钮或单击“插入”|“时间轴”|“图层文件夹”命令，可在当前选择图层的上面插入一个图层文件夹，如下图（左）所示。

选择“图层 2”，然后单击“删除图层”按钮，即可将其删除，如下图（右）所示。

图层就像透明的胶片，可以帮助组织文件的插图，也可以记录图层上绘制和编辑的对象，而不影响其他图层上的对象。

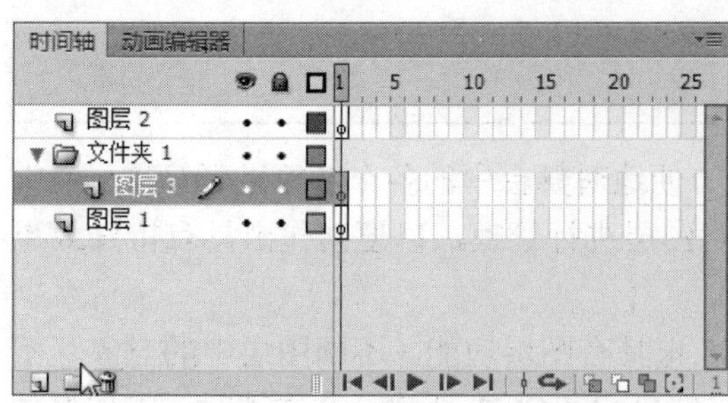

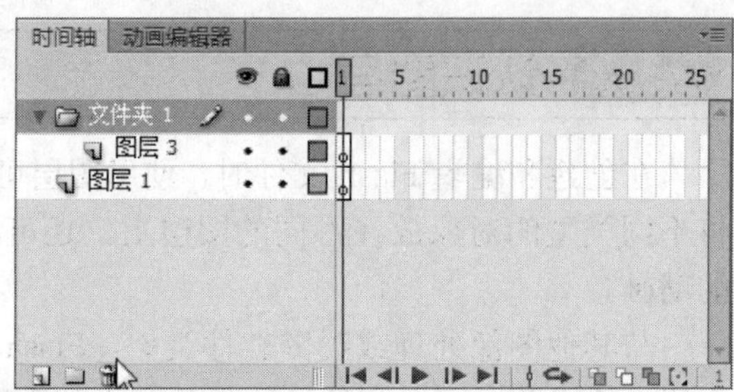

9.2 使用绘图工具

Flash CS6 提供了不同的绘图工具，每个工具都有不同的选项供用户选择，使用不同的选项设置可以绘制不同效果的图形。下面将详细介绍如何使用绘图工具。

9.2.1 认识工具箱

Flash CS6 的工具箱中包含很多工具，每个工具都具有不同的功能，熟悉各个工具的应用是学习 Flash 软件的重点之一。

在 Flash CS6 工具箱中划分了四个区域，分别放置各种类型的工具，如下图所示。

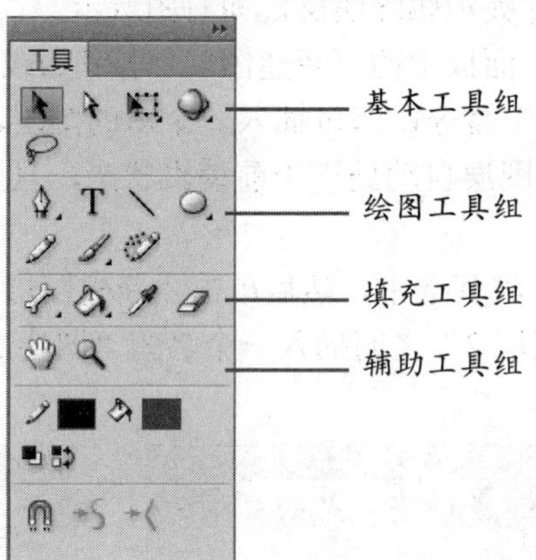

基本工具组

基本工具组包括选择工具、部分选择工具、任意变形工具、3D 旋转工具和套索工具，利用这些工具可以对舞台中的对象进行选择、变换等操作。

绘图工具组

绘图工具组包括钢笔工具组、文本工具、线条工具、矩形工具组、铅笔工具、刷子工具组和 Deco 工具，这些工具的组合使用能让设计者更方便地绘制出更加复杂的图形。

填充工具组

填充工具组包括骨骼工具组、颜料桶工具组、滴管工具和橡皮擦工具，使用这些工具可以对所绘制的图形、元件的颜色等进行调整。

工具箱中提供了 Flash 中所有的操作工具，如笔触颜色和填充颜色，以及工具的相应设置选项，通过这些工具可以在 Flash 中进行绘图、调整等相应的操作。

辅助工具组

辅助工具组包括手形工具和缩放工具，可以进行绘图辅助操作。

9.2.2 使用选择工具组

选择对象是编辑或进行其他操作的第一步，只有选择对象确定操作目标后，才能进行下一步操作。在 Flash 中，利用选择工具可以选择所需的对象。

1．选择工具

下面将介绍如何使用选择工具选择图形，具体使用方法如下：

素材：光盘：素材\09\选择工具.fla　　效果：光盘：无

难度：★☆☆☆☆　　视频：光盘：视频\09\使用选择工具组.swf

01 打开素材文件，选择选择工具。

02 单击需要选中的对象。

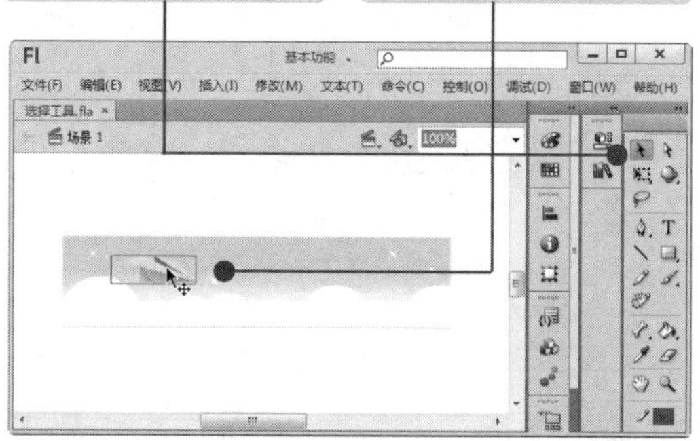

03 单击其他对象，将自动取消当前对象的选择。

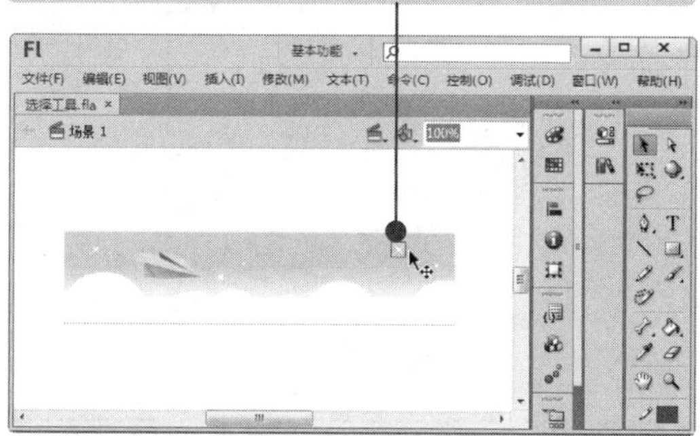

04 在选择的对象上按住鼠标左键并拖动，即可移动。

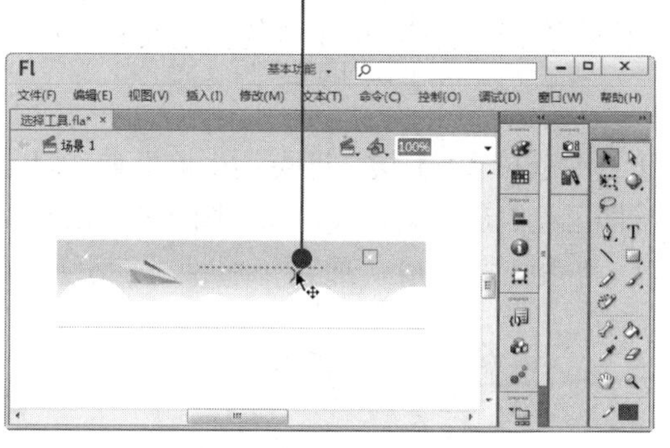

05 在舞台空白位置单击，取消当前所有选择。

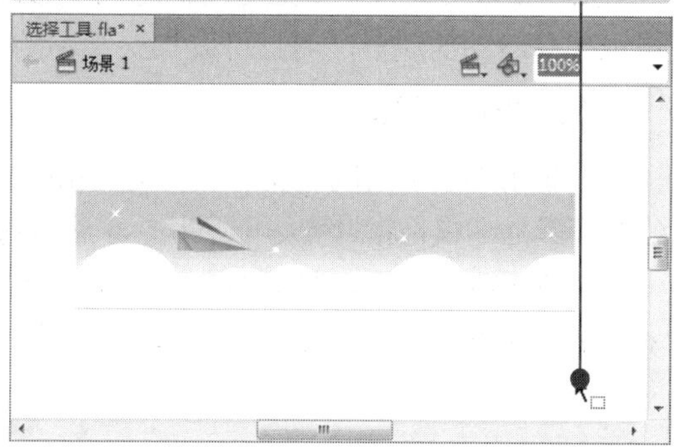

2．部分选择工具

部分选择工具主要用于选择图形的一部分，或用于显示图形的结点，具体使用方法如下：

选择工具不仅用于选择对象，还可以用于编辑对象；部分选择工具通过编辑图形的节点改变图形外观。

01 按【Ctrl+A】组合键，全选舞台实例。

02 按【Ctrl+B】组合键，分离舞台实例。

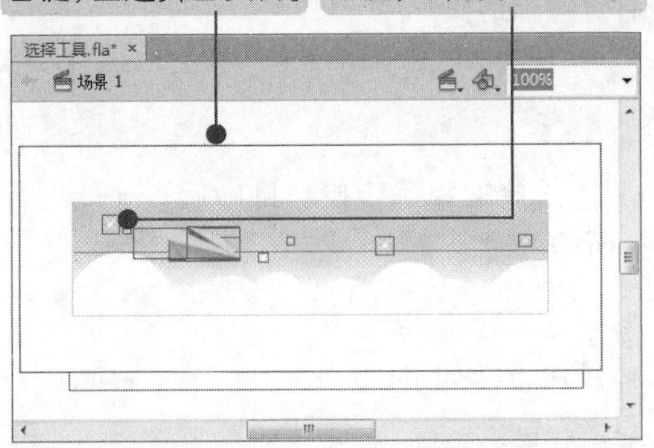

03 选择部分选择工具。

04 在图形上单击，显示所有结点。

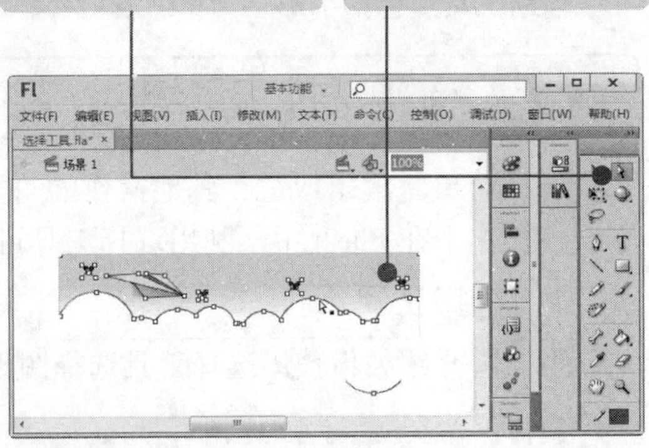

05 用部分选择工具单击某个结点，将其选中。

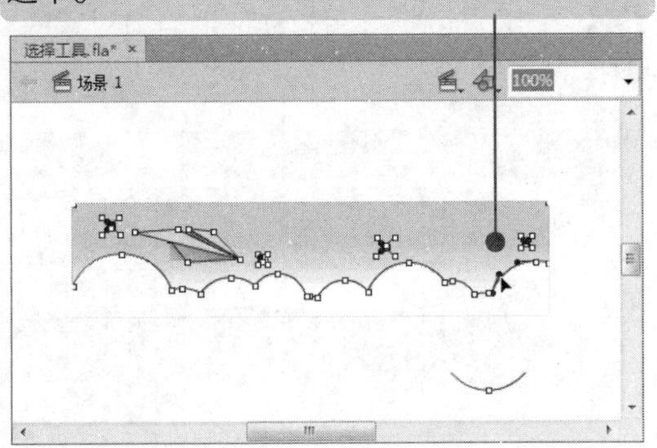

06 按住鼠标左键，拖动该结点进行移动。

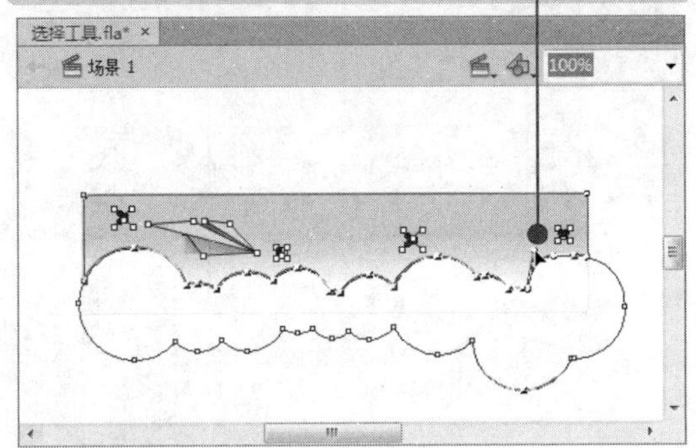

9.2.3 使用绘制图形工具

在 Flash CS6 中，绘图工具有多个，其作用各不相同。绘制图形时选择合适的工具，不仅可以提高绘图的质量，而且可以加快绘图的速度。下面将详细介绍绘图工具的使用及其设置。

1. 线条工具

线条工具用于绘制直线，单击工具箱中的线条工具＼或按【N】键，即可调用该工具。调用线条工具后，鼠标指针变为十形状，单击并拖动鼠标即可绘制出一条直线，如下图（左）所示。

此时绘制的直线“笔触颜色”和“笔触高度”为系统默认值，通过“属性“面板可以对线条工具的相应属性进行设置，如下图（右）所示。

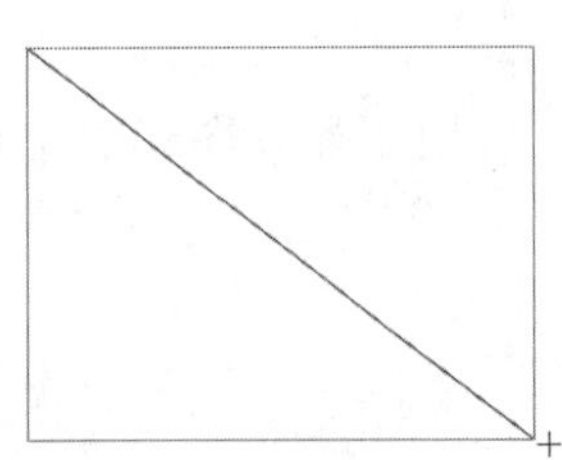

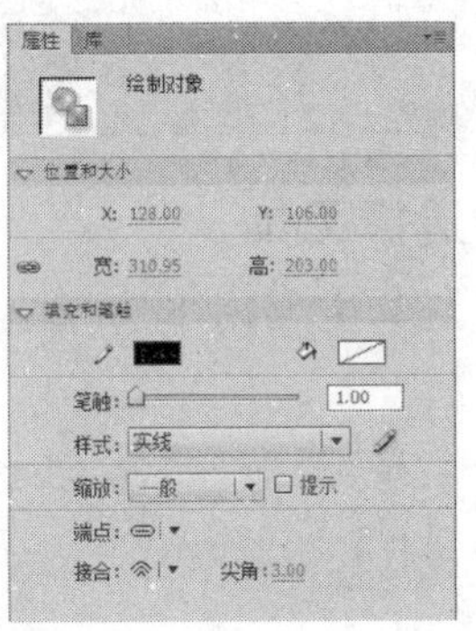

小提示

在设置笔触样式时，若选中相应的线条，则设置完成后该线条将发生相应的改变，该操作可用于编辑已有的线条。

2. 铅笔工具

单击工具箱中的铅笔工具或按【V】键，即可调用该工具，这时将鼠标指针移至舞台，当其变为形状时即可绘制线条。它所对应的“属性”面板和线条工具是相同的，其参数设置不再赘述，如下图（左）所示。

铅笔工具有三种模式，选择铅笔工具后，在其选项区中单击“铅笔模式”按钮，将弹出工具列表，如下图（右）所示。

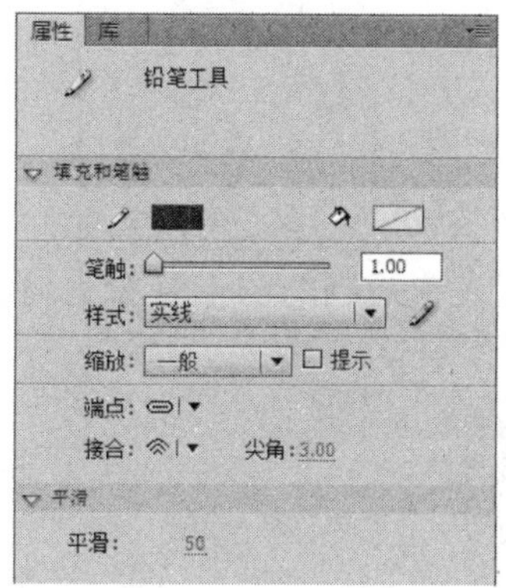

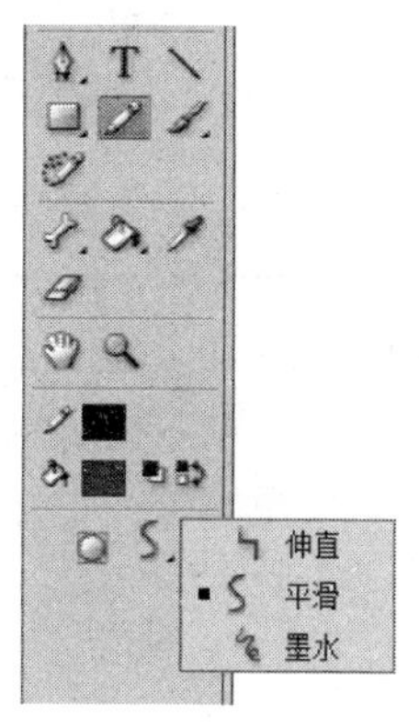

下面对这三种模式分别进行介绍：

“直线化”模式

选择该模式，绘制出的线条将转化为直线，即降低线条的平滑度。选择铅笔工具后，在舞台中单击并拖动鼠标绘制图形，松开鼠标后曲线部分将转化为一段直线，如下图所示。

“平滑”模式

选择该模式，可以将绘制的线条自动平滑，即增加平滑度，如下图所示。

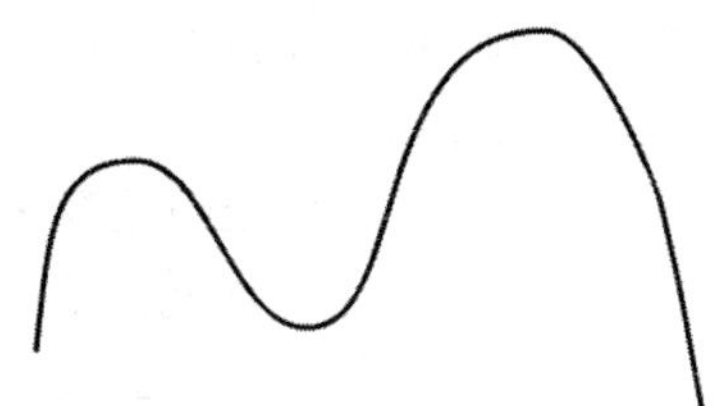

“墨水”模式

选择该模式，绘制出的线条基本上不做任何处理，即不会有任何变化，如下图所示。

3. 多边形工具组

多边形工具包括矩形工具、椭圆工具和多角星形工具等，主要用于绘制一些常见的规则形状。

（1）矩形工具

在工具箱中选择矩形工具或按【R】键，即可调用该工具。在调用矩形工具后，将鼠

对于直线的这些选项，也可以应用于已绘制的直线，即选择已绘制的直线，然后单击相应的选项即可。

标指针置于舞台中，变为十字形状，单击并拖动鼠标即可以单击处为一个角点绘制一个矩形，如下图（左）所示。

按住【Shift】键的同时拖动鼠标，可以绘制正方形；按住【Alt】键的同时拖动鼠标，可以单击处为中心进行绘制；按住【Shift+Alt】组合键的同时拖动鼠标，则可以单击处为中心绘制正方形，如下图（右）所示。

在选择矩形工具后，还可以在工具箱的底部设置绘制的图形是否为对象，以及是否紧贴已绘制的对象进行绘图，如下图所示。

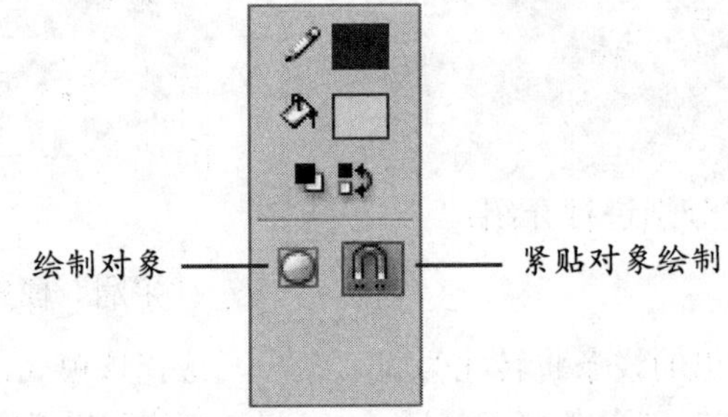

（2）椭圆工具

椭圆工具用于绘制椭圆圆形。它与矩形工具类似，不同之处在于椭圆工具的选项包括“角度”和“内径”。

在矩形工具组工具列表中选择椭圆工具或按【O】键，即可调用该工具。绘制椭圆的方法和绘制矩形类似，选择椭圆工具后，将鼠标指针移至舞台，单击并拖动鼠标即可绘制椭圆。若在绘制时按住【Shift】键，还可以绘制出正圆；若在绘制时按住【Alt】键，可以单击处为圆心进行绘制；若在绘制时按住【Alt+Shift】组合键，可以单击处为圆心绘制正圆，如下图（左）所示。

椭圆工具对应的“属性”面板和矩形工具的类似，选择椭圆工具后可在“属性”面板中进行相关设置，包括开始角度、结束角度、内径及闭合路径等参数，如下图（右）所示。

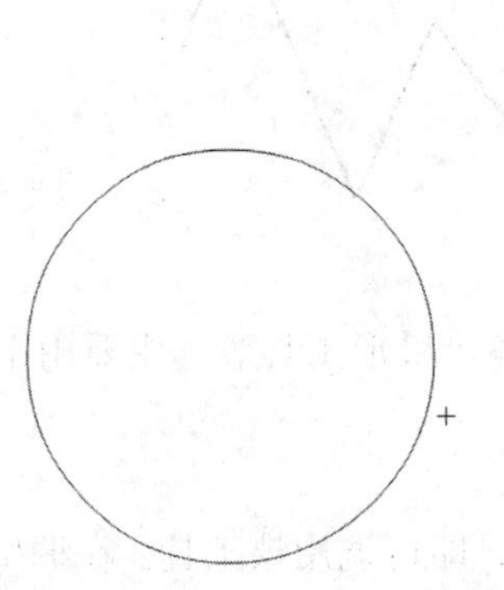

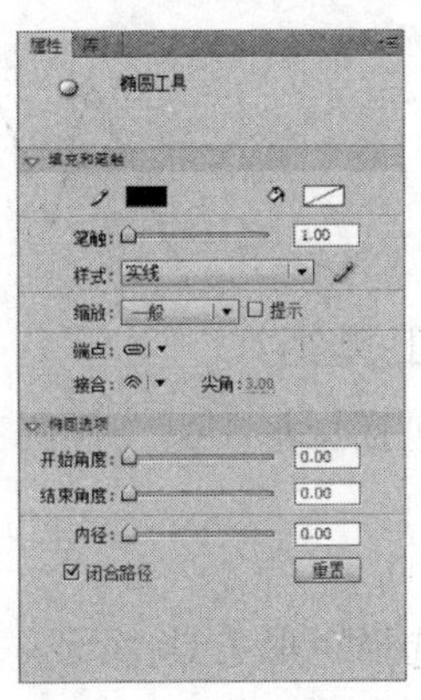

小提示

绘制的矩形，其轮廓与填充色是两个不同的对象，可分别进行编辑。选中要进行编辑的对象，单击“颜色”栏中的“填充色”颜色井，从中选择要填充的颜色即可。

（3）多角星形工具

多角星形工具用于绘制规则的多边形和星形，在使用该工具前需要对其属性进行设置，以绘制出自己需要的形状。在矩形工具组工具列表中选择多角星形工具，即可调用该工具。

在工具箱中选择多角星形工具，在舞台中单击并拖动鼠标，松开鼠标后即可绘制出一个多角星形，如下图（左）所示。

打开“属性”面板，可以对相应的属性直接进行修改，如下图（中）所示。

按住【Alt】键的同时单击并拖动鼠标，可以中心方式进行绘制；按住【Shift】键的同时向下或向上拖动鼠标，可将多边形的边处于水平或垂直方向上，如下图（右）所示。

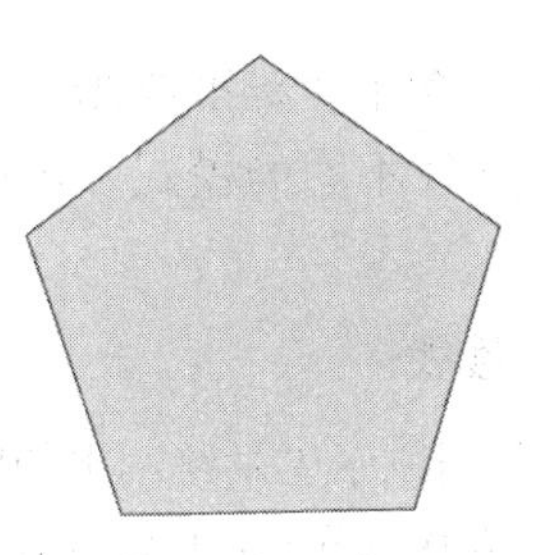

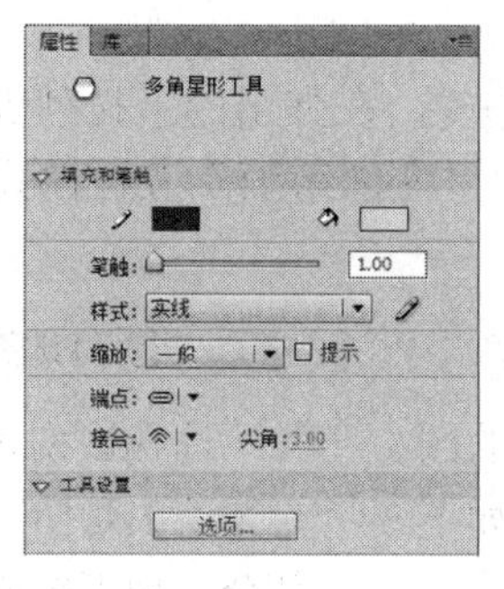

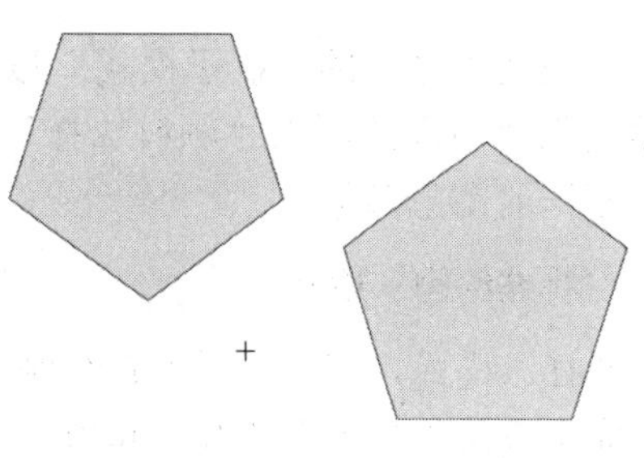

选择多角形工具，打开“属性”面板，单击“选项”按钮，弹出“工具设置”对话框，在“样式”下拉列表框中选择“星形”选项，如下图（左）所示。将鼠标指针移至舞台中，单击并拖动鼠标即可绘制一个五角星，如下图（中）所示。

在“工具设置”对话框中，“星形顶点大小”的取值范围为 0~1，数值越大，顶点的角度就越大。当输入的数值超过其取值范围时，系统自动会以 0 或 1 来取代超出的数值，效果如下图（右）所示。

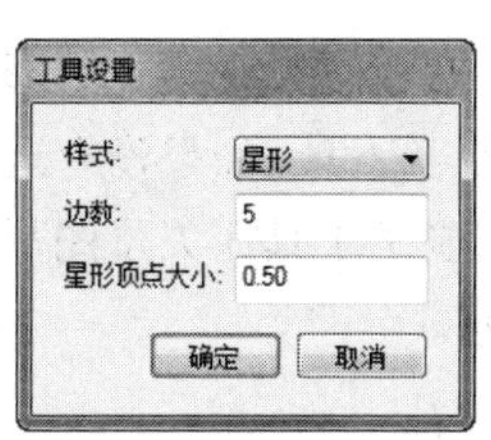

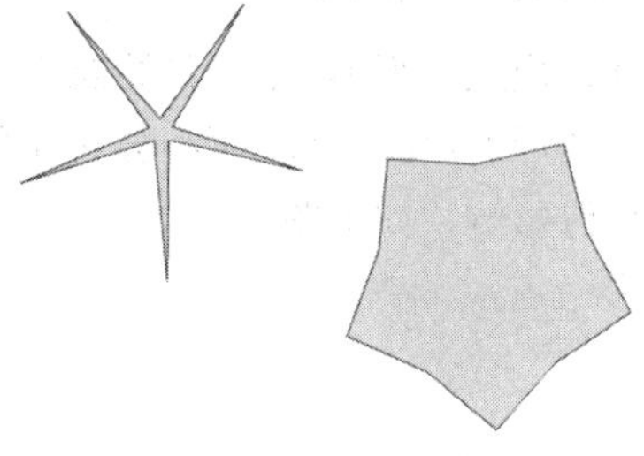

4. 刷子工具

刷子工具组包含两种工具，分别是刷子工具和喷涂刷工具，如右图所示。

使用刷子工具绘制的图形是被填充的，利用这一特性可以绘制出具有书法效果的图形。选择工具箱中的刷子工具，即可调用该工具。在使用它之前，需要对其属性进行设置。打开“属性”面板，可以调整其“平滑度”、“填充和笔触”，如下图（左）所示。

在刷子工具的选项区中可以设置刷子的模式、大小和形状。单击“刷子模式”按钮、“刷子大小”按钮或“刷子形状”按钮，即可弹出其下拉列表，如下图（中）所示。

“多角星形工具”边数的取值范围为 3～32，使其绘制的多边形都是规范的正多边形。

在 Flash CS6 中，有 9 种刷子大小和 10 种刷子形状，通过刷子大小和刷子形状的巧妙组合就可以得到各种各样的刷子效果，如下图（右）所示。

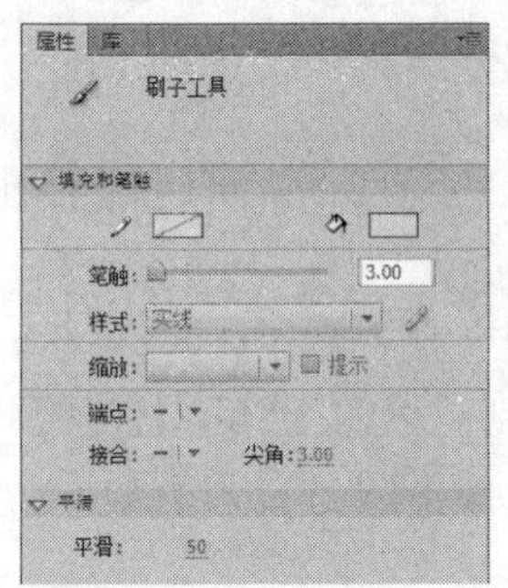

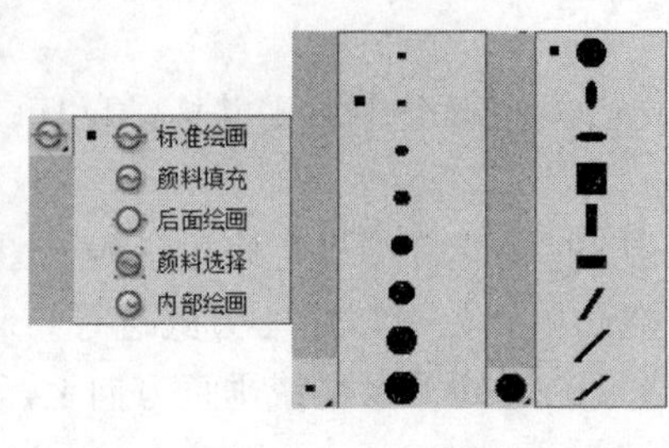

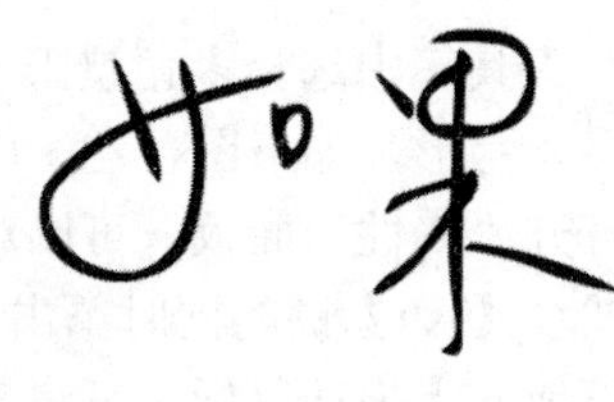

单击选项区中的“刷子模式”按钮，在弹出的下拉列表中包含了“标准绘画”、“颜料填充”、“后面绘画”、“颜料选择”和“内部绘画”五种模式。选择不同的模式，可以绘制出不同的图形效果。

“标准绘画”模式

选择该模式，使用刷子工具绘制出的图形将完全覆盖矢量图形的线条和填充，如下图所示。

“颜料填充”模式

选择该模式，使用刷子工具绘制出的图形只覆盖矢量图形的填充部分，而不会覆盖线条部分，如下图所示。

“后面绘画”模式

选择该模式，使用刷子工具绘制出的图形将从矢量图形的后面穿过，而不会对原矢量图形造成任何影响，如下图所示。

“颜料选择”模式

选择该模式，只有在选择了矢量图形的填充区域后才能使用刷子工具。如果没有选择任何区域，将无法使用刷子工具在矢量图形上进行绘画，如下图所示。

“内部绘画”模式

选择该模式后，使用刷子工具只能在封闭的区域内绘画，如下图所示。

5. 喷涂刷工具

喷涂刷工具用于创建喷涂效果，可以使用库中已有影片剪辑元件来作为

小提示

“刷子工具”的颜色是指它的填充颜色，使用“刷子工具”绘制出的图形是没有笔触颜色的。按【B】键也可以快速调用刷子工具。

喷枪的图案。如右图所示为喷涂刷工具的“属性”面板。其中：

◎ 颜色选取器：位于编辑按钮下方的颜色块用于“喷涂刷”喷涂粒子的填充色设置。当使用库中元件图案喷涂时，将禁用颜色选取器。

◎ 缩放：表示喷涂笔触（一次单击舞台时的笔触形状）的宽度值，例如，设置为 10%，表示按默认笔触宽度的 10%喷涂；设置为 200%，表示按默认笔触宽度的 200%喷涂。

◎ 随机缩放：将基于元件或默认形态的喷涂粒子喷在画面中，其笔触颗粒大小呈随机大小出现，简单来说，就是有大有小不规则地出现。

◎ 画笔角度：用于调整旋转画笔的角度。

下面将通过实例来介绍如何使用喷涂刷工具，具体操作方法如下：

素材：光盘：素材\09\夏夜星辰.jpg　　效果：光盘：无

难度：★☆☆☆☆　　视频：光盘：视频\09\喷涂刷工具.swf

01 新建文档，导入“星空”素材图片。

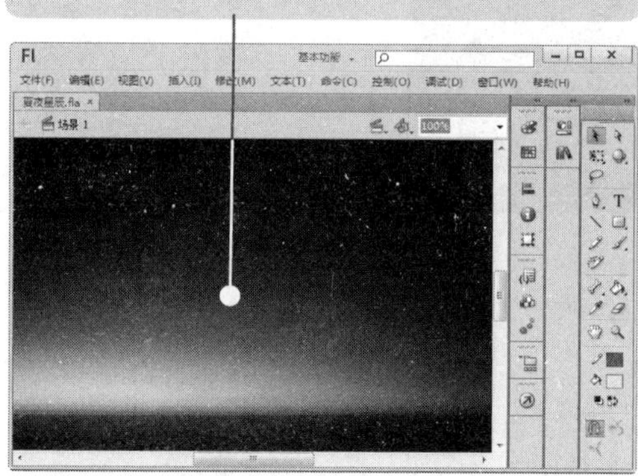

02 选择喷涂刷工具并设置属性，颜色为白色，随机缩放。

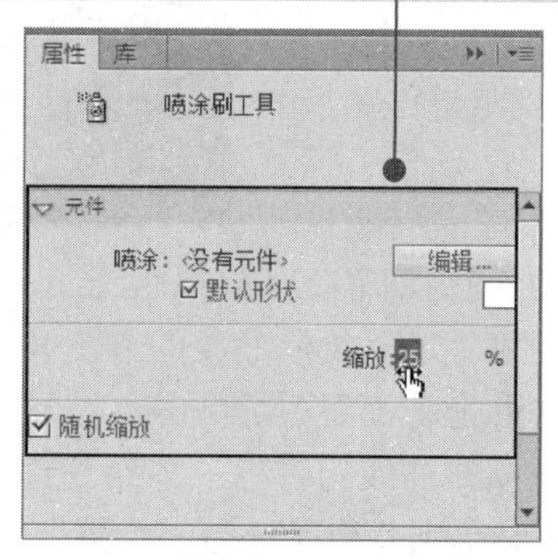

03 在舞台上单击，创建喷涂形状。

04 查看喷涂图像效果。

“编辑”按钮：可以打开“选择元件”对话框，可以选择预先存放好的影片剪辑或图形元件以用作“喷涂刷粒子”，当用户选中某个元件时，元件名称将显示在编辑按钮的旁边。

多学点

9.2.4 使用绘制路径工具

钢笔工具是 Flash CS6 中绘制路径的重要工具，它可以用于精确地绘制直线和平滑的曲线。通过使用钢笔工具可以在 Flash 中绘制出很多不规则的图形。

1. 使用钢笔工具

选择工具箱中的钢笔工具或按【P】键，即可调用该工具，下面对它的使用方法进行详细介绍。

（1）使用钢笔工具绘制直线

选择钢笔工具，在直线线段的起始点单击定义第一个锚点，在想要结束的位置再次单击即可绘制一条直线。继续绘制直线，若需要闭合路径，则将鼠标指针移至第一个锚点的位置，指针右侧会出现小圆圈，单击鼠标左键即可闭合路径，如下图所示。

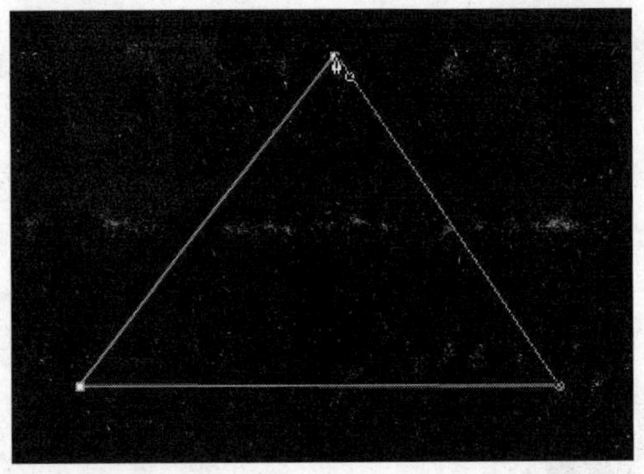

（2）使用钢笔工具绘制曲线

使用钢笔工具绘制曲线的方法和绘制直线类似，唯一不同的是在确定锚点时需要按住鼠标左键并拖动，而不是单击，如下图（左）所示。

若在绘制曲线的过程中想绘制直线，则将鼠标指针移至最近的一个锚点处，当指针变为形状时单击并拖动鼠标，在舞台的其他位置单击即可，如下图（右）所示。

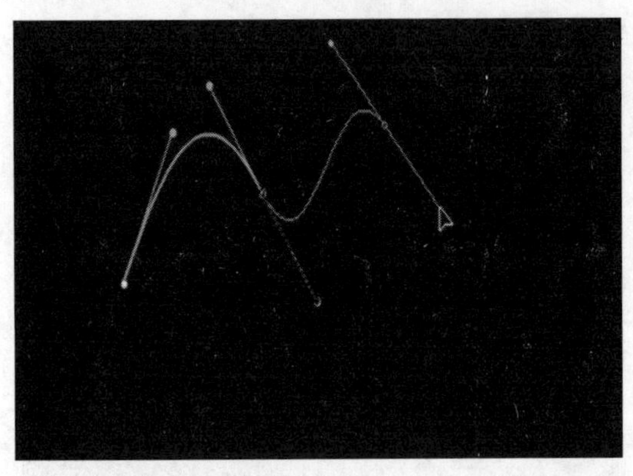
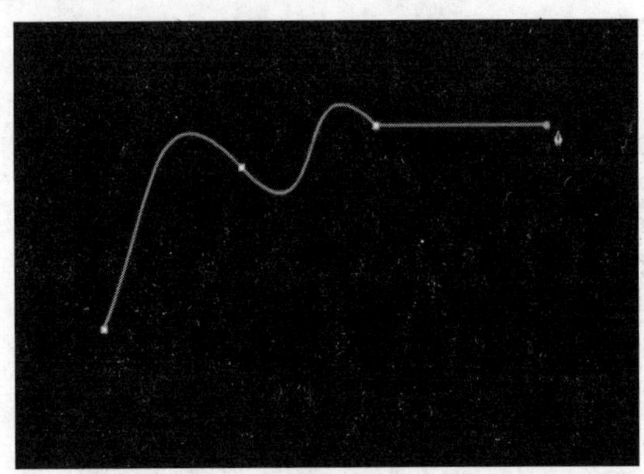

使用钢笔工具绘制曲线，可以创建很多曲线点，这在 Flash 中称作锚点。在绘制直线段或连接到曲线段时会创建转角点。一般情况下，被选定的曲线点会显示为空心圆，被选定的转角点会显示为空心正方形。

小提示

在绘制过程中按住【Shift】键，可以让绘制的点与上一个点保持 45° 整数倍的夹角（如 0°、90°）。

2. 调整锚点

（1）添加和删除锚点

在钢笔工具上按住鼠标左键不放，在弹出的工具列表中选择添加锚点工具或按【=】键，即可调用该工具。将鼠标指针移至舞台上，待其右侧出现“+”时单击鼠标左键，即可添加一个锚点，如下图（左）所示。

在钢笔工具的工具列表中选择删除锚点工具或按【-】键，即可调用该工具。将鼠标指针移至已有的锚点上，待其右侧出现“-”时单击鼠标左键，即可删除一个锚点，如下图（右）所示。

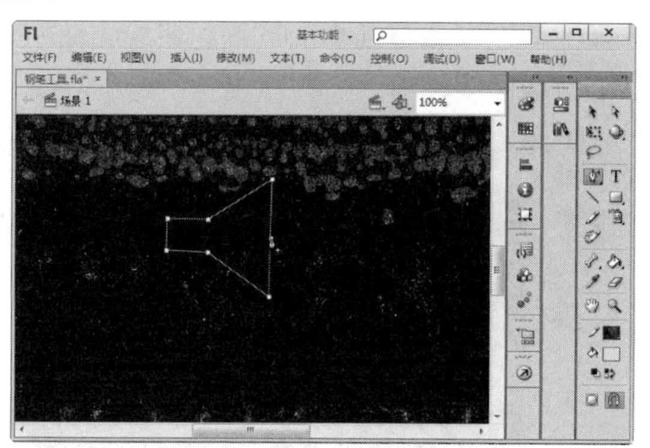

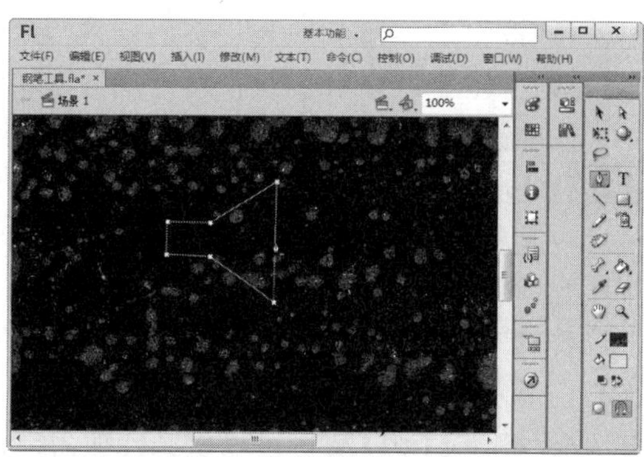

（2）使用转换锚点工具

在 Flash 中有三种类型的锚点：无曲率调杆的锚点（角点），两侧曲率一同调节的锚点（平滑点）和两侧曲率分别调节的锚点（平滑点）。锚点之间的线段被称为片段，如右图所示。

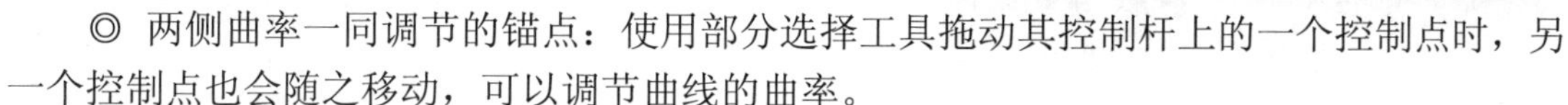

在钢笔工具的工具列表中选择转换锚点工具或按【C】键，即可调用该工具。使用转换锚点工具可以在三种锚点之间进行相互转换。

◎ 无曲率调杆锚点：使用部分选择工具只能移动其位置，无法调节曲率。

◎ 两侧曲率一同调节的锚点：使用部分选择工具拖动其控制杆上的一个控制点时，另一个控制点也会随之移动，可以调节曲线的曲率。

◎ 两侧曲率分别调节的锚点：这种锚点两侧的控制杆可以分别进行调整，可以灵活地控制曲线的曲率。

3. 钢笔工具组的交互使用

在使用钢笔工具组进行绘图的过程中，可以交互使用工具，以提高绘图效率，其中：

◎ 按住【Alt】键，可以将其转换为转换锚点工具，以调整曲率和转换锚点，如下图（左）所示。

◎ 按住【Ctrl】键，可以将其转换为部分选择工具，以调整锚点的位置和曲线的曲率，如下图（中）所示。

◎ 按住【Ctrl+Alt】键，可以进行添加和删除锚点的操作，如下图（右）所示。

选定的平滑点显示为一个小圆圈，选定的角点显示为一个小方块。

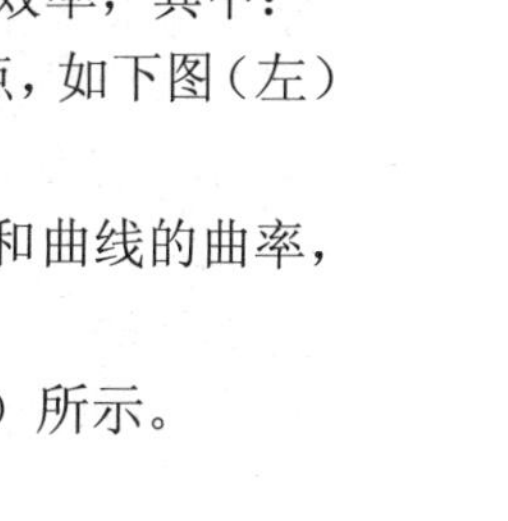

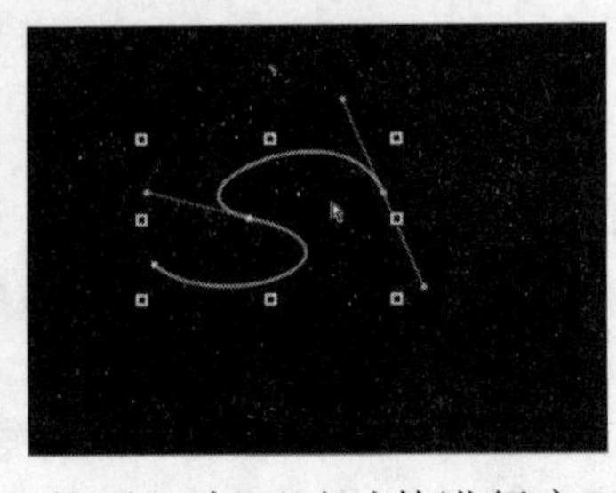
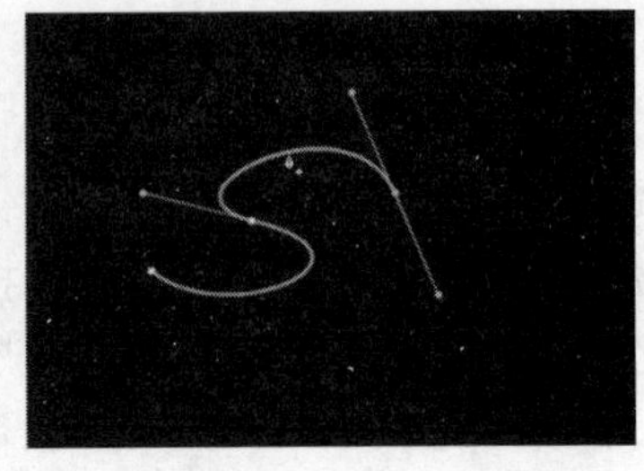

在工具箱中选择添加锚点工具后，也可以对其进行交互使用，其中：

◎ 按住【Alt】键，添加锚点的操作变为删除锚点。

◎ 按住【Ctrl】键，可以将其转换为部分选择工具，以调整锚点的位置和曲线的曲率。

◎ 按住【Ctrl+Alt】键，可以进行添加或删除锚点操作。

删除锚点工具的交互和添加锚点工具类似，只是在按住【Alt】键时删除锚点的操作变为添加锚点。

在工具箱中选择转换锚点工具后，也可以对其进行交互使用，其中：

◎ 按住【Alt】键，可以对锚点进行复制操作，如右图所示。

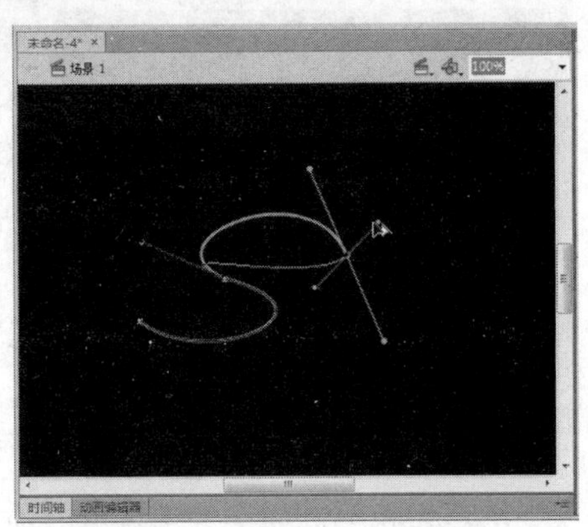

◎ 按住【Ctrl】键，可以将其转换为部分选择工具，以调整锚点的位置和曲线的曲率。

◎ 按住【Ctrl+Alt】键，可以进行添加或删除锚点操作。

4．应用钢笔工具

下面运用前面所学的知识，使用钢笔工具来绘制一个心形，具体操作方法如下：

素材：无　　效果：光盘：效果\09\心形.fla

难度：★★☆☆☆　　视频：光盘：视频\09\应用钢笔工具.swf

01 选择钢笔工具。

02 单击并向左上方拖动，确定第一个锚点。

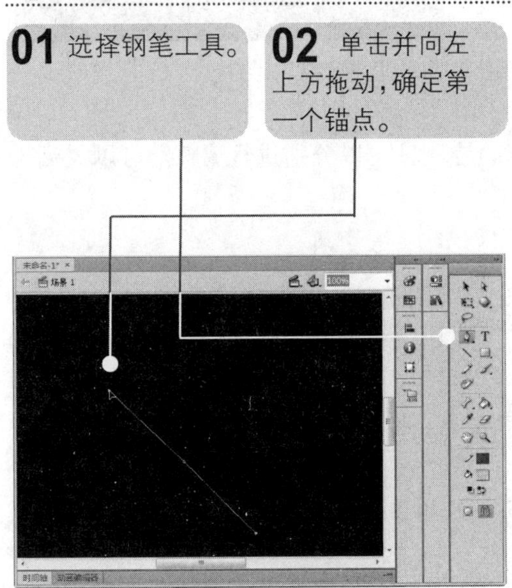

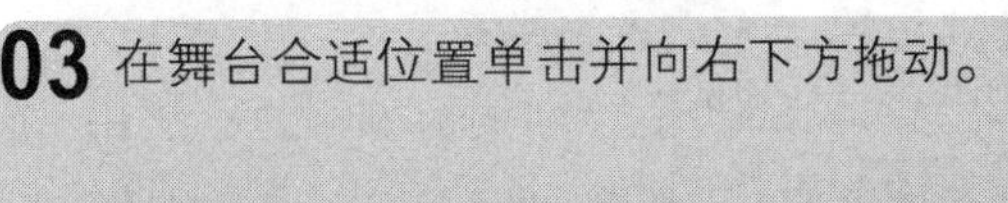

03 在舞台合适位置单击并向右下方拖动。

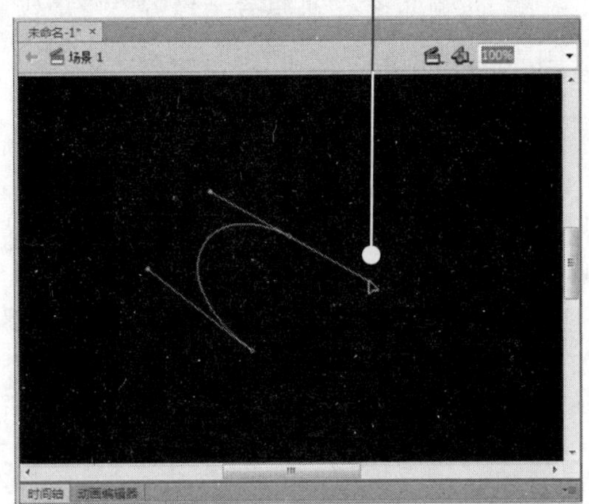

小提示

利用钢笔工具可以绘制精确路径、直线或者平滑、流畅的曲线，可以生成直线或曲线，还可以调节直线的角度和长度、曲线的倾斜度。

04 按住【Alt】键，向右上方拖动。

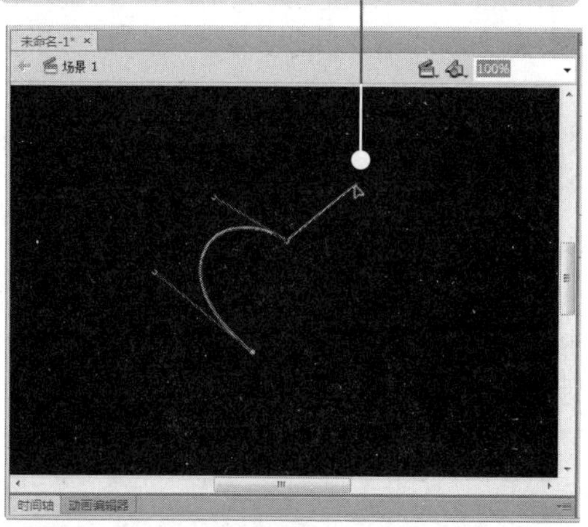

05 将指针指向起始点，下方出现小圆圈时单击并向左下方拖动。

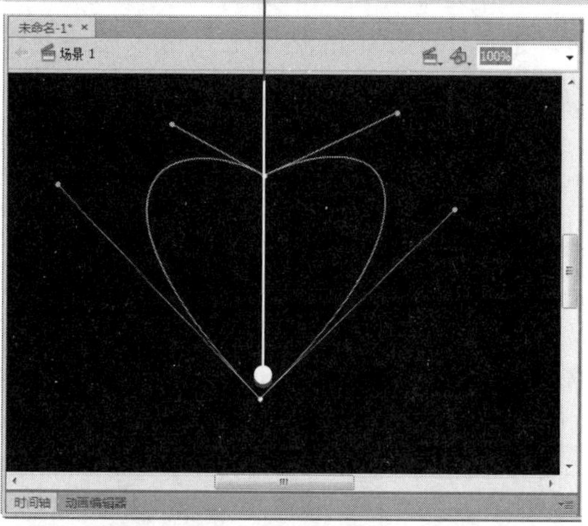

06 按住【Ctrl】键，调整下方节点的位置。

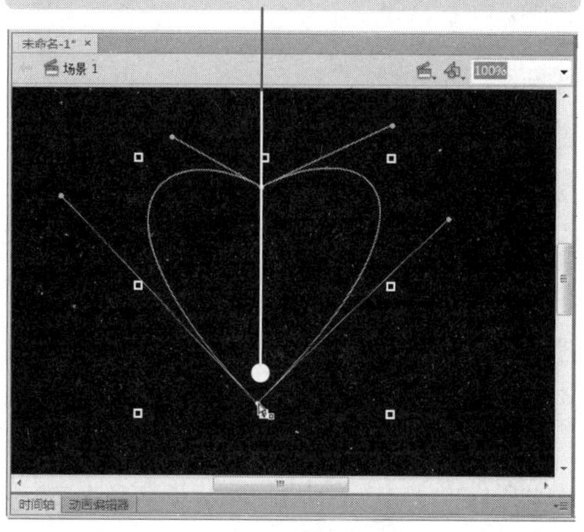

07 按住【Alt】键，调整每个锚点的控制杆，改变曲线曲率。

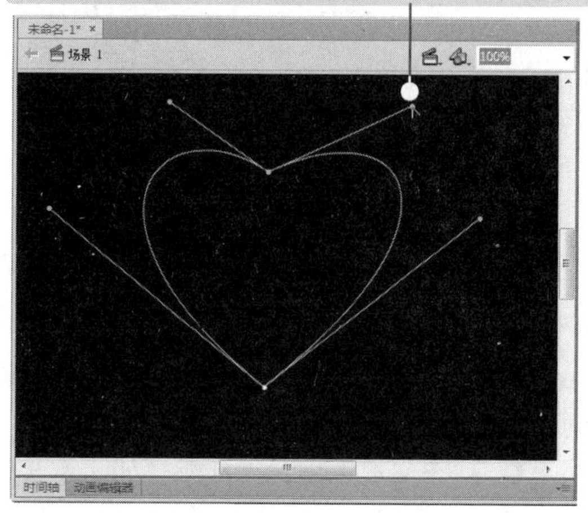

08 调用选择工具并在空白处单击，查看心形效果。

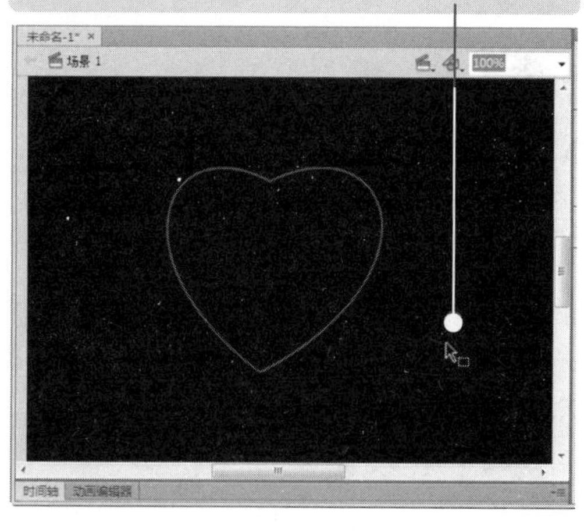

灵活掌握“钢笔工具”的使用和交互方法，可以大大提高工作效率。

在使用“选择工具”时，按住【Alt】键或【Ctrl】键，将鼠标指针移至线条或图形的边缘上，按住鼠标左键并拖动鼠标，可以在线条或填充图形的边缘上增加一个新的锚点。

5. 文本工具

文本是制作动画时必不可少的元素，它可以使制作的动画主题更为突出。在使用文本时，通过 Flash 中的文本工具可以创建静态文本、动态文本和输入文本，尤其是 TLF 文本的添加，使处理文本的功能更为强大。

在 Flash CS6 中，使用文本工具可以制作出特定的文字动画效果。单击工具箱中的文本工具按钮T或按【T】键，即可调用该工具。在“属性”面板中单击文本引擎下拉按钮，可以选择所需要的文本类型，如右图所示，也可以通过文本属性对文本进行设置。

（1）传统文本

传统文本是 Flash 中早期的文本引擎，在 Flash CS6 中仍然可用，但随着用户的需要，将会被 TLF 文本引擎替代。传统文本包含以下几种文本类型，如右图所示。

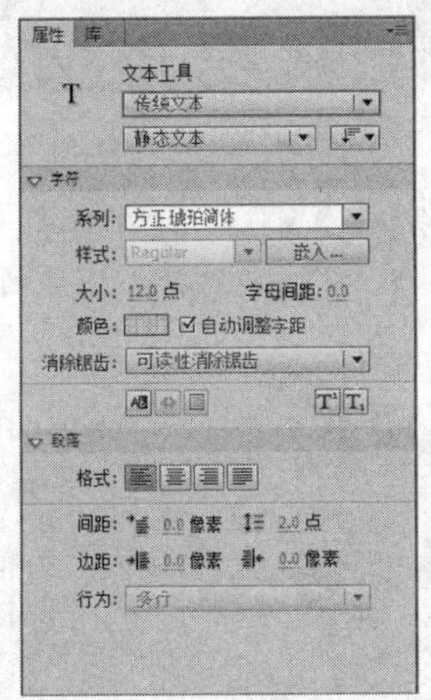

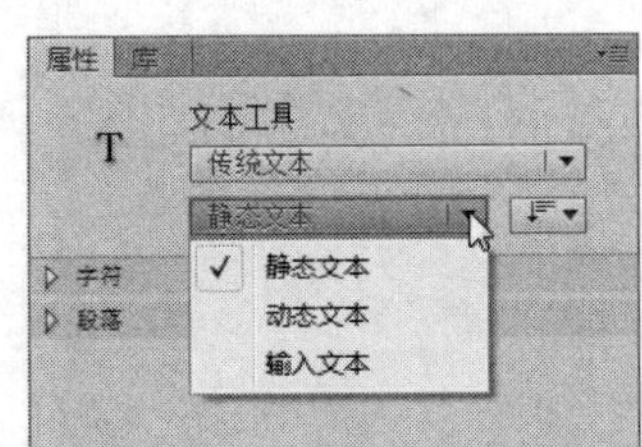

◎ 静态文本：只能通过 Flash 创作工具来创建，在某种意义上是一幅图片。无法使用 ActionScript 创建静态文本实例，不具备对象的基本特征，没有自己的属性和方法，也无法对其命名，所以也无法通过编程制作动画。

◎ 动态文本：包含外部源（如文本文件、XML 文件及远程 Web 服务）加载的内容。动态文本足够强大，但并不完美，只允许动态显示，不允许动态输入。

◎ 输入文本：指用户输入的任何文本或可以编辑的动态文本。

如下图所示即为传统文本。

龍馬精神

（2）TLF 文本

TLF 文本引擎具有比传统文本引擎更为强大的功能，包含以下几种文本类型，如右图所示。

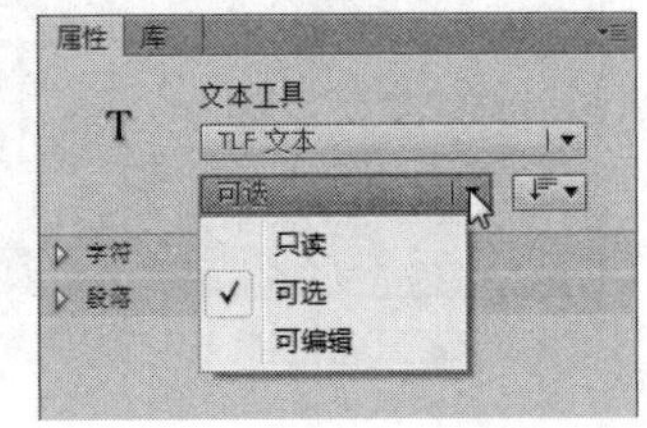

◎ 只读：当作为 SWF 文件发布时，此文本无法选中或编辑。

◎ 可选：当作为 SWF 文件发布时，此文本可以选中并可以复制到剪贴板中，但不可以编辑。

小提示

静态文本是动画制作阶段创建、在动画播放阶段不能改变的文本，也是 Flash 中应用最为广泛的一种文本格式，主要应用于文字的输入与编排，起到解释说明的作用。

◎ 可编辑：当作为 SWF 文件发布时，此文本可以选中并编辑。

TLF 文本支持更多丰富的文本布局功能和对文本属性的精细控制，加强了对文本的控制。如下图所示即为 TLF 文本。

龍馬精神

（3）TLF 文本与传统文本

TLF 文本支持更多丰富的文本布局功能和对属性的精细控制，与传统文本相比，其增强了下列功能：

◎ 更多字符样式：包括行距、连字、加亮颜色、下划线、删除线、大小写和数字格式等。

◎ 更多段落样式：包括通过栏间距支持多列、末行对齐选项、边距、缩进、段落间距和容器填充值等。

◎ 控制更多亚洲字体属性：包括直排内横排、标点挤压、避头尾法则类型和行距模型等。

◎ 应用多种其他属性：可以为 TLF 文本应用 3D 旋转、色彩效果以及混合模式等属性，而无需将 TLF 文本放置在影片剪辑元件中。

◎ 文本可按顺序排列在多个文本容器中：这些容器称为串接文本容器或链接文本容器，创建后文本可以在容器中进行流动。

◎ 支持双向文本：其中从右到左的文本可以包含从左到右文本的元素。当遇到在阿拉伯语或希伯来语文本中嵌入英语单词或阿拉伯数字等情况时，此功能必不可少。

9.2.5 使用颜色填充工具

在 Flash CS6 中可以为绘制的图形填充颜色，使其更加生动、美观。下面将详细介绍如何使用墨水瓶工具、颜料桶工具、滴管工具、橡皮擦工具，以及渐变变形工具等。

1. 墨水瓶工具

墨水瓶工具可以用于改变线条颜色、宽度和类型，还可以为只有填充的图形添加边缘线条。单击工具箱中的墨水瓶工具或按【S】键，即可调用该工具。在其“属性”面板中可以进行相关设置，如右图所示。

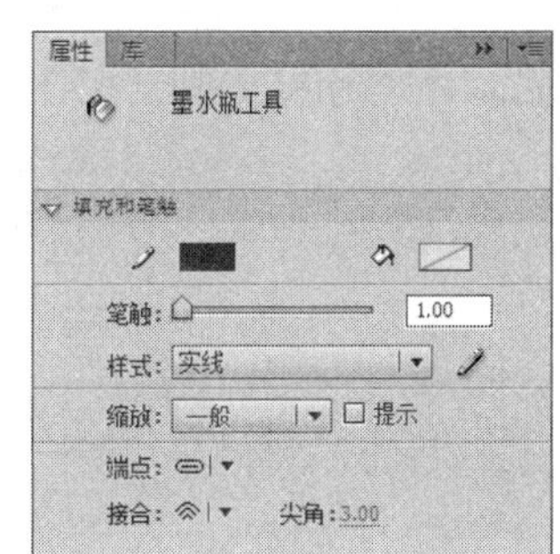

使用墨水瓶工具进行颜色填充的具体操作方法如下：

素材：光盘：素材\09\无　　效果：光盘：无

难度：★☆☆☆☆　　视频：光盘：视频\09\墨水瓶工具.swf

“墨水瓶工具”只能对连续的线段进行更改，如果两条线段相交在一起，需要多次使用“墨水瓶工具”单击线段进行线段的更改。

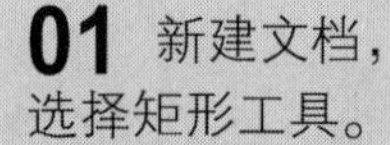

01 新建文档，选择矩形工具。

02 设置工具属性。

03 在舞台绘制矩形。

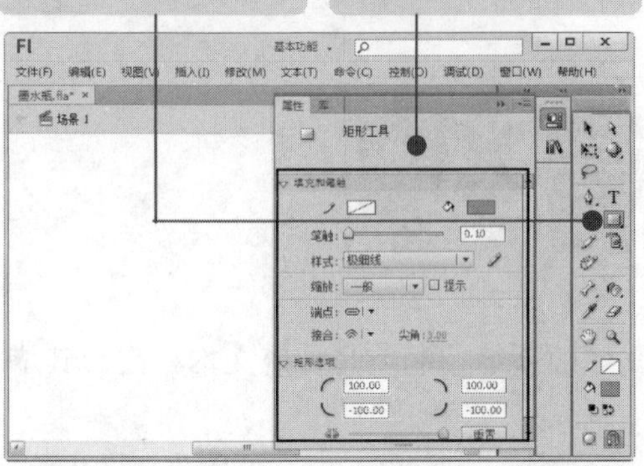

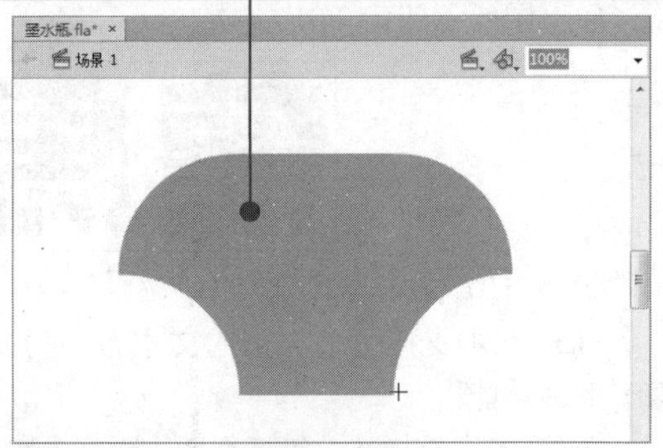

04 选择墨水瓶工具。

05 打开“属性”面板，设置属性。

06 将指针移至舞台实例边缘单击鼠标左键。

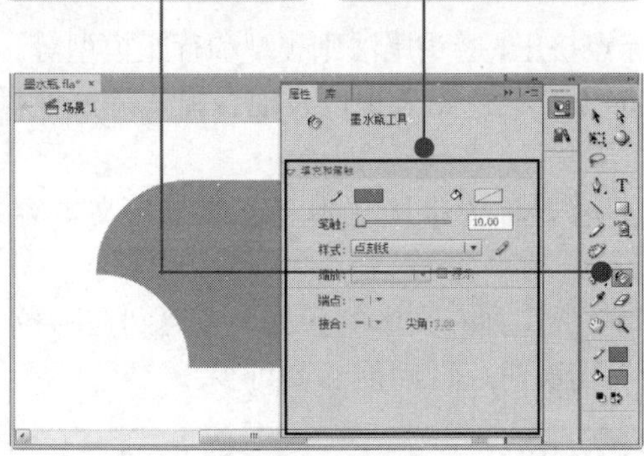

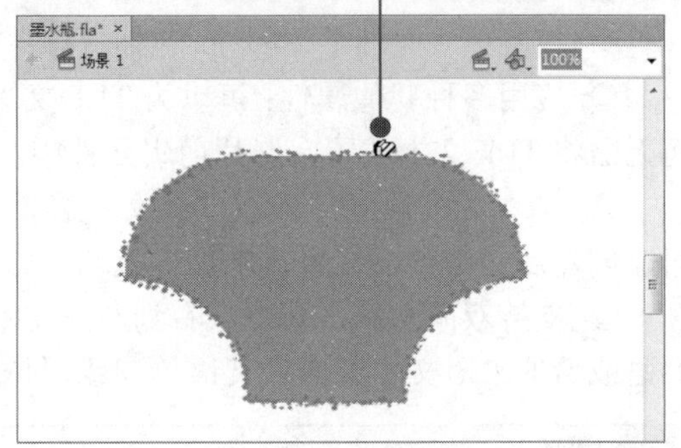

2. 颜料桶工具

使用颜料桶工具可以对封闭的区域填充颜色，也可以对已有的填充区域进行修改。单击工具箱中的颜料桶工具或按【K】键，即可调用该工具。打开其“属性”面板，只有填充颜色可以修改，如下图（左）所示。

选择颜料桶工具，单击其选项区中的“空隙大小”下拉按钮，选择不同的选项，可以设置对封闭区域或带有缝隙的区域进行填充，如下图（右）所示。

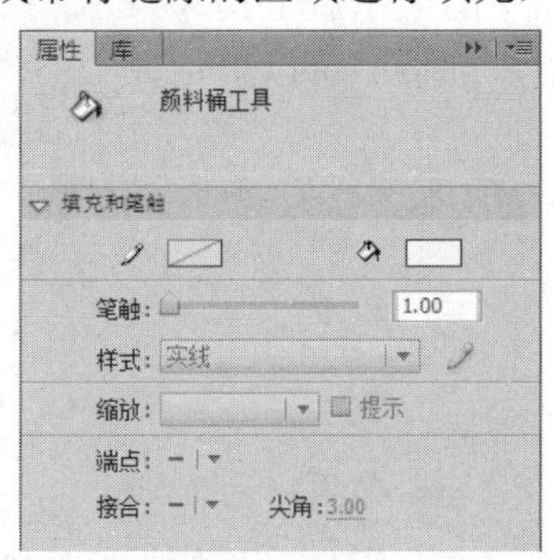

不封闭空隙
封闭小空隙
封闭中等空隙
封闭大空隙

◎ 不封闭空隙：默认选择该选项，只能对完全封闭的区域填充颜色。

◎ 封闭小空隙：选择该选项，可对有极小空隙的未封闭区域填充颜色。

小提示 使用“颜料桶工具”不用先选择图形区域，当设置一种颜色后，直接单击即可填充颜色。

◎ 封闭中等空隙：选择该选项，可对有比上一种模式略大空隙的未封闭区域填充颜色。

◎ 封闭大空隙：选择该选项，可对有较大空隙的未封闭区域填充颜色。

使用颜料桶工具进行纯色填充的具体操作方法如下：

素材：光盘：素材\09\喇叭.fla　　效果：光盘：无

难度：★☆☆☆☆　　视频：光盘：视频\09\喇叭.swf

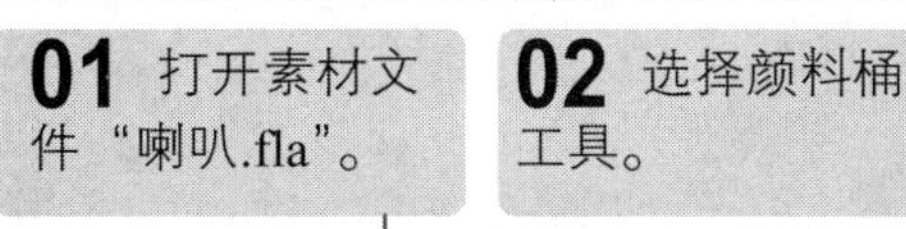
01 打开素材文件“喇叭.fla”。

02 选择颜料桶工具。

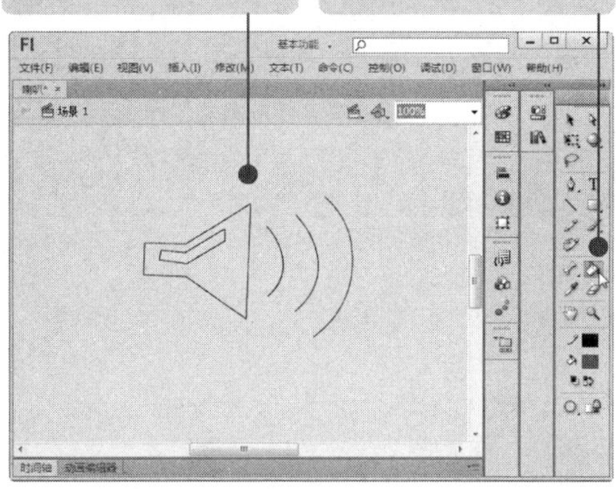

03 单击“填充颜色”按钮。

04 选择一种填充颜色。

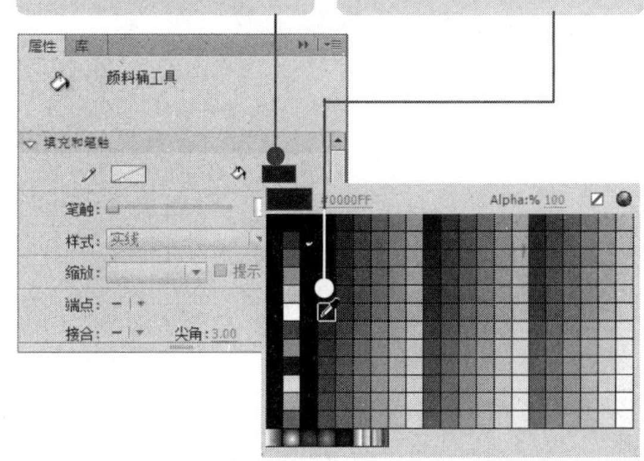

05 将指针移至舞台，变为颜料桶图标时在图内单击，填充纯色。

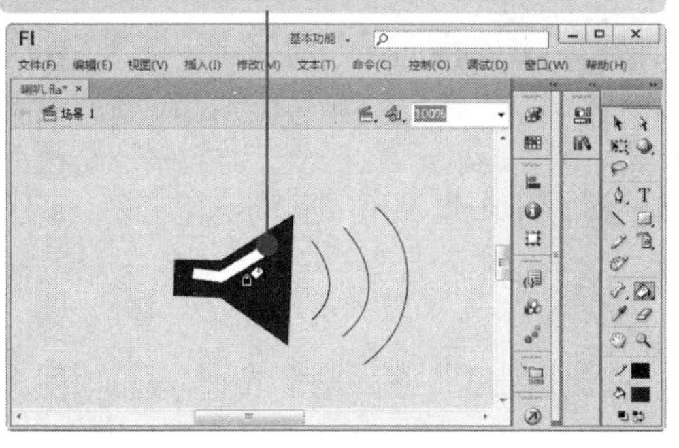

要想为封闭的线条填充颜色，只能使用颜料桶工具。

3. 滴管工具

使用滴管工具可以吸取线条的笔触颜色、笔触高度以及笔触样式等基本属性，并可以将其应用于其他图形的笔触。同样，它也可以吸取填充的颜色或位图等信息，并将其应用于其他图形的填充。该工具没有与其对应的“属性”面板和功能选项区。单击工具箱中的滴管工具或按【I】键，即可调用该工具。

使用滴管工具吸取颜色属性的具体操作方法如下：

素材：光盘：素材\09\大海.fla　　效果：光盘：效果\09\大海.fla

难度：★☆☆☆☆　　视频：光盘：视频\09\大海.swf

使用滴管工具，当单击的是线条时，工具会自动转为墨水瓶工具，当单击的是填充色时，工具会自动转为颜料桶工具并开启锁定填色修改器。

01 打开素材文件“大海.fla”。

02 选择滴管工具。

03 当指针变为时单击。

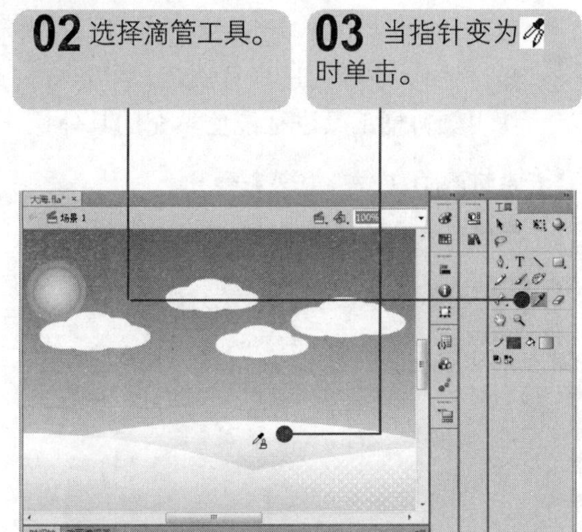

04 当鼠标变成墨水瓶形状时，移至要填充的图像上单击。

高手点拨

滴管工具可以吸取形状、位图、绘制对象等的笔触和填充属性，但不可以吸取实例的笔触和填充属性。

4．橡皮擦工具

橡皮擦工具就像现实中的橡皮擦一样，用于擦除舞台中的矢量图形。单击工具箱中的橡皮擦工具按钮或按【E】键，即可调用该工具。

（1）修改橡皮擦形状

在橡皮擦的功能选项区中单击“橡皮擦形状”按钮，可以修改橡皮擦工具的大小和形状。系统预设了圆形和正方形两种形状，且每种形状都有从小到大五种尺寸，用户可以根据自己的需要随时进行更改。

（2）使用水龙头功能

在橡皮擦功能选项区中单击“水龙头”按钮，将鼠标指针移至舞台上，待其变为形状时在图形的线条或填充上单击鼠标左键，即可将整个线条或填充删除。

使用橡皮擦工具水龙头功能删除线条或填充的具体操作方法如下：

素材：光盘：素材\09\小熊.fla　　效果：光盘：无

难度：★★☆☆☆　　视频：光盘：视频\09\小熊.swf

小提示：当鼠标指针变为水龙头形状后，其中心位置在水龙头的水滴处。

01 打开素材文件“小熊.fla”。

02 选择橡皮擦工具，单击“水龙头”按钮。

03 将指针移至图形边缘单击，将边缘删除。

04 将指针移至图形填充区域单击，将填充部分删除。

水龙头功能相当于是同时执行了选择和删除功能。

（3）橡皮擦模式

单击橡皮擦工具选项区中的“橡皮擦模式”按钮，在弹出的下拉菜单中包含了五种橡皮擦模式，分别为“标准擦除”、“擦除填色”、“擦除线条”、“擦除所选填充”和“内部擦除模式”，如右图所示。

标准擦除
擦除填色
擦除线条
擦除所选填充
内部擦除

选择不同的模式擦除图形，就会得到不同的效果。其中：

标准擦除

该模式为默认的模式。选择该模式后，可以擦除橡皮擦经过的所有矢量图形，如下图所示。

擦除填色

选择该模式后，只擦除图形中的填充部分而保留线条，如下图所示。

双击工具箱中的“橡皮擦工具”，则可以擦除舞台上的所有未锁定的可见对象，包括线条、填充、位图、群组和实例等。

擦除线条

该模式和“擦除填色”模式的效果相反，只保留填充而擦除线条，如下图所示。

擦除所选填充

选择该模式后，只擦除选区内的填充部分，如下图所示。

内部擦除

选择该模式后，只擦除橡皮擦落点所在的填充部分，如下图所示。

高手点拨

如果先选择要删除的线条和填充，再使用“水龙头”工具单击，也可以将所选的对象删除。

9.2.6 使用辅助绘图工具

辅助工具也是Flash绘图中比较常用的工具，如手形工具、缩放工具等，它们在绘图过程中主要起辅助作用。

1. 使用手形工具

当舞台的空间不够大或所要编辑的图形对象过大时，可以使用手形工具移动舞台，将需要编辑的区域显示在舞台中。单击工具箱中的手形工具或按【H】键，即可调用该工具，待鼠标指针变为形状，按住鼠标左键并拖动即可移动舞台，如下图所示。

在选择其他工具的情况下，按住空格键可以临时切换到手形工具，当松开空格键后将

小提示

不管在使用Flash制作动画的过程中使用的是任何工具，只要按下键盘上的“空格键”，都可以临时变为“手形工具”，松开“空格键”，则又恢复到之前的工具。

还原到原来的状态。双击手形工具后，舞台将以合适的窗口大小显示舞台。

2．使用缩放工具

缩放工具用于对舞台进行放大或缩小控制，单击工具箱中的缩放工具或按【M】和【Z】键，即可调用该工具。选择缩放工具后，在其选项区中有“放大”和“缩小”两个功能按钮，可用于放大和缩小舞台。

缩放工具有三种模式，分别为“放大”、“缩小”和“局部放大”，其中：

（1）放大舞台

选择缩放工具后，在其选项区中单击“放大”按钮，在舞台上单击鼠标左键，可将舞台放大两倍，如下图（左）所示。

（2）缩小舞台

选择缩放工具后，在其选项区中单击“缩小”按钮，在舞台上单击鼠标左键，可将舞台缩小两倍，如下图（右）所示。

（3）局部放大舞台

选择缩放工具后，无论是在放大模式还是在缩小模式下，将鼠标指针移至舞台上，按住鼠标左键并拖动出一个方框，松开鼠标后即可将方框中的对象进行放大，如下图所示。

高手点拨

双击缩放工具，可以将舞台以 100% 显示。在对舞台进行缩放操作时，按住【Alt】键可以在放大模式和缩小模式间临时进行切换。按【Ctrl++】组合键，可以将舞台放大为原来的 2 倍；按【Ctrl+－】组合键，可以将舞台缩小 2 倍。

当对舞台进行缩放操作时，“显示比例”数值框中的数字也会随之改变。

3. 设置笔触颜色和填充颜色

“笔触颜色”按钮和“填充颜色”按钮主要用于设置图形的笔触和填充颜色，单击它们即可打开调色板，从中可以选择要使用的颜色，还可以调整颜色的透明度，如下图（左）所示。

若调色板中没有需要的颜色，可以单击其右上角的“颜色拾取”按钮，弹出“颜色”对话框，从中拾取所需的颜色，如下图（右）所示。

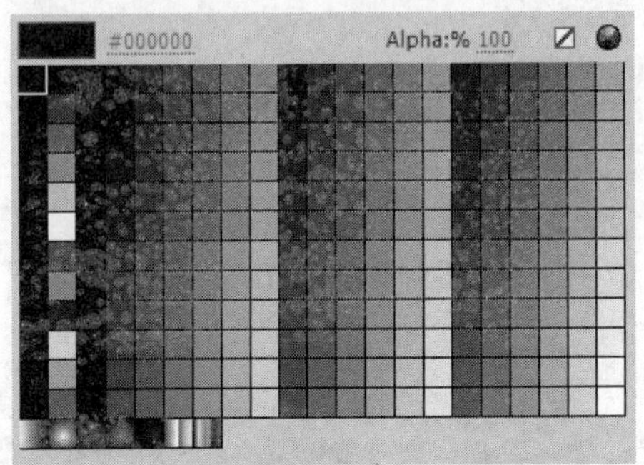

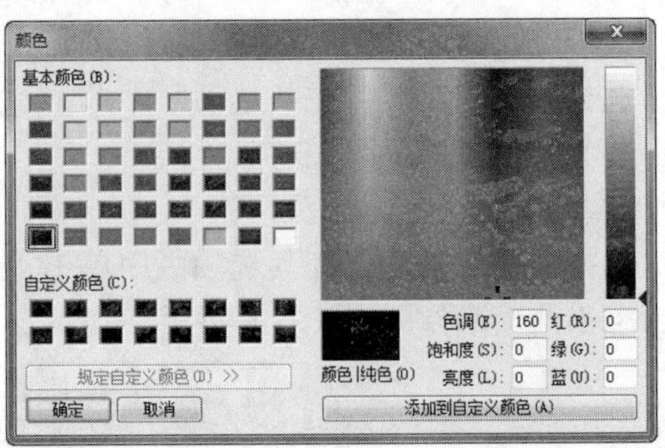

在填充颜色下方有三个功能按钮，分别为“黑白”、“交换颜色”和“没有颜色”按钮，其中：

◎“黑白”按钮：单击该按钮，可以使笔触颜色和填充颜色恢复为默认，即笔触颜色为黑色，填充颜色为白色。

◎“交换颜色”按钮：单击该按钮，可以将笔触颜色和填充颜色进行互换。

◎“没有颜色”按钮：单击该按钮，可以去掉笔触颜色或填充颜色。

高手点拨

“笔触颜色”和“填充颜色”按钮还常用于对图形的笔触和填充颜色进行修改。首先选择要修改的笔触或填充，然后单击“笔触颜色”或“填充颜色”按钮，在弹出的调色板中选择一种颜色即可。

9.3 绘制图形对象

Flash CS6 为用户提供了强大的绘图工具。通过这些工具用户可绘制出丰富多彩的图形与图像，制作 Flash 动画更加方便、简捷。

Flash 在网站中运用广泛，无论是网站头图、网站动画还是网站导航都能通过 Flash CS6 进行制作。下面将介绍如何制作网站导航条及导航按钮，其具体操作方法如下：

素材：光盘：素材\09\绘制网站导航条.fla　　效果：光盘：效果\09\绘制网站导航条.fla

难度：★★★☆☆　　视频：光盘：视频\09\绘制图形对象.swf

小提示　Alpha 用来调整颜色的透明值、纯色的透明纸。“线性”与“径向”渐变色都可以通过 Alpha 来调整。

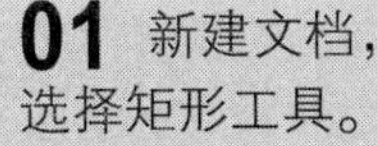

01 新建文档，选择矩形工具。

02 打开“属性”面板，设置参数。

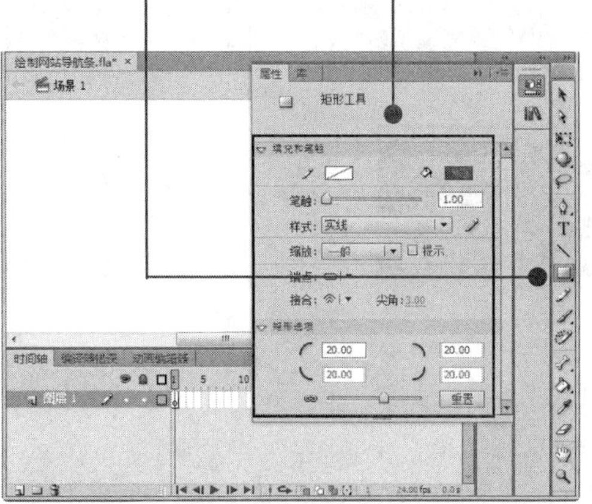

03 在舞台绘制圆角矩形。

04 打开“属性”面板，矩形修改大小参数。

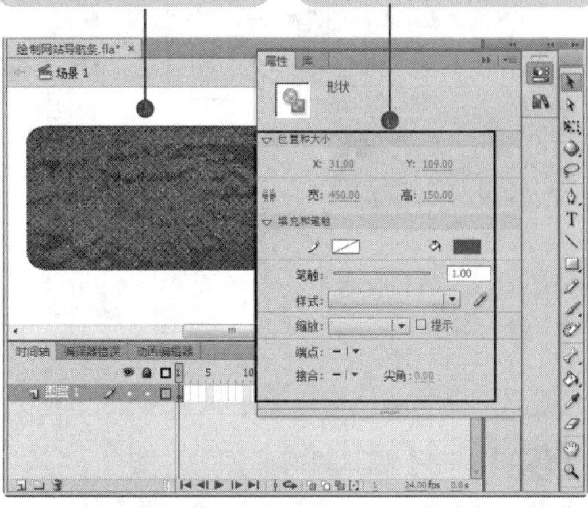

05 选择舞台矩形。

06 按【F8】键，将其转换为元件。

07 按【Ctrl+F8】组合键，创建“背景 02”元件。

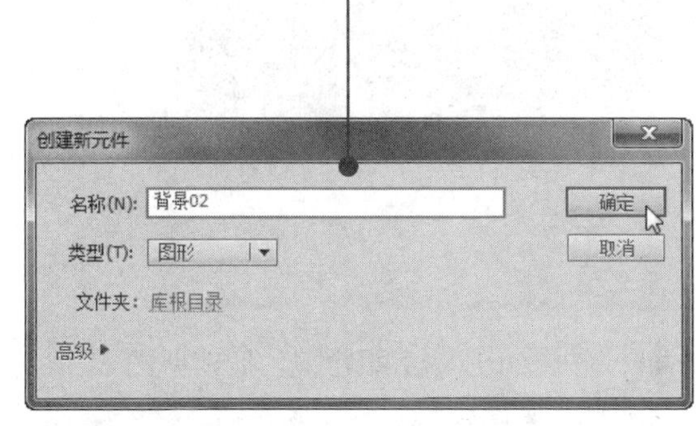

08 选择矩形工具。

09 打开“属性”面板，设置属性。

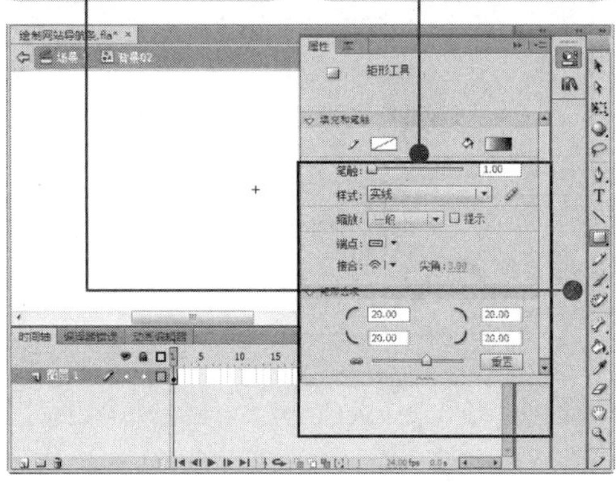

10 选择“线性渐变”填充。

11 设置填充颜色及透明度。

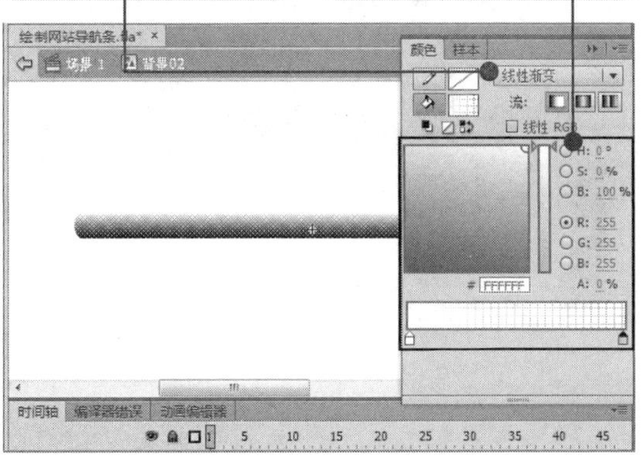

绘制圆角矩形：在拖出矩形框的同时，先不要松开鼠标左键，用左手按键盘方向键的上下键也可以调节矩形圆角的弧度。【↓】方向键是增加圆弧，【↑】方向键是缩小圆弧。

12 返回场景。

13 将“背景 02”从库中拖至舞台。

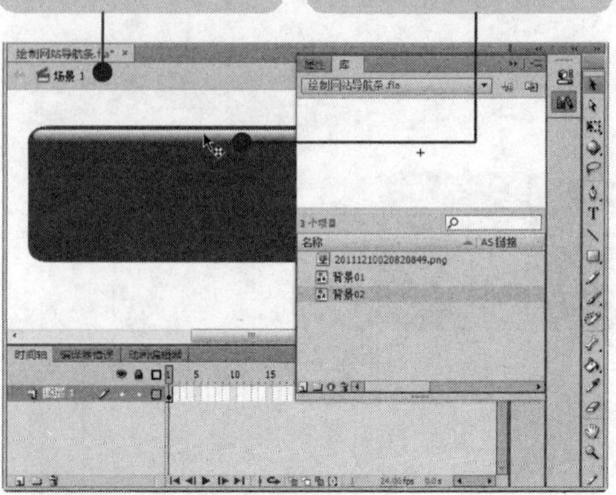

14 选择舞台上的全部对象。

15 单击“修改”|“组合”命令。

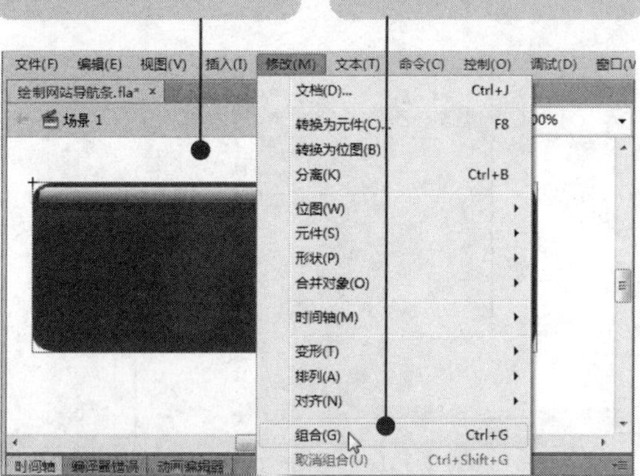

16 按【F8】键，将其转换为“背景”元件。

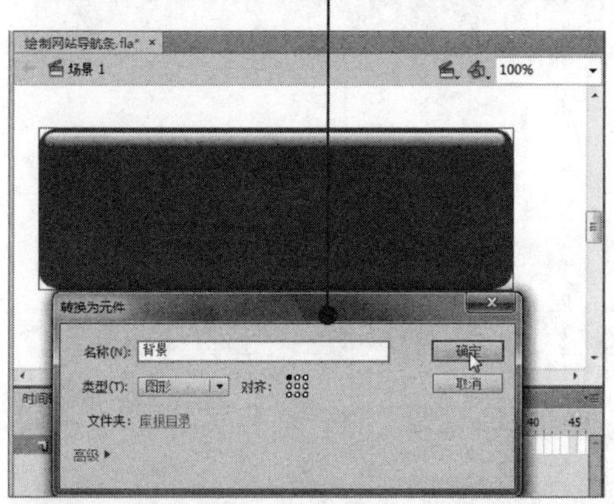

17 单击“插入”|“新建元件”命令。

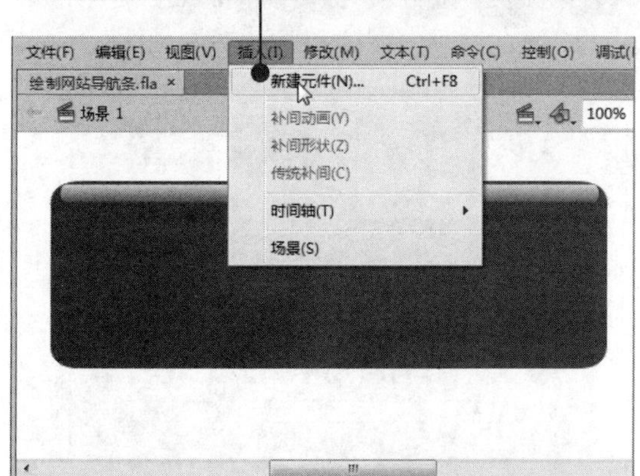

18 按【Ctrl+F8】组合键，创建新图形元件“圆图标”。

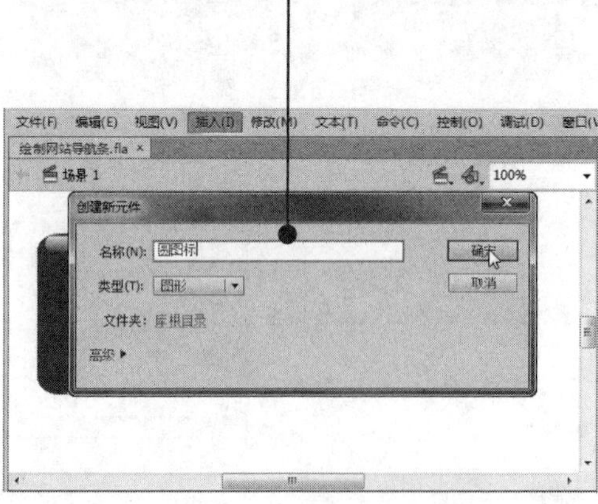

19 选择椭圆工具，设置工具属性。

20 在舞台中绘制椭圆。

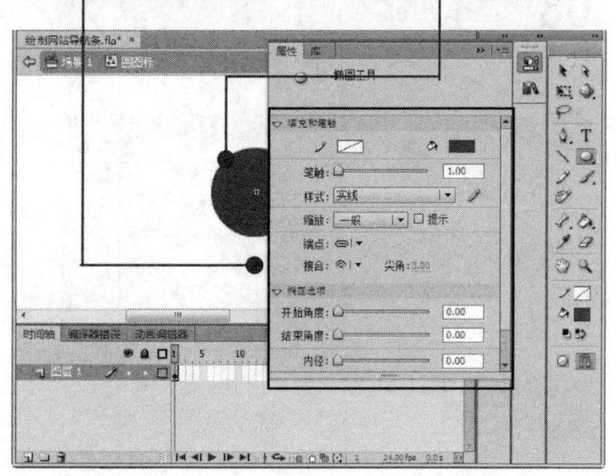

小提示

 将已有对象转换成元件还有一个快捷的方法，就是直接将对象选中，然后拖入到元件库里即可。

21 按【Ctrl+F8】组合键，创建“透明圆”元件。

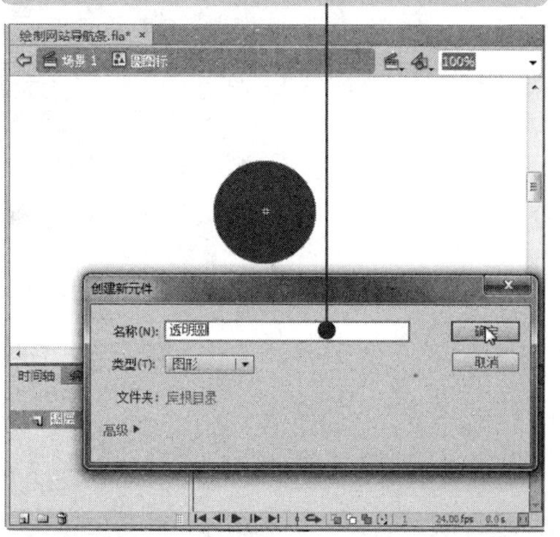

22 使用矩形工具绘制椭圆。

23 打开“颜色”面板，设置颜色。

24 按【Ctrl+F8】组合键，创建“背景 2”元件。

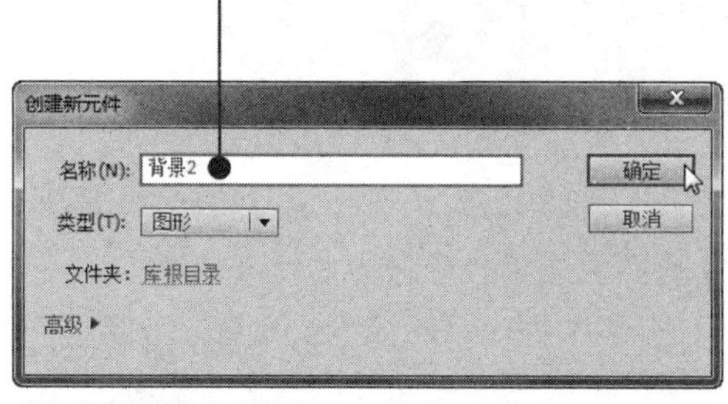

25 将“圆图标”从库”面板拖至舞台。

26 将“透明圆”从“库”面板拖至舞台

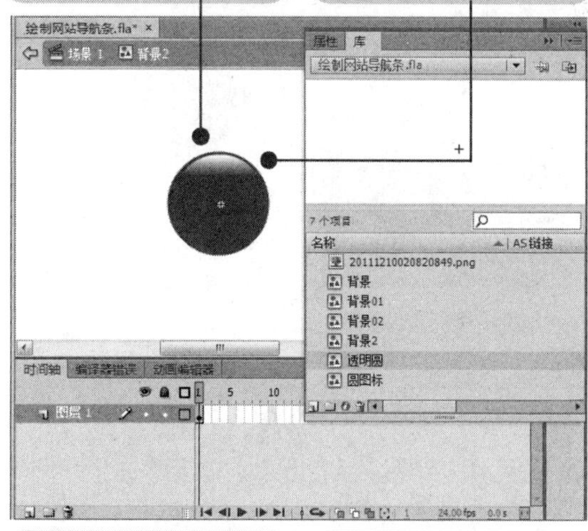

27 按【Ctrl+F8】组合键，创建“风车图标”元件。

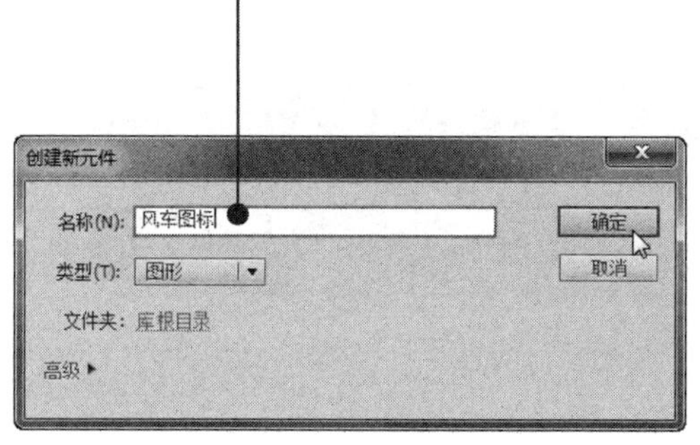

28 选择矩形工具。

29 打开“属性”面板，设置属性。

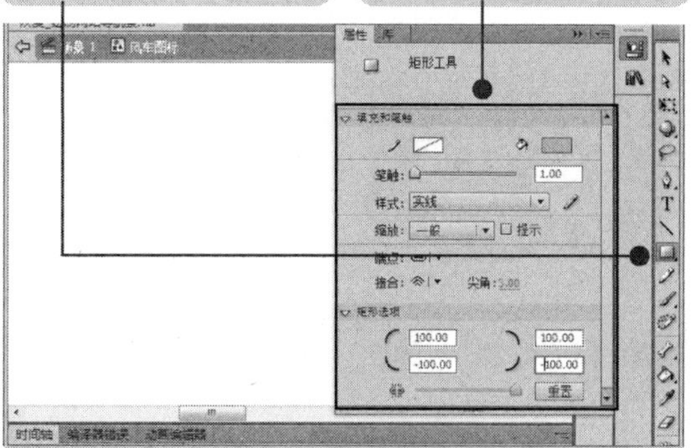

根据内容和功能的不同，元件可分为图形元件、按钮元件和影片剪辑元件三种类型。图形元件是可以反复使用的静态图片，主要由静态的图形图像创建而成。

30 绘制三个矩形图形，使用任意变形工具调整方向。

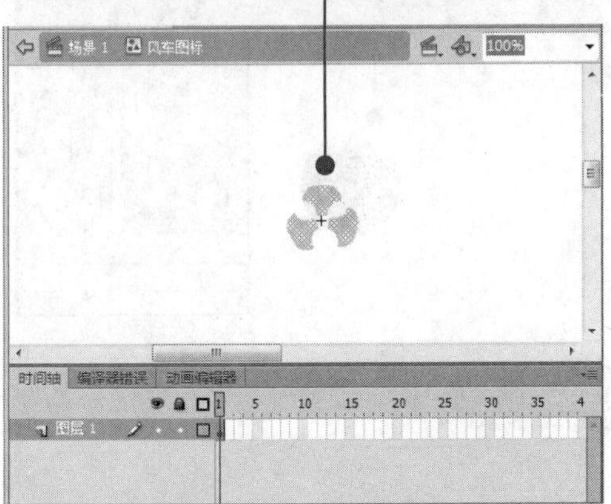

31 选中舞台对象。

32 打开“颜色”面板，设置颜色为白色。

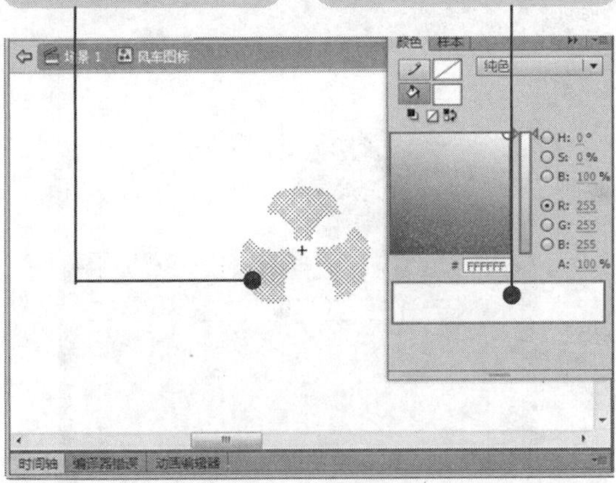

33 返回场景。

34 将“背景2”元件从“库”面板拖至舞台。

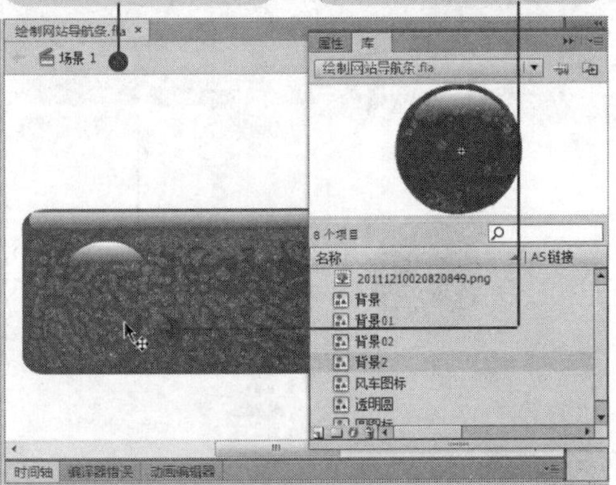

35 将“风车图标”元件从“库”面板拖至舞台。

36 打开“属性”面板，设置 Alpha 为 30%。

37 将“风车图标”元件从“库”面板拖至舞台。

38 使用任意变形工具调整大小。

39 使用文本工具输入文本。

小提示

将元件从“库”面板中拖放到舞台上，这样就产生了该元件的一个实例。每拖放一次，就会产生一个实例。实例不会增加文件的体积。

40 从“库”面板中，拖动多个“背景 2”元件至舞台，调整大小。

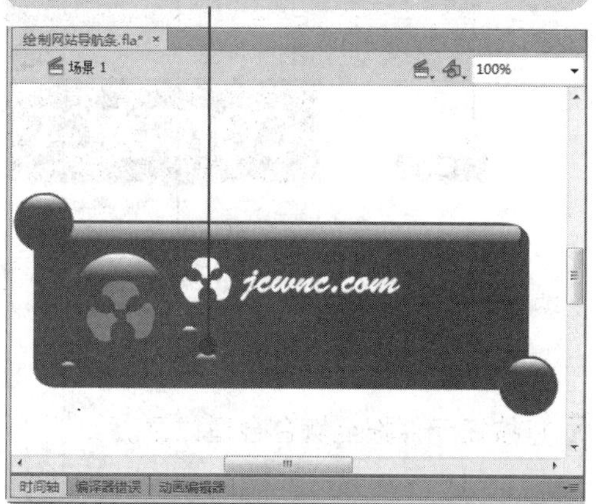

41 按【Ctrl+F8】组合键，新建 HOME 按钮元件。

42 单击“确定”按钮。

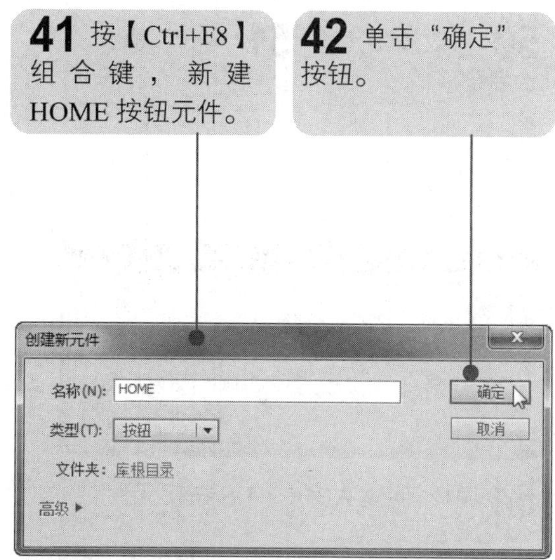

43 将“背景”元件从“库”面板拖至舞台。

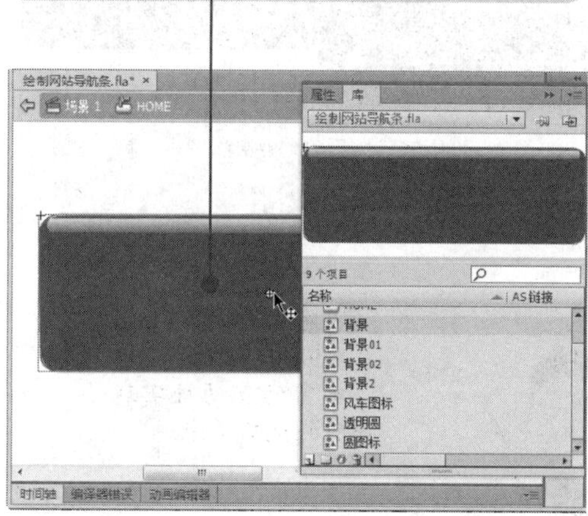

44 修改实例大小。

45 在“点击”帧添加关键帧。

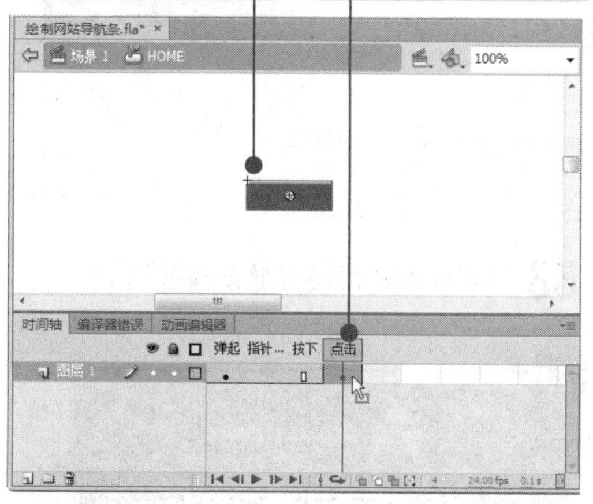

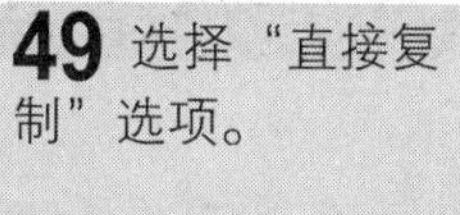

46 新建“图层 2”。

47 使用文本工具输入文本。

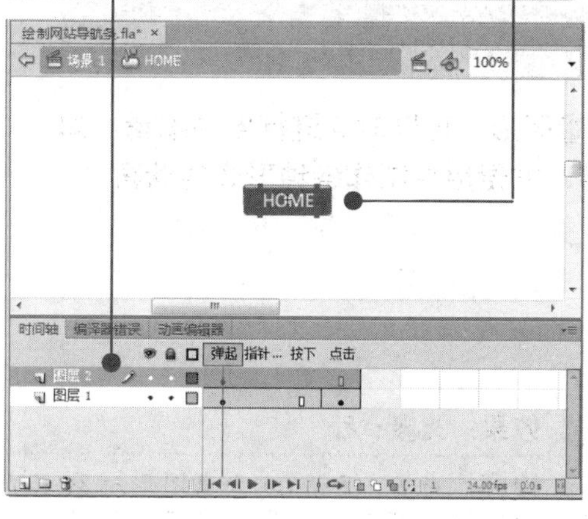

48 打开“库”面板，右击“HOME”按钮元件。

49 选择“直接复制”选项。

按钮元件用于设置观看者与动画之间的交互功能。当鼠标在按钮上滑过、单击、移开时，按钮会产生不同的反应。

50 修改按钮元件名称。

51 单击“确定”按钮。

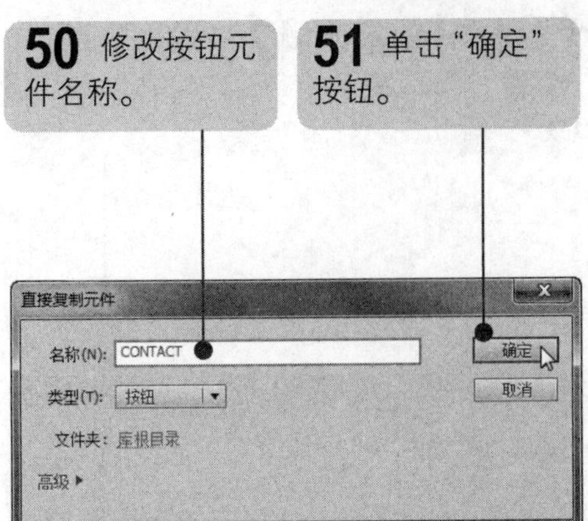

52 双击“CONTACT”按钮。

53 使用文本工具修改文本。

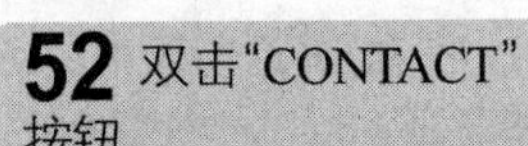
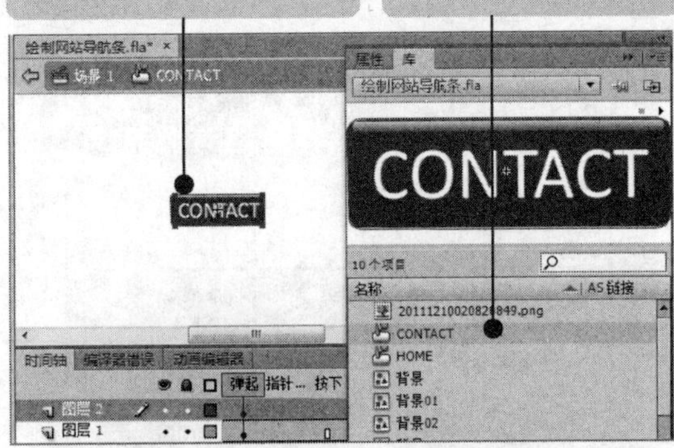

54 同样，创建 ABOUT US 按钮元件。

55 将按钮元件拖至舞台合适位置。

56 查看绘制的网站导航条和按钮。

9.4 编辑图形对象

在 Flash CS6 中绘制完成矢量图形，可以对其进行各种编辑，如分离对象、组合对象和合并对象等，方便用户制作各种形式的动画。

下面将具体介绍如何编辑图形对象。

1. 分离图形对象

素材：光盘：素材\09\分离位图对象.fla　　效果：光盘：无

难度：★★☆☆☆　　视频：光盘：视频\09\分离图形对象.swf

小提示

 当对元件进行编辑时，舞台上所有该对象的实例都会发生相应的变化；反之，当对某一实例进行编辑时，仅仅该实例发生变化，该实例的元件不会变化。

使用“分离”命令可以将位图转换为在 Flash 中可编辑的图形，下面将分别介绍如何分离位图，分离组，以及分离文本等。

（1）分离位图

下面将通过实例来介绍如何使用“分离”命令分离位图，具体操作方法如下：

01 打开素材文件，选择舞台中的位图。

02 单击“修改”|“分离”命令，将位图分离。

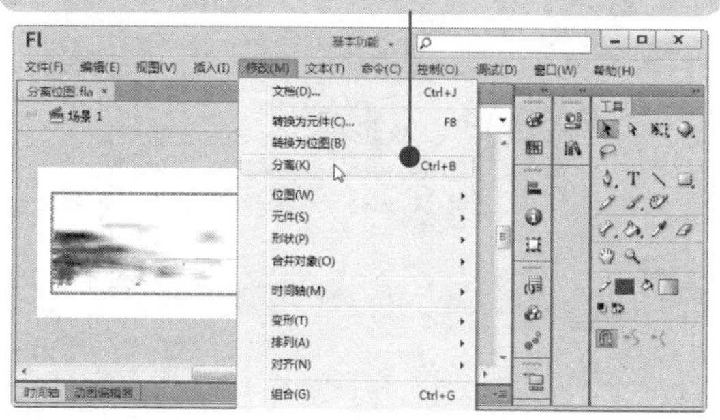

03 打开“属性”面板，此时位图属性变为形状。

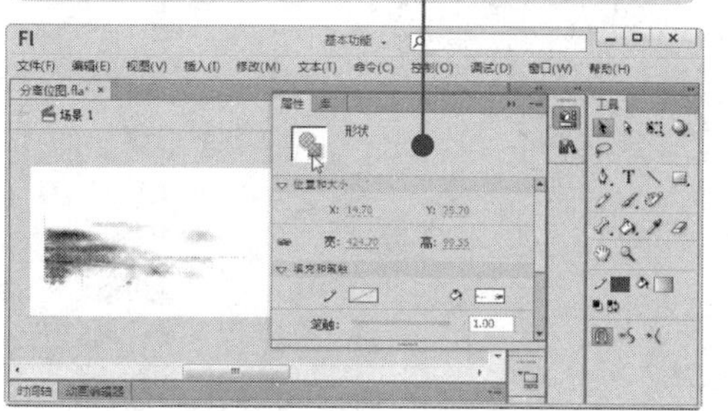

高手点拨

在 Flash 中，不管是什么类型的图形对象，通过“分离”命令都可以将其分离为形状。

（2）分离组

下面将通过实例来介绍如何使用“分离”命令分离组，具体操作方法如下：

01 打开素材文件，选择舞台中的组对象。

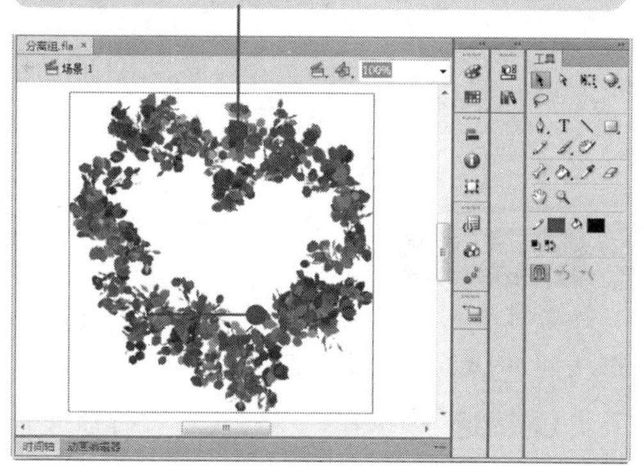

02 按【Ctrl+B】组合键，将组分离为独立的对象。

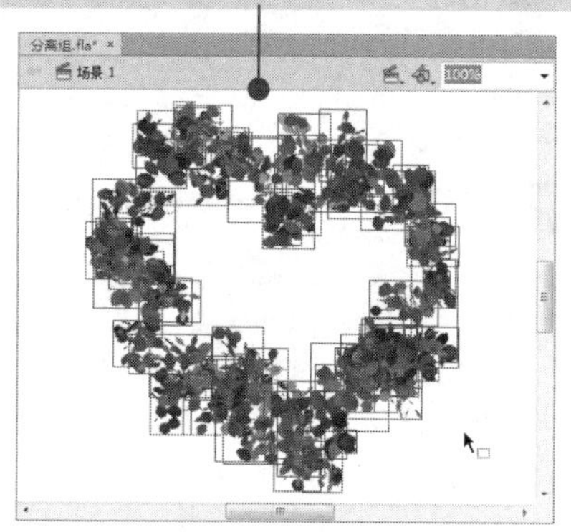

位图也叫像素图，它是由像素阵列的排列来表现图像的，每个像素都有着自己的颜色信息。但是它的缩放性不好，当放大位图的尺寸时会影响图像的显示效果，导致图像模糊。

多学点

03 再次按【Ctrl+B】组合键，可将独立的对象分离为形状。

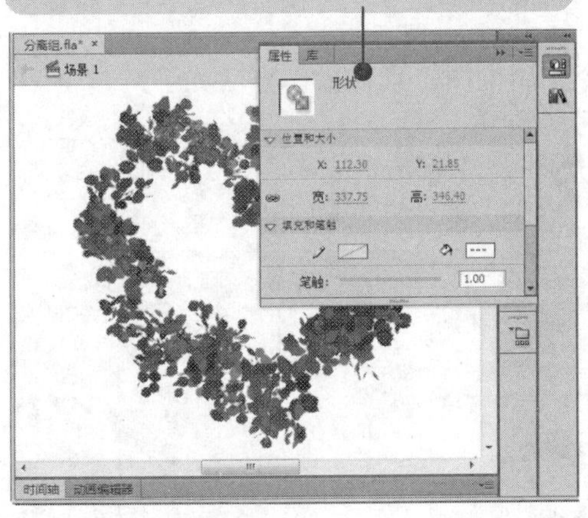

高手点拨

在使用“分离”命令分离对象时，实际上是将其进行一层一层的分离，并不是一下子就能够将其分离为形状的。

（3）分离文本

下面将通过实例来介绍如何使用“分离”命令分离文本，具体操作方法如下：

01 选择文本工具，在舞台中输入文本并将其选中。

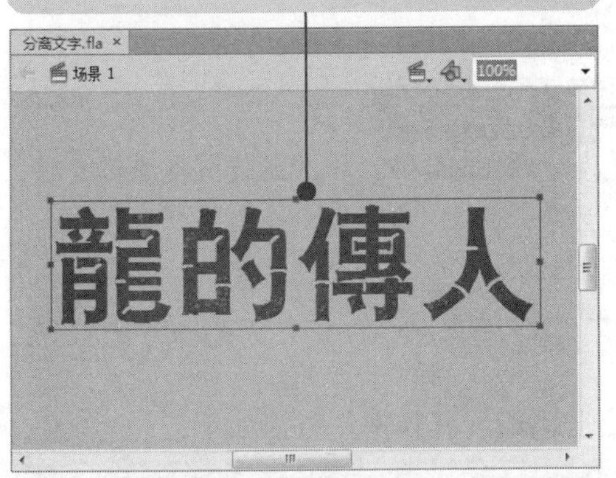

02 按【Ctrl+B】组合键，将文本分离为单个文本。

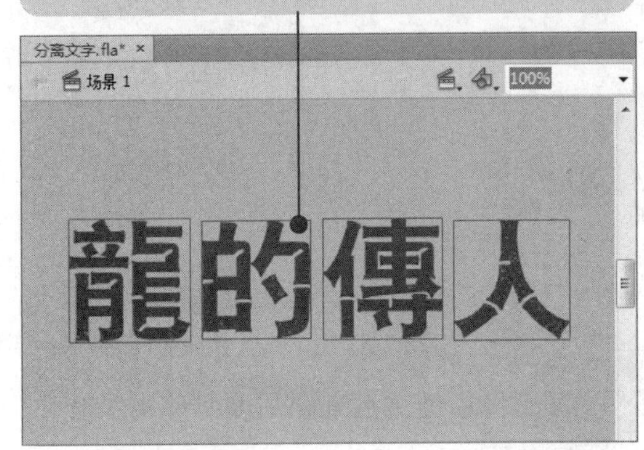

03 再次按【Ctrl+B】组合键，将文本分离为形状。

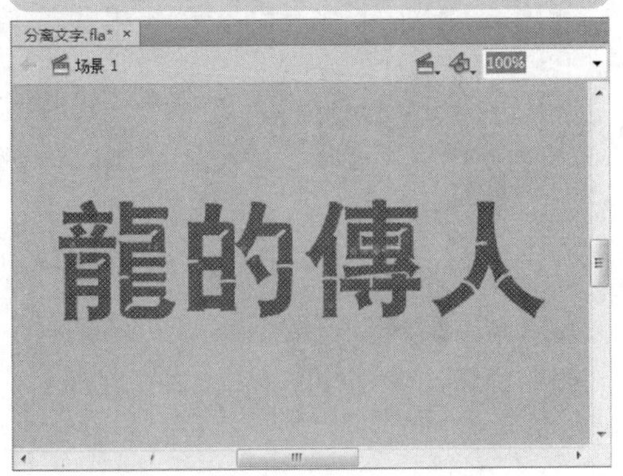

高手点拨

将文本对象分离为形状后，便拥有了形状的一切属性，这时就可以很方便地对其进行各种修改操作，以创建各种特殊的形状。

小提示

选择输入的文本，按【Ctrl+B】组合键将其分离；在文字分离的基础上再次应用【Ctrl+B】组合键，便可以将文字打散。打散是将元件拆分成基本的矢量元。

2. 组合图形对象

在编辑图形的过程中，若要将组成图形的多个部分或多个图形作为一个整体进行移动、变形或缩放等编辑操作，可以将其组合起来形成一个图形，然后对其进行相应的操作，从而提高编辑效率。

素材：光盘:素材\09\组合对象.fla　　效果：光盘:无

难度：★★☆☆☆　　视频：光盘:视频\09\组合图形对象.swf

01 打开素材文件。

02 将分散的图形按顺序叠放，按【Ctrl+A】组合键全选。

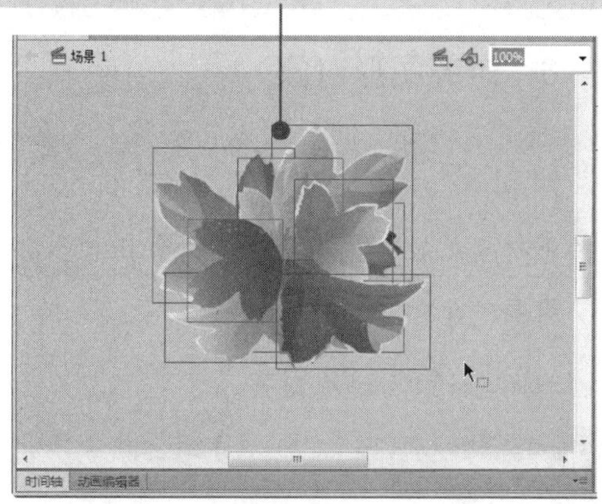

03 单击“修改”|“组合”命令。

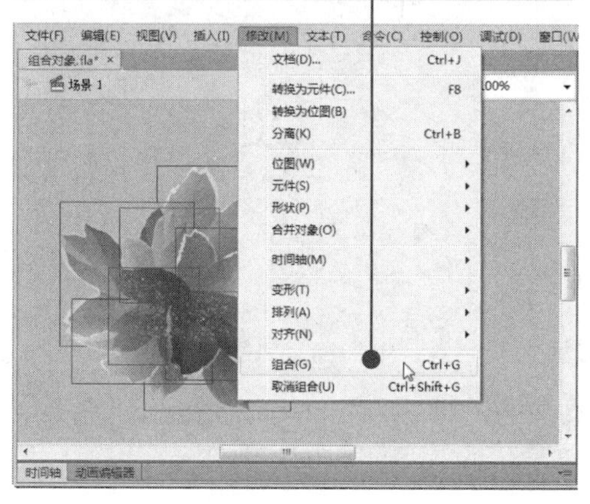

04 将所选的图形进行组合。

若要取消对图形的组合，可以先选择该组合图形，然后单击“修改”|“取消组合”命令。另外，单击“修改”|“分离”命令，也可以取消对图形的组合。

若要对组合图形进行编辑，可以先选择要编辑的组，然后单击“编辑”|“编辑所选项目”命令，如下图（左）所示。或在选择的组上双击，即可进入到“组”的编辑模式，同时舞台的其他区域变为灰色，表示不可编辑。

编辑完毕后，在舞台的空白处双击，或单击舞台上方的“场景”按钮，如下图（右）所示，即可再次回到场景编辑状态。

按【Ctrl+G】组合键可以将图形进行组合。Flash 中形状与符号都可以被组合，组合后的图形可再次被组合。

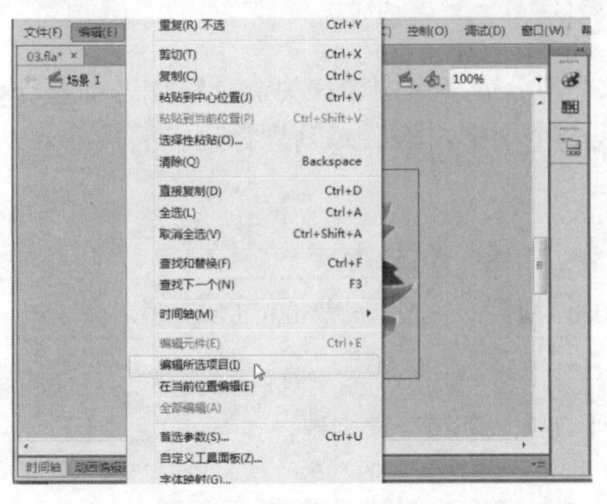

3. 对齐图形对象

使用“对齐”面板可以将对象与对象对齐，也可以将对象相对于舞台对齐。单击“窗口”|“对齐”命令，打开“对齐”面板。

素材：光盘: 素材\09\对齐对象.fla　　效果：光盘: 无

难度：★★☆☆☆　　视频：光盘: 视频\09\对齐图形对象.swf

（1）对象与对象对齐

01 打开素材，按【Ctrl+A】组合键全选位图对象。

02 打开“对齐”面板，选中“与舞台对齐”复选框。

03 单击“垂直中齐”按钮，将所选对象以水平中心点为基准对齐。

04 单击“水平平均间隔”按钮，将所选对象在水平方向等距分布。

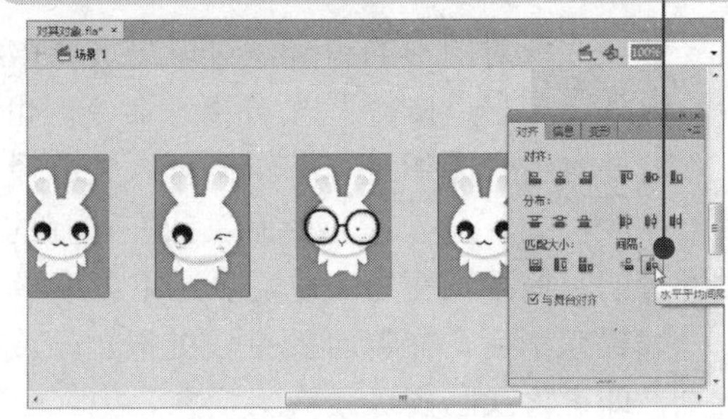

小提示 除了用“对齐”面板排列所选对象外，还可以通过网格排列对象。

05 单击“左侧分布”按钮，以所选对象的左侧为基准等距分布。

06 单击“匹配高度”按钮，使所选对象的宽度和高度相同。

预计学习时间 40 分钟

Chapter 10

使用元件、实例和库

元件和实例是构成一部影片的基本元素，动画设计者通过综合使用不同的元件可以制作出丰富多彩的动画效果。在“库”面板中可以对文档中的图像、声音与视频等资源进行统一管理，以便在制作动画的过程中使用。

要点导航

- 认识元件、实例和库
- 创建与编辑元件
- 创建与编辑实例
- 使用“库”面板

重点图例

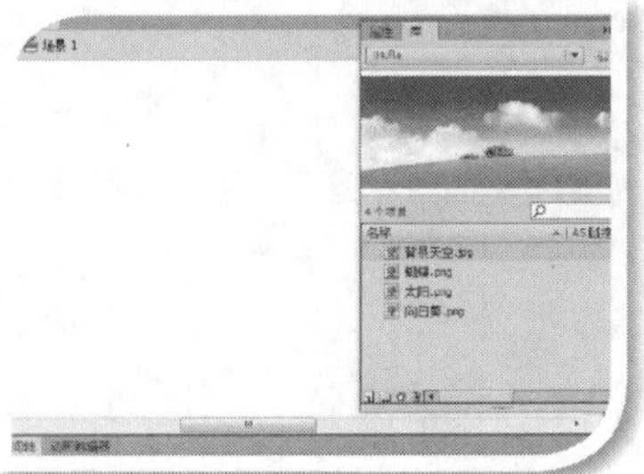

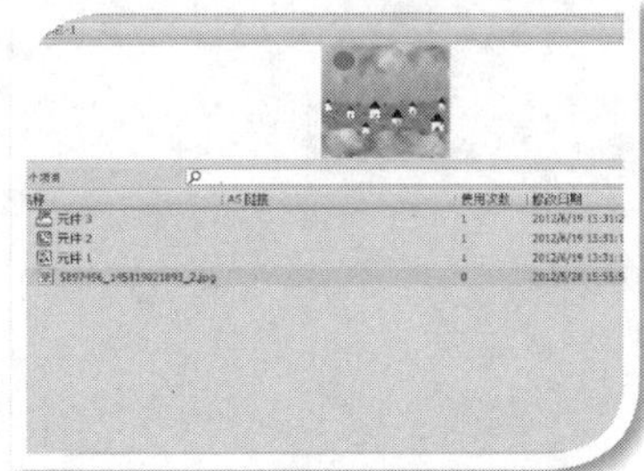

认识元件、实例和库

在网页 Flash 动画中，元件、实例和库的应用非常广泛，它们是不可缺少的重要角色。下面将引领读者一起来认识 Flash 动画中的元件、实例和库。

10.1.1 认识元件与实例

在 Flash 中，元件是存放在当前文件库、公用库、外部库中可以反复使用的图像、按钮和音频等。实例是指各种元件在舞台工作区的应用，是把元件从当前文件库、公用库或外部库中拖放到场景中的舞台上的对象。

一个元件可以产生许多实例，当修改元件后它所生成的实例也会跟着更新，而修改某一个实例却丝毫不会影响原来库中的元件。

1. 元件

元件是 Flash 动画中的基本构成要素之一，除了便于大量制作之外，它还是制作某些特殊动画所不可或缺的对象。元件创建后便会保存在“库”面板中，它可以反复使用而不会增大文件的体积。每个元件都有自己的时间轴、舞台和图层，可以独立进行编辑。

在 Flash 中共包含了三种类型的元件：图形元件、按钮元件和影片剪辑元件。

图形元件

图形元件用于创建可以重复使用的图形或动画，它无法被控制，而且所有在图形中的动画都将被主舞台中的时间轴所控制。如下图所示为图形元件。

按钮元件

按钮元件用于创建动画中的各类按钮，对应鼠标滑过、单击等操作。该元件的时间轴中包含“弹起”、“指针经过”、“按下”、“点击”4 个帧，分别用于定义与各种按钮状态相关联的图形或影片剪辑。如下图所示为按钮元件。

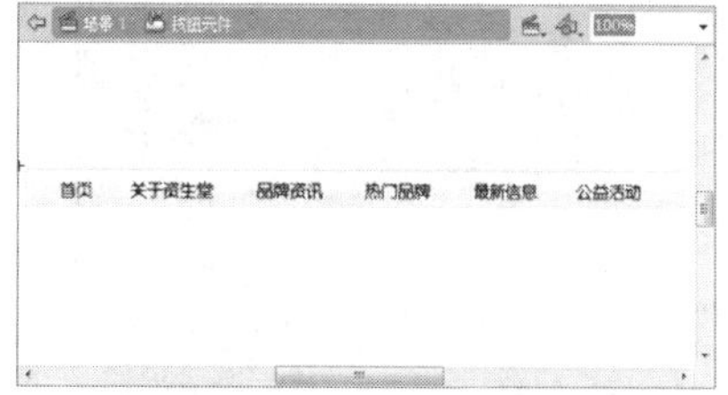

影片剪辑元件

影片剪辑元件用于创建动画片段，它等同于一个独立的 Flash 文件，其时间轴不受主舞台中时间轴的限制。而且，它可以包含 ActionScript 脚本代码，可以呈现出更为丰富的动画效果，是 Flash 中最重要的元件。如下图所示为影片剪辑元件。

在 Flash 中元件可以无限制地重复使用。

多学点

2．实例

将元件移至舞台中，其就成为一个实例。实例就是元件的“复制品”，一个元件可以产生无数个实例，这些实例可以是相同的，也可以通过编辑得到其他丰富多彩的对象。如下图所示为将库中的元件拖至舞台中，成为一个实例。

10.1.2 认识“库”面板

单击“窗口”|“库”命令或直接按【Ctrl+L】组合键，即可打开“库”面板，如下图（左）所示。“库”面板的上方是标题栏，其下侧是滚动条，拖动滚动条可以查看库中内容的详细信息，如使用次数、修改日期和类型等。选择库中的某个对象，还可以对其进行预览。

下面将对“库”面板中的各个按钮的功能进行详细介绍。

◎ ：单击该功能按钮后将弹出菜单选项，这些菜单命令可用于对库进行各种操作，如下图（右）所示。

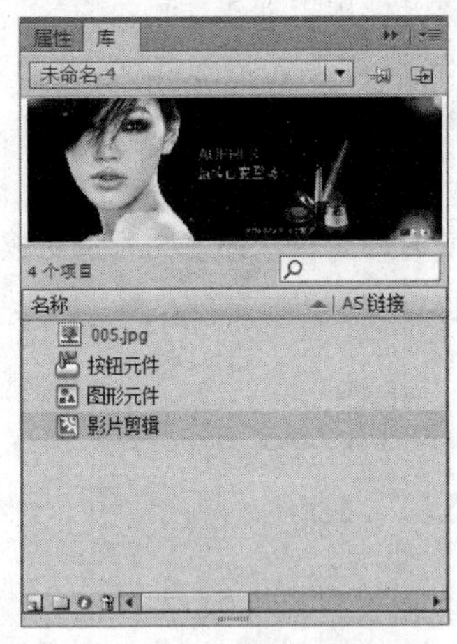

◎ ：单击该按钮，将新建一个“库”面板，其内容与当前文档库中的内容相同。

◎ ：单击该按钮后变为形状，此时切换到别的文件，“库”面板不会发生变化。

◎ 4个项目：显示库中包含对象的数量。

◎ ：单击该按钮，可以颠倒“库”面板中元件和素材的排列顺序。

◎ 未命名-2：当同时打开多个文件时，在该下拉列表框中可以选择要使用的库。

小提示

“库”是使用频率最高的面板之一，用来存放各种元件，并对元件进行查看、新建、删除、编辑和归类等操作。可以随意移动、放置到想要的位置，并设置大小模式。

◎ ：用于创建新的元件，单击该按钮，将弹出“创建新元件”对话框。

◎ ：单击该按钮，可以在“库”面板中新建一个文件夹，用于对库中的元件和素材进行管理。

◎ ：当在库中选择了一个元件或素材时，单击该按钮，弹出对应的属性对话框，可以重新设置它们的属性。

◎ ：单击该按钮，可以删除所选择的元件、素材或文件夹。

10.2 创建与编辑元件

在 Flash CS6 中，可以通过新建元件或转换为元件的方法创建元件。已创建的元件也可以进行编辑与重置，使其成为新元件。下面将详细介绍各种元件的创建与编辑方法。

10.2.1 创建元件

下面将分别介绍如何创建图形元件、按钮元件，以及影片剪辑元件。

1. 创建图形元件

无论是哪种类型的元件，其创建方法都是相同的。在 Flash CS6 中，通常有三种常用的创建元件的方法，下面将以创建图形元件为例分别进行介绍。

素材：光盘: 素材\10\01.fla　　效果：光盘: 无

难度：★★☆☆☆　　视频：光盘: 视频\10\创建图形元件.swf

（1）将舞台上的图形转化为元件

将舞台上的图形转化为元件的具体操作方法如下：

01 打开素材文件。

02 选中舞台中的图形对象。

03 单击“修改”|“转换为元件”命令。

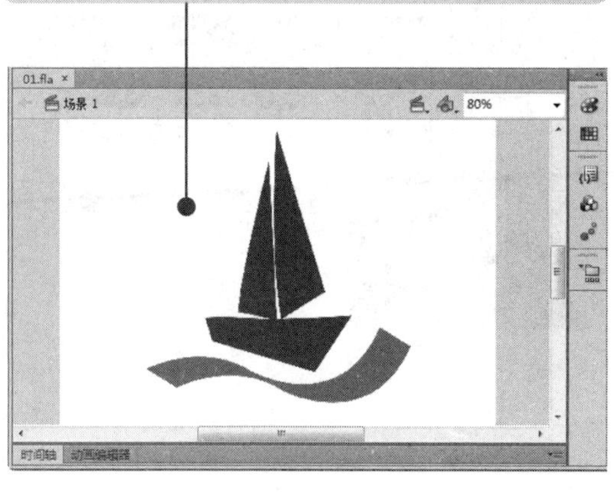

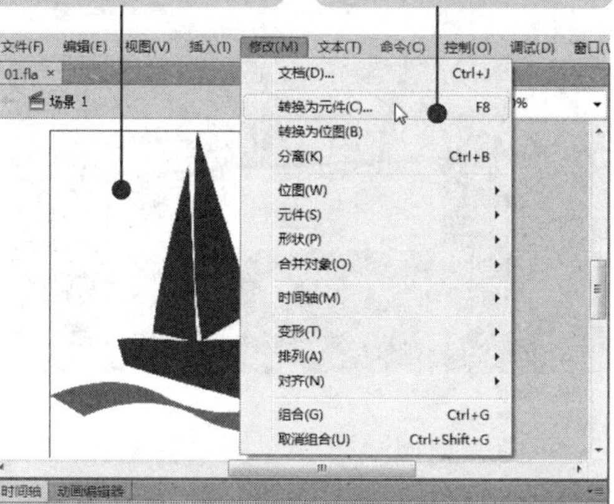

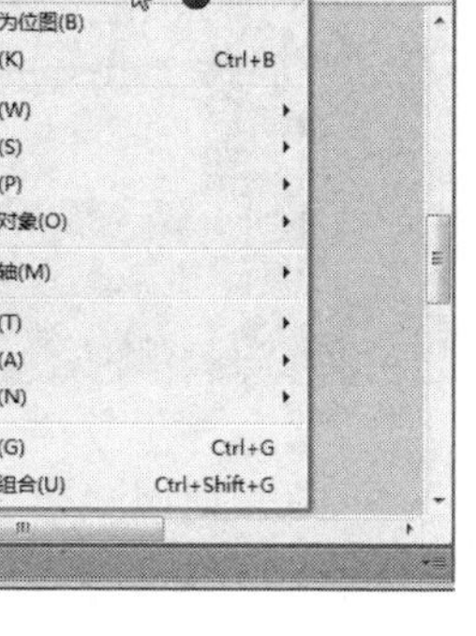

图形元件可用于静态图像，并可用来创建链接到主时间轴的可重用动画片段。图形元件与主时间轴同步运行。

04 输入元件名称。

05 单击“确定”按钮。

06 展开“库”面板，查看添加的图形元件。

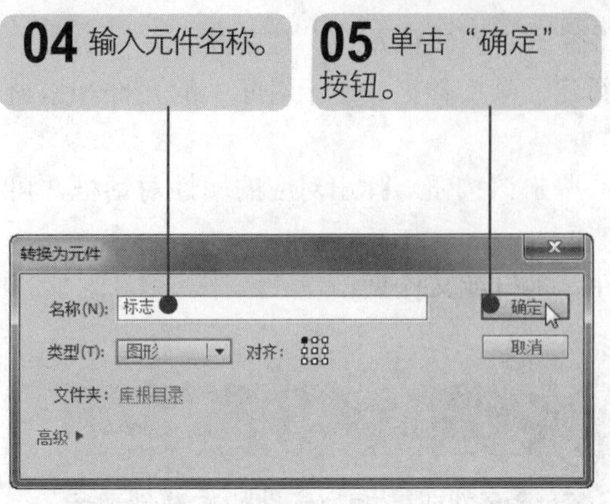

（2）创建空的元件并添加内容

创建空的元件并添加内容的具体操作方法如下：

01 单击“插入”|“新建元件”命令。

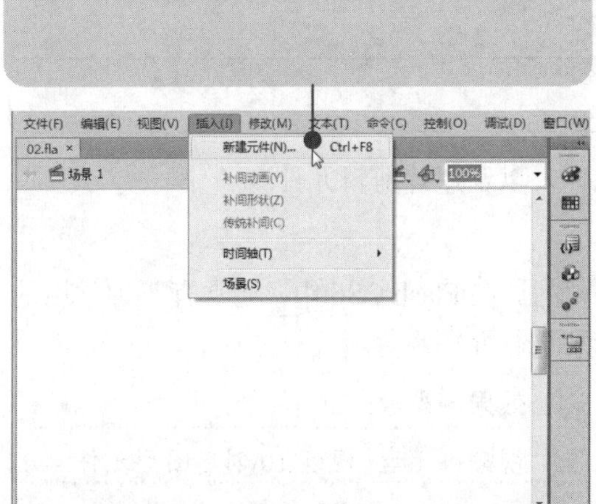

02 输入元件名称，选择“图形”类型。

03 单击“确定”按钮。

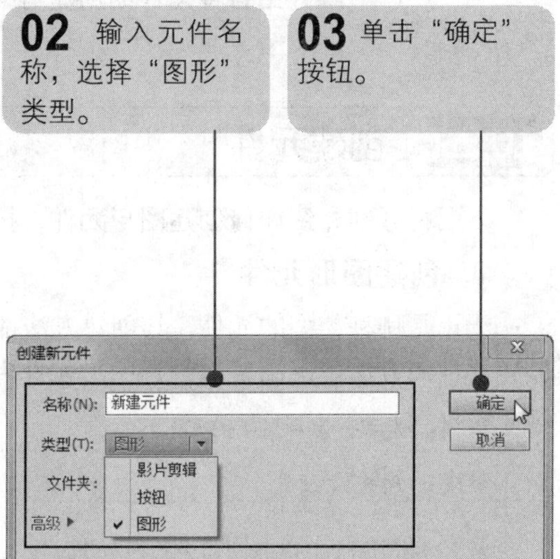

04 进入元件编辑模式，绘制图形。

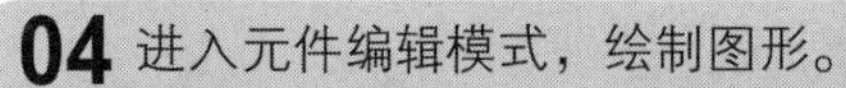

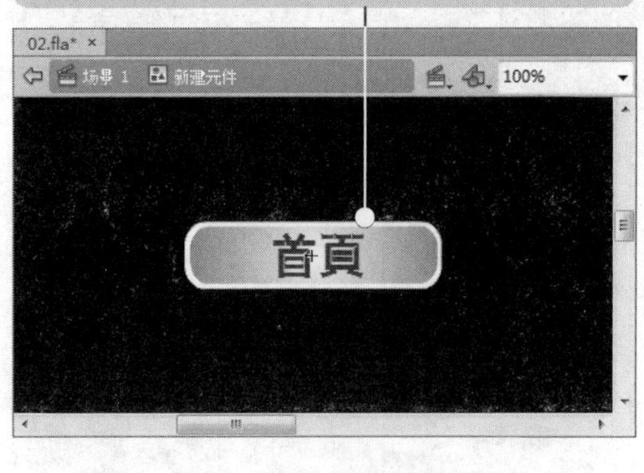

05 单击“场景 1”标签。

06 在“库”面板中查看新建元件。

（3）使用“库”面板重置元件

使用“库”面板重置元件的具体操作方法如下：

小提示

在元件编辑状态下，元件的注册点位置在舞台的中央，可以通过“对齐”面板将绘制图形的中心置于注册点的位置。

01 在“库”面板中选择元件并右击。

02 选择“直接复制”命令。

03 修改元件名称和类型。

04 单击“确定”按钮。

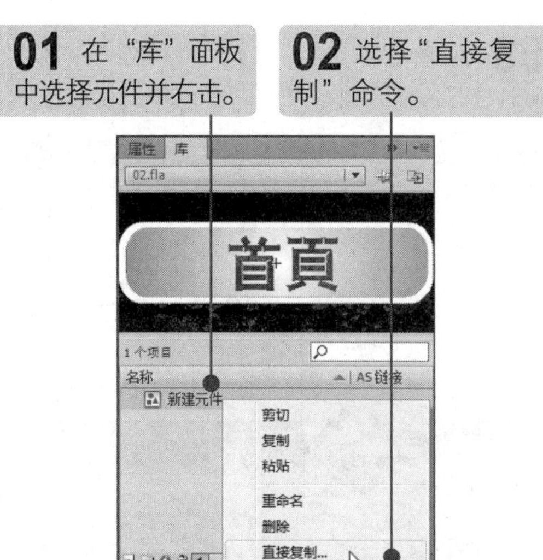

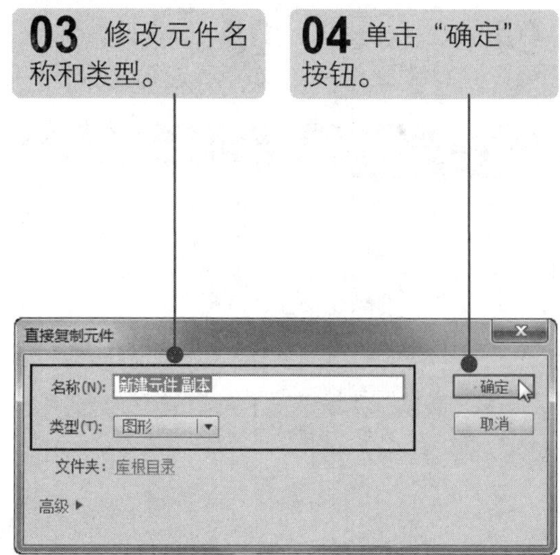

2. 创建按钮元件

在按钮元件编辑模式的“时间轴”面板中共有四个帧，分别用于设置按钮的四种状态，其中：

◎ 弹起：用于设置按钮的一般状态，即鼠标指针位于按钮之外的状态。

◎ 指针经过：用于设置按钮在鼠标指针从按钮上滑过时的状态。

◎ 按下：用于设置按钮被按下时的状态。

◎ 点击：在该帧中可以指定某个范围内单击鼠标左键时会对按钮产生影响，即用于设置按钮的相应区域。可以不设置，也可以绘制一个图形来表示范围。

若要创建按钮元件，具体操作方法如下：

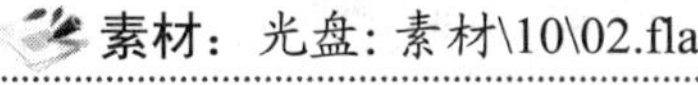

素材：光盘：素材\10\02.fla　　效果：光盘：素材\10\按钮.fla

难度：★★☆☆☆　　视频：光盘：视频\10\创建按钮元件.swf

01 创建新元件，设置名称和类型。

02 单击“确定”按钮。

03 进入按钮元件编辑模式，显示“弹起”、“经过”等四个帧。

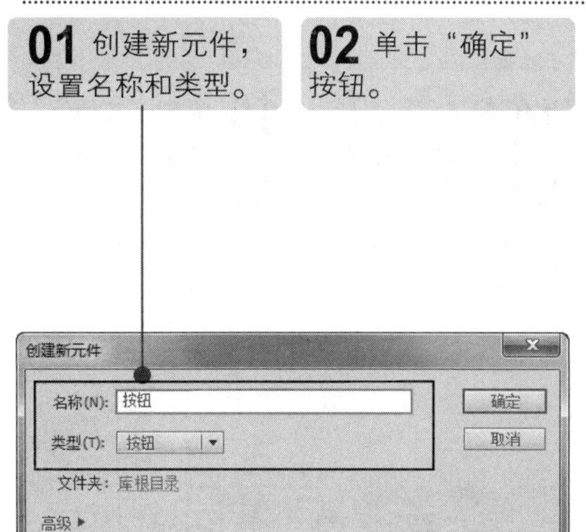

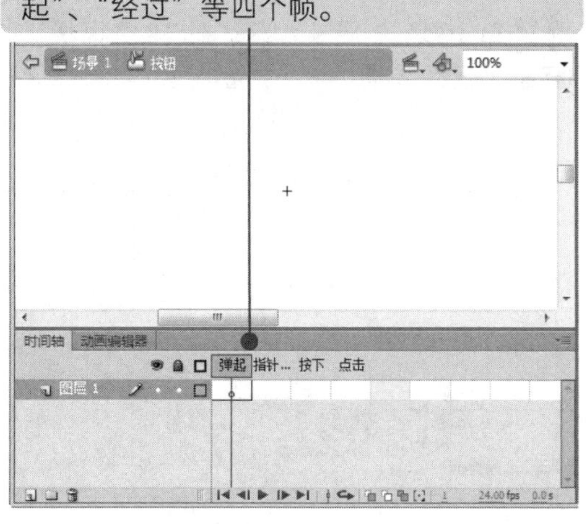

按钮元件是 Flash 的基本元件之一，它具有多种状态，并且会响应鼠标事件，执行指定的动作，是实现动画交互效果的关键对象。

04 选择“弹起”帧，绘制椭圆。

05 输入白色文本“弹起”。

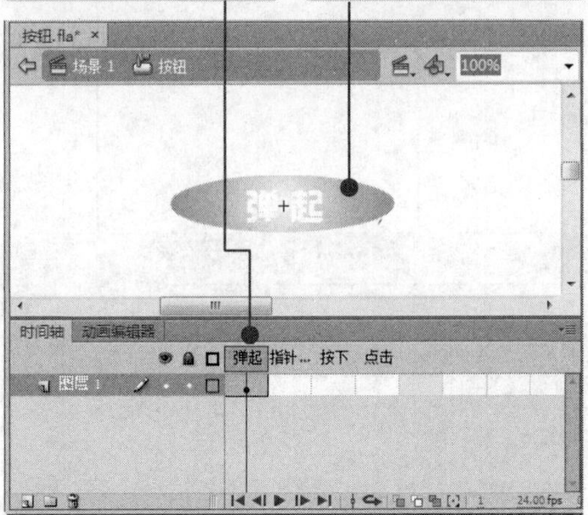

06 选择“指针经过”帧，插入关键帧。

07 修改文字为红色“经过”。

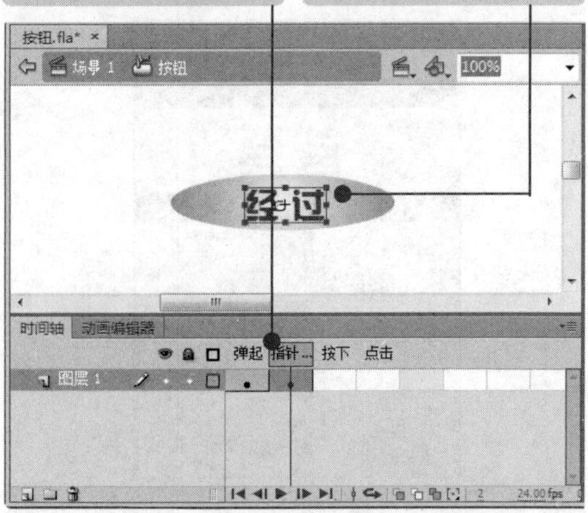

08 选择“按下”帧，插入关键帧。

09 修改文字为黄色“按下”。

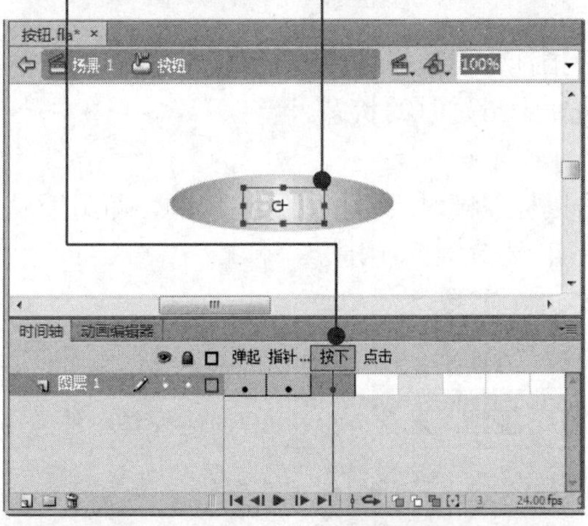

10 选择“点击”帧，插入关键帧。

11 删除按钮上的文字 。

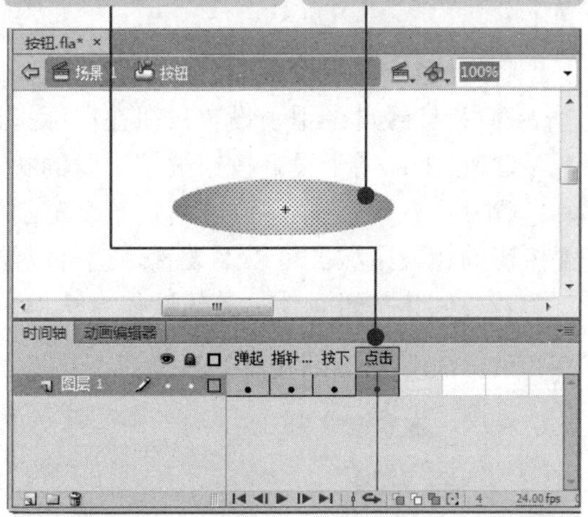

12 单击“场景 1”标签，返回场景。

13 在“库”面板中查看创建的按钮元件。

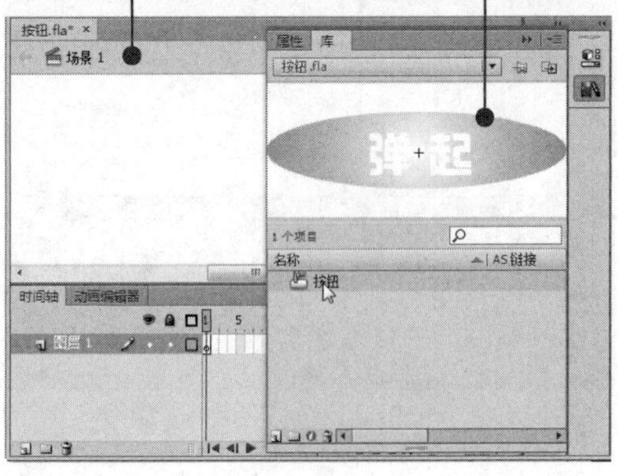

14 将“库”面板中按钮元件拖至舞台。

15 单击“控制”|“启用简单按钮”命令。

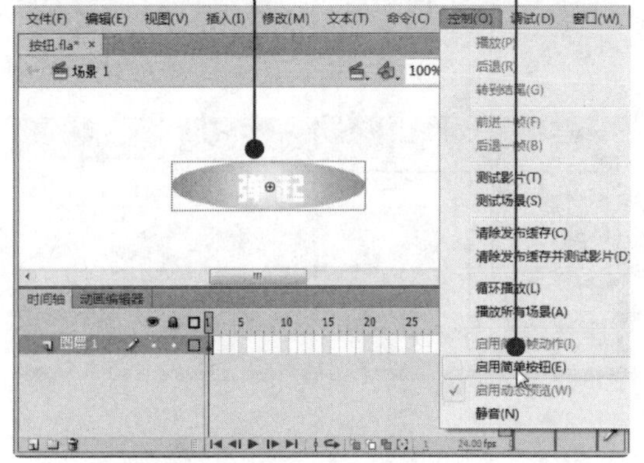

从外观上看，按钮可以是任何形式。比如，可能是一幅位图，也可以是矢量图；可以是矩形，也可以是多边形；可以是一根线条，也可以是一个线框；甚至还可以是看不见的“透明按钮”。

16 使用鼠标测试按钮效果。

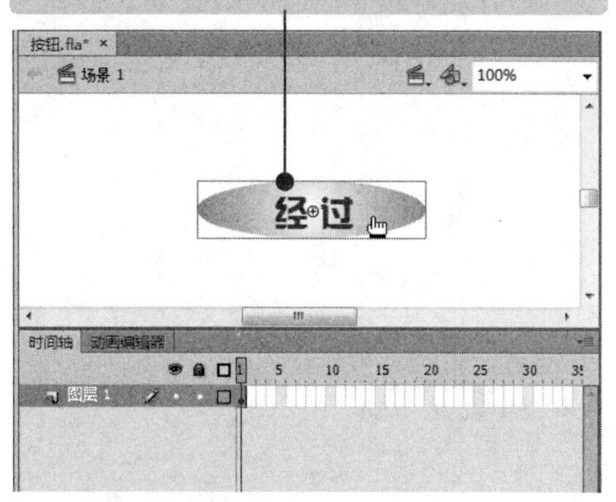

3. 创建影片剪辑元件

下面将通过实例来介绍如何创建影片剪辑元件，具体操作方法如下：

素材：光盘：素材\10\03.fla　　效果：光盘：光盘：效果\10\03.fla

难度：★★☆☆☆　　视频：光盘：视频\10\创建影片剪辑元件.swf

01 打开素材，新建“图片”影片剪辑元件。

02 单击“确定”按钮。

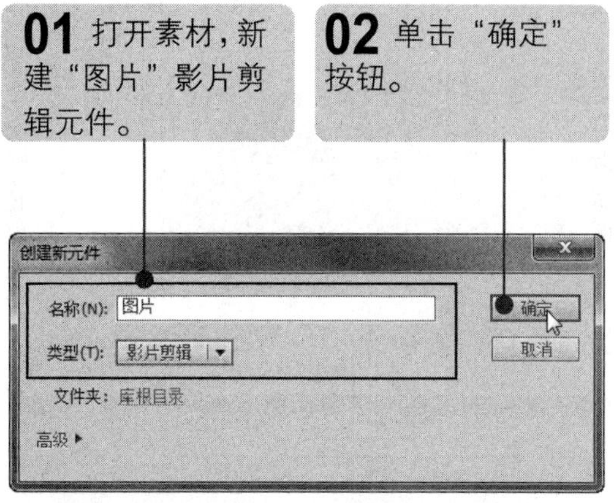

03 进入影片剪辑元件编辑模式。

04 打开“库”面板。

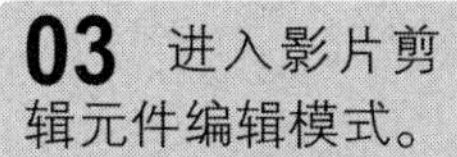

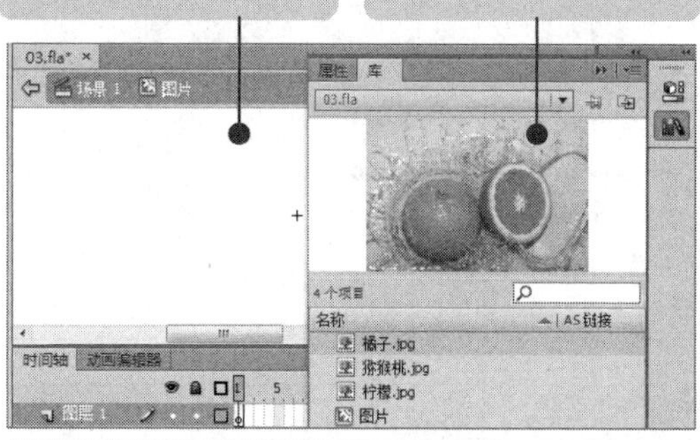

05 选择“橘子”，将其移至编辑窗口。

06 打开“属性”面板，设置宽度和高度。

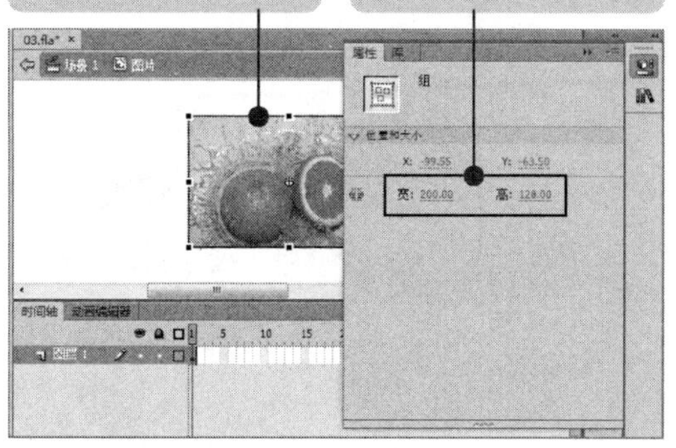

07 在第 5 帧处按【F6】键，插入关键帧。

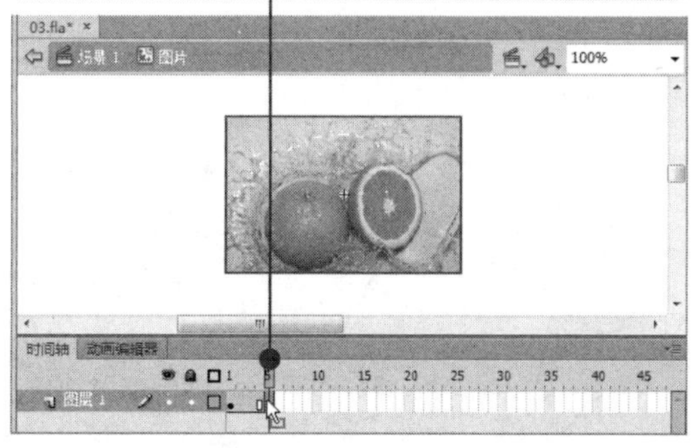

影片剪辑是包含在 flash 影片中的影片片段，有自己的时间轴和属性。具有交互性，是用途最广、功能最多的部分。

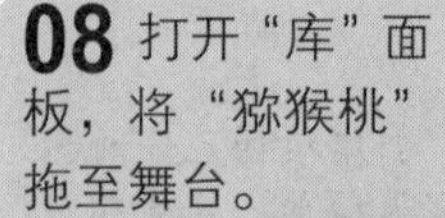

08 打开“库”面板，将“猕猴桃”拖至舞台。

09 打开“属性”面板，设置宽度和高度。

10 在第10帧处按【F6】键，插入关键帧。

11 同样将“柠檬”拖至舞台，设置宽度和高度。

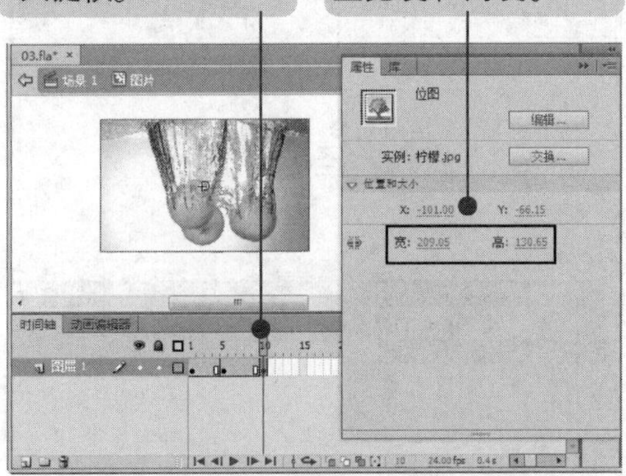

12 单击“控制”|“测试影片”|“测试”命令，测试影片。

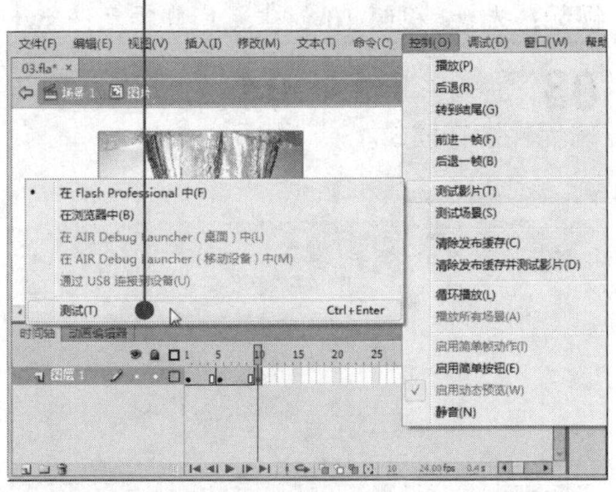

13 查看测试影片效果。

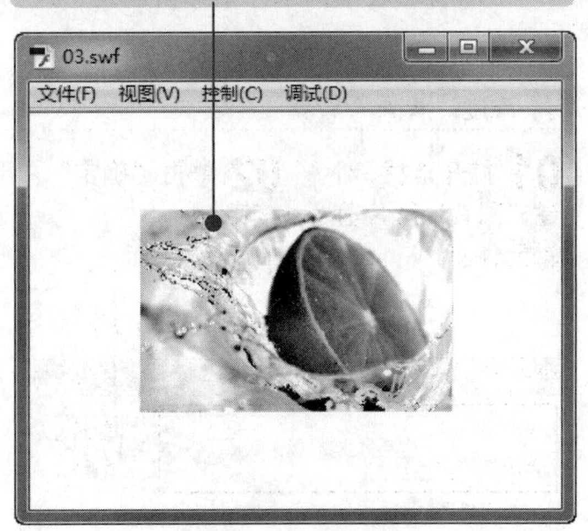

10.2.2 编辑元件

在创建元件后，如果需要对其进行更改，可以对元件进行编辑。在“库”面板中双击要编辑的元件，即可进入元件的编辑模式进行编辑操作，如下图（左）所示。

在舞台中选中要编辑的元件，单击“编辑”|“编辑元件”命令，也可以进入其编辑模式，如下图（右）所示。

创建和编辑元件的目的是什么呢？

创建和编辑元件的目的就是为了在动画中使用元件的实例。

小提示

 影片剪辑可以包含交互控制、声音及其他影片剪辑的实例，也可以将其放置在按钮元件的时间轴中制作动画按钮。

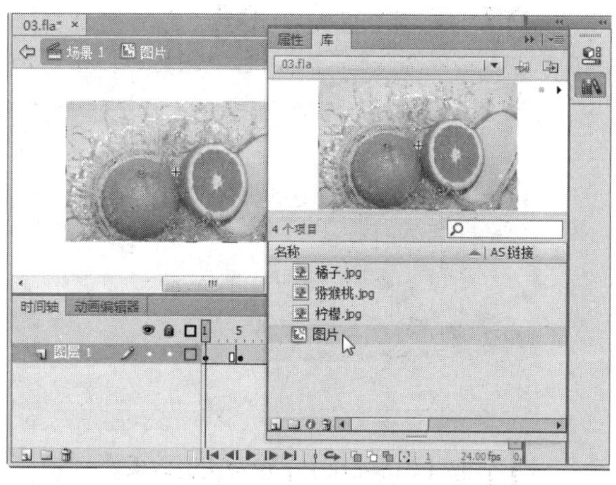

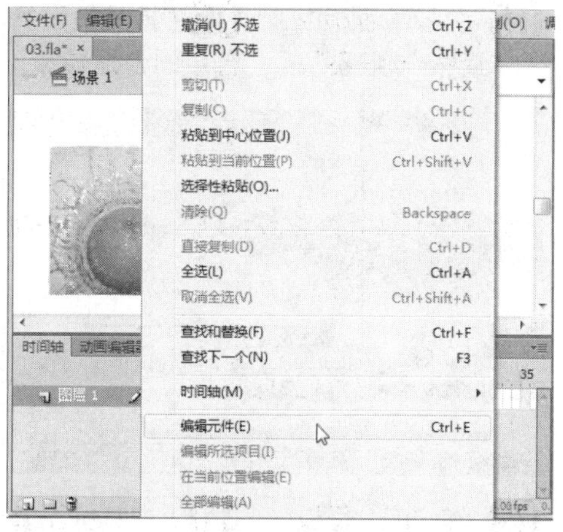

10.3 创建与编辑实例

在创建元件后，可以在文档中的任何地方创建该元件的实例。当修改元件时，Flash 将会自动更新所有的实例。下面将详细介绍实例的创建与编辑方法。

10.3.1 创建实例

元件仅存在于“库”面板中，当将库中的元件拖入舞台后，它便成为一个实例。拖动一次便产生一个实例，拖动两次则可以产生两个实例。

在 Flash CS6 中创建实例的具体操作方法如下：

素材：光盘：素材\10\04.fla　　效果：光盘：效果\10\04.fla

难度：★★☆☆☆　　视频：光盘：视频\10\创建实例.swf

01 打开素材文件 04.fla。

02 打开“库”面板，查看素材。

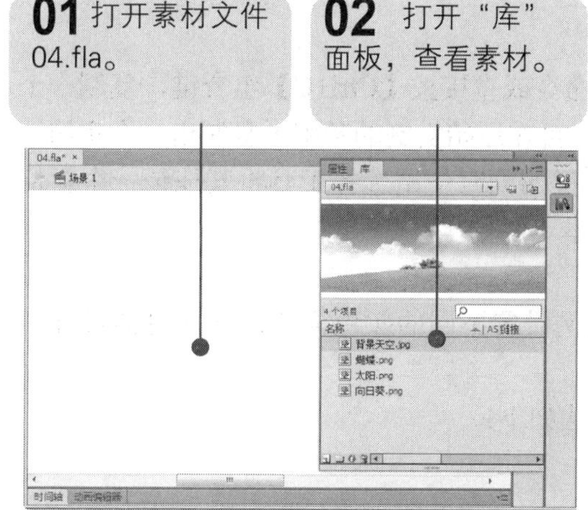

03 在“库”面板中选择素材“背景天空”。

04 将其拖至舞台中的合适位置。

实例是元件在舞台上的具体应用，利用同一个元件可以创建若干个不同颜色、大小和功能的实例。

05 在“库”面板中选择素材“向日葵”。

06 将其拖至舞台中的合适位置。

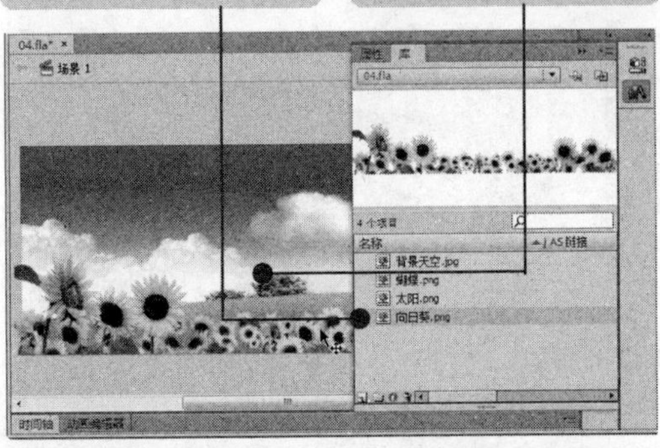

07 在“库”面板中选择素材“蝴蝶”。

08 将其拖至舞台中的合适位置。

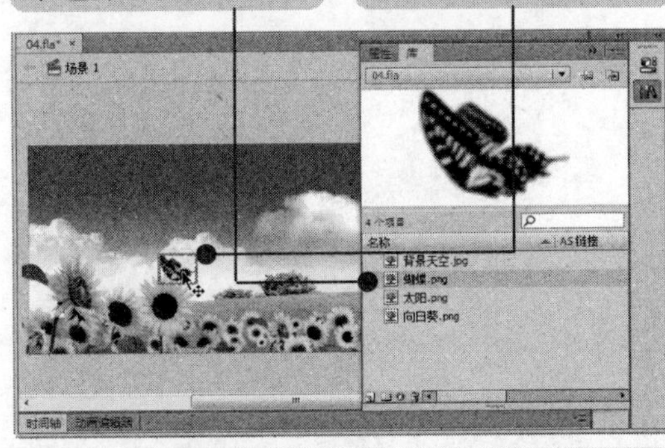

09 在“库”面板中选择素材“太阳”。

10 将其拖至舞台中的合适位置。

11 按【Ctrl+Enter】查看实例效果。

10.3.2 编辑实例

下面将详细介绍如何对实例进行编辑操作，其中包括复制实例，设置实例颜色样式，改变实例类型，以及分离与交换实例等。

素材：光盘:素材\10\无　　光盘：效果\10\05.fla

难度：★★☆☆☆　　视频：光盘：视频\10\编辑实例.swf

1. 复制实例

选中要复制的实例，单击“编辑”|“复制”命令或直接按【Ctrl+C】组合键，复制一个实例；单击“编辑”|“粘贴到当前位置”命令，即可在原始实例的基础上复制出一个实例。

也可以先选中一个实例，然后在按住【Alt】键的同时使用选择工具将其拖至一个新位置后松开鼠标，即可在新位置复制出一个实例副本。

2. 设置实例颜色样式

通过“属性”面板可以为一个元件的不同实例设置不同的颜色样式，其中包括设置亮度、色调和 Alpha 值等。

设置元件不同实例的颜色样式的具体操作方法如下：

小提示

调节图像的相对亮度或暗度，量度范围是从黑（-100%）到白（100%）。调整量度时，单击并拖动滑块或在文本框中输入指定值。

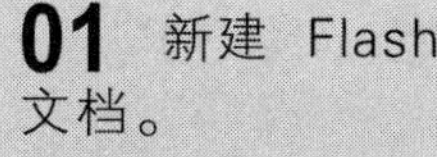

01 新建 Flash 文档。

02 使用椭圆工具绘制两个颜色大小不同的椭圆。

03 将其中一个椭圆移至另一椭圆上，按【Delete】键删除小圆。

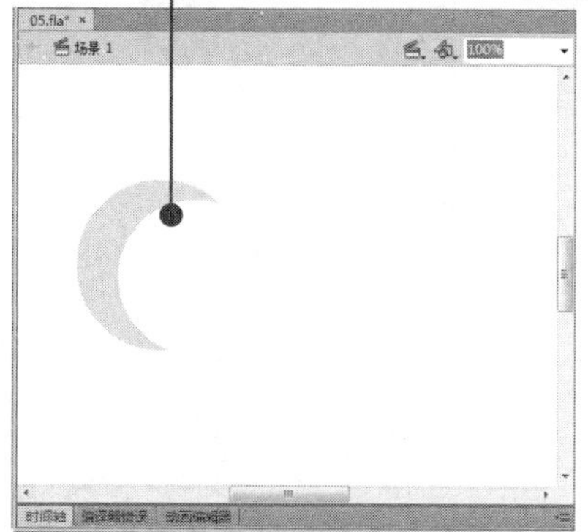

04 选中在舞台中绘制的对象。

05 单击“修改”|“转换为元件”命令。

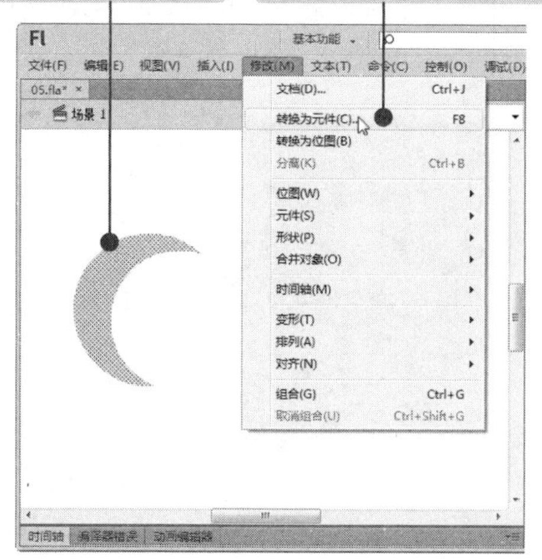

06 修改元件名称，选择元件类型。

07 单击“确定”按钮。

08 将元件“月牙”从“库”面板中拖至舞台。

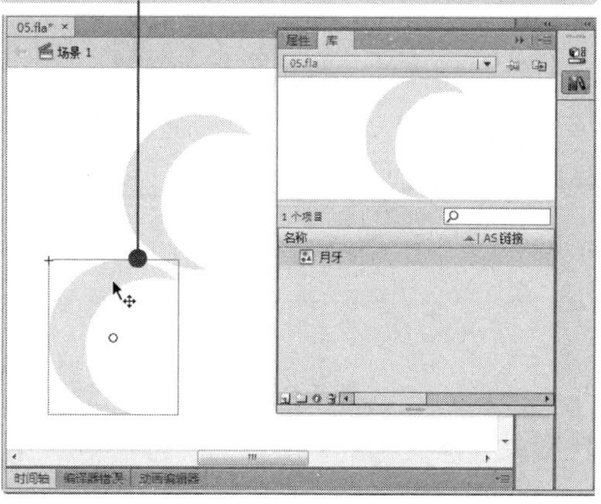

09 打开“属性”面板。

10 选择“色调”样式，设置参数值。

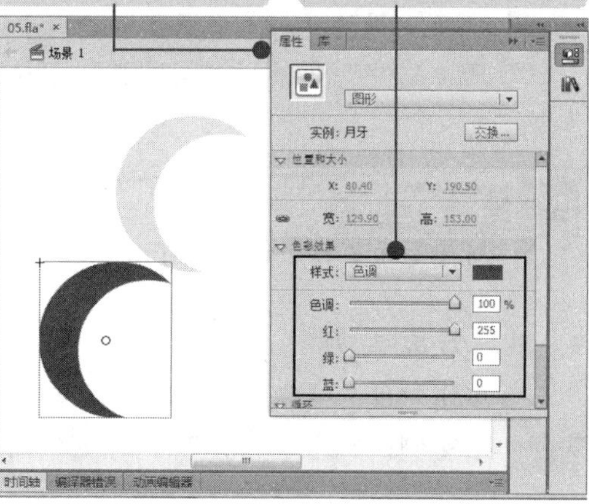

若要设置色调百分比，可使用“属性”面板中的色调滑块。若要调整色调，单击并拖动滑块或者在文本框中输入指定值。若要选择颜色，在文本框中输入红、绿和蓝色的值。

11 将元件“月牙”从“库”面板中拖至舞台。

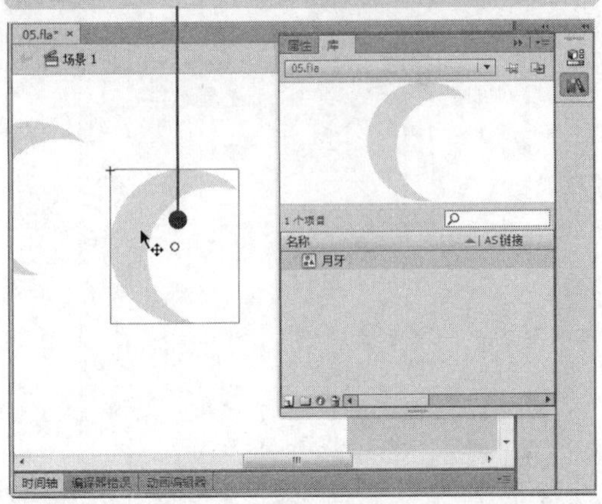

12 打开“属性”面板。

13 选择“高级”样式，设置参数值。

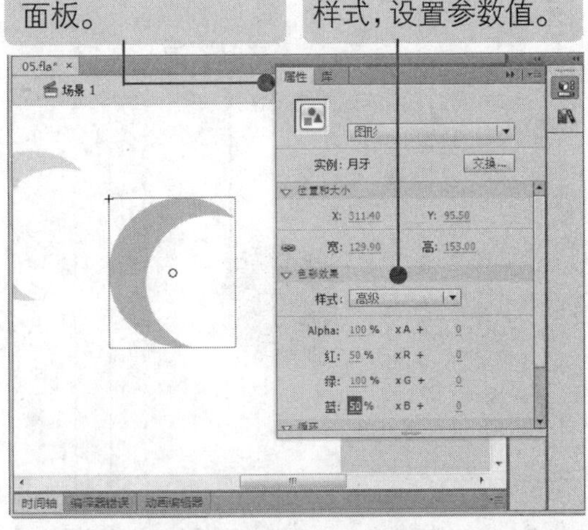

14 使用任意变形工具旋转各个实例。

15 添加背景颜色，查看效果。

3. 改变实例类型

修改实例类型可以对实例进行不同的编辑操作，例如，要将原为“图形”的元件实例编辑为动画，则必须先将其类型更改为“影片剪辑”。

打开“属性”面板，在元件类型下拉列表中可以选择相应的元件类型，如下图（左）所示。

高手点拨

对于影片剪辑元件实例可以通过其“属性”面板的“混合”下拉列表框对色彩进行处理。

4. 分离实例

分离实例能使实例与元件分离，在与元件发生更改后，实例并不随之改变。在舞台中选择一个实例，单击“修改”|“分离”命令，对比效果如下图（右）所示。

小提示

 调节实例的透明度，调节范围是从透明（0%）到完全饱和（100%）。若要调整 Alpha 值，单击并拖动滑块，或者在文本框中输入指定值。

5. 交换实例

选择舞台中的实例，单击“交换”按钮，弹出“交换元件”对话框。在其中选择某个元件，然后单击“确定”按钮，即可用该元件的实例替换舞台中选择的元件实例，如下图所示。

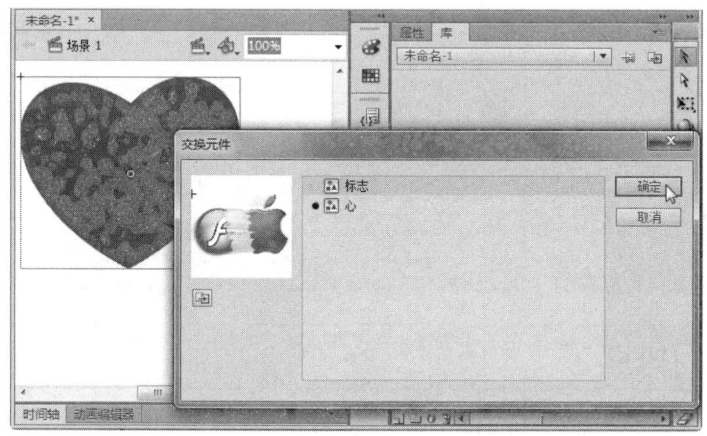

10.4 使用“库”面板

库是 Flash 中所有可重复使用对象的储存“仓库”，所有的元件一经创建就保存在库中，导入的外部资源，如位图、视频、声音文件等也都保存在“库”面板中。

10.4.1 项目编组

通过“库”面板可以对其中的各种资源进行操作，为动画的编辑带来了很大的方便。在“库”面板中可以对资源进行编组、项目排序和重命名等管理。

利用文件夹可以对库中的项目进行编组。

实例被分离后就会失去与原来元件之间的任何联系，当再次编辑“库”面板中的元件时，不会对分离后的实例产生影响。

1. 新建文件夹

单击“库”面板底部的“新建文件夹”按钮，即可新建一个文件夹。输入文件夹名称后按【Enter】键，如下图（左）所示。

2. 删除文件夹

选中要删除的文件夹，按【Delete】键，即可删除文件夹。也可以在面板菜单中选择“删除”命令，或单击面板下方的“删除”按钮，如下图（中）所示。

3. 重命名文件夹

双击文件夹名称，输入新文件夹名，按【Enter】键，即可完成对文件夹的重命名操作，如下图（右）所示。

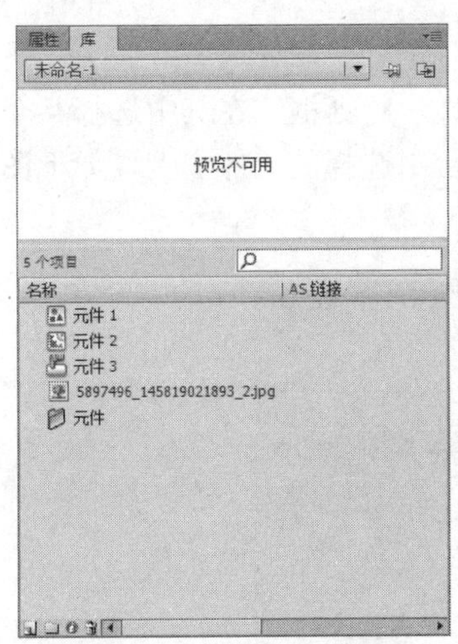

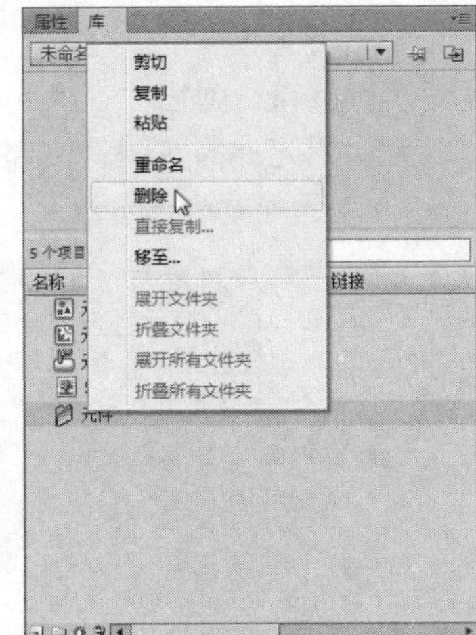

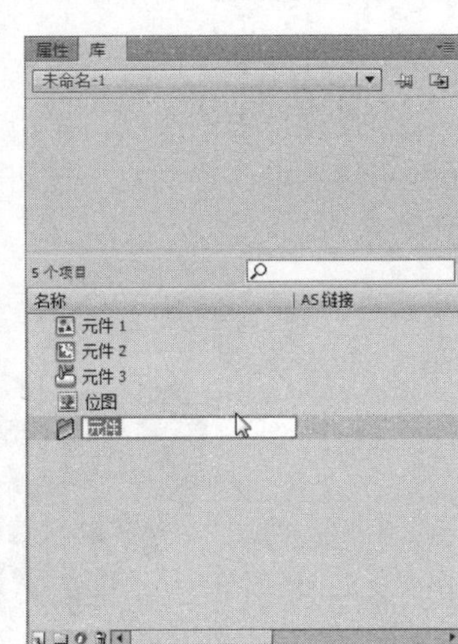

10.4.2 项目排序

用户可以对“库”面板中的项目按照修改日期和类型进行排序。

1. 按修改日期排序

单击任意一列的标题，就会按照该列的属性进行排序。例如，单击“修改日期”标题，就会按照上一次修改时间的先后顺序进行排序，如下图所示。

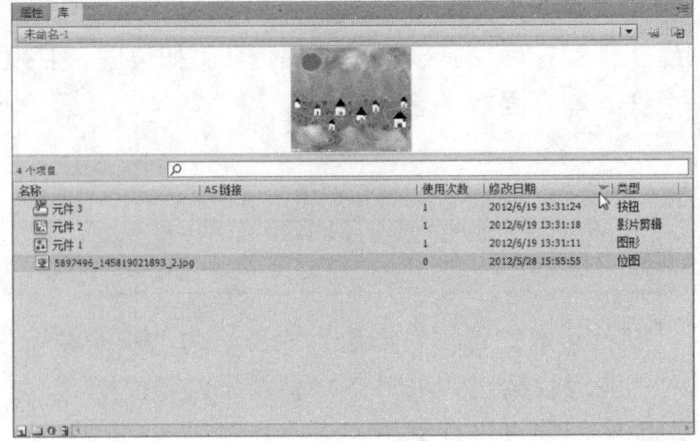

小提示

库项目繁多时可以利用“库”文件夹对其进行分类管理，“库”面板中可以同时包含多个文件夹，但不允许文件夹使用相同的名字。

2. 按类型排序

单击“类型”标题，就会将库中相同类型的对象排在一起，如下图所示。

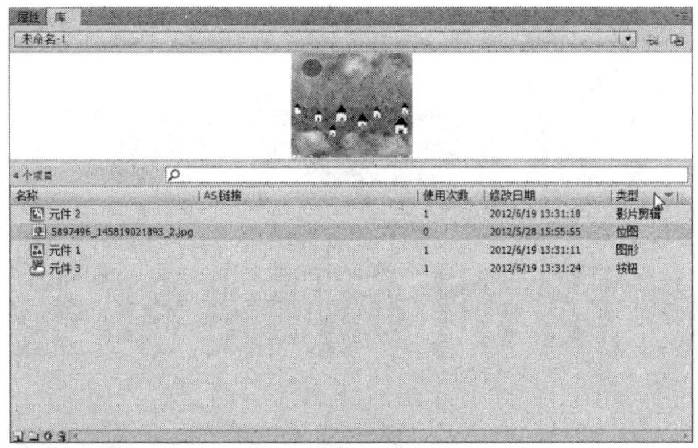

10.4.3 项目重命名

在资源库列表中选中一个项目，右击图形名称，在弹出的快捷菜单中选择“重命名”命令，输入新项目名称，按【Enter】键即可。或直接双击项目名称，也可以对其重命名，如下图所示。

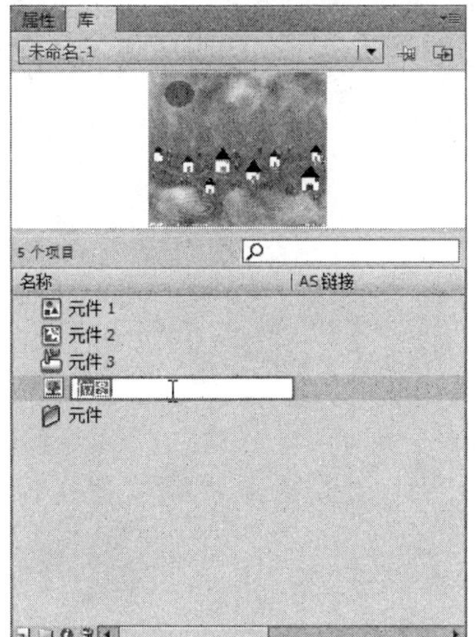

无需通过删除未用库项目来缩小 Flash 文档的文件大小，这是因为未用库项目并不包含在 SWF 文件中。不过，链接的待导出项目包括在 SWF 文件中。

预计学习时间 100 分钟

Chapter 11

使用时间轴创建网页动画

时间轴是动画的重要载体，也是控制动画播放的编辑器。无论是什么类型的动画都离不开时间轴，本章将重点介绍如何利用时间轴制作各种类型的动画，如逐帧动画、补间动画、形状补间动画、引导层动画和遮罩动画等。

要点导航

- 时间轴与帧
- 创建基本动画
- 创建高级动画

重点图例

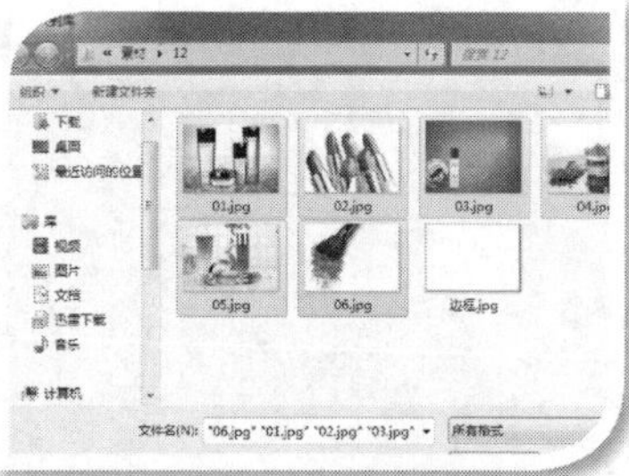

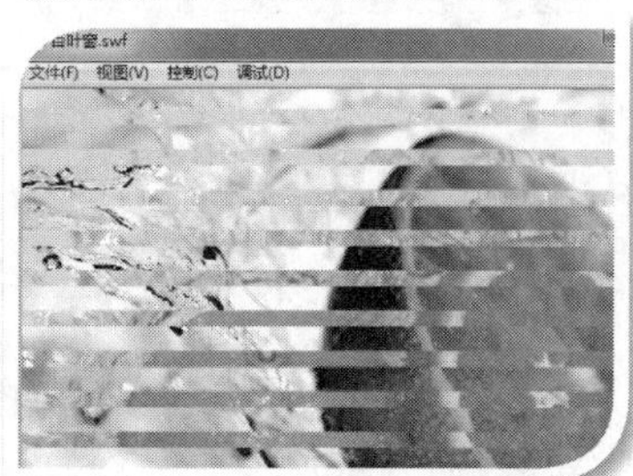

11.1 时间轴与帧

在 Flash 中，动画的内容都是通过“时间轴”面板来组织的。“时间轴”面板将动画在横向上划分为帧，在纵向上划分为图层。下面将详细介绍时间轴和帧的相关知识。

11.1.1 认识“时间轴”面板

“时间轴”面板用于组织和控制一定时间内图层和帧中的文档内容，它的主要组件是图层、帧和播放头。如下图所示即为“时间轴”面板。

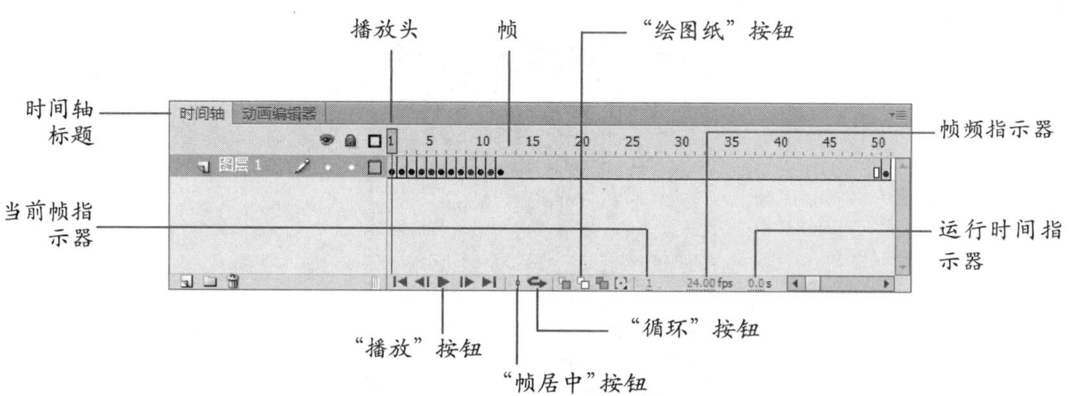

（1）操作播放头

“时间轴”面板中的播放头用于控制舞台上显示的内容。舞台上只能显示播放头所在帧中的内容，下图（左）显示了动画第 5 帧中的内容，下图（右）显示了动画第 10 帧中的内容。

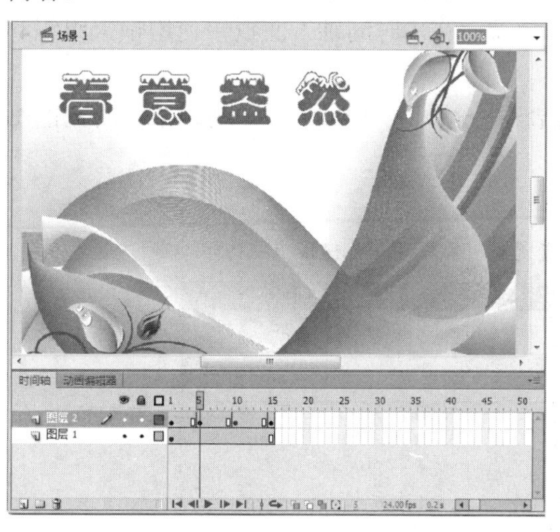

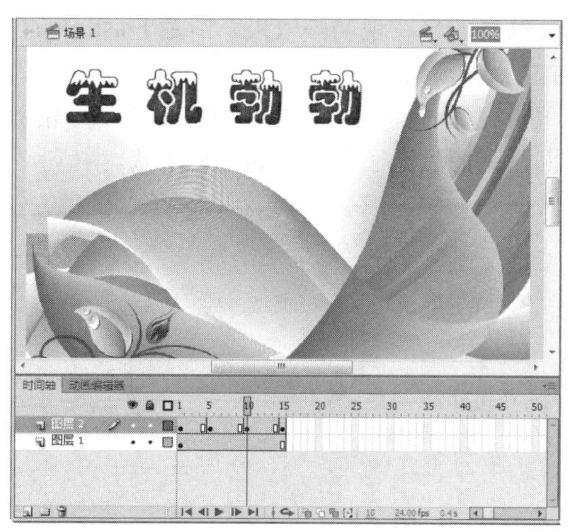

通过移动播放头可以预览动画内容，当移动播放头时，在“时间轴”面板的状态栏中显示相应的帧数。

（2）移动播放头

在播放动画时，播放头在时间轴上移动，只是当前显示在舞台中的帧。使用鼠标直接拖动播放头到所需的位置，即可从该位置播放，如下图（左）所示。

（3）更改时间轴中的帧显示

单击时间轴右上角的“帧视图”按钮，在弹出的列表中可以选择显示方式，如下图（右）所示。

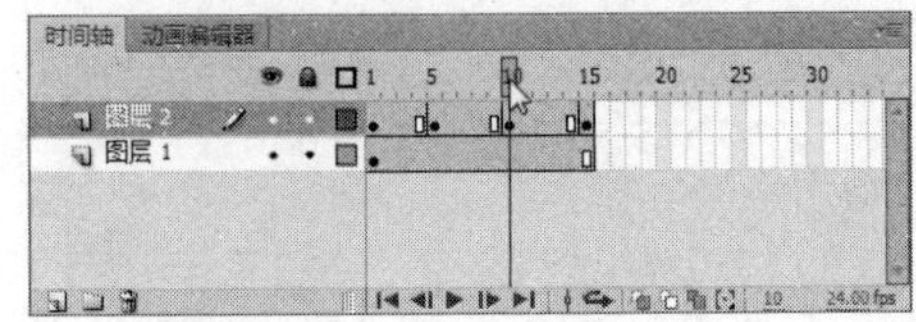

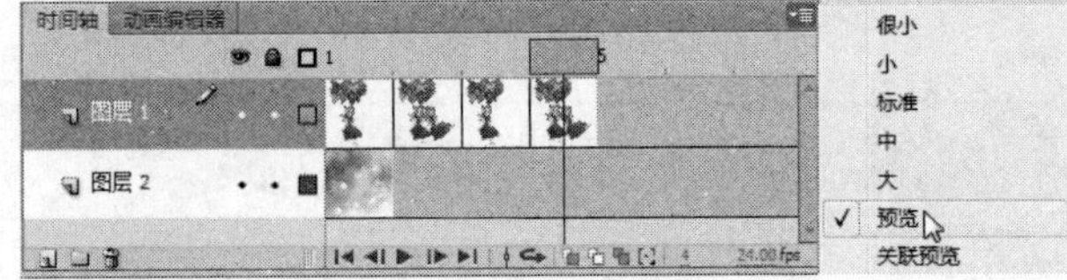

（4）设置图层属性

双击时间轴中的图层图标，在弹出的“图层”属性对话框中可以设置图层属性，如下图所示。

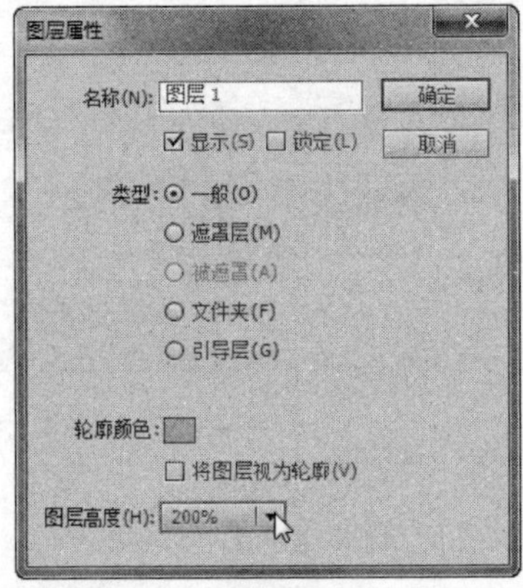

11.1.2 认识帧

电影是通过一张张胶片连续播放而形成的，Flash 中的帧就像电影中的胶片一样，通过连续播放来实现动画效果。帧是 Flash 中的基本单位，在“时间轴”面板中使用帧来组织和控制文档内容。

在“时间轴”面板中的每一个小方格就代表一个帧，一个帧包含了动画某一时刻的画面。下图列出了几种帧的常见形式。

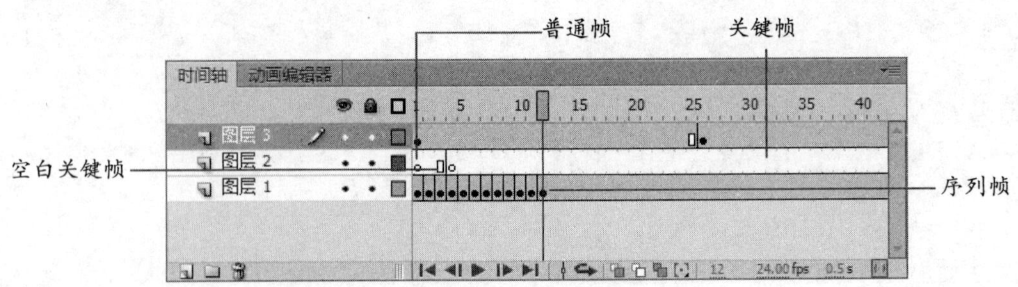

在要选择的帧上按住鼠标左键，然后向左或向右拖动鼠标也可以选择连续的多个帧。

关键帧

关键帧是时间轴中内容发生变化的一帧。默认情况下，每个图层的第一帧是关键帧。关键帧可以是空的。若要添加关键帧，可在“时间轴”面板上右击，在弹出的快捷菜单中选择“插入关键帧”命令，或直接按【F6】键完成添加操作。

普通帧

普通帧是依赖于关键帧的，在没有设置动画的前提下，普通帧与上一个关键帧中的内容相同。在一个动画中增加一些普通帧可以延长动画的播放时间。若要添加普通帧，可在“时间轴”面板上右击，在弹出的快捷菜单中选择“插入帧”命令，或直接按【F5】键完成添加操作。

空白关键帧

当新建一个图层时，图层的第 1 帧默认为空白关键帧，即一个黑色轮廓的圆圈。当向该图层添加内容后，这个空心圆圈将变为一个实心圆圈，该帧即为关键帧。若要添加空白关键帧，可在“时间轴”面板上右击，在弹出的快捷菜单中选择“插入空白关键帧”命令，或直接按【F7】键完成添加操作。

序列帧

序列帧就是一连串的关键帧，每一帧在舞台中都有相应的内容。一般序列帧多出现在逐帧动画中。

11.1.3 设置帧频

在设计制作 Flash 动画时，特别需要考虑帧频的问题，因为帧频会影响最终动画效果。将帧频设置得过高，就会导致处理器问题。

帧频就是动画播放的速度，以每秒钟所播放的帧数为度量。如果动画的帧频太慢，会使该动画看起来没有连续感；如果帧频太快，就会使该动画的细节变得模糊，看不清楚。

通常将在网络上传播的动画帧频设置为每秒 12 帧，但标准的运动图像速率为每秒 24 帧。在 Flash CS6 中，默认的帧频为 24fps。

若需要修改 Flash 文档的帧频，可以在新建 Flash 文档后，在“属性”面板上的“帧频”文本框中设置帧频，如下图（左）所示。也可以在舞台中右击，选择“文档属性”命令，在弹出的“文档设置”对话框中进行设置，如下图（右）所示。

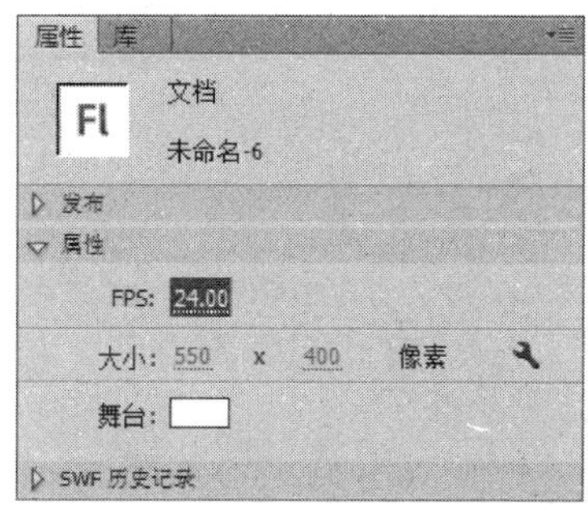

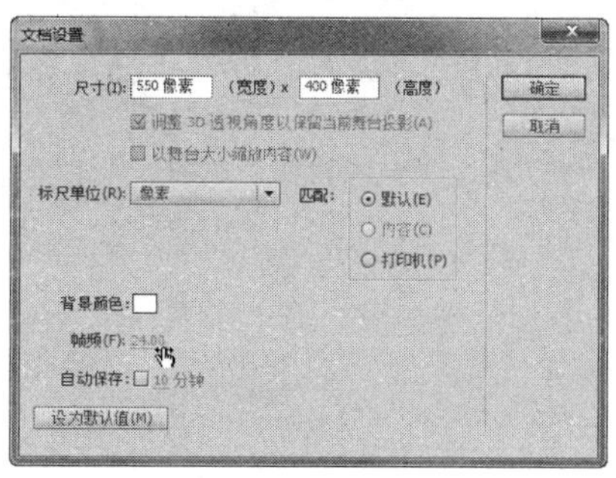

普通帧可以转换为空白关键帧，只需在其快捷菜单中选择“转换为空白关键帧”命令即可。转换成空白关键帧后，其后的帧序列中的内容将清空。

11.1.4 编辑帧

在制作动画的过程中，经常需要对帧进行各种编辑操作。虽然帧的类型比较复杂，在动画中起到的作用也各不相同，但对帧各种编辑操作都是一样的。

复制帧

选择要复制的帧并右击，在弹出的快捷菜单中选择“复制帧”命令即可复制帧，如下图（左）所示；选择目标帧并右击，在弹出的快捷菜单中选择“粘贴帧”命令将其粘贴，如下图（右）所示。

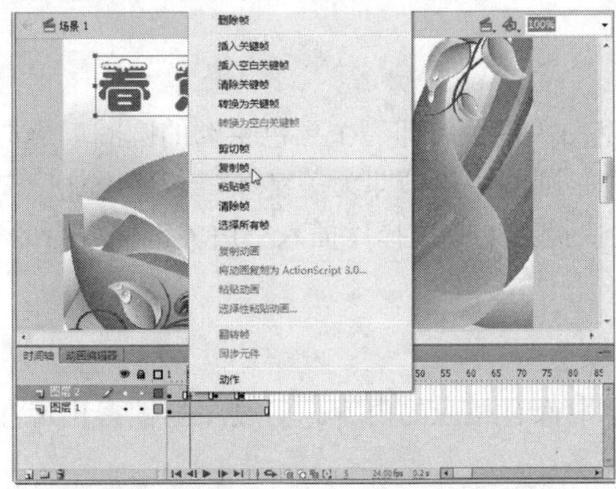

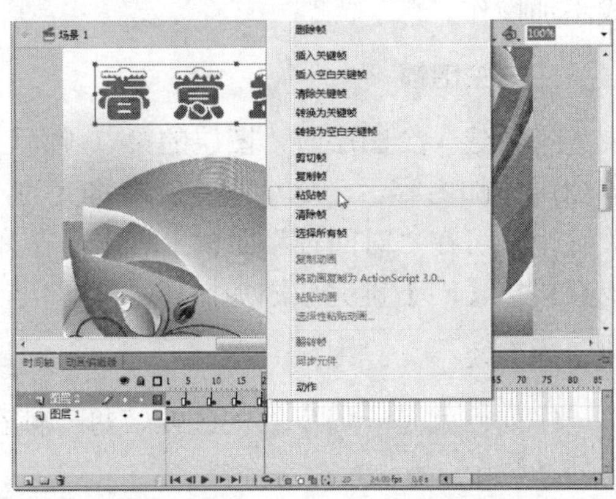

选择帧

若要选择一个帧，则直接单击该帧；若要选择多个连续的帧，可按住【Shift】键并单击其他帧；若要选择多个不连续的帧，可按住【Ctrl】键单击其他帧；若要选择时间轴中的所有帧，可单击“编辑”｜“时间轴”｜“选择所有帧”命令，如下图（左）所示。

删除帧

选择要删除的帧并右击，在弹出的快捷菜单中选择“删除帧”命令即可。或直接按【Shift+F5】组合键，即可删除帧，如下图（右）所示。

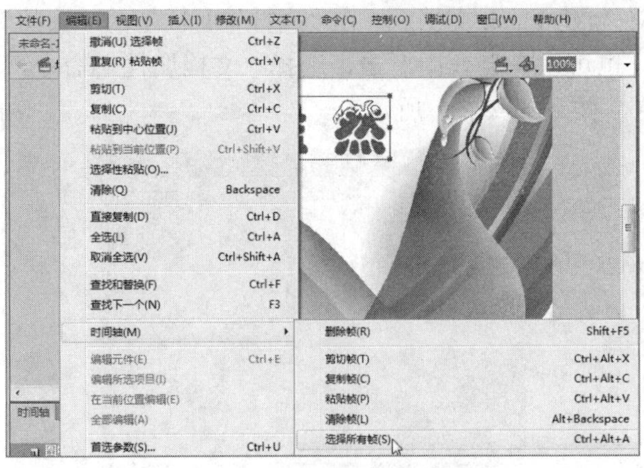

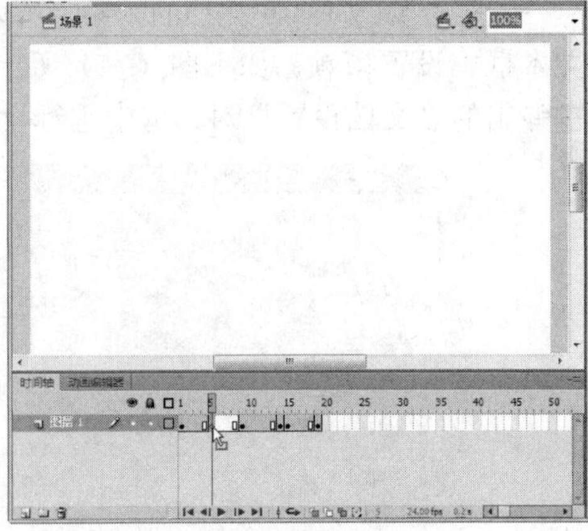

小提示

不能使用键盘上的【Delete】键删除选择的帧，若按【Delete】键只是将舞台上的内容删除，使选择的帧变为空白帧，而无法将时间轴中的帧删除。

清除帧

在选择的帧上右击，在弹出的快捷菜单中选择“清除帧”命令，即可将帧或关键帧转换为空白关键帧，如下图（左）所示。

移动帧

若要移动关键帧序列及其内容，只需将该关键帧或序列拖至所需的位置即可，如下图（右）所示。

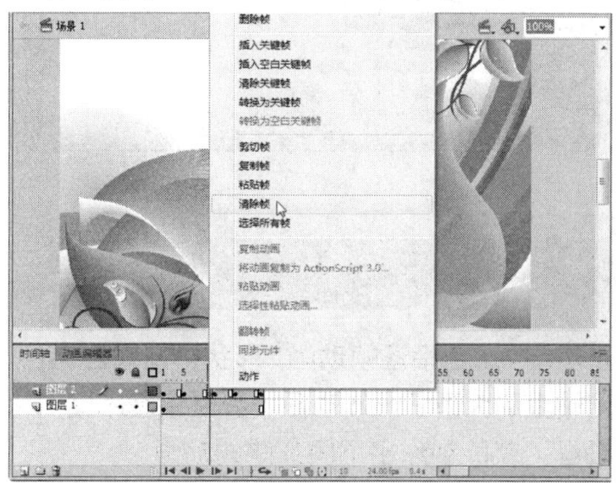

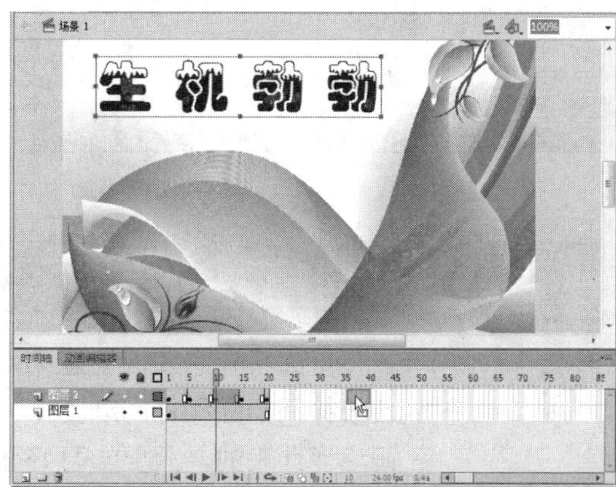

更改静态帧序列的长度

在时间轴选择帧序列，按住【Ctrl】键的同时向左或向右拖动，可以选择开始或结束帧，如下图所示。

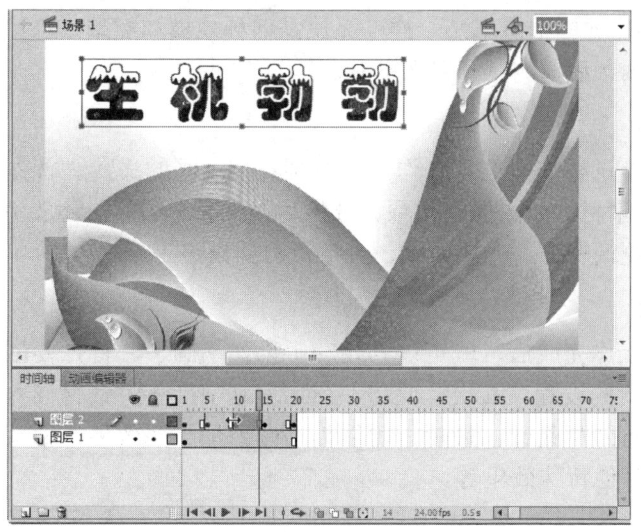

翻转帧

选择序列帧并右击，在弹出的快捷菜单中选择“翻转帧”命令，将该序列进行颠倒，如下图所示。

通过单击“编辑”|“时间轴”|“剪切板”或“粘贴”命令也可以完成移动帧的操作。

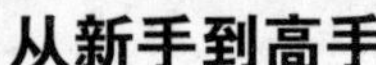

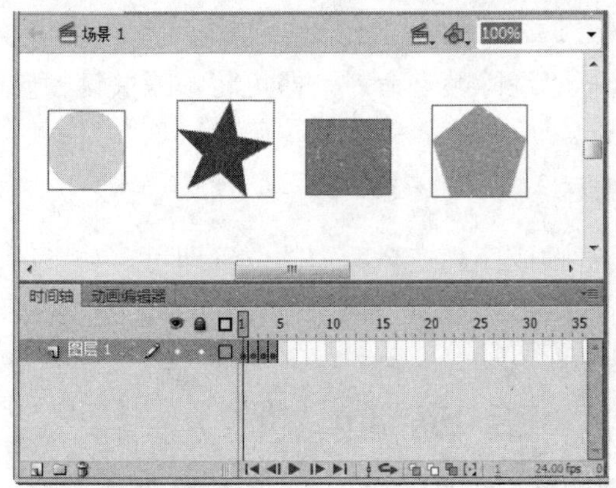

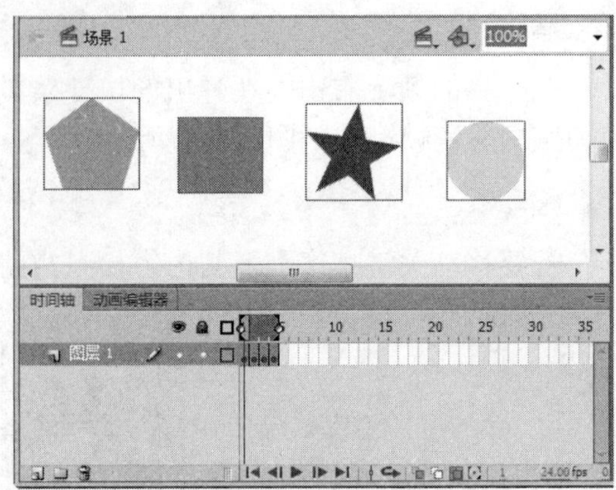

11.2 创建基本动画

下面将介绍如何创建 Flash 基本动画，包括逐帧动画、形状补间动画、传统补间动画和补间动画。一些网站上的大型 Flash 动画中都是由基本动画演变而来的，只要学习好基本动画，就能制作出不同凡响的动画。

11.2.1 Flash 动画制作流程

Flash 动画的制作如同拍摄电影一样，无论是何种规模和类型，都可以分为四个步骤：前期策划、创作动画、后期测试和发布动画。

1．前期策划

前期策划主要是进行一些准备工作，关系到一部动画的成败。首先要给动画设计“脚本”，其次就是搜集素材，如图像、视频、音频和文字等。另外，还要考虑到一些画面的效果，如镜头转换、色调变化、光影效果、音效及时间设定等。

2．创作动画

当前期的准备工作完成后，就可以开始动手创作动画了。首先要创建一个新文档，然后对其属性进行必要的设置。其次，要将在前期策划中准备的素材导入到舞台中，然后对动画的各个元素进行造型设计。最后，可以为动画添加一些效果，使其变得更加生动，如图形滤镜、混合和其他特殊效果等。

3．后期测试

后期测试可以说是动画的再创作，它影响着动画的最终效果，需要设计人员细心、严格地进行把关。当一部动画创作完成后，应该多次对其进行测试，以验证动画是否按预期设想进行工作，查找并解决所遇到的问题和错误。

在整个创作过程中，需要不断地进行测试。若动画需要在网络上发布，还要对其进行优化，减小动画文件的体积，以缩短动画在网上的加载时间。

小提示 Flash 在网络广播、教学课件及多媒体光盘等方面也发挥着强大的作用。

4. 发布动画

动画制作的最后一个阶段即为发布动画，当完成 Flash 动画的创作和编辑工作之后，需要将其进行发布，以便在网络或其他媒体中使用。通过进行发布设置，可以将动画导出为 Flash、HTML、GIF、JPEG、PNG、EXE、Macintosh 和 QuickTime 等格式。

11.2.2 制作逐帧动画

逐帧动画是 Flash 中相对比较简单的基本动画，其通常由多个连续的帧组成，通过连续表现关键帧中的对象，从而产生动画效果。下面将详细介绍逐帧动画的制作方法与技巧。

1. 认识逐帧动画

逐帧动画与传统的动画片类似，每一帧中的图形都是通过手工绘制出来的。在逐帧动画中的每一帧都是关键帧，在每个关键帧中创建不同的内容，当连续播放关键帧中的图形时即可形成动画，如右图所示。逐帧动画制作起来比较麻烦，但它可以制作出所需要的任何动画。逐帧动画适合于制作每一帧中的图像内容都发生变化的复杂动画。

2. 创建逐帧动画

逐帧动画通常由多个连续关键帧组成，通过连续表现关键帧中的对象从而产生动画效果。下面将通过实例来详细介绍如何创建逐帧动画，具体操作方法如下：

素材：光盘：素材\11\逐帧动画.fla　　效果：光盘：效果\11\逐帧动画.fla

难度：★☆☆☆☆　　视频：光盘：视频\11\制作逐帧动画.swf

01 打开素材文件“逐帧动画.fla”。

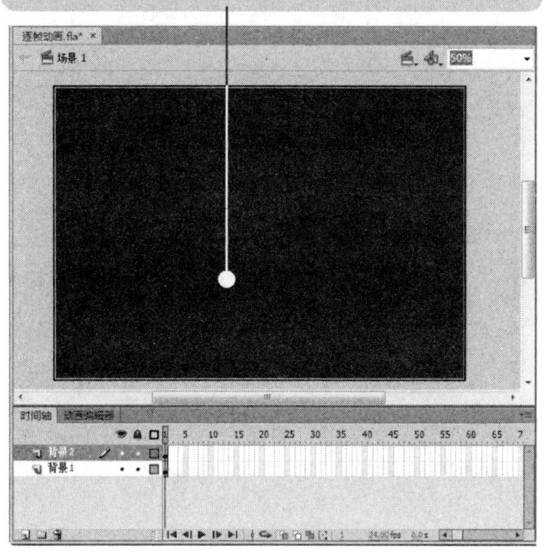

02 单击“文件”|“导入”|“导入到库”命令。

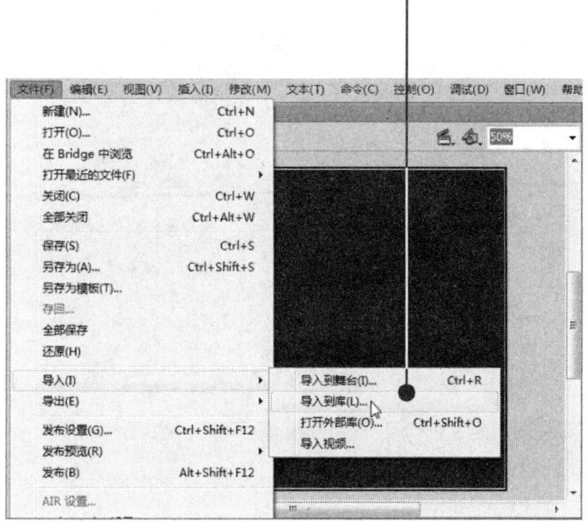

帧频是动画播放的速度，以每秒播放的帧数（fps）为度量单位。帧频太慢会使动画看起来一顿一顿的，帧频太快会使动画的细节变得模糊。标准的动画速率是 24fps。

03 选择需要导入的文件。

04 单击“打开”按钮。

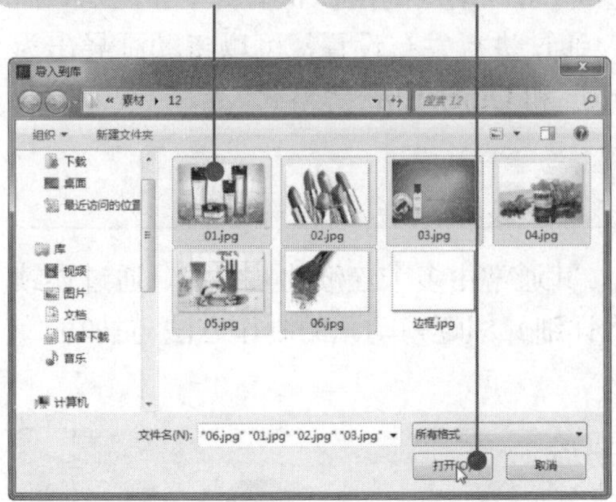

05 单击新建图层图标，新建“图层 1”。

06 将01.jpg从“库”面板中拖至舞台。

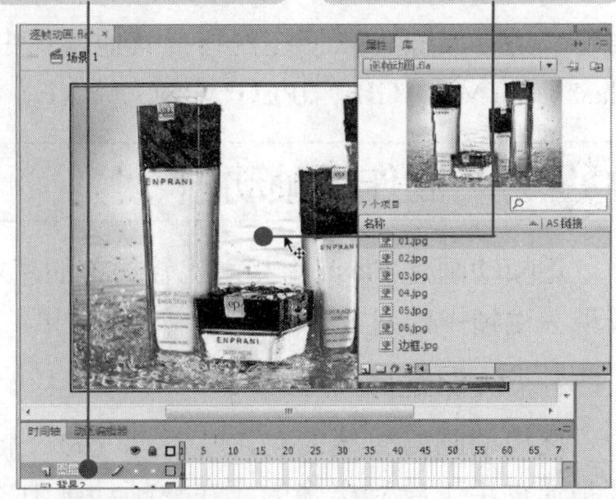

07 选择“背景 1”、“背景 2”图层第 30 帧，插入帧。

08 单击锁定图标，锁定图层。

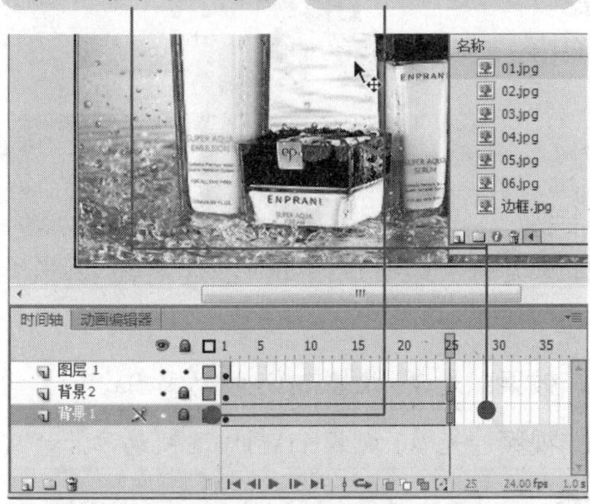

09 在第 2 帧处插入空白关键帧。

10 将02.jpg从“库”面板中拖至舞台。

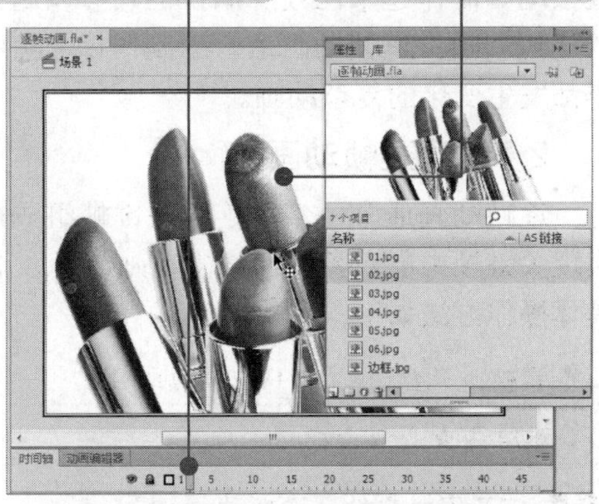

11 在第 3 帧处插入空白关键帧。

12 将03.jpg从“库”面板中拖至舞台。

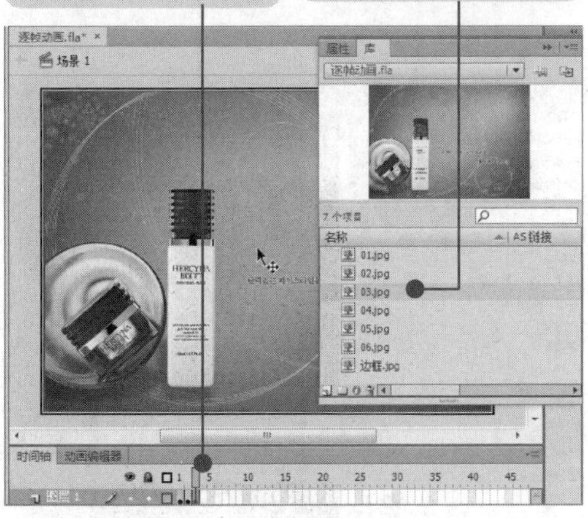

13 按照同样的方法，导入其他图像。

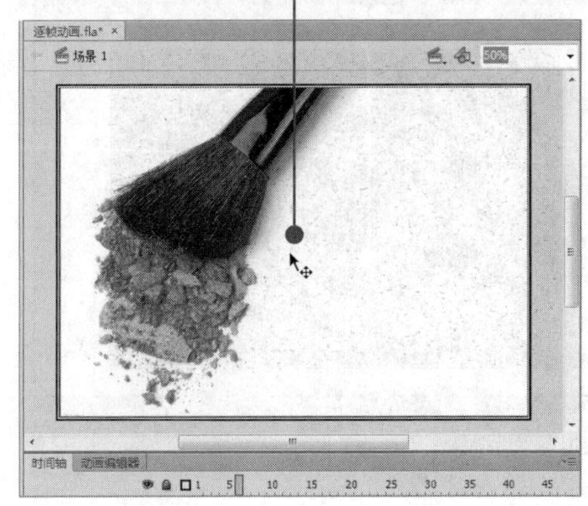

小提示

当导入图片序列后，将会自动按顺序保存在“库”面板中。

14 单击“编辑多个帧”按钮。

15 选择“图层 1”中的所有帧。

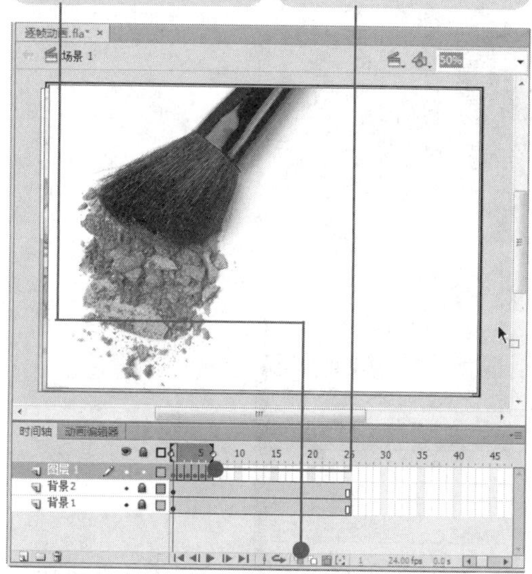

16 打开“对齐”面板，选中“与舞台对齐”复选框。

17 单击“水平中齐”和“垂直中齐”按钮。

18 在前面关键帧后面分别按【F5】键，插入四个普通帧。

19 将帧速设为 6.00fps，按【Ctrl+Enter】组合键测试影片效果。

11.2.3 制作传统补间动画

传统补间动画的创建过程较为复杂，但它所具有的某种类型的动画控制功能是其他补间动画所不具备的。下面首先来认识传统补间动画，然后制作传统补间动画。

1. 认识传统补间动画

传统补间动画是指在 Flash 的“时间帧”面板上的一个关键帧上放置一个元件，然后在另一个关键帧改变这个元件的大小、颜色、位置和透明度等，Flash 将自动根据两者之间帧

如果导入到舞台的所有图像是序列，那么导入后的图片不会重叠在第 1 个关键帧中，Flash 将创建多个关键帧，并把图片依次放在这些关键帧中。

的值创建的动画。动作补间动画创建后，“时间帧”面板的背景色变为淡紫色，在起始帧和结束帧之间有一个长长的箭头，如下图所示。

构成动作补间动画的元素是元件，包括影片剪辑、图形元件、按钮、文字、位图和组合等，但不能是形状，只有把形状组合或转换成元件后才可以制作动作补间动画。

2．创建传统补间动画

传统补间动画是利用动画对象起始帧和结束帧建立补间，创建动画的过程是先定起始帧和结束帧位置，然后创建动画。在这个过程中，Flash 将自动完成起始帧与结束帧之间的过渡动画。

下面将通过实例来介绍如何创建传统补间动画，具体操作方法如下：

素材：光盘：素材\11\传统补间动画.fla　　效果：光盘：效果\11\传统补间动画.fla

难度：★★☆☆☆　　视频：光盘：视频\11\制作传统补间动画.swf

01 新建文档，设置属性。

02 重命名“图层1”为“背景”。

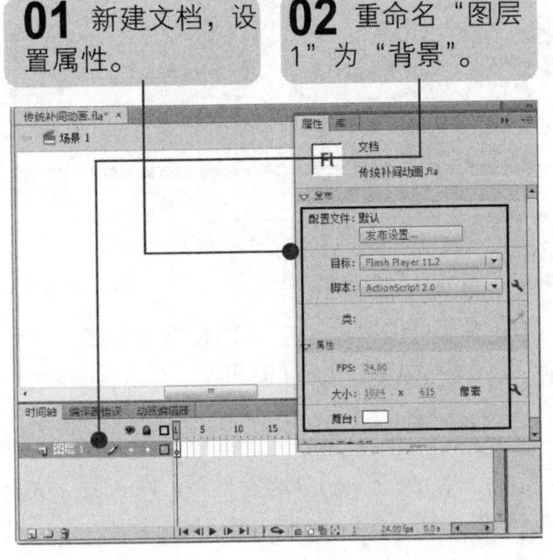

03 单击“文件”|“导入”|“导入到库”命令。

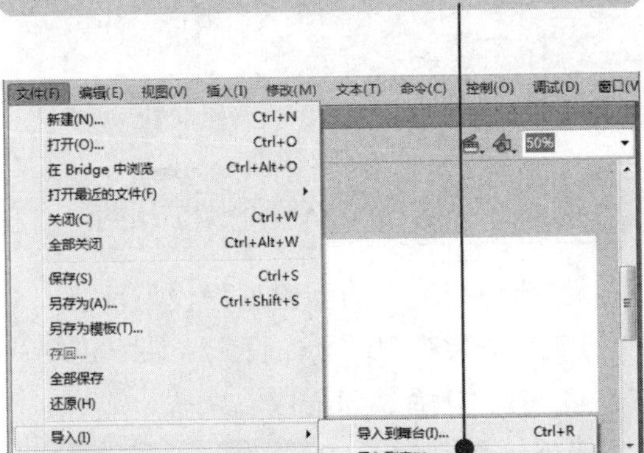

小提示　制作传统补间动画需要具备的三个条件：一、一个传统补间动画中至少要有两个关键帧。二、这两个关键帧中的对象必须是同一个对象。三、这两个关键帧中的对象必须有一些变化。

04 选择要导入的文件。

05 单击“打开”按钮。

06 打开“库”面板，将素材“地球”拖至舞台。

07 在第 80 帧处按【F5】键，插入帧。

08 新建“图层 2”。

09 将素材“地球”从“库”面板中拖至舞台。

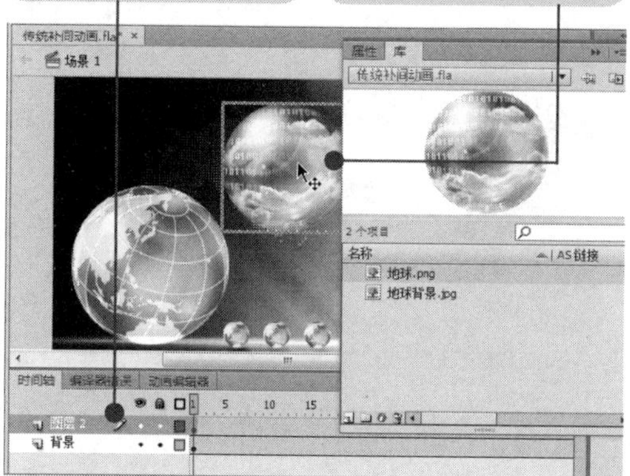

10 打开“属性”面板，设置属性参数。

11 按【F8】键，在弹出的对话框中设置名称和类型。

12 单击“确定”按钮。

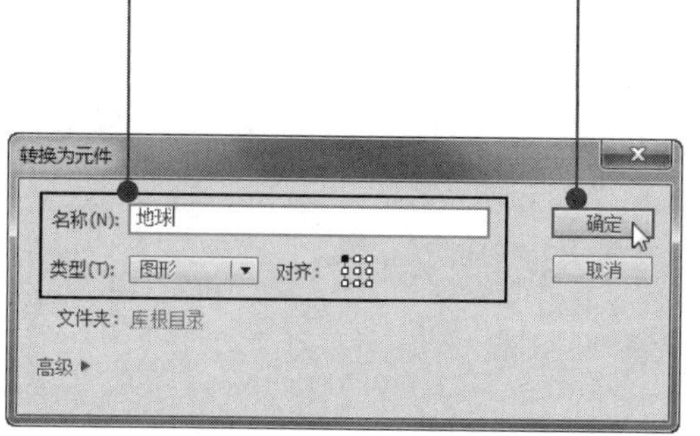

13 选择“图层 2”中的第 1 帧。

14 将实例拖至合适位置。

传统补间动画的分类：位置的移动；大小的变化；旋转；颜色的变化。

15 在第 80 帧处按【F6】键，添加关键帧。

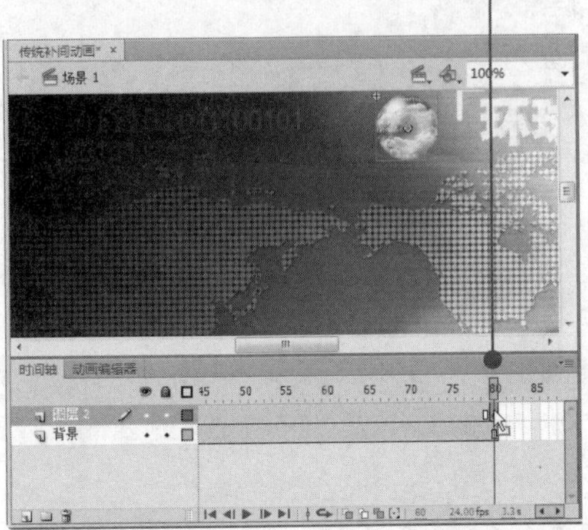

16 右击第 1~80 帧任意一帧。

17 选择“创建传统补间动画”。

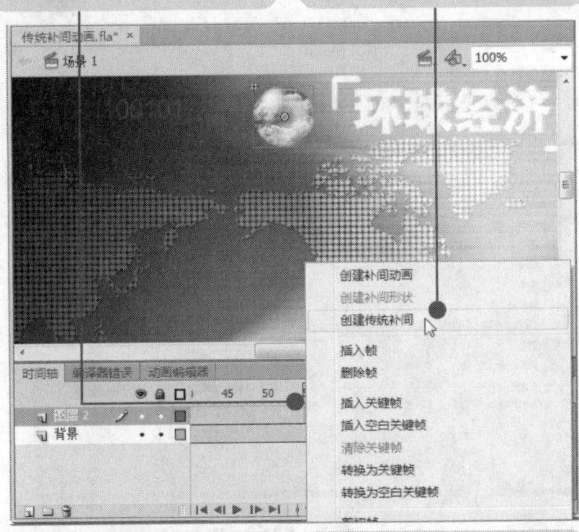

18 选择其中的任意一帧。

19 打开“属性”面板，设置属性参数。

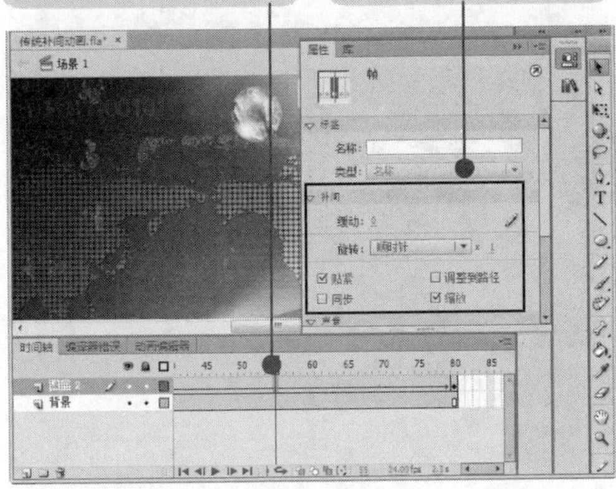

20 新建“图层 3”。

21 将元件“地球”从“库”面板中拖至舞台。

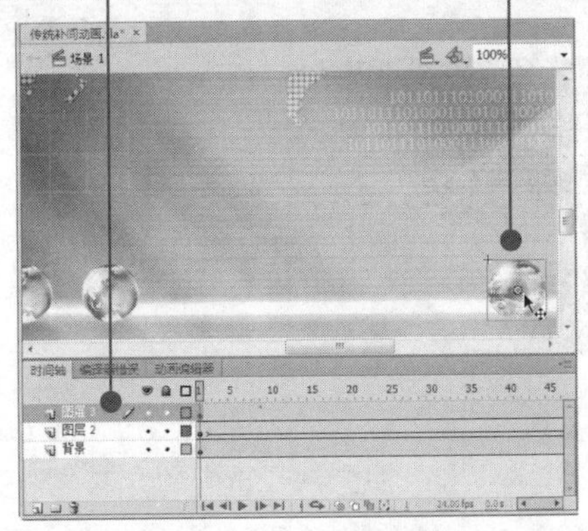

22 将第 1 帧拖至第 40 帧。

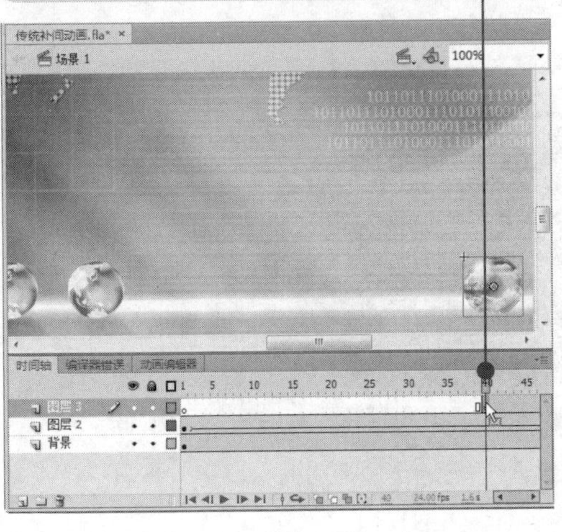

23 在第 80 帧处添加关键帧。

24 将实例移动到合适位置。

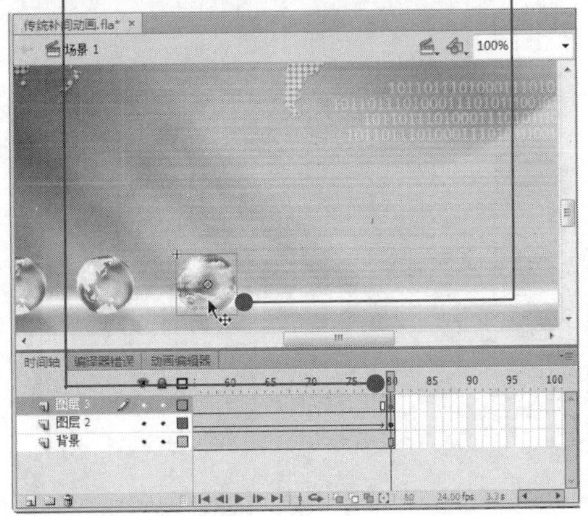

小提示

通过菜单命令创建传统补间动画：选择同一图层的两个关键帧之间的任意一帧，单击“插入”|“传统补间”命令即可创建传统补间动画。

25 选择其中任意一帧，创建传统补间动画。

26 打开“属性”面板，设置属性参数。

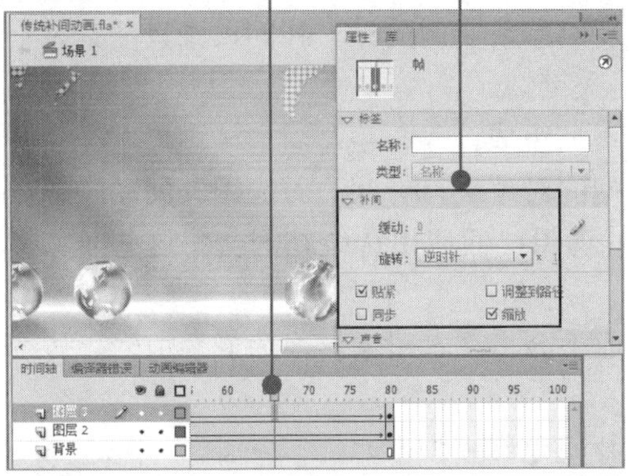

27 选择第 40 帧中的舞台实例。

28 设置 Alpha 值为 0。

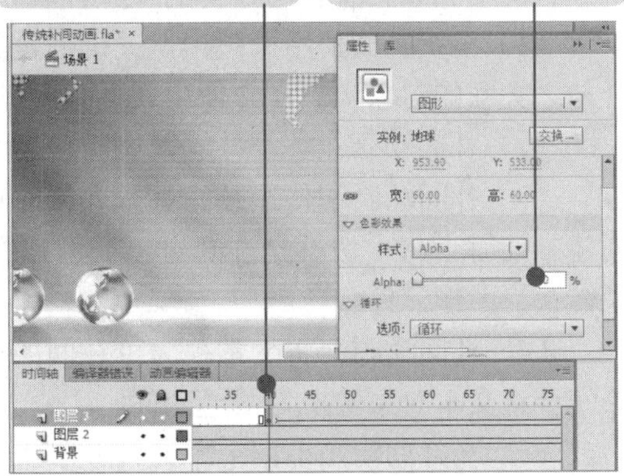

29 按【Ctrl+Enter】组合键，测试影片效果。

11.2.4 制作补间动画

补间动画只能应用于实例，是表示实例属性变化的一种动画。例如，在一个关键帧中定义一个实例的位置、大小和旋转等属性，然后在另一个关键帧中更改这些属性并创建动画。

1. 认识补间动画

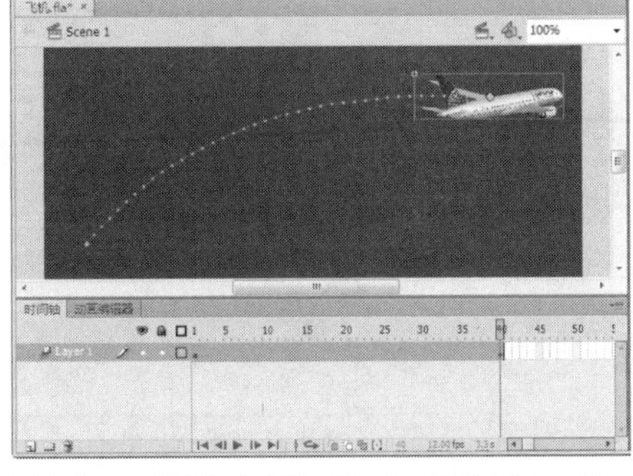

在制作 Flash 动画时，在两个关键帧中间需要制作补间动画，才能实现图画的运动。补间动画是 Flash 中非常重要的表现手段之一，如右图所示。

补间是通过为一个帧中的对象属性指定一个值，并为另一个帧中的相同属性指定另一个值创建的动画。Flash 计算这两个帧之间该属性的值，还提供了可以更详细调节动画运动路径的锚点。

补间动画只能应用于元件实例和文本字段。在将补间应用于所有其他对象类型时，这些对象将包装在元件中。元件实例可以包含嵌套元件，这些元件可在自己的时间轴上进行补间。

创建成功的传统补间动画在两个关键帧之间会显示一个实线箭头，如果补间动画出现错误，则本应出现的实线箭头符号显示为虚线。

创建补间动画的过程比较人性化，符合人们的逻辑思维，首先确定起始帧位置，然后开始制作动画，最后确定结束帧的位置。

补间动画和传统补间之间的差异体现在以下几个方面：

（1）传统补间使用关键帧。关键帧是其中显现对象新实例的帧。补间动画只能具有一个与之关联的对象实例，并使用属性关键帧而不是关键帧。

（2）补间动画在整个补间范围上由一个目标对象组成。

（3）补间动画和传统补间都只允许对特定类型的对象进行补间。若应用补间动画，在创建补间时会将一切不允许的对象类型转换为影片剪辑，而应用传统补间会将这些对象类型转换为图形元件。

（4）补间动画会将文本视为可补间的类型，而不会将文本对象转换为影片剪辑。传统补间会将文本对象转换为图形元件。

（5）在补间动画范围上不允许帧脚本，传统补间允许帧脚本。

（6）对于传统补间，缓动可应用于补间内关键帧之间的帧组。对于补间动画，缓动可应用于补间动画范围的整个长度。若仅对补间动画的特定帧应用缓动，则需要创建自定义缓动曲线。

（7）利用传统补间能够在两种不同的色彩效果（如色调和 Alpha）之间创建动画，补间动画能够对每个补间应用一种色彩效果。

（8）只有补间动画才能保存为动画预设。在补间动画范围中，必须按住【Ctrl】键单击选择帧。

（9）对于补间动画，无法交换元件或设置属性关键帧中显现的图形元件的帧数。应用了这些技术的动画要求使用传统补间。

（10）只能使用补间动画为 3D 对象创建动画效果，无法使用传统补间为 3D 对象创建动画效果。

2．创建补间动画

下面将通过实例来介绍如何创建补间动画，具体操作方法如下：

素材：光盘：素材\11\飞机升空.fla　　效果：光盘：效果\11\飞机升空.fla

难度：★★★☆☆　　视频：光盘：视频\11\制作补间动画.swf

01 打开素材文件“飞机升空.fla”。

02 选择舞台中的对象并右击。

03 选择“创建补间动画”选项。

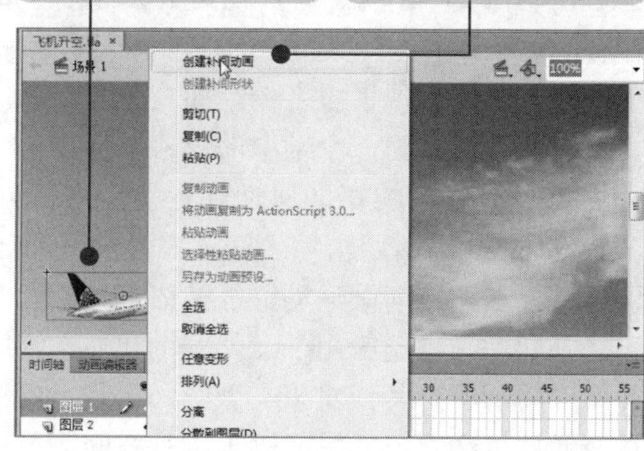

小提示

Flash 动画制作中补间动画分为两类：一类是形状补间，用于形状的动画；另一类是动画补间，用于图形及元件的动画。

04 选择在补间范围内的帧，将舞台对象拖至新位置。

05 选择路径，将其拖至合适位置。

06 选择路径，当指针变为 时按住并拖动鼠标，更改路径形状。

07 在时间轴中移动播放头，查看补间动画效果。

11.2.5 制作形状补间动画

形状补间动画是一种类似电影中动物身躯自然变成人型的变形效果，可以用于改变形状不同的两个对象，它是 Flash 动画中非常重要的表现手段之一。

1. 认识形状补间动画

形状补间动画是在“时间帧”面板上一个关键帧中绘制一个形状，然后在另一个关键帧中更改该形状或绘制另一个形状等，Flash 会自动根据两者之间帧的值或形状来创建动画，从而实现两个图形之间颜色、形状、大小和位置的相互变化，如下图所示。

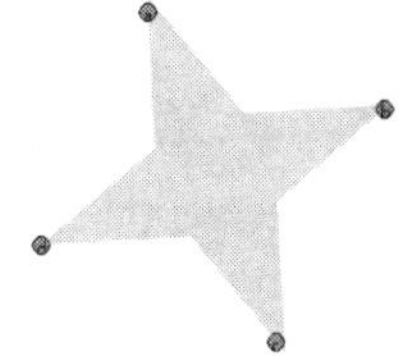

在创建形状补间动画后，“时间轴”面板的背景色变为淡绿色，在起始帧和结束帧之间也有一个长长的箭头，如下图所示。构成形状补间动画的元素多为用鼠标或压感笔绘制出的形状，而不能是图形元件、按钮和文字等。如果要使用图形元件、按钮和文字，则必须先打散后才可以制作形状补间动画。

形状补间动画适用于图形对象。在两个关键帧之间可以制作图形变形效果，让一种形状可以随时变化成另一种形状，还可以使形状的位置、大小和颜色进行渐变。

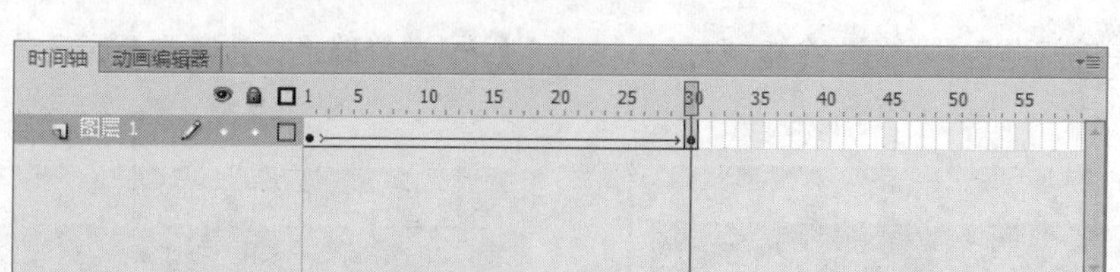

2. 创建形状补间动画

在创建形状补间动画时，在起始和结束位置插入不同的对象，即可自动创建中间过程。与补间动画不同的是，在形状补间中插入到起始位置和结束位置的对象可以不一样，但必须具有分离属性。

下面将通过实例来介绍如何创建形状补间动画，具体操作方法如下：

素材：光盘：无

效果：光盘：效果\11\形状补间动画.fla

难度：★★★☆☆

视频：光盘：视频\11\制作形状补间动画.swf

01 新建文档，打开“属性”面板，设置属性。

02 重命名“图层1”为“背景”。

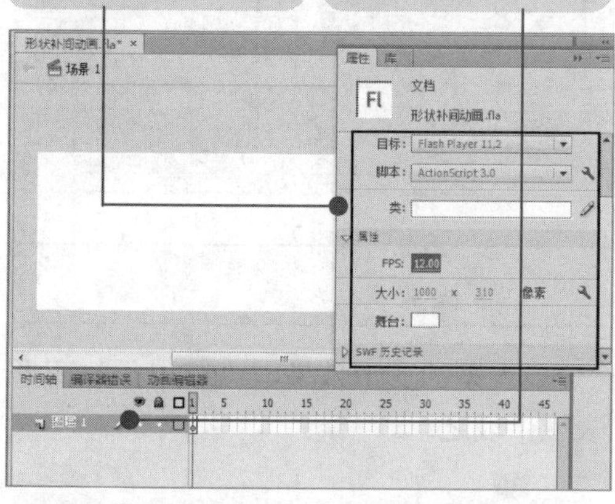

03 单击“文件”|“导入”|“导入到舞台”命令。

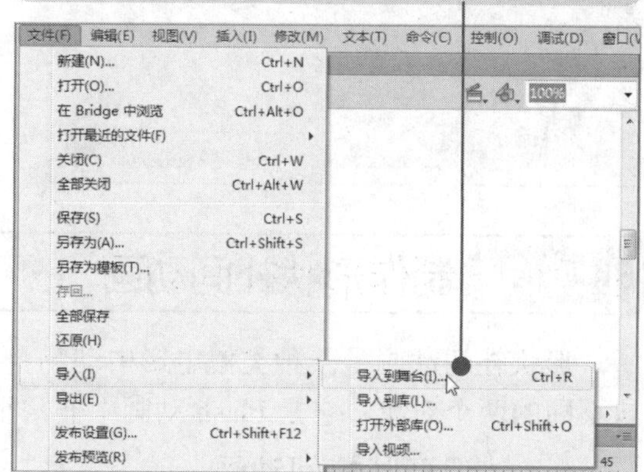

04 选择要导入的文件。

05 单击“打开”按钮。

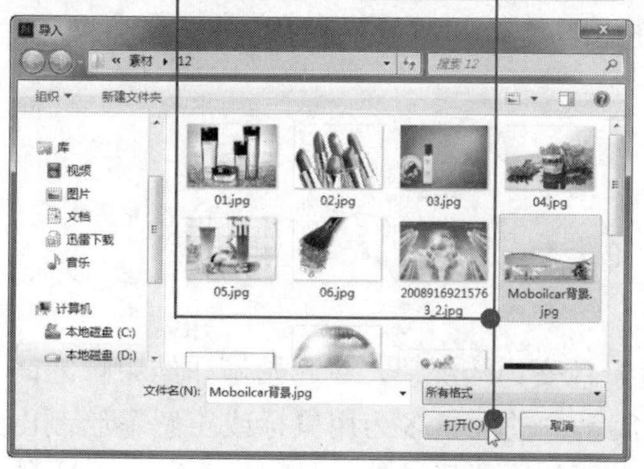

06 移动素材图片到合适位置。

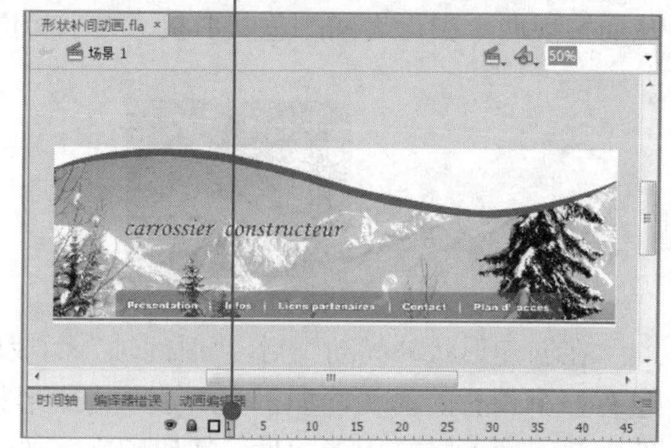

小提示

在 Flash CS6 中，选择图层中形状补间中的帧，在“属性”面板的“补间”区中包含两个用于设置形状补间的属性设置：缓动和混合。

07 单击“新建图层”按钮，新建“文本”图层。

08 输入文本，并填充为黑色。

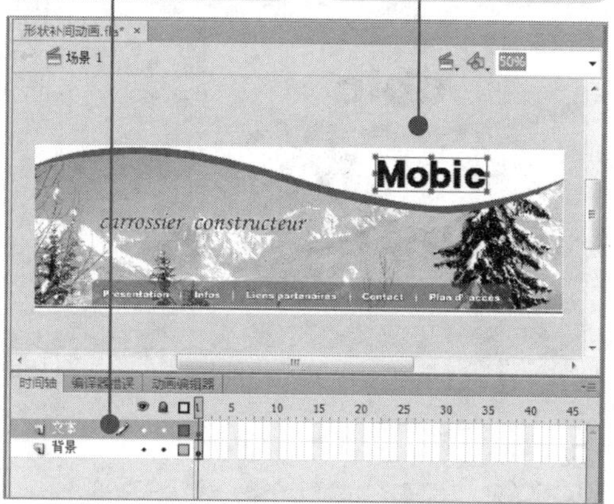

09 按两次【Ctrl+B】组合键，分离文本。

10 右击文本，选择“分散到图层”选项。

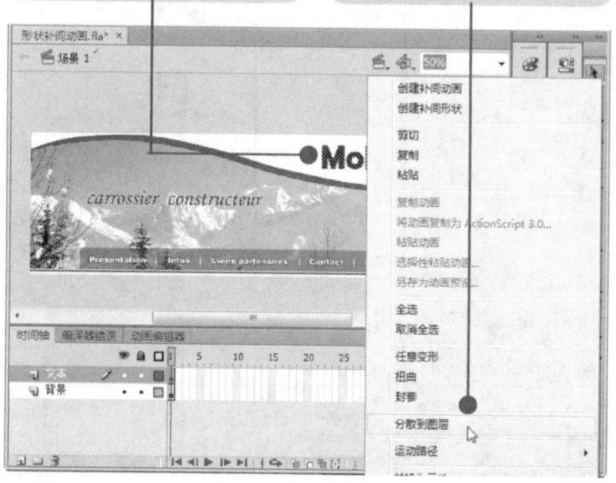

11 选择“文本”图层。

12 单击“删除”按钮，将其删除。

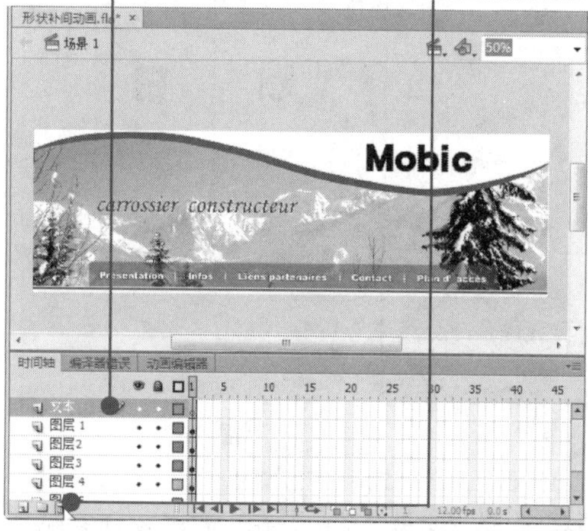

13 选择“图层 1”，使用文本工具输入文字。

14 按【Ctrl+B】分离文本。

15 在第 10 帧处插入关键帧。

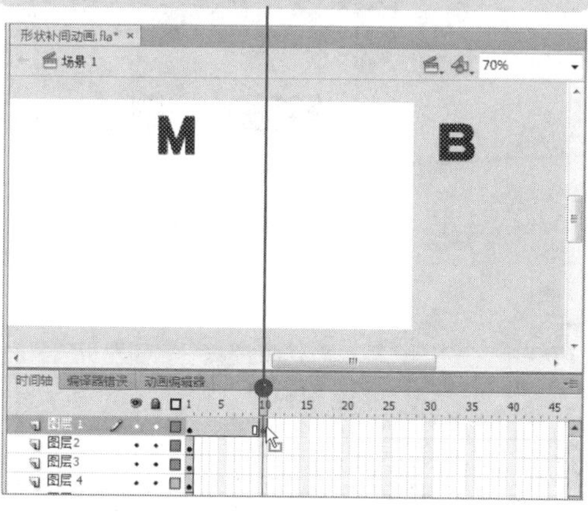

16 选择第 1 帧中实例“M”，按【Delete】键将其删除。

缓动：在该数值框中，如果输入一个负值，则在补间开始处缓动；如果输入一个正值，则在补间结束处缓动。

17 右击第 1~10 帧中任意一帧。

18 选择“创建补间形状”选项。

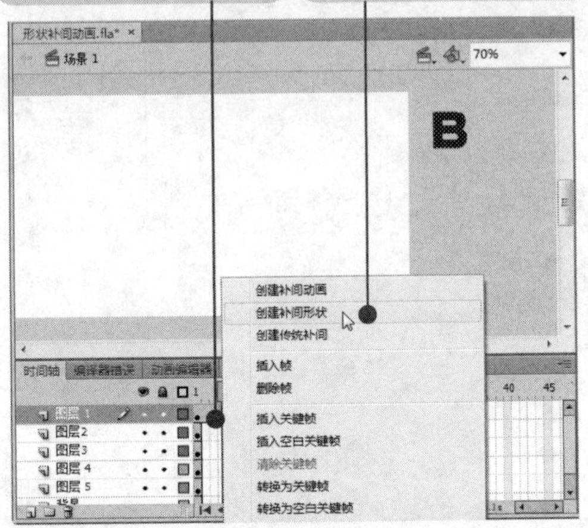

19 复制“图层 1”实例“B”，在“图层 2”中右击，选择“粘贴到当前位置”。

20 在第 10 帧处插入关键帧。

21 选择第 1 帧，删除实例“O”。

22 右击“图层 2”中任意一帧。

23 选择“创建补间形状”选项。

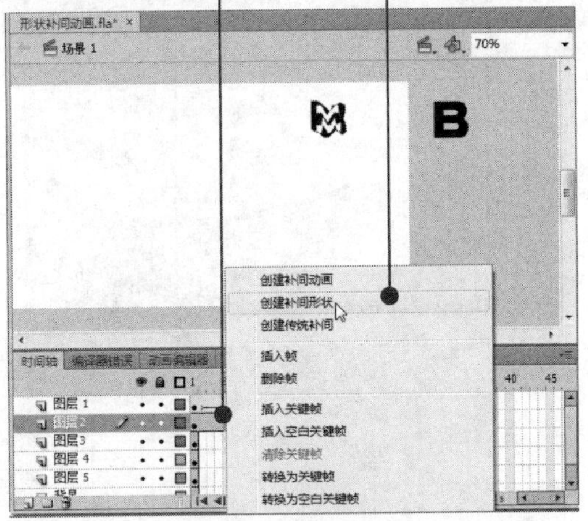

24 按照制作“图层 2”动画的方法制作其余图层动画。

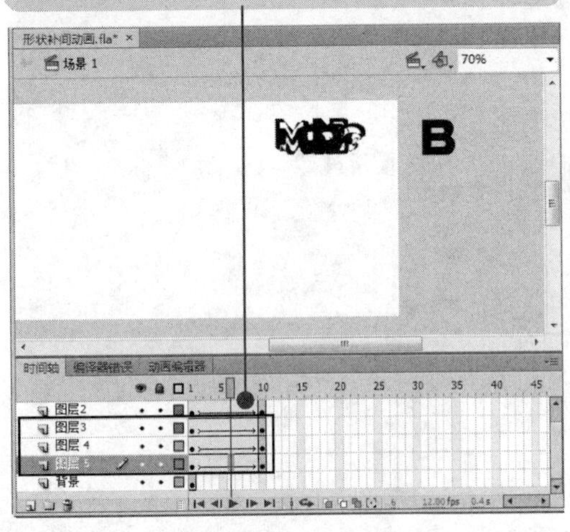

25 选择“图层 2”所有帧，向后移动 5 帧。

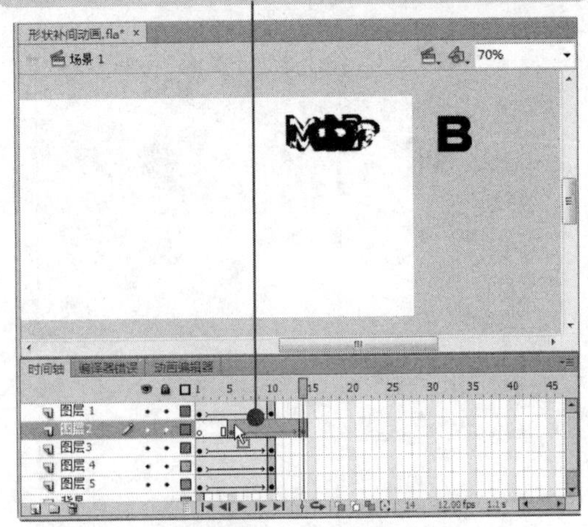

小提示

混合用于设置形状补间动画的混合设置。其中包含“分布式”和“角形”两个选项。“分布式”可以建立平滑插入的图形；“角形”则可以以角和直线建立插入的图形。

26 按照同样的方法，拖动其他图层。

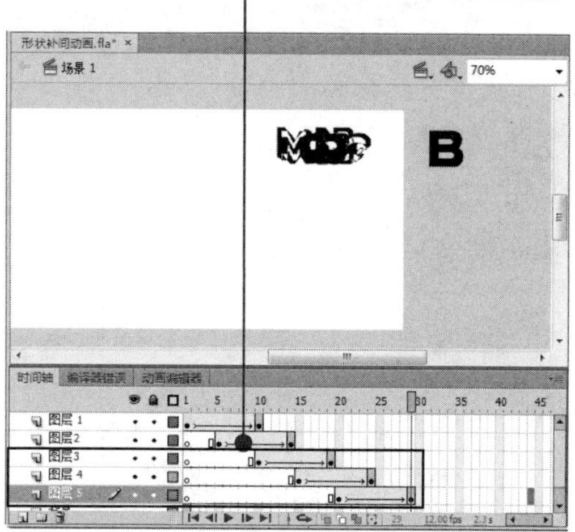

27 选择所有图层的第 35 帧，按【F5】键添加帧。

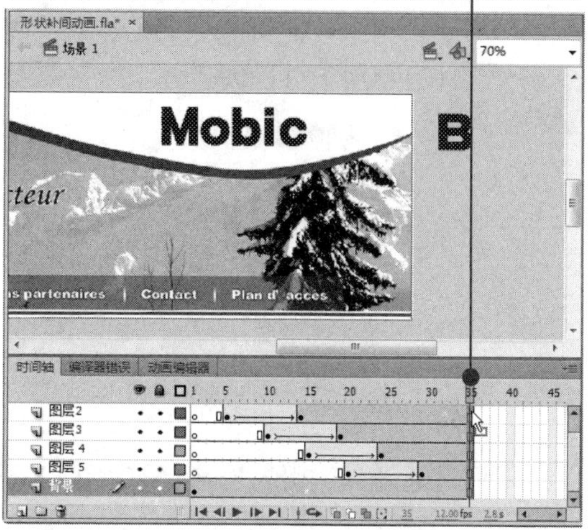

28 移动播放头，查看形状补间动画。

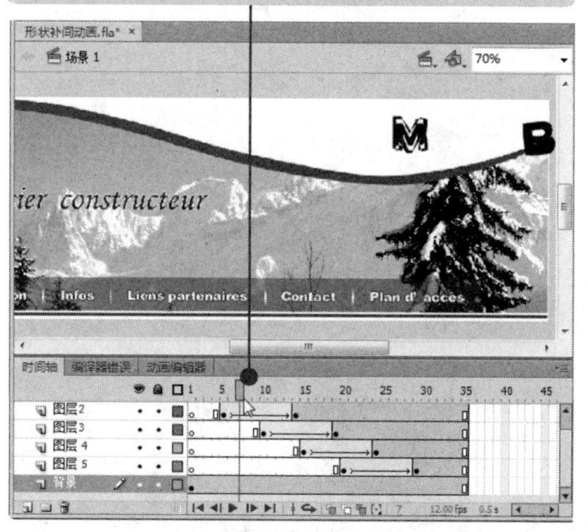

29 按【Ctrl+Enter】组合键，测试影片效果。

11.3 创建高级动画

下面将介绍 Flash 中两种高级动画的制作，即遮罩动画和引导层动画。这两种动画在网站 Flash 动画设计中占据着非常重要的地位，一个 Flash 动画的创意层次主要体现在它们的制作过程中。

11.3.1 制作引导层动画

本节将介绍在 Flash CS6 中制作引导层动画。熟练掌握本小结知识，为制作 Flash 动画减轻难度。

引导层分为普通引导层和运动引导层两种，普通引导层在绘制图形时起辅助作用，用于帮助对象定位；运动引导层中绘制的图形均被视为路径，使其他图层中的对象可以按照路径运动。

1. 认识引导层动画

引导层动画是指被引导对象沿着指定路径进行运动的动画，它由引导层和被引导层组成。引导层中用于绘制对象运动的路径，被引导层中用于放置运动的对象，如下图所示。在一个运动引导层下可以创建一个或多个被引导层。

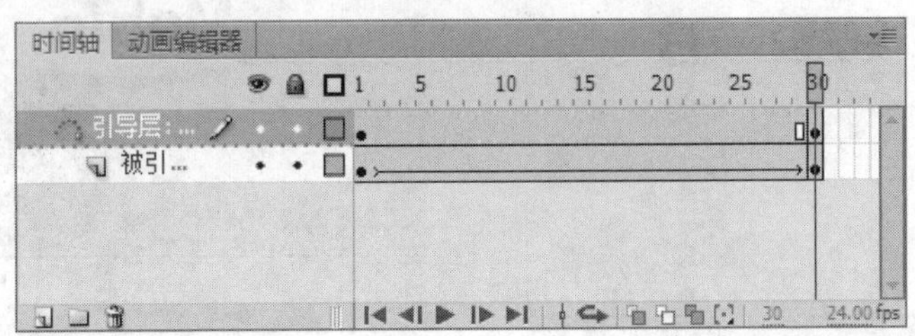

2. 创建引导层动画

下面将通过创建引导层来制作“蝴蝶飞”动画，具体操作方法如下：

素材：光盘：素材\11\蝴蝶飞.fla　　效果：光盘：效果\11\蝴蝶飞.fla

难度：★★★☆☆　　视频：光盘：视频\11\制作引导层动画.swf

01 打开素材，锁定“背景”图层，新建“挥翅膀”图层。

02 将“蝴蝶02”元件拖至舞台。

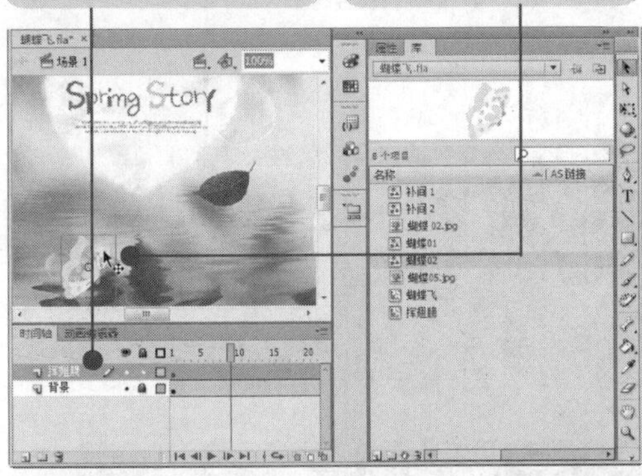

03 将位图“蝴蝶02”拖至舞台中。

04 分离位图，使用套索工具抠出蝴蝶，调整大小。

05 单击“修改”|“转换为元件”命令，转换为“挥翅膀”影片剪辑。

06 双击舞台中影片剪辑，进入编辑状态。

07 在第1帧处插入关键帧，变形翅膀。

小提示　若要断开“引导层”与“被引导层”的关系，只需将引导层转换为普通图层即可。

08 按照翅膀拍打顺序复制和粘贴帧，制作逐帧动画。

09 返回场景 1，显示背景。

10 调整对象大小，旋转合适角度。

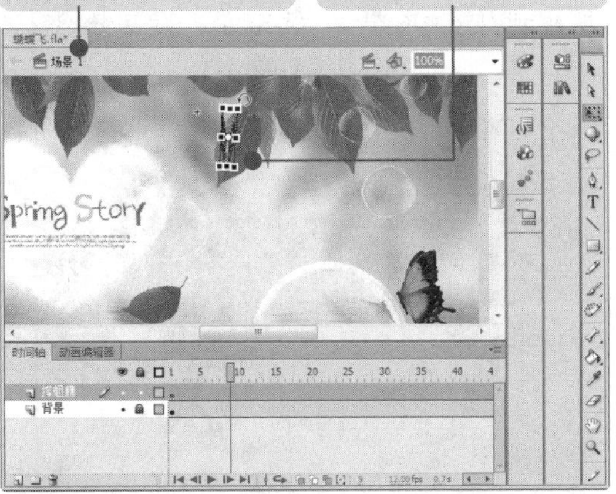

11 新建"蝴蝶飞"影片剪辑元件。

12 单击"确定"按钮。

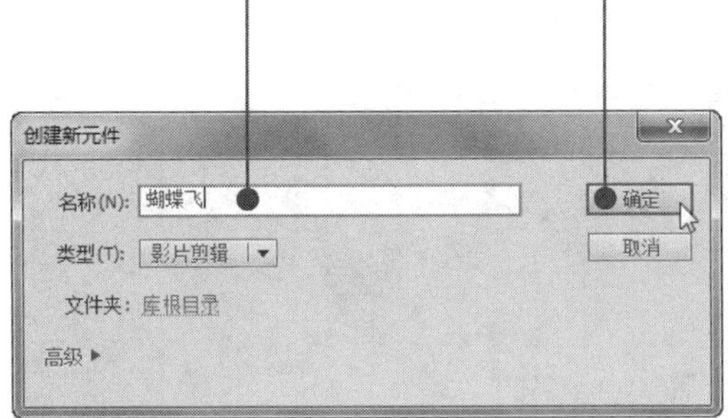

13 将"蝴蝶 01"元件拖至舞台，将其分离并调整大小。

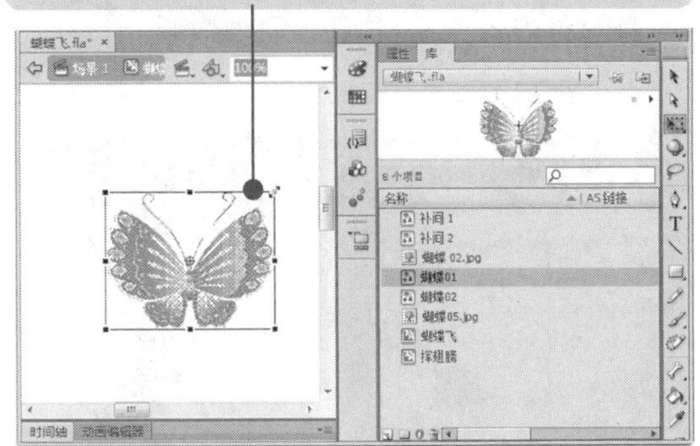

14 制作"蝴蝶飞"影片剪辑的逐帧动画。

15 新建"蝴蝶飞"图层，将"蝴蝶飞"元件拖至舞台。

16 在第 60 帧处插入关键帧，右击图层名称添加引导层。

引导层动画其实就是在运动补间动画的基础上添加了一条引导路径。对于形变动画来说，其实不能制作引导动画。

17 选中“蝴蝶飞”图层第 1 帧，将对象吸附到引导线顶端。

18 选中第 60 帧，将对象吸附到引导线末端，旋转舞台对象。

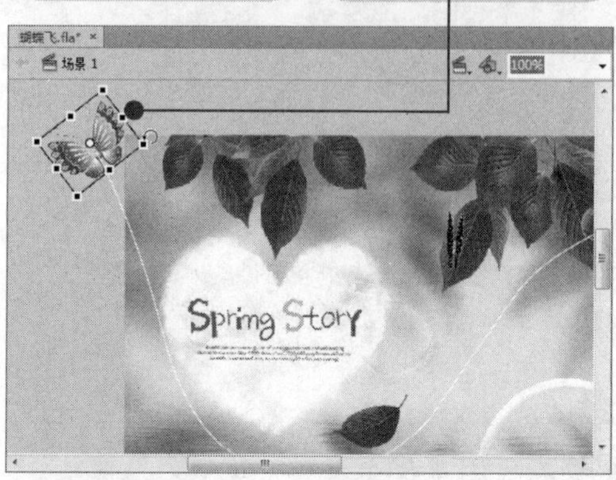

19 在“图层 4”中创建传统补间动画，设置补间属性。

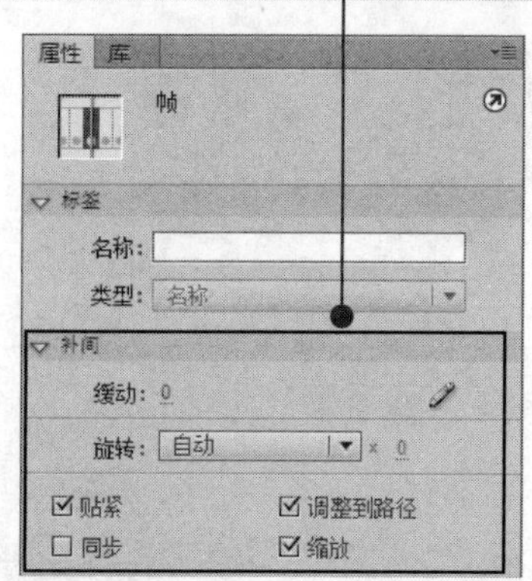

20 显示图层中的所有隐藏内容。

21 移动播放头，查看动画效果。

22 按【Ctrl+Enter】组合键，测试动画效果。

11.3.2 制作遮罩动画

遮罩动画由遮罩层和被遮罩层组成。遮罩层中用于放置遮罩的形状，被遮罩层用于放置要显示的图像。遮罩动画的制作原理就是透过遮罩层中的形状将被遮罩层中的图像显示出来。

1. 认识遮罩动画

遮罩动画可以获得聚光灯效果和过渡效果，使用遮罩层创建一个孔，通过这个孔可以看到下面的图层内容，如下图（左）所示。遮罩项目可以是填充的形状、文字对象、图形元件的实例或影片剪辑。将多个图层组织在一个遮罩层下，可以创建出更复杂的动画效果。

用户可以在遮罩层和被遮罩层分别或同时创建补间形状动画、动作补间动画和引导层动画，从而使遮罩动画变成一个可以施展无限想象力的创作空间。如下图（右）所示即为遮罩图层。

小提示 在绘制引导线时应注意以下 4 个方面：①引导线不能出现中断，②引导线不能出现交叉和重叠，③引导线的转折不能过多或过急，④被引导对象对引导线的吸附一定要准确。

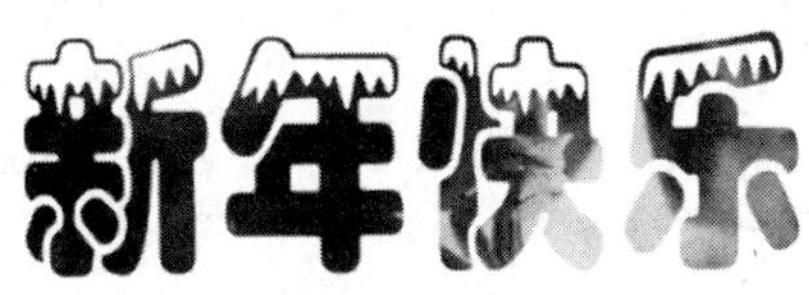

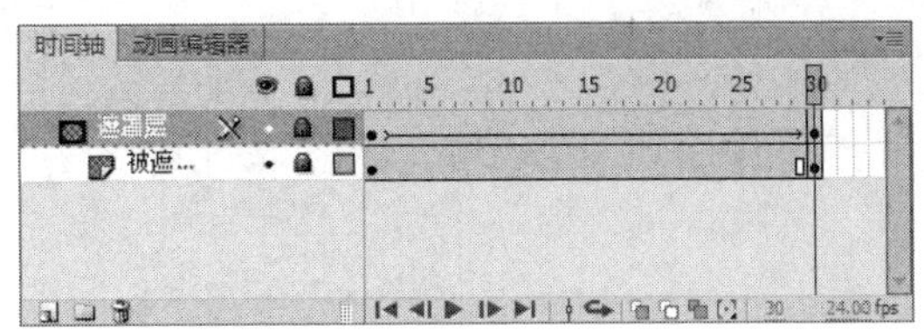

2. 创建遮罩动画

遮罩动画通常需要三个图层：背景层、遮罩层和被遮罩层。其中，背景层的主要作用是放置一幅图片作为动画的背景；遮罩层可用于控制被遮罩层中对象的显示；被遮罩层主要用于放置需要显示的对象。遮罩动画可以用于制作动画中的转场效果。

下面将通过创建遮罩层来制作“百叶窗”动画，具体操作方法如下：

素材：光盘：素材\11\百叶窗.fla　　效果：光盘：效果\11\百叶窗.fla

难度：★★★☆☆　　视频：光盘：视频\11\制作遮罩动画.swf

01 打开素材文件“百叶窗.fla”。

02 新建“百叶窗”影片剪辑元件。

03 新建“窗叶”影片剪辑元件。

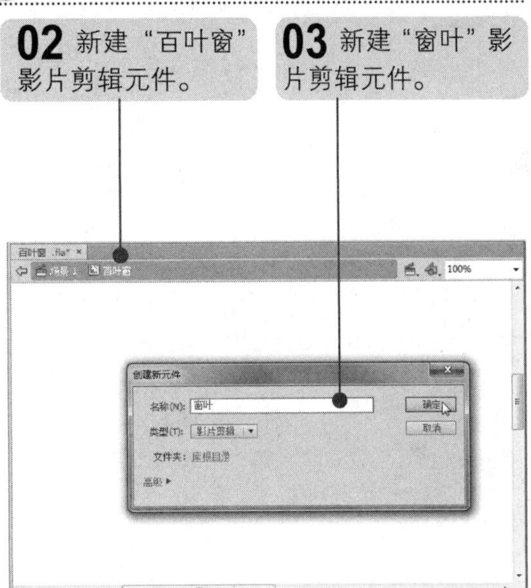

04 使用矩形工具绘制无笔触的矩形。

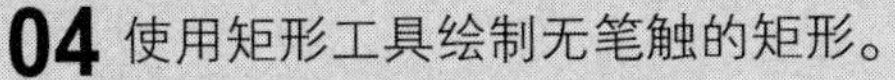

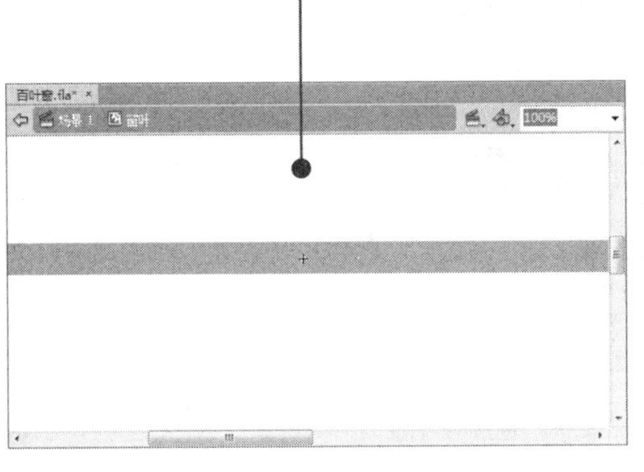

05 在第 40 帧处插入关键帧。

06 将矩形变形，选择创建传统补间动画。

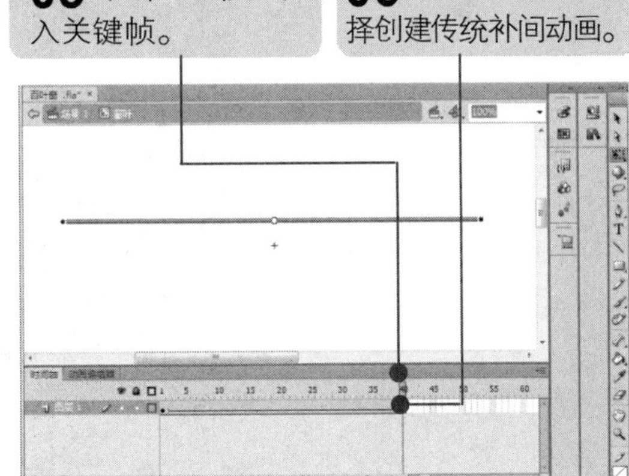

遮罩层中的对象在播放时是看不到的，遮罩层中的对象可以是按钮、影片剪辑、图形、位图、文字等，但不能使用线条，或一定要将其转换为填充才可以。

07 在“库”面板中双击“百叶窗”影片剪辑。

08 拖动多个“窗叶”影片剪辑到“百叶窗”影片剪辑中。

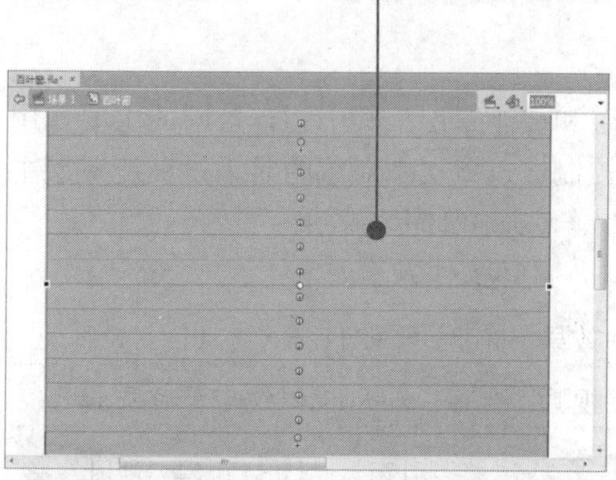

09 返回场景1，新建“图层3”。

10 将“百叶窗”影片剪辑从“库”面板拖至场景。

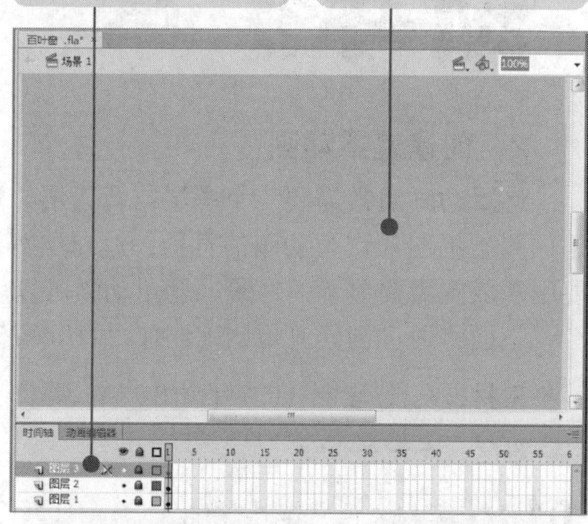

11 右击“图层3”名称。

12 选择“遮罩层”选项。

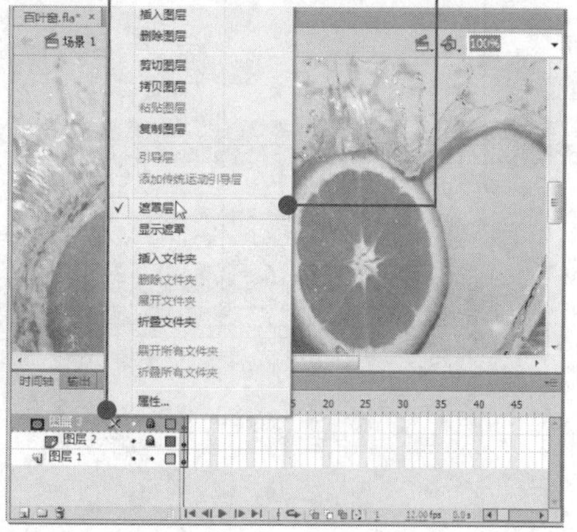

13 按【Ctrl+Enter】组合键，测试动画效果。

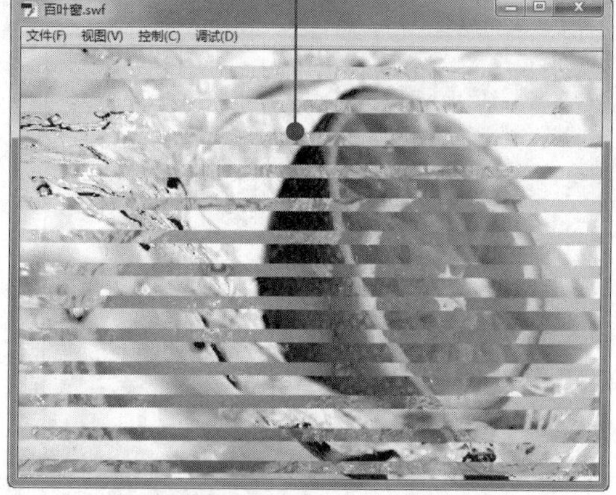

小提示

被遮罩层中的对象只能透过遮罩层中的对象被看到，在被遮罩层中可以使用按钮、影片剪辑、图形、位图、文字和线条等。

预计学习时间 100 分钟

Chapter 12

轻松学 ActionScript

ActionScript 是 Flash 中的脚本撰写语言。使用 ActionScript 可以让应用程序以非线性方式播放，并添加无法在时间轴表示的有趣或复杂的功能。本章将介绍 ActionScript 语言的基础知识，主要包括如何使用"动作"面板、ActionScript 语法等。

要点导航

- ActionScript 简介
- ActionScript 语句及其语法
- 运用动作脚本制作交互动画

重点图例

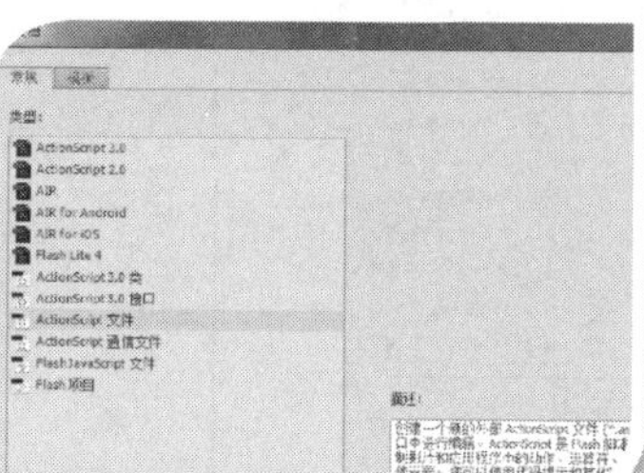

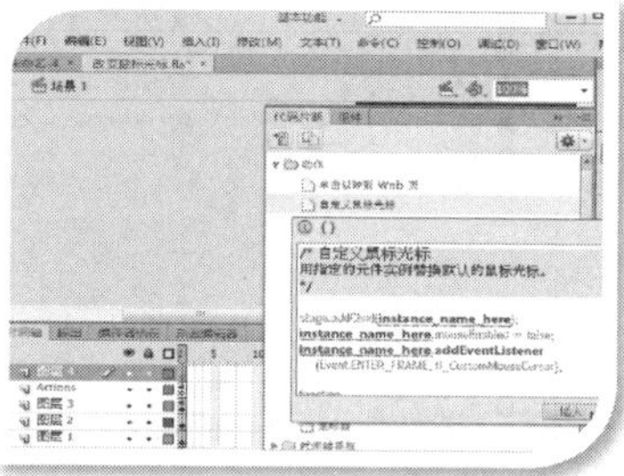

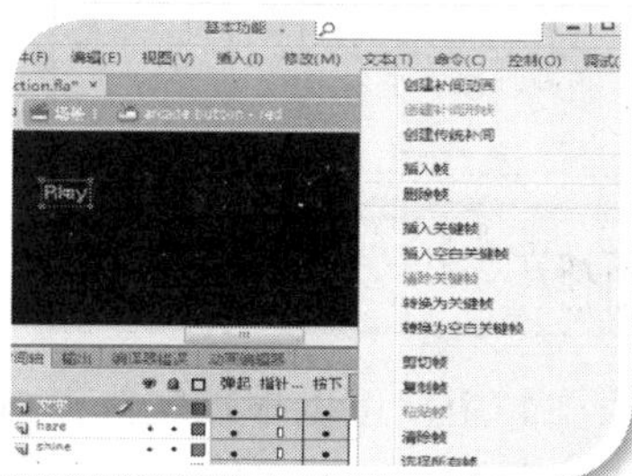

12.1 ActionScript 简介

ActionScript 含有一个很大的内置类库，可以帮助用户通过创建对象来执行许多有用的任务。用户可以使用“动作”面板、“脚本”窗口或外部编辑器在创作环境内添加 ActionScript。

12.1.1 ActionScript 3.0 概述

与之前的 ActionScript 版本相比，ActionScript 3.0 版本要求开发人员对面向对象的编程概念有更深入的了解。它完全符合 ECMAScript 规范，提供了更出色的 XML 处理、一个改进的事件模型，以及一个用于处理屏幕元素的改进的体系结构。例如，3.0 以前的版本可以将代码写在实例上，而 3.0 则取消了这种书写方式，其只允许将代码写在关键帧上，可以在专门的文档中编辑。

尽管 Flash Player 运行编译后的 ActionScript 2.0 代码比 ActionScript 3.0 代码的速度慢，但 ActionScript 2.0 对于许多计算量不大的项目仍然十分有用，例如，面向设计的内容。ActionScript 2.0 也基于 ECMAScript 规范，但并不完全遵循该规范。

在 Flash CS6 中为了照顾不同的用户，设计者可以根据自己的编程习惯创建所需的文档，如在启动界面中选择合适的文档，如下图（左）所示。

除了启动界面外，还可以在文档的“属性”面板中选择所需的脚本，如下图（右）所示。

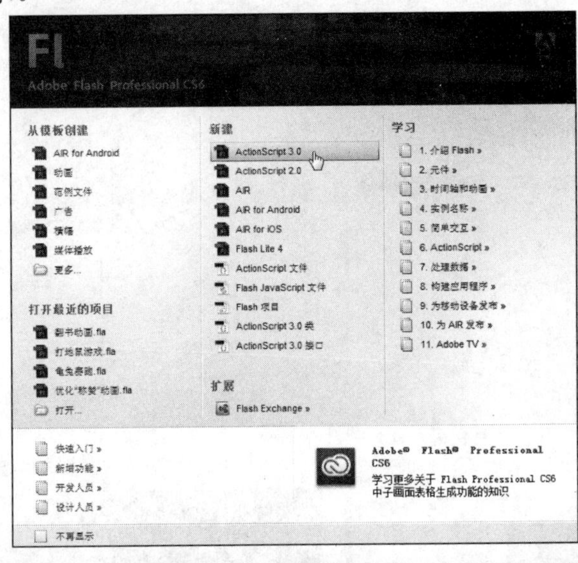

12.1.2 使用“动作”面板

脚本主要书写在“动作”面板中。用户可以根据实际动画的需要，通过该面板为关键帧书写相应的代码，以控制实例或调用外部脚本文件。

小提示 ActionScript 3.0 的优点：这种语言支持类型安全性，使代码维护更轻松；与其他语言相比，这种语言比较简单，容易编写；开发人员可以编写具有高性能的响应性代码。

单击“窗口”|“动作”命令或按【F9】键，即可打开“动作”面板，如下图所示。

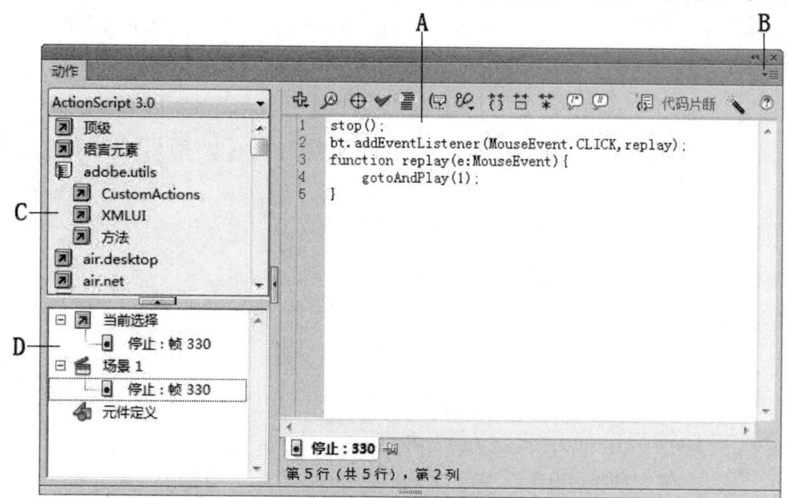

A. “脚本”窗格 B. 面板菜单 C. 动作工具箱 D. 脚本导航器

1. 使用动作工具箱

动作工具箱将项目分类，还提供按字母顺序排列的索引。要将 ActionScript 元素插入到“脚本”窗格中，可以双击该元素，或直接将它拖至“脚本”窗格中，如下图所示。

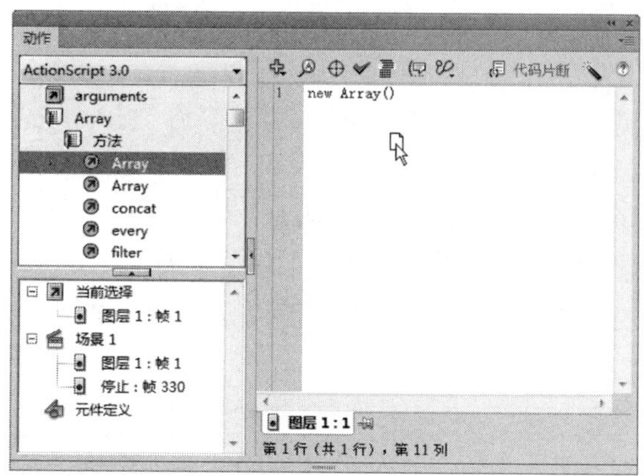

2. 使用“脚本”窗格

“脚本”窗格用于键入脚本代码。使用“动作”面板和“脚本”窗口的工具栏可以查看代码帮助功能，这些功能有助于简化在 ActionScript 中进行的编码工作。

◎ 将新项目添加到脚本中：显示语言元素，这些元素也显示在“动作”工具箱中。选择要添加到脚本中的项目即可。

◎ 查找：查找并替换脚本中的文本。

◎ 插入目标路径：（仅限“动作”面板）帮助用户为脚本中的某个动作设置绝对或相对目标路径。

◎ 语法检查：检查当前脚本中的语法错误，语法错误将列在输出面板中。

◎ 自动套用格式：设置脚本的格式，以实现正确的编码语法和更好的可读性。

◎ 显示代码提示：如果已经关闭了自动代码提示，可以使用“显示代码提示”来显

使用“动作”面板可以创建和编辑对象或帧的 ActionScript 代码。选择帧、按钮或影片剪辑实例可以激活“动作”面板。

示正在处理的代码行的代码提示。

◎ 调试选项：（仅限“动作”面板）设置和删除断点，以便在调试时可以逐行单击脚本中的每一行。只能对 ActionScript 文件使用调试选项，而不能对 ActionScript Communication 或 Flash JavaScript 文件使用这些选项。

◎ 折叠成对大括号：对出现在当前包含插入点的成对大括号或小括号间的代码进行折叠。

◎ 折叠所选：折叠当前所选的代码块。

◎ 展开全部：展开当前脚本中所有折叠的代码。

◎ 应用块注释：将注释标记添加到所选代码块的开头和结尾。

◎ 应用行注释：在插入点处或所选多行代码中每一行的开头处添加单行注释标记。

◎ 删除注释：从当前行或当前选择内容的所有行中删除注释标记。

◎ 显示/隐藏工具箱：显示或隐藏“动作”工具箱。

◎ 脚本助手：在“脚本助手”模式中将显示一个用户界面，用于输入创建脚本所需的元素。

◎ 帮助：显示“脚本”窗格中所选 ActionScript 元素的参考信息。例如，如果单击 trace 语句，再单击“帮助”按钮，“帮助”面板中将显示 trace 的参考信息。

◎ 面板菜单：包含适用于“动作”面板的命令和首选参数。例如，可以设置行号和自动换行，设置 ActionScript 首选参数以及导入或导出脚本。

3. 使用脚本助手

使用“脚本助手”模式可以在不编写代码的情况下将 ActionScript 添加到 FLA 文件。选择动作，软件将显示一个用户界面，用于输入每个动作所需的参数。用户需要对完成特定任务应使用哪些函数有所了解，但不必学习语法。

脚本助手允许通过选择动作工具箱中的项目来构建脚本。单击某个项目一次，面板右上方会显示该项目的描述，如下图所示。双击某个项目，该项目就会被添加到“动作”面板的“脚本”窗格中。

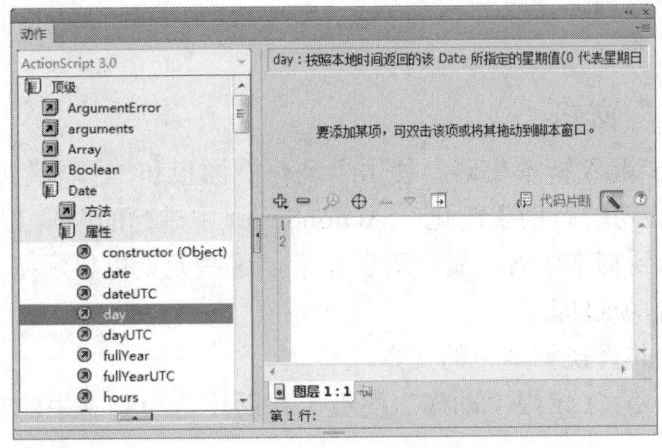

4. 使用脚本导航器

单击脚本导航器中的某一项目，与该项目关联的脚本将显示在“脚本”窗格中，并且播放头将移到时间轴上的相应位置。

点击脚本助手就可以在“专家模式”和“普通模式”之间切换了。

双击脚本导航器中的某一项目，即可固定脚本（将其锁定在当前位置），如下图所示。

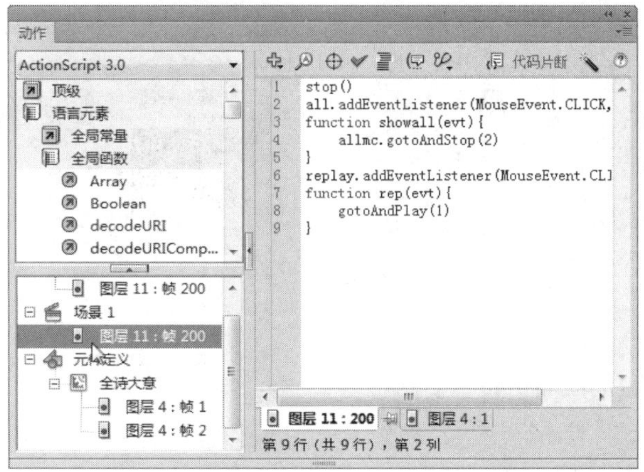

提示

“脚本导航器”是 FLA 文件中相关联的帧动作、按钮动作具体位置的可视化表示形式，在这里可以浏览 FLA 文件中的对象以查找动作脚本代码。

12.1.3 使用“脚本”窗口

除了使用“动作”面板为动画添加代码的方法外，还可以通过建立专门的 ActionScript 文档为其添加代码。需要注意的是，当在脚本文档中输入代码后，该脚本文档并不能直接发挥作用，还需要在相应的关键帧中将其调用。

素材：光盘：素材\12\圣诞老人.fla　　效果：光盘：效果\12\圣诞老人.fla

难度：★★★☆☆　　视频：光盘：视频\12\使用“脚本”窗口.swf

01 单击“文件”｜“新建”命令，选择“ActionScript 文件”。

02 单击“确定”按钮。

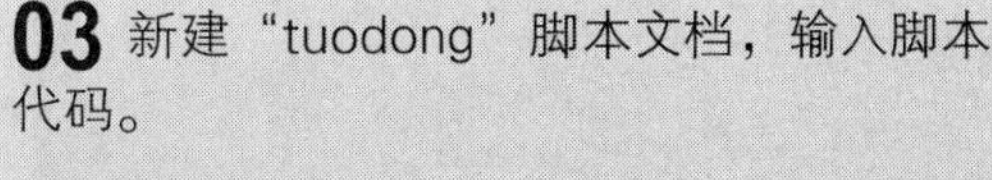

03 新建“tuodong”脚本文档，输入脚本代码。

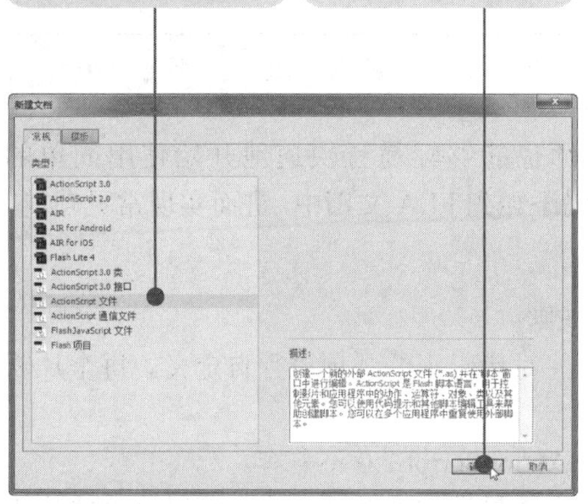

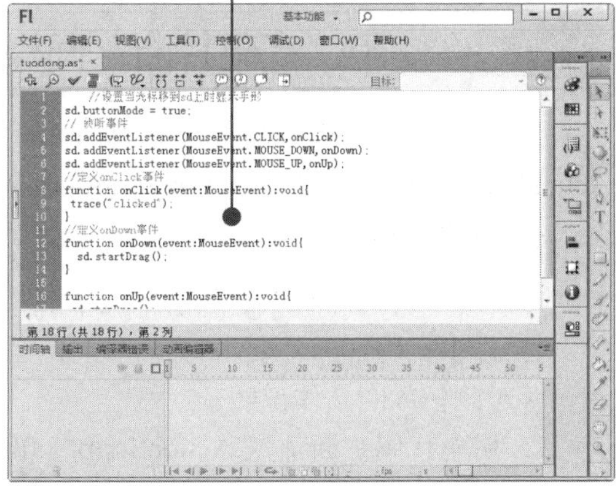

脚本导航器功能：一是通过单击其中的项目，可以将与该项目相关的代码显示在脚本窗口中，二是通过双击其中的项目，对该项目的代码进行固定操作。

04 打开素材文件“圣诞老人.fla”。

05 设置实例名称为 sd。

06 新建“图层 3”。

07 打开“动作”面板，输入代码 include"tuodong.as"。

08 按【Ctrl+Enter】组合键测试动画，使用鼠标拖动实例对象。

12.1.4 使用“代码片断”面板

使用“代码片断”面板可以使非程序设计师也能够轻易且快速地开始使用简单的 ActionScript3.0。它可以使 ActionScript3.0 程序代码添加到 FLA 文档中，进而实现常见功能。

1. 准备事项

在使用“代码片断”面板前，应了解其基本规则：

◎ 许多代码片断都要求打开“动作”面板，并对代码中的几项进行自定义。每个片断都包含对此任务的具体说明。

◎ 所有代码片断都是 ActionScript 3.0，它与 ActionScript 2.0 不兼容。

◎ 有些片断会影像对象的行为，允许它被单击或导致它移动或消失，可以将这些代码片段应用到舞台上的对象。

小提示

 使用脚本窗口可以创建或导入外部的脚本文件，这些文件可以是 ActionScript、Flash Communication 或 Flash Javascript 文件。

◎ 当播放头进入包含该代码片断的帧时会引起某个动作发生，可以将这些片断应用到时间轴的帧上。

◎ 当应用代码片断时，代码将会添加到时间轴中“动作”图层的当前帧。如果尚未创建动作图层，Flash 将在时间轴的顶部图层上面添加一个“动作”图层。

◎ 为了使 ActionScript 能够控制舞台上的对象，必须在“属性”面板中为该对象指派实例名称。

◎ 每个代码片断都有描述片断功能的工具提示。

2. 添加代码片断

要为舞台上的对象添加代码片断，需要将该对象转换为影片剪辑实例，并自定义实例名称。下面将以改变鼠标光标为例进行介绍，具体操作方法如下：

素材：光盘：素材\12\改变鼠标光标.fla　效果：光盘：效果\12\改变鼠标光标.fla

难度：★★★★☆　视频：光盘：视频\12\使用“代码片断”面板.swf

01 打开素材文件。

02 新建 zhuan 影片剪辑元件。

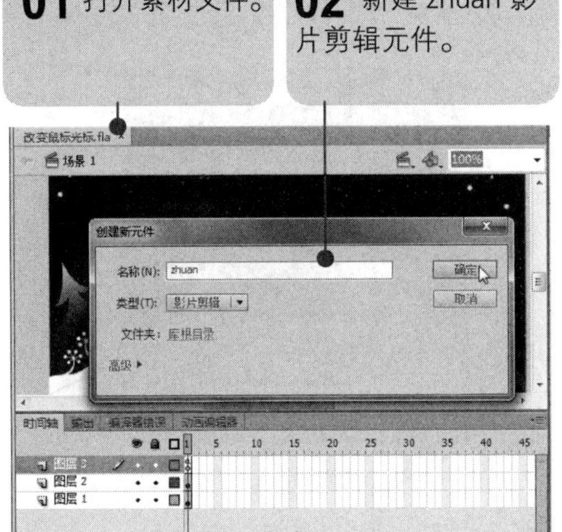

03 将“雪花”素材拖入舞台，在第 25、50 帧处插入关键帧。

04 调整第25帧图形透明度为 10%，依次创建传统补间动画。

05 为补间动画添加顺时针旋转 1 次。

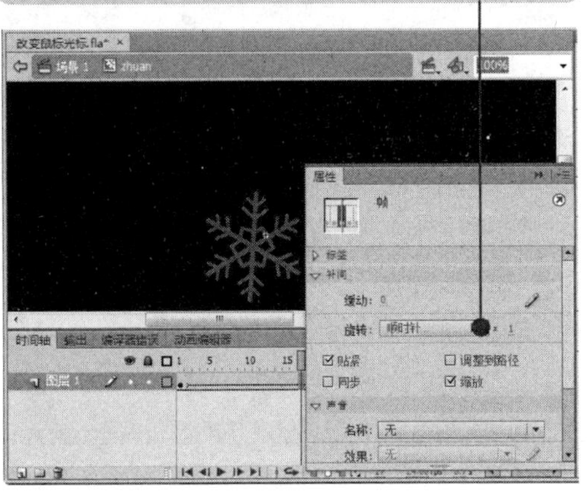

06 返回到场景中，将 zhuan 影片剪辑从“库”面板拖出舞台外。

使用 Flash 附带的代码片段也是 ActionScript 3.0 入门的一种好途径。通过学习片段中的代码并遵循片段说明，可以了解代码结构和词汇。

07 选择实例，在“属性”面板中输入实例名称。

08 单击“窗口”|“代码片断”命令，打开“代码片断”面板。

09 展开“动作”选项，双击“自定义鼠标光标”。

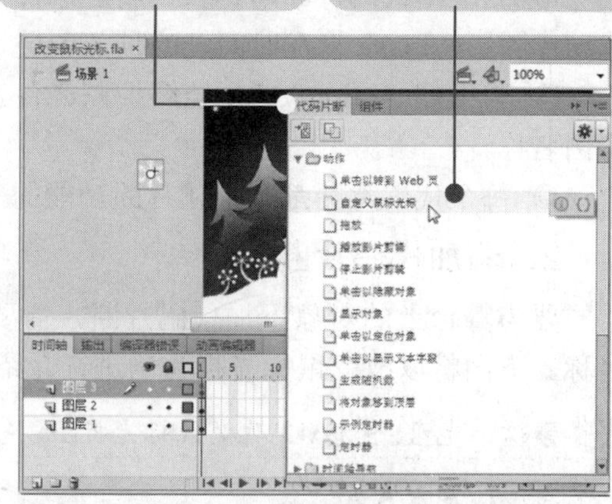

10 自动新建 Actions 图层，打开“动作”面板，查看代码。

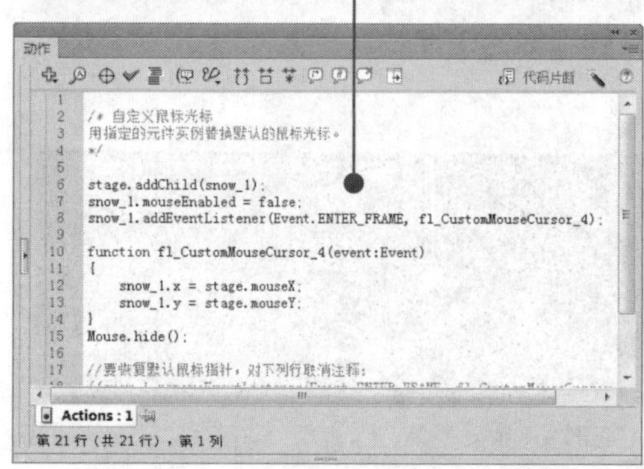

11 按【Ctrl+Enter】组合键测试动画，查看效果。

也可以通过以下两种方法添加代码片断：

方法一：选择代码片段后，单击“添加到当前帧”按钮，如下图（左）所示。

方法二：选择代码片断后，单击“显示代码”按钮，然后在弹出的代码框中单击下方的“插入”按钮，如下图（右）所示。

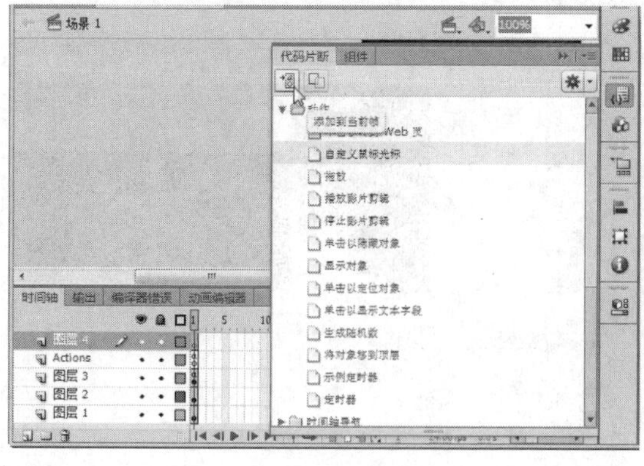

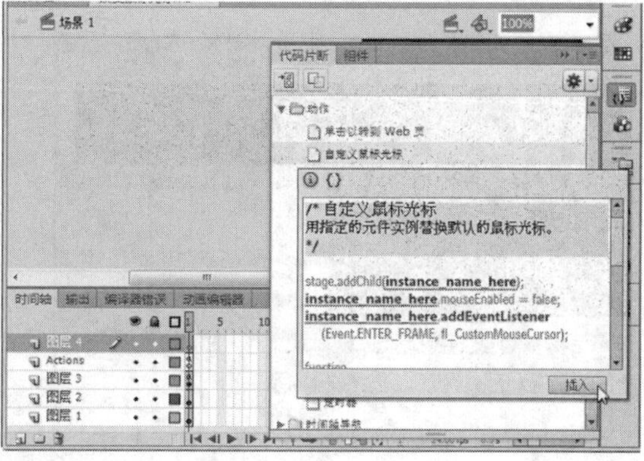

小提示

使用“代码片段”面板可以添加能影响对象在舞台上行为的代码，可以添加能在时间轴中控制播放头移动的代码。

12.2 ActionScript 语句及其语法

下面简要介绍 ActionScript 语句及其语法，使读者对如何处理数据类型和变量、如何使用正确的语法以及如何控制程序中的数据流等方面有一个基本的了解。

12.2.1 ActionScript 语法

语法定义了一组在编写可单击代码时必须遵循的规则，具体语法规则如下：

1. 区分大小写

ActionScript 3.0 是一种区分大小写的语言，因为大小写不同的标识符会被视为不同。例如，下面的代码创建两个不同的变量：

```
var a1:int;
var A1:int;
```

2. 点语法

可以通过点运算符（.）来访问对象的属性和方法。使用点语法，可以使用后跟点运算符和属性名或方法名的实例名来引用类的属性或方法。以下面的类定义为例：

```
class DotExample
{
    public var prop1:String;
    public function method1():void {}
}
```

借助于点语法，可以使用在如下代码中创建的实例名来访问 prop1 属性和 method1() 方法：

```
var myDotEx:DotExample = new DotExample();
myDotEx.prop1 = "hello";
myDotEx.method1();
```

定义包时，可以使用点语法。可以使用点运算符来引用嵌套包。例如，EventDispatcher 类位于一个名为 events 的包中，该包嵌套在名为 flash 的包中。可以使用下面的表达式来引用 events 包：flash.events

还可以使用此表达式来引用 EventDispatcher 类：flash.events.EventDispatcher。

3. 分号

可以使用分号字符（;）来终止语句。如果省略分号字符，则编译器将假设每一行代码代表一条语句。使用分号终止语句可以在一行中放置多个语句，但这样会使代码变得难以阅读。

4. 注释

ActionScript 3.0 代码支持两种类型的注释：单行注释和多行注释。编译器将忽略标记为注释的文本。

从本质上讲，变量是内存当中存储数据的容量，它用来存储程序中使用的值。在 ActionScript3.0 中，要声明变量，必须将 var 语句和变量名相结合。

单行注释以两个正斜杠字符（//）开头并持续到该行的末尾。例如，下面的代码包含一个单行注释：

```
var someNumber:Number = 3; //单行注释
```

多行注释以一个正斜杠和一个星号（/*）开头，以一个星号和一个正斜杠（*/）结尾。

```
/* 这是一个可以跨多行代码的多行注释。 */
```

5．斜杠语法

在早期的 ActionScript 版本中，斜杠语法用于指示影片剪辑或变量的路径。但在 ActionScript 3.0 中不支持斜杠语法。

6．字面值

“字面值”是直接出现在代码中的值。下面的示例都是字面值：

```
17、"hello"、-3、9.4、null、undefined、true、false
```

字面值还可以组合起来构成复合字面值。数组文本括在中括号字符（[]）中，各数组元素之间用逗号隔开。

数组文本可用于初始化数组。下面的几个示例显示了两个使用数组文本初始化的数组。用户可以使用 new 语句将复合字面值作为参数传递给 Array 类构造函数，但是，还可以在实例化下面的 ActionScript 核心类的实例时直接赋予字面值：Object、Array、String、Number、int、uint、XML、XMLList 和 Boolean。

```
//使用 new 语句
var myStrings:Array = new Array(["alpha", "beta", "gamma"]);
var myNums:Array = new Array([1,2,3,5,8]);
//直接赋予字面值
var myStrings:Array = ["alpha", "beta", "gamma"];
var myNums:Array = [1,2,3,5,8];
```

字面值还可用于初始化通用对象。通用对象是 Object 类的一个实例。对象字面值括在大括号（{}）中，各对象属性之间用逗号隔开。每个属性都用冒号字符（:）进行声明，冒号用于分隔属性名和属性值。

可以使用 new 语句创建一个通用对象并将该对象的字面值作为参数传递给 Object 类构造函数，也可以在声明实例时直接将对象字面值赋给实例。下面的示例创建一个新的通用对象，并使用三个值分别设置为 1、2 和 3 的属性（propA、propB 和 propC）初始化该对象：

```
//使用 new 语句
var myObject:Object = new Object({propA:1, propB:2, propC:3});
//直接赋予字面值
var myObject:Object = {propA:1, propB:2, propC:3};
```

7．小括号

在 ActionScript 3.0 中，可以通过三种方式来使用小括号()。

首先，可以使用小括号来更改表达式中的运算顺序。组合到小括号中的运算总是最先单击。例如，小括号可用于改变如下代码中的运算顺序：

```
trace(2 + 3 * 4); //14
trace( (2 + 3) * 4); //20
```

第二，可以结合使用小括号和逗号运算符（,）来计算一系列表达式并返回最后一个表

小提示

变量的命名规则：一般以英文开头，后接字母、数字等，不能接空格、问号等其他符号；常用骆驼命名法的大小写混合命名风格；符合最小长度、最大信息量原则。

达式的结果，如下面的示例：

```
var a:int = 2;
var b:int = 3;
trace((a++, b++, a+b)); //7
```

第三，可以使用小括号来向函数或方法传递一个或多个参数，如下面的示例，向 trace() 函数传递一个字符串值：

```
trace("hello"); //hello
```

8. 常量

ActionScript 3.0 支持 const 语句，该语句可用于创建常量。常量是指具有无法改变的固定值的属性。只能为常量赋值一次，且必须在最接近常量声明的位置赋值。例如，如果将常量声明为类的成员，则只能在声明过程中或在类构造函数中为常量赋值。

下面的代码声明两个常量。第一个常量 MINIMUM 是在声明语句中赋值的，第二个常量 MAXIMUM 是在构造函数中赋值的。

```
class A
{
   public const MINIMUM:int = 0;
   public const MAXIMUM:int;
   public function A()
   {
   MAXIMUM = 10;
   }
   }
var a:A = new A();
trace(a.MINIMUM); // 0
trace(a.MAXIMUM); // 10
```

如果尝试以其他任何方法向常量赋予初始值，则会出现错误。例如，在类的外部设置 MAXIMUM 的初始值，将会出现运行时错误。

```
class A
{
   public const MINIMUM:int = 0;
   public const MAXIMUM:int;
}
var a:A = new A();
a["MAXIMUM"] = 10; //运行时错误
```

Flash Player API 定义了一组广泛的常量供用户使用。按照惯例，ActionScript 中的常量全部使用大写字母，各个单词之间用下划线字符（_）分隔。例如，MouseEvent 类定义将此命名惯例用于其常量，其中每个常量都表示一个与鼠标输入有关的事件：

```
package flash.events
{
   public class MouseEvent extends Event
   {
   public static const CLICK:String = "click";
   public static const DOUBLE_CLICK:String = "doubleClick";
   public static const MOUSE_DOWN:String = "mouseDown";
   public static const MOUSE_MOVE:String = "mouseMove";
   ...
   }
}
```

常量分两种：顶级常量和用户自定义常量。顶级常量就是语言库内部提供的常量，自定义常量通常使用关键字 const 来定义。

12.2.2 条件语句

ActionScript 3.0 提供了三个可用于控制程序流的基本条件语句，分别是 if...else 条件语句，if...else if 条件语句，以及 switch 语句。

1. if...else 语句

if...else 条件语句用于测试一个条件，如果该条件存在，则单击一个代码块，否则单击替代代码块。例如，下面的代码测试 a1 的值是否超过 10，如果是，则生成一个 trace()函数，否则生成另一个 trace()函数：

```
if (a1 > 10)
{
    trace("a1 is > 10");
}
else
{
    trace("a1 is <= 10");
}
```

如果不想单击替代代码块，可以仅使用 if 语句，而不用 else 语句。

2. if...else if 语句

可以使用 if...else if 条件语句来测试多个条件。例如，下面的代码不仅测试 a1 的值是否超过 10，还测试 a1 的值是否为负数：

```
if (a1 > 10)
{
    trace("a1 is > 10");
}
else if (a1 < 0)
{
    trace("a1 is negative");
}
```

3. switch 语句

如果多个执行路径依赖于同一个条件表达式，则 switch 语句非常有用。它的功能大致相当于一系列 if...else if 语句，但是它更便于阅读。switch 语句不是对条件进行测试以获得布尔值，而是对表达式进行求值并使用计算结果来确定要单击的代码块。代码块以 case 语句开头，以 break 语句结尾。

例如，下面的 switch 语句基于由 Date.getDay()方法返回的日期值输出星期日期：

```
var someDate:Date = new Date();
var dayNum:uint = someDate.getDay();
switch(dayNum)
{
    case 0:
    trace("Sunday");
    break;
    case 1:
    trace("Monday");
```

如果 if 或 else 语句后面只有一条语句，则无需用大括号括起该语句。但是 Adobe 建议始终使用大括号，因为在缺少大括号的条件语句中添加语句时，可能会出现意外行为。

```
        break;
        case 2:
        trace("Tuesday");
        break;
        case 3:
        trace("Wednesday");
        break;
        case 4:
        trace("Thursday");
        break;
        case 5:
        trace("Friday");
        break;
        case 6:
        trace("Saturday");
        break;
        default:
        trace("Out of range");
        break;
}
```

12.2.3 循环语句

循环语句允许使用一系列值或变量来反复单击一个特定的代码块。用户应使用大括号“{}”来括起代码块。

1. for

for 循环用于循环访问某个变量以获得特定范围的值。必须在 for 语句中提供 3 个表达式：一个设置了初始值的变量，一个用于确定循环何时结束的条件语句，一个在每次循环中都更改变量值的表达式。例如，下面的代码循环 5 次，变量 i 的值从 0 开始到 4 结束，输出结果是从 0 到 4 的 5 个数字，每个数字各占 1 行。

```
var i:int;
for (i = 0; i < 5; i++)
{
    trace(i);
}
```

2. for...in

for…in 循环用于循环访问对象属性或数组元素。例如，可以使用 for...in 循环来循环访问通用对象的属性（不按任何特定的顺序来保存对象的属性，因此属性可能以看似随机的顺序出现）：

```
var myObj:Object = {x:20, y:30};
for (var i:String in myObj)
{
    trace(i + ": " + myObj[i]);
}
//输出:
//x: 20
```

循环语句编写技巧：找到需要重复执行的语句；确定循环变量及其变化；确定循环的初始状态；确定循环执行的条件。

```
//y: 30
```

还可以循环访问数组中的元素：

```
var myArray:Array = ["one", "two", "three"];
for (var i:String in myArray)
{
    trace(myArray[i]);
}
//输出:
//one
//two
//three
```

注意：如果对象是自定义类的一个实例，则除非该类是动态类，否则将无法循环访问该对象的属性。即便对于动态类的实例，也只能循环访问动态添加的属性。

3．for each…in

for each...in 循环用于循环访问集合中的项目，它可以是 XML 或 XMLList 对象中的标签、对象属性保存的值或数组元素。例如，下面的代码，可以使用 for each...in 循环来循环访问通用对象的属性。与 for…in 循环不同的是，for each...in 循环中的迭代变量包含属性所保存的值，而不包含属性的名称：

```
var myObj:Object = {x:20, y:30};
for each (var num in myObj)
{
    trace(num);
}
//输出:
//20
//30
```

可以循环访问 XML 或 XMLList 对象，如下面的示例：

```
var myXML:XML = <users>
<fname>Jane</fname>
<fname>Susan</fname>
<fname>John</fname>
</users>;
for each (var item in myXML.fname)
{
    trace(item);
}
/* 输出
Jane
Susan
John
*/
```

还可以循环访问数组中的元素，如下面的示例：

```
var myArray:Array = ["one", "two", "three"];
for each (var item in myArray)
{
    trace(item);
}
```

 Break 语句可以终止一个循环的执行。通过 break 语句，可以在循环语句中设定在出现某些情况时退出整个循环。

```
//输出:
//one
//two
//three
```

如果对象是密封类的实例，则将无法循环访问该对象的属性。即使对于动态类的实例，也无法循环访问任何固定属性（即作为类定义的一部分定义的属性）。

4. while

while 循环与 if 语句相似，只要条件为 true，就会反复单击。例如，下面的代码与 for 循环示例生成的输出结果相同：

```
var i:int = 0;
while (i < 5)
{
    trace(i);
    i++;
}
```

使用 while 循环的一个缺点是，编写的 while 循环中更容易出现无限循环。如果省略了用于递增计数器变量的表达式，则 for 循环示例代码将无法编译，而 while 循环示例代码仍然能够编译。若没有用于递增 i 的表达式，循环将成为无限循环。

5. do…while

do...while 循环是一种 while 循环，它保证至少单击一次代码块，这是因为在单击代码块后才会检查条件。下面的代码显示了 do...while 循环的一个简单示例，即使条件不满足，该示例也会生成输出结果：

```
var i:int = 5;
do
{
    trace(i);
    i++;
} while (i < 5);
//输出: 5
```

12.3 运用动作脚本制作交互动画

下面将制作一个简单的交互示例，演示为一个线性动画添加启动动画及导航到单独的网页。该示例的目的是让读者了解如何将多段 ActionScript 合并为一个完整的应用程序。

下面将通过实例来介绍如何运用动作脚本制作交互动画，具体操作方法如下：

素材：光盘：素材\12\Action.fla　　效果：光盘：效果\12\Action.fla

难度：★★★★☆　　视频：光盘：视频\12\运用动作脚本制作交互动画.swf

当循环条件并不是由循环变量决定时，可以考虑使用 while 语句，例如需要补停地执行某一些代码。

01 打开素材文件。

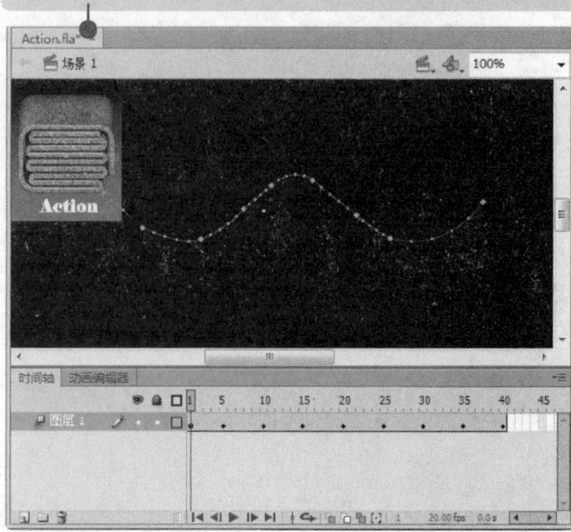

02 新建“按钮”图层。

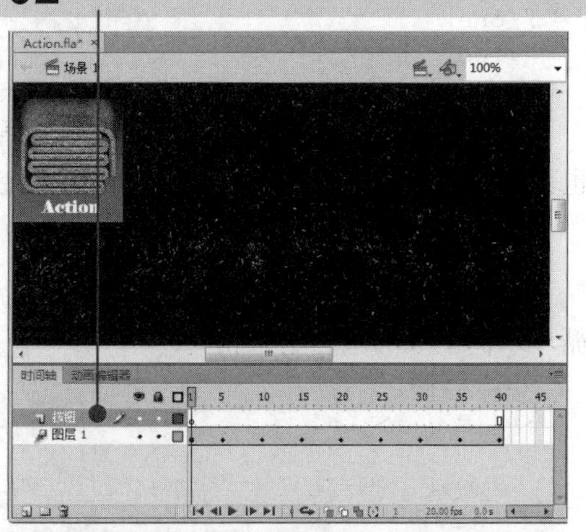

03 单击“窗口”|“公共库”|Buttons命令，打开“外部库”面板。

04 展开 classic buttons|Arcade buttons 文件夹，选择按钮。

05 将按钮从“库”面板拖入舞台，并置于合适位置。

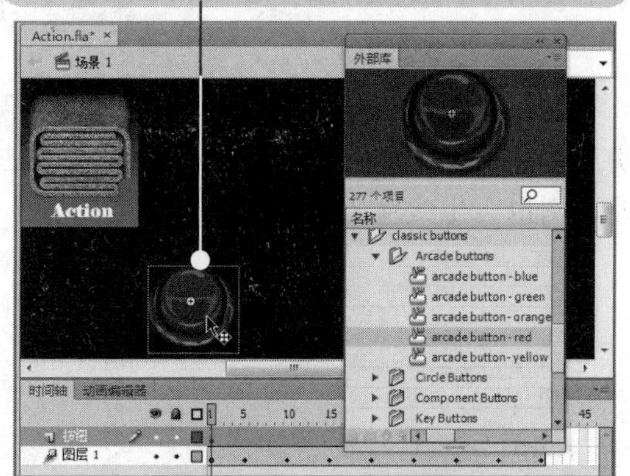

06 双击按钮进入编辑状态，新建“文字”图层。

07 输入文本 Play，设置字体格式。

08 在“文字”图层“按下”帧处插入关键帧。

09 修改文字格式，将文字向下稍微移动。

小提示

Flash 与其他动画制作软件相比，最大的特点就是具有强大的交互性。动画制作者可以使用动作脚本向影片添加交互性动作，使用户还能够参与到动画中，自由控制动画。

10 右击“文字”图层“点击”帧。

11 选择“删除帧”选项。

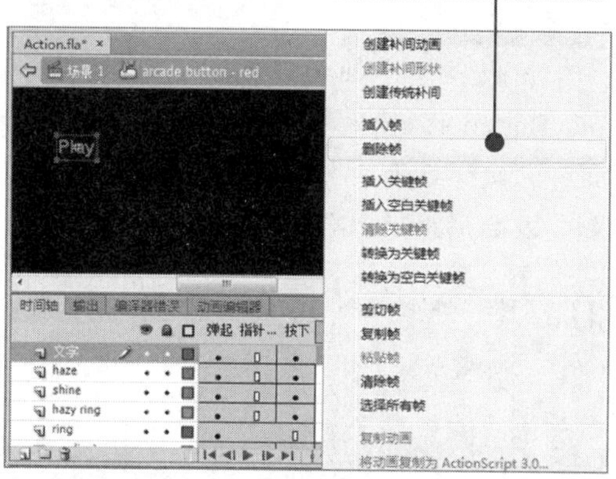

12 返回场景，选择按钮，将其命名为 playbutton。

13 新建 Action 图层。

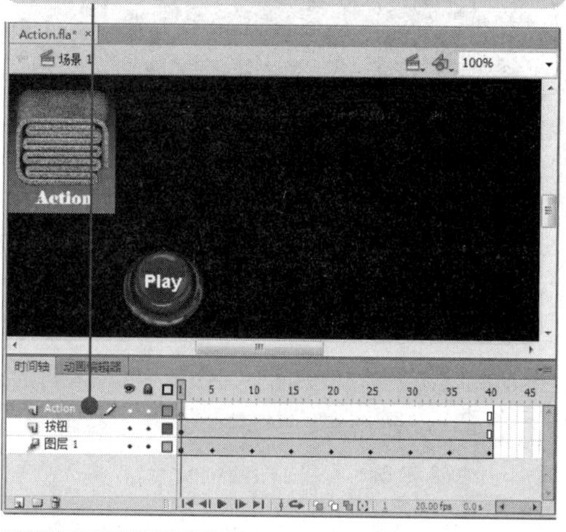

14 选择 Action 图层第 1 帧，打开“动作”面板，输入代码“stop();”。

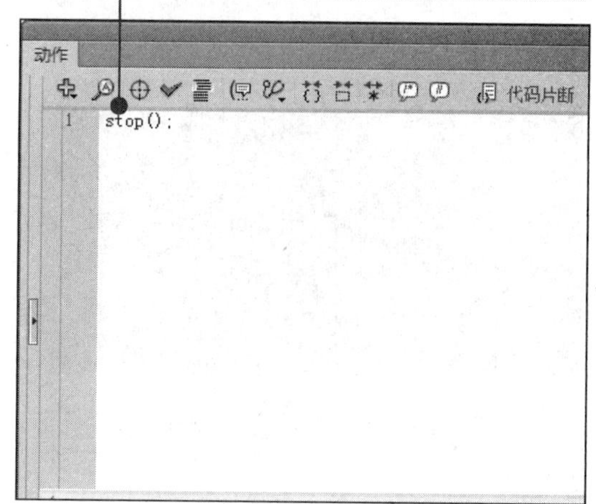

15 在“动作”面板中连续按【Enter】键，向下插入一个空行。

16 输入动作代码。

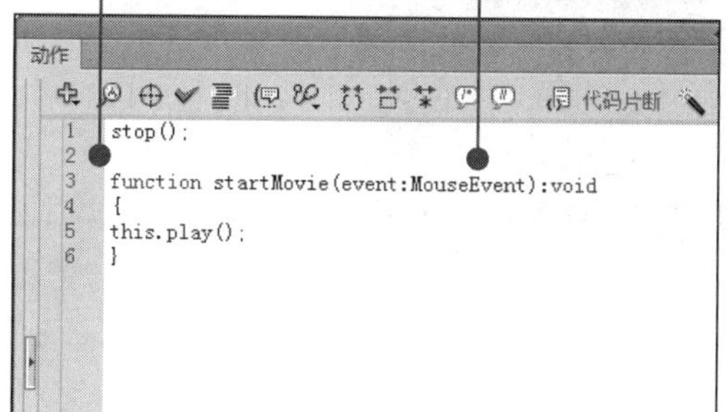

高手点拨

该代码定义一个名为 startMovie() 的函数。调用 startMovie()时，该函数会导致主时间轴开始播放。

17 按【Enter】键，在下一行中输入代码。

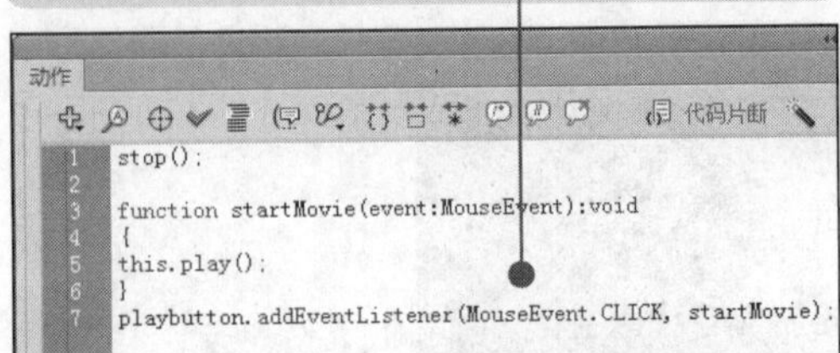

高手点拨

该代码行将 startMovie()函数注册为 playButton 的 click 事件的侦听器。也就是说，它使得只要单击名为 playButton 的按钮，就会调用 startMovie()函数。

18 按【Ctrl+Enter】组合键，测试动画。

19 单击 Play 按钮，开始播放动画。

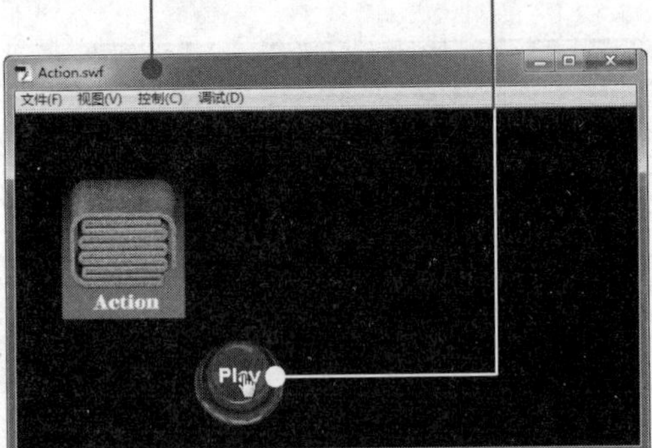

20 打开“外部库”面板。

21 选择一个与 Play 按钮不同颜色的按钮元件。

22 将所选按钮拖入舞台中。

23 双击按钮进入编辑状态，添加文字 Home。

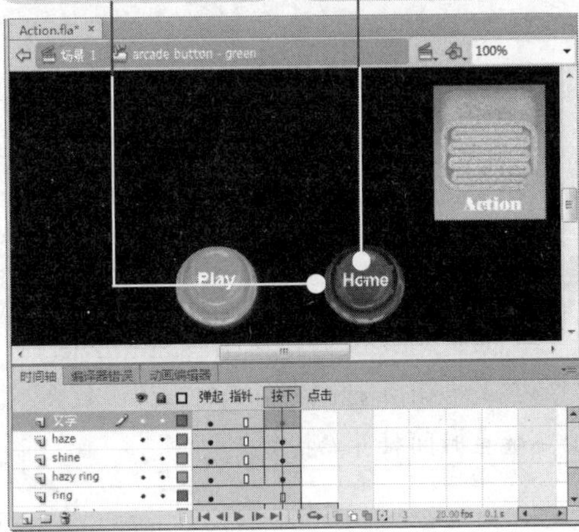

24 返回场景，选择 Home 按钮实例。

25 将其命名为 homebutton。

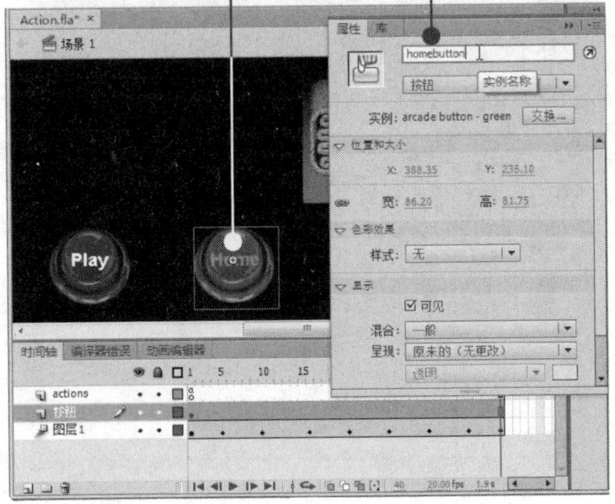

小提示

交互式动画的一个行包含了两个内容：一个是事件，另一个是事件发生时所执行的动作。事件是触发动作的信号，动作是事件的结果。

26 打开"动作"面板，在最后一行按【Enter】键，输入动作代码。

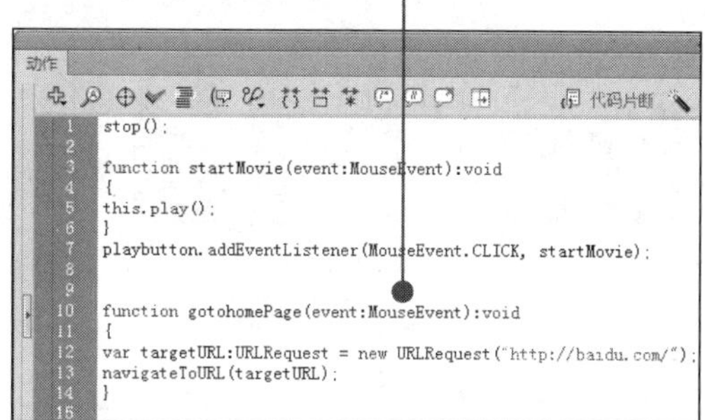

高手点拨

该代码定义一个名为 gotohomePage() 的函数。该函数首先创建一个代表主页地址 http://baidu.com/的 URLRequest 实例，然后将该地址传递给 navigateToURL()函数，使用户浏览器打开该 URL。

27 在下一行中继续输入动作代码。

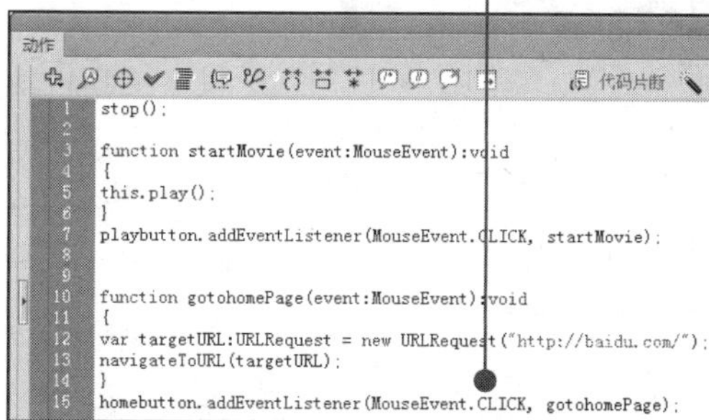

高手点拨

该代码行将 gotohomePage()函数注册为 homebutton 的 click 事件的侦听器。也就是说，它使得只要单击名为 homeButton 的按钮，就会调用 gotoAuthorPage()函数。

28 按【Ctrl+Enter】组合键，测试动画。

29 单击 Home 按钮。

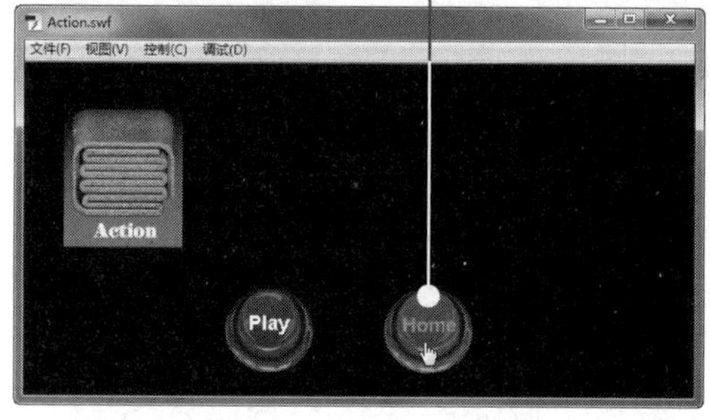

30 单击 Home 按钮后，打开 Actions 代码中编写的百度首页。

多学点

事件的设置与动作的设计是通过"动作"面板来完成的。帧事件就是当影片或影片剪辑播放到某一帧时的事件。注意：只有关键帧才能设置事件。

预计学习时间 60 分钟

Chapter 13

Photoshop CS6 快速入门

由于网页中图像的大量使用，Photoshop 作为一款便利、专业的图像处理软件，它在网页制作中的作用不言而喻。Photoshop CS6 与其他软件的超强组合，已经成为现在网页制作的必备工具之一。本章将详细介绍 Photoshop CS6 软件应用的入门知识。

要点导航

- ◎ 认识 Photoshop CS6 界面
- ◎ 图像基础知识
- ◎ Photoshop CS6 基本操作
- ◎ 使用 Photoshop 基本工具

重点图例

13.1 认识 Photoshop CS6 界面

Photoshop CS6 作为目前的最新版本，在继承旧版软件的基础上做了一些改进，尤其是用户界面，采用了全新的设计方案，使用起来更加方便，更具有亲和力。

在安装 Photoshop CS6 完成后，启动 Photoshop CS6 程序，即可看到其工作界面，如下图所示。

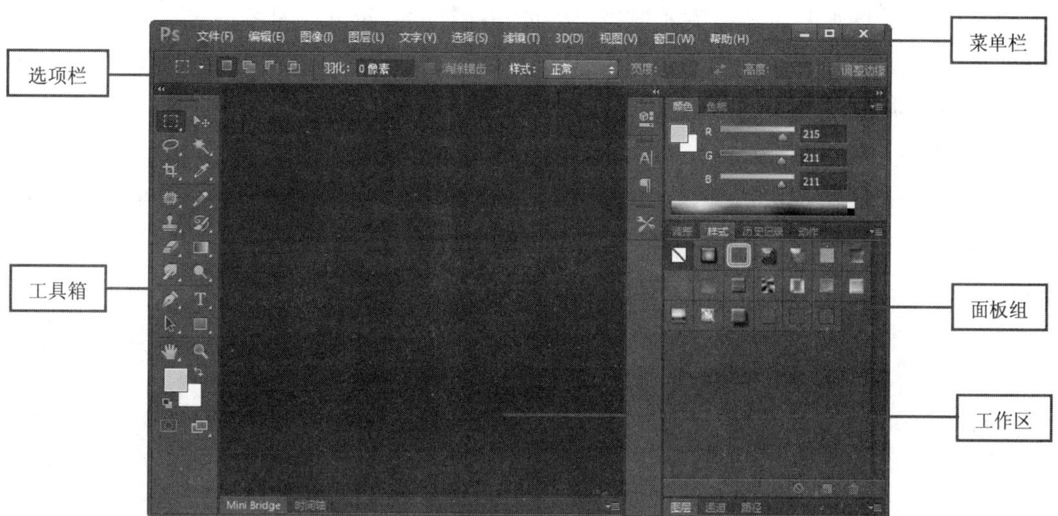

菜单栏

该栏中显示了 Photoshop CS6 所有的菜单，其中 3D 菜单是 Photoshop CS6 新增的菜单。这些菜单中几乎包含了所有的操作命令。

选项栏

当选择相应的工具后，可在该栏中显示相应的工具选项，通过设置其选项可以控制所选工具的操作结果。

工作区

该区域主要用于存放并显示当前正在编辑的图像窗口。

工具箱

工具箱是所有工具的集合面板，其中集合了 Photoshop 中的所有工具。用户可以根据需要设置单、双栏显示方式。

面板组

面板组通常停靠在程序窗口的右侧，主要用于调整与图像有关的各种属性。

高手点拨

单击“窗口”|“工具”命令，可以在显示和隐藏工具箱之间进行切换。隐藏工具箱可以得到更大的操作空间。

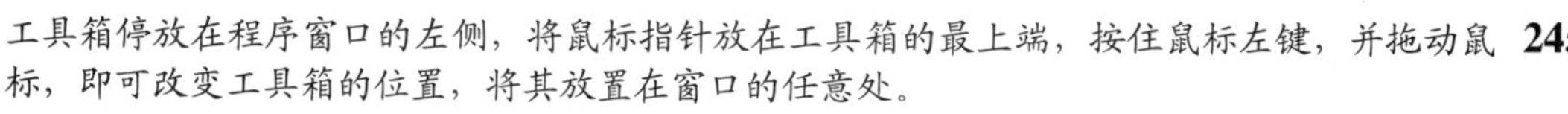
工具箱停放在程序窗口的左侧，将鼠标指针放在工具箱的最上端，按住鼠标左键，并拖动鼠标，即可改变工具箱的位置，将其放置在窗口的任意处。

13.2 图像基础知识

在网页制作过程中，并非所有的图像格式都适合使用，也不是所有的颜色模式都适用于网页。下面将详细介绍什么是矢量图和位图，以及图像的颜色模式。

13.2.1 矢量图和位图

在电脑中，图像是以数字方式记录、处理和保存的，所以说图像是一个数字化的图像。这种数字化的图像可以分为两种类型，即位图与矢量图。了解这两种类型的图像及其区别对于网页图像的选择与使用会有很大的帮助。

1. 位图

位图又称点阵图，由许多点（像素）组成。每个像素都有一个明确的颜色，电脑显示器的屏幕可以看做是一个大的像素网格，在每个像素上显示不同的颜色、亮度等，便会在整体上显示出一幅图像，这就是一幅位图图像，如下图所示。

位图可以表现图像中色彩的细微变化，能够制作出色彩和色调变化丰富的图像，画面细腻，过渡自然；大多数的工具软件都适用于位图，因此位图文件可以方便地在不同的软件间进行交换处理。但是，位图的清晰度与分辨率有关，在屏幕上将位图放大显示，或以低分辨率打印，图像可能会出现锯齿边缘，并且会丢失细节，如下图所示。

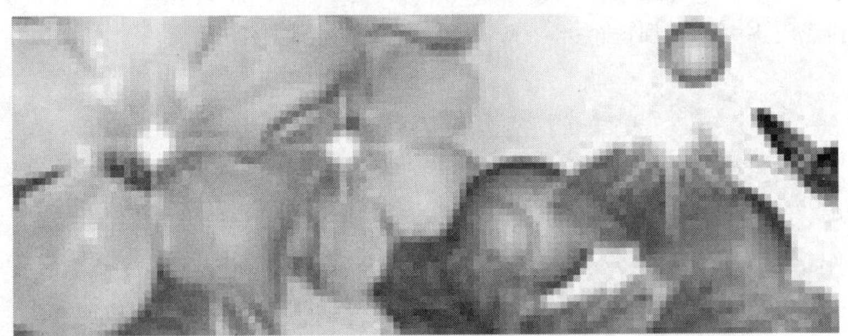

2. 矢量图

矢量图又称为向量图形，它由以数学方程式所定义的直线和曲线组成，内容以线条和色块为主。一般情况下，矢量图是由多个对象元素堆砌而成的，各个对象元素在电脑中都是由数学公式表达描述的，每个对象都是自成一体的实体，它具有颜色、形状、轮廓和大小等属性。

小提示

Photoshop是处理位图的软件，其他常用的处理位图的软件还有Design Painter和Corel PHOTO-PAINT等。

矢量图与分辨率无关，将矢量图任意放大或缩小，仍然会保持很高的清晰度，不会出现锯齿状的边缘，如下图所示。矢量图在任何分辨率下显示或打印，都不会损失细节，因此矢量图形在标志设计、插图设计上占有很大的优势。

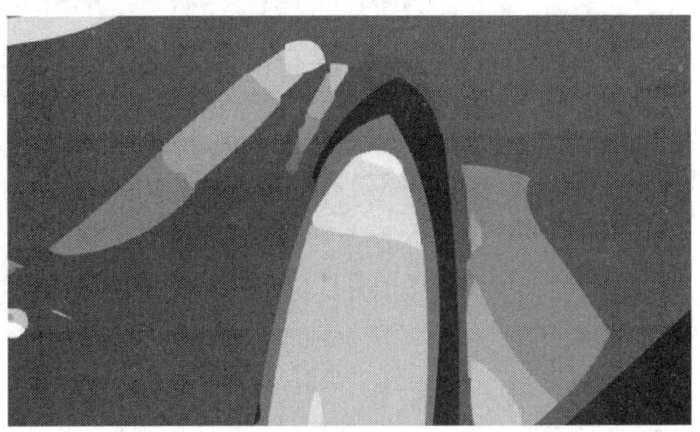

位图与矢量图的实现原理不同，由于矢量图中所有对象都是用数学公式表示的，因此文件所占空间小，精确度比较高，不会失真。

通常情况下，一个位图图像文件要比一个矢量图像文件大很多，但是矢量图不易制作出色调丰富或色彩变化较大的图像，位图要比矢量图形更能真实地再现现实世界中的图形图像。

13.2.2 图像的颜色模式

颜色模式主要是指图像的颜色构成方式。由于不同用途的图像颜色构成不同，如电脑中显示的图像为 RGB 模式，而打印输入的图像需要用 CMYK 模式。

由于电脑成像中的色彩是由光组成的，因此该类图像的颜色模式为 RGB（红、绿、蓝）。该模式图像的颜色比较亮丽，如下图（左）所示。

在印刷或打印的图片中，主要通过颜料配比来控制实现色彩，该类图像相对来说比较暗淡一些，称为 CMYK 模式，如下图（右）所示。

高手点拨

编辑 RGB 模式图像时，如果想要预览它的打印效果，可以单击“视图”|“校样颜色”命令打开电子校样。

在 Photoshop 中，除非有特殊要求而使用特定的颜色模式，否则 RGB 都是首选。在这种模式下可以使用所有 Photoshop 工具和命令，而其它模式则会受到限制。

13.3 Photoshop CS6 基本操作

下面将详细介绍 Photoshop CS6 的基本操作，如网页图片的创建、打开与保存等，为后面的学习打下良好的基础。

13.3.1 新建网页图片文件

在制作网页中的图片之前，需要根据网页中的预留尺寸新建相应尺寸的文档，具体操作方法如下：

难度：★☆☆☆☆　　视频：光盘：视频\13\新建网页图片文件.swf

01 打开“新建”对话框，设置图片参数。

02 单击“确定”按钮。

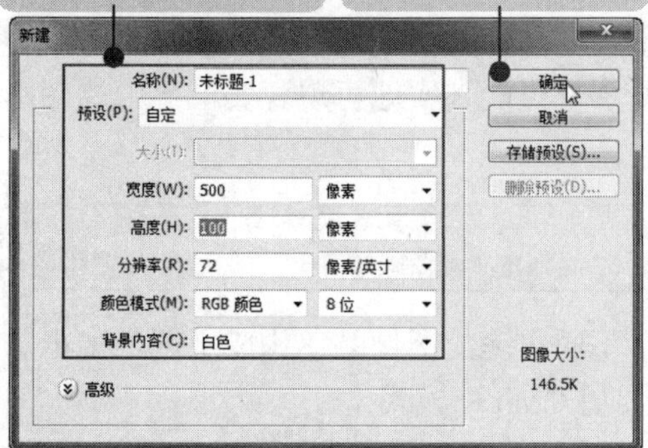

03 根据需要绘制或导入所需的图像。

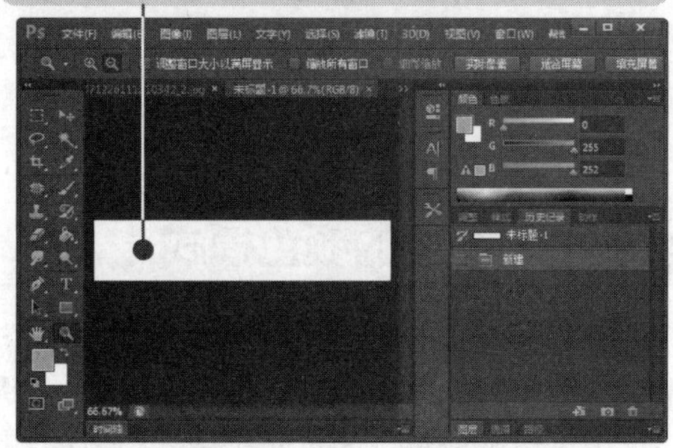

13.3.2 保存网页图片文件

当制作好所需的网页图片后，需要保存源文件及所需的图片文件，具体操作方法如下：

素材：光盘：素材\13\头图 2.jpg　　效果：无

难度：★☆☆☆☆　　视频：光盘：视频\13\保存网页图片文件.swf

01 打开图片，单击“文件 | 存储”命令。

02 设置保存选项。

03 单击“保存”按钮。

小提示

按【Ctrl+N】组合键，也可以打开“新建”对话框，对于一些较常用的文档参数，可以将其保存为预设，以方便使用。

高手点拨

也可单击“文件”|“另存为”命令，在弹出的对话框中设置所需的文件名称和格式，然后单击“保存”按钮。

13.3.3 打开网页图片文件

打开图片的方式有多种，不同格式的图片打开方式也不尽相同，下面将介绍几种常用格式的打开方式。

1. 直接打开软件

直接打开是指在没有启动 Photoshop CS6 的情况下，将图片与 Photoshop CS6 程序一起打开，具体操作方法如下：

如果是 PSD 文件，直接双击该文件即可将其打开，如下图（左）所示。如果是其他格式的图片，可以在要打开的图片上右击，在弹出的快捷菜单中选择“打开方式”| Adobe Photoshop CS6 选项，即可在 Photoshop CS6 中将其打开，如下图（右）所示。

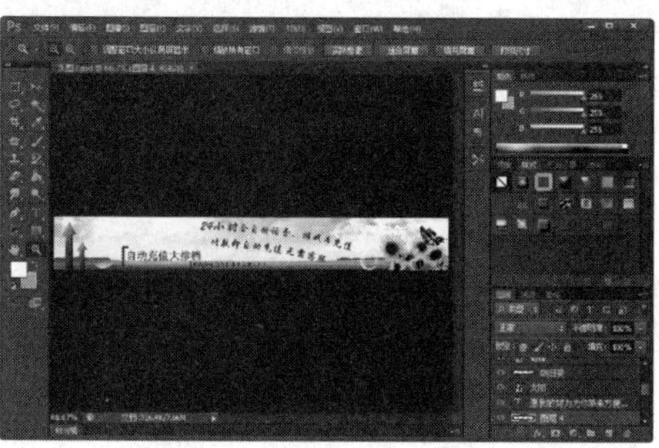

2. 在程序中打开

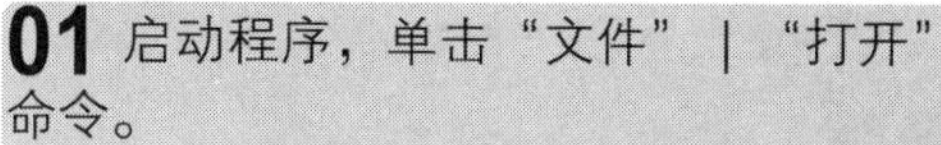

素材：光盘：素材\13\01.psd

效果：无

难度：★☆☆☆☆

视频：光盘：视频\13\打开网页图片文件.swf

01 启动程序，单击“文件”|“打开”命令。

02 选择需要的图像文件。

03 单击“打开”按钮。

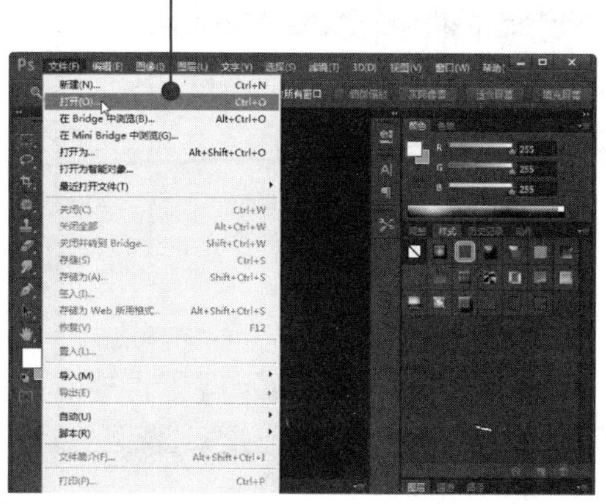

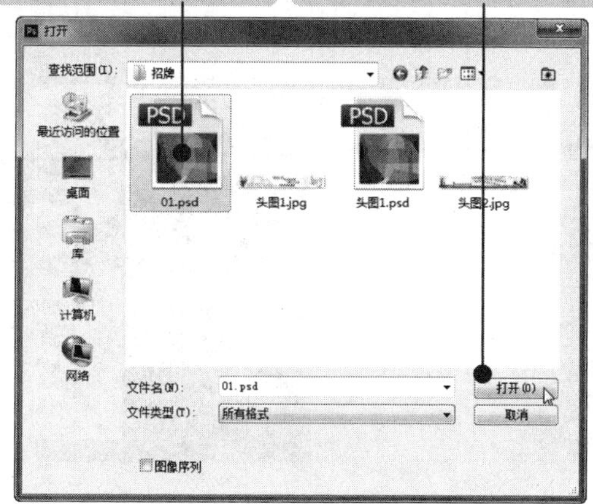

按【Ctrl+O】组合键，或在灰色的 Photoshop 程序窗口中双击，都可以快速地将“打开”对话框打开。

04 在工作区中打开所选择的图像文件。

高手点拨

在电脑中找到所需的文件，直接将其拖入窗口中，也可打开所选图像文件，如下图所示。

13.4 使用 Photoshop 基本工具

下面将详细介绍如何使用 Photoshop CS6 中的一些基本工具，如移动工具、创建选区工具、裁切图像工具、图像修改工具等。

13.4.1 使用移动工具

移动工具是 Photoshop 中常用的工具之一，其作用是选择与移动对象。下面将通过实例来介绍如何使用移动工具选择与移动对象，具体操作方法如下：

素材：光盘:素材\13\01.jpg　　效果：光盘:效果\13\01.jpg

难度：★☆☆☆☆　　视频：光盘:视频\13\使用移动工具.swf

01 单击“文件”|“打开”按钮。

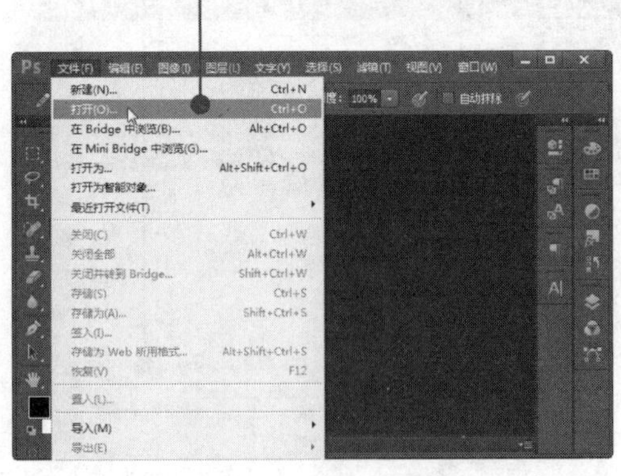

02 选择要打开的素材文件。

03 单击“打开”按钮

小提示

按【Ctrl+F4】或【Ctrl+W】组合键，可以快速关闭图像文件。按【Alt+Ctrl+W】组合键，则可以快速关闭所有打开的图像文件。

04 单击"图层"｜"复制图层"命令。

05 弹出"复制图层"对话框，单击"确定"按钮。

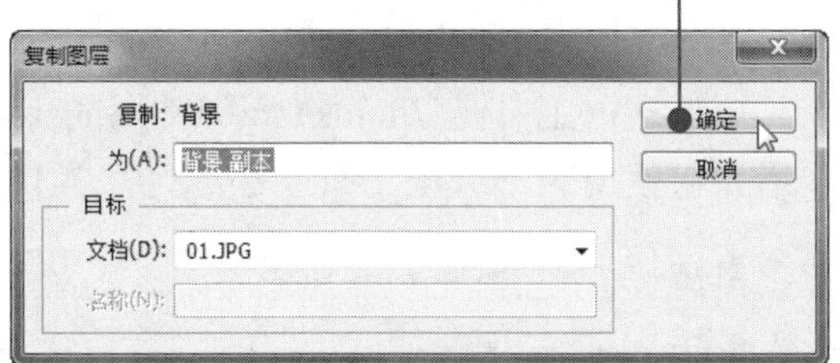

06 在"图层"面板中显示复制的"背景副本"图层。

07 在工具箱中选择移动工具。

08 按住鼠标并拖动，移动当前图层中的图像。

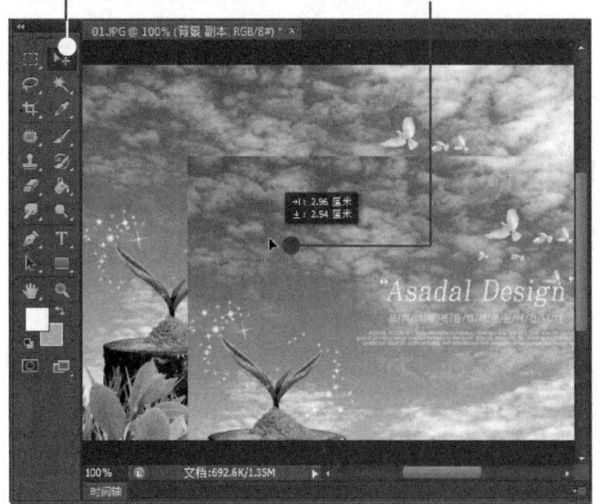

09 有多个图层中的图像重叠，右击图像。

10 选择相应的图层，即可选中对应的图像。

高手点拨

如果图像内没有选区，则使用移动工具移动的是当前图层内的图像。背景一般都是锁定的，不可移动。

选择缩放工具后，在图像上按下鼠标左键后，向右下方拖动鼠标，可以将图像放大显示；向左上方拖动鼠标，可以将图像缩小显示。

13.4.2 使用创建选区工具

选区在 Photoshop 中是一个很重要的概念，它的应用非常广泛，下面将详细介绍如何利用 Photoshop 中的工具创建选区。

1．使用矩形选框工具

矩形选框工具是 Photoshop 中常用的工具之一，其作用是创建选区。下面将通过实例来介绍如何使用矩形选框工具创建选区，具体操作方法如下：

素材：光盘：素材\13\02.jpg　　效果：光盘：无

难度：★☆☆☆☆　　视频：光盘：视频\13\使用矩形选框工具.swf

01 打开素材文件。

02 选择矩形选框工具。

03 按住鼠标左键并进行拖动，创建矩形选区。

04 调用选择工具，拖动选中区域，可以移动选中图像。

05 按【Ctrl+D】组合键，取消选中图像。

小提示

矩形选框工具是最常用的选框工具，用于创建矩形选区和正方形选区，在进行网页设计的过程中经常使用。

2. 使用椭圆选框工具

椭圆选区的创建方法与矩形选区相似，具体操作方法如下：

难度：★☆☆☆☆　　视频：光盘: 视频\13\使用椭圆选框工具.swf

01 在工具箱中选择椭圆选框工具。

02 按住鼠标左键并拖动，创建椭圆选区。

3. 使用磁性套索工具

磁性套索工具可以选择对象边界与背景清晰的目标磁性选择工具，下面将通过实例来介绍如何使用磁性套索工具选择对象，具体操作方法如下：

素材：光盘: 素材\13\03.jpg　　效果：光盘: 无

难度：★★☆☆☆　　视频：光盘: 视频\13\使用磁性套索工具.swf

01 打开素材文件。

02 选择磁性套索工具。

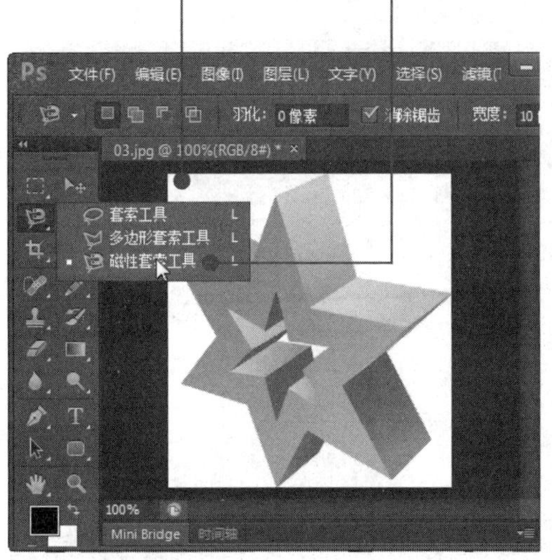

03 在对象与背景的边界处单击，沿交界移动鼠标。

按键盘中的【M】键，可以快速选中矩形选框工具。按【Shift+M】组合键，可以在矩形选框工具和椭圆选框工具之间进行切换。

04 再次回到起始点时单击鼠标左键。

05 松开鼠标，即可创建封闭选区。

高手点拨

使用磁性套索工具绘制选区时，若锚点定位不合适，可按【Delete】键删除最近生成的锚点，将鼠标指针向后退并重新绘制，将不合适的锚点纠正过来。

4. 使用魔棒工具

利用魔棒工具可以快速选择与单击点处相似的颜色。下面将通过实例来介绍如何使用魔棒工具选择对象，具体操作方法如下：

素材：光盘：素材\13\04.jpg　　效果：光盘：效果\13\04.jpg

难度：★★☆☆☆　　视频：光盘：视频\13\使用魔棒工具.swf

01 打开素材文件。

02 选择工具箱中的魔棒工具。

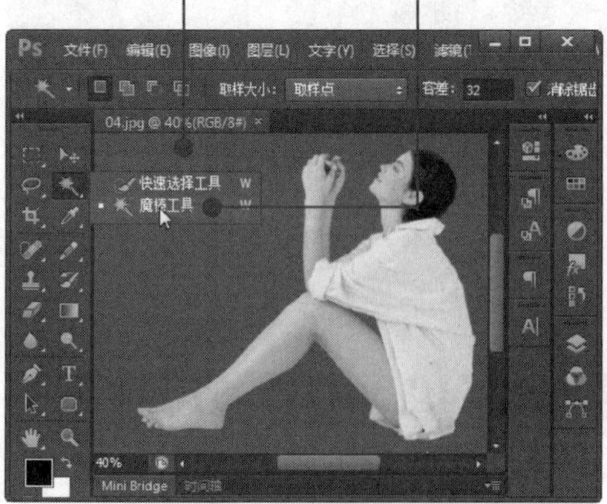

03 在背景色上单击，即可将背景选中。

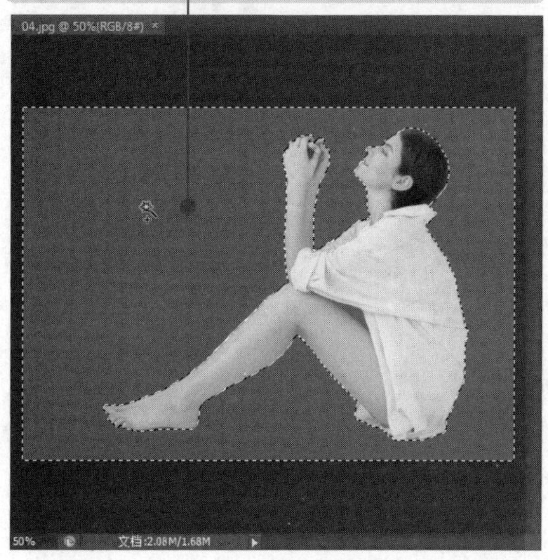

小提示 选择毛发等细微的图像时，我们可以选用魔棒、快速选择或“色彩范围”等工具创建一个大致的选区，再使用“调整边缘”命令对选区进行细化。

04 若要选择人物，单击“选择”|“反向”命令，反选选区。

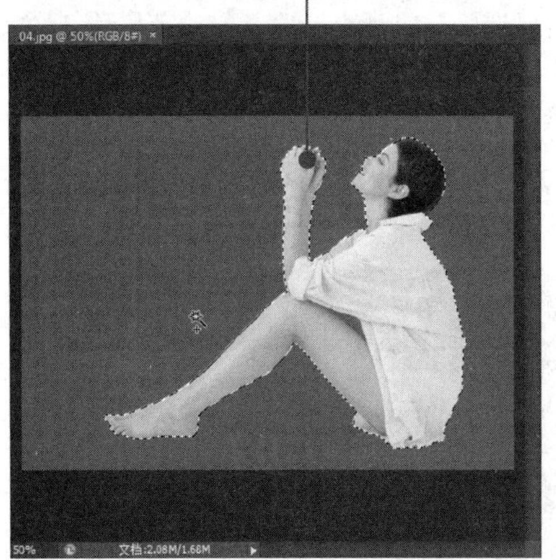

05 调用选择工具，可以移动选中的人物图象。

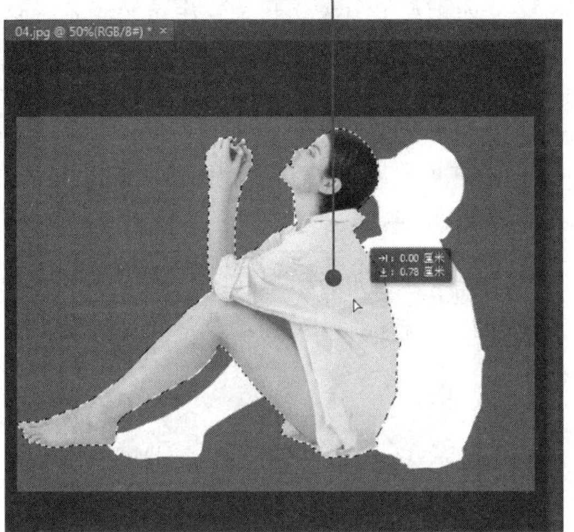

高手点拨

当创建选区后，将绘制选区工具放置于选区内，即可变为空心箭头，此时按住鼠标左键并拖动，即可移动选区，如下图所示。

5. 修改选区

下面将详细介绍如何修改选区，如修改边界、平滑选区、扩展选区、收缩选区、羽化选区等。

素材：光盘: 素材\13\心形.jpg　　效果：光盘: 效果\13\心形.jpg

难度：★★☆☆☆　　视频：光盘: 视频\13\修改选区.swf

魔棒工具适用于颜色对比比较单一的图像，颜色越单一，选取的对象就越精确。在该工具选项栏中选中“连续”复选框，则只能选择与鼠标落点处颜色相近且相连的部分。

多学点

（1）修改边界

边界也称为“扩边”，用于创建将原选区边界分别向内外扩展指定宽度后生成的区域。单击“选择”|“修改”|“边界”命令，弹出“边界选区”对话框，输入取值范围为1~200（像素）的宽度值，就会在原选区的基础上产生指定宽度的选区。

下面将通过实例来介绍如何修改边界，具体操作方法如下：

01 打开素材图像，使用套索工具绘制一个心形选区。

02 单击“选择”|“修改”|“边界”命令。

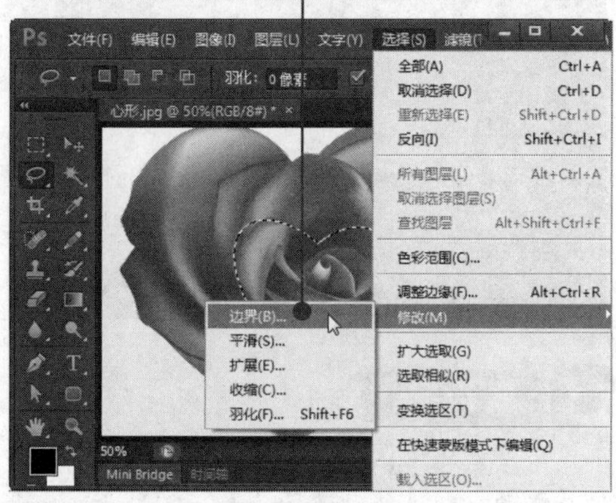

03 设置边界宽度为30像素。

04 单击“确定”按钮。

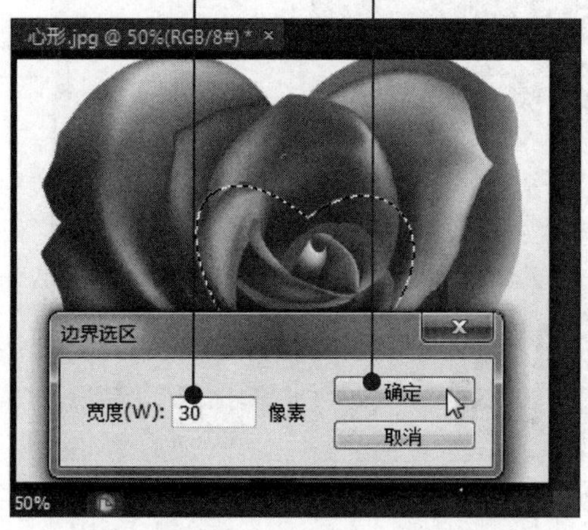

05 查看修改边界后的选区效果。

（2）平滑选区

平滑选区的作用是清除选区中的杂散像素，以及平滑尖角和锯齿等。单击“选择”|“修改”|“平滑”命令，弹出“平滑选区”对话框，输入取值范围为1~100（像素）的半径值，就会将原选区尖角处变得较为圆滑。

下面将通过实例来介绍如何平滑选区，具体操作方法如下：

小提示

使用魔棒工具或“色彩范围”命令选择对象时，选区边缘往往较为生硬，可以使用“平滑”命令对选区边缘进行平滑处理。

01 打开素材图像，使用矩形选框工具绘制矩形选区。

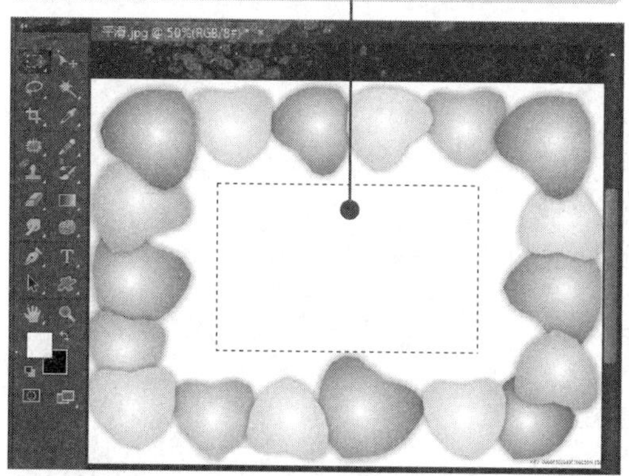

02 单击“选择”|“修改”|“平滑”命令。

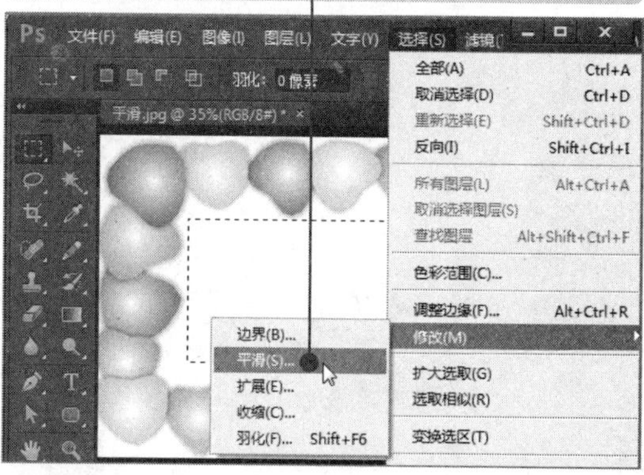

03 设置“取样半径”为 50 像素。

04 单击“确定”按钮。

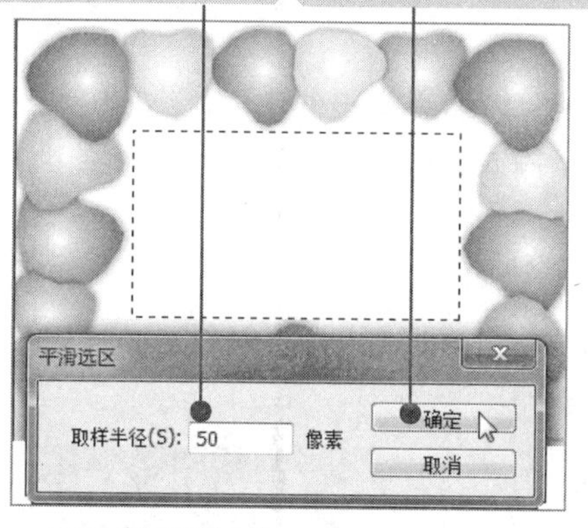

05 查看平滑后的选区效果。

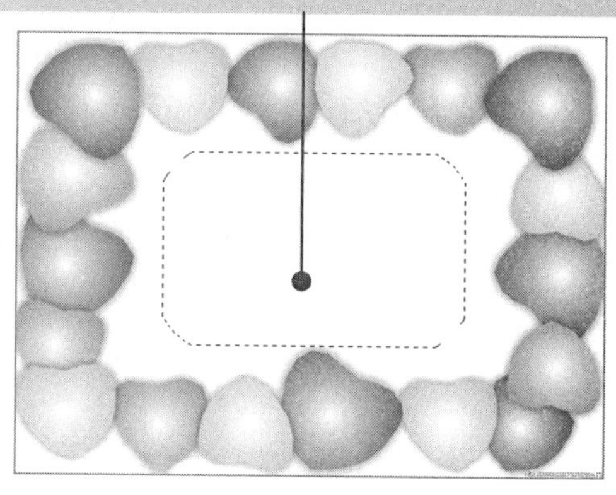

（3）扩展选区

扩展选区的作用是将原选区沿边界向外扩大到指定的宽度。单击“选择”|“修改”|“扩展”命令，弹出“扩展选区”对话框，输入取值范围为 1~100（像素）的数值，就会将原选区向外扩充到指定的像素宽度。

下面将通过实例来介绍如何扩展选区，具体操作方法如下：

01 打开素材图像，使用椭圆选框工具绘制椭圆选区。

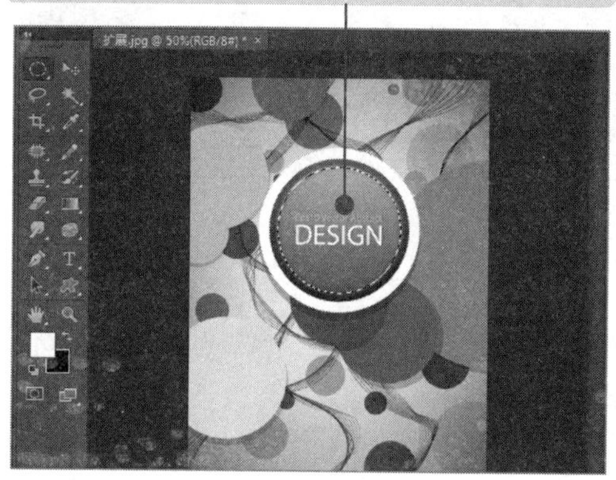

02 单击“选择”|“修改”|“扩展”命令。

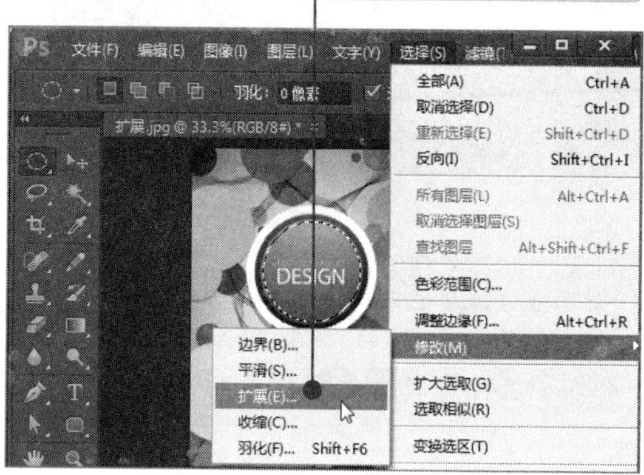

使用“扩展选区”命令添加选区边界后，选区两条边界之间的距离为“边界选区”对话框中输入的宽度值。

03 设置“扩展量”为 30 像素。

04 单击“确定”按钮。

05 查看扩展后的选区效果。

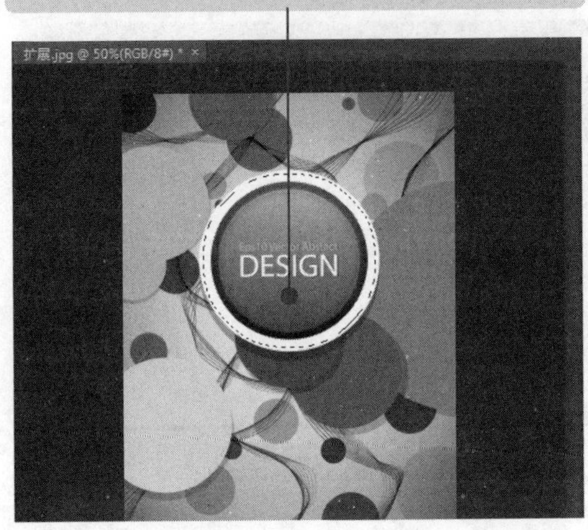

（4）收缩选区

收缩选区刚好与扩展选区相反，是将原选区沿边界向内缩小指定的宽度。单击“选择”|“修改”|“收缩”命令，弹出“收缩选区”对话框，输入取值范围为 1~100（像素）的数值，就会将原选区向内缩小到指定的像素宽度。

下面将通过实例来介绍如何收缩选区，具体操作方法如下：

01 单击“选择”|“修改”|“收缩”命令。

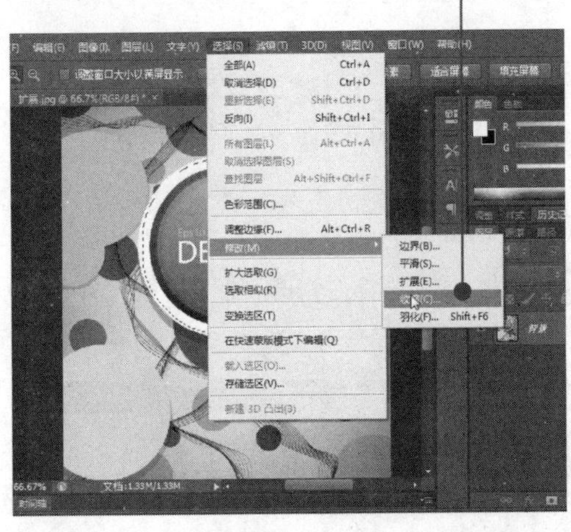

02 设置“收缩量”为 50 像素。

03 单击“确定”按钮。

高手点拨

“扩大选取”与“选取相似”都是用来扩展现有选区的命令，执行这两个命令时，Photoshop 会基于魔棒工具选项栏中的“容差”值来决定选区的扩展范围。

小提示

“色彩范围”命令可以根据图像的颜色范围创建选区，在这一点上它与魔棒工具有着很大的相似之处，但该命令提供了更多的控制选项，因此选择精度更高。

04 查看收缩后的选区效果。

高手点拨

创建选区后，单击“选择”|“取消选择”命令或按【Ctrl+D】组合键，可以取消选择。如果要恢复被撤销的选区，可以单击“选择”|“重新选择”命令。

（5）羽化选区

羽化选区就是通过向内外扩散选区的轮廓，从而达到模糊和虚化边缘的目的。在创建选区之后，可以通过单击“选择”｜“修改”｜“羽化”命令或按【Alt+Ctrl+D】组合键，打开“羽化选区”对话框，在“羽化半径”文本框中输入羽化值，其取值范围为 0.2~250.0（像素）。

下面将通过实例来介绍如何羽化选区，具体操作方法如下：

01 打开素材图像，使用矩形选框工具绘制矩形选区。

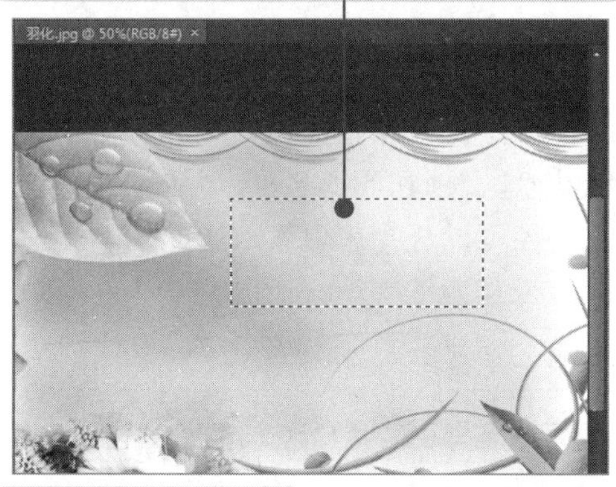

02 单击“选择”｜“修改”｜“羽化”命令。

03 设置“羽化半径”为 30 像素。

04 单击“确定”按钮。

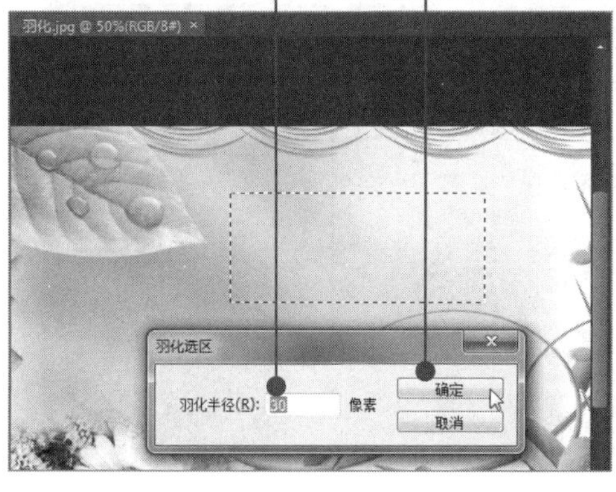

05 查看羽化后的选区效果。

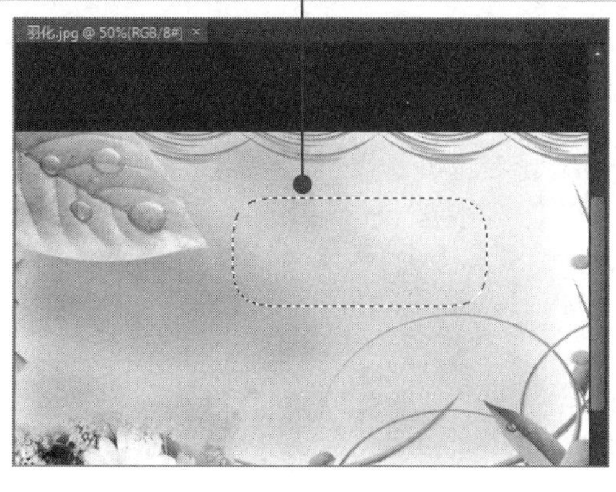

创建选区后再羽化选区比创建选区前设置选区羽化值要更适合实际的操作，因为这样既能根据图像需要设置羽化值，又可连续执行多次羽化。

06 设置前景色为白色，按【Alt+Delete】组合键填充颜色。

07 按【Ctrl+D】组合键取消选区。

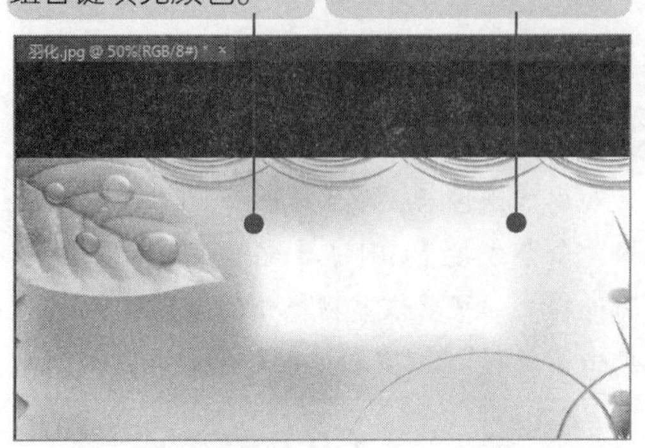

高手点拨

如果选区较小而羽化半径设置得较大，就会弹出一个羽化警告信息框。如果不想出现该信息框，应减少羽化半径或增大选区的范围。

6．变换选区

使用“选择”|“变换选区”命令可以对选区进行缩放、旋转和变形等操作。如下图所示即为变换选区前后的对比效果。

7．存储和载入选区

单击“选择”|“存储选区”命令，在弹出的“存储选区”对话框中可以将当前选区存放到一个新的 Alpha 通道中；可以选择保存通道的图像文档和通道名称，并输入存储选区的名称即可；可以调出 Alpha 通道中存储过的选区；还可以选择想要载入的选区。

下面将通过实例来介绍如何存储和载入选区，具体操作方法如下：

素材：光盘：素材\13\存储和载入选区.jpg　　效果：光盘：无

难度：★★☆☆☆　　视频：光盘：视频\13\存储和载入选区.swf

01 打开素材图像，使用椭圆选框工具绘制椭圆选区。

02 单击“选择”|“存储选区”命令。

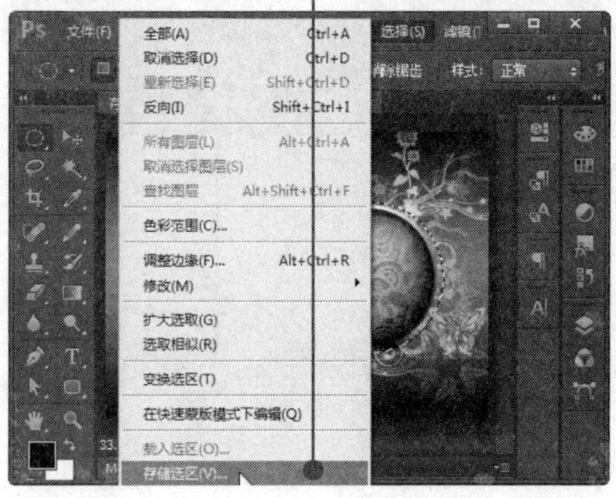

小提示：在缩放变换选区时，按住【Shift】键，可以对变换控制框进行等比例缩放。按住【Alt+Shift】组合键，可以使控制框沿中心点等比例缩放。

03 设置选区的名称。

04 单击“确定”按钮。

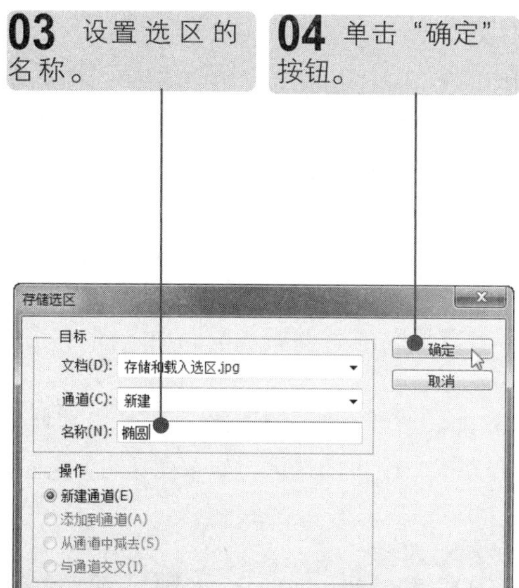

05 按【Ctrl+D】组合键，取消选区。

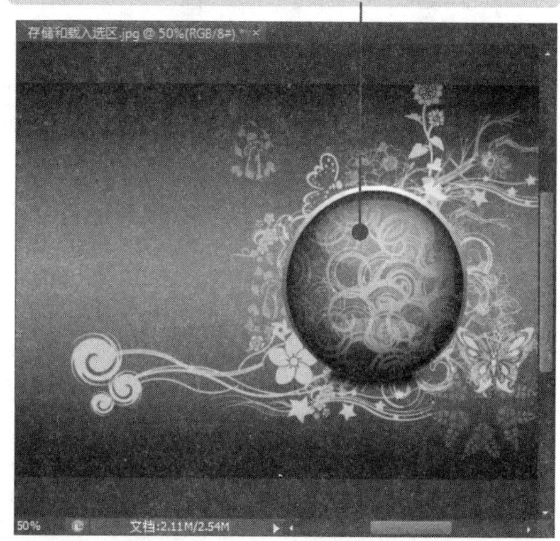

06 单击“选择”｜“载入选区”命令。

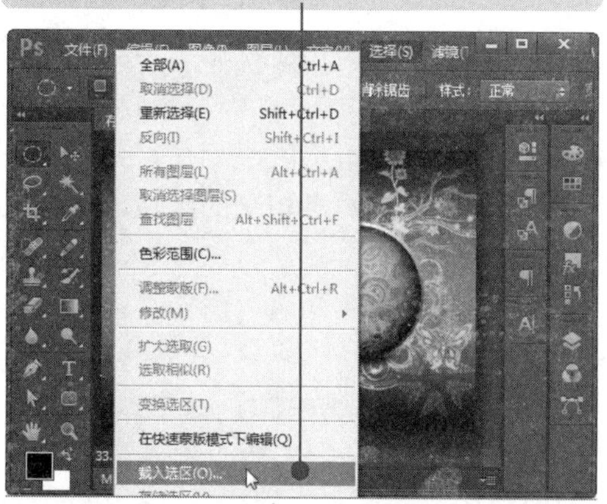

07 选择需要的选区。

08 单击“确定”按钮。

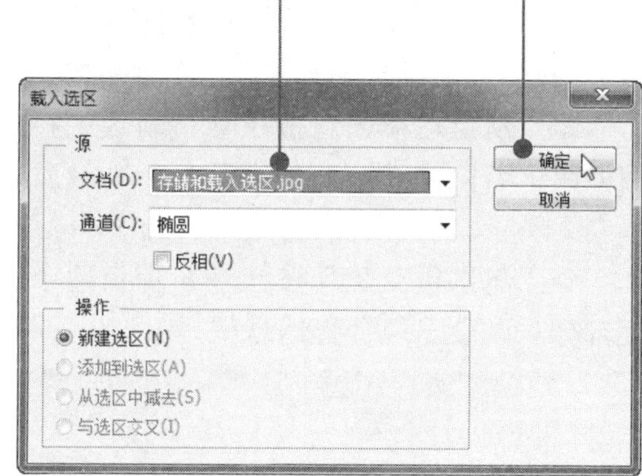

09 此时，即可载入选区。

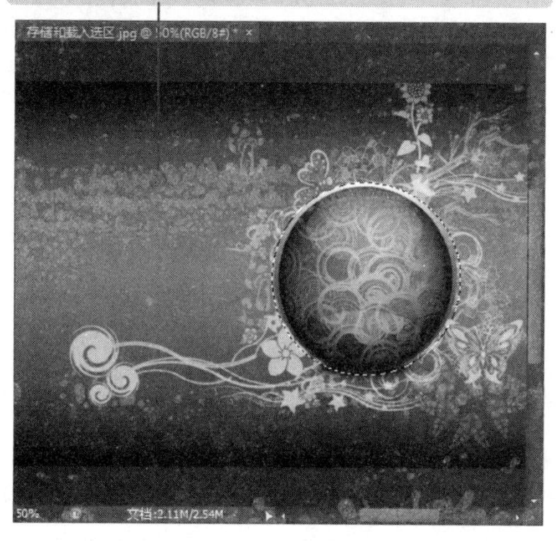

高手点拨

在编辑图像的过程中，有时选区的存在会影响图像效果的查看，为了方便起见，此时可以按【Ctrl+H】组合键，将选区隐藏。

在图像上创建选区后，单击“选择”｜“变换选区”命令，变换的是选区，对选区内的对象没有任何影响。

8．添加到选区、从选区减去和与选区相叉

选择选框工具组中的任何一个工具，其属性栏中就会显示所使用工具的相关选项，如下图所示。

选框工具属性栏中的选区运算按钮用于创建由两个以上基本选区组合构成的复杂选区。这 4 个按钮分别是：

◎ **"新选区"按钮**：新选区会替代原选区，相当于取消后重新选取，如下图（左）所示。

◎ **"添加到选区"按钮**：新选区会与原选区相加。若两个选区不相交，则最后都独立存在；若两个选区有相交部分，则最后两个选区会合并成一个大的选区，如下图（右）所示。

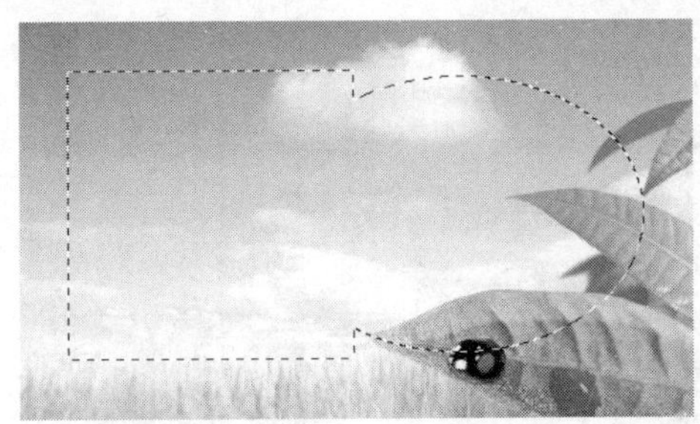

◎ **"从选区减去"按钮**：新选区将从原选区中减去。若两个选区不相交，则没有任何效果；若两个选区有相交部分，则最后效果是从原选区中减去两者相交的区域，如下图（左）所示。需要注意的是，新选区不能大于原选区。

◎ **"与选区交叉"按钮**：保留两个选区的相交部分，如下图（右）所示；若没有相交部分，则会出现警告信息框。

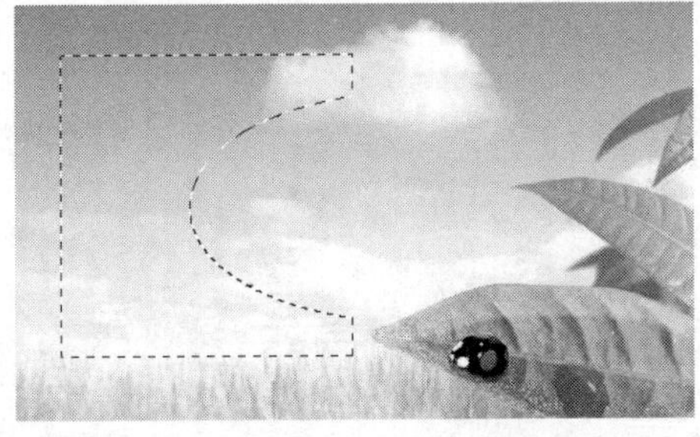
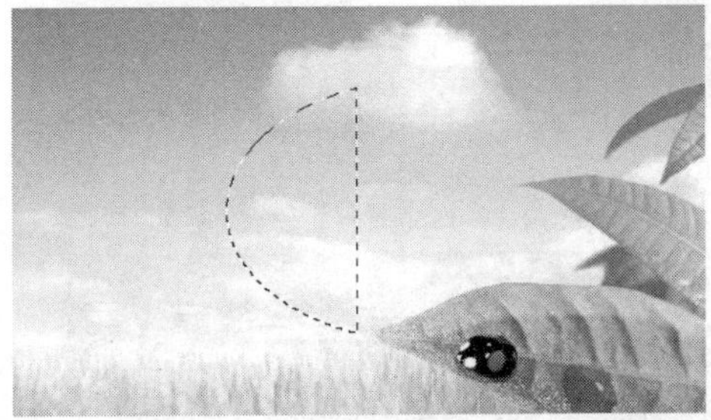

13.4.3 使用裁剪图像工具

下面将主要介绍如何利用 Photoshop CS6 中的裁剪工具和切片工具切割网页图像。

1．使用裁剪工具

利用裁剪工具可以快速地将一张大图裁剪为需要的图片，具体操作方法如下：

素材：光盘: 素材\13\05.jpg　　**效果**：光盘: 效果\13\05.jpg

难度：★☆☆☆☆　　**视频**：光盘: 视频\13\使用裁剪工具.swf

小提示

单击"添加到选区"按钮后，在鼠标指针下方会显示"+"标记；单击"从选区中减去"按钮后，则在鼠标指针下方会显示"–"标记，以便用户更直观地查看。

01 打开素材图像，选择裁剪工具。

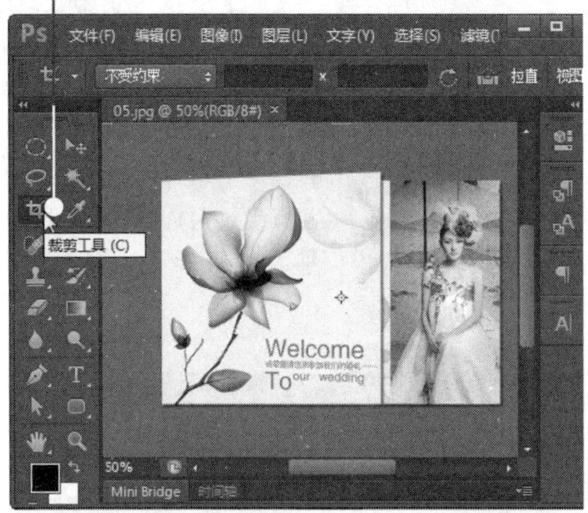

02 在图像上拖动鼠标，拖至需要的大小时松开鼠标。

03 拖动图片四角和各边，调整裁剪图片大小。

04 按【Enter】键，完成裁剪图片操作。

2. 使用切片工具

许多网页为了追求更好的视觉效果，往往采用一整幅图片来布局网页。但这样做的结果就是使下载速度慢了许多。为了加快下载速度，就要对图片使用切片技术，也就是把一整张图切割成若干小块，并以表格的形式加以定位和保存。

在 Photoshop CS6 中，可以使用切片工具将设计好的整张网页图切割成若干切片，以方便输出和下载。有关切片的知识将在后面的章节单独进行介绍，在此不再赘述。

13.4.4 使用图像修改工具

在修改图像的过程中会遇到各种问题，可以使用 Photoshop CS6 提供的多种图像修改工具进行修改，下面将进行详细介绍。

在调整裁剪框时，如果裁剪框比较接近图像边界而无法精确裁剪图像时，可以按住【Ctrl】键进行调整。

1. 使用橡皮擦工具

橡皮擦工具组包括橡皮擦工具、背景橡皮擦工具、魔术橡皮擦工具三种类型，如右图所示。

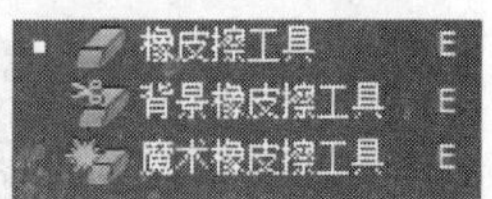

橡皮擦工具

选择橡皮擦工具，可以擦除当前图层中笔触所经过的图形对象。如果在打开的图像中进行擦除，即可擦除当前图层中的图形，如下图（左）所示。

背景橡皮擦工具

选择背景橡皮擦工具，可以擦除图像中主体外的背景，如下图（右）所示。

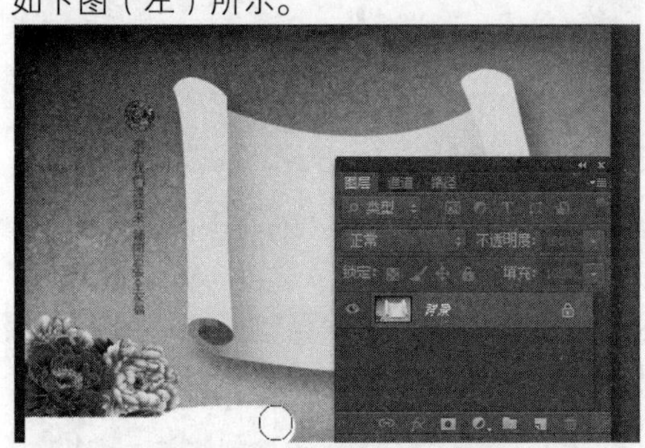

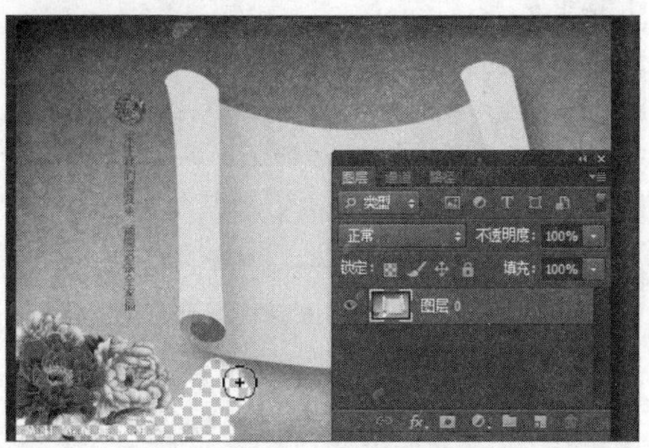

魔术橡皮擦工具

魔术橡皮擦工具相当于魔术棒工具与橡皮擦工具的组合，利用它可以擦除图像中与取样点颜色相似的颜色。

下图所示为利用魔术橡皮擦工具擦除图像后的效果。

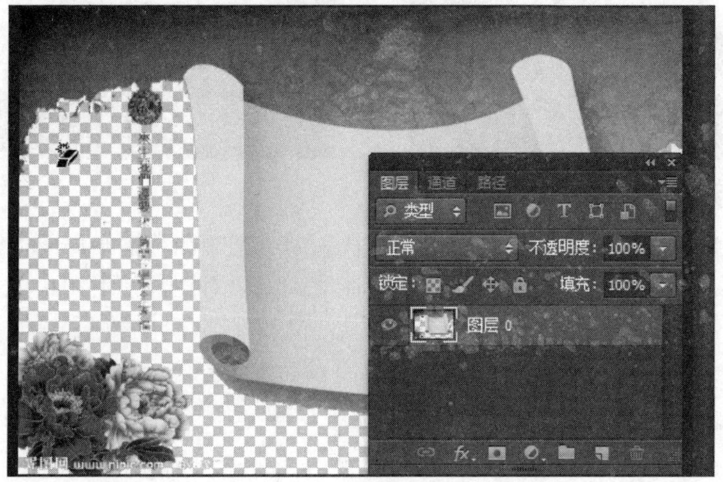

小提示

在选项栏中选中“抹到历史记录”复选框，橡皮擦工具就会具有历史记录画笔工具的功能，可以选择性地恢复图像至某一历史记录状态。

2. 使用填充工具

填充工具分为三种：渐变工具、油漆桶工具和 3D 材质拖放工具，如右图所示。其主要用于为绘制的选区等填充所需的颜色。

渐变工具 G
油漆桶工具 G
3D 材质拖放工具 G

渐变工具是用于填充渐变色。使用渐变工具填充颜色的具体操作方法如下：

素材：光盘：无　　效果：光盘：无

难度：★★☆☆☆　　视频：光盘：视频\13\使用填充工具.swf

01 新建“渐变填充”文档。

02 新建图层，利用选区工具绘制选区。

03 选择渐变工具中的线性渐变，打开渐变编辑器。

04 选择“预设”颜色。

05 单击要修改颜色的色标，打开拾色器，选择颜色。

06 单击“确定”按钮。

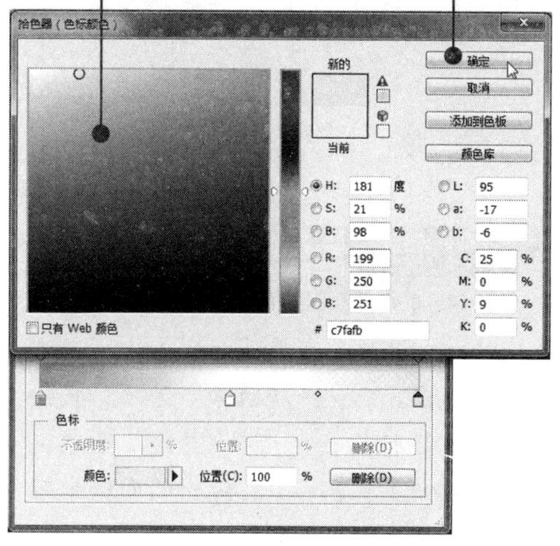

07 单击颜色条上面的透明度色标，设置透明度。

08 单击“确定”按钮。

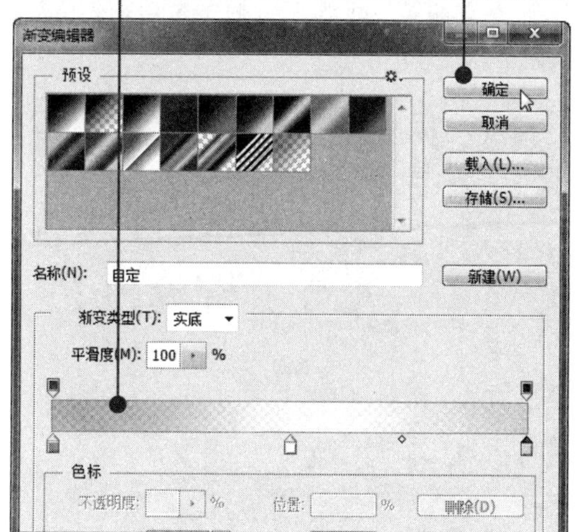

选择渐变工具后，按住【Alt】键，可以将渐变工具暂时切换为吸管工具；按住【Ctrl】键，可以将渐变工具暂时切换为移动工具。

多学点

09 将鼠标指针移入选区内，按住鼠标左键并拖动。

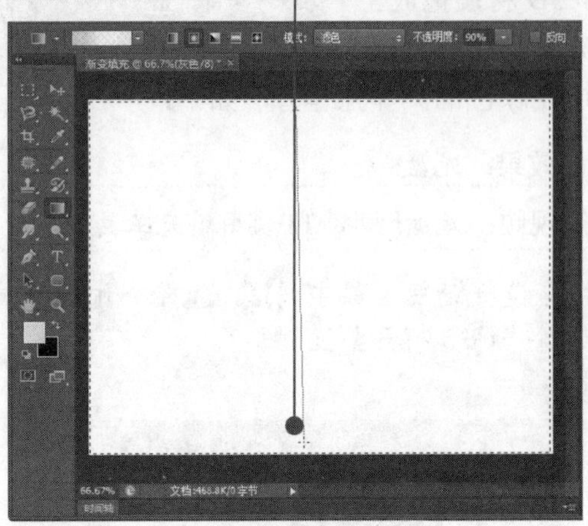

10 松开鼠标即可填充设置的渐变色。

11 按【Ctrl+D】组合键，取消选区。

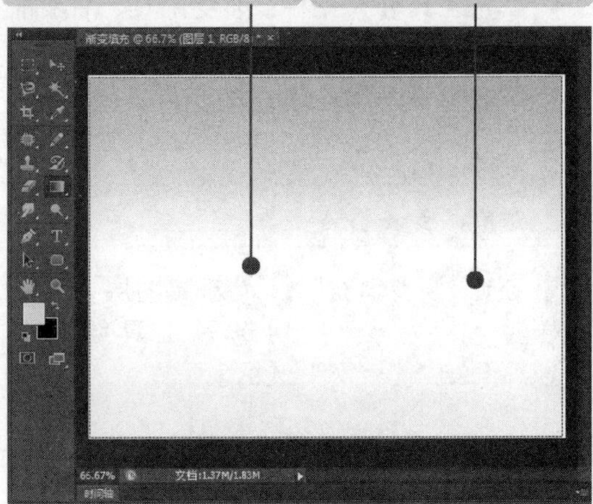

油漆桶工具用于填充纯色。使用油漆桶工具填充纯色的具体操作方法如下：

01 选择油漆桶工具，在工具箱中单击前景色。

02 设置需要的颜色。

03 单击“确定”按钮。

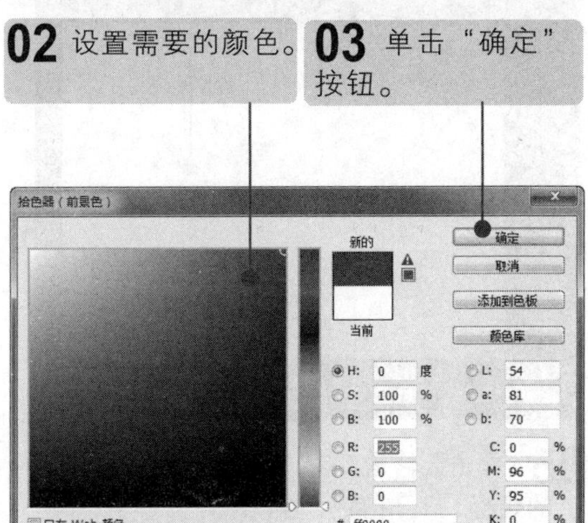

04 在文档编辑区中所需的位置单击，填充颜色。

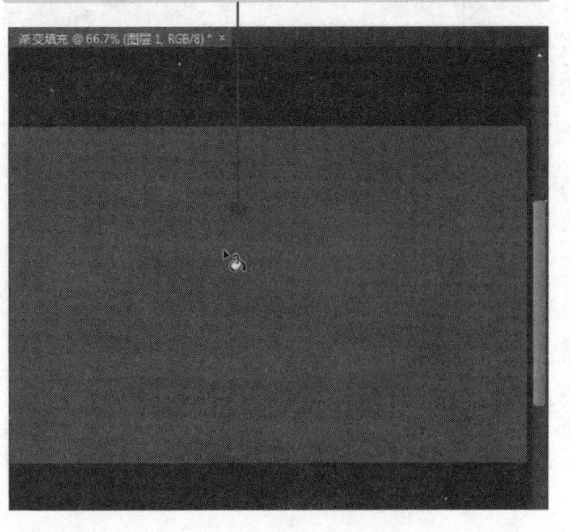

油漆桶工具选项栏中的“设置填充区域的源”选项：在该下拉列表中可以选择填充的内容。选择“前景”选项，将使用前景色进行填充；选择“图案”选项，单击其右侧下拉按钮，在弹出的面板中可以选择所需的填充图案。

 使用油漆桶工具在填充前会对鼠标单击位置的颜色进行取样，从而只填充颜色相同或相似的图像区域。

3．使用锐化、模糊、涂抹工具组

该组工具主要用于对图像的清晰度进行调整。其中，锐化工具是通过增强相邻颜色的对比度来增加图像的清晰度，模糊工具则是减弱相邻颜色的对比度来降低图像的清晰度。

素材：光盘：素材\13\07.jpg、08.jpg、涂抹工具.jpg　　效果：光盘：效果\13\07.jpg

难度：★★☆☆☆　　视频：光盘：视频\13\使用锐化、模糊、涂抹工具组.swf

使用锐化工具可以使图像变得相对清晰，但也会使图像画面看起来较尖锐，其工具属性栏如下图所示。

模式：正常　强度：50%　对所有图层取样　保护细节

下面将通过实例来介绍如何使用锐化工具修改图像，具体操作方法如下：

01 打开素材图像，选择锐化工具。

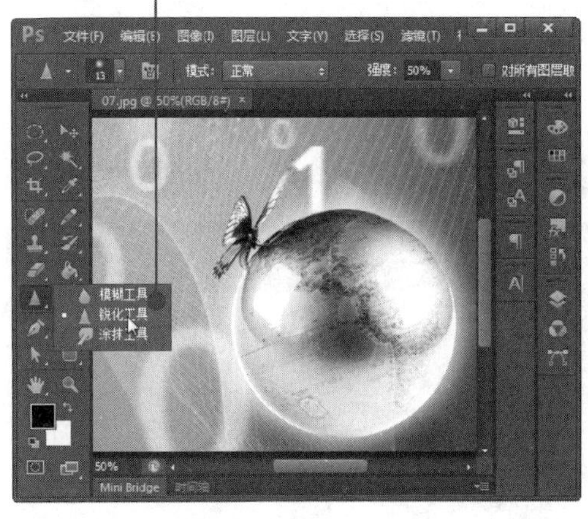

02 在图像中进行涂抹，锐化图像。

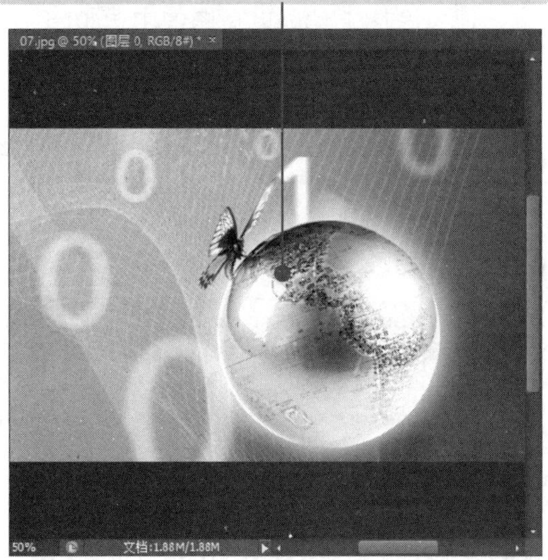

使用模糊工具可以使图像变得相对模糊，从而使图像画面看起来较柔和，其工具属性栏如下图所示。

模式：正常　强度：50%　对所有图层取样

下面将通过实例来介绍如何使用模糊工具修改图像，具体操作方法如下：

高手点拨

在制作锐化或模糊效果时，其产生的最终效果与笔触的设置有关，如可以设置制作柔和过渡的图像效果等。

模糊工具是将涂抹的区域变得模糊，模糊有时是一种表现手法，将画面中其余部分进行模糊处理，就可以凸显主体。

01 打开素材图像，选择模糊工具。

02 在图像中相应位置进行涂抹，即可产生模糊效果。

使用涂抹工具可以在图像中模拟将手指拖过湿油漆时看到的效果，可以拾取描边开始位置的颜色，并沿拖动的方向展开这种颜色，其工具属性栏如下图所示。

模式：正常　强度：50%　对所有图层取样　手指绘画

下面将通过实例来介绍如何使用涂抹工具修改图像，具体操作方法如下：

01 打开素材图像，选择涂抹工具。

02 在图像中相应位置进行涂抹，查看效果。

4. 使用减淡、加深、海绵工具组

减淡与加深工具主要是针对图像的颜色深浅进行操作，减淡工具可以使图像的颜色变浅，而加深工具可以使图像颜色变深。

使用减淡工具可以提高涂抹区域的亮度，其工具属性栏如下图所示。

45　范围：中间调　曝光度：50%　保护色调

下面将通过实例来介绍如何使用减淡工具，具体操作方法如下：

小提示

在涂抹工具选项栏中选中“手指绘画”复选框，可以指定一个前景色，并可以使用鼠标或压感在图像上创建绘画效果。

素材：光盘：素材\13\09.jpg、10.jpg、海绵工具.jpg　　效果：光盘：无

难度：★★☆☆☆　　视频：光盘：视频\13\使用减淡、加深、海绵工具组.swf

01 打开素材图像，选择减淡工具。

02 调整其笔触。

03 在图中涂抹，相应位置颜色变浅。

使用加深工具可以降低涂抹区域的亮度，其工具属性栏如下图所示。

范围：中间调　曝光度：50%　保护色调

下面将通过实例来介绍如何使用加深工具，具体操作方法如下：

素材：光盘：素材\13\10.jpg　　效果：光盘：无

难度：★☆☆☆☆　　视频：光盘：视频\13\10.swf

01 打开光盘中的素材图像。

02 选择加深工具。

03 在图像中进行涂抹，即可加深相应的区域。

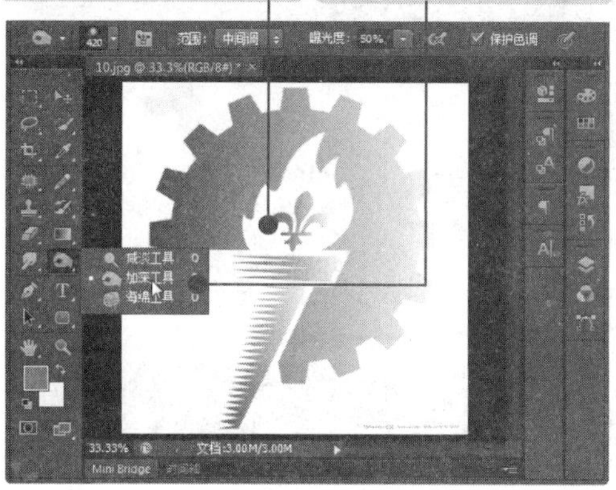

使用海绵工具在图像上进行涂抹，可以调整涂抹区域的色彩饱和度，其工具属性栏如下图所示。

使用减淡工具用高光模式减淡时，被减淡的地方饱和度会很高。比如，红色用高光模式减淡时会变橙色，橙色用高光模式减淡时会变黄色。

使用海绵工具可以精确地更改区域的色彩饱和度，使图像中的特定区域色调变深或变浅。利用海绵工具栏中的“饱和”模式选项，可以提高饱和度；利用“降低饱和度”模式选项，可以降低饱和度。

下面将通过实例来介绍如何使用海绵工具，具体操作方法如下：

01 打开素材图像，选择海绵工具。

02 在工具选项栏选择“饱和”模式。

03 在图像中进行涂抹，查看调整效果。

04 在工具属性栏选择“降低饱和度”模式选项。

05 在图像中进行涂抹，查看效果。

高手点拨

选项栏中的“流量”选项可以为海绵工具指定流量，该参数值越高，修改强度就越大。

小提示

在海绵工具选项栏中选中“自然饱和度”复选框，可以在增加饱和度时防止颜色过度饱和而出现溢色现象。

预计学习时间 60 分钟

Chapter 14

使用图层、通道和路径

在利用 Photoshop 绘制或处理网页图像时，图层、通道和路径是经常用到的功能，也是所有图像处理、效果制作中必不可少的功能。本章将详细介绍如何在 Photoshop CS6 中使用图层、通道和路径等知识。

要点导航

- 图层应用
- 使用图层样式
- 通道的应用
- 路径的应用

重点图例

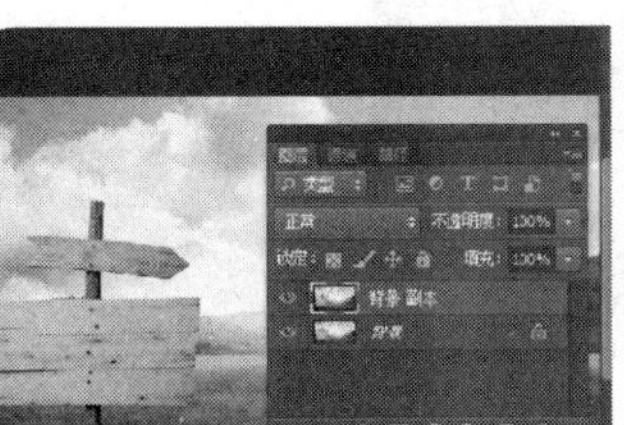

14.1 图层应用

图层在 Photoshop 中承载了图像的所有内容，通过图层可以将图像分解，也可以显示完整的图形。下面将重点介绍图层的应用知识。

14.1.1 认识“图层”面板

在 Photoshop 中，一幅图像通常是由多个不同类型的图层通过一定的组合方式自下而上叠放在一起组成的，它们的叠放顺序以及混合方式直接影响着图像的显示效果。而图层就像透明的玻璃纸，透过这层纸可以看到纸后面的东西，而无论在这层纸上如何涂画，都不会影响到其他层中的内容。

打开一个 PSD 素材文件，单击“窗口”|“图层”命令，即可打开“图层”面板。在“图层”面板中，各图层自上而下依次排列，即位于“图层”面板中最上面的图层在图像窗口中也位于最上层，调整其位置也就相当于调整了图层的叠加顺序，如下图（左）所示。

“图层”面板中列出了图像中的所有图层、图层组和图层效果。使用“图层”面板上的按钮不仅能完成许多任务，如创建、隐藏、显示、复制和删除图层等，还可以通过单击“图层”面板右上角的按钮，在弹出的控制菜单中选择其他命令，如下图（右）所示。

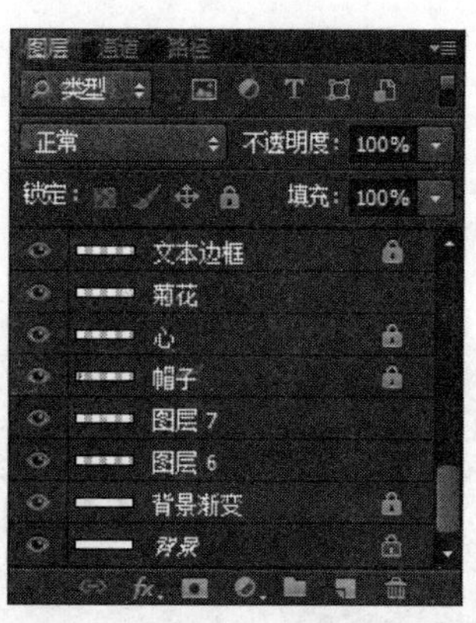

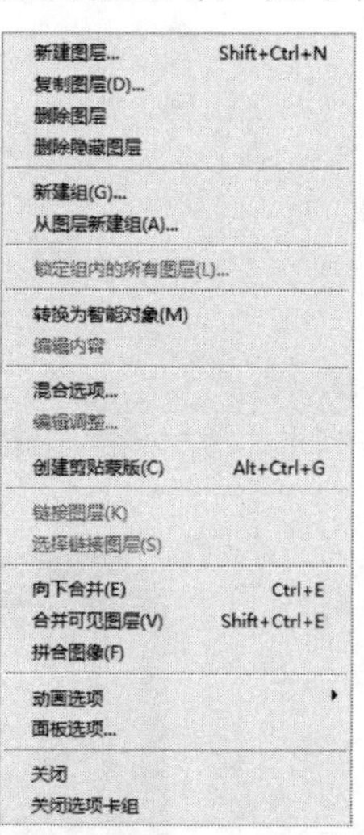

14.1.2 图层的基本操作

“图层”面板中列出了图像中的所有图层、图层组和图层效果。用户可以通过“图层”面板来管理图层，如创建、隐藏、显示、复制和删除图层等。

素材：光盘：素材\14\01.jpg、02.psd　　**效果**：光盘：无

难度：★☆☆☆☆　　**视频**：光盘：视频\14\01.swf

1. 创建图层

在 Photoshop CS6 中用户可以根据需要创建各种类型的图层，如普通图层、文本图层或

小提示

各个图层中的对象都可以单独处理，而不会影响其他图层中的内容。除“背景”图层外，其他图层都可以通过调整不透明度，让图像内容变得透明。

调整图层等，下面将具体介绍这些图层的创建方法。

除背景图层、形状图层、调整图层、填充图层与文本图层以外的图层均为普通图层。若要创建一个普通图层，则单击“图层”面板底部的“创建新图层”按钮，即可创建一个完全透明的空图层。单击“图层”|“新建”|“图层”命令，也可创建一个新图层，此时将弹出“新建图层”对话框，如下图所示。通过该对话框可以设置图层的名称、颜色、不透明度和色彩混合模式等。

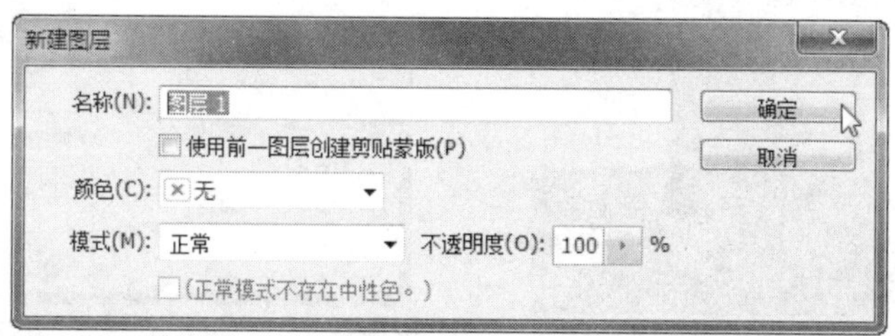

下面将通过实例来介绍如何创建普通图层，具体操作方法如下：

01 打开素材文件01.jpg。

02 打开“图层”面板。

03 单击“创建新图层”按钮，新建图层。

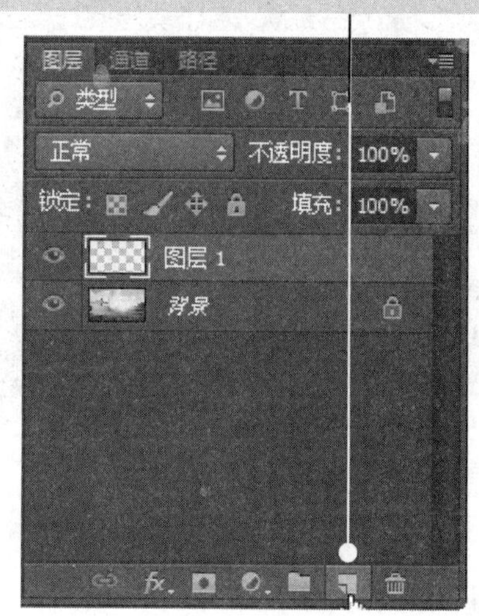

04 使用油漆桶工具在该图层中单击，填充颜色。

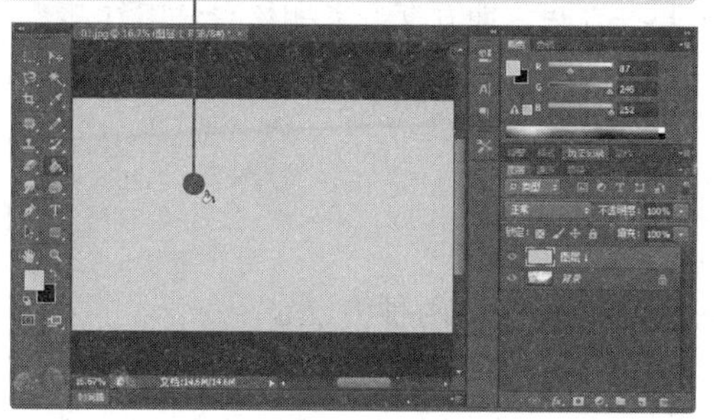

高手点拨

在“图层”面板中，图层名称左侧的图像是该图层的缩览图，它显示了图层中包含的图像内容。

在编辑图层前，首先应在“图层”面板中单击所需图层，将其选择，所选图层称为“当前图层”。绘画、颜色和色调调整都只能在一个图层中进行。

2．复制与删除图层

下面将通过实例来介绍如何复制与删除图层，具体操作方法如下：

01 右击需要复制的图层。

02 选择“复制图层”选项。

03 单击“确定”按钮。

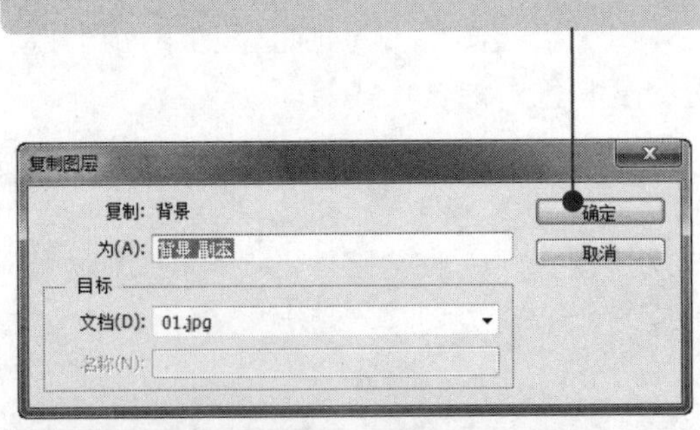

04 单击“是”按钮。

05 右击“背景 副本”图层。

06 选择“删除图层”选项。

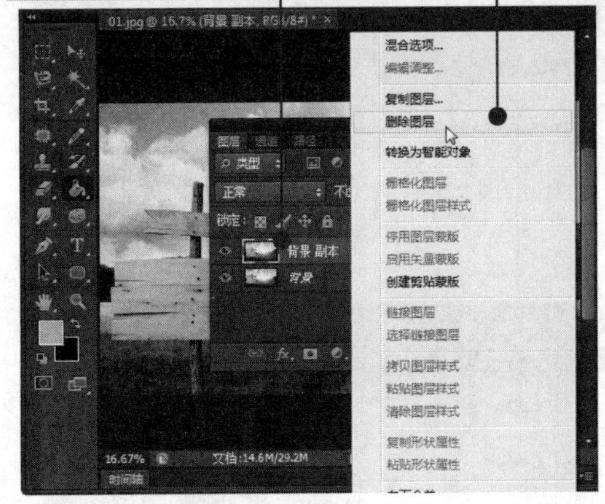

07 单击“是”按钮。

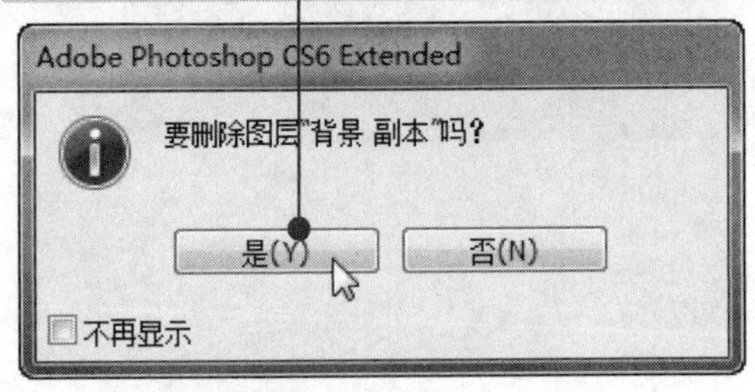

高手点拨

拖动某个图层到图层底部相应的按钮上松开鼠标，即可复制或删除当前图层。

3．隐藏/显示和锁定图层

下面将分别介绍如何隐藏/显示图层，以及如何锁定图层。

（1）隐藏/显示图层

为了便于观察图像，用户可以隐藏或显示某些图层，有以下两种方法：

方法一：单击图层缩览图前面的眼睛图标，可以在文档窗口隐藏其内容；再次单击该图标位置，可以重新显示图层内容，如下图（左）所示。

小提示

如果在图像中创建了选区，单击“图层”|“新建”|“通过拷贝的图层”命令，可以将选中的图像复制到一个新的图层中。

方法二：单击“图层”|“隐藏图层”命令，可以隐藏选中的图层；单击“图层”|“显示图层”命令，可以显示选中的隐藏图层，如下图（右）所示。

（2）锁定图层

锁定图层可以防止在完成编辑的图层上进行错误的操作，从而影响图层效果。在“图层”面板中有 4 个按钮用于设置锁定图层的内容，如下图（左）所示。

锁定透明像素

单击“锁定透明像素”按钮，当前图层上的透明部分被保护起来，不会被编辑，以后的所有操作只对不透明的图像起作用。

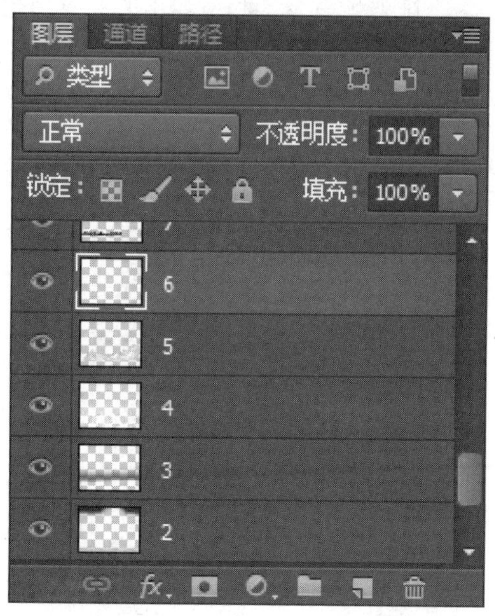

锁定图像像素

单击“锁定图像像素”按钮，当前图层被锁定，不管是透明区域还是图像区域，都不允许填充颜色或进行色彩编辑。此时，如果将绘图工具移至图像窗口中，就会出现锁定图标，表示该功能对锁定图层无效；如果使用画笔工具或其他绘图工具调整图层，则会弹出提示信息框，如下图（右）所示。

锁定全部

单击“全部锁定”按钮，当前图层的所有编辑均被锁住，将不允许对图层图像进行任何操作，只能改变图层的叠放顺序。

当图层只有部分属性被锁定时，图层名称右侧会出现一个空心的锁状图标；当所有属性都被锁定时，锁状图标是实心的。

锁定位置

单击“锁定位置”按钮，当前图层像素将被锁住，不允许被移动或进行各种变形操作，如下图所示。将图层位置锁定后，仍然可以对该图层进行填充、描边等其他绘图操作。

4. 调整图层顺序

在由多个图层组成的图像中，可以通过调整图层的排列顺序来得到不同的图像效果。

在“图层”面板中选择需要调整的图层，在其中按住鼠标左键并拖动，当移至合适位置时松开鼠标，即可调整图层的顺序。单击“图层”|“排列”命令，利用弹出的子菜单也可以调整图层的顺序。

下面将通过实例来介绍如何调整图层顺序，具体操作方法如下：

01 打开素材文件02.jpg。

02 打开“图层”面板。

03 在要调整的图层上按住鼠标左键并拖动，即可调整图层顺序。

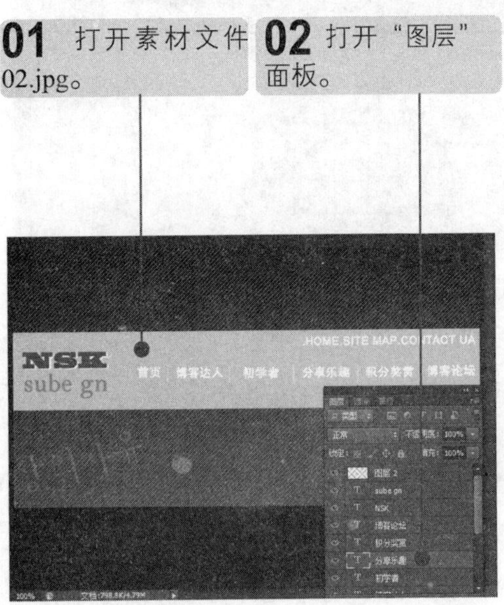

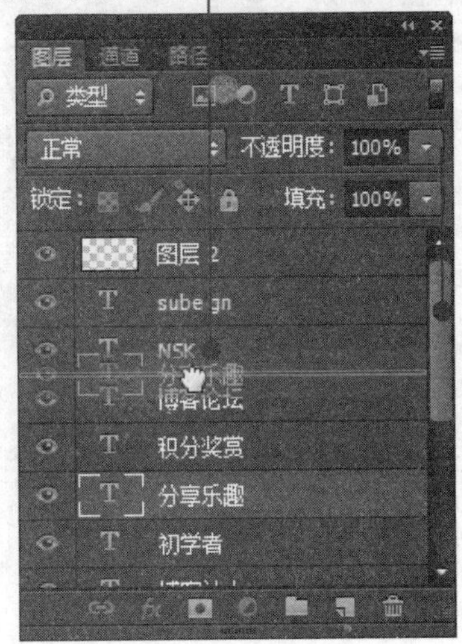

小提示

当图层数量较多时，如果想要快速找到某个图层，可以单击“选择”|“查找图层”命令，“图层”面板顶部会出现一个文本框，输入该图层的名称即可。

04 松开鼠标，查看调整后的图层顺序。

高手点拨

选择一个图层，单击"图层"|"排列"下拉菜单中的命令，也可以调整图层的堆叠顺序。

5. 链接图层

在 Photoshop CS6 中，允许链接两个及两个以上的图层，这样链接的图层就可以作为一个整体进行编辑，具体操作方法如下：

按住【Ctrl】键的同时在"图层"面板中单击需要链接的图层，使它们同时处于选中状态。单击"图层"面板中的"链接图层"按钮，即可将其链接。此时，选中的图层名称后面出现图标，说明选中的图层已经链接在了一起，如下图（左）所示。

再次单击"链接图层"按钮，即可取消图层的链接，如下图（右）所示。

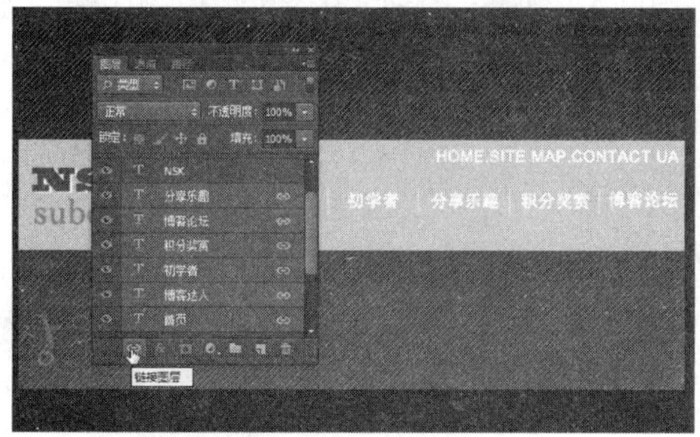

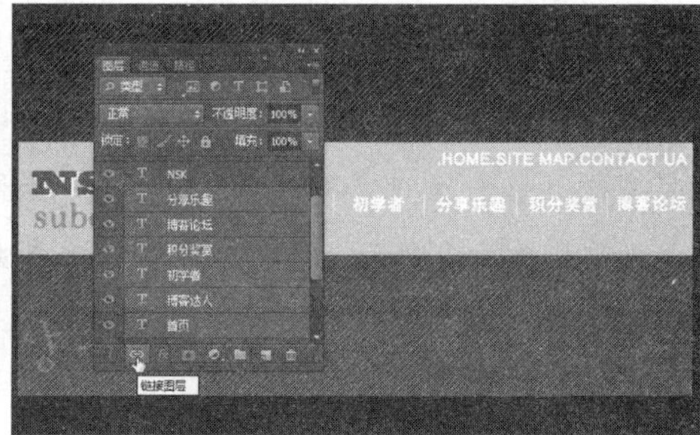

高手点拨

如果要临时禁用某个链接的图层，可以按住【Shift】键的同时单击链接图层名称后面的链接图标，这时链接图标上将出现一个红色叉号，说明临时取消该图层的链接，如右图所示。

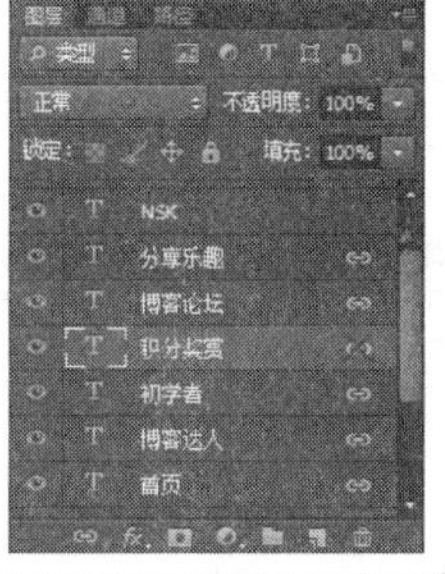

按【Ctrl+E】组合键也可以向下合并图层，合并后的图层将使用下面图层的名称；按【Shift+Ctrl+E】组合键也可以合并所有可见的图层，它们会合并到"背景"图层中。

6. 合并图层

随着在“图层”面板中图层数目的增多，图像文件会越来越大，这样就会占用很多的内存和磁盘空间，使电脑运行变慢，这时就需要合理地合并图层。

在“图层”菜单中有三个命令（如右图所示），它们的功能如下：

合并图层(E)	Ctrl+E
合并可见图层	Shift+Ctrl+E
拼合图像(F)	

◎ **合并图层**：可将所选中的图层进行合并。

◎ **合并可见图层**：合并图像中的所有可见图层（“图层”面板中显示图标的图层）。

◎ **拼合图像**：合并所有图层，并在合并过程中丢弃隐藏图层。

14.2 使用图层样式

图层样式由一个或多个图层效果组成，可以在任何图像的图层中应用图层样式。将图层效果应用于图层后，即创建了一个由这个单独效果组成的自定图层样式。

14.2.1 使用投影、内阴影样式

投影是在图层内容背后添加阴影，而内阴影则是添加位于图层内容边缘内的阴影，使图层呈凹陷的外观效果。

设置投影与内阴影样式的具体操作方法如下：

素材：光盘: 素材\14\03.psd　　效果：光盘: 效果\14\03.psd

难度：★★☆☆☆　　视频：光盘: 视频\14\使用投影、内阴影样式.swf

01 打开素材文件。

02 选中文字图层。

03 单击“添加图层样式”按钮 fx.，选择“投影”选项。

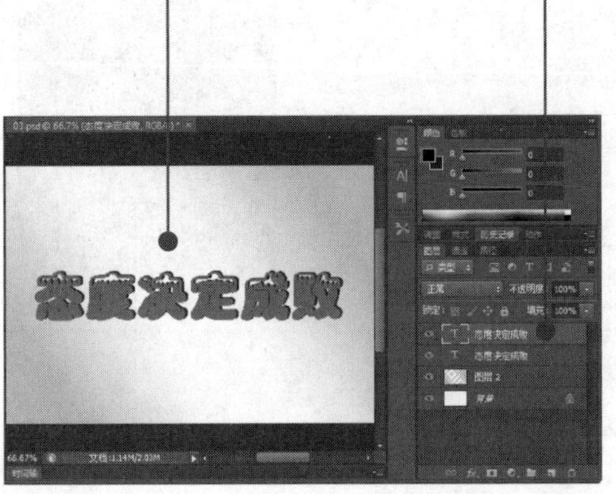

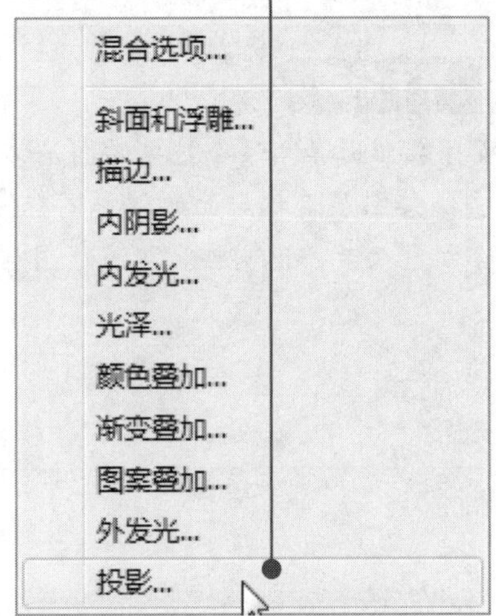

小提示

在“投影”图层样式对话框中，“混合模式”用来设置投影与下面图层的混合方式，默认为“正片叠底”模式，使用“等高线”该选项则可以控制投影的形状。

04 设置各项投影参数。

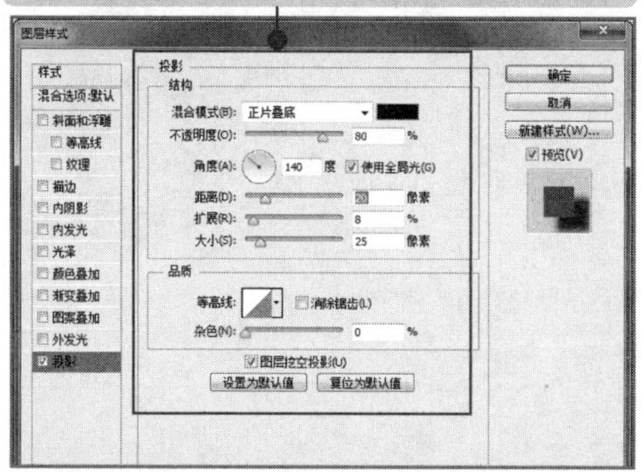

05 选中“内阴影”复选框。

06 设置内阴影选项，单击“确定”按钮。

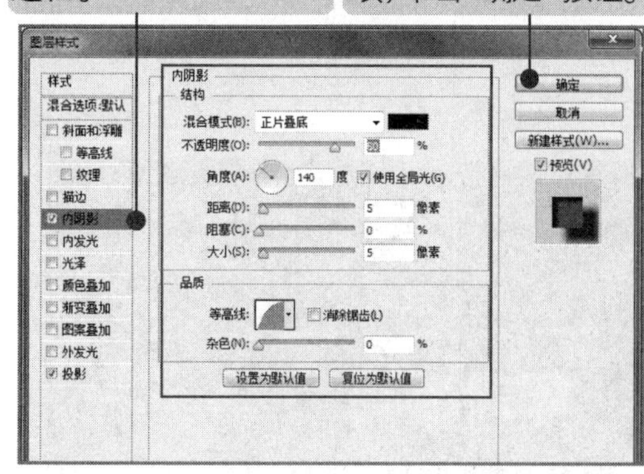

08 查看应用投影和内阴影样式效果。

高手点拨

使用全局光：选中该复选框，可以保持所有光照的角度一致。取消勾选时可以为不同的图层分别设置光照角度。

14.2.2 使用外发光、内发光样式

在 Photoshop CS6 中提供了两种发光的图层样式，分别是外发光和内发光。外发光和内发光是指在图像边缘的外部或内部添加发光效果。

下面通过实例介绍外发光与内发光样式的设置方法，具体操作方法如下：

素材：光盘：素材\14\04.psd　　效果：光盘：效果\14\04.psd

难度：★★☆☆☆　　视频：光盘：视频\14\使用外发光、内发光样式.swf

01 打开素材文件。

02 选择文本图层并双击。

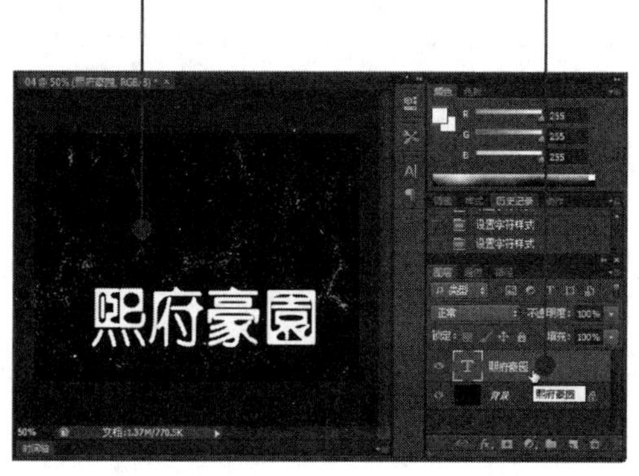

03 选中“外发光”复选框。

04 设置外发光选项，单击“确定”按钮。

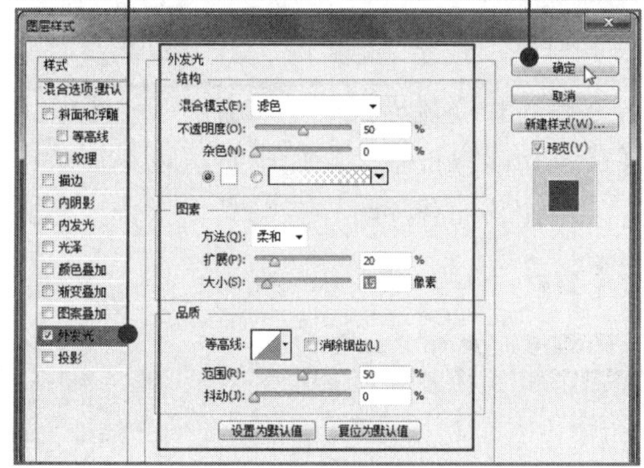

“外发光”设置面板中的“等高线”、“消除锯齿”、“范围”和“抖动”等选项与“投影”样式相应选项的作用相同。

05 查看添加外发光样式效果。

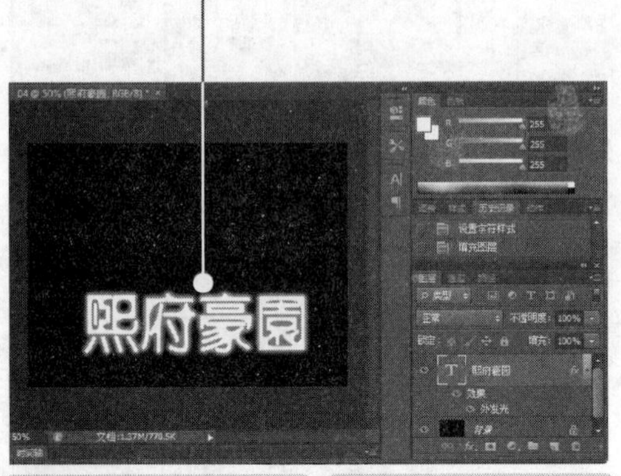

06 双击文本图层，选中“内发光”复选框。

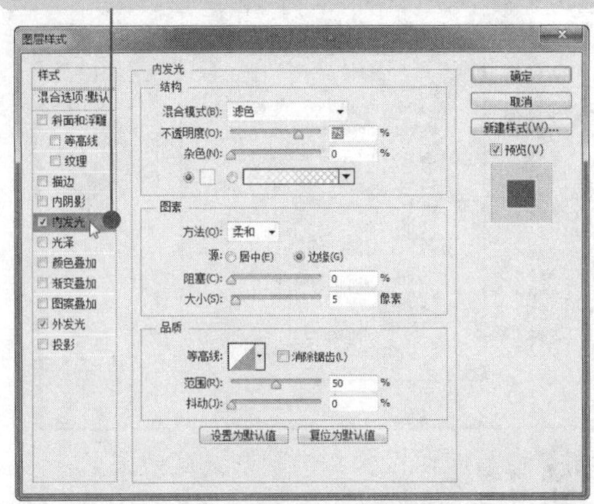

07 设置内发光样式选项。

08 单击“确定”按钮。

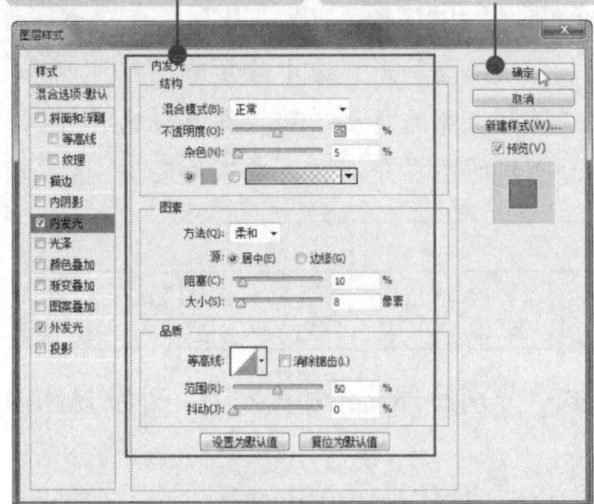

09 查看应用样式后的文本效果。

高手点拨

图层样式是非常灵活的功能，我们可以随时修改效果的参数，隐藏效果，或者删除效果，这些操作都不会对图层中的图像造成任何破坏。

14.2.3 使用斜面和浮雕样式

斜面和浮雕样式就是将各种高光和暗调组合添加到图层中。这是一个非常重要的图层样式，功能也很强大，使用它可以在图像中制作出各种浮雕效果。

添加斜面和浮雕样式的具体操作方法如下：

素材：光盘:素材\14\05.psd　　效果：光盘:效果\14\05.psd

难度：★★☆☆☆　　视频：光盘：视频\14\使用斜面和浮雕样式.swf

小提示

选择要添加图层样式的图层，然后单击“图层”|“图层样式”命令，在弹出的菜单中选择一种图层样式，也可以打开“图层样式”对话框。

01 单击“文件”|“打开”命令。

02 打开素材文件。

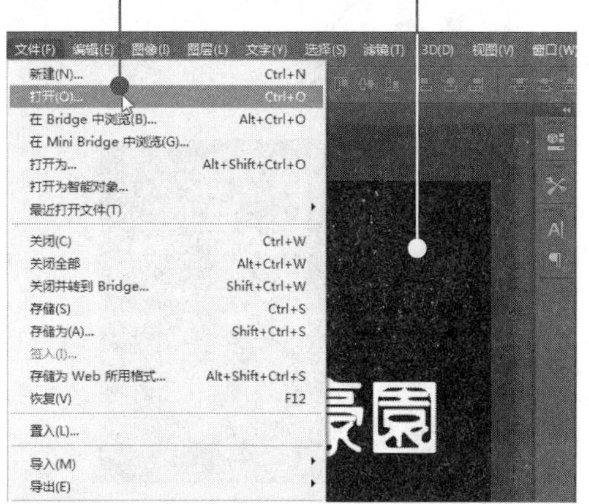

03 选择要打开的文件。

04 单击“打开”按钮。

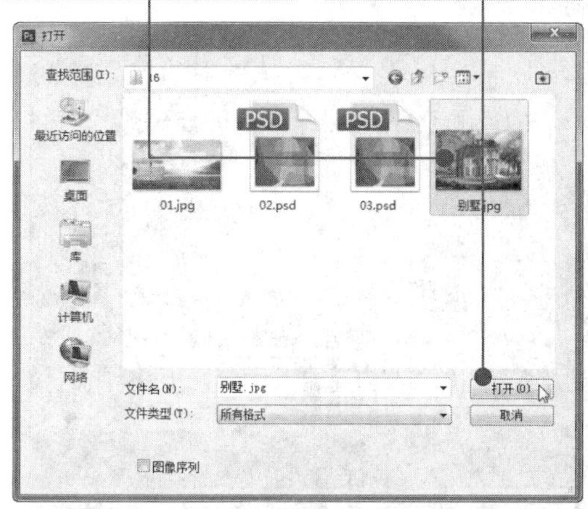

05 新建“别墅”图层，将图片移至“别墅”图层中。

06 按【Ctrl+T】组合键，调整图片的大小。

07 使用钢笔工具绘制路径。

08 按【Ctrl+Enter】组合键，将其转换为选区。

09 按【Ctrl+Shift+I】组合键反选选区。

10 按【Delete】键，删除选区中的内容。

双击需要添加图层样式的图层缩览图或单击“图层”面板下方的“添加图层样式”按钮，也可以打开“图层样式”对话框。

11 新建“别墅”图层，将图片移至“别墅”图层中。

12 在“图层”面板中单击“别墅”图层。

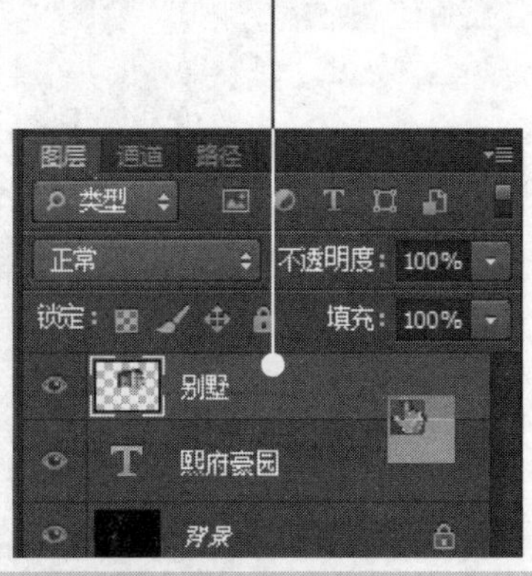

13 设置斜面和浮雕样式参数。

14 单击“确定”按钮。

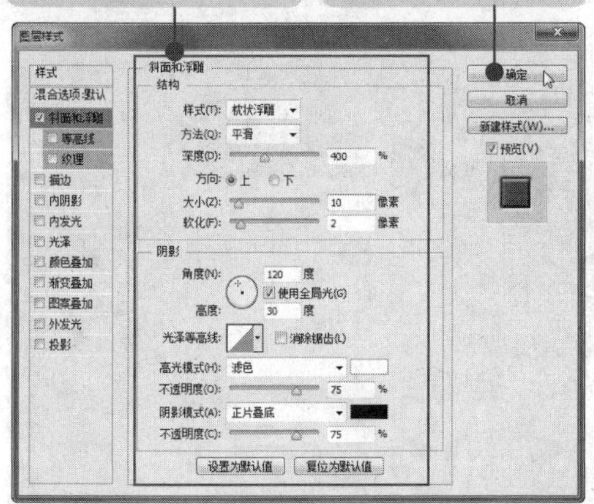

15 查看应用斜面和浮雕图层样式效果。

14.2.4 图层的混合模式

图层的混合模式是指一个图层与其下面图层的色彩叠加方式，默认为“正常”模式。除此以外，还有很多种混合模式，通过它们可以产生风格迥异的图像合成效果。

1．混合模式效果

打开素材文件，选择“背景 副本”图层，更改该图层的混合模式，查看图像效果。“正常”模式下的图像如下图（左）所示。

（1）正片叠底

选择“正片叠底”模式，可以降低图像的亮度，突出背景图像中色调较暗的部分，如下图（右）所示。

高手点拨

混合模式是 Photoshop 的核心功能之一，它决定了像素的混合方式，可用于合成图像、制作选区和特殊效果，但不会对图像造成任何实质性的破坏。

小提示

“正常”模式是默认的混合模式，图层的颜色会遮盖住原来的底色，可以通过调整图层的不透明度来控制下一图层的显现效果。

（2）颜色加深

选择“颜色加深”模式，会加暗图层的颜色值，并使底层的颜色变暗，类似于“正片叠底”，但它会根据叠加的像素颜色相应的增加底层的对比度，如下图（左）所示。

（3）滤色

选择“滤色”模式，会使混合的图像颜色较亮，具有漂白的效果，如下图（右）所示。

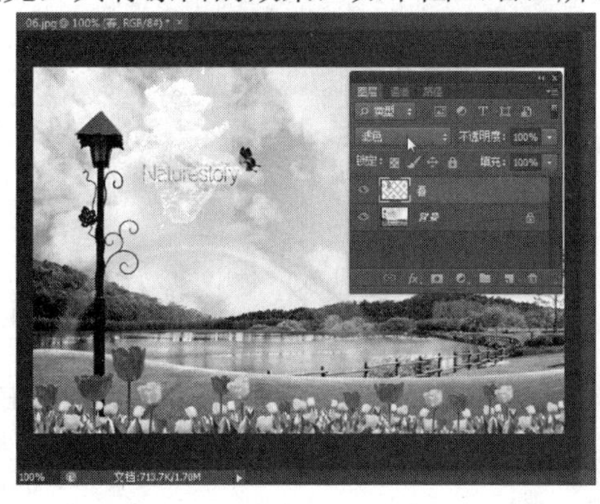

（4）颜色减淡

选择“颜色减淡”模式，会通过降低对比度加亮底层颜色来反映混合色彩。使用这种模式时，黑白像素混合没有任何效果，如下图（左）所示。

（5）叠加

使用“叠加”模式时，发生变化的是中间色调，底层颜色的高光与阴影部分的亮度细节均被保留，如下图（右）所示。

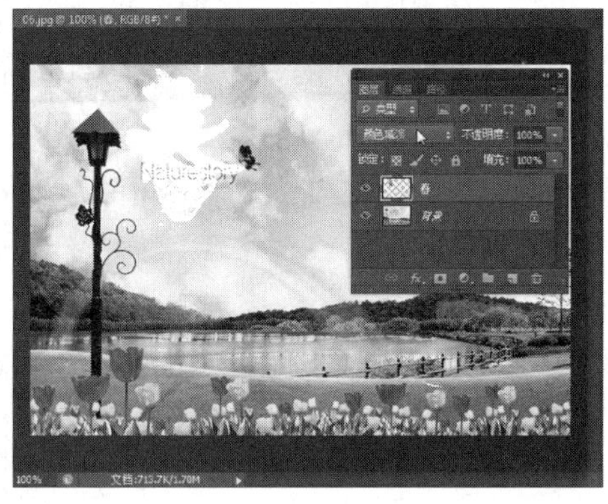

图层组的默认混合模式为“穿透”，如果修改图层组的混合模式，则 Photoshop 就会将图层组内的所有图层视为一幅单独的图像，用所选模式与下面的图像混合。

（6）强光

选择“强光”模式，产生的效果是为图像添加高光效果，如下图（左）所示。

（7）点光

选择“点光”模式，按照上方图层颜色分布信息来替换颜色。如果上方图层颜色亮度高于50%灰度，则上方图层颜色被下方图层颜色替代，否则保持不变，如下图（右）所示。

（8）实色混合

使用“实色混合”模式的结果是亮色更加亮了，暗色更加暗了，两个图层叠加后具有很强的硬性边沿，如下图（左）所示。

（9）差值

选择“差值”模式，根据上下两边颜色的亮度分布对上下像素的颜色值进行相减处理，从而得到负片效果的反相图像，如下图（右）所示。

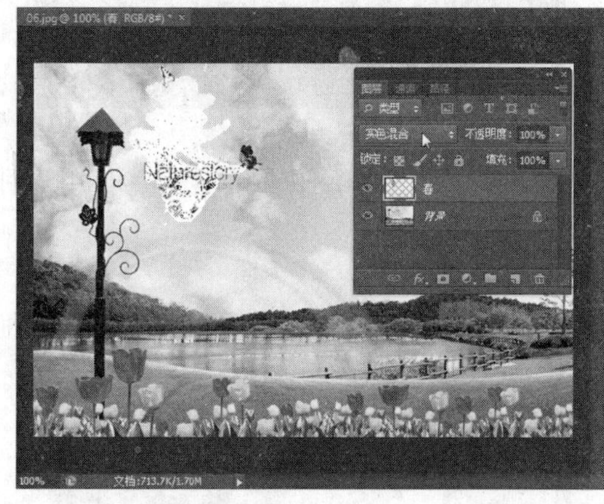

（10）色相

选择“色相”模式，用当前图层的色相值替换下层图像的色相值，而饱和度与亮度不变，如下图（左）所示。

（11）明度

使用“明度”模式合成两个图层时，将用当前图层图像的亮度值替换下方图层图像的亮度值，而色相值与饱和度不变，如下图（右）所示。

小提示

“颜色”模式可以用于为黑白照片上色。例如，将画笔工具的混合模式设置为“颜色”后，使用不同的颜色在黑白图像上涂抹，即可为其着色。

2. 图层透明度

将图层模式设置为“正常”，然后降低图层右上侧的“不透明度”值，可以淡化当前图层中的图像，如下图所示。

14.3 通道的应用

在 Photoshop 中，所有的颜色都是由若干个通道来混合表示的。通道可以保存图像中的所有颜色信息，也可以存放图像中的选区。通过对通道进行各种运算或合成，可以制作出各种特殊效果。

14.3.1 认识通道

位图是由像素构成的，而这些像素的颜色取决于这个图像文件所使用的色彩模式。根据色彩模式的不同，通道会分别记录一幅图像的各个颜色分量。使用通道便可以分别管理和控制图像中的各个颜色分量。

素材：光盘：素材\14\07.psd　　效果：光盘：无

难度：★★☆☆☆　　视频：光盘：视频\14\认识通道.swf

Lab 模式则由“明度”、a、b 三个通道组成，与 RGB 模式不同，它把颜色分配到 a、b 两个通道，明度则由黑色、白色、灰色组成。

01 打开素材文件。

02 单击“窗口”|“通道”命令。

03 打开“通道”面板进行查看。

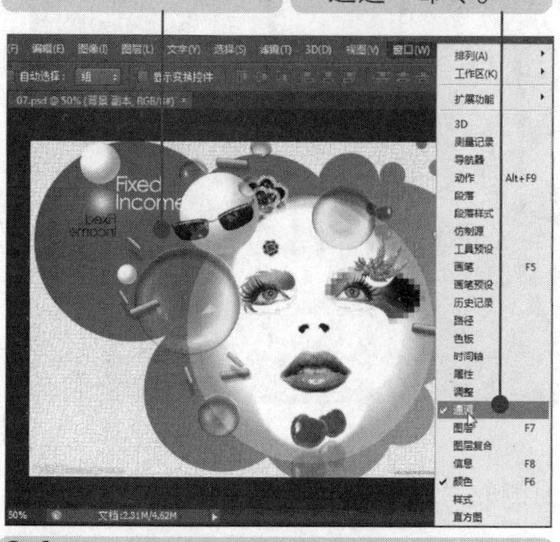

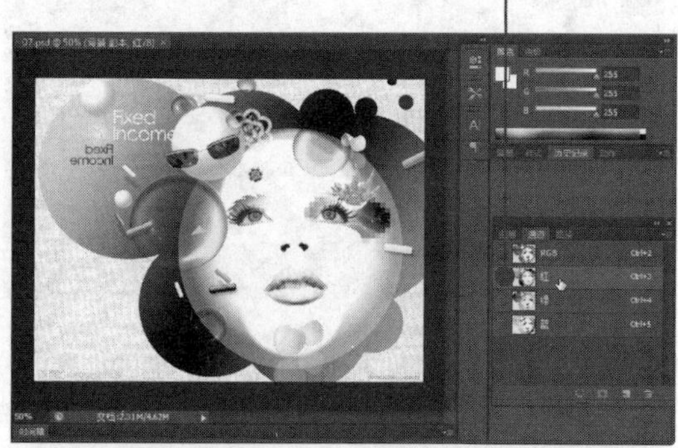

04 单击“创建新通道”按钮，新建 Alpha1 通道。

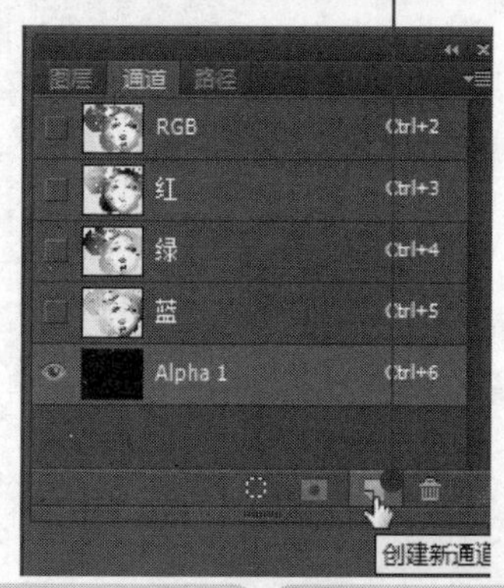

05 使用椭圆选框工具创建椭圆选区。

06 使用油漆桶工具为选区填充白色。

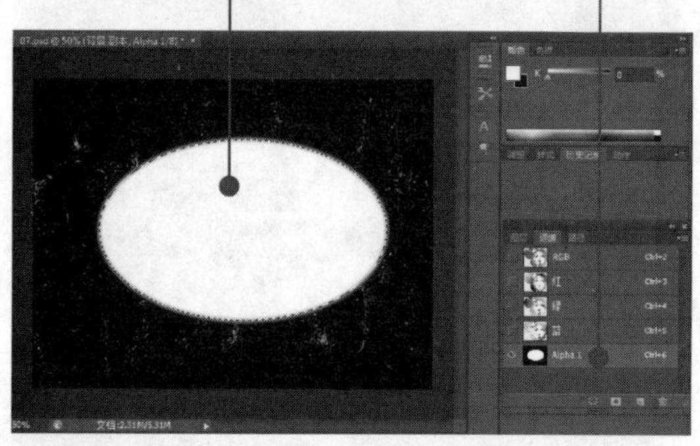

07 按【Ctrl+D】组合键取消选区。

08 单击 RGB 通道左侧的眼睛图标，将 Alpha1 通道隐藏。

09 按住【Ctrl】键单击 Alpha1 通道缩览图。

10 将白色部分作为选区载入。

高手点拨

新建的 Alpha 通道是黑色的，用户可以用画笔或其他可改变颜色的工具对该通道进行编辑。在 Alpha 通道中，白色部分代表选区，黑色部分代表非选区。在通道右侧显示相应的快捷键，按该快捷键即可选择相应的通道。

小提示

 通道允许单独修改某个颜色分量而不会影响到其他颜色分量，利用通道能够更加灵活地控制一幅图像的色彩。

14.3.2 用通道创建选区

使用通道创建选区是通道最常用的功能之一，可以轻松实现一些其他工具难以完成的工作。下面将通过实例来介绍如何使用通道创建选区，具体操作方法如下：

素材：光盘: 素材\14\树.psd　　效果：光盘: 效果\14\树.psd

难度：★★★☆☆　　视频：光盘: 视频\14\用通道创建选区.swf

01 打开素材图片“树.jpg”。

02 打开素材“树.psd”。

03 打开“通道”面板。

04 查看各个单色通道，选择“蓝”通道。

05 将“蓝”通道拖到“创建新通道”按钮上，得到“蓝 副本”通道。

06 按【Ctrl+L】组合键，设置色阶参数。

07 单击“确定”按钮。

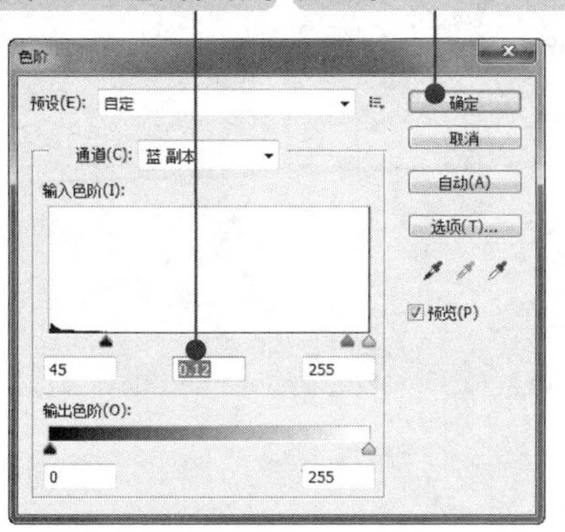

08 查看调整色阶后的图像效果。

通道的丢失或损坏会直接影响图像的最终色彩，所以在对通道进行处理时一定要谨慎，建议在处理前先将图像复制一份。

09 单击 RGB 通道。

10 按住【Ctrl】键，单击“蓝 副本”通道载入树选区，反选选区。

11 使用移动工具将选区拖到另一文件窗口中。

12 按【Ctrl+T】组合键，调整树的大小。

13 按【Ctrl+B】组合键，设置色彩平衡参数。

14 单击“确定”按钮。

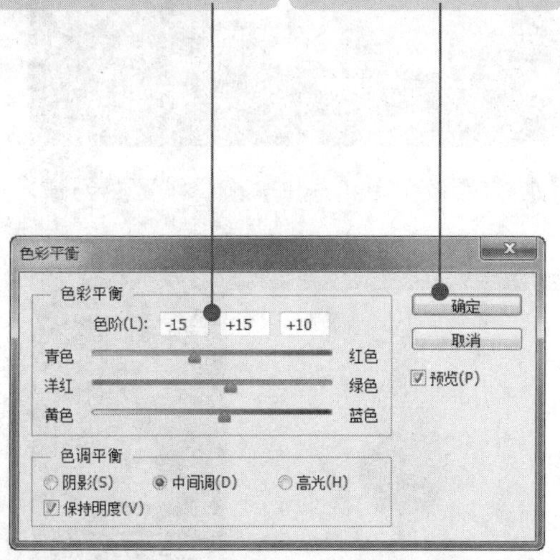

15 单击“图像”|“调整”|“亮度/对比度”命令，设置亮度/对比度。

16 单击“确定”按钮。

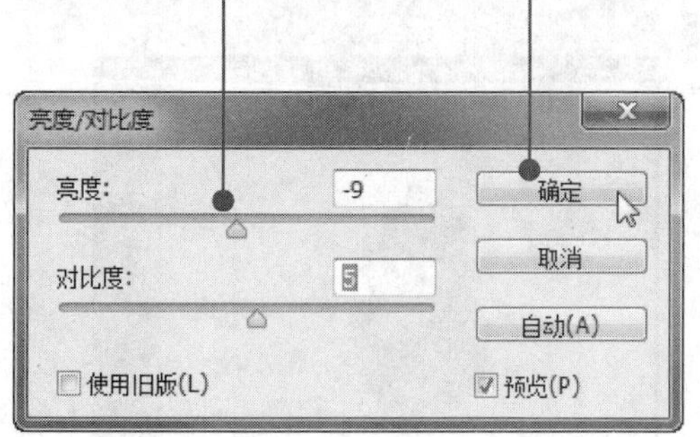

17 使用文本工具输入文本，设置不同的字体与颜色。

小提示

 在 Alpha 通道中，可以使用绘图工具、各种图像编辑命令和滤镜命令对其进行编辑，也可以将选区存储为 Alpha 通道后将其永久保留。

14.4 路径的应用

路径是指在屏幕上表现为一些不可打印、不活动的矢量图形。无论是缩小或放大图像都不会影响其分辨率和平滑程度，均会保持清晰的边缘。使用路径可以精确地绘制所需的形状，并随时调整路径的形状，也可以将其转换为选区。

14.4.1 认识路径与“路径”面板

路径由锚点和连接锚点的线段（曲线）构成，通常每个锚点均带有一条或两条方向线，方向线以控制柄结束；方向线的长度和方向的位置决定了曲线段的大小和形状，移动这些元素将会改变路径中曲线的形状。“路径”面板专门为路径服务，路径的基本操作和编辑大部分都可以通过该面板来完成。

下面将通过实例来介绍如何使用路径与“路径”面板，具体操作方法如下：

素材：光盘：素材\14\路径.jpg　　效果：光盘：无

难度：★☆☆☆☆　　视频：光盘：视频\14\认识路径与路径面板.swf

01 打开素材文件。

02 单击“窗口”|“路径”命令，打开“路径”面板。

03 单击“创建新路径”按钮。

04 使用钢笔工具绘制矩形路径，自动将其保存在当前路径中。

05 单击“将路径作为选区载入”按钮。

在 Alpha 通道中，可以使用绘图工具、各种图像编辑命令和滤镜命令对其进行编辑，也可以将选区存储为 Alpha 通道后将其永久保留。

06 单击“从选区生成工作路径”按钮。

07 在“路径”面板中自动生成“工作路径”。

14.4.2 创建路径

创建路径的方法有多种，既可以使用程序自带的工具创建规则的几何形路径，也可以通过钢笔工具自由绘制所需的路径。

1. 创建基本路径形状

下面将通过实例来介绍如何创建基本路径形状，具体操作方法如下：

素材：光盘：素材\14\路径.jpg　　效果：光盘：无

难度：★☆☆☆☆　　视频：光盘：视频\14\创建基本路径形状.swf

01 选择矩形工具。

02 选择“路径”选项。

03 在画布中按住鼠标左键并拖动，创建矩形路径。

04 按住【Shift】键，绘制正方形路径。

05 选择圆角矩形工具，绘制圆角矩形路径。

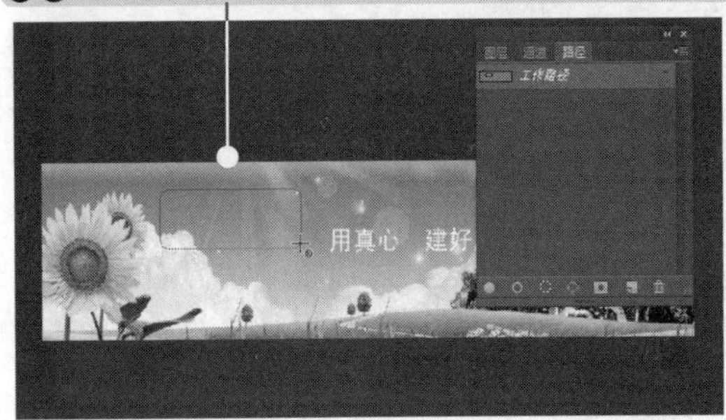

小提示

 路径是可以转换为选区或者使用颜色填充或描边的轮廓，按照形态分为开放路径、闭合路径以及复合路径。

06 选择椭圆工具，绘制椭圆路径。

07 按住【Shift】键，可以绘制正圆形路径。

08 选择自定形状工具。

09 在选项栏中选择预设路径。

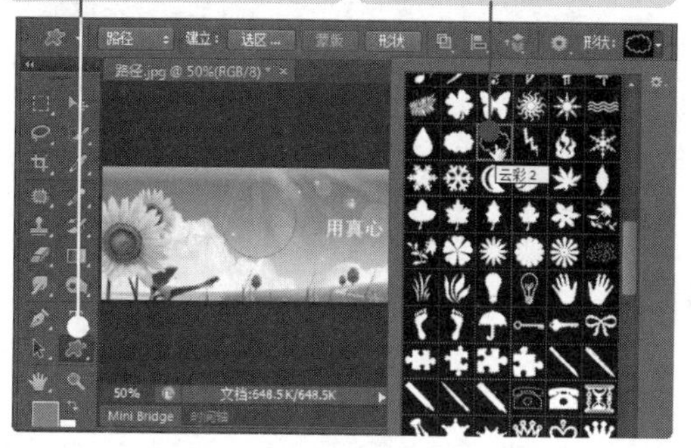

10 绘制形状路径。

2．使用钢笔工具绘制路径

钢笔工具是绘制路径的基本工具，使用它可以绘制出各种各样的路径，具体操作方法如下：

素材：光盘：素材\14\08.jpg　　效果：光盘：无

难度：★★★☆☆　　视频：光盘：视频\14\使用钢笔工具绘制路径.swf

01 打开素材文件 08.jpg。

02 选择钢笔工具。

03 选择“路径”选项。

多学点

直线路径的绘制方法比较简单，在操作时只能单击，不要拖动鼠标，否则将创建曲线路径。如果要绘制水平、垂直或以 45 度角为增量的直线，可以按住【Shift】键操作。

04 在画布中单击创建起始锚点并向左拖动。

05 在起始锚点右侧单击并拖动鼠标，创建第 2 个锚点。

06 按住【Alt】键，确定第三个锚点。

07 松开鼠标但不松【Alt】键，单击起始点创建闭合曲线。

08 按住【Ctrl】键，调整曲线。

14.4.3 编辑路径

在绘制路径时，可能一次做不到尽善尽美，很多情况下需要进行再次编辑与调整。下面将详细介绍如何编辑路径。

1. 添加和删除锚点

素材：光盘：素材\14\09.psd　　效果：光盘：效果\14\09.psd

难度：★★☆☆☆　　视频：光盘：视频\14\添加和删除锚点.swf

下面将通过实例来介绍如何添加锚点和删除锚点，具体操作方法如下：

小提示

单击钢笔工具选项栏中的按钮，打开下拉面板，选中“橡皮带”选项，此后使用钢笔工具绘制路径时，可以预先看到将要创建的路径段，从而判断出路径的走向。

01 打开素材文件。

02 单击工作路径，显示路径。

03 选择工具箱中的添加锚点工具。

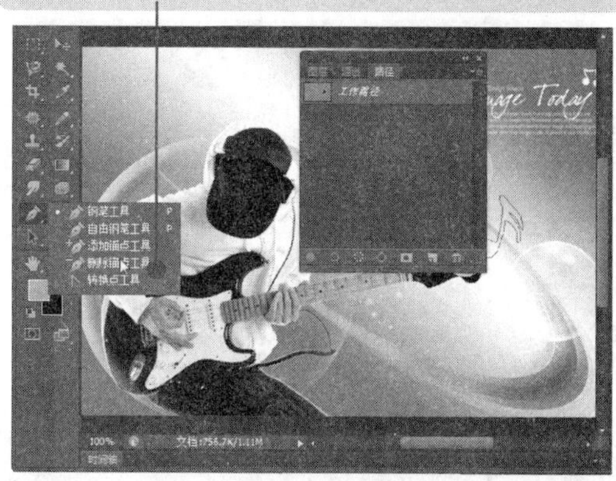

04 在需要添加锚点的位置单击鼠标左键。

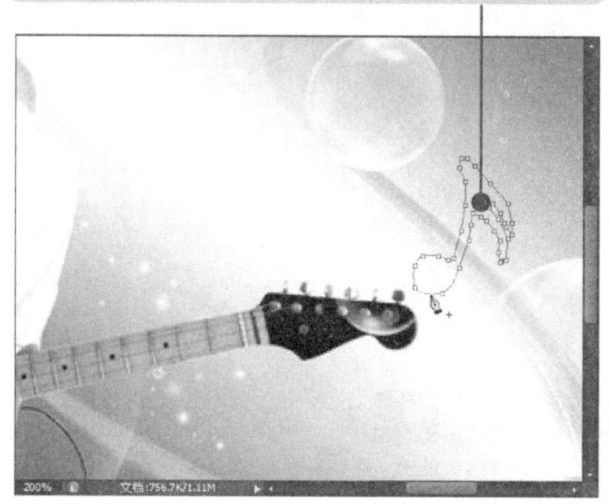

05 选择删除锚点工具，单击要删除的锚点即可删除。

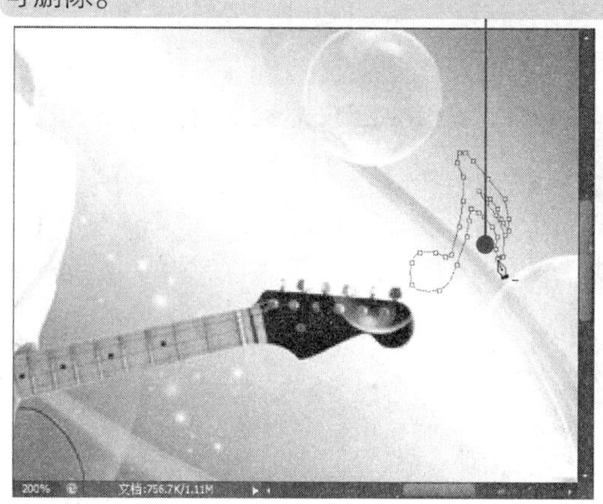

2. 选择和移动路径

下面将通过实例来介绍如何选择和移动路径，具体操作方法如下：

01 选择路径选择工具。

02 单击当前路径，显示所有的锚点。

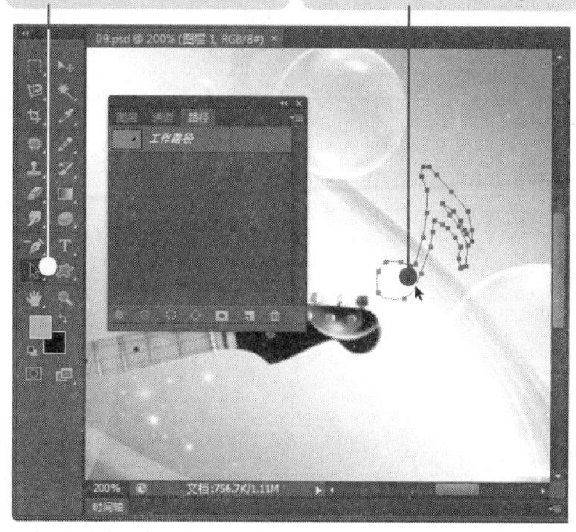

03 在路径上按住鼠标左键并拖动，即可移动当前路径。

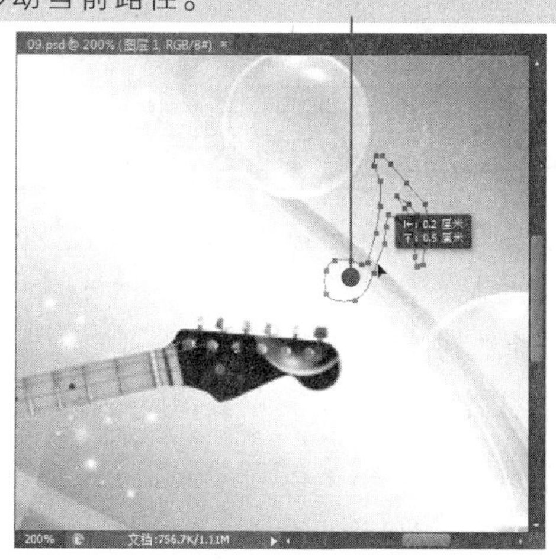

路径是矢量对象，它不包含像素，因此路径是不能被打印出来的。如果是进行填充或描边处理的路径，则可被打印出来。

04 选择直接选择工具。

05 在路径上单击所需的锚点。

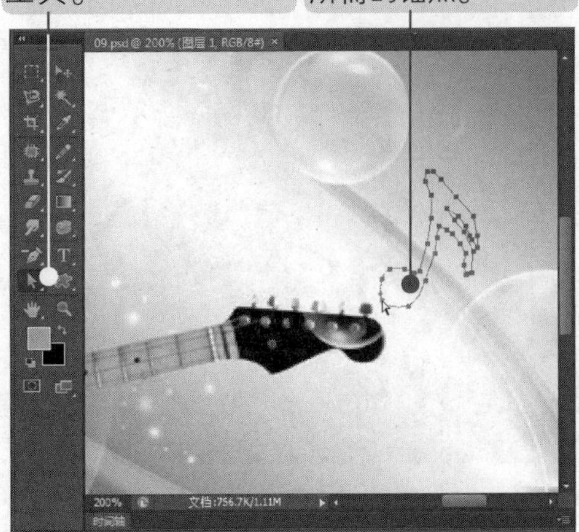

06 按住鼠标左键并拖动，即可移动锚点。

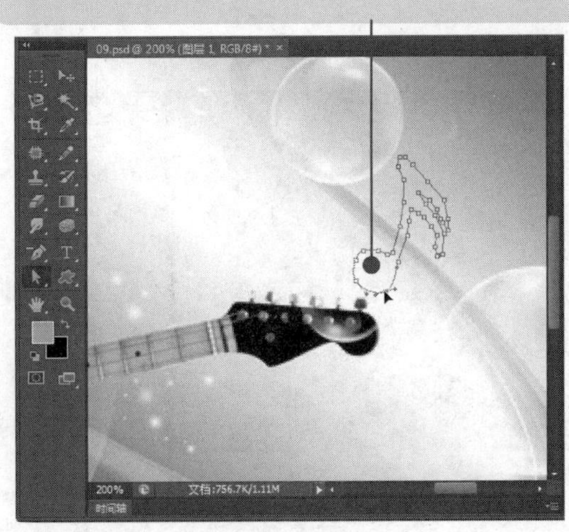

07 按住鼠标左键拖动锚点控制手柄，即可改变路径形状。

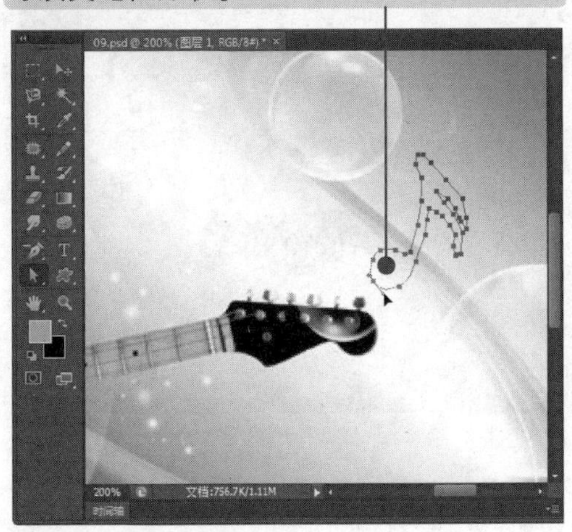

高手点拨

使用钢笔工具绘制路径，在创建曲线路径时，控制手柄的长度决定了曲线的高度和深度。

高手点拨

选择一个路径后，单击工具选项栏中的按钮，可以在打开的下拉菜单中选择一个选项，调整路径的堆叠顺序。

14.4.4 路径与选区相互转换

在 Photoshop CS6 中，可以将创建的路径转换为选区，也可以将选区转换为路径。下面将通过实例来介绍将路径转换为选区的方法与技巧。

1. 将路径转换为选区

将路径转换为选区的具体操作方法如下：

素材：光盘：素材\14\11.jpg　　效果：光盘：效果\14\11.psd

难度：★★☆☆☆　　视频：光盘：视频\14\将路径转换为选区.swf

小提示

 路径是矢量对象，它不包含像素，因此路径是不能被打印出来的。如果是进行填充或描边处理的路径，则可被打印出来。

01 打开素材文件。

02 选择自定形状工具。**03** 在属性栏中选择路径形状。

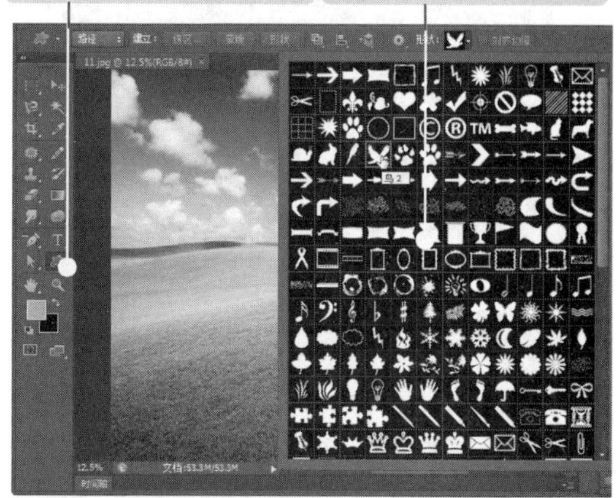

04 在画布中拖动鼠标绘制所需的形状。**05** 打开“路径”面板。

06 按【Ctrl+Enter】组合键，将路径转换为选区。

07 单击“新建图层”按钮，新建空白图层。

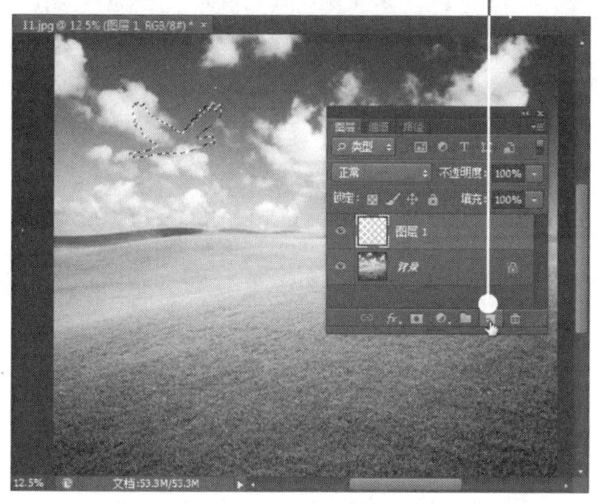

08 利用油漆桶工具在新建图层中为选区填充白色。

按住【Alt】键移动路径，可在当前路径内复制子路径。如果当前选择的是直接选择工具，按住【Ctrl】键可以切换为路径选择工具。

09 按【Ctrl+D】组合键，取消选区。

高手点拨

若不是闭合路径，在转换为选区时，起点和终点将以直线相连接。

2. 将选区转换为路径

在 Photoshop CS6 中，不仅可以将创建的路径转换为选区，还可以将选区转换为路径。下面将通过实例来介绍如何将选区转换为路径，具体操作方法如下：

素材：光盘：素材\14\12.jpg　　效果：光盘：效果\14\12.psd

难度：★★☆☆☆　　视频：光盘：视频\14\将选区转换为路径.swf

01 打开素材文件 12.jpg。

02 打开素材图片“心形.jpg”。

03 按【Ctrl+J】组合键，复制“背景”图层。

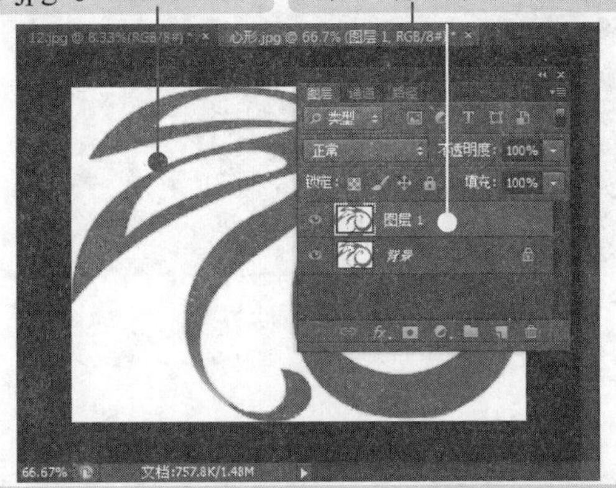

04 使用魔棒工具选中白色背景，按【Delete】键将其删除。

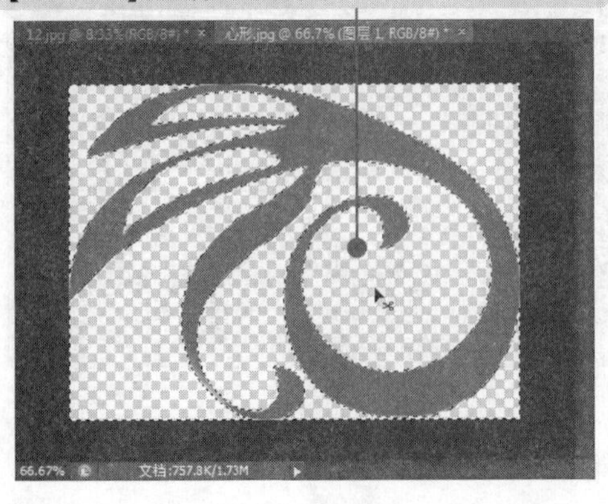

05 将心形拖至另一文件窗口中，按【Ctrl+T】组合键调整大小。

小提示

使用钢笔工具绘制路径时，若要创建 C 形曲线，可向前一条方向线的相反方向拖动，然后松开鼠标。

06 按住【Ctrl】键，单击“图层 1”载入选区。

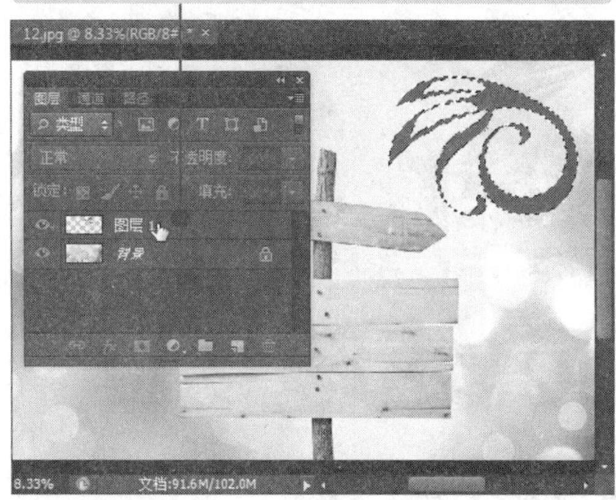

07 单击“从选区生成工作路径”按扭。

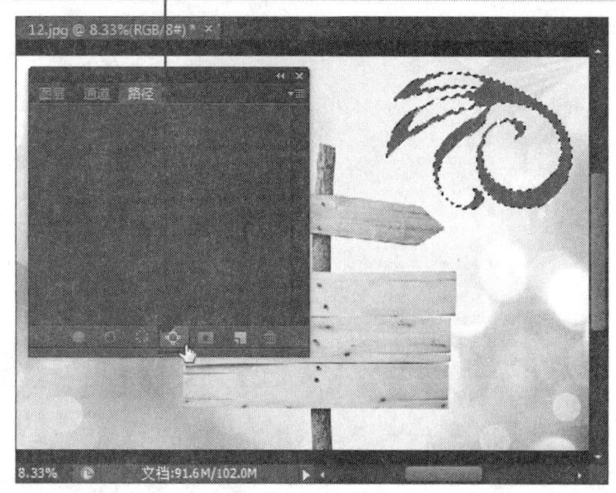

08 将选区转化为工作路径，使用路径选择工具选择路径。

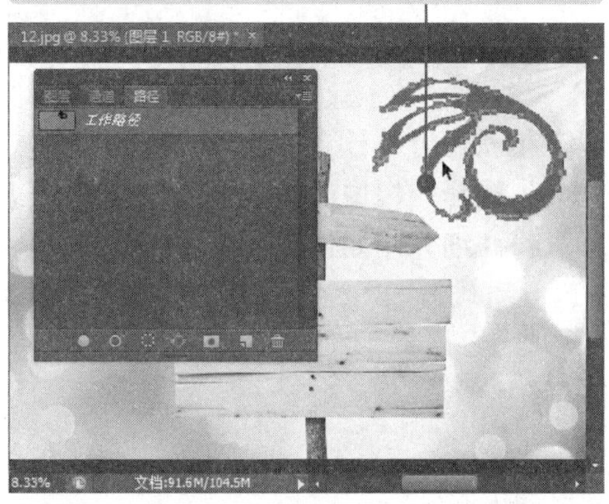

09 按【Ctrl+Enter】组合键，将其转化为选区。

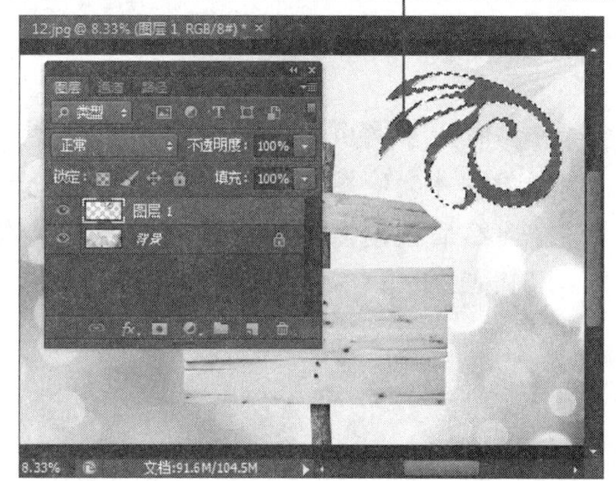

10 使用油漆桶工具为选区填充颜色。

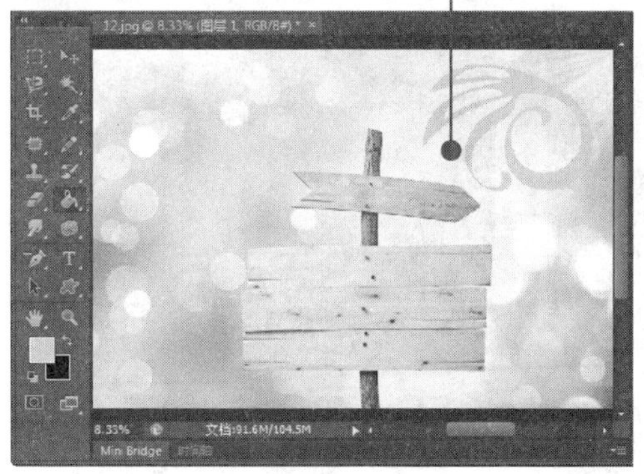

高手点拨

路径是矢量对象，修改起来要比光栅图像容易得多，即便绘制好图形之后，也可以重新对其进行运算。

使用钢笔工具绘制路径时，若要创建 S 形曲线，则可按照与前一条方向线相同的方向拖动，然后松开鼠标。

多学点

预计学习时间 60 **分钟**

Chapter 15

使用 Photoshop 处理网页图像

应用于网页中的图像几乎都需要经过处理，在表现出设计者的意图后才会应用于网页中。多数情况下，首先会先选择一幅原始图像，然后根据需要进行适当的修改或修饰。本章将详细介绍如何利用 Photoshop CS6 处理网页图像。

要点导航 

- 修饰与修复网页图像
- 调整网页图片的颜色
- 使用滤镜制作特殊效果

重点图例

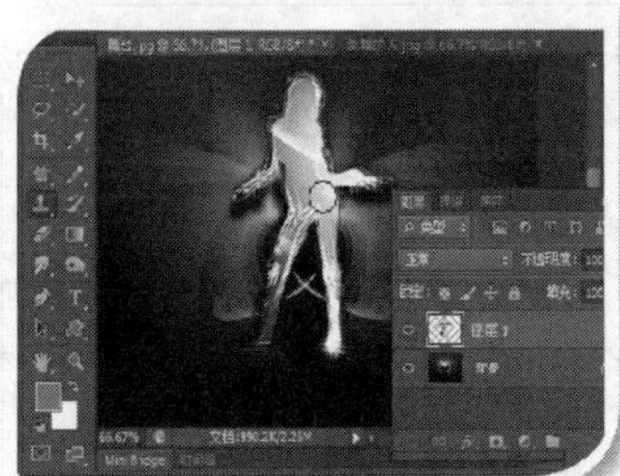

15.1 修饰与修复网页图像

修改图像主要是指对图像的色彩、图像内容等根据需要进行修改，使整个图像更加适合网页，能更好地表现出设计者的设计思路与意图。

15.1.1 使用图章工具组复制图像

图章工具组包括仿制图章工具和图案图章工具，如右图所示。利用图章工具组可以复制图像中某一部分内容至另一位置，以达到复制图像内容、清除多余内容的目的，它与后面一节讲到的修复工具组具有相似之处。

仿制图章工具 S
图案图章工具 S

下面将以仿制图章工具的使用为例进行介绍，具体操作方法如下：

素材：光盘：素材\15\舞台.jpg　　效果：光盘：素材\15\舞台.psd

难度：★★☆☆☆　　视频：光盘：视频\15\使用图章工具组复制图像.swf

01 打开素材图像“舞台.jpg”。

02 单击“新建图层”按钮，新建“图层 1”。

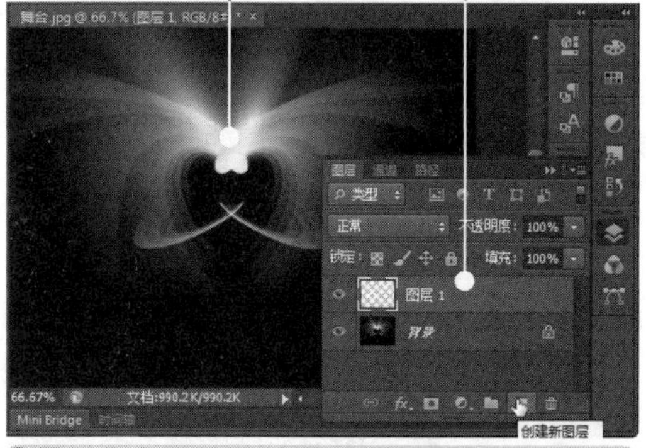

03 打开素材图像“跳舞的人.jpg”。

04 选择仿制图章工具。

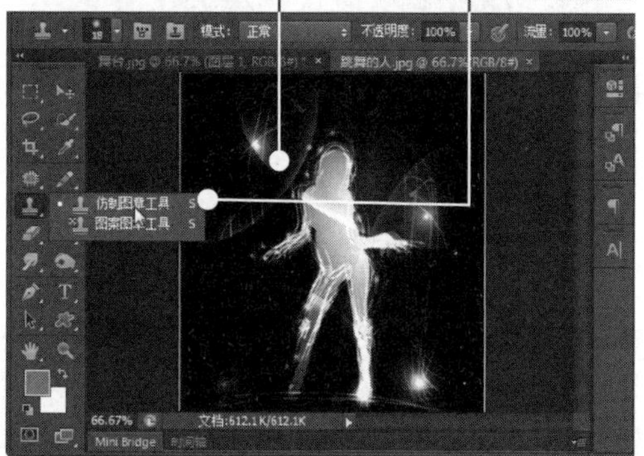

05 按住【Alt】键，单击要复制的图像。

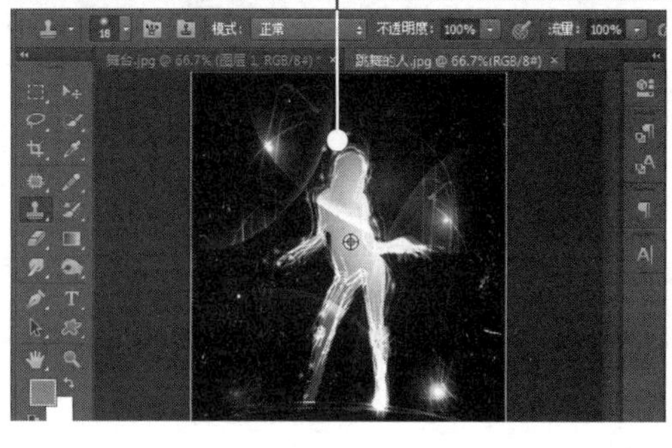

06 切换到“舞台.jpg”窗口。

07 按住鼠标左键并拖动，复制图像。

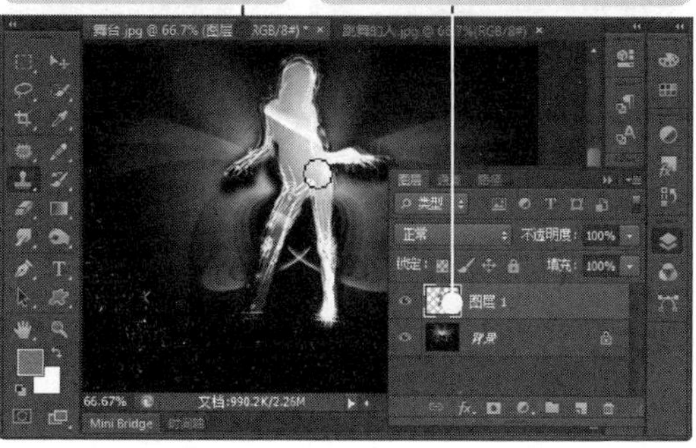

选中仿制图章工具选项栏中的“对齐”复选框，可以连续对象素进行取样；取消选择此复选框，则每单击一次，都使用初始取样点中的样本像素。

08 设置“图层 1”的图层混合模式为“线性光”。

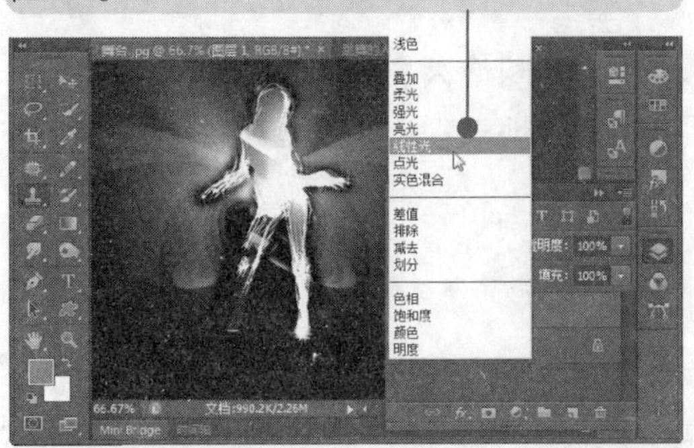

高手点拨

图案图章工具可以利用 Photoshop 提供的图案或者用户自定义的图案进行绘画。

15.1.2 使用修复工具组修复图像

修复工具组在图像处理中不仅可以修复图像，也可以用于制作一些特殊效果。下面将重点介绍如何使用修复工具对网页图像进行处理以及特效制作。

修复工具主要包括：污点修复画笔工具、修复画笔工具、修补工具、内容感知移动工具和红眼工具，如右图所示。

污点修复画笔工具 J
修复画笔工具 J
修补工具 J
内容感知移动工具 J
红眼工具 J

1. 使用污点修复画笔工具

污点修复画笔工具主要用于修复图像中的小污点，该工具会自动分析污点周围的环境，并且将污点覆盖，具体操作方法如下：

素材：光盘：素材\15\01.jpg　　效果：光盘：无

难度：★★☆☆☆　　视频：光盘：视频\15\使用污点修复画笔工具.swf

01 打开素材图像 01.jpg。

02 选择污点修复画笔工具。

03 在污点位置单击，即可去除污点。

小提示

污点修复画笔工具适用于修复数量较少的斑点或杂物，而修复画笔工具则可以修复斑点过多且过于复制、无法根据周围像素来修正的图像。

04 右击画布，调整修复画笔硬度和大小选项。

05 擦除其他污点，查看效果。

2. 使用修复画笔工具

修复画笔工具的作用也是修复图像中污点及多余的元素，具体使用方法如下：

素材：光盘：素材\15\02.jpg　　效果：光盘：无

难度：★★☆☆☆　　视频：光盘：视频\15\使用修复画笔工具.swf

01 打开素材图像，选择修复画笔工具。

02 按住【Alt】键，在草地上单击取样。

03 将笔触移至需要修复的位置并单击，即可修复图像。

高手点拨

修复画笔工具选项栏中的“样本”选项用来设置从指定的图层中进行数据取样。如果要从当前图层及其下方的可见图层中取样，可以选择“当前和下方图层”；如果仅从当前图层中取样，可选择“当前图层”。

修复画笔工具选项栏中的“源”选项用于设置修复像素的来源。选中“取样”单选按钮，可以直接从图像上取样；选中“图案”单选按钮，则可以选择图案作为取样来源。

04 右击图像，调整笔触硬度和大小。

05 继续修复图像，查看修复后的图像效果。

3. 使用修补工具

修补工具相对于前两种工具来说更加灵活，它可以通过手绘的方式来选择需要修复的区域或形状，具体操作方法如下：

素材：光盘：素材\15\03.jpg　　**效果**：光盘：无

难度：★★☆☆☆　　**视频**：光盘：视频\15\使用修补工具.swf

01 打开要修改的图像。

02 选择修补工具。

03 使用修补工具绘制需要修补的选区。

高手点拨

修补工具可以用其他区域或图案的像素来修复选中的区域，并将样本像素的纹理、光照和阴影与源像素进行匹配。

小提示

用矩形选框工具、魔棒工具或套索等工具在图像上创建选区，然后可以用修补工具拖动选中的图像进行修补。

04 按住鼠标左键并拖至目标区域。

05 选中“目标”单选按钮，会以所选区域图像覆盖目标区域。

4. 使用红眼工具

在 Photoshop CS6 中，使用红眼工具可以很轻松地去除红眼。

下面将通过实例来介绍如何使用红眼工具去除红眼，具体操作方法如下：

素材：光盘：素材\15\04.jpg　　效果：光盘：无

难度：★★☆☆☆　　视频：光盘：视频\15\使用红眼工具.swf

01 打开需要修改的素材图像。

02 选择红眼工具。

03 设置属性栏中的各项参数。

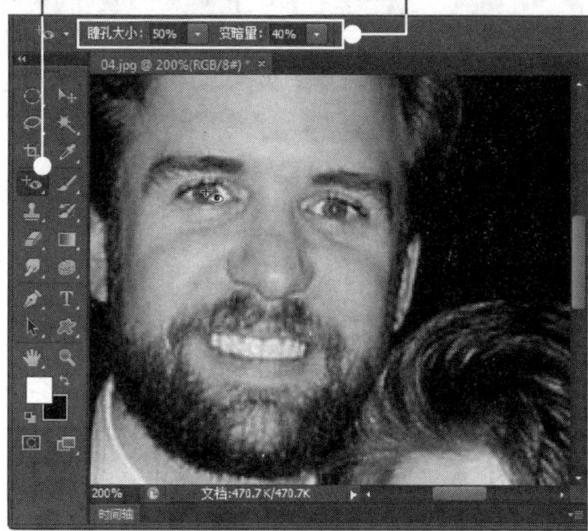

使用数码照相机在光线暗淡的房间中拍照时，经常会出现人物眼球变红的情况。使用红眼工具可以快速去除人物的红眼，以及动物照片中的白色或绿色反光。

04 分别在瞳孔上单击，即可去除红眼。

高手点拨

在红眼工具的选项栏中，“瞳孔大小”用来设置瞳孔（眼睛暗色的中心）的大小；“变暗量”用来设置瞳孔的暗度。

15.2 调整网页图片的颜色

在设计网页时，有些图像需要经过调整才能使用，主要涉及图像的对比度、亮度、色彩饱和度等。下面将详细介绍如何调整网页图片的颜色。

15.2.1 调整自动色调

调整图像主要是指调整图像的色彩、色调，目的是为了让图像更适合网页和表现设计者的意图。下面将介绍在Photoshop CS6中常用的调整图像色彩的方法。

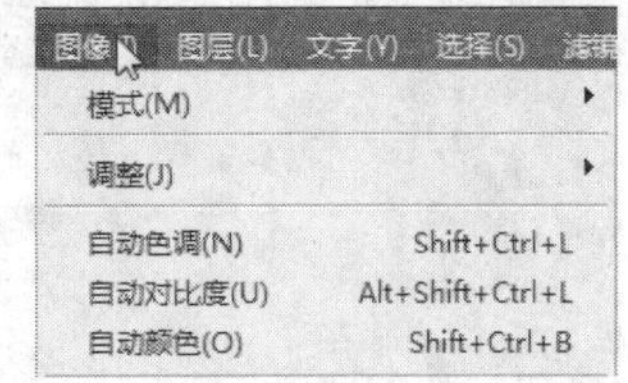

自动色调调整命令包括“自动色调”、“自动对比度”、“自动颜色”3个命令，如右图所示。

1. 自动色调

色调指的是一幅作品色彩外观的基本倾向，包括明度、纯度和色相三个要素。

单击“图像”|“自动色调”命令，就可以对选择的图像或选区内的图像色调进行自动调整，前后对比效果如下图所示。

高手点拨

“自动色调”命令会根据图像的色调来对图像的明度、纯度和色相进行自动调整，使整个图像的色调均匀化。

小提示

Photoshop的调整命令可以通过两种方式来使用，第一种是直接用“图像”菜单中的命令来处理图像，第二种是使用调整图层来应用这些调整命令。

2. 自动对比度

通过“自动对比度”命令可以调整图像的对比度，使高光区域显得更亮，阴影区域显得更暗，即增加图像中的对比度，用于调整色调较灰、明暗对比不强的图像。

单击“图像”|“自动对比度”命令，就可以对选择的图像或选区内的图像色调进行自动调整，前后对比效果如下图所示。

高手点拨

“自动对比度”命令不会单独调整通道，它只调整色调，而不会改变色彩平衡，因此也就不会产生色偏，但也不能用于消除色偏。

3. 自动颜色

通过“自动颜色”命令可以还原图像中各个部分的真实颜色，使其不受环境色的影响。单击“图像”|“自动颜色”命令，就可以对选择的图像或选区内的图像色调进行自动调整，前后对比效果如下图所示。

使用“调整”命令调整图像后，不能再次修改调整参数，而调整图层可以随时修改参数。并且，只需隐藏或删除调整图层，便可将图像恢复为原来的状态。

15.2.2 调整色彩平衡

色彩是图像的一个重要表现，通过色彩的变化可以给人以不同的感受，因此色彩便成为设计者表现设计意图的一个重要手段。利用“色彩平衡”命令可以进行图像色彩的调整。

下面将通过实例来介绍如何调整色彩平衡，具体操作方法如下：

素材：光盘：素材\15\05.jpg　　效果：光盘：无

难度：★★☆☆☆　　视频：光盘：视频\15\调整色彩平衡.swf

01 打开需要调整的图像。

02 单击“图像”｜“调整”｜“色彩平衡”命令。

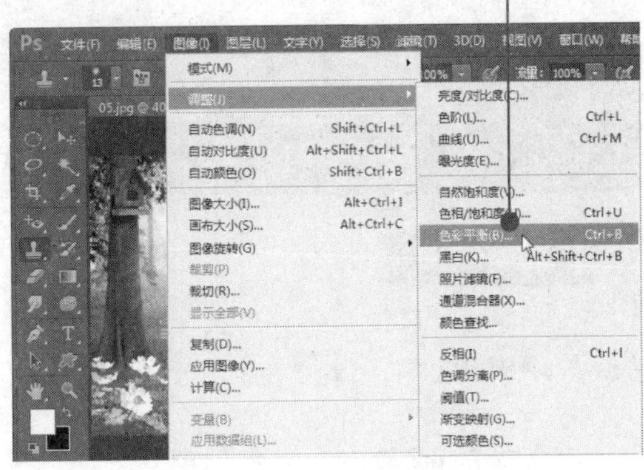

高手点拨

单击“图像”｜“调整”｜“色彩平衡”命令或按【Ctrl+B】组合键，都可以打开“色彩平衡”对话框。

小提示

“照片滤镜”、“色彩平衡”和“变化”是用于调整色彩的命令，使用方法简单且直观；“亮度/对比度”和“色调均化”命令用于调整色调。

03 选中“中间调”单选按钮，设置参数。

04 单击“确定”按钮。

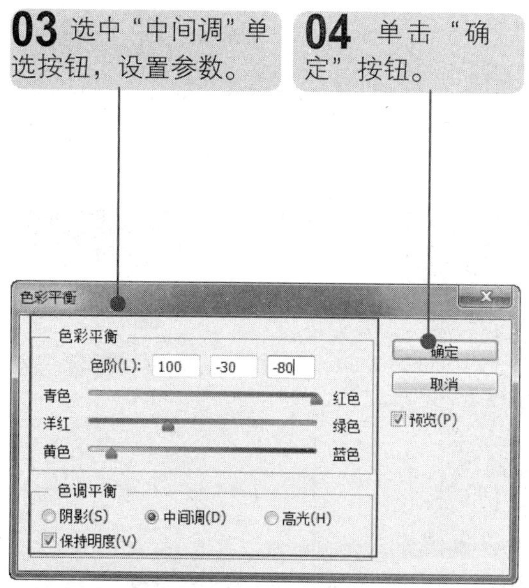

05 查看调整中间调后的图像效果。

06 选中“高光”单选按钮，设置参数。

07 单击“确定”按钮。

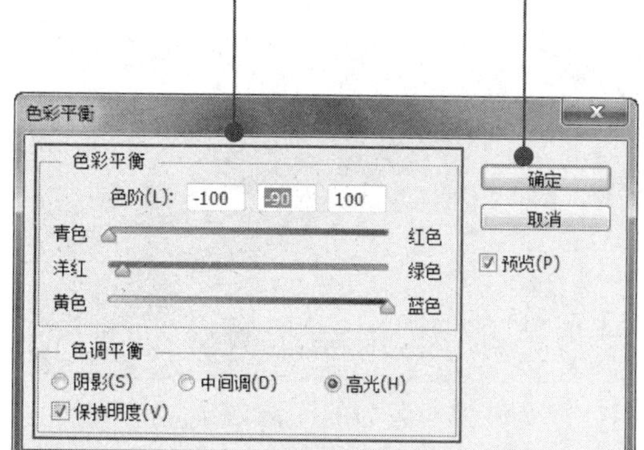

08 查看调整高光后的图像效果。

15.2.3 调整色相/饱和度

“色相/饱和度”命令主要用于调整图像的整体色彩变化，以及图像色彩的浓淡。利用“色相/饱和度”命令调整图像色彩的具体操作方法如下：

素材：光盘：素材\15\06.jpg　　效果：光盘：无

难度：★★☆☆☆　　视频：光盘：视频\15\调整色相、饱和度.swf

在“色彩平衡”对话框中，相互对应的两个颜色互为补色。当提高某种颜色的比重时，位于另一侧的补色的颜色就会减少。

多学点

01 打开需要调整的素材图像。

02 单击“图像”|“调整”|“色相/饱和度”命令。

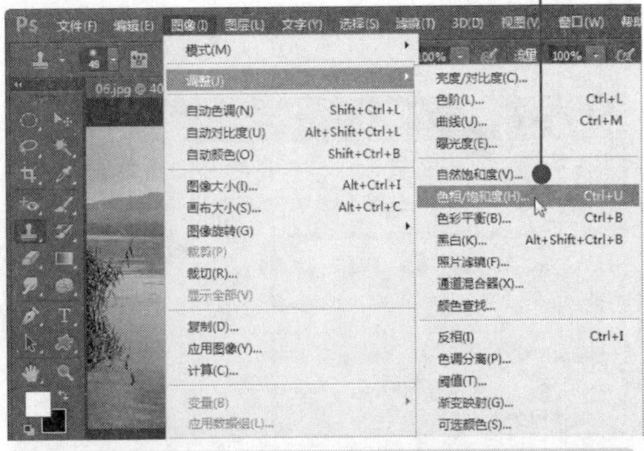

03 设置“饱和度”为-90。

04 单击“确定”按钮。

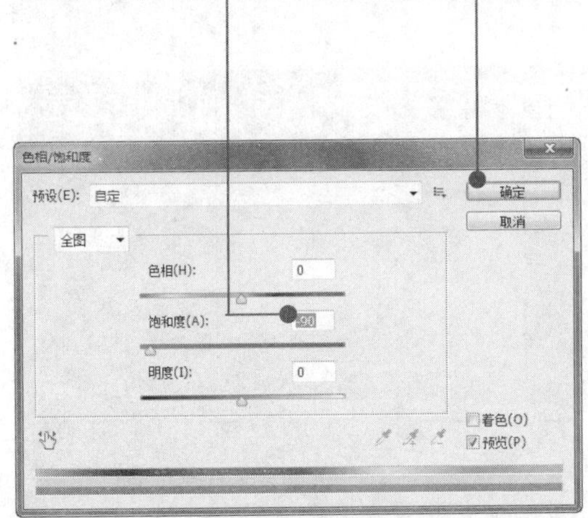

05 查看调整饱和度后的图像效果。

06 设置“明度”为-50。

07 单击“确定”按钮。

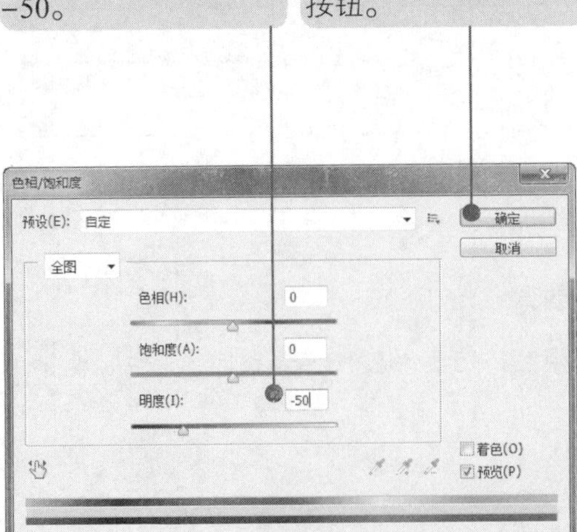

08 查看调整明度后的图像效果。

小提示

Lab 模式在照片调色中有着非常特别的优势，通过处理明度通道可以在不影响色相饱和度的情况下，轻松修改图像的明暗信息。

09 设置“色相”为+50。

10 单击“确定”按钮。

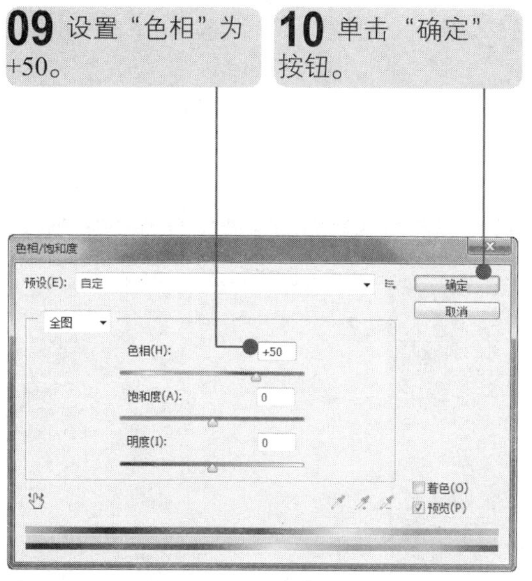

11 查看调整色相后的图像效果。

12 选中“着色”复选框，设置参数。

13 单击“确定”按钮。

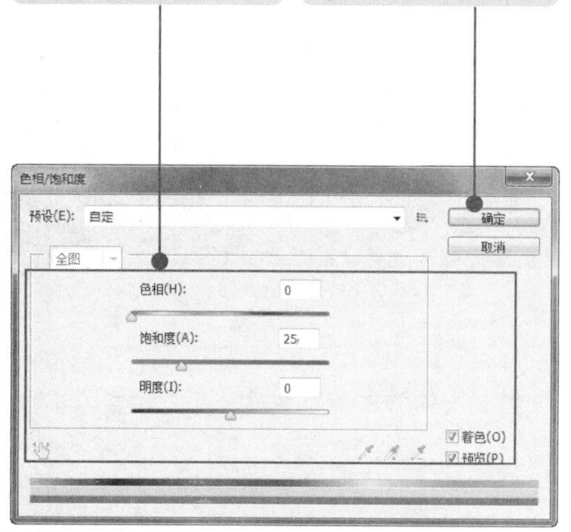

14 查看制作的单色调图像效果。

15.2.4 调整自然饱和度

“自然饱和度”命令主要用于图像饱和度的微调，通过该命令可以在原图像饱和度的基础上进行调整，具体操作方法如下：

素材：光盘：素材\15\07.jpg　　效果：光盘：无

难度：★★☆☆☆　　视频：光盘：视频\15\调整自然饱和度.swf

高手点拨

使用“自然饱和度”命令调整图像时，会大幅增加不饱和像素的饱和度，而对已经饱和的像素只做很少、很细微的调整，特别是对人物皮肤的肤色有很好的保护作用。

色相是指色彩的相貌，如光谱中的红、橙、黄、绿、青、蓝、紫为基本色相；明度是指色彩的明暗度；纯度是指色彩的鲜艳程度，也称饱和度。

01 打开需要调整的图像。

02 单击“图像”｜“调整”｜“自然饱和度”命令。

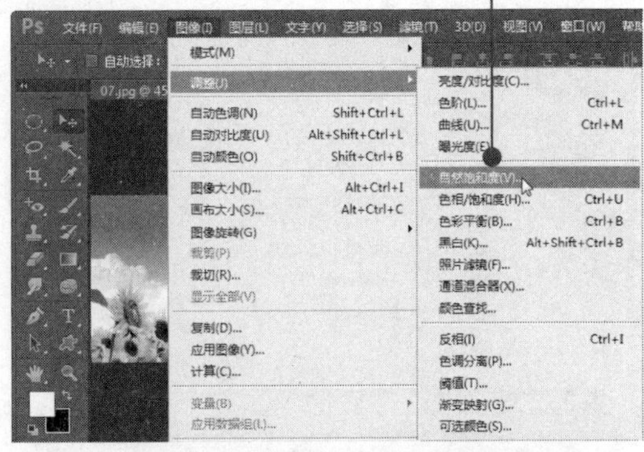

03 设置“自然饱和度”为+90。

04 单击“确定”按钮。

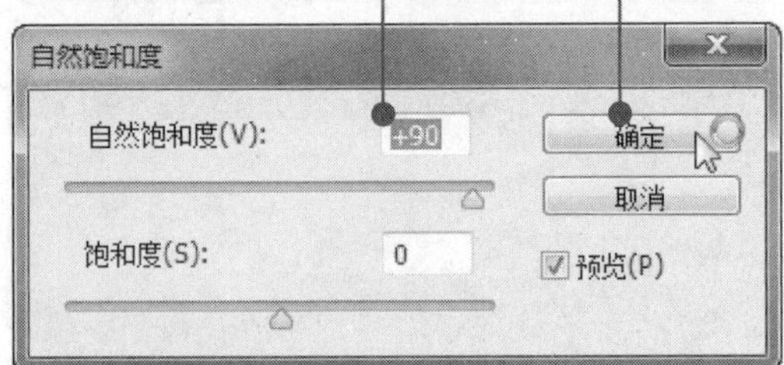

05 查看图像效果，更加舒适、自然。

高手点拨

也可以通过该对话框中的“饱和度”选项快速调整图像的色彩饱和度。

15.2.5 调整可选颜色

“可选颜色”命令主要用于对图像中某一种选定的色彩进行调整。例如，可以选择黄色，然后对黄色进行编辑，具体操作方法如下：

素材：光盘：素材\15\08.jpg　　效果：光盘：无

难度：★★☆☆☆　　视频：光盘：视频\15\调整可选颜色.swf

高手点拨

在“颜色”选项下拉列表框中可以选择要改变的颜色，然后通过下方的“青色”、“洋红”、“黄色”、“黑色”滑块对选择的颜色进行调整。

小提示

在“可选颜色”对话框中，即使只设置一种颜色，也可以改变图像效果。但使用时必须注意，若对颜色的设置不合适的话，就会打乱暗部和亮部的结构。

01 打开需要调整色彩的素材图像。

02 单击“图像”|“调整”|“可选颜色”命令。

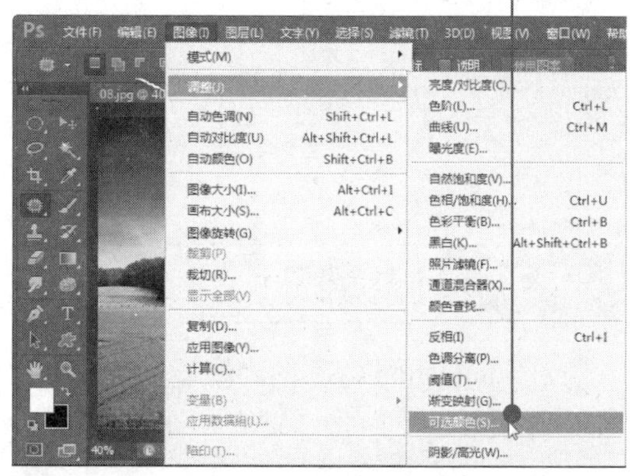

03 选择黄色，设置选项，选中“绝对”单选按钮。

04 单击“确定”按钮。

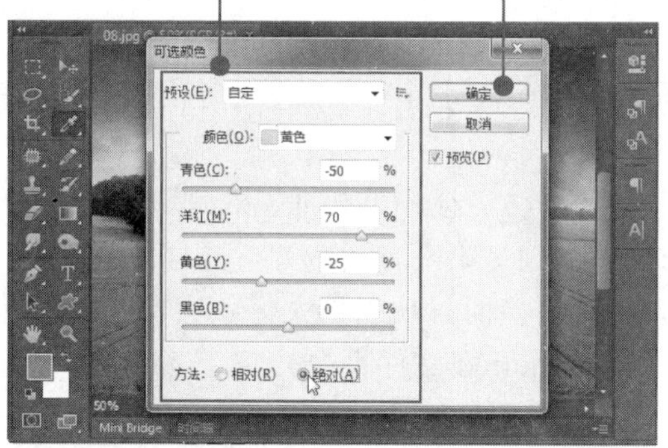

05 查看调整黄色后的图像效果。

06 若设置“方法”为“相对”，查看效果。

高手点拨

用户可以将自定义的可选颜色进行保存。单击预设右侧的按钮，在弹出的下拉菜单中选择“存储预设”命令。

可选颜色校正是高端扫描仪和分色程序使用的一种技术，用于在图像中的每个主要原色成分中更改印刷色的数量。

15.3 使用滤镜制作特殊效果

使用 Photoshop 滤镜可以快速制作出一些特殊效果，如风吹效果、浮雕效果、光照效果和模糊效果等。在制作网页图像特效时，滤镜是不可或缺的。本章将详细介绍一些常用滤镜的使用方法。

15.3.1 滤镜概述

在 Photoshop CS6 的“滤镜”菜单中集成了一组菜单滤镜命令，主要用于制作图像的各种特殊效果。下面将详细介绍滤镜的作用及其使用方法。

1. 滤镜的作用

滤镜主要用于实现图像的各种特殊效果，它在 Photoshop 中具有非常神奇的作用。在 Photoshop 中，将所有滤镜按其效果分类放置于菜单中，使用时只需单击菜单中相应的滤镜名称执行命令即可。

在使用滤镜时，通常需要与通道、图层等结合使用，以取得最佳的艺术效果。要使滤镜效果发挥得更加完美，除了需要有一定的美术功底之外，还要求用户对滤镜非常熟悉并能够灵活操控，最后还需要具有丰富的想象力。只有如此，才能有的放矢地应用滤镜，将其效果发挥到极致。

Photoshop 中预设了液化、消失点、风格化、画笔描边、模糊、扭曲、纹理、艺术效果等多种类型的滤镜，还可以根据需要安装外挂滤镜（也就是第三方滤镜），它由第三方厂商为 Photoshop 所生产的滤镜，它们不仅种类齐全，品种繁多而且功能强大。可以从网上进行下载，安装时需将其放到 Photoshop 的安装目录中的 Required 文件夹中。

2. 滤镜的使用

在使用滤镜之前，先来了解滤镜使用过程中的一些注意事项：

◎ 如果图像中有选区，则 Photoshop 会针对选取区域进行滤镜效果处理；若没有定义选区，则对整个图像起作用。

◎ 若当前选中的是某一图层或某一通道，则只对当前图层或通道起作用。

◎ 滤镜的处理效果以“像素”为单位，因此滤镜的处理效果与图像的分辨率有关。

◎ 只对局部图像进行滤镜效果处理时，应为选区设置羽化值，可以使处理的区域能自然地与原图像相融合，从而减少突兀感。

◎ 在“位图”、“索引”和“16 位通道”色彩模式下不能使用滤镜。

15.3.2 使用“液化”滤镜

使用“液化”滤镜可以逼真地模拟液体流动的效果，也可以非常方便地制作出弯曲、漩涡、扩展、收缩、移位以及反射等效果，但该滤镜不能用于索引颜色、位图或多通道模

在“滤镜库”对话框中，按【Ctrl++】组合键，可以放大预览窗口图像；按【Ctrl+-】组合键，可以缩小预览窗口图像。

式的图像。

下面将通过实例介绍如何使用“液化”滤镜，具体操作方法如下：

素材：光盘：素材\15\09.jpg　　效果：光盘：无

难度：★★☆☆☆　　视频：光盘：视频\15\使用“液化”滤镜.swf

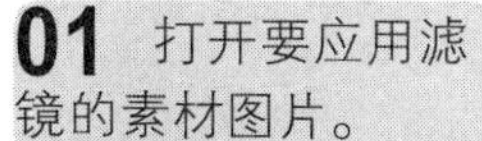

01 打开要应用滤镜的素材图片。

02 单击“滤镜”|“液化”命令。

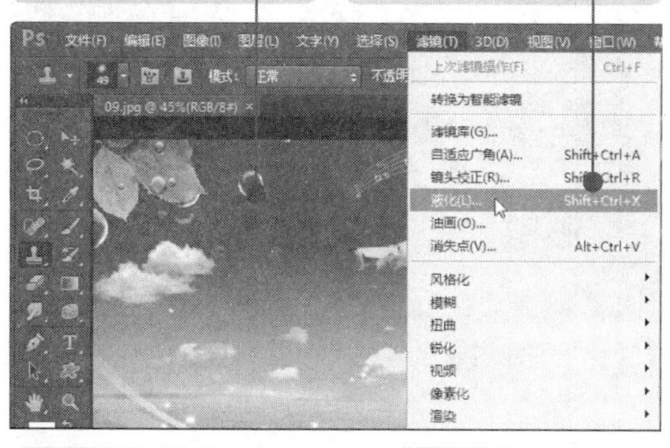

03 选择向前变形工具。

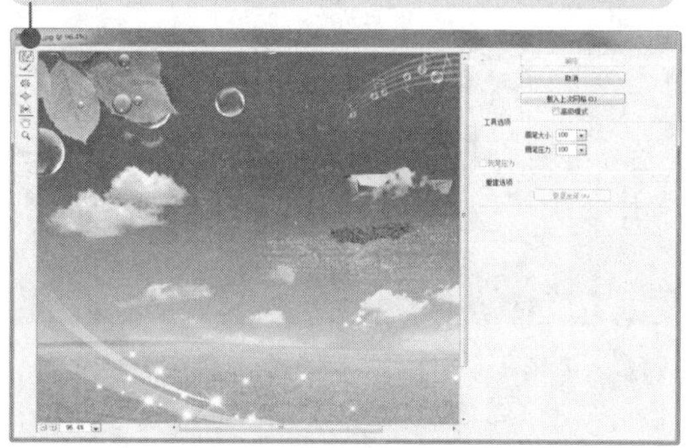

04 在缩略图中按住鼠标左键进行液化处理。

05 单击“确定”按钮。

06 查看应用滤镜后的图像效果。

15.3.3 使用“风格化”滤镜组

“风格化”滤镜组的主要作用是移动选区内图像的像素，以提高像素的对比度，从而产生印象派及其他风格化作品的效果。下面将以其中的“风”滤镜、“扩散”滤镜、“拼贴”滤镜和“凸出”滤镜为例进行介绍。

1．使用“风”滤镜

使用“风”滤镜可以在图像中通过增加一些细小的水平线生成起风的效果，具体操作方法如下：

“查找边缘”滤镜能自动搜索图像像素对比度变化剧烈的边缘，将高反差区域变亮，低反差区域变暗，其他区域则介于两者之间。

素材：光盘：素材\15\10.jpg　　效果：光盘：无

难度：★★☆☆☆　　视频：光盘：视频\15\使用“风”滤镜.swf

01 打开素材图片 10.jpg。

02 选择文本工具，输入文字。

03 单击“图像”|“图像旋转”|“90 度（顺时针）”命令。

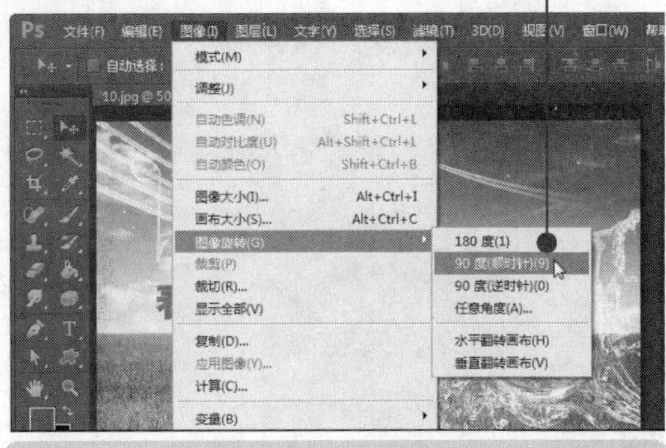

04 单击“滤镜”|“风格化”|“风”命令。

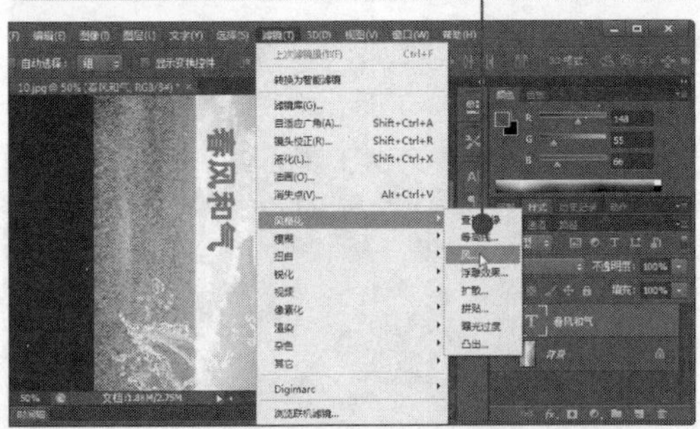

05 单击“确定”按钮，确认栅格化操作。

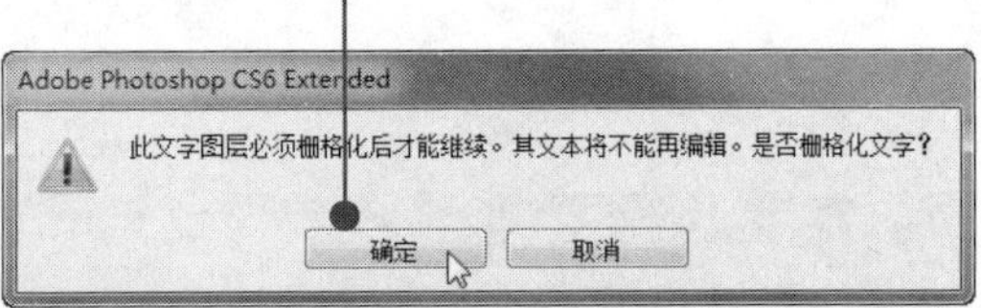

06 设置各项滤镜参数。

07 单击“确定”按钮。

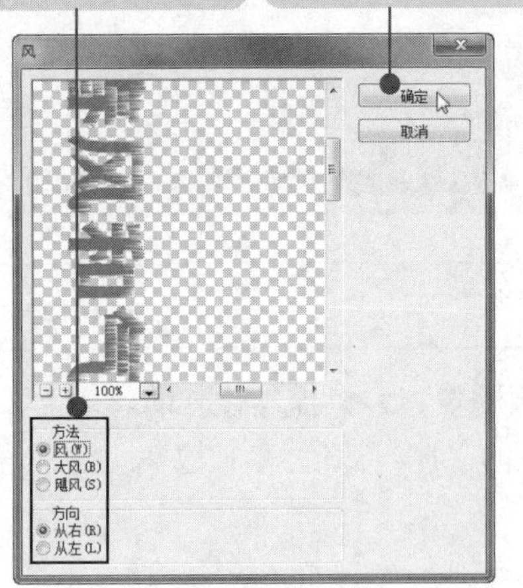

08 单击“图像”|“图像旋转”|“90 度（逆时针）”命令。

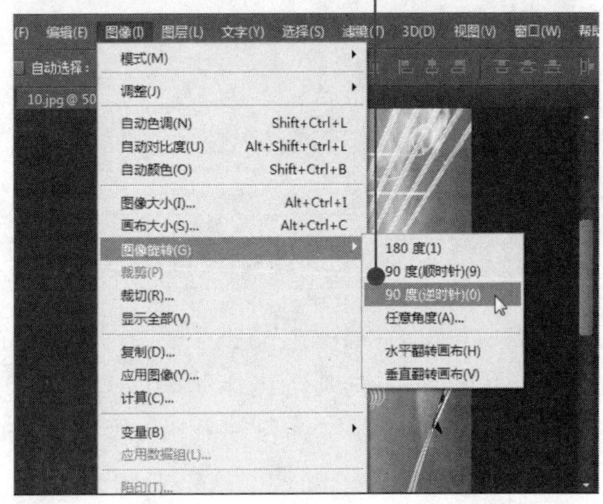

“等高线”滤镜可以查找主要亮度区域的转换并为每个颜色通道淡淡地勾勒主要亮度区域的转换，以获得与等高线图中的线条类似的效果。

09 查看应用滤镜并旋转后的效果。

高手点拨

风吹只能在左右两个方向,要实现上下方向的风吹效果需先旋转文字,制作水平风吹效果后再旋转回原位,即可实现上下风吹效果。

2. 使用“扩散”滤镜

“扩散”滤镜可以使图像中的像素按规定的方式有机地进行移动，从而形成一种看似透过磨砂玻璃观察一样的分离模糊效果。该滤镜的具体使用方法如下：

素材：光盘：素材\15\11.jpg　　效果：光盘：无

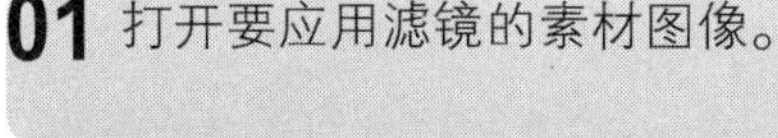

难度：★★☆☆☆　　视频：光盘：视频\15\使用“扩散”滤镜.swf

01 打开要应用滤镜的素材图像。

02 单击“滤镜”｜“风格化”｜“扩散”命令。

03 设置扩散参数。

04 单击“确定”按钮。

05 查看应用滤镜后的图像效果。

“浮雕效果”滤镜可以通过勾画图像或选区的轮廓和降低周围色值来生成凸起或凹陷的浮雕效果。

3. 使用“拼贴”滤镜

“拼贴”滤镜可以根据指定的数值将图像分成若干块瓷砖状，从而产生拼贴效果。该滤镜的具体使用方法如下：

素材：光盘：素材\15\11.jpg　　效果：光盘：无

难度：★★☆☆☆　　视频：光盘：视频\15\使用“拼贴”滤镜.swf

01 单击“滤镜”|“风格化”|“拼贴”命令。

02 设置各项拼贴参数。

03 单击“确定”按钮。

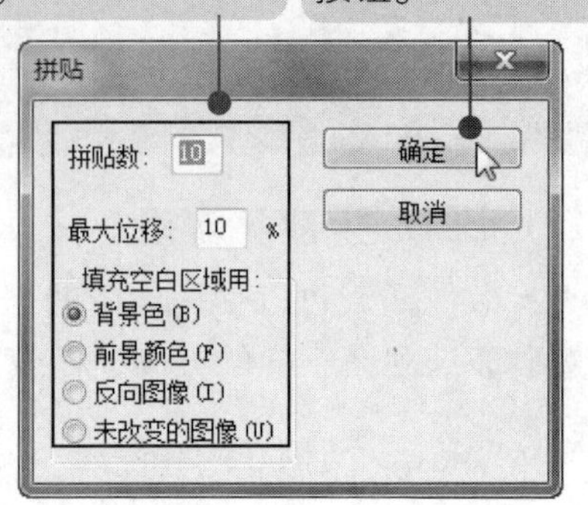

04 查看应用滤镜后的图像效果。

高手点拨

“拼贴”滤镜会在各砖块之间生成一定的空隙，可以在“填充空白区域用”选项区内选择空隙中使用什么样的内容填充。

4. 使用“凸出”滤镜

“凸出”滤镜可以为选区或图层制作3D纹理效果，即将图像分成一系列大小相同，但随机重叠放置的立方体或锥体。该滤镜的具体使用方法如下：

素材：光盘：素材\15\12.jpg　　效果：光盘：无

难度：★★☆☆☆　　视频：光盘：视频\15\使用“凸出”滤镜.swf

高手点拨

“凸出”滤镜对话框中的“深度”选项，用来设置凸出对象的高度。“随机”表示为每个块或金字塔设置一个任意的深度；“基于色阶”则表示使每个对象的深度与其亮度对应。

 小提示　使用“曝光过度”滤镜可以混合负片和正片图像，模拟出摄影中增加光线强度而产生的过度曝光效果。

01 打开要应用滤镜的素材图像。

02 单击“滤镜”|“风格化”|“凸出”命令。

03 设置各项参数。

04 单击“确定”按钮。

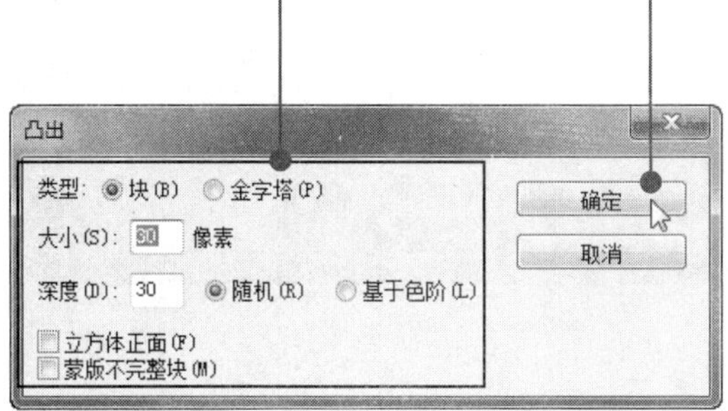

05 查看应用滤镜后的图像效果。

15.3.4 使用“模糊”滤镜组

“模糊”滤镜组是一组很常用的滤镜，其主要作用是削弱相邻像素间的对比度，从而达到柔化图像的效果。下面将分别介绍该滤镜组中常用滤镜的使用方法与技巧。

素材：光盘：素材\15\13.jpg　　效果：光盘：无

1. 使用“表面模糊”滤镜

难度：★★☆☆☆　　视频：光盘：视频\15\使用“表面模糊”滤镜.swf

“表面模糊”滤镜用于保留图像的边缘，而对图像的内部进行模糊，具体使用方法如下：

高手点拨

对于局部图像进行滤镜效果处理时，为选区设定羽化值，使处理的区域能自然地与原图像融合，减少突兀感。

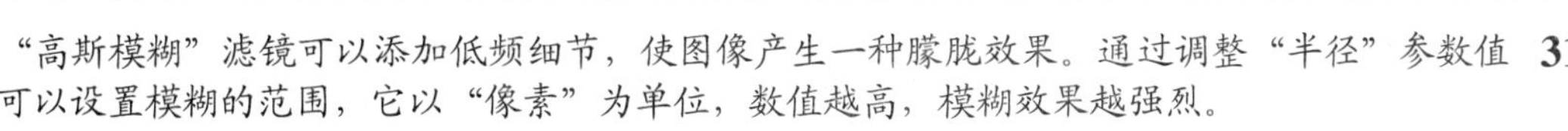

“高斯模糊”滤镜可以添加低频细节，使图像产生一种朦胧效果。通过调整“半径”参数值可以设置模糊的范围，它以“像素”为单位，数值越高，模糊效果越强烈。

01 打开要应用滤镜的素材图像。

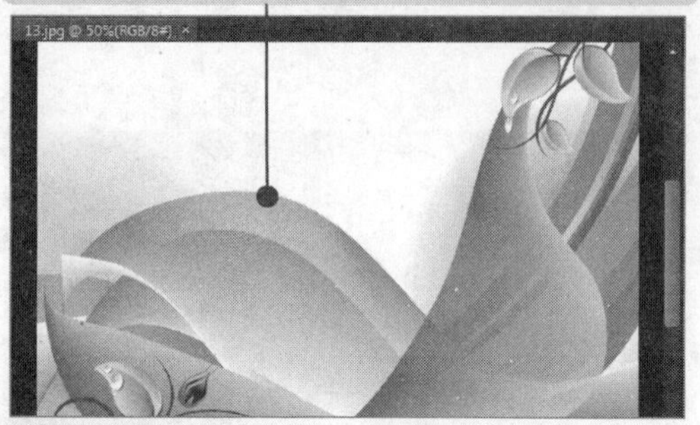

02 单击“滤镜”｜“模糊”｜“表面模糊”命令。

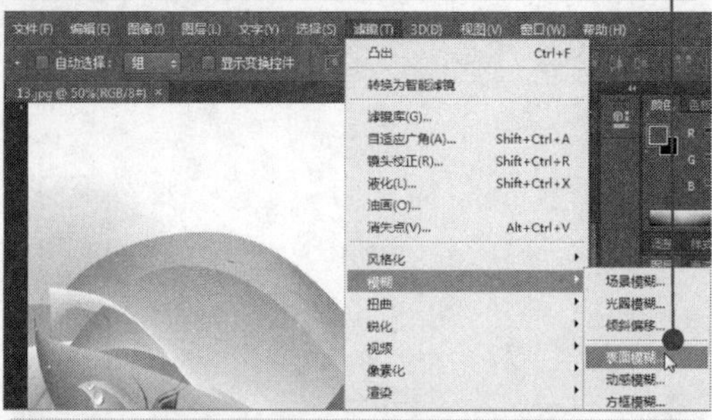

03 设置模糊半径与阈值。

04 单击“确定”按钮。

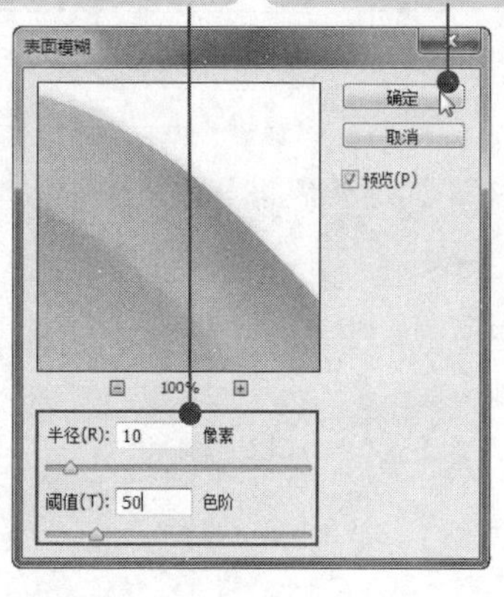

05 查看应用滤镜后的图像效果。

2. 使用“高斯模糊”滤镜

难度：★★☆☆☆　　视频：光盘：视频\15\使用“高斯模糊”滤镜.swf

“高斯模糊”滤镜利用高斯曲线的分布模式有选择地模糊图像，具体使用方法如下：

01 单击“滤镜”｜“模糊”｜“高斯模糊”命令。

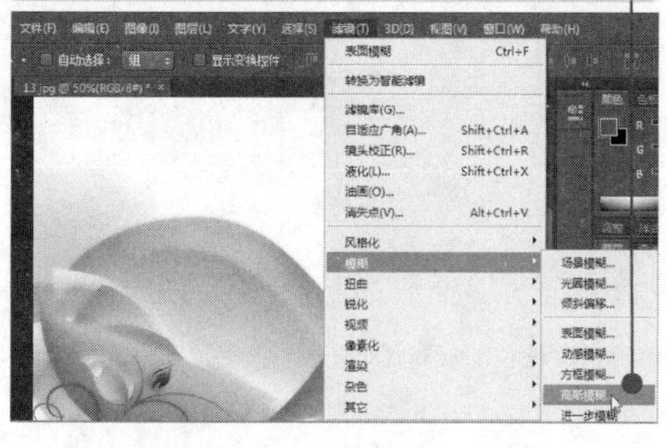

02 设置模糊半径为10像素。

03 单击“确定”按钮。

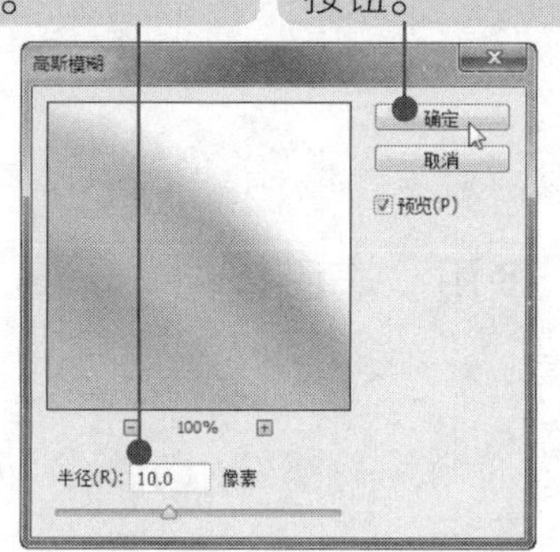

3. 使用“径向模糊”滤镜

难度：★★☆☆☆　　视频：光盘：视频\15\使用“径向模糊”滤镜.swf

“径向模糊”滤镜能够使图像产生旋转模糊或放射模糊的效果，具体使用方法如下：

小提示

使用“径向模糊”滤镜处理图像时，需要进行大量的计算。如果图像的尺寸较大，可以先设置较低的“品质”来观察效果，在确认最终效果后再提高“品质”来处理。

01 单击"滤镜" | "模糊" | "径向模糊"命令。

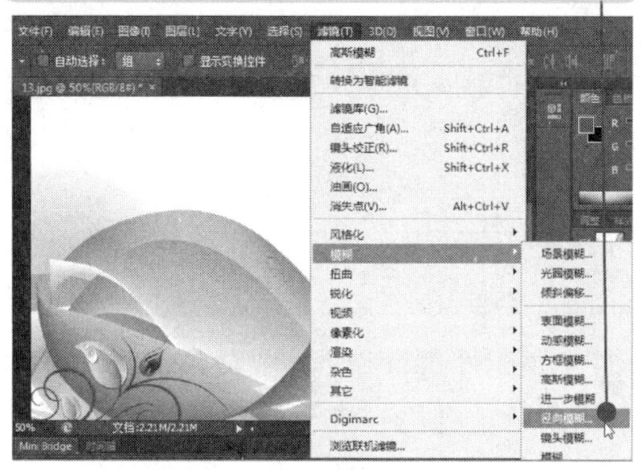

02 设置各项滤镜参数。

03 单击"确定"按钮。

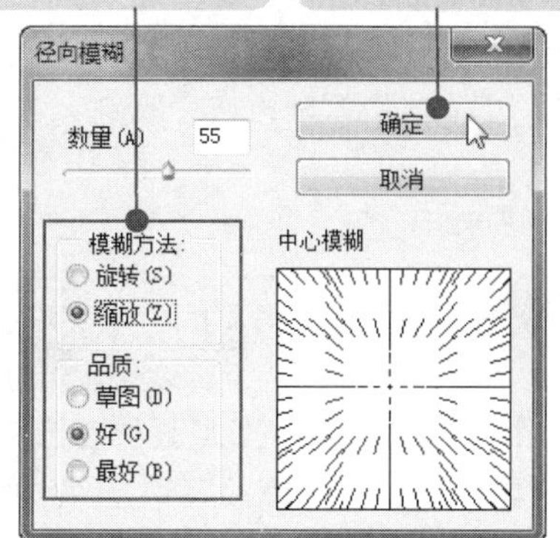

4. 使用"特殊模糊"滤镜

难度：★★☆☆☆　　视频：光盘：视频\15\使用"特殊模糊"滤镜镜.swf

"特殊模糊"滤镜只对有微弱颜色变化的区域进行模糊，而不对图像的边缘进行模糊。该滤镜的使用方法如下：

01 单击"滤镜" | "模糊" | "特殊模糊"命令。

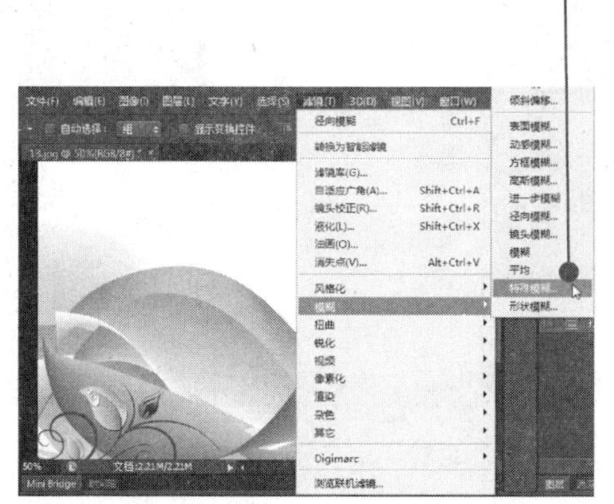

02 设置各项滤镜参数。

03 单击"确定"按钮。

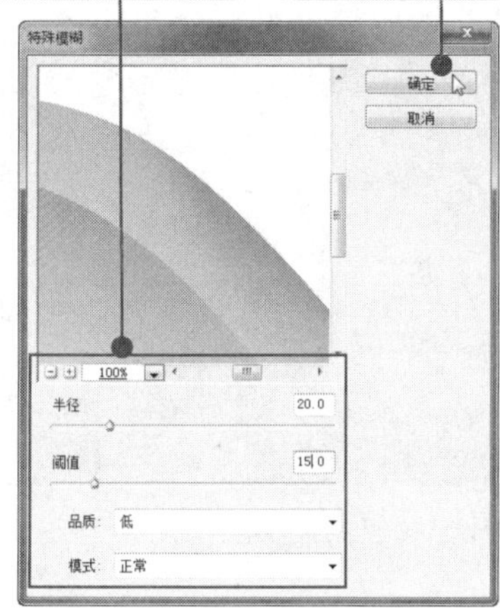

04 查看应用滤镜后的图像效果。

高手点拨

在滤镜组中还包含"模糊"滤镜、"进一步模糊"滤镜、"动感模糊"滤镜、"方框模糊"滤镜、"镜头模糊"滤镜、"平均模糊"滤镜和"形状模糊"滤镜，在实际操作中，用户应根据需要选择最合适的滤镜。

在"特殊模糊"滤镜对话框中，"半径"用来设置模糊的范围，该数值越高，模糊效果越明显；"阈值"选项用来确定像素具有多大差异后才会被模糊处理。

高手点拨

“扭曲”滤镜组中包含12种滤镜，它们可以对图像进行几何扭曲，创建3D或其他变形效果。在处理图像时，这些滤镜会占用大量内存，如果文件较大，可以先在小尺寸的图像上实验。

15.3.5 使用“扭曲”滤镜组

“扭曲”滤镜组是按照某种方式在几何意义上对一幅图像进行扭曲（如波浪、切变等），使其产生模拟水波、镜面反射等效果，它的工作原理大多是对色彩进行位移或转移。下面将以“极坐标”滤镜为例介绍本组滤镜的使用方法。

素材：光盘：素材\15\14.jpg　　效果：光盘：无

难度：★★☆☆☆　　视频：光盘：视频\15\使用“扭曲”滤镜组.swf

01 打开要应用滤镜的素材图像。

02 单击“图像”｜“图像旋转”｜“垂直翻转画布”。

03 查看旋转后的图像效果。

04 单击“滤镜”｜“扭曲”｜“极坐标”命令。

小提示

“波浪”滤镜可以在图像上创建波状起伏的图案，生成波浪效果；“玻璃”滤镜可以制作细小的纹理，使图像看起来像是在透过不同类型的玻璃观察。

05 设置各项滤镜参数。

06 单击“确定”按钮。

07 查看应用滤镜后的图像效果。

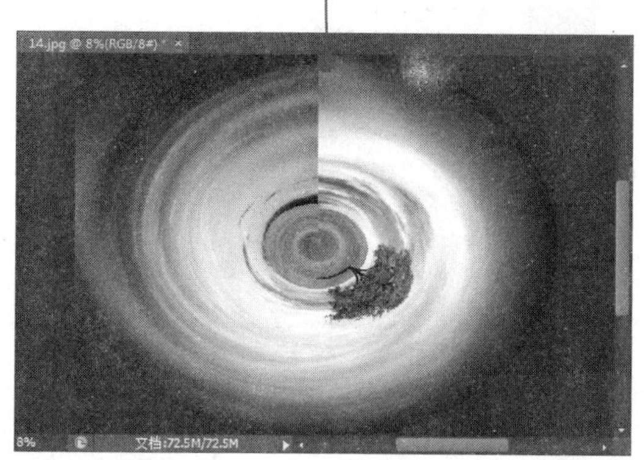

15.3.6 使用“锐化”滤镜组

“锐化”滤镜组主要通过增强相邻像素间的对比度来减弱或消除图像的模糊状态，从而达到清晰图像的效果。下面将介绍该滤镜组中的常用滤镜及其使用方法。

素材：光盘：素材\15\15.jpg　　效果：光盘：无

难度：★★☆☆☆　　视频：光盘：视频\15\使用“锐化”滤镜组.swf

1．使用“USM 锐化”滤镜

“USM 锐化”滤镜在处理过程中使用模糊蒙版，以产生边缘轮廓锐化的效果。该滤镜锐化效果最强，具体操作方法如下：

01 打开要应用滤镜的素材图像。

02 单击“滤镜”|“锐化”|“USM 锐化”命令。

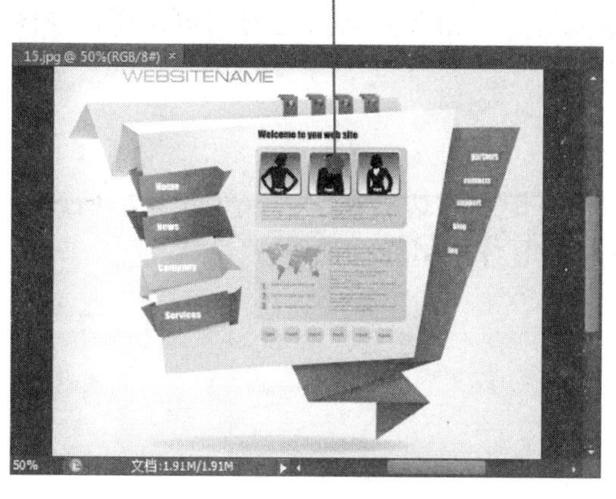

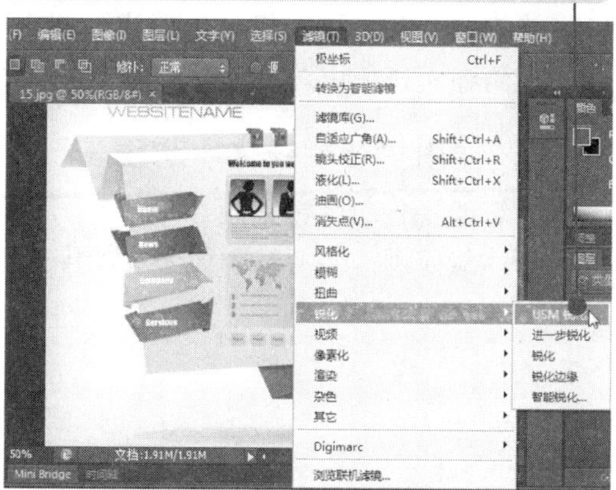

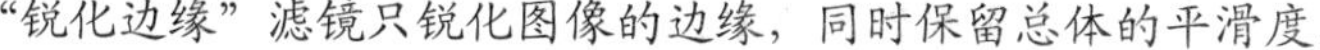

“锐化边缘”滤镜与 USM 滤镜都可以查找图像中颜色发生显著变化的区域，然后将其锐化。“锐化边缘”滤镜只锐化图像的边缘，同时保留总体的平滑度。

03 设置各项滤镜参数。

04 单击“确定”按钮。

05 查看应用滤镜后的图像效果。

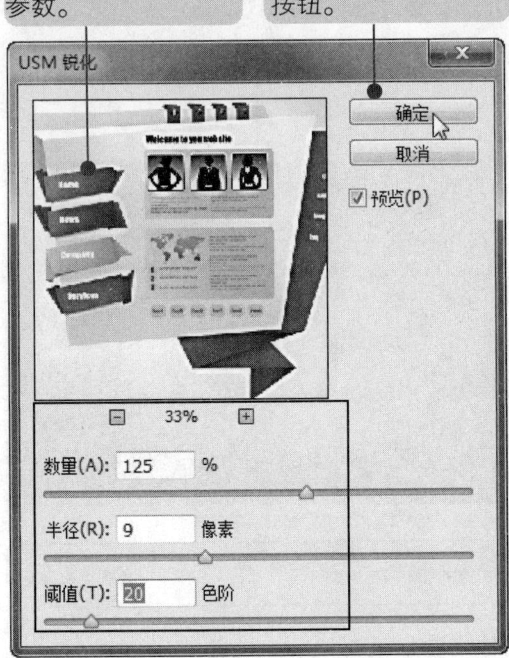

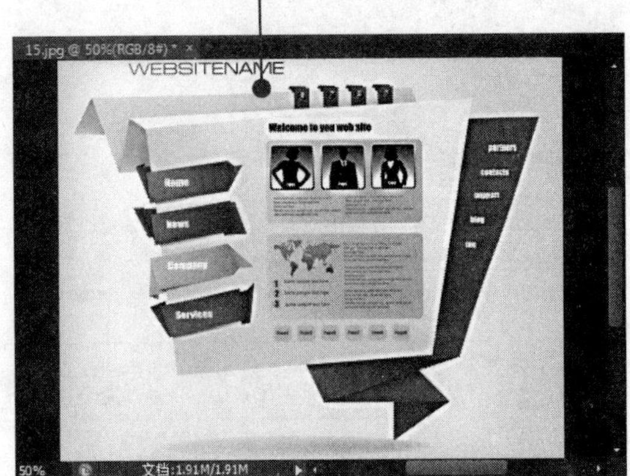

高手点拨

在“USM锐化”对话框中，各项参数的作用如下：

数量：用于设置锐化的强弱程度。

半径：用于设置图像边缘锐化范围的大小。

阈值：用于设置锐化颜色的范围。在进行锐化时，只会锐化图像中与周围颜色对比度高于该值的区域。

2．使用“锐化”、“进一步锐化”滤镜

“锐化”和“进一步锐化”滤镜的主要功能都是提高相邻像素点之间的对比度，使图像更加清晰。在使用这两个滤镜时，无需设置任何参数。

3．使用“智能锐化”滤镜

“智能锐化”滤镜采用新的运算方法，可以更好地进行边缘探测，减少锐化后所产生的阴影，从而进一步调整图像边缘的细节。该滤镜的具体使用方法如下：

小提示

锐化图像时，Photoshop会提高图像中两种相邻颜色（或灰度层次）交界处的对比度，使它们的边缘更加明显，令其看上去更加清晰，造成锐化的错觉。

01 单击"滤镜"|"锐化"|"智能锐化"命令。

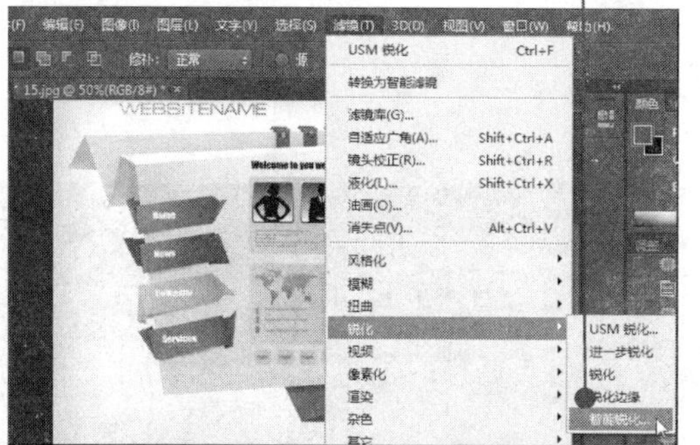

02 设置智能锐化参数。

03 单击"确定"按钮。

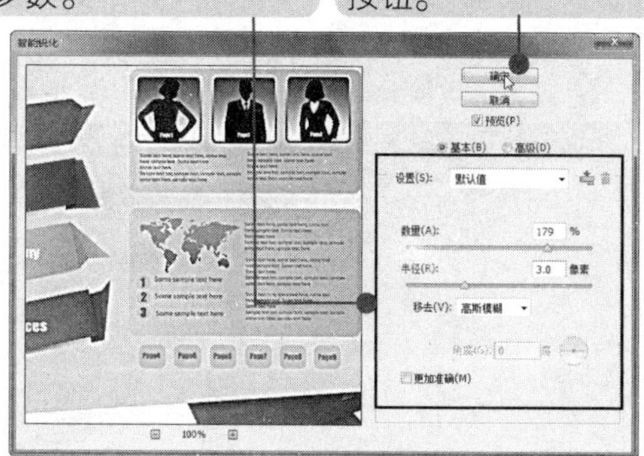

04 查看应用滤镜后的图像效果。

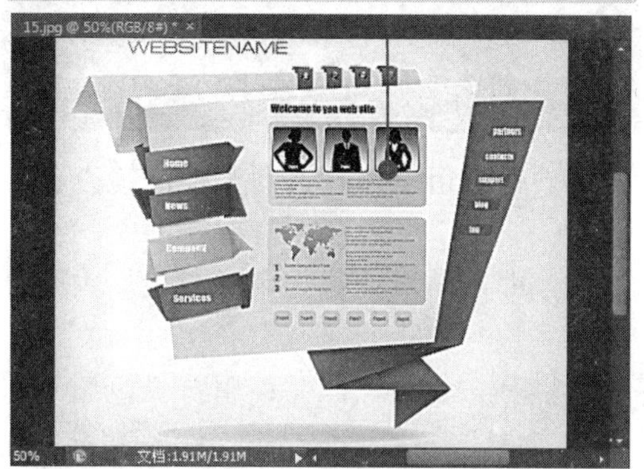

高手点拨

"智能锐化"与 USM 锐化滤镜比较相似，但它提供了独特的锐化控制选项，可以设置锐化算法、控制阴影和高光区域的锐化量。

15.3.7 使用"像素化"滤镜组

"像素化"滤镜组主要用于将图像分块或将图像平面化。该组滤镜共有 7 种滤镜，下面将以"马赛克"滤镜为例进行介绍，具体使用方法如下：

素材：光盘：素材\15\16.jpg　　效果：光盘：无

难度：★★☆☆☆　　视频：光盘：视频\15\使用"像素化"滤镜组.swf

01 打开要应用滤镜的素材图像。

02 单击"滤镜"|"像素化"|"马赛克"命令。

"马赛克"滤镜可以使像素结为方形块，再给块中的像素应用平均的颜色，创建出马赛克效果。使用该滤镜时，可以通过设置"单元格大小"来调整马赛克的大小。

03 设置各项滤镜参数。

04 单击“确定”按钮。

05 查看应用滤镜后的图像效果。

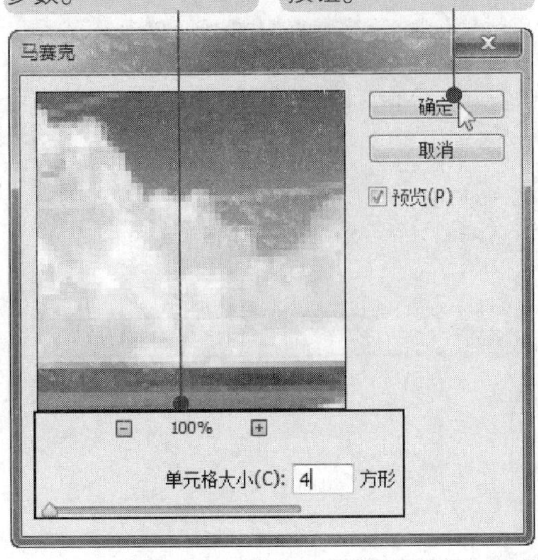

对于该组滤镜中的其他滤镜，在此不再一一赘述，读者可以自行设置其他滤镜查看其效果。其中：

◎“彩色半调”滤镜：可以模仿产生铜版画效果，即在图像的每一个通道上扩大网点在屏幕上的显示效果。

◎“点状化”滤镜：可以将图像的颜色分解为随机分布的网点，并使用背景色填充网点间的间隙。

◎“晶格化”滤镜：可以使相近的有色像素集中到一个像素的多角形网格中，以使图像清晰化。

◎“彩块化”滤镜：可以制作类似石刻画的色块效果。Photoshop 会在保持原有轮廓的前提下找出主要色块的轮廓，然后将近似颜色兼并为色块。

15.3.8 使用“渲染”滤镜组

应用“渲染”滤镜组中的滤镜能够在图像中产生光照效果和不同的光源效果。“渲染”滤镜组共包含 5 种滤镜，下面将以“镜头光晕”滤镜为例进行介绍，具体使用方法如下：

素材：光盘：素材\15\17.jpg　　效果：光盘：无

难度：★★☆☆☆　　视频：光盘：视频\15\使用“渲染”滤镜组.swf

高手点拨

如果按住【Alt】键，然后单击“滤镜”|“渲染”|“云彩”命令，可以生成色彩更加鲜明的云彩图案。

小提示

“云彩”滤镜可以使用介于前景色与背景色之间的随机值生成柔和的云彩图案；“纤维”滤镜可以使用前景色和背景色随机创建编织纤维的效果。

01 打开要应用滤镜的素材图像。

02 单击“滤镜”|“渲染”|“镜头光晕”命令。

03 设置各项滤镜参数。

04 单击“确定”按钮。

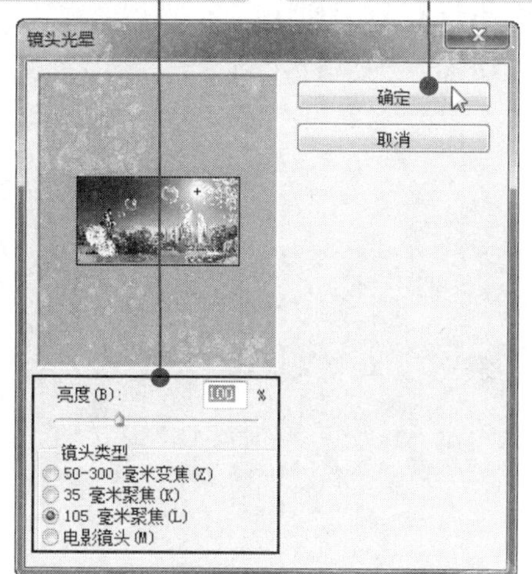

05 查看应用滤镜后的图像效果。

高手点拨

使用“镜头光晕”滤镜可以制作出绚丽的光点和光线效果，在实际操作中应根据需要选择合适的变焦。

该组滤镜中其他主要滤镜的功能如下：

◎“壁画”滤镜：使用此滤镜能使图像产生壁画效果。

◎“彩色铅笔”滤镜：使用此滤镜可以模拟美术中彩色铅笔的绘图效果。

◎“底纹效果”滤镜：使用此滤镜可以根据纹理的类型和色值产生一种纹理喷绘的效果。

◎“干画笔”滤镜：使用此滤镜可以使图像产生一种不饱和的干枯油画效果。

◎“木刻”滤镜：使用此滤镜用于模拟木刻的效果。

◎“水彩”滤镜：使用此滤镜可以产生水彩画的绘制效果。

外挂滤镜是由第三方厂商为 Photoshop 所生产的，它需要自行安装，不仅数量庞大、种类繁多、功能不一，而且是用户进行图像处理的得力帮手。

预计学习时间 60 分钟

Chapter 16

网页效果图切片与输出

网页效果图设计完成后，还需要将其切割为 HTML 需要的图形。切图是网页设计中非常重要的一环，合理的切图不仅有利于加快网页的下载速度，还可以针对不同用途对图片进行压缩。本章将详细介绍网页效果图切片与输出知识。

要点导航

- 创建与编辑切片
- 存储为 Web 页格式
- 实战——将图片输出为网页

重点图例

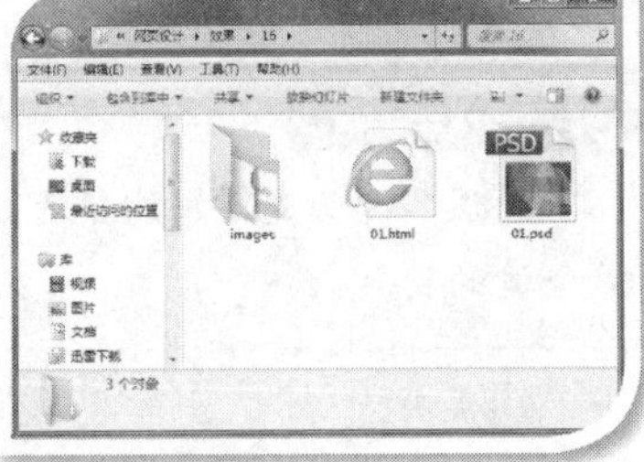

16.1 创建与编辑切片

在 Photoshop CS6 中创建和编辑切片有两种工具，即切片工具和切片选择工具。切片工具用于创建切片，而编辑切片需要先用切片选择工具选定切片，然后再进行相关操作。

16.1.1 划分切片

使用切片工具可以将整个效果图切割成多个小图片，以方便对每一张图片进行单独的优化处理，便于网页在网络上进行传输。

下面将通过实例来介绍如何划分切片，具体操作方法如下：

素材：光盘：素材\16\01.psd　　效果：光盘：效果\16\01.psd

难度：★★☆☆☆　　视频：光盘：视频\16\划分切片.swf

01 打开设计好的网站首页效果图。

02 选择工具箱中的切片工具。

03 在图像合适位置按下鼠标左键并拖动，开始进行切割。

04 继续切割网页中的其他部分。

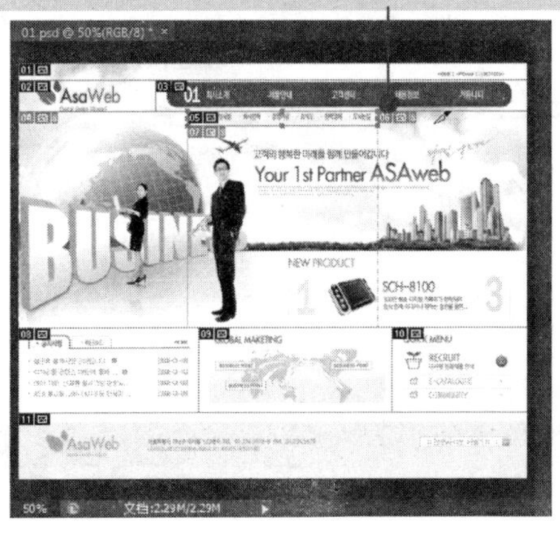

切片可以降低图像的大小，减少网页载入的时间，并且能创造交互的效果，如翻转图像等，还能将图像的一些区域用 html 来代替。

高手点拨

在切割过程中，应尽量保持各个切片的整齐性，且要避免切片重叠，从而在输出为网页时更加齐整。

16.1.2 编辑切片选项

如果需要对切片进行编辑，需要先用切片选择工具选中切片，然后再进行编辑操作，具体操作方法如下：

难度：★★☆☆☆　　视频：光盘：视频\16\编辑切片选项.swf

01 选择工具箱中的切片选择工具。

02 在切片上单击鼠标左键，选择该切片。

03 右击选中的切片。

04 选择“编辑切片选项”选项。

05 设置切片的名称和URL选项。

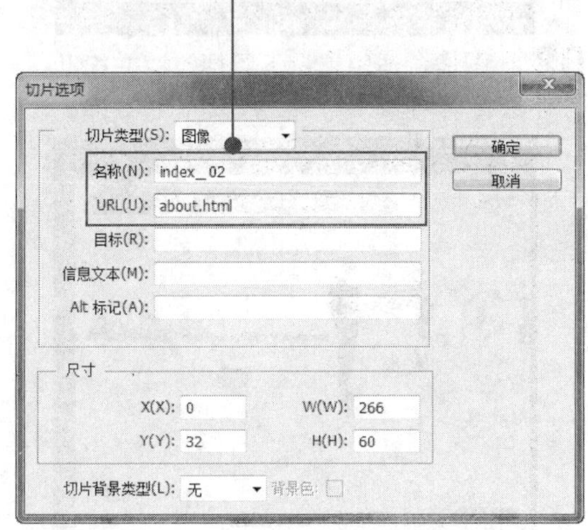

小提示 利用切片工具可以用来编辑切片，右击鼠标，在弹出的快捷菜单中选择命令即可进行相应的设置。

06 设置链接目标页面的打开方式。

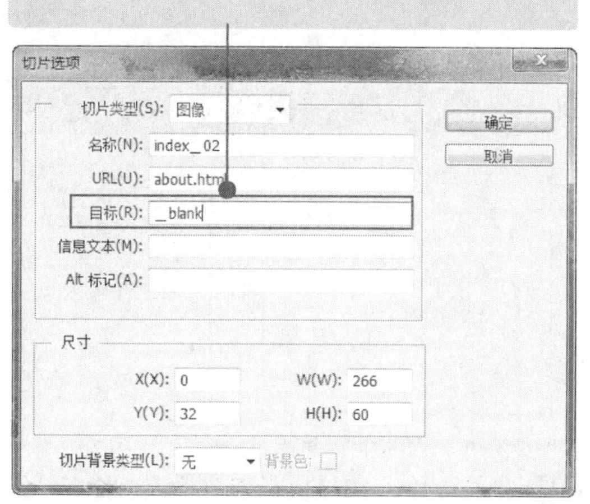

07 设置尺寸和绝对位置。

08 单击“确定”按钮。

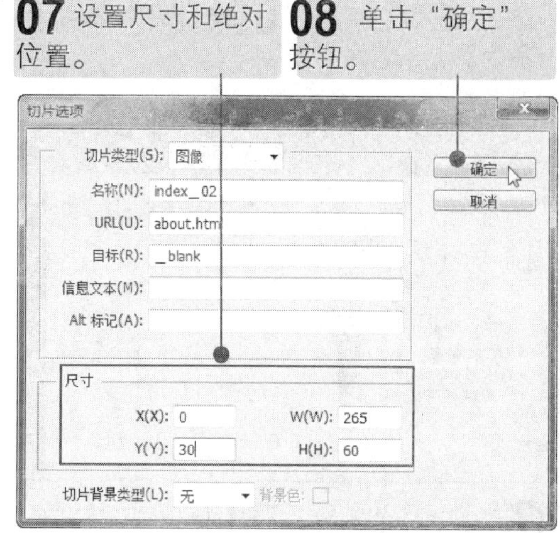

16.1.3 修改切片

如果对切片不满意，还可以对切片进行移动、调整大小等修改操作，具体操作方法如下：

难度：★★☆☆☆ 视频：光盘：视频\16\修改切片.swf

01 使用切片选择工具选择要调整的切片。

02 按住鼠标左键并拖动，移动切片。

03 选择切片，周围显示控制柄，拖动控制柄即可调整切片大小。

高手点拨

如果是色彩比较单一的图片，可以输出为 GIF 图形格式，因为这样会大大减小文件的大小，同时又能比较好地保持图片的色彩。

对图像进行切片后，绿色的半透明区域称为切片对象，而由切片对象产生的红色分割线成为切片辅助线。在为切片命名时，应尽量使用英文字母。

多学点

04 对较大切片进行再次分割，右击要分割的切片。

05 选择“划分切片”选项。

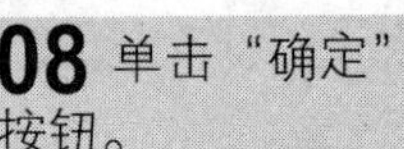

06 显示当前切片的相关信息。

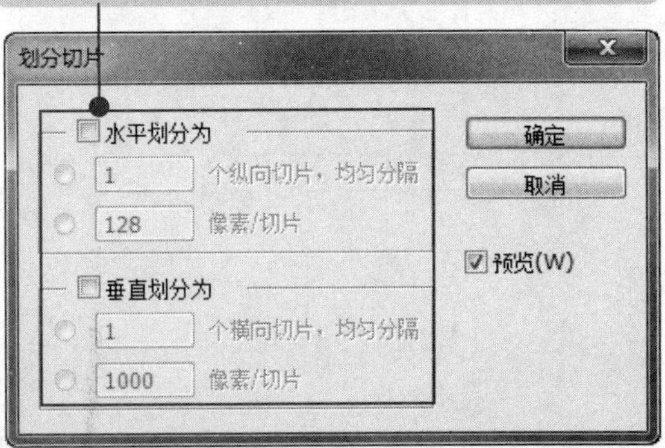

07 选中两个复选框，并输入数值。

08 单击“确定”按钮。

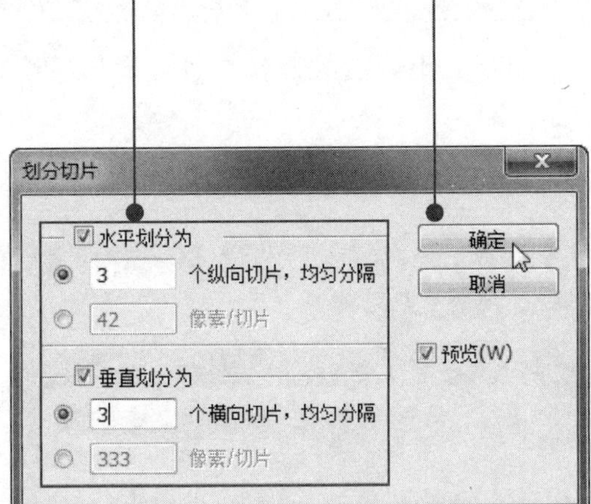

09 查看效果，切片按设置参数等分。

16.2 存储为 Web 页格式

在完成页面切割后，需要将图片输出为网页格式。下面将介绍如何利用菜单命令存储页面。

下面将通过实例来介绍如何将切割后的页面存储为 Web 页格式，具体操作方法如下：

难度：★★☆☆☆　　视频：光盘：视频\16\存储为 Web 页格式.swf

小提示

在“存储为 Web 和设备所用格式”对话框中，可以预览具有不同文件格式和不同文件属性的优化图像。

01 单击“文件”|“存储为 Web 所用格式”命令。

02 对输出的图片进行优化设置。

03 单击“存储”按钮。

04 输入文件名称，选择目录。

05 单击“保存”按钮。

06 进入文件保存目录，查看网页文件。

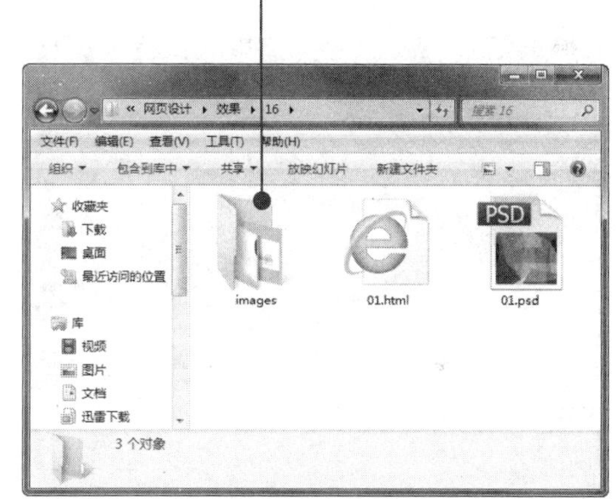

16.3 实战——将图片输出为网页

下面将通过实例介绍如何将网页效果图进行切割，以及如何输出为网页。

素材：光盘：素材\16\02.psd　　效果：光盘：效果\16\02.psd

难度：★★☆☆☆　　视频：光盘：视频\16\创建切片.swf、存储网页.swf

在“存储为 Web 和设备所用格式”对话框中，当预览图像以现在最适合自己需要的设置组合时，可以同时查看图像的多个版本并修改优化设置。

多学点

1. 创建切片

如果要将整幅效果图输出为网页格式，首先需要创建切片，具体操作方法如下：

01 打开要输出的效果图。

02 在工具箱中选择切片工具。

03 按住鼠标左键，从页面最上部开始切割。

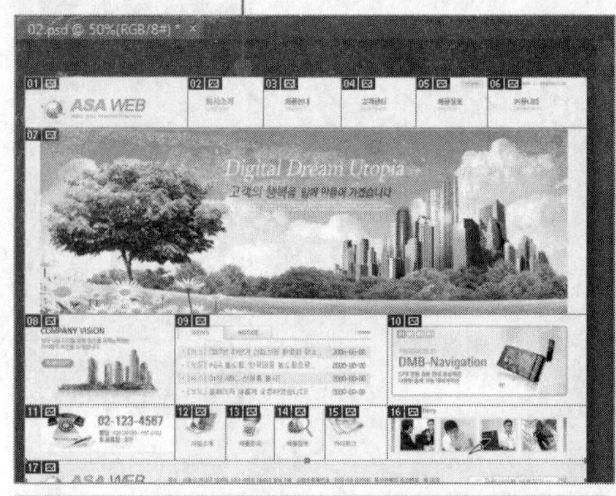

04 将较大面积的相同色块，用做背景，进一步减小网页大小。

05 使用切片工具将其他部分逐一进行切割。

06 使用切片选择工具双击切片，设置切片选项。

07 单击“确定”按钮。

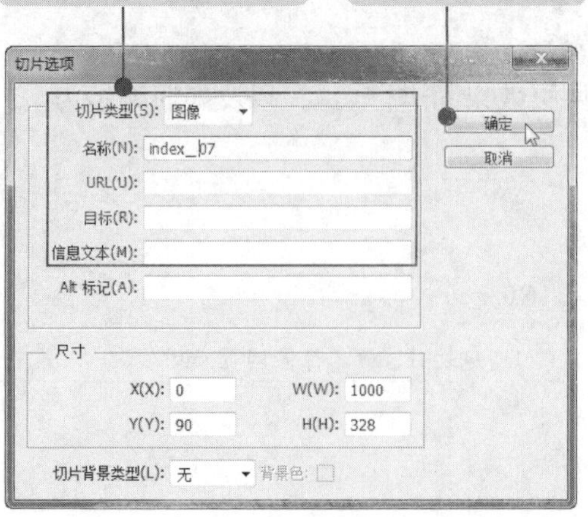

08 整个页面切割完成，查看最终效果。

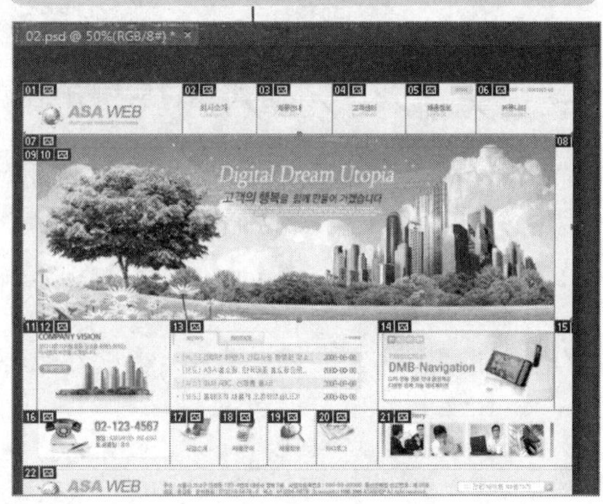

小提示

在“存储为 Web 和设备所用格式”对话框中，也可以指定透明度和杂边，选择用于控制仿色的选项，以及将图像大小调整到指定的像素尺寸或原始大小的指定百分比。

2．存储网页

页面切割完成后，下面将图片输出为网页格式，具体操作方法如下：

01 单击“文件”|“存储为 Web 所用格式”。

02 对输出的图片进行优化设置。

03 单击“存储”按钮。

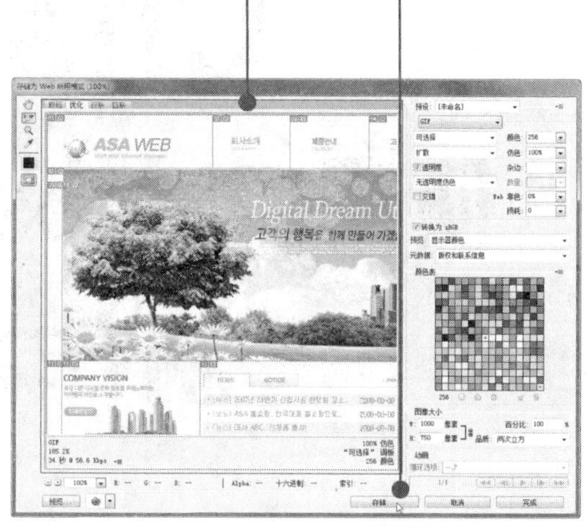

04 输入文件名，选择保存目录。

05 单击“保存”按钮。

06 查看保存的网页文件。

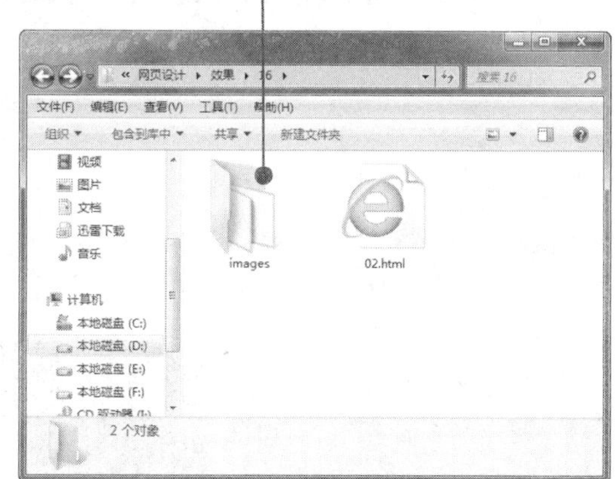

设计网页时，如果只是单纯地由线条和文字组成，则整个页面会显得过于单调。在网页中插入图像，会使网页看起来更加丰富多彩。

预计学习时间 60 分钟

Chapter 17

使用 Photoshop CS6 制作网页特效

Photoshop 在网页图像制作和处理方面的功能特别强大。本章将详细介绍如何利用 Photoshop CS6 制作特效文字、按钮和网页横幅等。通过本章的学习，读者要学会融会贯通，举一反三。

要点导航

- 制作特效文字
- 制作网页按钮
- 制作网页横幅

重点图例

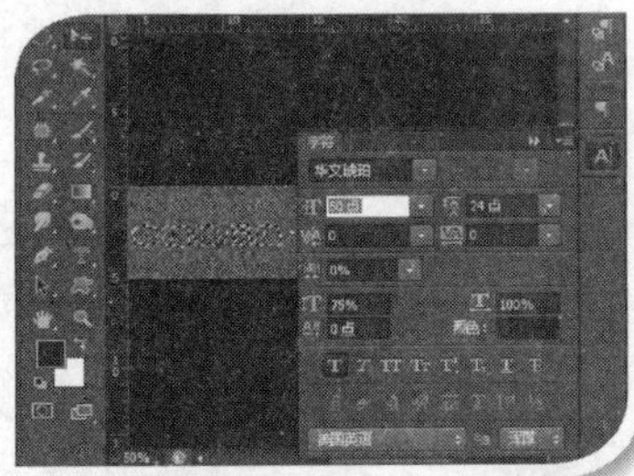

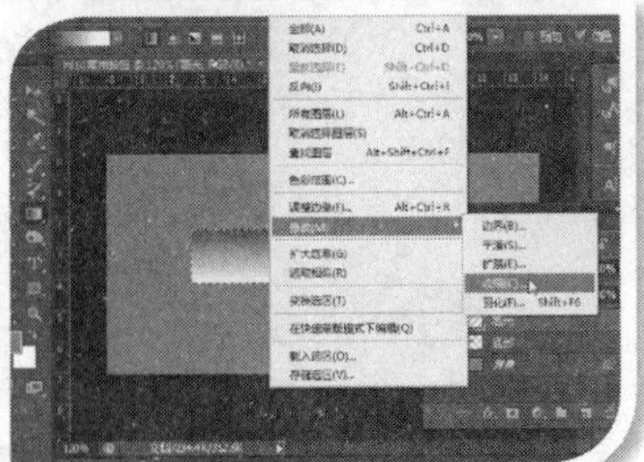

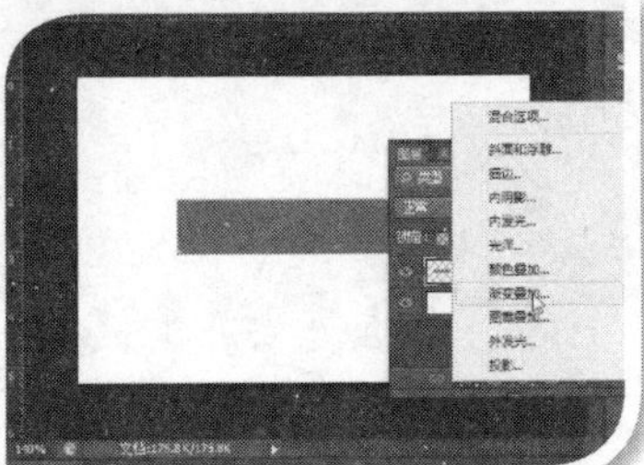

17.1 制作特效文字

特效文字在网页制作中主要是运用在图片的制作上，包括通栏广告、图片广告和 banner 图片等。通过制作特效文字，可以学习文字工具、滤镜、图层样式、自由变换、复制图层等的应用方法。

17.1.1 制作磨砂涂鸦文字

下面将介绍如何制作磨砂涂鸦文字，具体操作方法如下：

素材：光盘：素材\17\儿童.psd　　效果：光盘：素材\17\磨砂涂鸦文字.psd

难度：★☆☆☆☆　　视频：光盘：视频\17\制作磨砂涂鸦文字.swf

01 新建 Photoshop 文件，设置图像选项。

02 单击“确定”按钮。

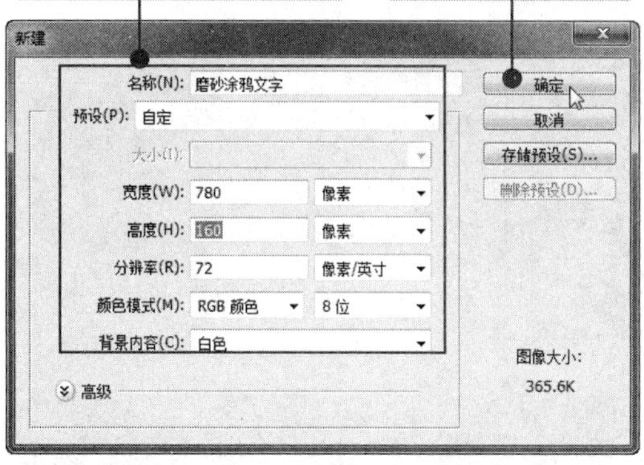

03 设置前景色为#1e8d00。

04 单击“确定”按钮。

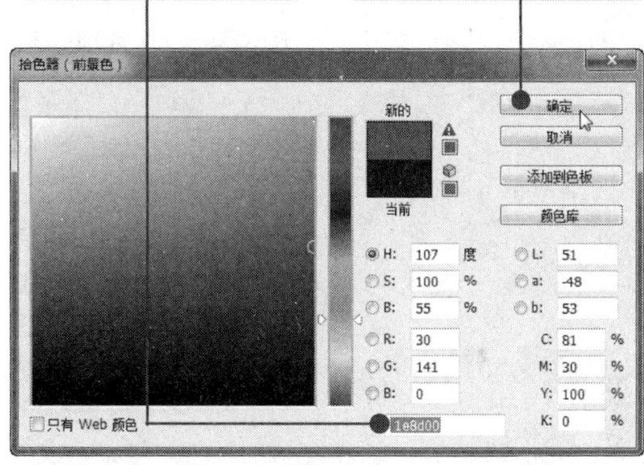

05 按【Alt+Delete】组合键，填充前景色。

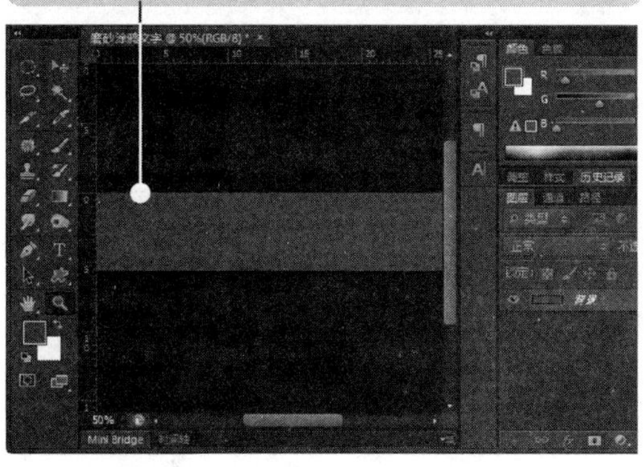

06 单击“滤镜”|“杂色”|“添加杂色”命令。

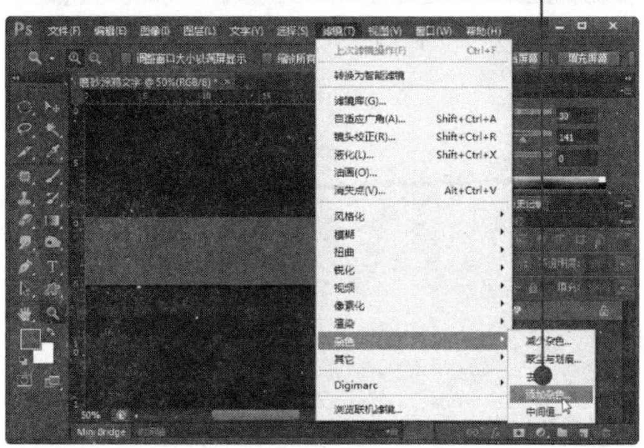

“添加杂色”滤镜可以将随机的像素应用于图像，模拟在高速胶片上拍照的效果。该滤镜可以用来减少羽化选区或渐变填充中的条纹。

多学点

07 依次设置数量20%，高斯分布，单色。

08 单击“确定”按钮。

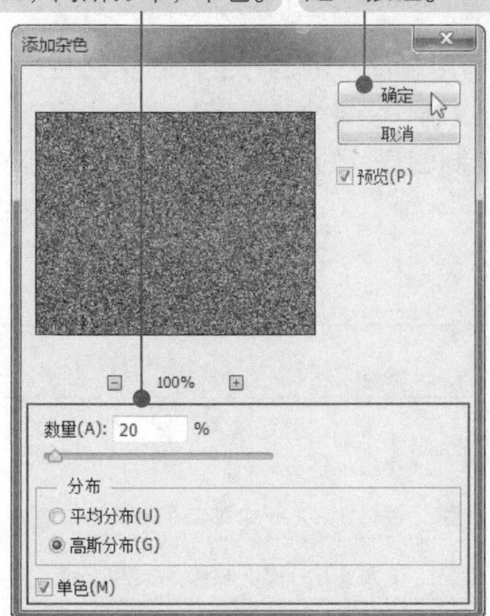

09 单击“新建”按钮，新建“图层1”。

10 选择横排文字蒙版工具。

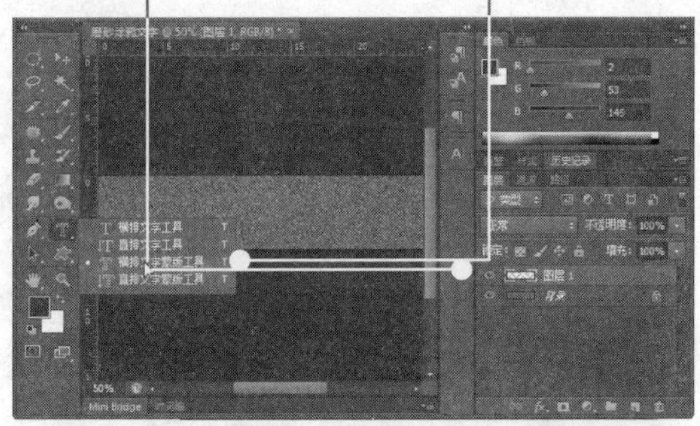

11 输入文字“幸福快乐岛”。

12 设置文字颜色为#023591，设置文字属性。

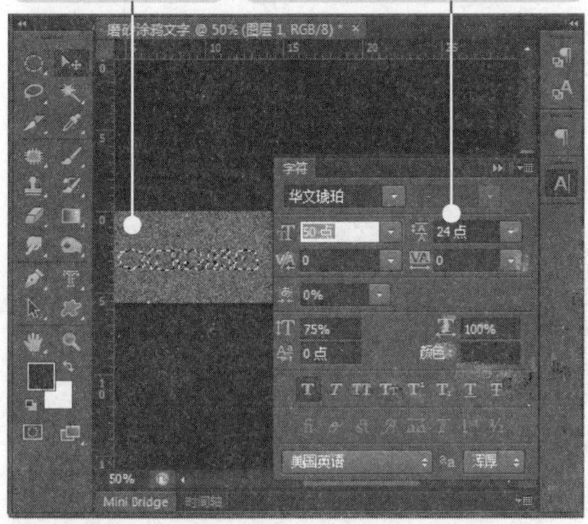

13 按【Alt+Delete】组合键填充颜色，按【Ctrl+D】组合键取消选择。

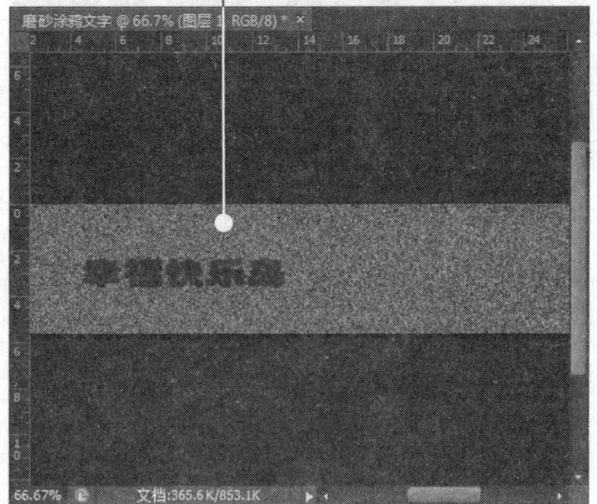

14 选择“图层1”，按【Ctrl+J】组合键复制图层。

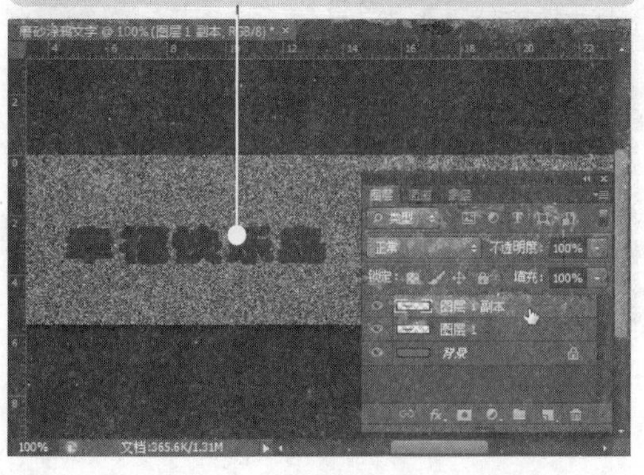

15 双击“图层1 副本”。

16 添加图层样式“描边”，单击“确定”按钮。

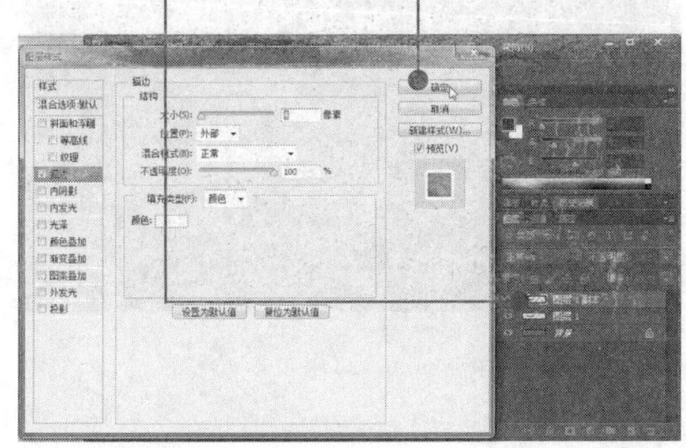

小提示

如果文字工具栏的字体列表中没有显示中文字体名称，可以单击“编辑”|“首选项”|“文字”命令，在弹出的对话框中取消选择“以英文显示字体名称”复选框即可。

17 选择"图层 1"，选择"选择"工具，使用方向键向下、向右移动文字。

18 单击"图像" | "调整" | "色相/饱和度"命令。

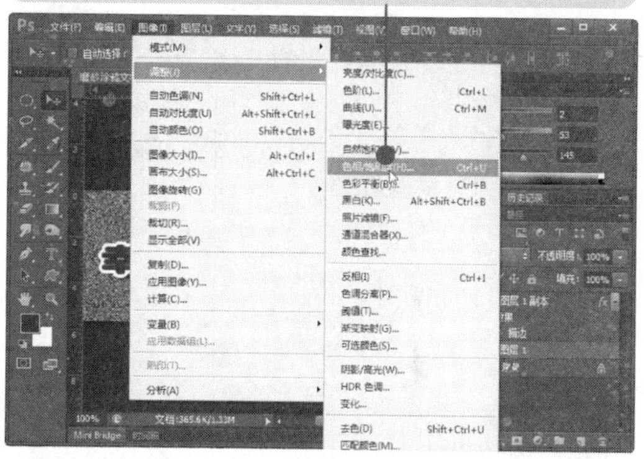

19 调整"图层 1"的色相/饱和度。

20 单击"确定"按钮。

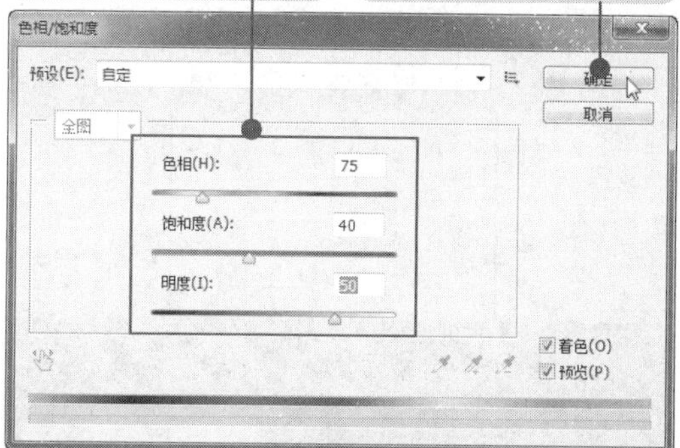

21 选择"图层 1"和"图层 1 副本"并右击。

22 选择"合并图层"选项。

23 单击"选择" | "载入选区"命令，载入选区。

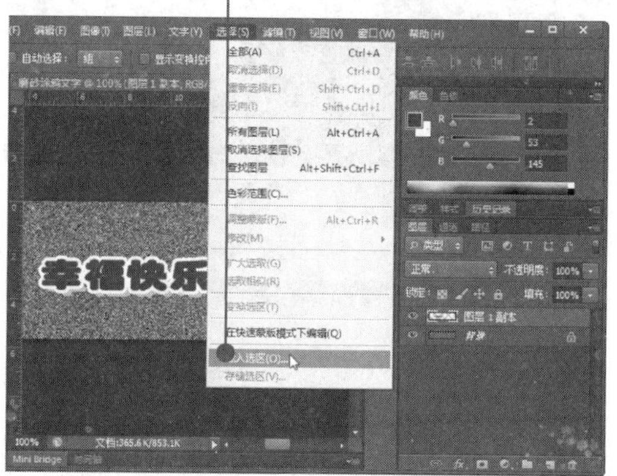

24 单击"编辑" | "描边"命令。

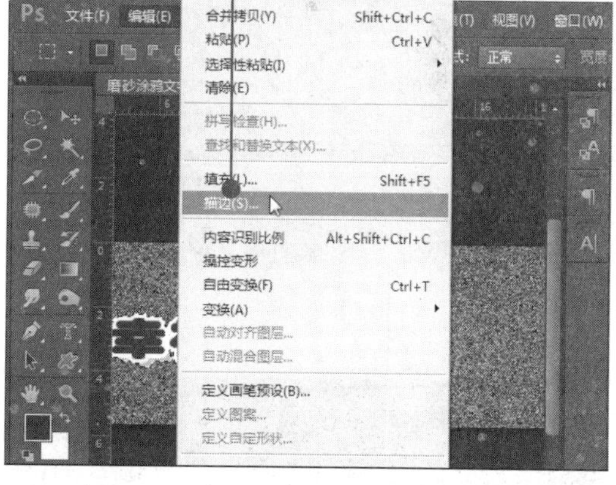

高手点拨

"色相/饱和度"对话框底部有两个颜色条，上面的颜色条代表了调整前的颜色，下面的代表了调整后的颜色。

文字选区工具由于不容易编辑文字属性，所以并不经常使用；而多是创建好文字以后，再从文字载入选区。

25 设置描边对话框中的参数。

26 单击“确定”按钮。

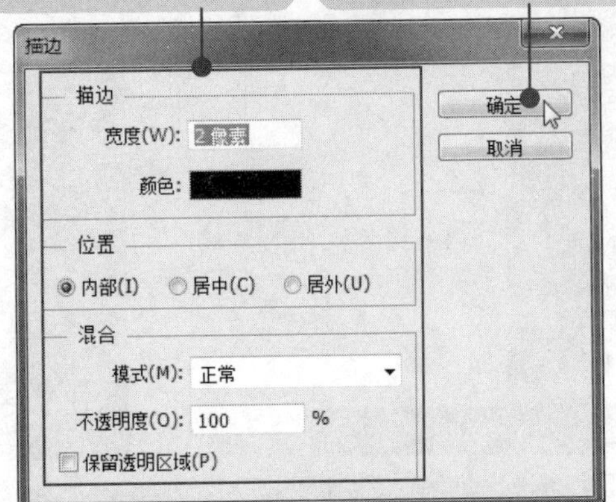

27 单击“滤镜”|“杂色”|“添加杂色”命令。

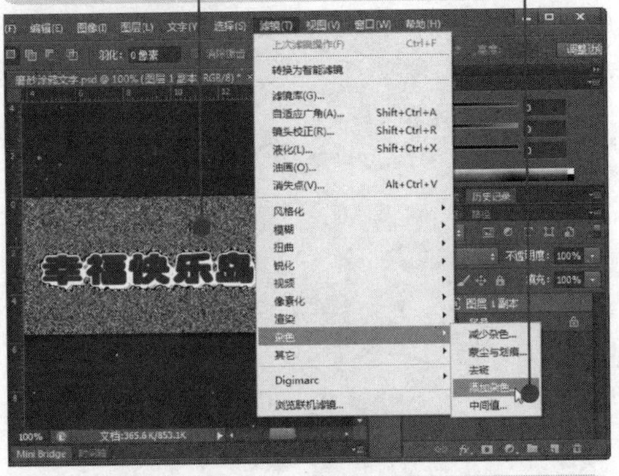

28 设置添加杂色选项。

29 单击“确定”按钮。

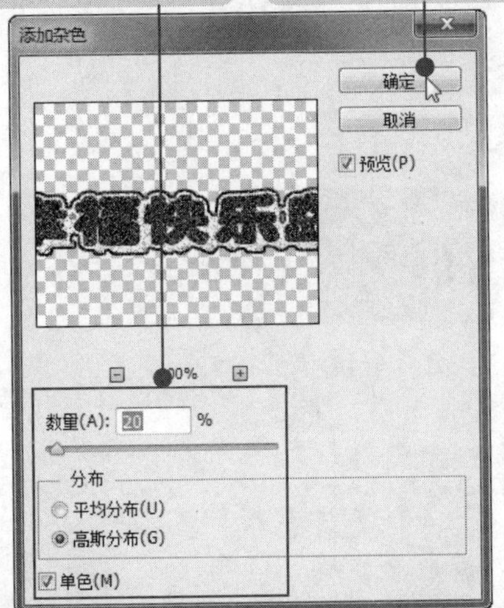

30 按【Ctrl+O】组合键，打开素材“儿童.psd”。

31 将人物拖到文件中，调整位置。

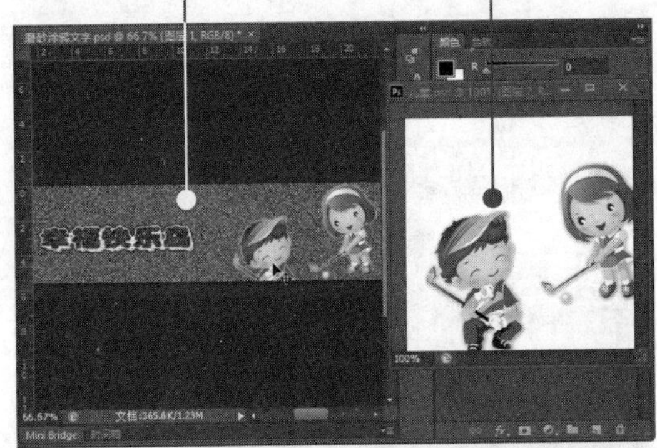

32 选择人物图层，单击“添加图层样式”按钮fx。

33 选择“投影”选项。

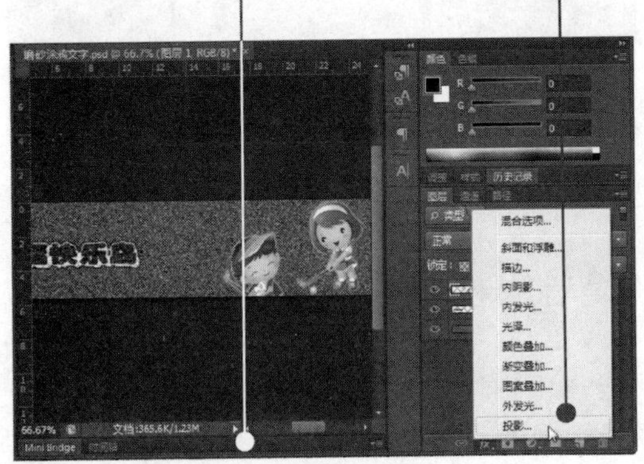

34 设置“投影”样式选项。

35 单击“确定”按钮。

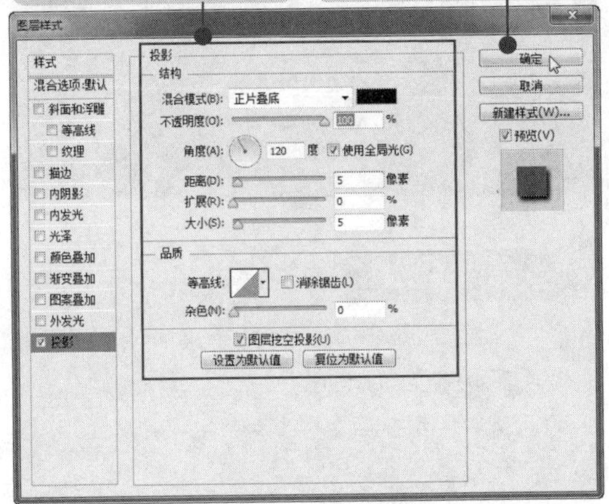

小提示

选中“投影”图层样式中的“图层挖空投影”复选框，可以控制半透明图层中投影的可见性，如果当前图层的填充不透明度小于100%，则半透明图层中的投影不可见。

36 保存文件，查看效果图。

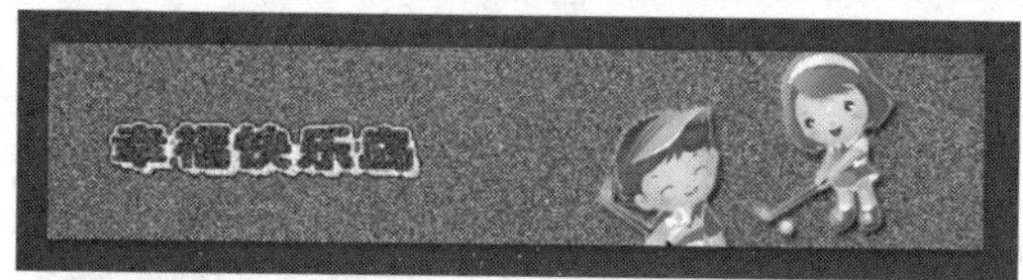

高手点拨

杂色：可在投影中添加杂色。该值较高时，投影会变为点状。

17.1.2 制作诡异文字

下面将介绍如何制作诡异文字，具体操作方法如下：

素材：光盘：无　　效果：光盘：效果\17\诡异文字.psd

难度：★☆☆☆☆　　视频：光盘：视频\17\制作诡异文字.swf

01 新建文件，设置各项参数。

02 单击“确定”按钮。

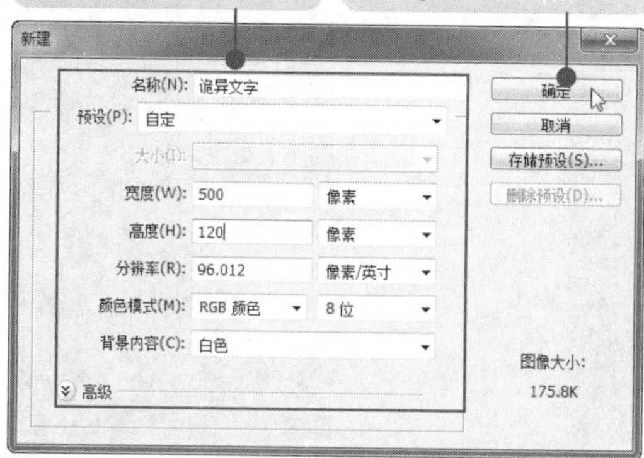

03 按【Alt+Delete】组合键，将背景图层填充为黑色。

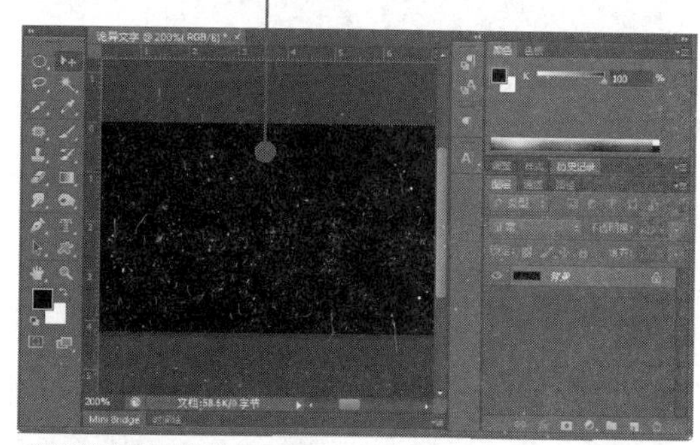

04 选择横排文字工具。

05 输入文字“午夜凶灵”。

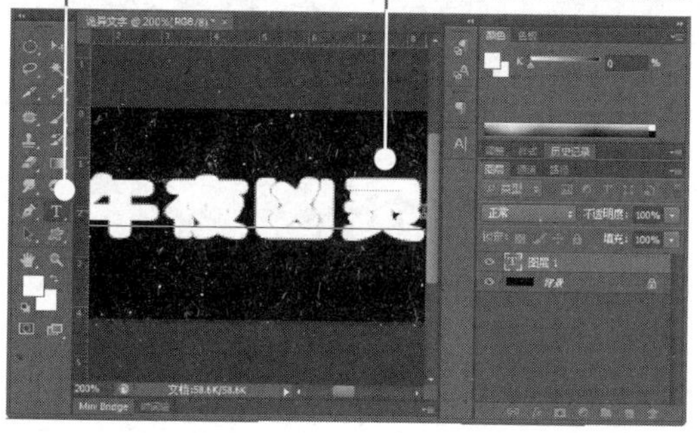

06 设置文字属性。

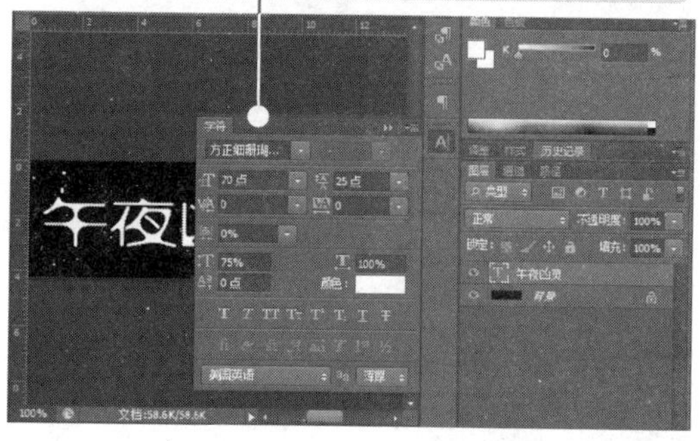

高手点拨

单击其他工具、按下数字键盘中的【Enter】键或按【Ctrl+Enter】组合键也可以结束文字的输入操作。

在 Photoshop 中输入点文字同其他文字处理软件相同，按空格键可以添加空格，按【Enter】键可以换行。

多学点

07 选择移动工具。

08 调整文字位置。

09 右击“午夜凶灵”图层，选择“复制图层”选项。

10 隐藏“午夜凶灵副本”图层。

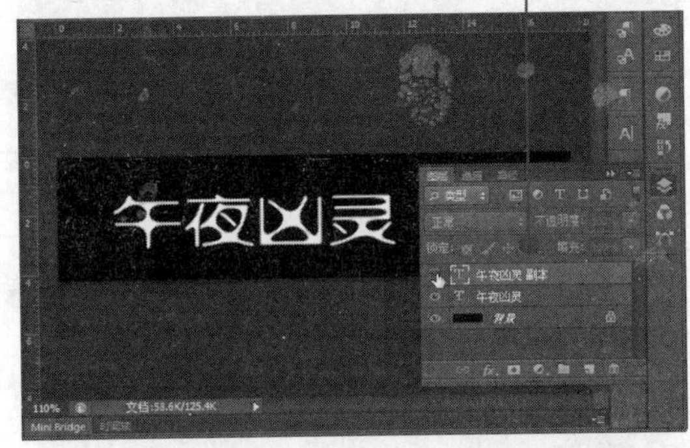

11 右击“午夜凶灵”图层。

12 选择“栅格化文字”选项。

13 单击“图像”|“图像旋转”|“90 度（顺时针）”命令，旋转画布。

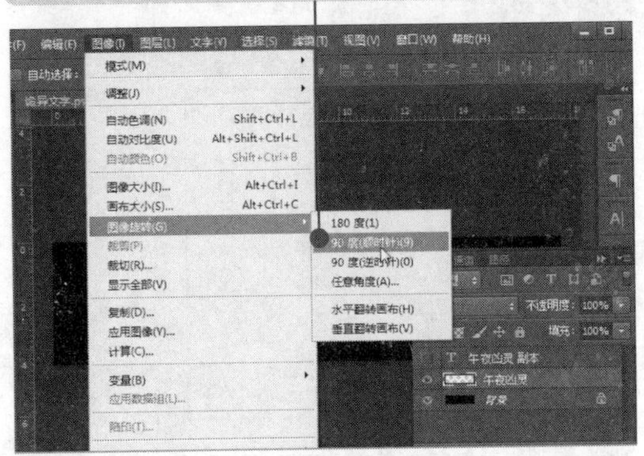

14 单击“滤镜”|“风格化”|“风”命令。

15 弹出“风”对话框，设置参数。

16 单击“确定”按钮。

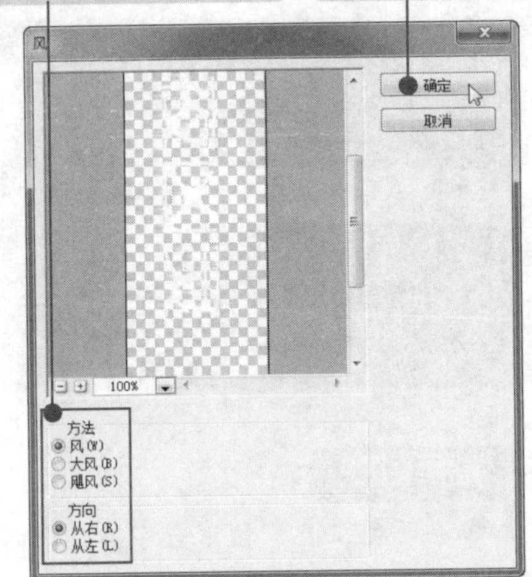

段落文字一般用来处理文字较多的正文，因为段落文字可以使用避头尾法则和一些特殊的对齐方式，而点文字却不能。

17 按【Ctrl+F】组合键，加强一次效果。

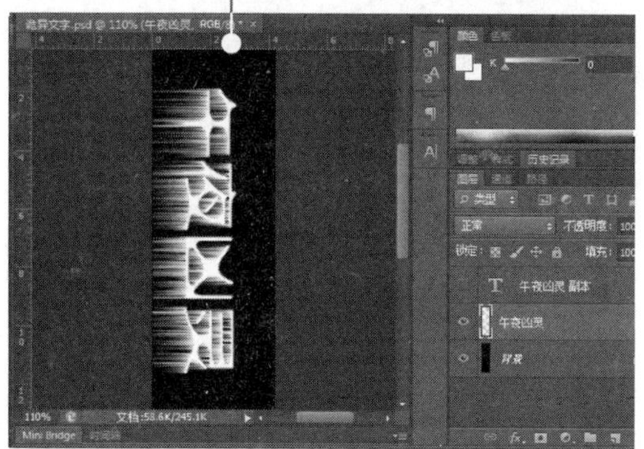

18 单击“滤镜”|“风格化”|“风”命令。

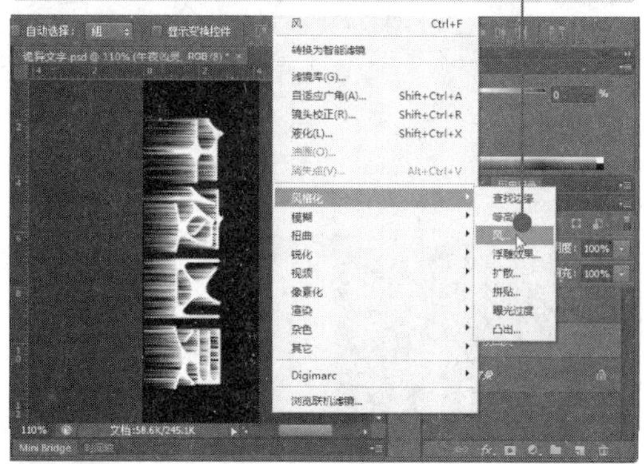

19 弹出“风”对话框，设置各项参数。

20 单击“确定”按钮。

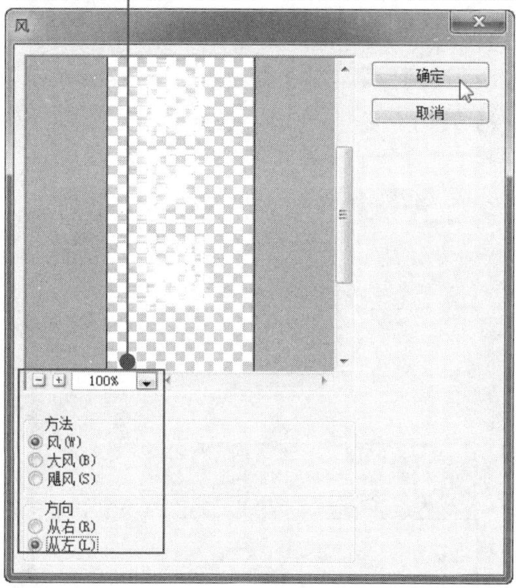

21 按【Ctrl+F】组合键，加强一次效果。

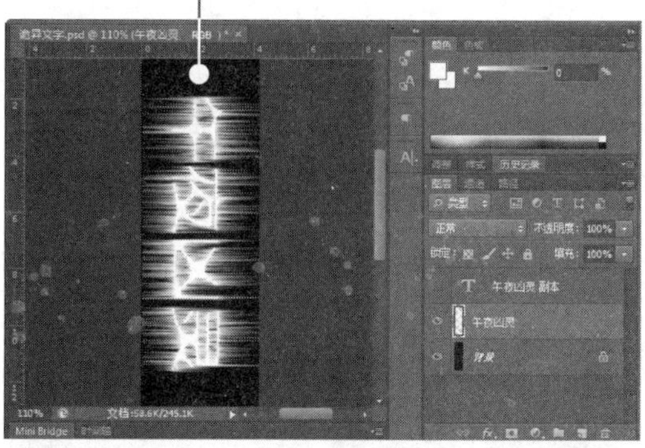

22 单击“图像”|“图像旋转”|“90 度(逆时针)”命令。

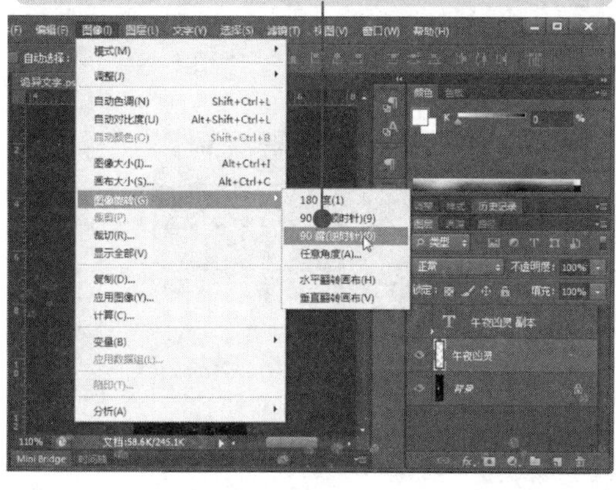

23 按【Ctrl+F】组合键，继续“风”滤镜的设置，此次从左向右。

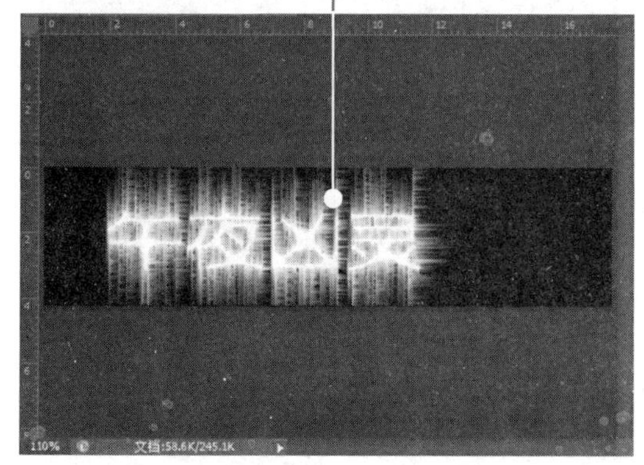

“编辑”菜单中提供了一个“渐隐”命令，在刚刚使用过某个滤镜后，可以使用该命令来淡化滤镜效果。

24 单击“滤镜”|“风格化”|“风”命令。

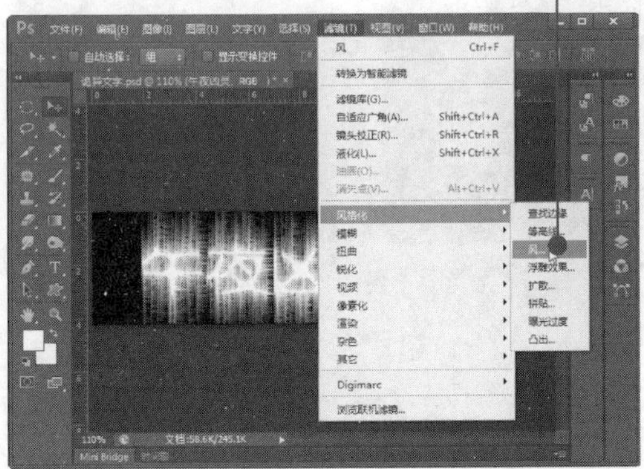

25 弹出“风”对话框，设置各项参数。

26 单击“确定”按钮。

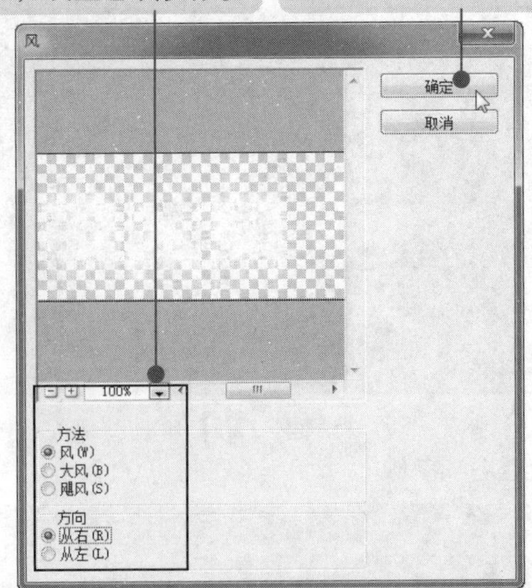

27 单击“滤镜”|“扭曲”|“波纹”命令。

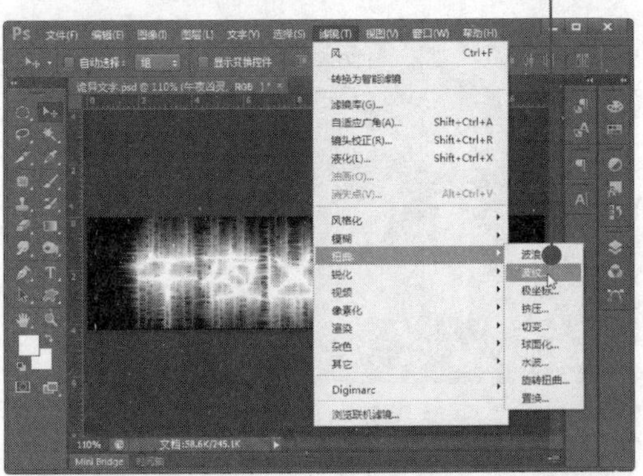

28 弹出“波纹”对话框，设置各项参数。

29 单击“确定”按钮。

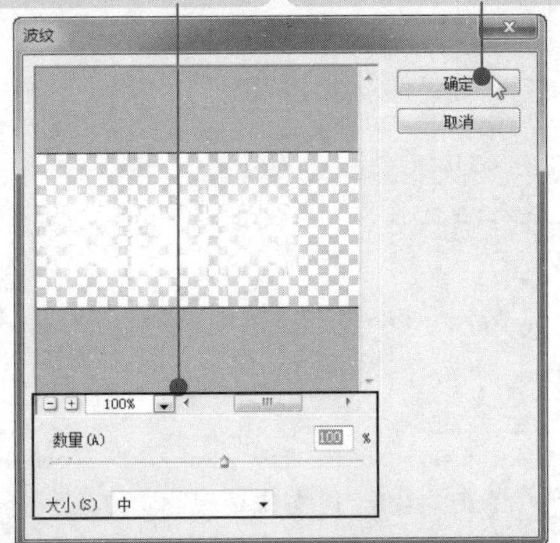

30 查看运用“波纹”滤镜后的效果。

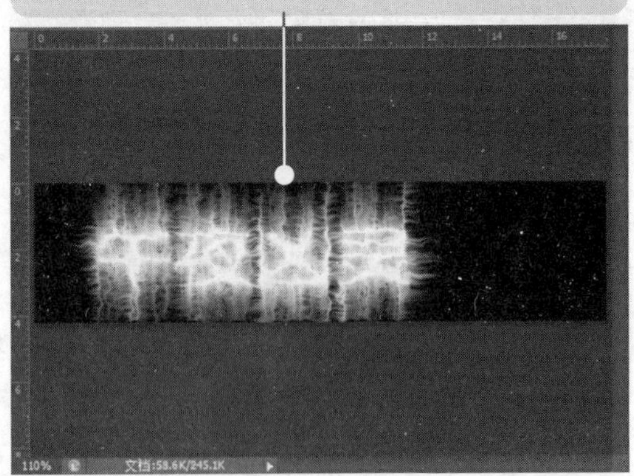

31 右击“午夜凶灵”图层。

32 选择“向下合并”选项。

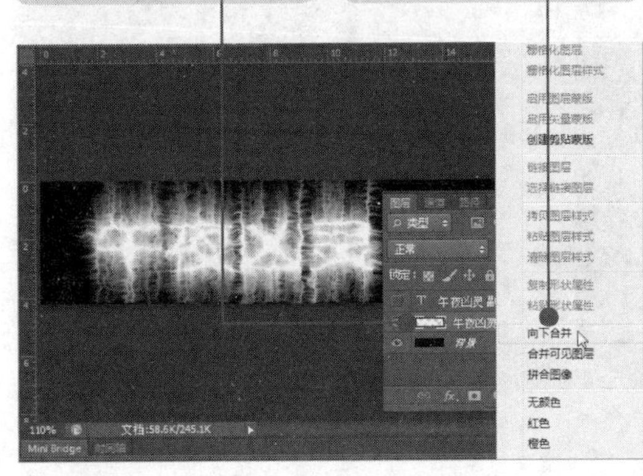

 Photoshop 中的滤镜包括特殊滤镜、内置滤镜和外挂滤镜 3 种。内置滤镜包括了上百种多种多样的滤镜，被广泛应用于图像的处理和特效的制作中。

33 单击"图像"|"调整"|"色彩平衡"命令。

34 设置色彩平衡各项参数。

35 单击"确定"按钮。

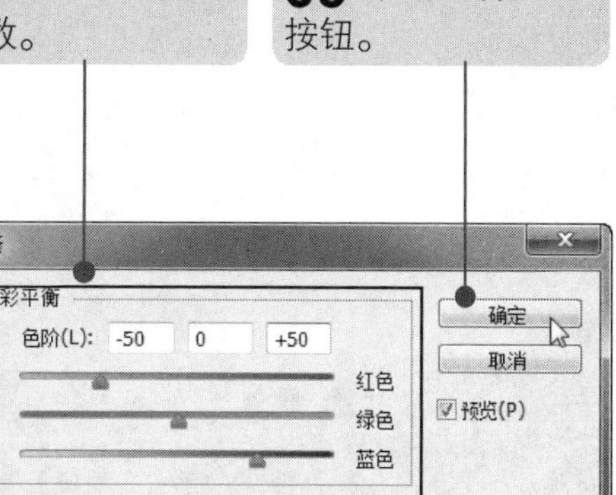

36 单击图层左侧的显示按钮，显示隐藏的文字图层。

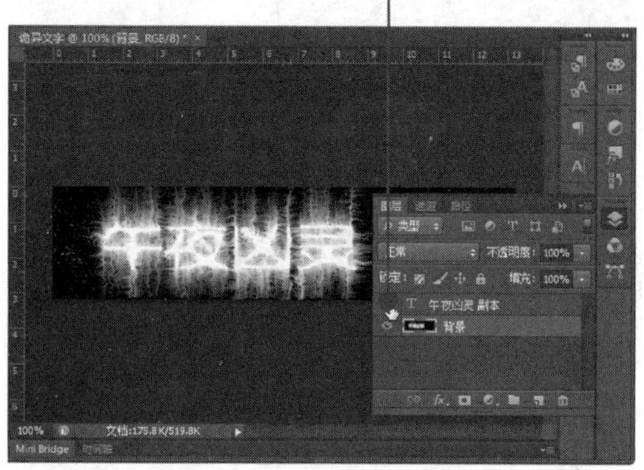

37 右击"午夜凶灵"图层。

38 选择"栅格化文字"选项。

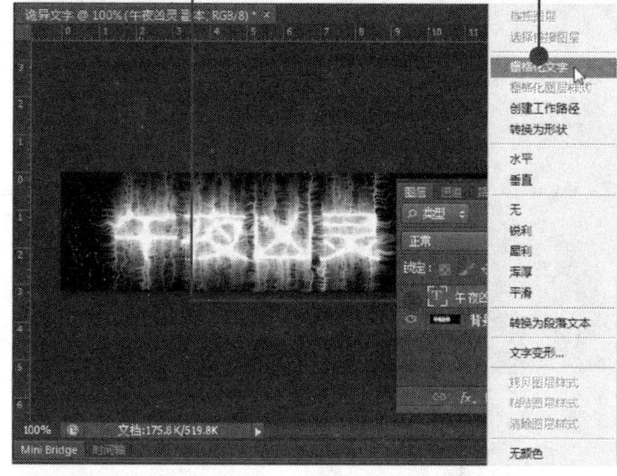

39 单击"选择"|"载入选区"命令，载入文字选区。

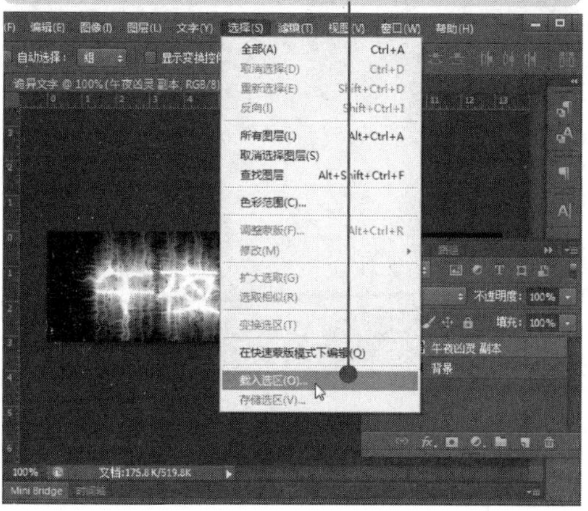

40 单击"新建"按钮，新建图层。

41 单击"选择"|"修改"|"收缩"命令。

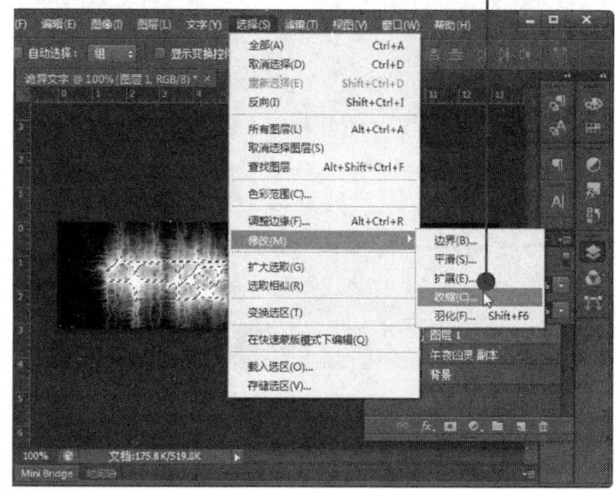

"色调平衡"选项区域用于设置色调范围，主要通过"阴影"、"中间调"和"高光"单选按钮进行设置；选中"保持明度"复选框，可在调整颜色平衡过程中保持图像整体明度不变。

42 设置“收缩量”为 1 像素。

43 单击“确定”按钮。

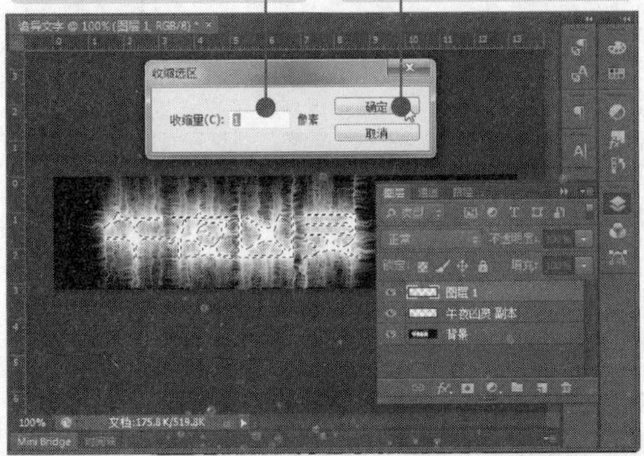

44 按【Alt+Delete】组合键，将选区填充为黑色。

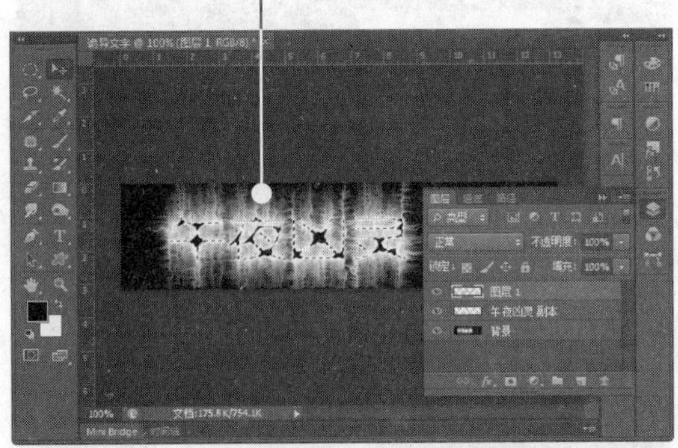

45 选择全部图层后按【Ctrl+E】组合键合并图层。

46 复制两个合并后图层。

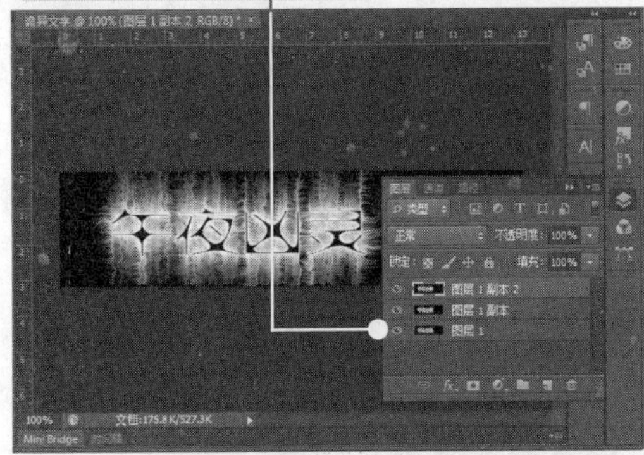

47 把中间图层的图层混合模式改为“滤色”。

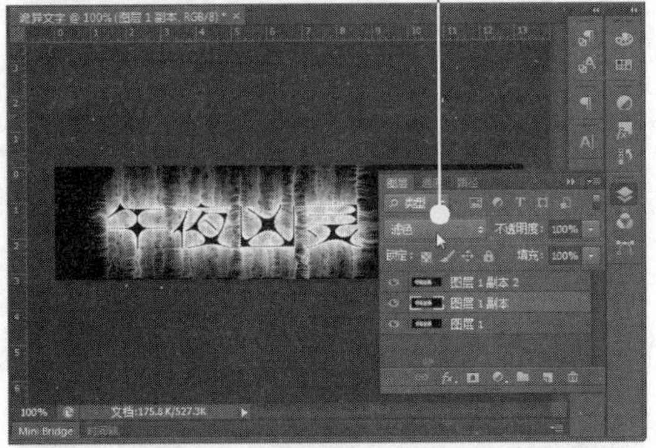

48 把最上面图层的图层混合模式改为“叠加”。

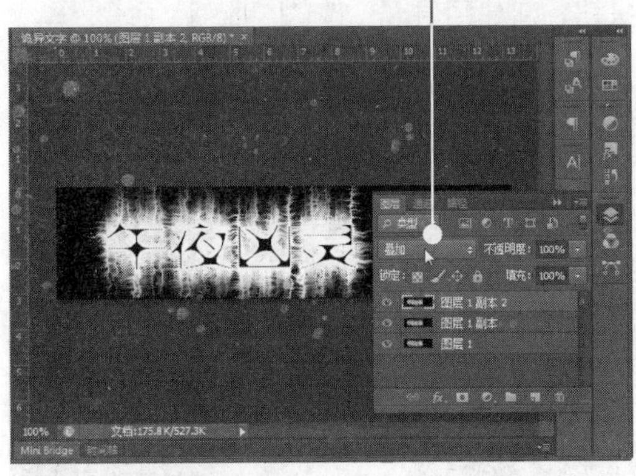

49 保存文件，查看设置效果图。

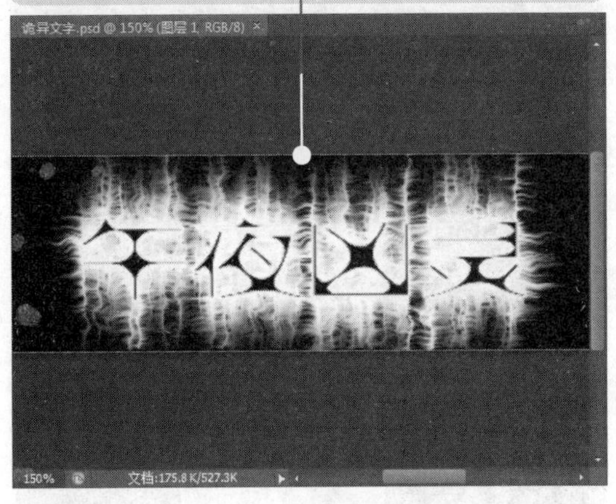

高手点拨

“叠加”混合模式：使用该模式时，发生变化的一般都是中间色调，底层颜色的高光与阴影部分的亮度细节均被保留。

小提示

“滤色”模式与“正片叠底”模式的效果相反，当前图层中较亮的像素会替换底层较暗的像素，而较暗的像素则被底层较亮的像素替换。

17.2 制作网页按钮

在网页制作中，按钮应用得非常广泛，一个漂亮的按钮能使页面增色不少。下面将介绍几种网页中常用的水晶按钮和一些作装饰用的按钮。

17.2.1 制作网页常用按钮

下面将介绍如何制作网页常用按钮，具体操作方法如下：

素材：光盘：无　　效果：光盘：素材\17\网页常用按钮.psd

难度：★☆☆☆☆　　视频：光盘：视频\17\制作网页常用按钮.swf

01 新建文档，设置各项参数。

02 单击“确定”按钮。

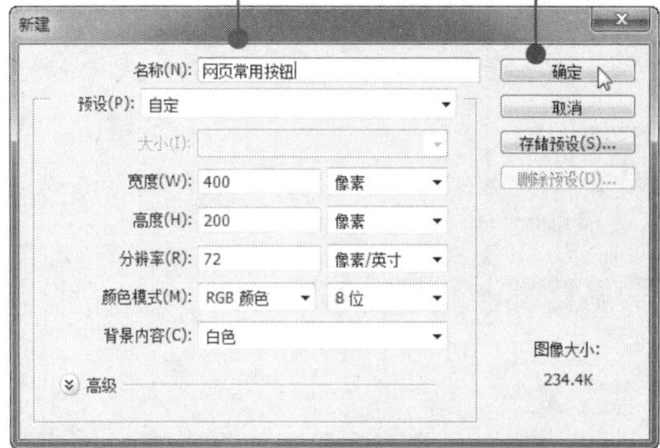

03 单击“新建”按钮，新建“底部”图层。

04 选择圆角矩形工具。

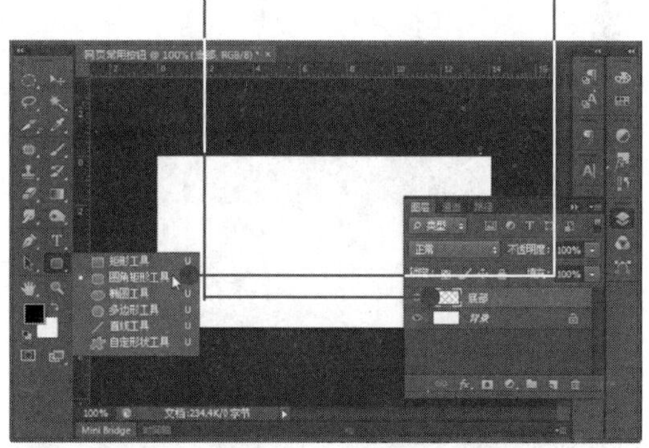

05 设置圆角矩形半径为 4 像素。

06 固定大小为 200 像素×50 像素。

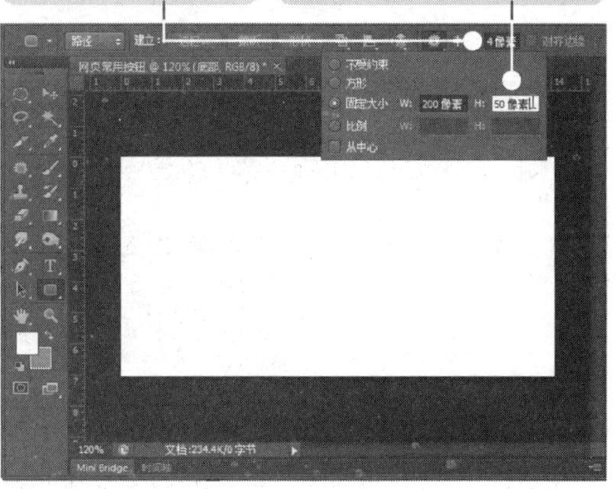

07 设置前景色为 #34af7d。

08 单击“确定”按钮。

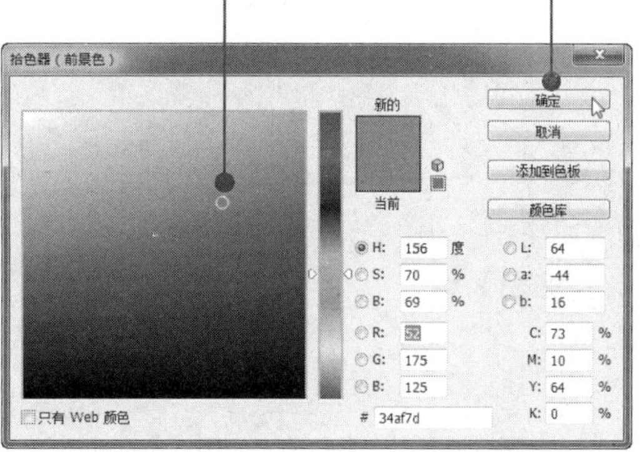

圆角矩形工具▢用来创建圆角矩形，它的使用方法以及选项都与矩形工具▢相同，只是多了一个“半径”选项。“半径”用来设置圆角半径，该数值越高，圆角就越大。

09 按【Alt+Delete】组合键，用前景色填充背景图层。

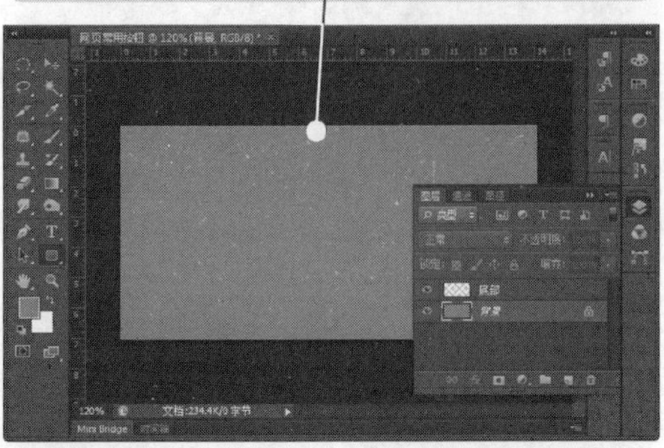

10 选择“底部”图层。

11 在画布上绘制圆角矩形。

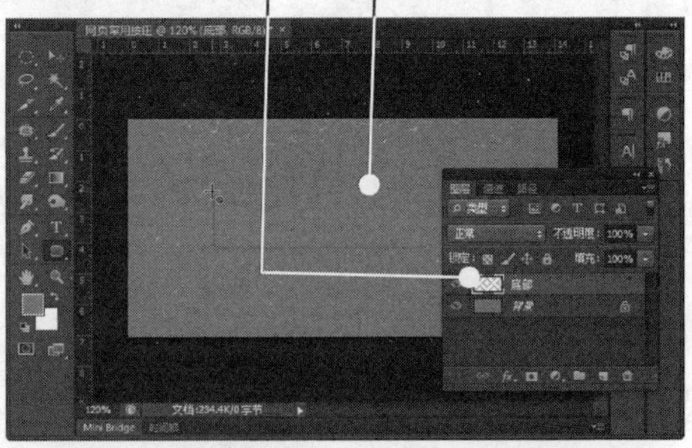

12 按【Ctrl+Enter】组合键，将路径转化为选区。

13 选择“渐变工具”。

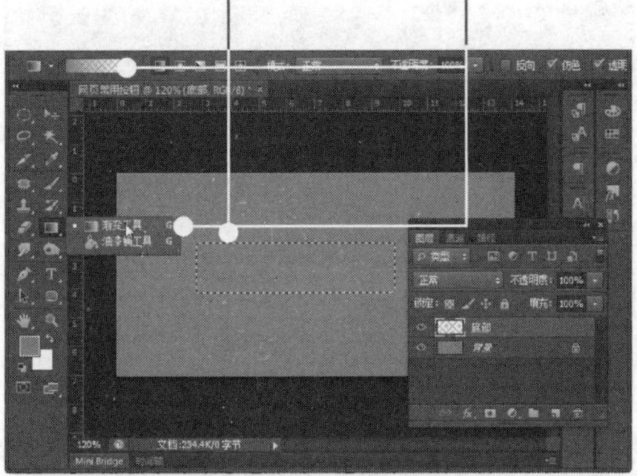

14 设置渐变颜色。

15 单击“确定”按钮。

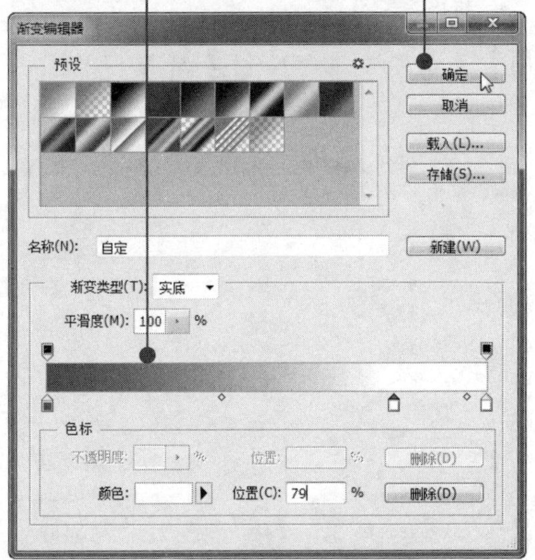

16 设置渐变方式为线性渐变。

17 从上到下绘制渐变。

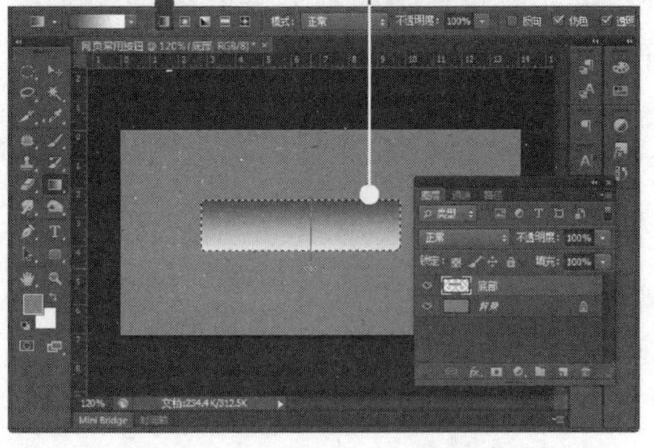

18 新建“高光”图层。

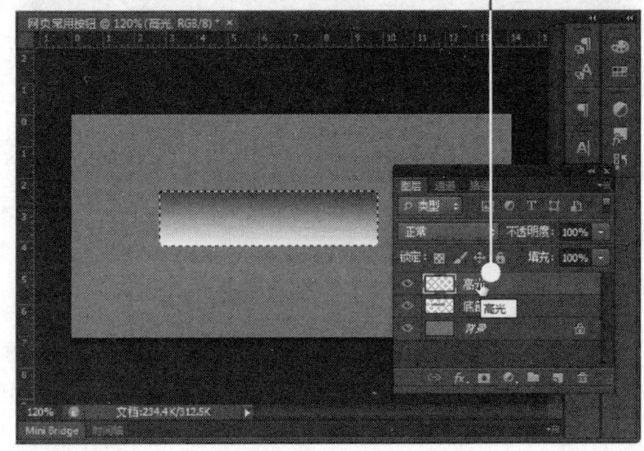

小提示 选择渐变工具后，需要先在工具选项栏中选择一种渐变类型，并设置渐变颜色和混合模式等选项。

19 单击"选择"|"修改"|"收缩"命令。

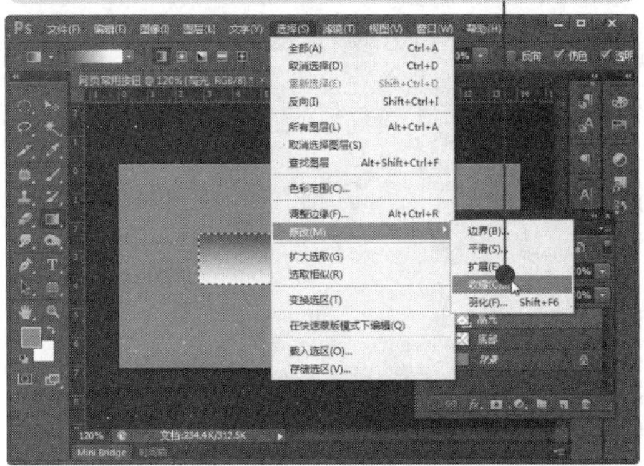

20 设置收缩量为 1 像素。

21 单击"确定"按钮。

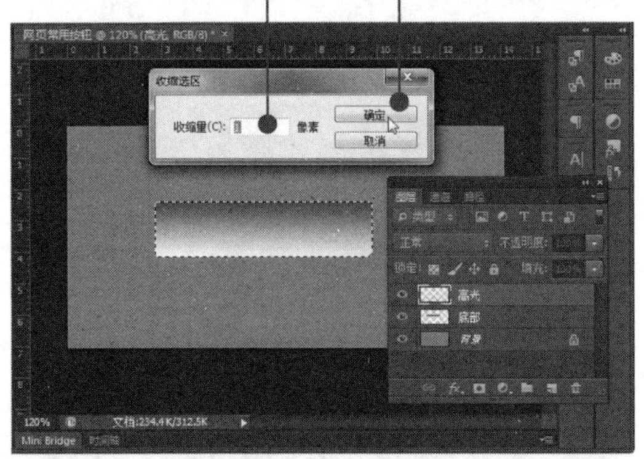

22 设置前景色为 #f4fdeb，用前景色填充选区。

23 按【Ctrl+D】组合键，取消选区。

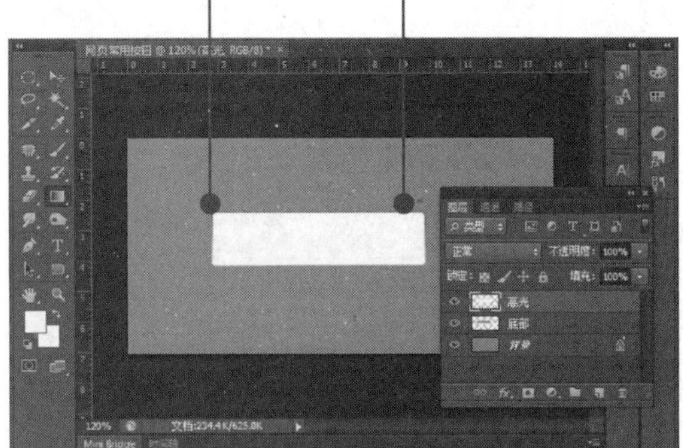

24 选择"高光"图层。

25 单击"添加矢量蒙版"按钮。

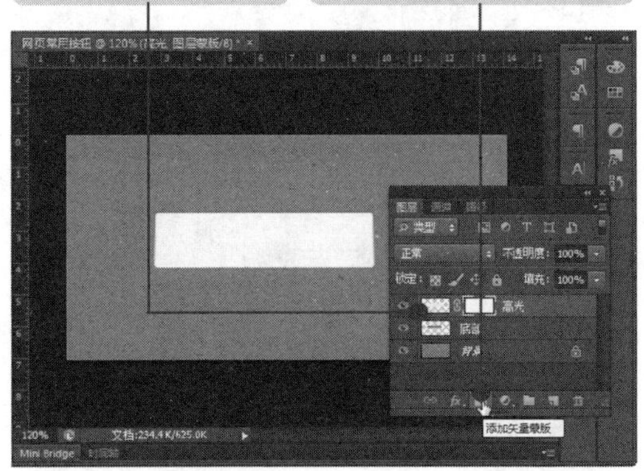

26 选择渐变工具，设置渐变属性。

27 单击"确定"按钮。

28 按住【Shift】键，从上到下绘制渐变。

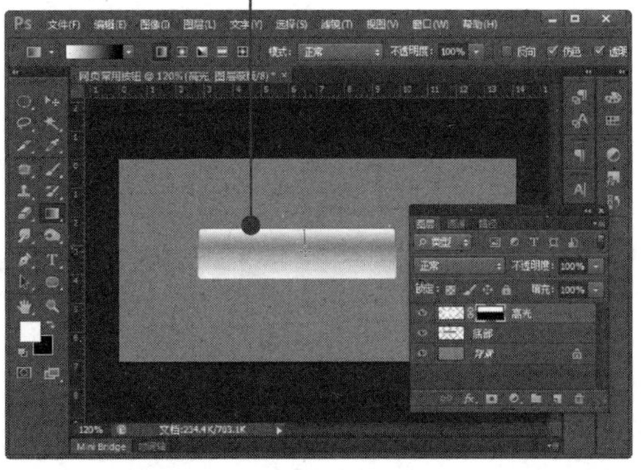

在"渐变编辑器"对话框中，渐变条中最左侧的色标代表了渐变的起点颜色，最右侧的色标代表了渐变的终点颜色。

29 选择“底部”图层，单击“添加图层样式”按钮。

30 选择“描边”选项。

31 设置描边颜色为#1a6f52。

32 单击“确定”按钮。

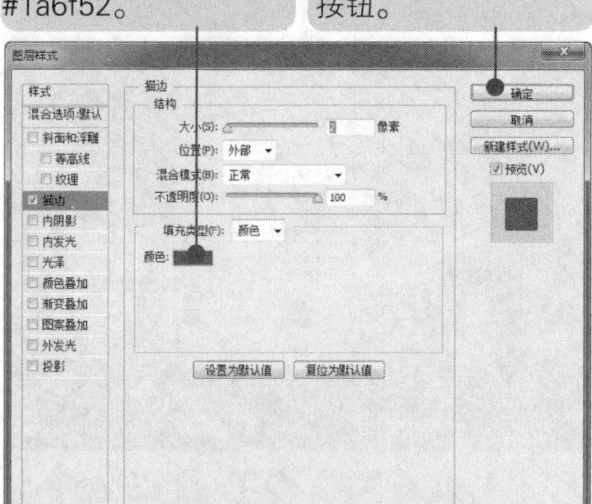

33 双击“内发光”样式，设置内发光颜色为#e1f4da。

34 单击“确定”按钮。

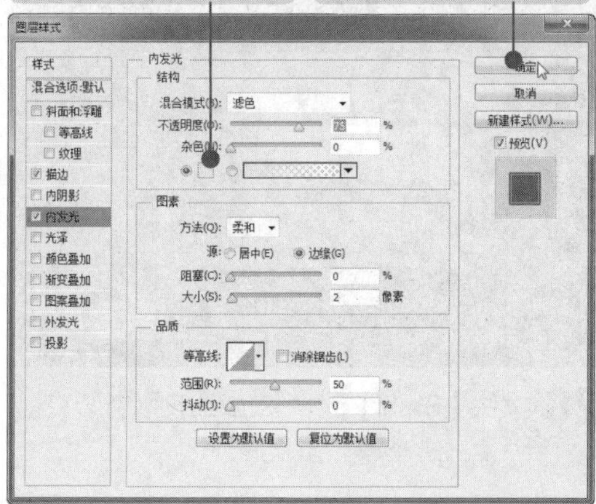

35 选择横排文字工具。

36 输入文字“首页”。

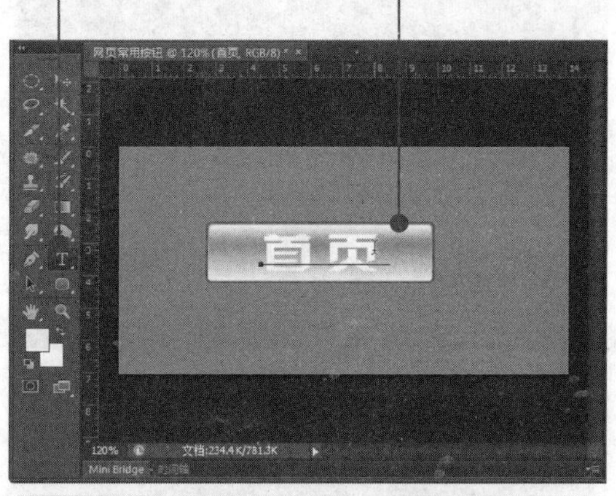

37 选择移动工具。

38 设置文字属性。

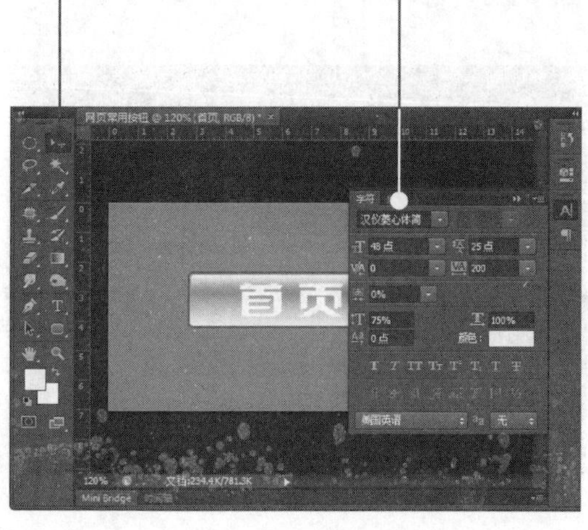

39 选择文字图层，单击“添加图层样式”按钮fx。

40 选择“投影”图层样式。

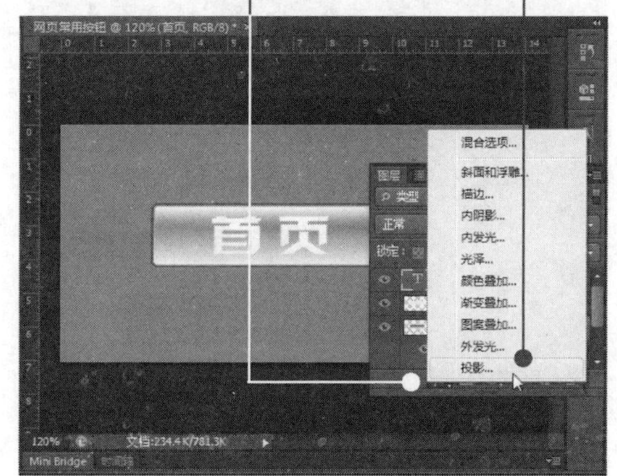

小提示

创建图层样式后，在“图层”面板中会显示fx图标，在添加的图层样式名称上双击，即可再次打开“图层样式”对话框。

41 设置"投影"选项。

42 单击"确定"按钮。

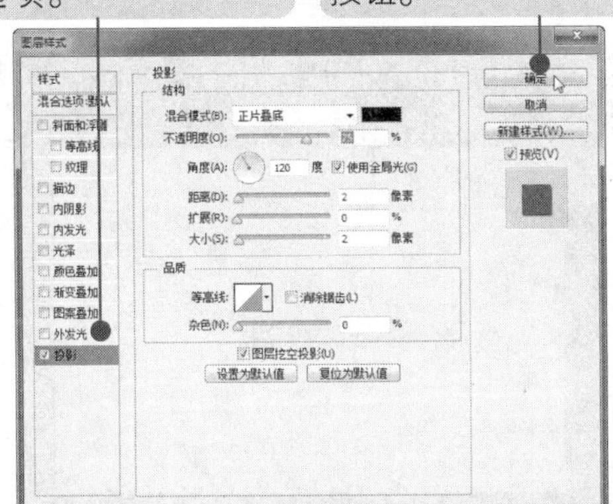

43 保存文件，查看网页按钮效果图。

17.2.2 用图层样式制作漂亮水晶按钮

下面将介绍如何制作漂亮水晶按钮，具体操作方法如下：

素材：光盘：无　　效果：光盘：素材\17\漂亮水晶按钮.psd

难度：★☆☆☆☆　　视频：光盘：视频\17\用图层样式制作漂亮水晶按钮.swf

01 新建文档，设置各项参数。

02 单击"确定"按钮。

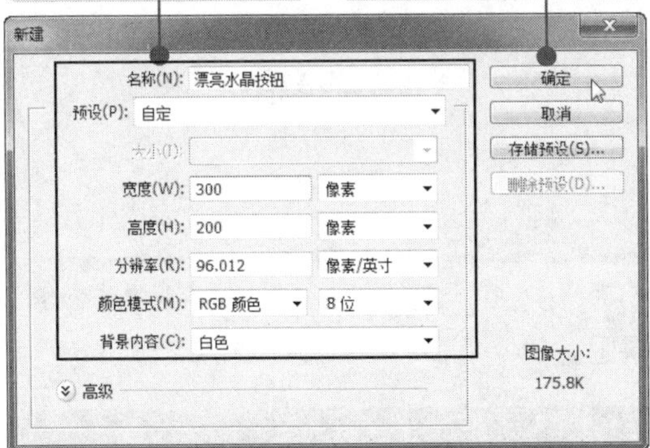

03 新建"图层 1"。

04 选择矩形选框工具，绘制选区。

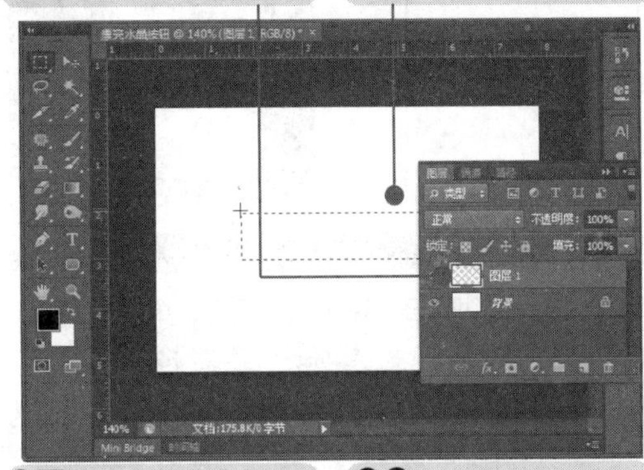

05 设置前景色填充选区。

06 按【Ctrl+D】组合键取消选区。

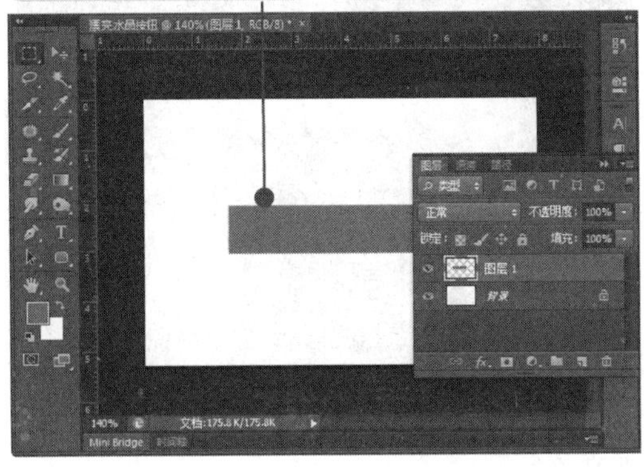

07 单击"添加图层样式"按钮 fx。

08 选择"渐变叠加"图层样式。

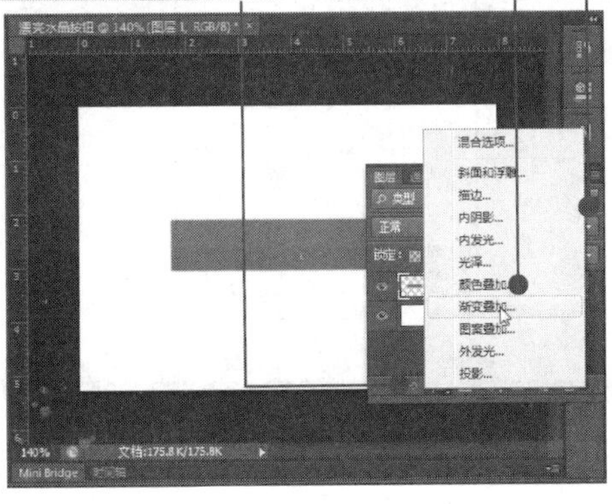

多学点：如果为一个图层添加了多个图层样式，要删除其中的一个，则直接拖动该图层样式到删除按钮上，松开鼠标即可将其删除。

09 设置“渐变叠加”图层样式选项。

10 单击“确定”按钮。

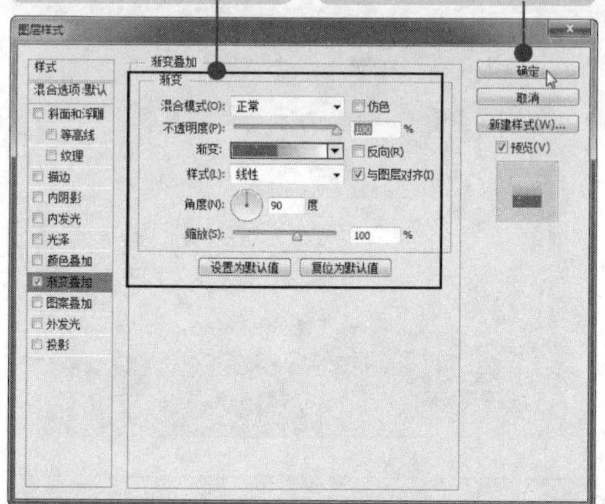

11 查看渐变叠加后的按钮效果。

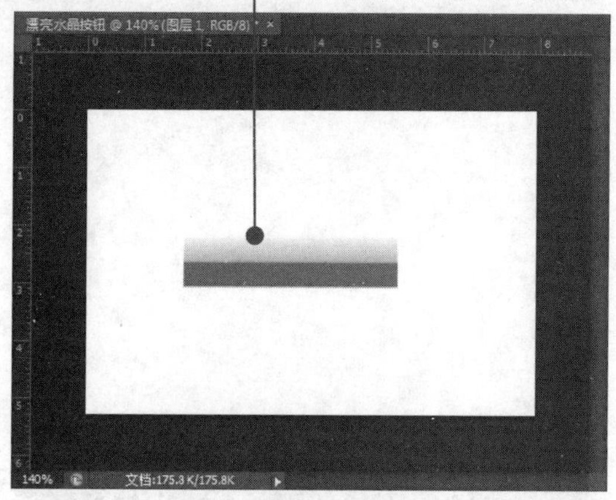

12 单击“添加图层样式”按钮 fx 。

13 选择“描边”选项。

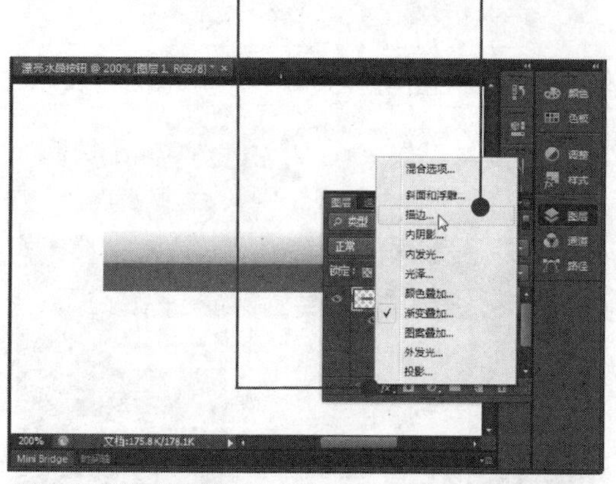

14 设置“描边”图层样式选项。

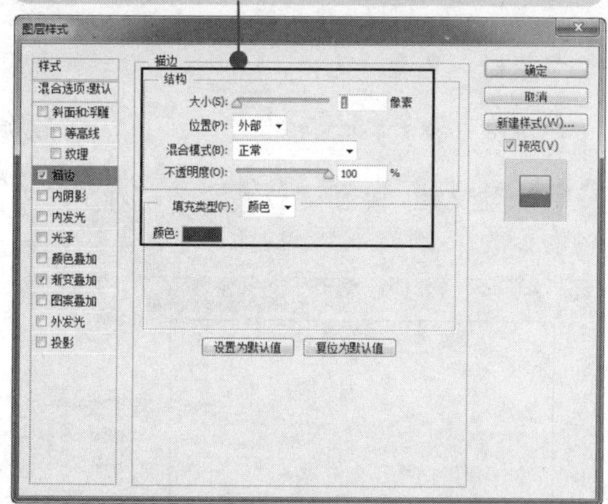

15 在左侧选择“内发光”样式，设置样式选项。

16 单击“确定”按钮。

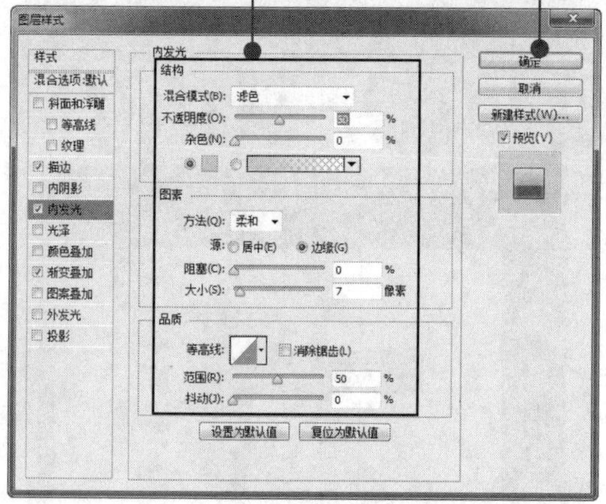

17 为“背景”图层填充黑色，查看按钮效果图。

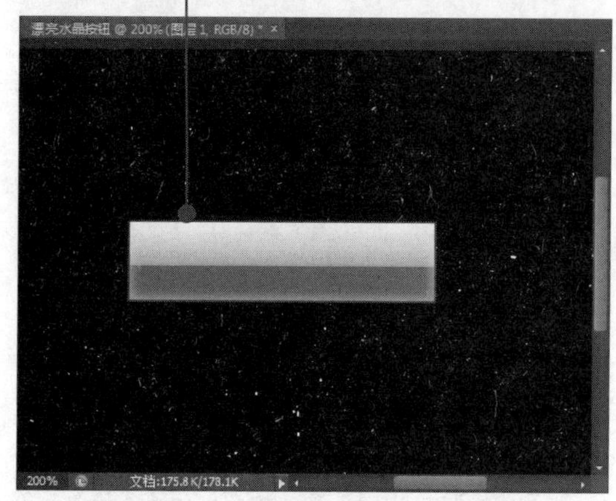

小提示

拖动某个图层样式或 fx 图标到另一个图层上方，可以移动该图层样式至另一个图层，此时鼠标指针显示为 形状。

17.3 制作网页横幅

在一个简单的网页中，上方的横幅（也称为 banner）是最重要的视觉元素。在很多博客网页中，它甚至是唯一的视觉元素。因此横幅的作用可以说是相当大的，它必须能够与网站的风格配合，并能传达视觉上的信息。下面将详细介绍如何制作一个房地产网站的横幅。

下面将介绍如何制作房地产网站横幅，具体操作方法如下：

素材：光盘：无　　效果：光盘：素材\17\房地产网站横幅.psd

难度：★☆☆☆☆　　视频：光盘：视频\17\制作网页横幅.swf

01 新建文件，设置各项参数。

02 单击“确定”按钮。

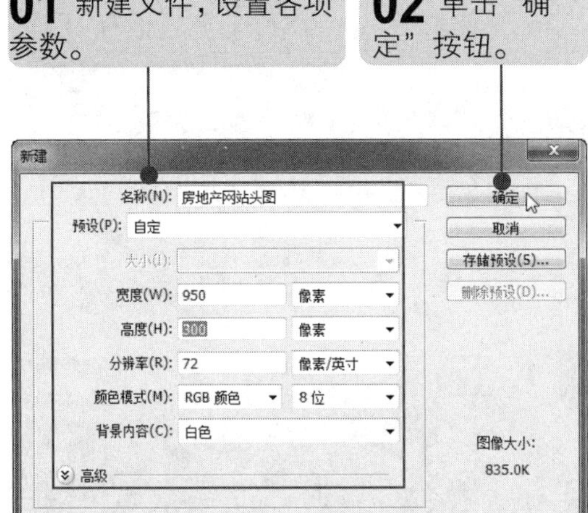

03 修改前景色颜色为深黄色。

04 按【Alt+Delete】组合键填充背景。

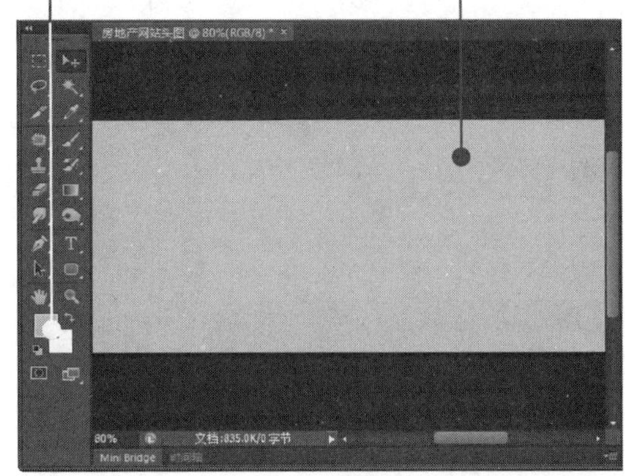

05 新建“图层 1”。

06 选择自定形状工具。

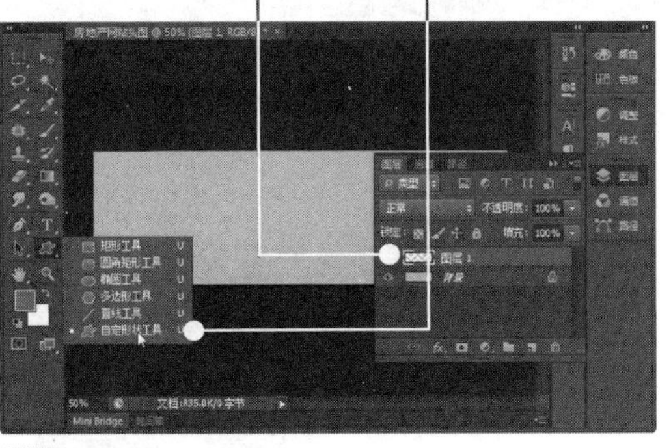

07 单击“形状”下拉按钮。

08 选择需要的形状。

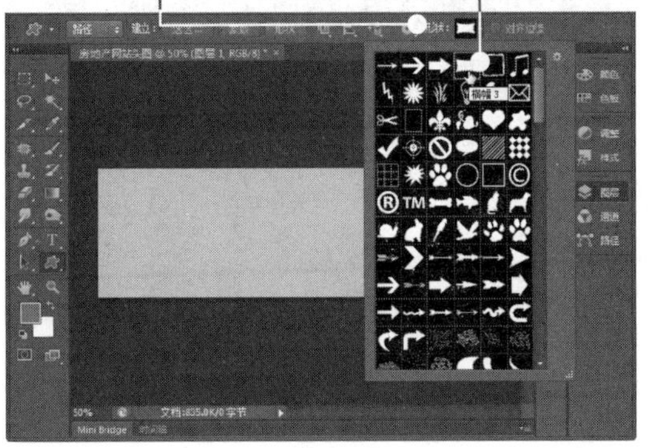

高手点拨

使用形状工具绘制所需的图形，然后单击“编辑”|“定义自定形状”命令，在弹出的对话框中为形状命名，即可自定义形状。

段落文字一般用来处理文字较多的正文，因为段落文字可以使用避头尾法则和一些特殊的对齐方式，而点文字却不能。

09 拖动鼠标绘制形状。

10 按【Ctrl+Enter】组合键载入选区。

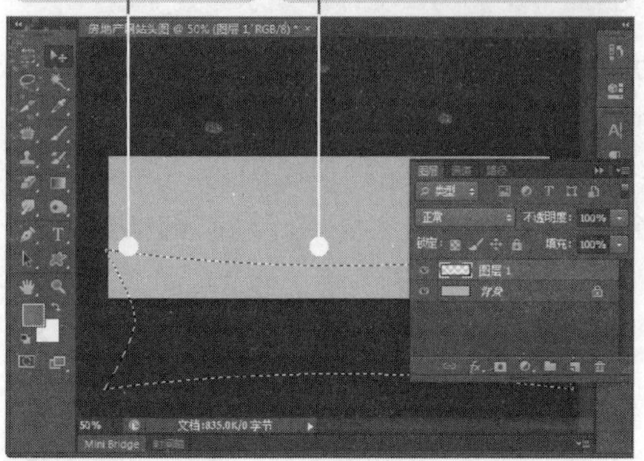

11 设置前景色为橙色。

12 按【Alt+Delete】组合键填充颜色。

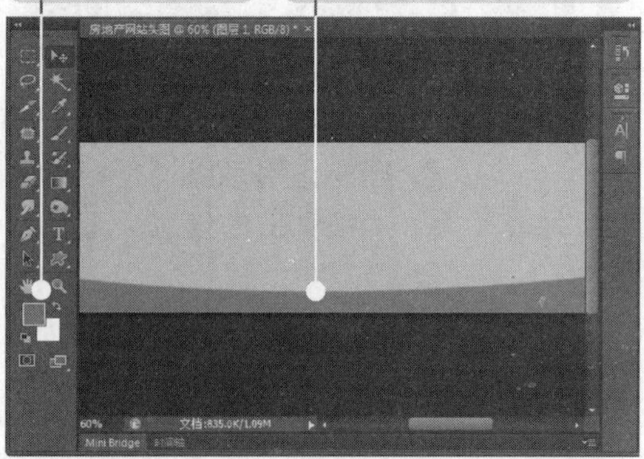

13 打开素材图形文件。

14 将需要的图形拖至横幅窗口中。

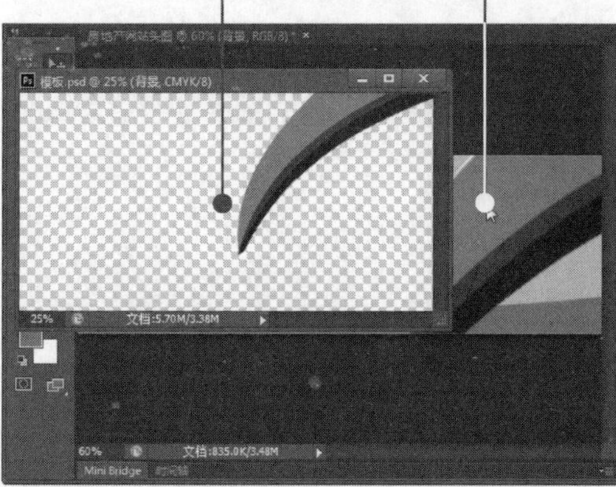

15 按【Ctrl+T】组合键，调整图形大小。

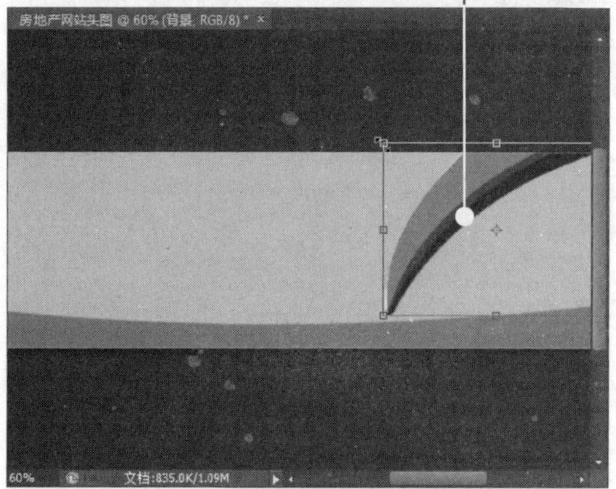

16 单击“创建新图层”按钮，新建“图层2”。

17 选择椭圆工具。

18 在横幅窗口中绘制椭圆。

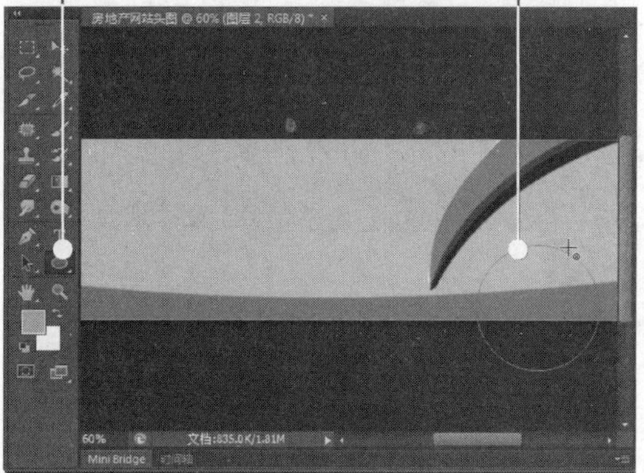

高手点拨

使用椭圆工具可以绘制椭圆图形，其使用方法为：选择工具箱中的椭圆工具，然后在图像中按住鼠标左键进行绘制即可。

小提示

可以使用其他矢量图形工具来绘制最初的路径，或者通过矢量图形工具属性栏中的运算功能来生成一个复杂的路径，然后添加矢量蒙版。

19 设置前景色。

20 按【Alt+Delete】组合键填充颜色。

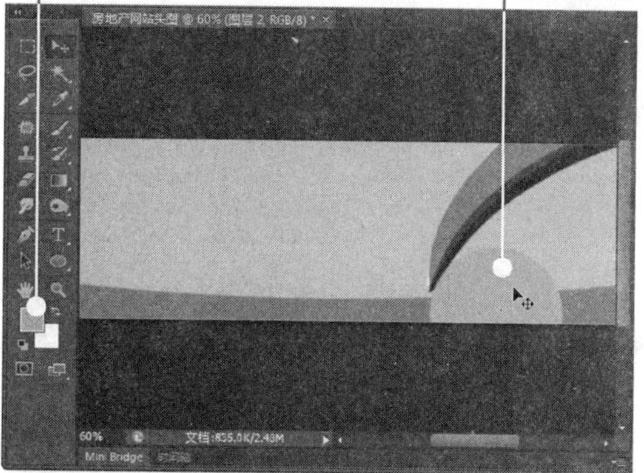

21 选择“图层 2”，单击“添加图层样式”按钮fx。

22 选择“描边”选项。

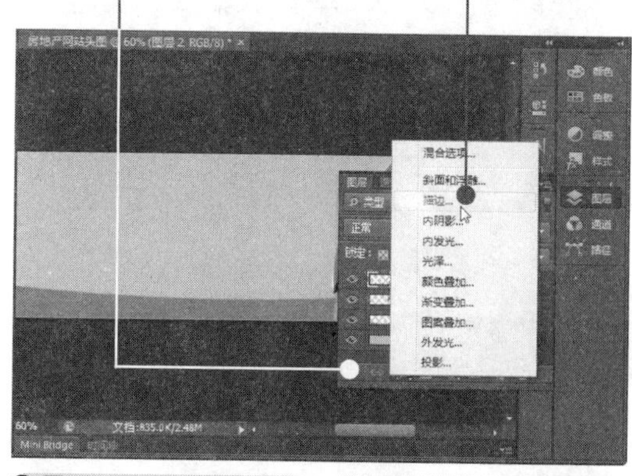

23 设置“描边”图层样式选项。

24 单击“确定”按钮。

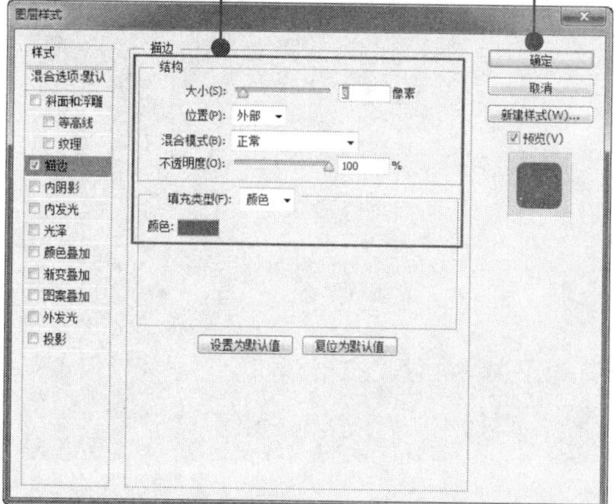

25 选择“投影”样式，设置相关选项。

26 单击“确定”按钮。

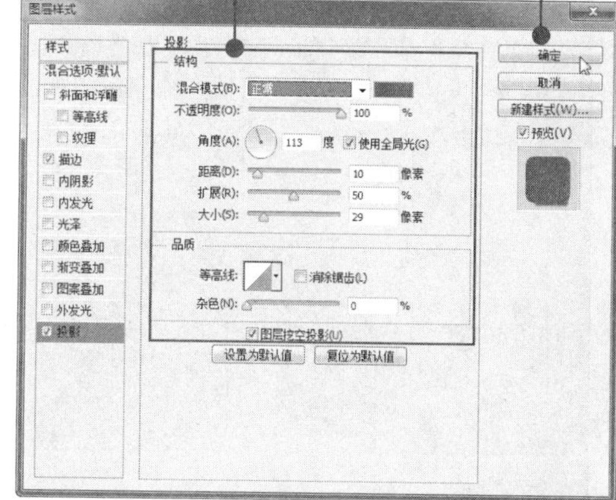

27 按【Ctrl+O】组合键，打开素材文件。

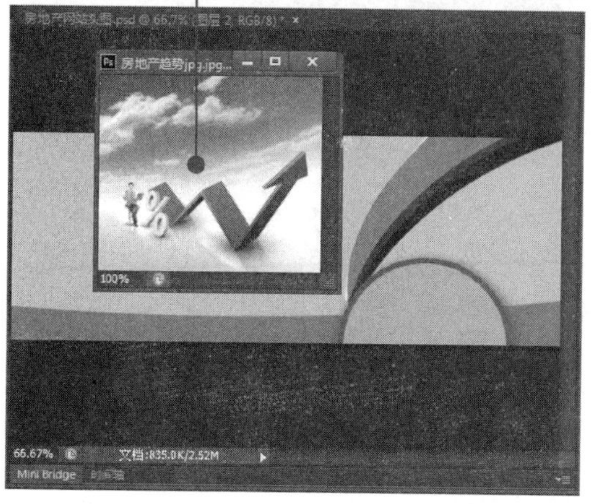

28 拖动素材到文件窗口中。

29 按【Ctrl+T】组合键，调整图像大小。

创建选区后，按【Alt+Delete】组合键，可以为选区填充前景色；按【Ctrl+Delete】组合键，可以为选区填充背景色。

30 右击“图层 3”。

31 选择“创建剪贴蒙版”选项。

32 移动图层到合适位置。

33 单击“创建新图层”按钮，新建“图层 4”。

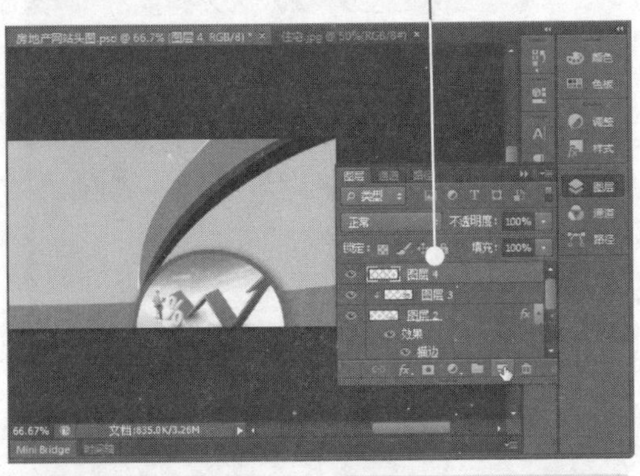

34 选择画笔工具。

35 涂抹出需要的区域。

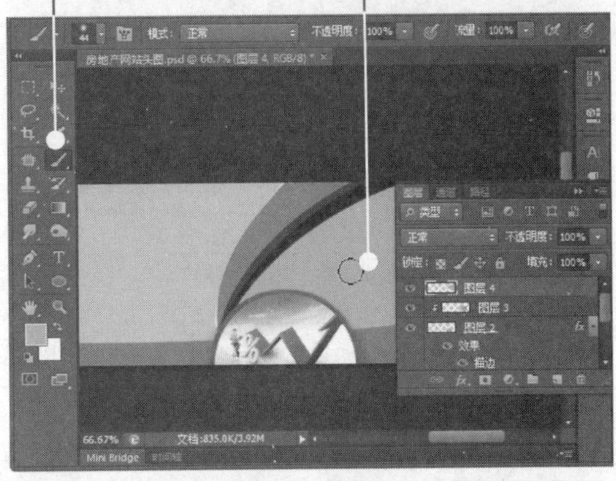

36 打开素材文件。

37 拖至文件窗口，调整大小。

38 右击“图层 5”。

39 选择“创建剪贴蒙版”选项。

高手点拨

剪贴蒙版又称为剪贴组，该蒙版是通过使用处于下方图层的形状来限制上方图层的显示状态，从而达到一种剪贴画的效果。

小提示

选择要作为剪贴图层的图层并右击，在弹出的快捷菜单中选择“创建剪贴蒙版”命令，也可以创建剪贴蒙版。

40 移动图层到合适位置。

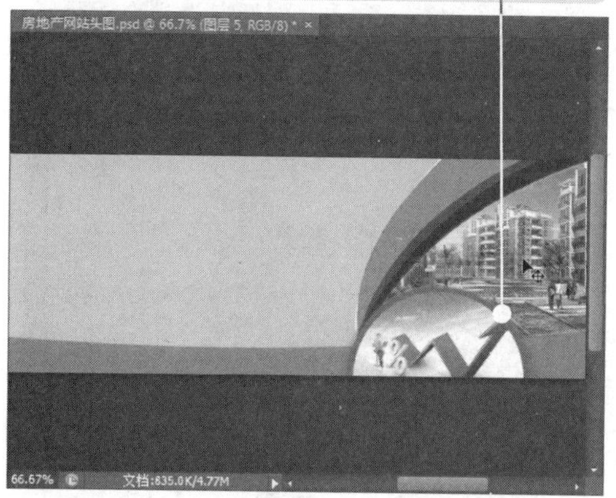

41 使用文本工具输入文本。

42 设置文本属性。

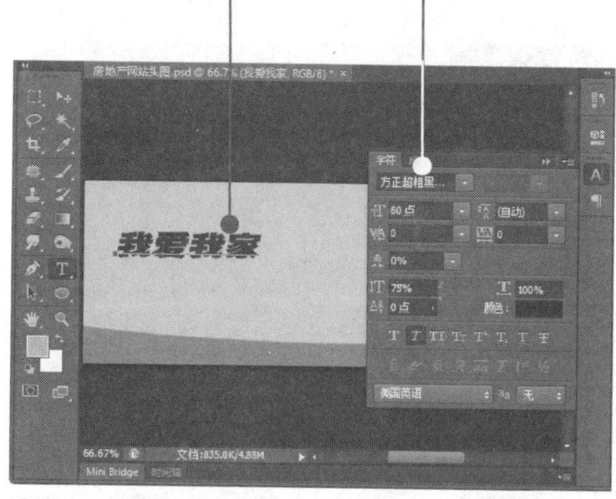

43 单击“添加图层样式”按钮，选择“描边”选项

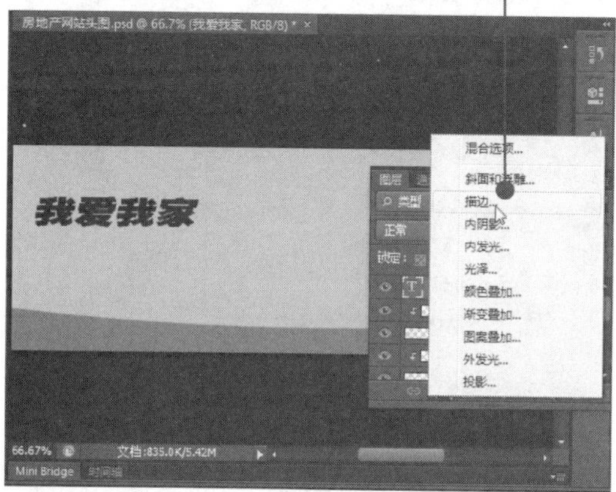

44 设置“描边”图层样式选项。

45 单击“确定”按钮。

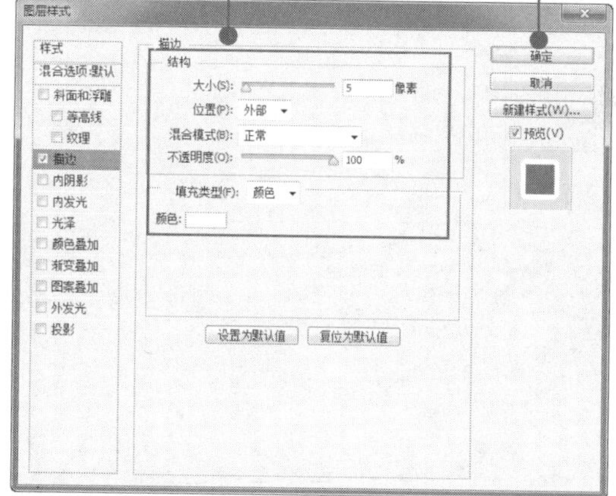

46 选择“投影”样式，设置相关选项。

47 单击“确定”按钮。

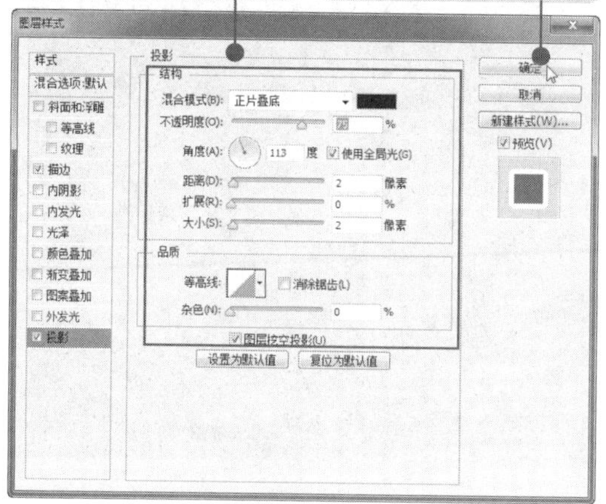

48 使用文本工具输入文本。

49 设置文本属性。

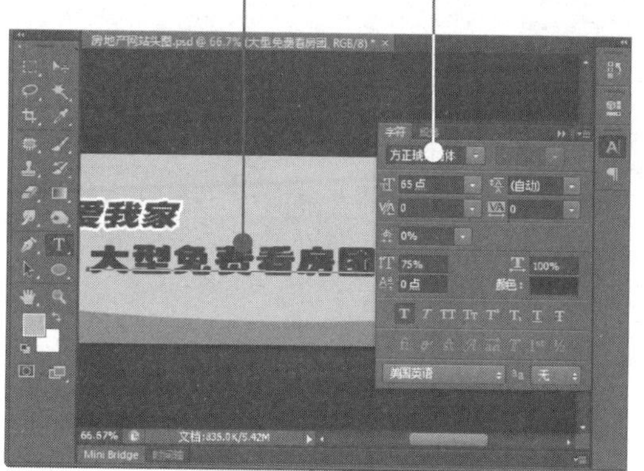

如果不需要某个剪贴蒙版，可以按住【Alt】键，并在两个图层之间的交界线上单击，这时后退图层的缩览图又回到了原来的位置，剪贴蒙版也就被取消了。

50 使用文本工具选择文本“免费”。

51 设置文本属性。

52 单击“添加图层样式”按钮 fx，选择“描边”选项。

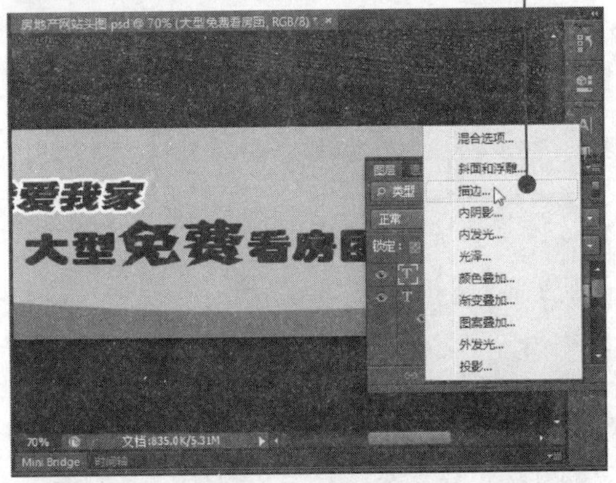

53 设置“描边”图层样式选项。

54 单击“确定”按钮。

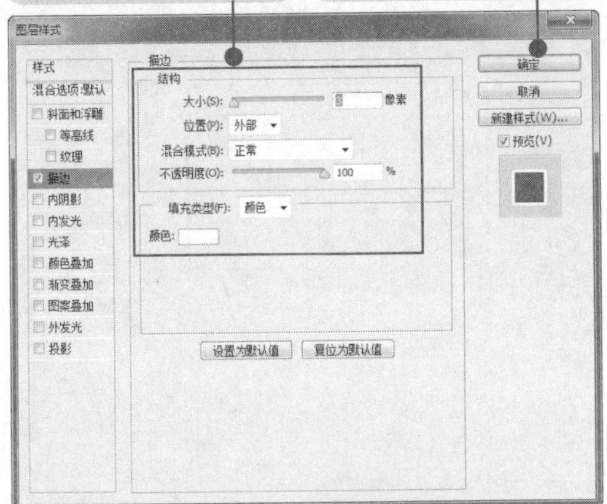

55 选择“投影”样式，设置相关选项。

56 单击“确定”按钮。

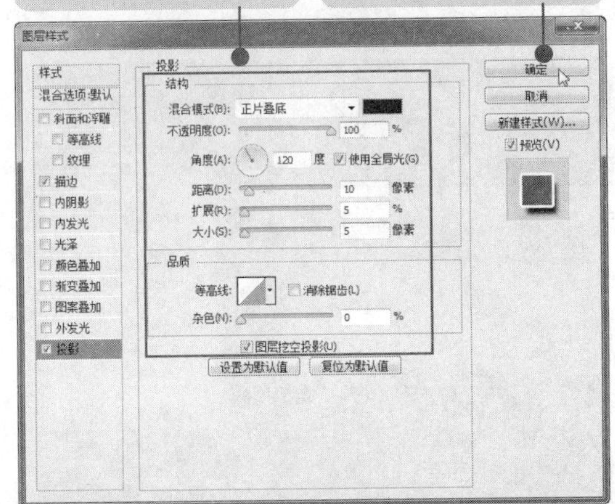

57 打开素材文件，拖至横幅窗口。

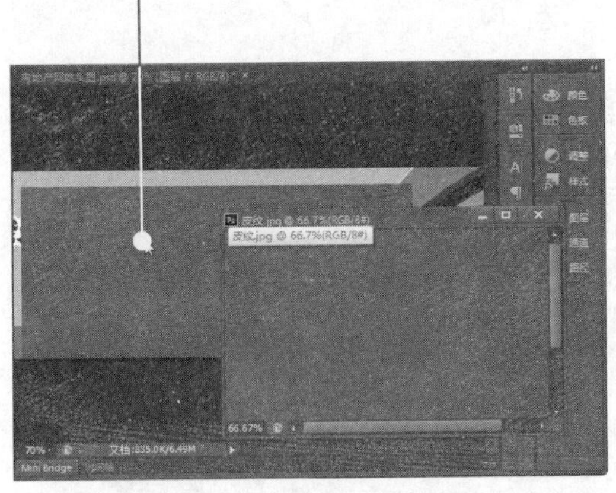

58 按【Ctrl+T】组合键，旋转图片 180°。

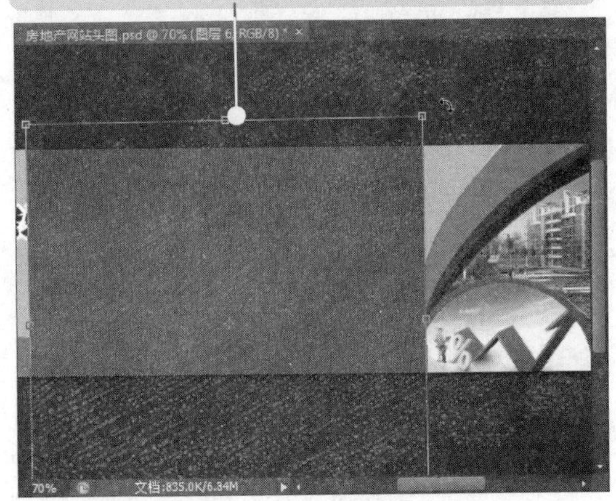

小提示

使用移动工具时，每按一下键盘上的方向键，便可以将对象移动一个像素的距离；如果按住【Shift】键再按方向键，则图像每次可以移动 10 个像素的距离。

59 右击“图层 6”。

60 选择“创建剪贴蒙版”选项。

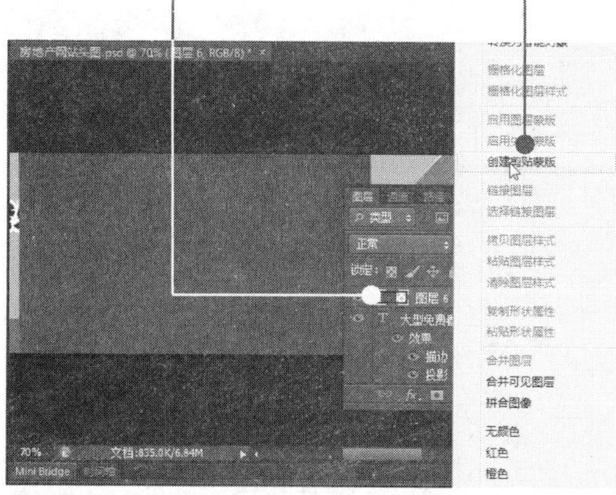

61 查看创建剪贴蒙版图像效果。

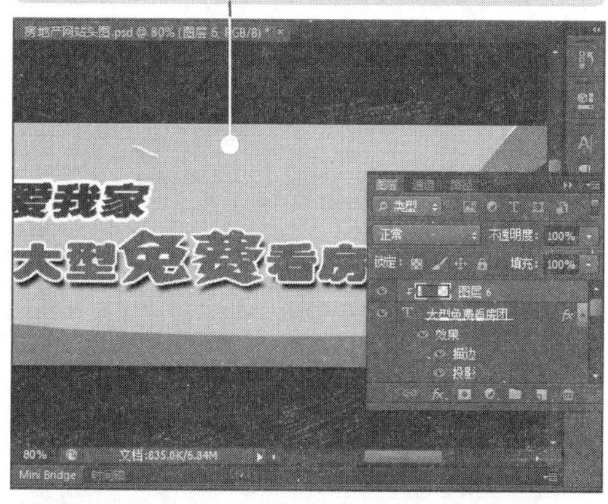

62 使用文本工具输入文本。

63 打开“字符”面板，设置文本属性。

64 单击“添加图层样式”按钮fx。

65 选择“描边”选项。

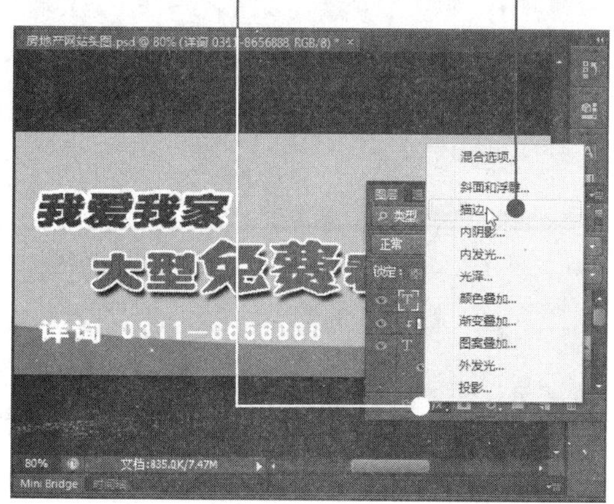

66 设置“描边”图层样式选项。

67 单击“确定”按钮。

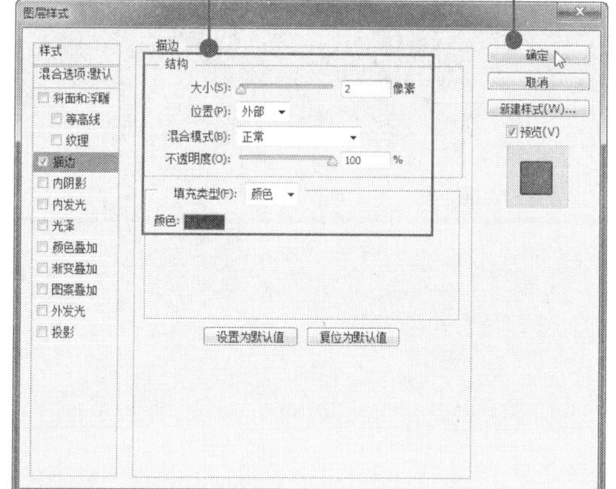

将一个图像拖入另一个文档时，按住【Shift】键进行操作，可以使拖入的图像位于当前文档的中心。如果这两个文档的大小相同，则拖入的图像就会与当前文档的边界对齐。

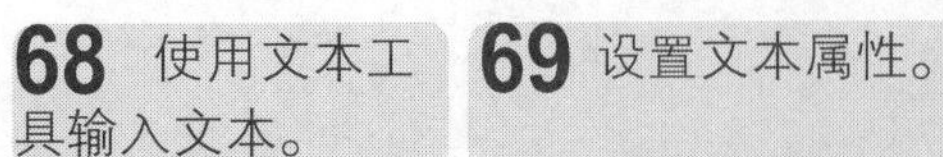

68 使用文本工具输入文本。

69 设置文本属性。

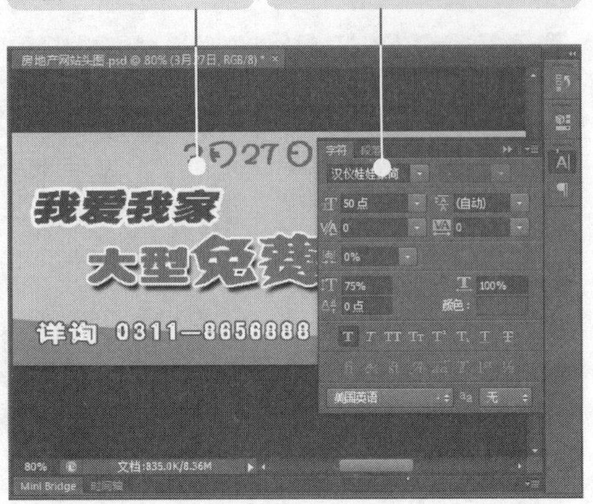

70 添加“描边”图层样式，设置选项参数。

71 单击“确定”按钮。

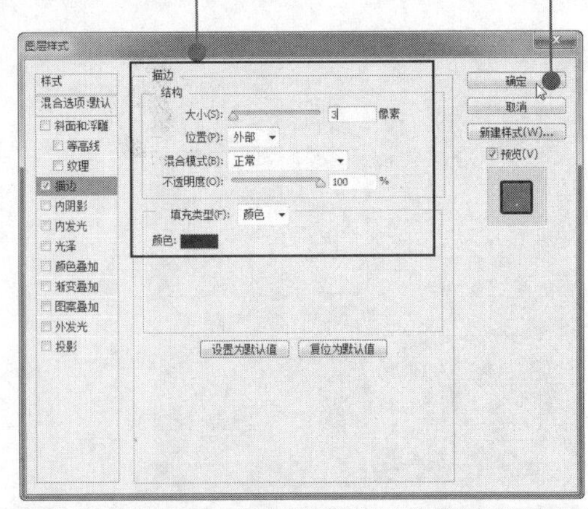

72 打开素材文件，拖至横幅窗口。

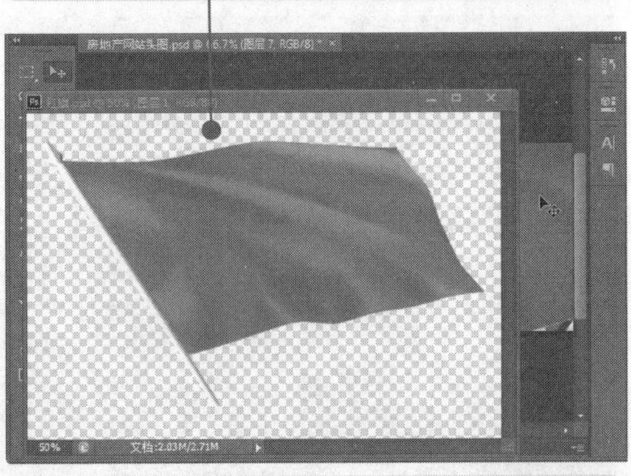

73 按【Ctrl+T】组合键，调整图像大小。

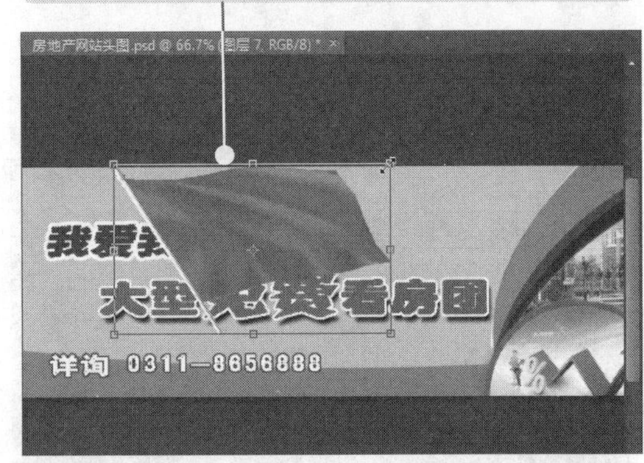

74 将“图层 7”拖至“背景”图层上方。

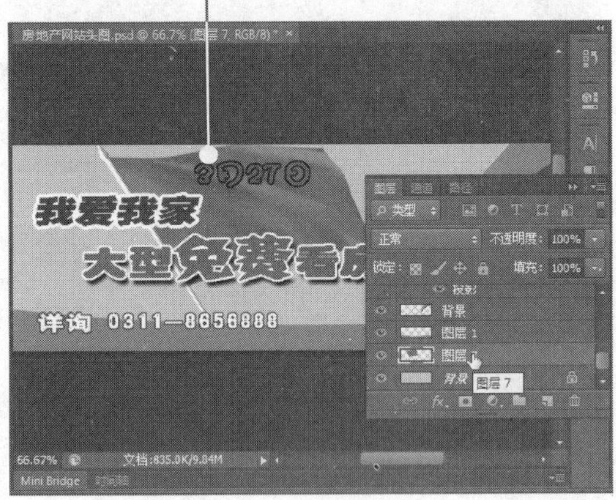

75 选择“3 月 27 日”图层文本。

76 设置颜色属性为黄色。

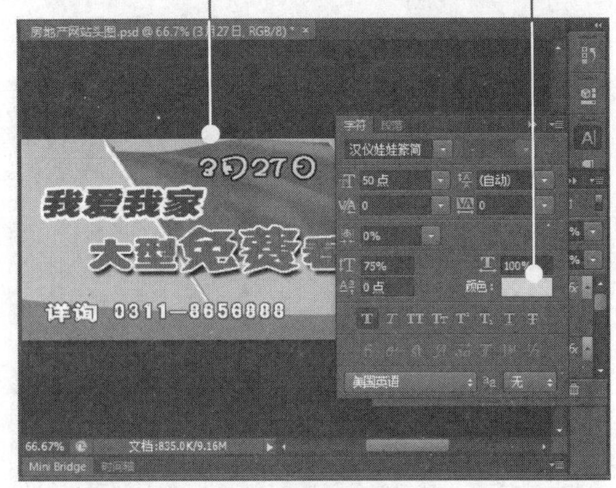

小提示

要释放一个组中的所有图层，如将组删除而不删除其中的图层，则可以激活这个图层组，在按住【Ctrl+Alt】组合键的同时单击“删除”按钮。

高手点拨

执行“旋转 180 度”、“旋转 90 度（顺时针）”、“旋转 90 度（逆时针）”、“水平翻转”和“垂直翻转”命令，可以直接对图像进行变换操作。

77 保存文件，查看横幅最终效果。

高手点拨

按【Ctrl+0】组合键，可以自动调整图像的大小，使其完整地显示在屏幕中。

按【Ctrl+Shift+]】组合键，可以将当前图层置顶到“图层”面板的最上方；按【Ctrl+Shift+[】组合键，则将当前图层置为底层。

预计学习时间 60 分钟

Chapter 18

企业网站设计综合案例

本章将为读者展示完整的网站规划设计过程，从前期策划，到在 Photoshop 中设计首页的视觉稿，再到在 Dreamweaver 中制作成网页的整个过程。通过学习本章内容，读者能够全面掌握网页设计的流程和方法。

要点导航

- 网站设计规划
- 制作企业网站网页

重点图例

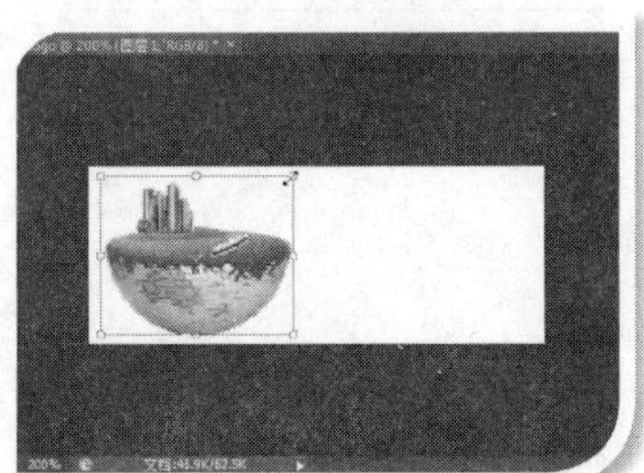

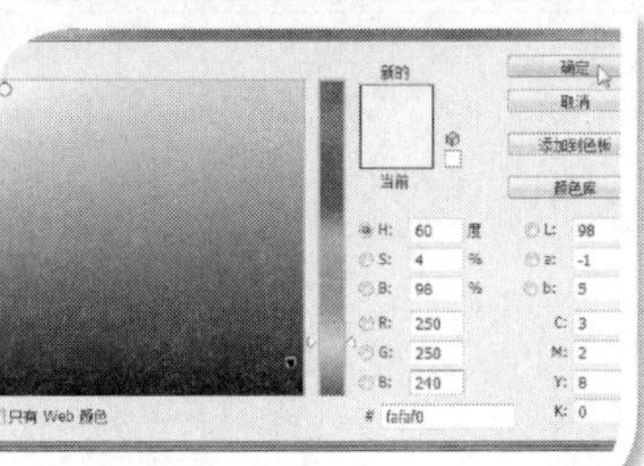

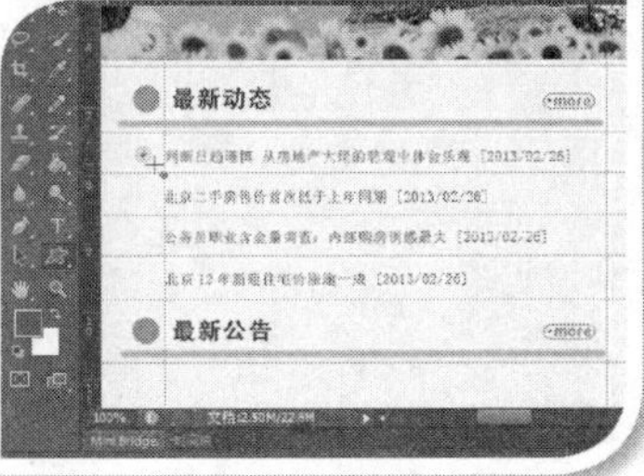

18.1 网站设计规划

在制作网站前，首先要对网站的定位、风格、框架以及色调等进行整体规划，做到有的放矢。本章将制作一个企业品牌宣传型网站，着重的是企业形象的构建，以及品牌力量的建设。

爱家房地产集团是一家房地产公司，该公司建立网站的主要作用是宣传企业品牌，扩大企业影响力，提高企业在行业中的知名度，因此该网站为品牌宣传型网站，如下图所示。

网站设计思路分析：

爱家房地产集团作为一个大型的地产开发公司，它所需要的网站应该是宣传公司理念，展示公司形象，介绍公司的开发项目。因此，网站布局为上下结构，上面将采用现在流行的设计方式，将导航栏置于顶端，然后在其下方放置一张具有房地产意义的横幅图片，并在图片上写出公司的口号。运用大幅图片着重突出企业特色，宣传企业形象，展示企业文化，下面主体部分将分三栏进行制作，分别用于书写公司的相关信息。

爱家房地产集团所开发的项目以环境优美著称，因此网站设计可以突出这一特点，主色调运用蓝色和绿色。

网站首页效果图设计主要是在 Photoshop 中进行，如从规划、布局到效果设计。首页效果图设计完成后，下一步就是进行切割，并把效果图输出为网页格式。

18.2 制作企业网站网页

下面将重点介绍利用 Photoshop CS6 制作网页元素及效果图，并对其进行切片，然后利用 Dreamweaver CS6 进行网页制作。读者可以边学边练，做到触类旁通。

18.2.1 制作 LOGO

下面将介绍如何制作网页 LOGO，具体操作方法如下：

素材：光盘：素材\18\logo.psd　　效果：光盘：效果\18\logo.png

难度：★★☆☆☆　　视频：光盘：视频\18\制作 LOGO.swf

01 新建 Photoshop 文件，设置各项参数。

02 单击“确定”按钮。

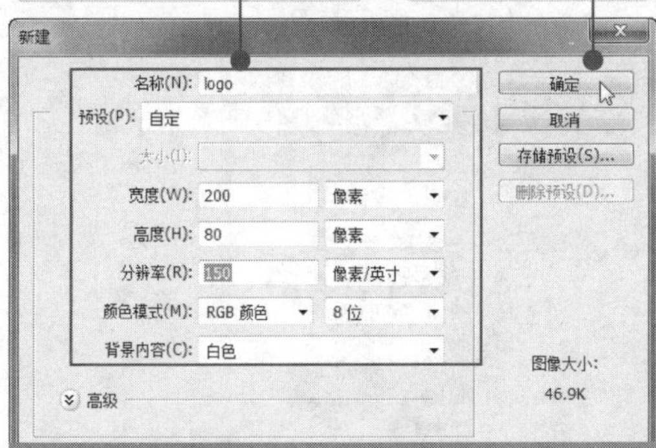

03 单击“文件”|“打开”命令。

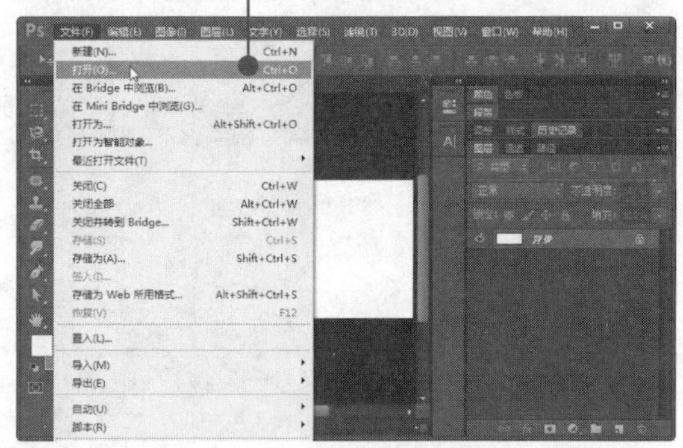

04 选择需要打开的图片文件。

05 单击“打开”按钮。

06 将素材移至新建文件窗口中。

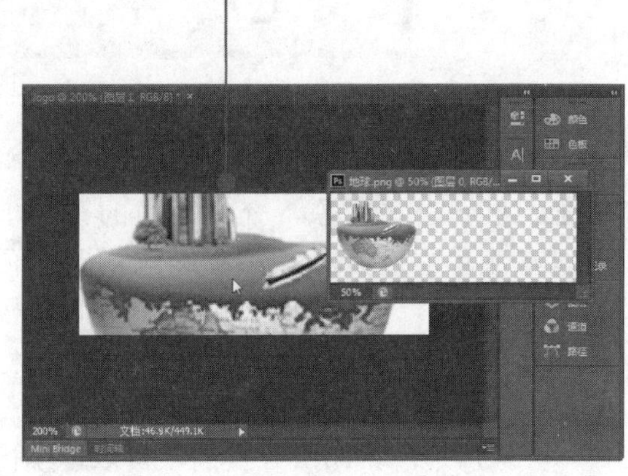

小提示 通过形象的 LOGO 可以让消费者记住公司主体和品牌文化。网络中的 LOGO 徽标主要是各个网站用来与其他网站链接的图形标志，代表一个网站或网站的一个板块。

07 按【Ctrl+T】组合键调整图片大小，按【Enter】键取消选择。

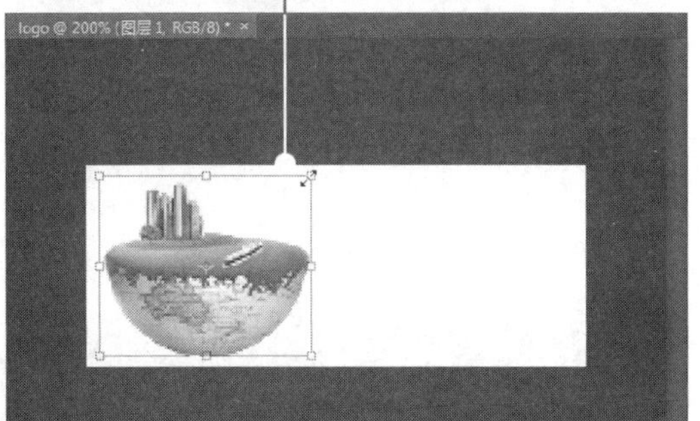

08 单击“新建图层”按钮，新建 AJA 图层。

09 使用文本工具输入文本。

10 在“字符”面板中设置文本属性。

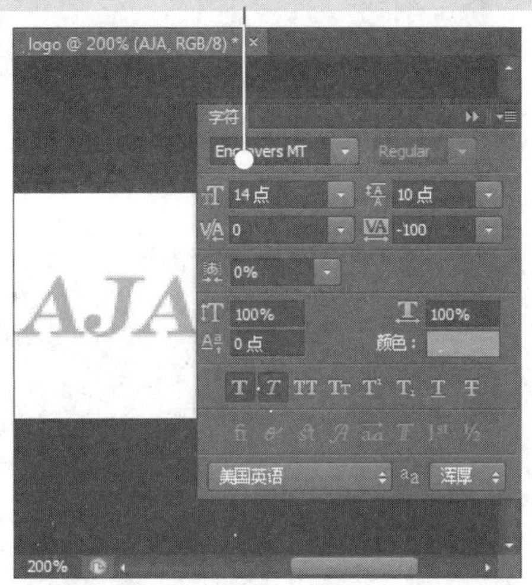

11 单击“新建图层”按钮，新建 WEB 图层。

12 使用文本工具输入文字，设置文字属性。

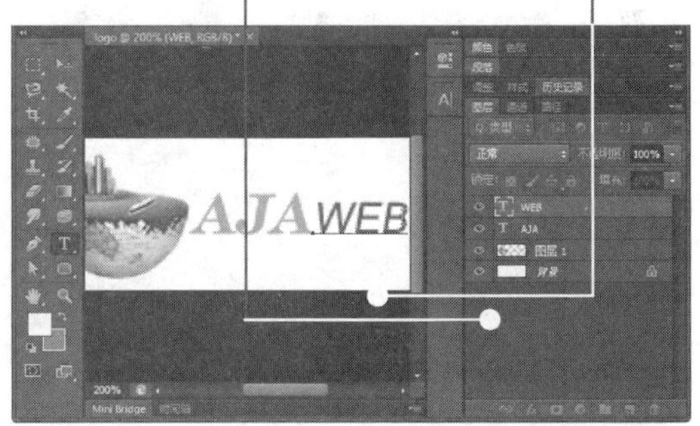

13 单击“新建图层”按钮，新建“图层 2”。

14 使用画笔工具绘制一条直线。

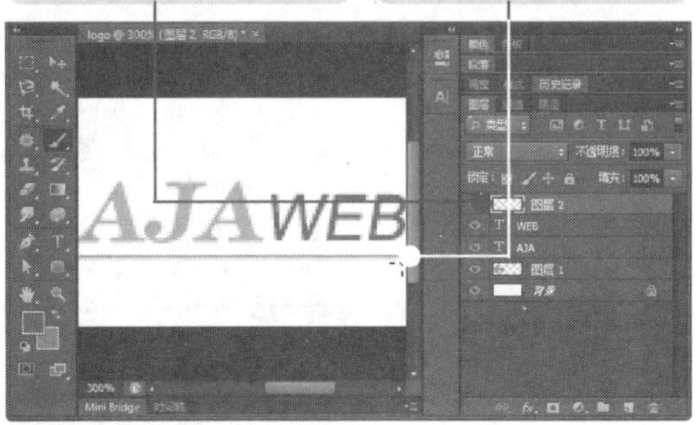

15 单击“新建图层”按钮，新建英文图层。

16 使用文本工具输入文本。

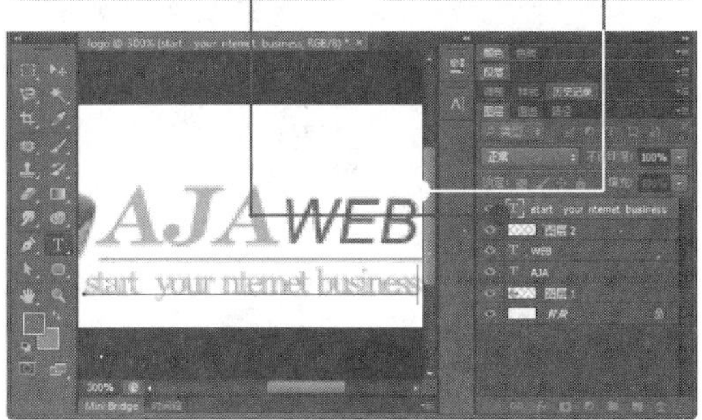

高手点拨

在 Photoshop 中，绘画和绘图是两个截然不同的概念，绘画是绘制和编辑基于像素的位图图像，而绘图则是使用矢量工具创建和编辑矢量图形。

在文字输入状态下，使用鼠标左键单击 3 下可以选择一行文字；单击 4 下可以选择整个段落；按【Ctrl+A】组合键可以选择全部的文本。

17 选择输入的文本。

18 设置文本属性。

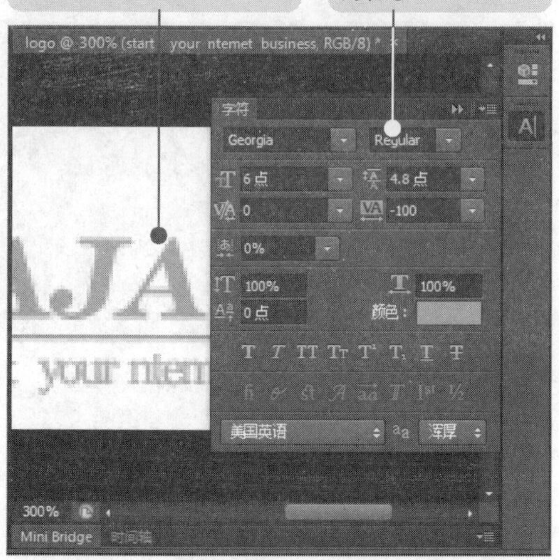

19 在背景图层上方新建“图层3”。

20 单击“设置前景色”图标。

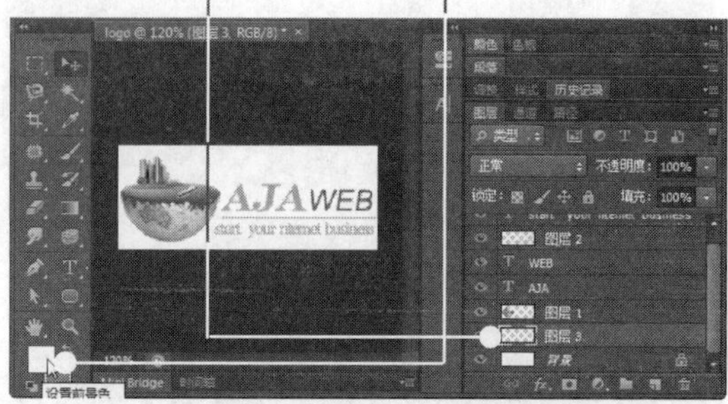

21 在前景色拾色器中设置颜色。

22 单击“确定”按钮。

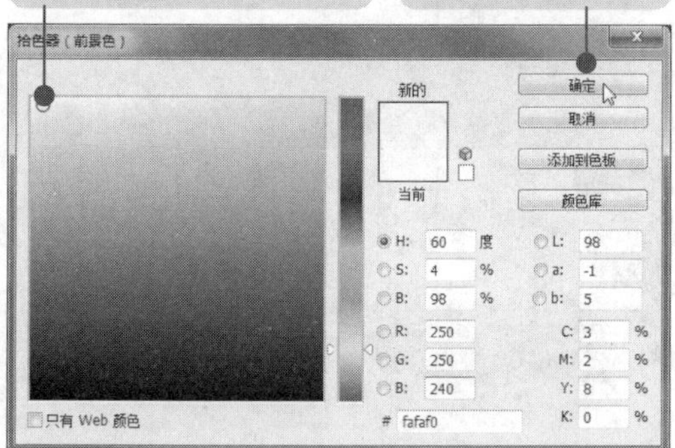

23 选择油漆桶工具。

24 在“图层3”中填充颜色。

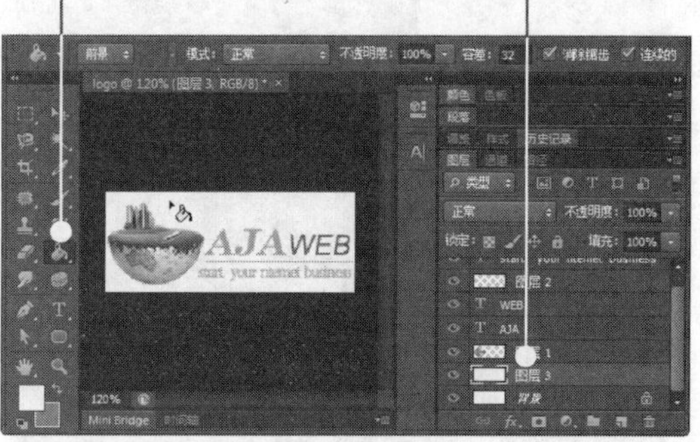

25 右击“图层”面板中任一图层。

26 选择“合并可见图层”选项。

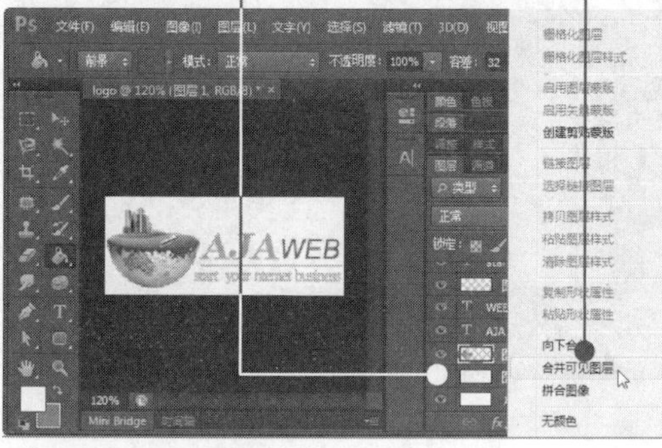

27 单击“文件”|“存储”命令。

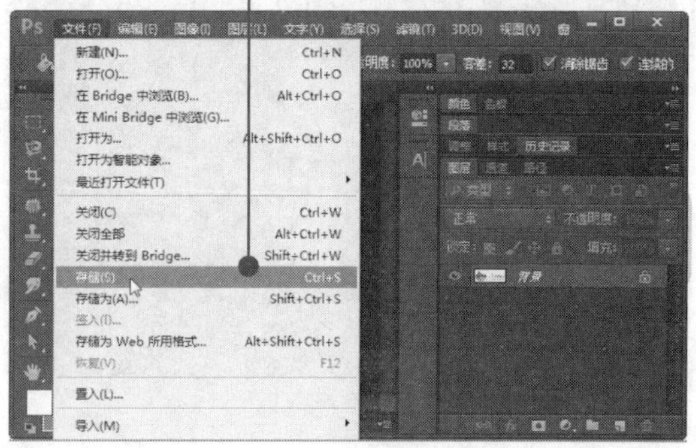

高手点拨

如果是打开一个已经保存过的文件进行编辑，想保存这次进行的操作，只需单击“文件”|“存储”命令或按【Ctrl+S】组合键即可。

小提示

 填充是指在图像或选区内填充颜色，描边则是指为选区描绘可见的边缘。进行填充和描边操作时，可以使用油漆桶工具及“填充”和“描边”命令。

28 设置文件名、格式等存储选项。

29 单击“保存”按钮。

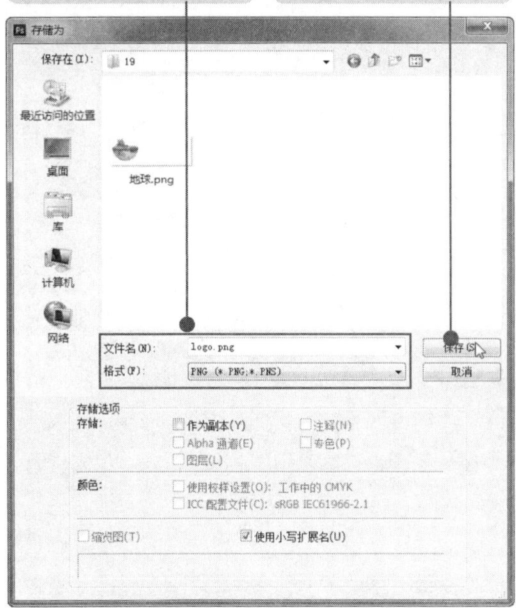

30 查看制作完成的 logo 图形效果。

18.2.2 制作 TOP 部分

下面将介绍如何制作网页的 TOP 部分，具体操作方法如下：

素材：光盘：无　　效果：光盘：效果\18\TOP.psd

难度：★★★☆☆　　视频：光盘：视频\18\制作 TOP 部分.swf

01 新建 Photoshop 文件，设置图像选项。

02 单击“确定”按钮。

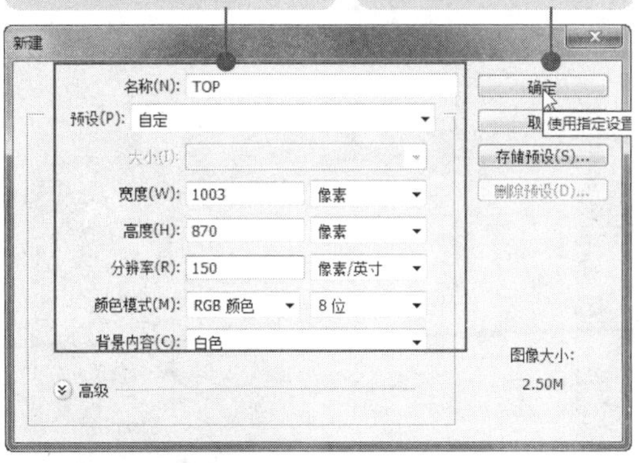

03 选中“背景”图层。

04 按【Alt+Delete】组合键，填充前景色。

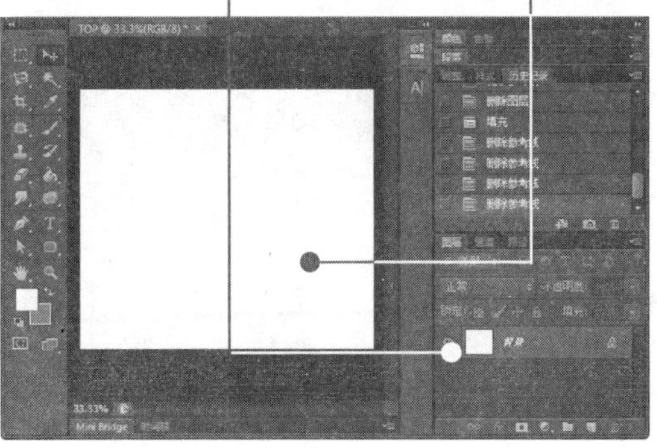

高手点拨

如果想打开最近打开过而又关闭的图像文件，可以单击“文件”|“最近打开文件”命令进行打开。

新建的文档一般使用“存储为”命令保存，如果文档已经保存过，想将其保存为另一个名称，或者保存在其他位置，也可以使用“存储为”命令。

05 单击"视图"|"标尺"命令，拖出多个辅助线。

06 新建LOGO图层。

07 打开素材图片，将图片拖至LOGO图层。

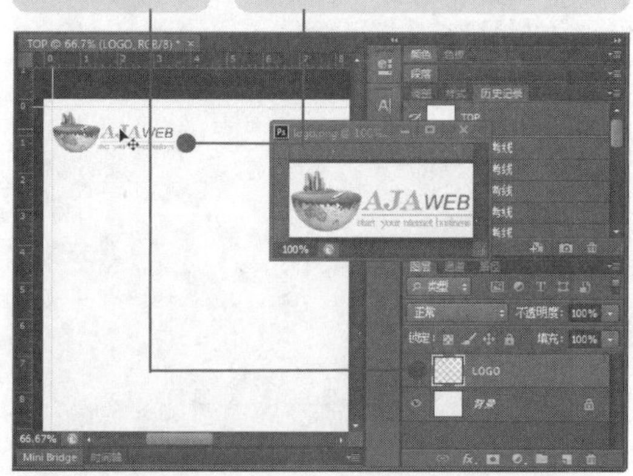

08 单击"新建图层"按钮，新建"图层1"。

09 单击"视图"|"标尺"命令，拖出几条辅助线。

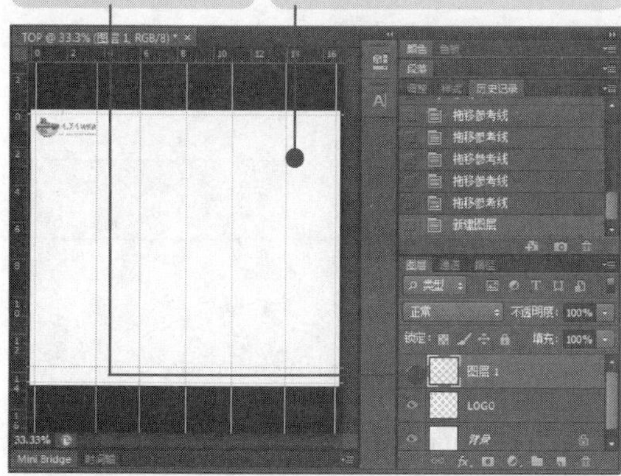

10 使用文本工具输入文字。

11 在"字符"面板中设置文字属性。

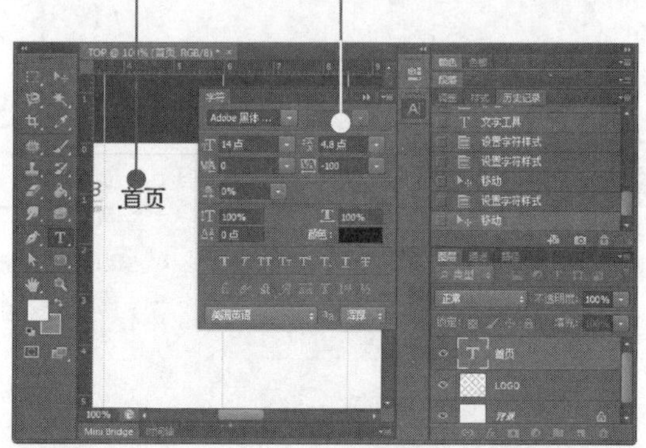

12 同样新建图层，并分别输入其他文本。

13 单击"新建图层"按钮，新建"间隔"图层。

14 使用椭圆工具绘制椭圆，填充渐变颜色。

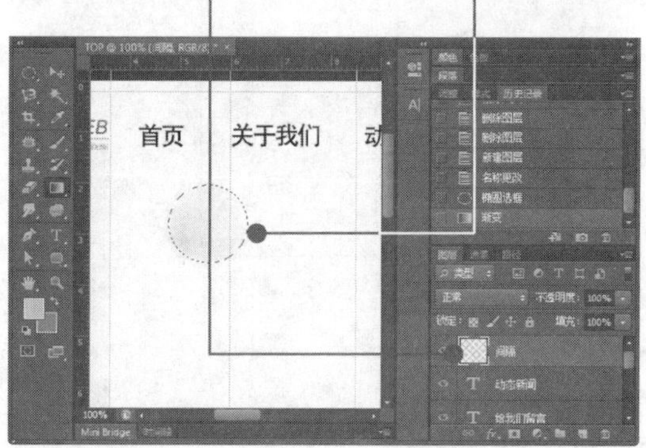

小提示

单击"编辑"|"首选项"|"单位与标尺"命令，或在图像窗口中的标尺上双击，均可弹出"首选项"对话框，在此对话框中可以设置标尺的相关参数。

15 按【Ctrl+T】组合键，自由变换椭圆选区。

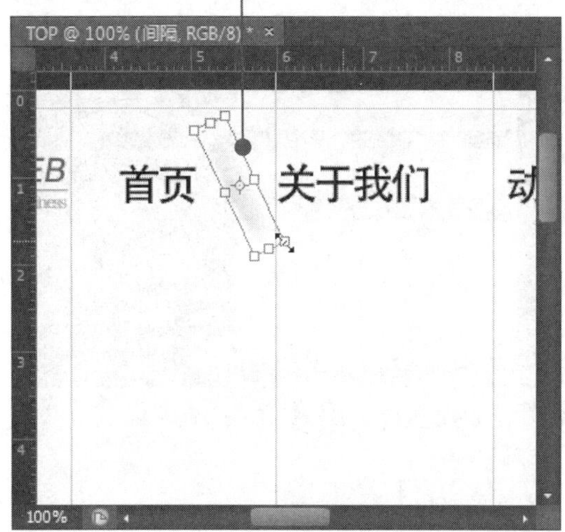

16 按【Enter】键取消选择，按住【Alt】键复制多个间隔。

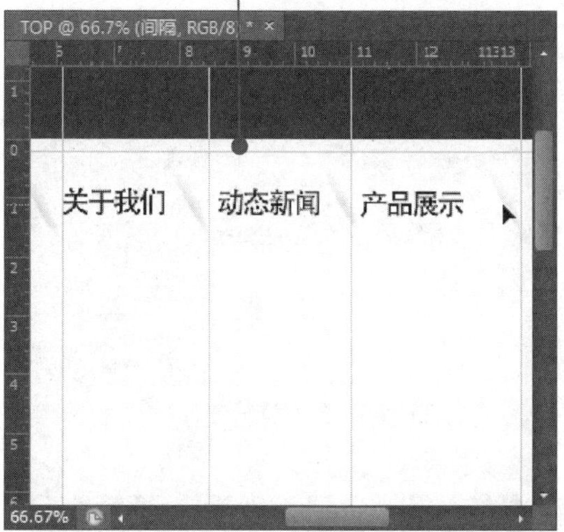

17 单击“新建图层”按钮，新建英文图层。

18 使用文本工具输入文字，设置文字属性。

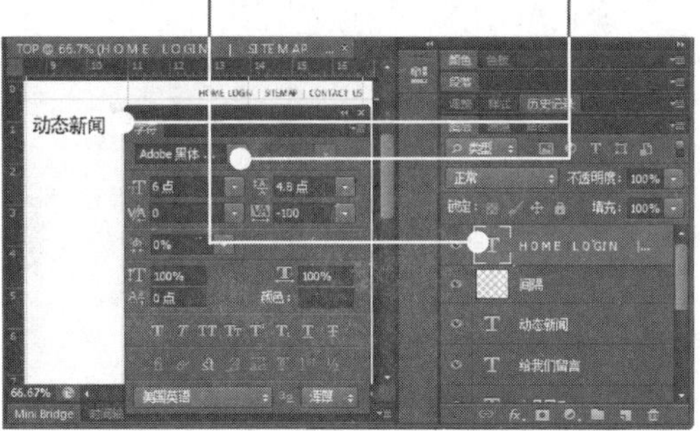

19 打开素材“横幅.png”。

20 将其拖至TOP图像窗口中。

18.2.3 制作主体左边部分

下面将介绍如何制作网页主体左边部分，具体操作方法如下：

素材：光盘：素材\18\TOP.psd　　效果：光盘：效果\18\TOP.psd

难度：★★★☆☆　　视频：光盘：视频\18\制作主体左边部分 01、02.swf

高手点拨

点文本和段落文本可以互相转换。如果是点文本，单击“文字”|“转换为段落文本”命令，可将其转换为段落文本；如果是段落文本，可单击“文字”|“转换为点文本”命令，可将其转换为点文本。

单击“编辑”|“还原”命令，可以撤销最近一次对图像所做的操作。撤销之后，单击“编辑”|“重做”命令，可以重做刚刚还原的操作。

01 打开TOP文件，新建“项目”图层。

02 选择圆角矩形工具。

03 设置圆角矩形工具的属性。

04 在图像窗口中绘制圆角矩形路径。

05 右击圆角矩形路径。

06 选择“建立选区”选项。

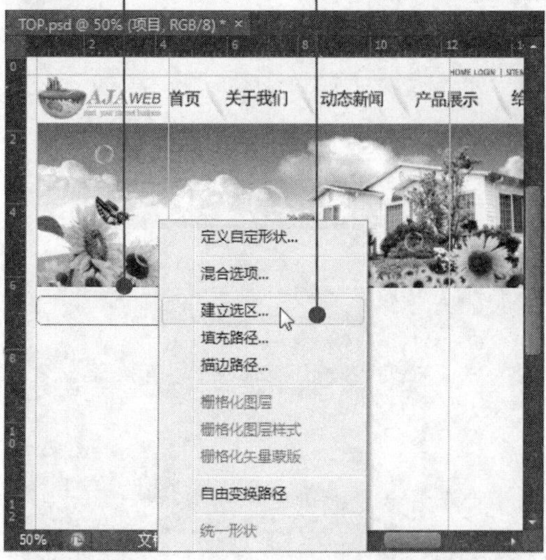

07 设置建立选区选项。

08 单击“确定”按钮。

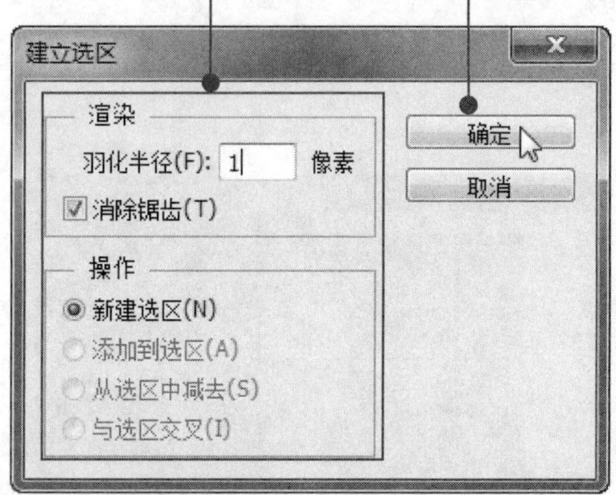

09 选择渐变工具。

10 单击“编辑渐变”按钮。

11 打开渐变编辑器，设置渐变颜色。

12 单击“确定”按钮。

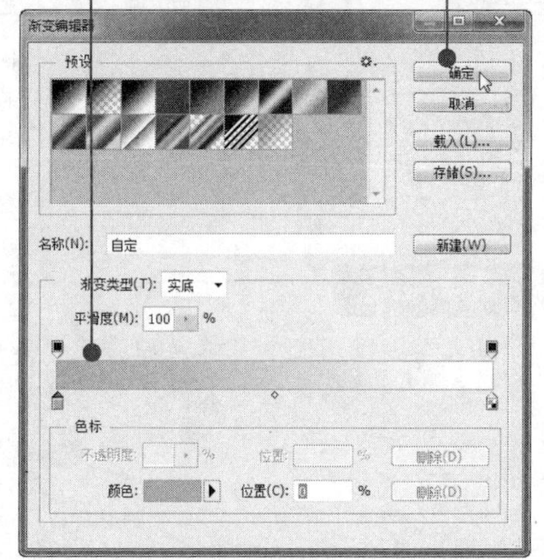

小提示

单击“选择”|“取消选择”命令或按【Ctrl+D】组合键，可以取消所有已经创建的选区；单击“选择”|“重新选择”命令或按【Ctrl+Shift+D】组合键，可以重新返回上一次的选区。

13 对选区进行渐变填充。

14 选择横排文字工具，输入文字。

15 在“字符”面板中设置文字属性。

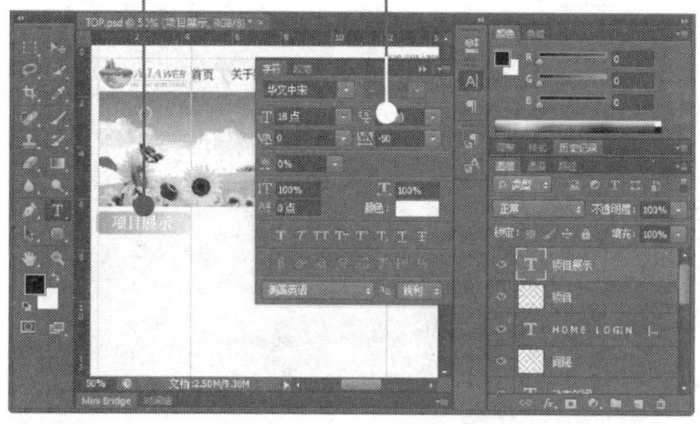

16 单击“新建图层”按钮，新建“椭圆”图层。

17 使用椭圆工具绘制椭圆，填充颜色。

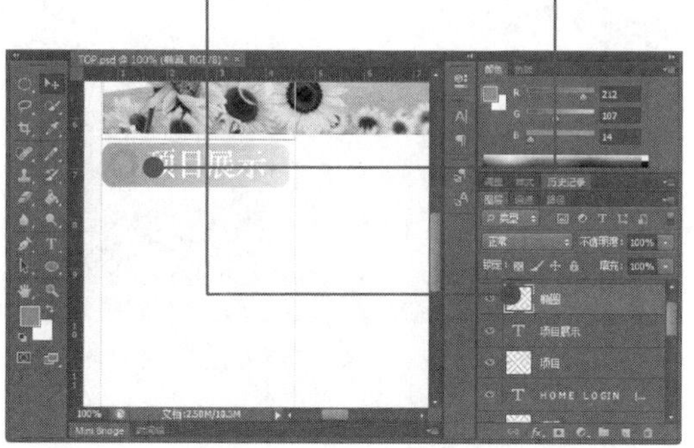

18 单击“新建图层”按钮，新建“项目 1”图层。

19 使用文本工具输入文本。

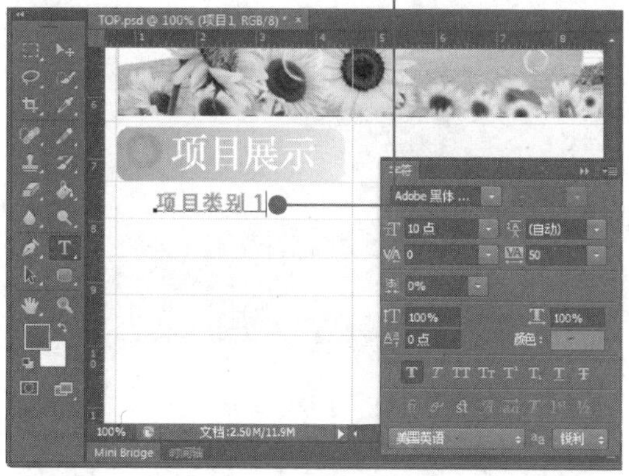

20 采用同样的方法，输入其他文本。

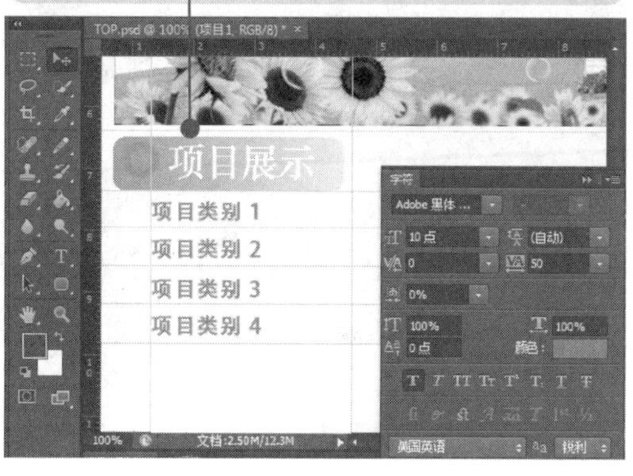

21 单击“新建图层”按钮，新建“按钮 1”图层。

22 选择自定形状工具。

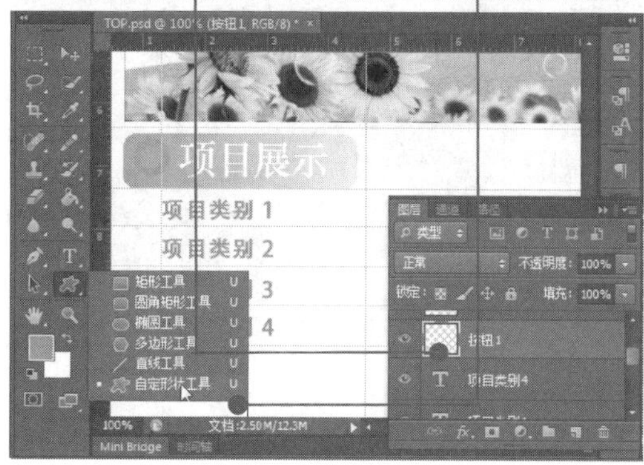

打开“渐变编辑器”窗口，在渐变条上方单击，可以添加不透明度色标，将色标拖出对话框外即可删除色标。

23 单击“形状”下拉按钮。

24 选择需要的形状。

25 绘制形状。

26 单击“选区”按钮。

27 设置“羽化半径”为1像素。

28 单击“确定”按钮。

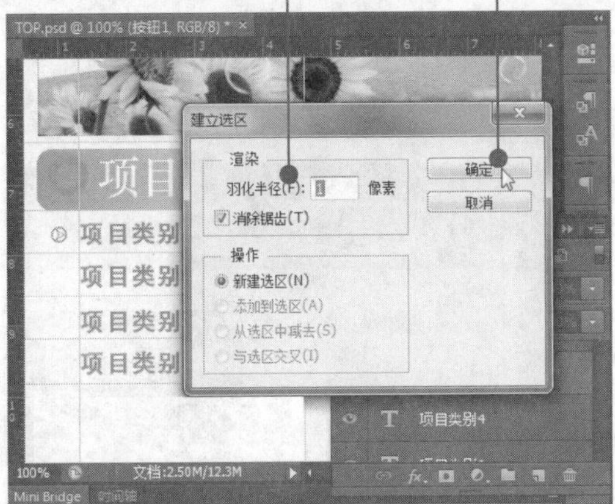

29 选择油漆桶工具，设置颜色。

30 为形状填充颜色。

31 按住【Alt】键，拖动鼠标复制多个“按钮1”图层。

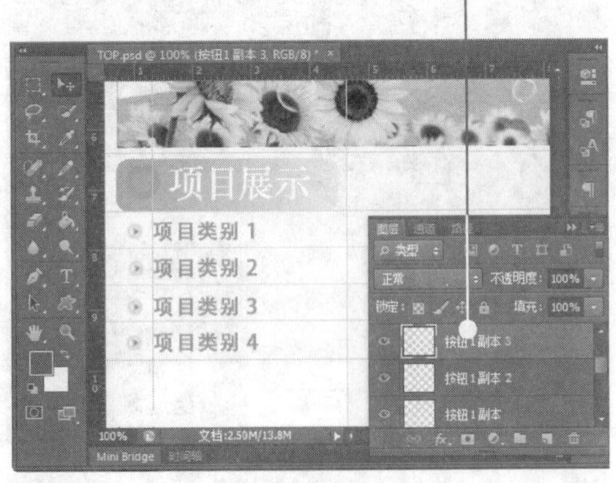

32 单击“新建图层”按钮，新建“按钮2”图层。

33 使用圆角形工具绘制按钮形状。

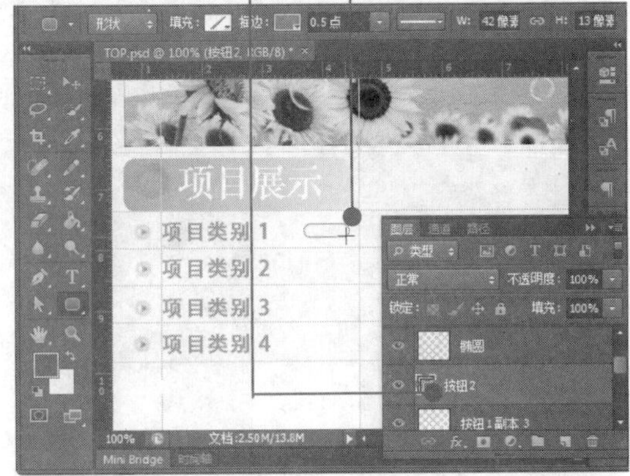

小提示

按住【Shift】键拖动鼠标，可以创建正方形选区；按住【Alt】键拖动鼠标，会以单击点为中心向外创建选区；按住【Alt+Shift】组合键，会从中心向外创建正方形选区。

34 使用文本工具输入文本。

35 设置文本属性。

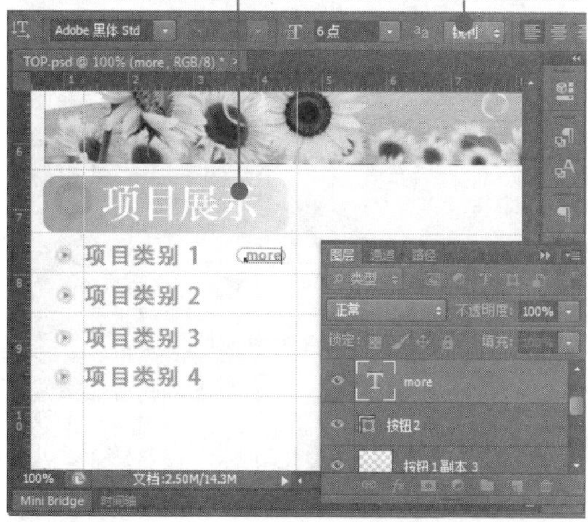

36 单击“新建图层”按钮，新建“红点”图层。

37 使用铅笔工具绘制图形。

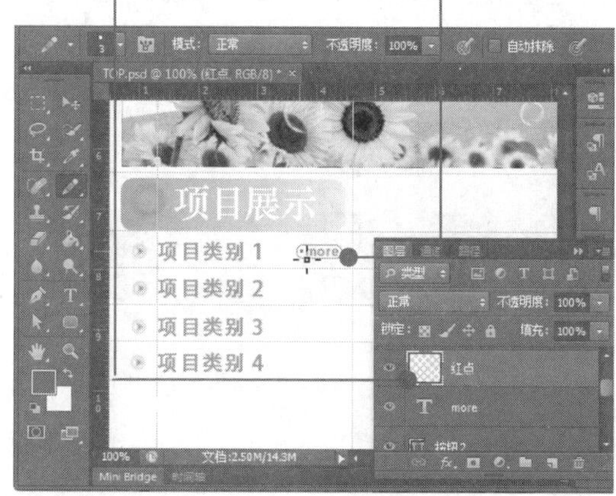

38 选中“红点”、more、“按钮 2”图层并右击。

39 选择“合并图层”选项。

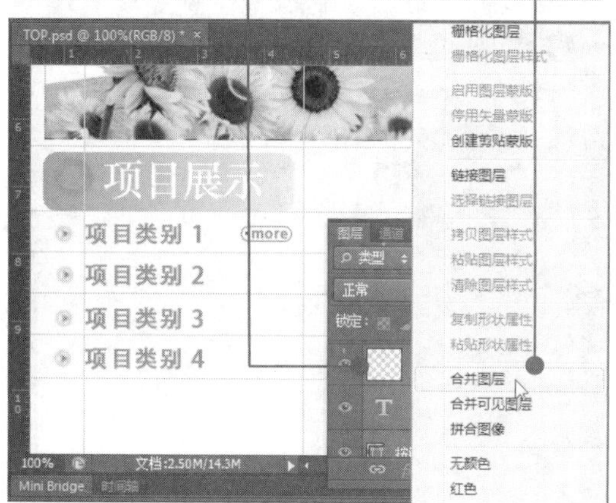

40 修改图层名称为“按钮 2”。

41 复制多个“按钮 2”图层。

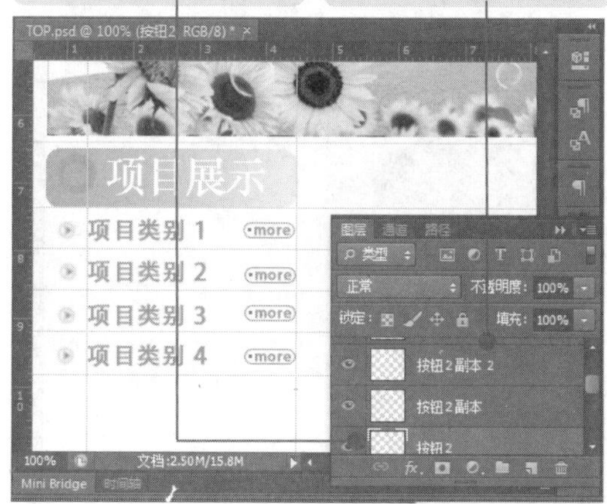

42 单击“新建图层”按钮，新建“矩形 01”图层。

43 使用铅笔工具绘制四条直线。

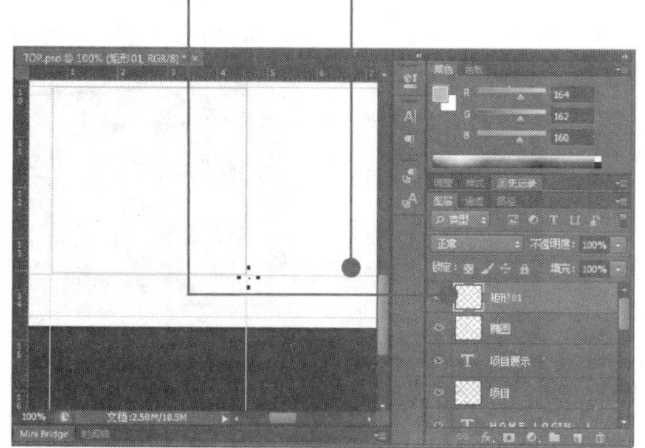

44 单击“文件”|“打开”命令。

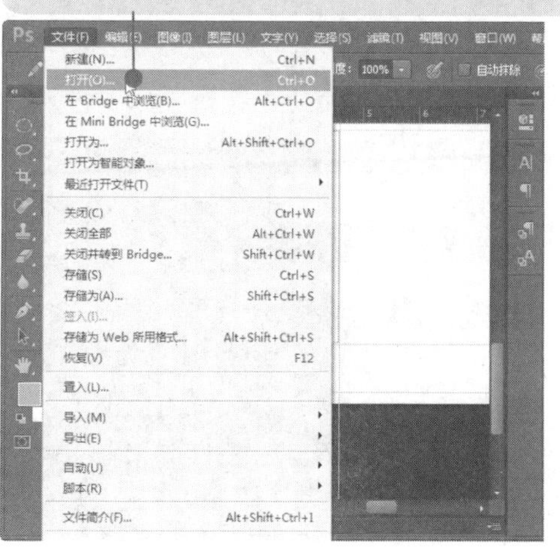

多学点

铅笔工具和画笔工具一样，也是使用前景色来绘制线条的。但是，画笔工具可以绘制带有柔边效果的线条，而铅笔工具只能绘制硬边线条或图形。

45 选择需要打开的文件。

46 单击“打开”按钮。

47 打开“电话.psd”文件。

48 将电话图片拖至 TOP 窗口中。

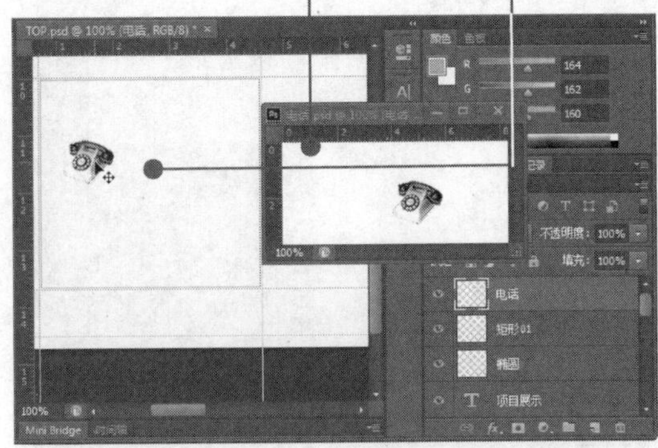

49 按【Ctrl+T】组合键，调整电话图片的大小。

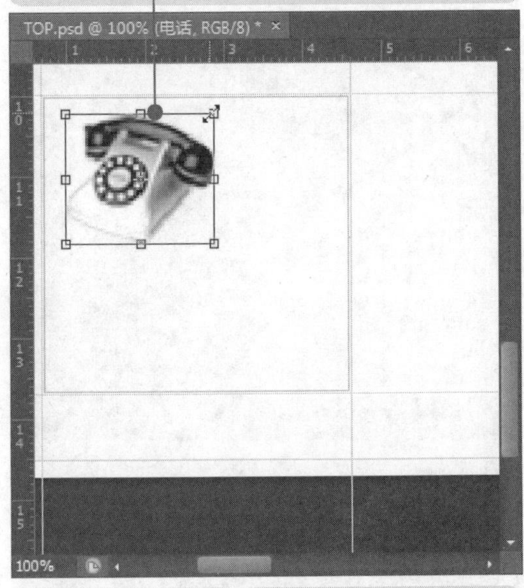

50 按【Enter】键，确定调整图片操作。

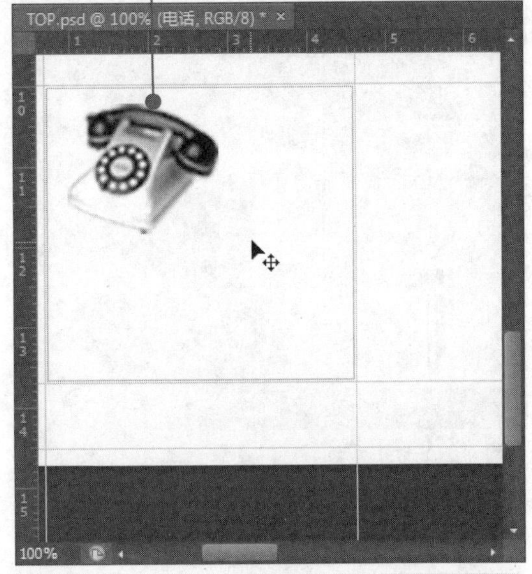

51 使用文本工具输入文本。

52 在“字符”面板中设置文本属性。

53 选中输入的文本。

54 打开“样式”面板，选择合适的样式。

小提示

单击“窗口”|“颜色”命令，打开“颜色”面板，可以通过拖动 R、G、B 色块上的滑块或在其右侧的数值中直接输入参数值来调整颜色。

55 选择直排文本工具。

56 输入文本"联系客服"。

57 在"字符"面板中设置文本属性。

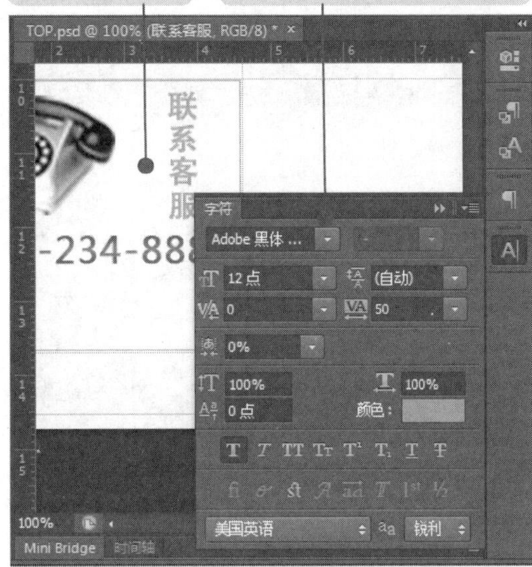

58 选择横排文本工具。

59 输入文本，并设置文本属性参数。

60 选择横排文本工具。

61 输入文本，并设置文本属性。

高手点拨

水平文字和垂直文字可以互相转换，方法是单击"文字"|"取向"|"水平/垂直"命令，或单击工具选项栏中的"更改文本方向"按钮。

18.2.4 制作主体中间部分

下面将介绍如何制作网页主体中间部分，具体操作方法如下：

素材：光盘：素材\18\主体中间.psd　　效果：光盘：效果\18\主体中间.psd

难度：★★★☆☆　　视频：光盘：视频\18\制作主体中间部分.swf

使用吸管工具可以在图像和"颜色"面板中吸取颜色，同时在"信息"面板中会显示出所选取颜色的色彩信息。

01 单击“新建图层”按钮，新建“最新动态”图层。

02 选择圆角矩形工具。

03 在辅助工具栏中选择路径工具。

04 绘制一个矩形路径。

05 右击矩形路径。

06 选择“建立选区”选项。

07 打开拾色器对话框，选择颜色。

08 单击“确定”按钮。

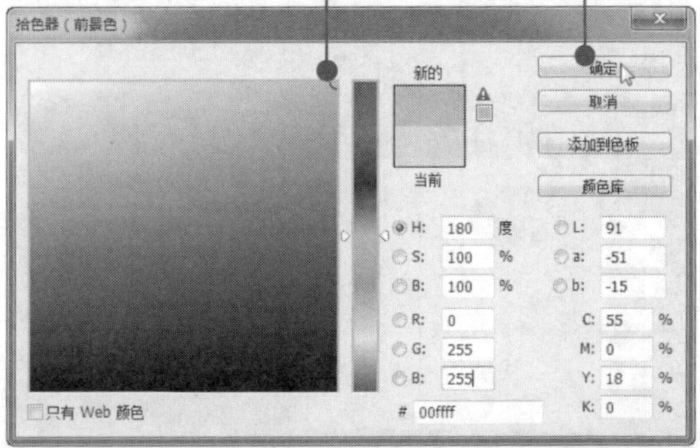

09 使用油漆桶工具填充颜色，按【Ctrl+D】组合键取消选择。

10 使用文本工具输入文本。

11 在“字符”面板中设置文本属性。

小提示

在“拾色器”对话框中单击“添加到色板”按钮，可以将颜色以色块的形式存储到“色板”面板中，以便下次使用。

12 按住【Alt】键拖动椭圆，复制“椭圆”图层。

13 按【Ctrl+T】组合键，调整椭圆大小，按【Enter】键确定变形。

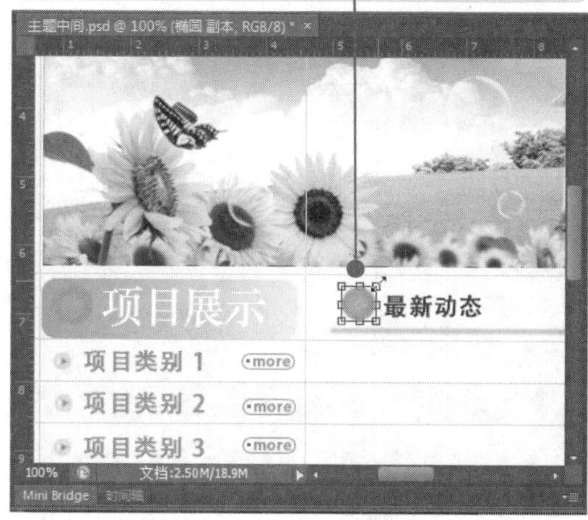

14 按住【Alt】键的同时单击拖动“按钮2”形状，复制图层。

15 按照制作“最新动态”栏的方法制作“最新公告”栏。

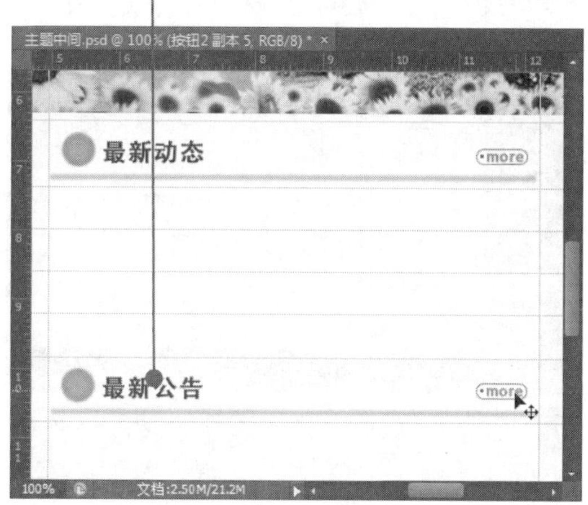

16 使用文本工具输入文本。

17 在“字符”面板中设置文本属性。

18 按照同样的方法输入其他文本。

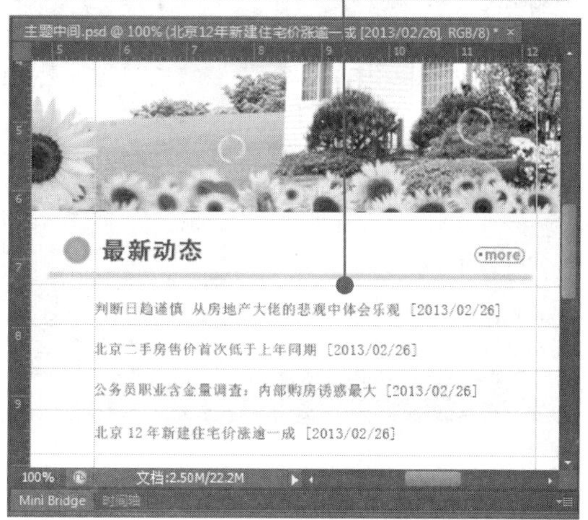

对于 Photoshop 中的画笔工具，不能简单地理解为是一个绘制图案的工具，其更是一个编辑图像的辅助工具，尤其是在细节上对图像进行处理时，更能显示出其强大功能。

多学点

19 单击“新建图层”按钮，新建“按钮 3”图层。

20 选择自定形状工具。

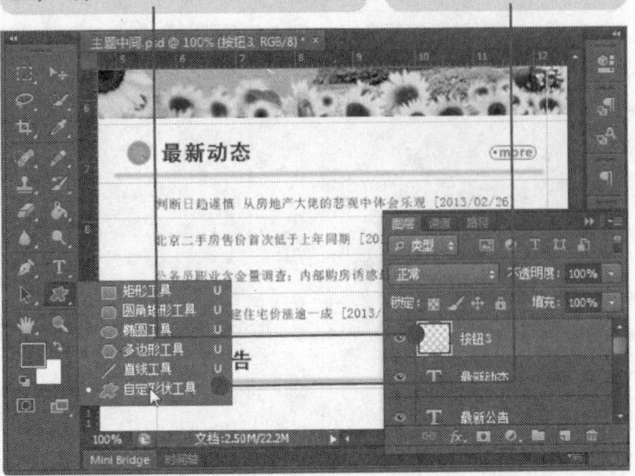

21 单击形状添加下拉按钮。

22 选择合适的形状。

23 绘制图形，在工具属性栏中单击“选区”按钮。

24 为图形填充颜色。

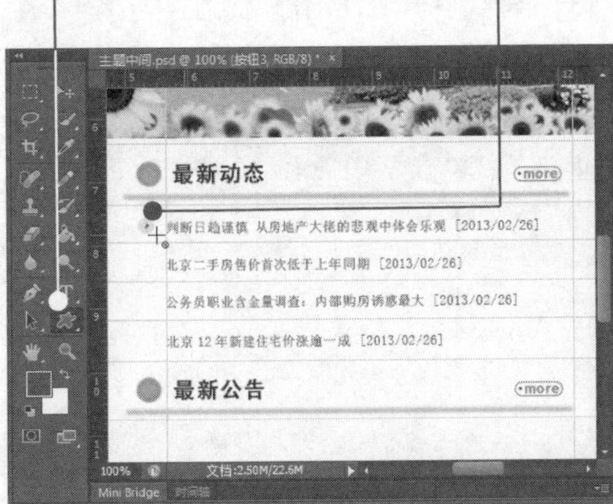

25 按住【Alt】键单击拖动“按钮 3”形状，复制“按钮 3”图层。

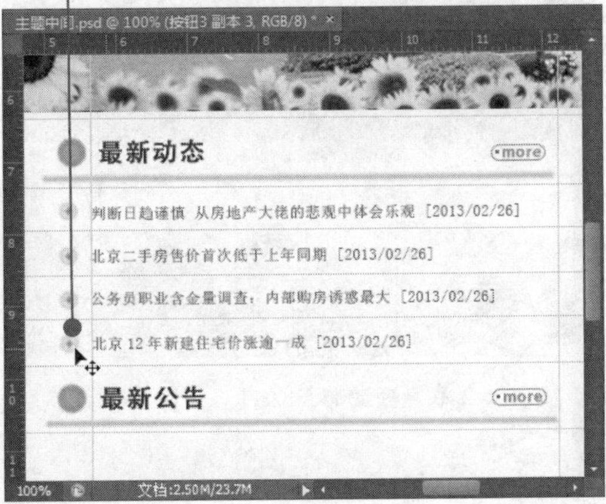

26 单击“新建图层”按钮，新建“矩形框”图层。

27 选择铅笔工具，设置工具属性栏。

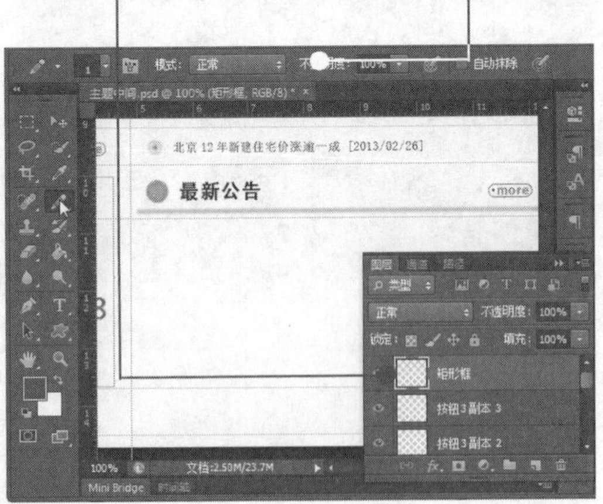

28 使用铅笔工具绘制矩形。

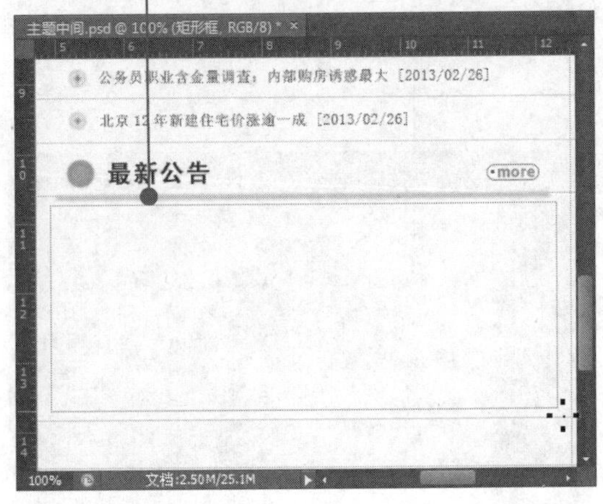

小提示

在 Photoshop 中，文档的每个图层都是独立的，因此当移动、调整或删除某个图层时，其他的图层不会受到影响。

29 单击“文件”|“打开”命令。

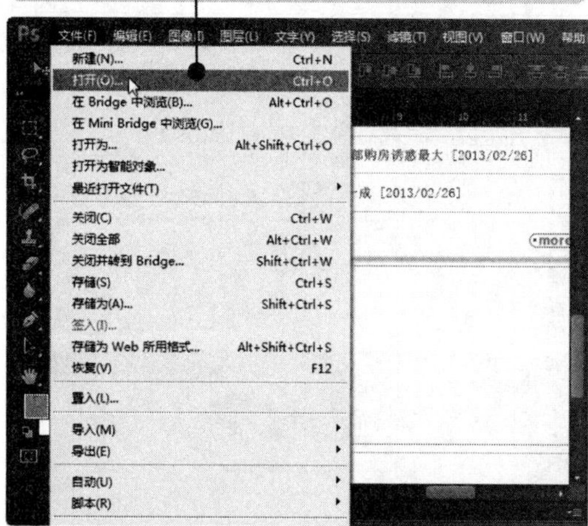

30 选择需要打开的图片。

31 单击“打开”按钮。

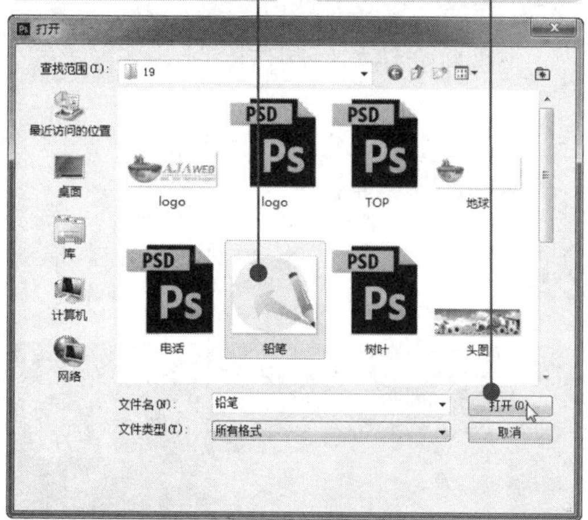

32 将打开的图片拖至“主题中间.psd”窗口中。

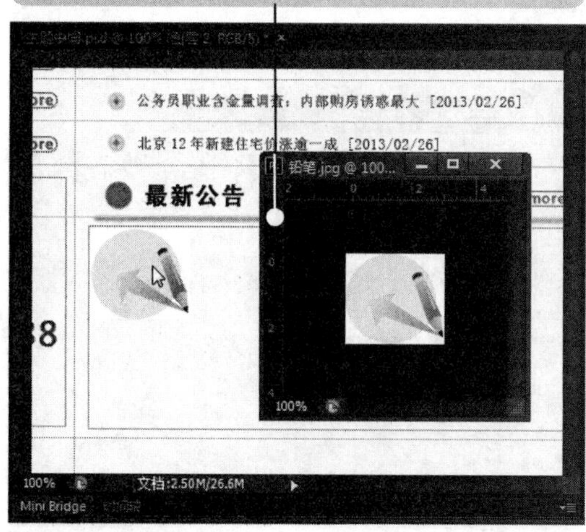

33 使用文本工具输入文本。

34 在上方设置文本属性。

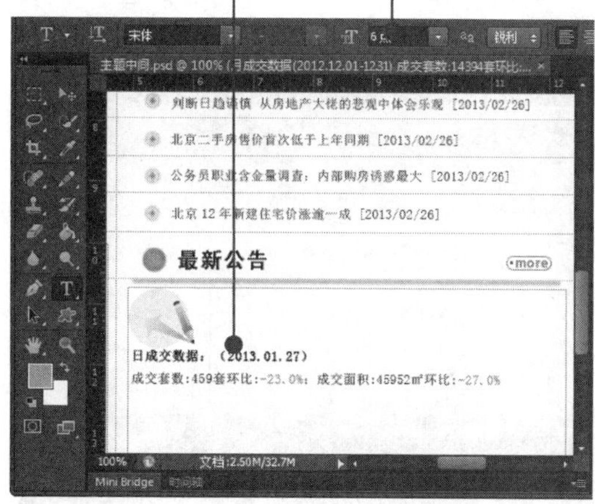

35 采用同样的方法输入其他文本。

36 在上方设置文本的属性。

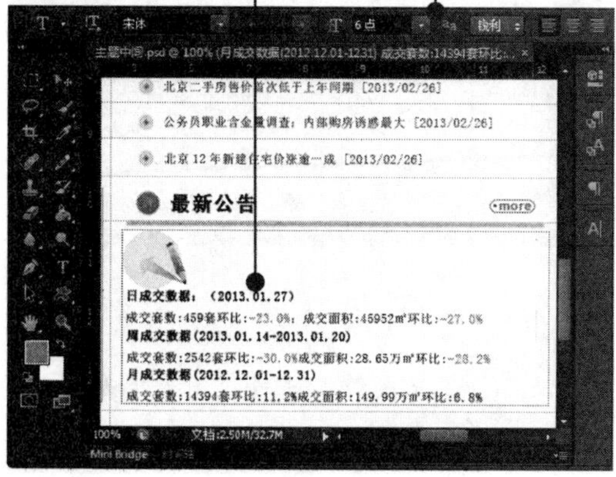

37 打开素材图像“房子.psd”。

38 将素材图像拖至“主体中间”窗口中。

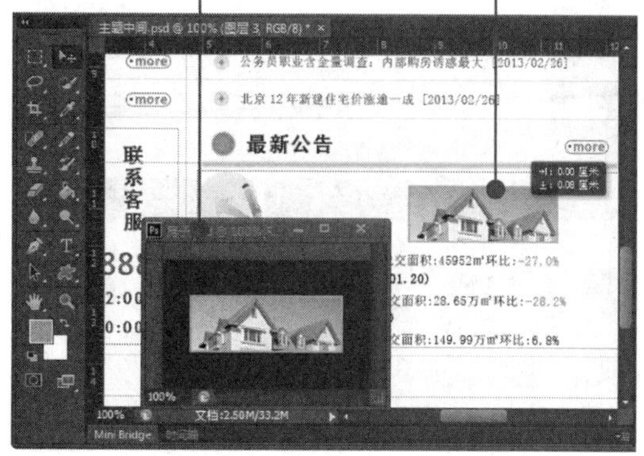

按【F】键，可在各个屏幕模式间切换；按【Tab】键，可以隐藏或显示工具箱、面板和工具选项栏；按【Shift+Tab】组合键，可以隐藏或显示面板。

18.2.5 制作主体右边部分

下面将介绍如何制作网页主体右边部分，具体操作方法如下：

素材：光盘：素材\18\主体右边.psd　　效果：光盘：效果\18\主体右边.psd

难度：★★★☆☆　　视频：光盘：视频\18\制作主体右边部分.swf

01 单击“新建图层”按钮，新建“精品房源”图层。

02 选择圆角矩形工具。

03 绘制圆角矩形路径并右击。

04 选择“建立选区”选项。

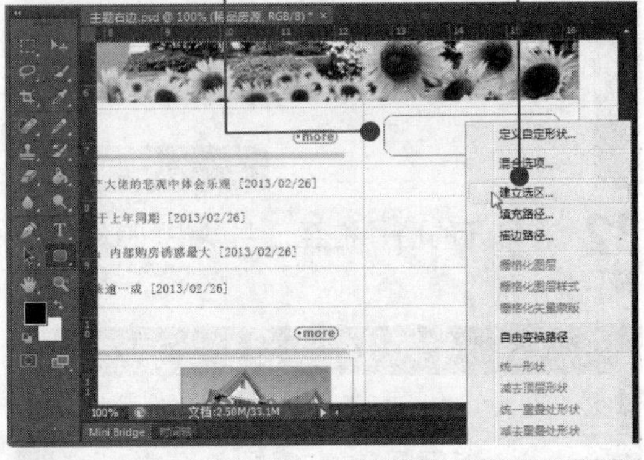

05 选择渐变工具。

06 单击“编辑渐变”按钮。

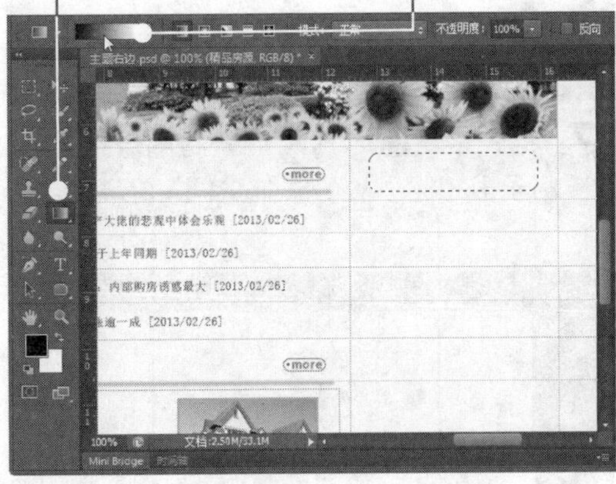

07 打开渐变编辑器，设置渐变颜色。

08 单击“确定”按钮。

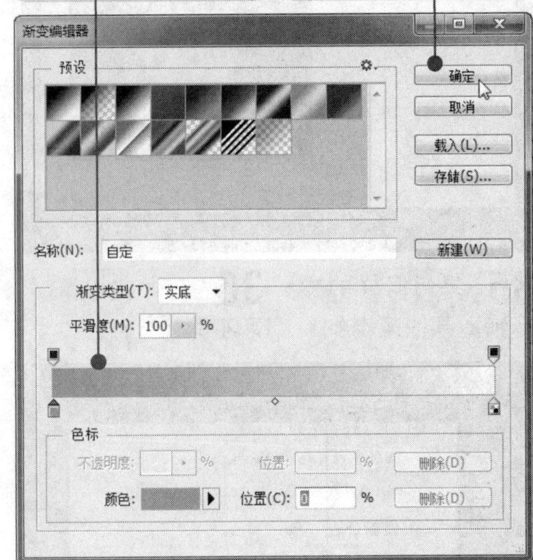

高手点拨

渐变工具在 Photoshop 中的应用非常广泛，它不仅可以填充图像，还可以用来填充图层蒙版，快速蒙版和通道。

小提示

调整渐变工具的渐变颜色时，可以先选择一个与要使用的渐变颜色相近的颜色，然后在此基础上进行修改，以提高工作效率。

09 为圆角矩形填充渐变颜色。

10 按【Ctrl+D】组合键，取消选区。

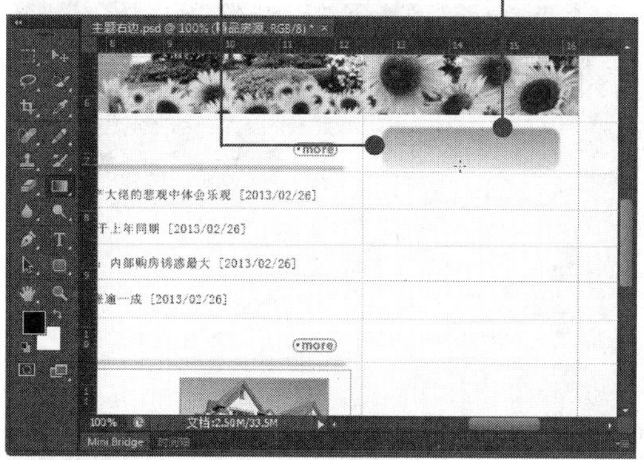

11 使用文本工具输入文本。

12 在“字符”面板中设置文本属性。

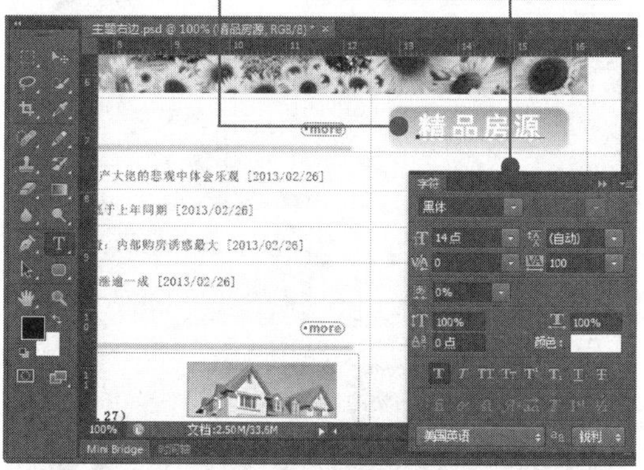

13 单击“文件”|“打开”命令。

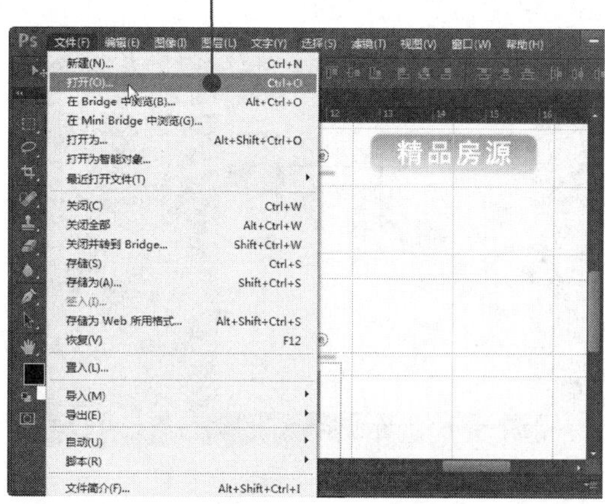

14 选择需要打开的素材图片。

15 单击“打开”按钮。

16 将素材图片拖至“主题右边”窗口中。

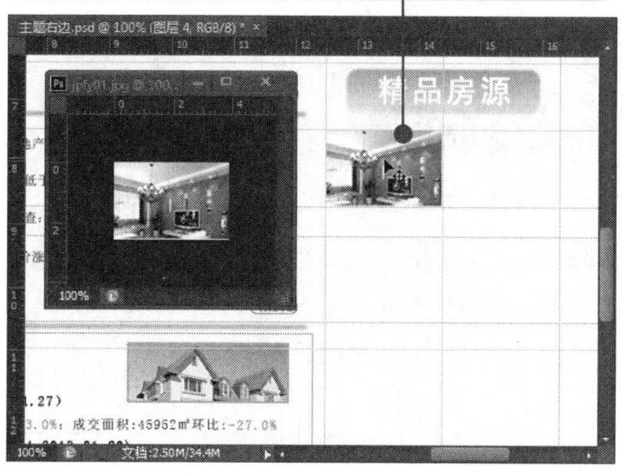

17 使用文本工具输入文本。

18 在“字符”面板中设置文本属性。

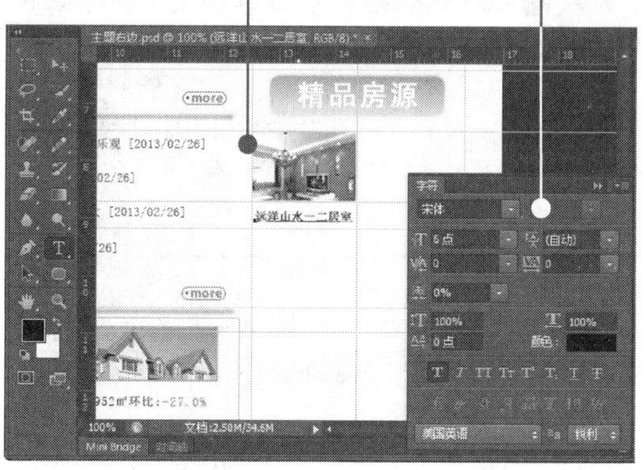

输入文字后，可以通过调整字号来调整其大小，也可以像调整普通图层一样调整文字的大小，这样操作会更加直观。

19 同样拖动其他素材图片至窗口中。

20 在图片下方分别输入文本。

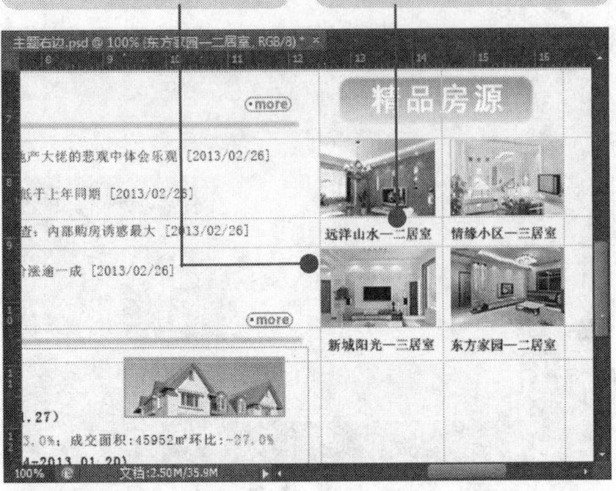

21 选择文本工具，设置属性。

22 在网页中输入文本。

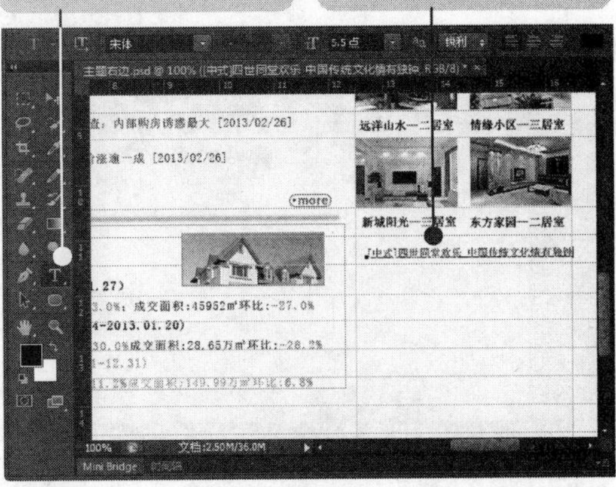

23 使用文本工具分别输入其他文本。

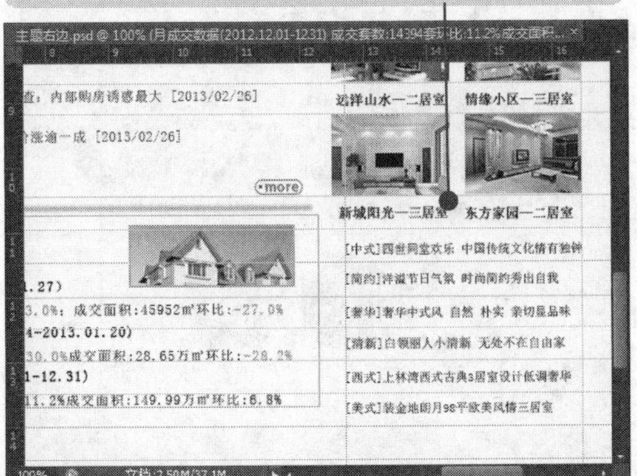

24 单击“新建图层”按钮，新建“标注”图层。

25 选择铅笔工具。

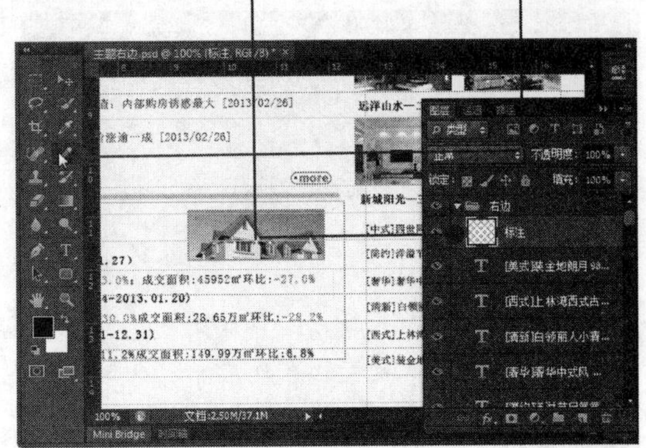

26 在上方设置铅笔工具属性。

27 在每行文字前绘制标注。

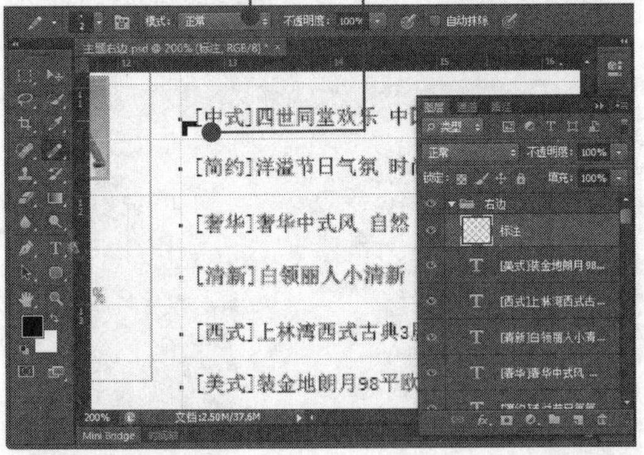

高手点拨

铅笔工具选项栏与画笔工具选项栏类似，只是其中多了一个“自动抹除”复选框。当选中该复选框时，下笔处如果是前景色，则用背景色进行绘画。

18.2.6 制作网站效果图底部

下面将介绍如何制作网站效果图底部，具体操作方法如下：

小提示：单击铅笔工具选项栏中的“切换画笔面板”按钮，可以弹出“画笔”面板；单击按钮，可以打开画笔下拉面板，不仅可以选择笔尖，调整画笔大小，还可以调整笔尖的硬度。

素材：光盘：素材\18\网站效果图底部.psd　效果：光盘：效果\18\网站效果图.psd

难度：★☆☆☆☆　视频：光盘：视频\18\制作网站效果图底部.swf

01 按【Ctrl+O】组合键，弹出对话框，选择图片。

02 单击“打开”按钮。

03 将打开的素材图片拖至窗口中。

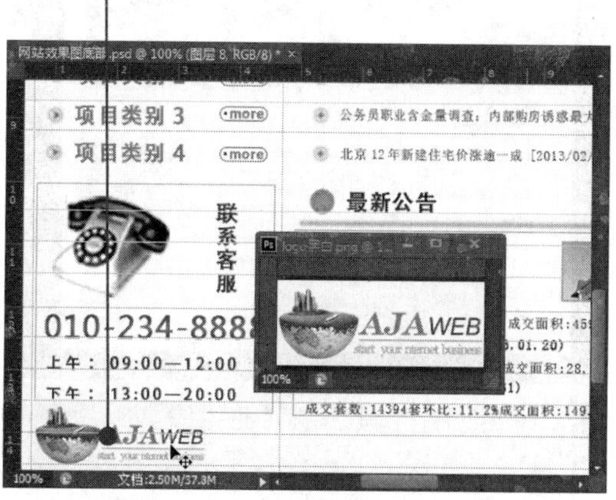

04 按【Ctrl+T】组合键，调整图片大小。

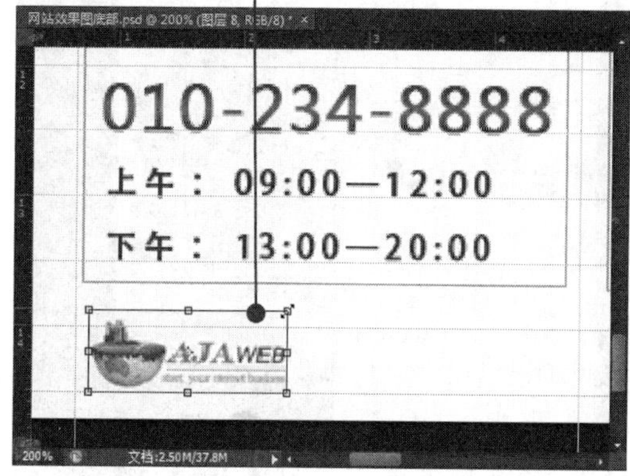

05 选择文本工具，设置属性。

06 输入版权、地址、电话等文本信息。

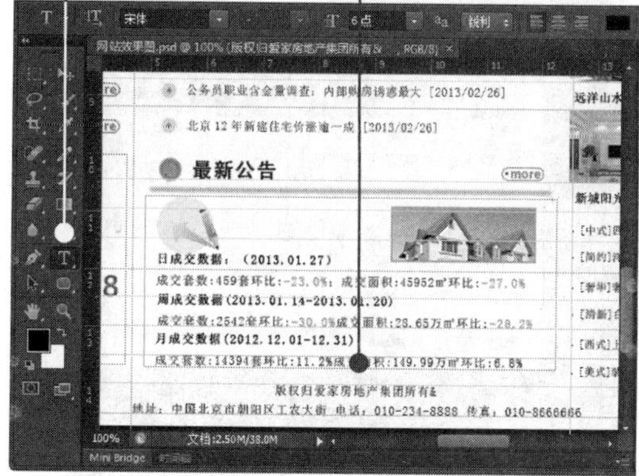

高手点拨

单击“创建变形文字”按钮，可以打开“变形文字”对话框，为文本添加变形样式，从而创建变形文字。

18.2.7 将效果图进行切片

下面将介绍如何将效果图进行切片，具体操作方法如下：

素材：光盘：素材\18\网站效果图.jpg　效果：光盘：素材\无

难度：★★☆☆☆　视频：光盘：视频\18\将效果图进行切片.swf

在单击并拖动鼠标定义文字区域时，如果同时按住【Alt】键，就会弹出“段落文字大小”对话框，输入宽度和高度值，可以精确定义文字区域的大小。

01 新建文件夹并命名为“网页”，打开网页效果图。

02 在工具箱中选择切片工具。

03 使用切片工具切割网页效果图。

04 使用切片工具切割其他图像。

05 单击“文件”|“存储为 Web 所用格式”命令。

06 在弹出的对话框中设置存储选项。

07 单击“存储”按钮。

08 将文件命名为 index。

09 单击“保存”按钮。

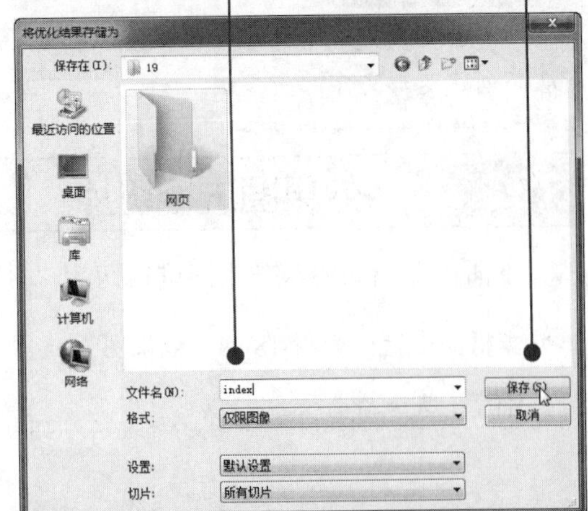

小提示

如果是色彩比较单一的图片，可以在“存储为 Web 所用格式”对话框中输出 GIF 图形格式，因为这样会大大减小文件的大小，同时又能比较好地保持图片的色彩。

18.2.8 制作页面顶部 TOP 部分

下面将介绍如何制作页面顶部 TOP 部分，具体操作方法如下：

素材：光盘：素材\18\网页\images　效果：光盘：无

难度：★★★★☆　视频：光盘：视频\18\制作页面顶部 TOP 部分.swf

01 单击“文件”|“新建”命令。

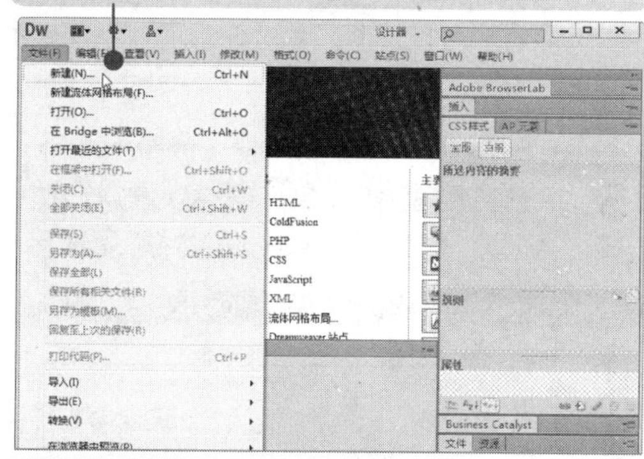

02 设置新建文档选项。

03 单击“创建”按钮。

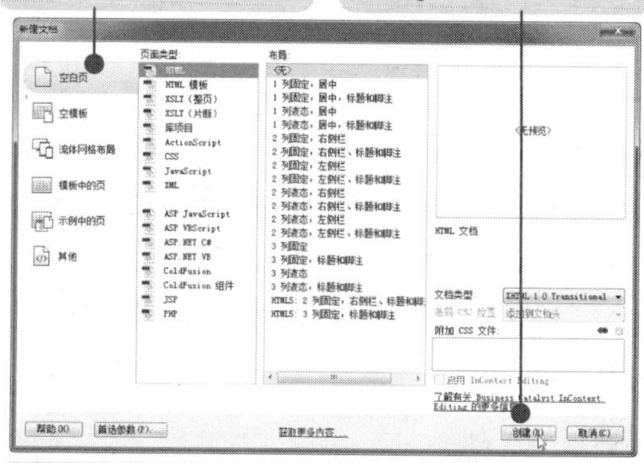

04 单击“文件”|“保存”命令。

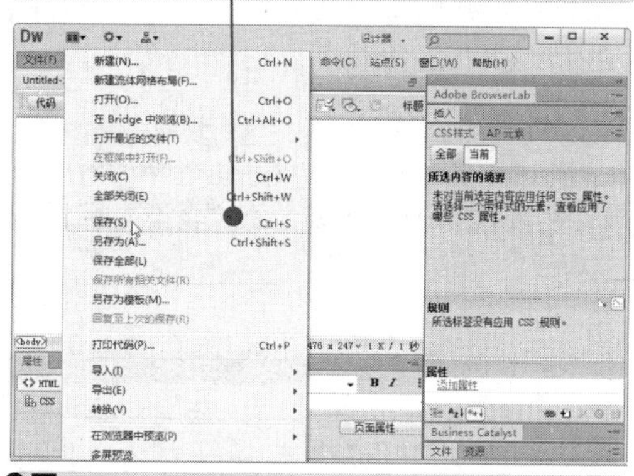

05 选择“网页”文件夹，设置文件名为 index.htm。

06 单击“保存”按钮。

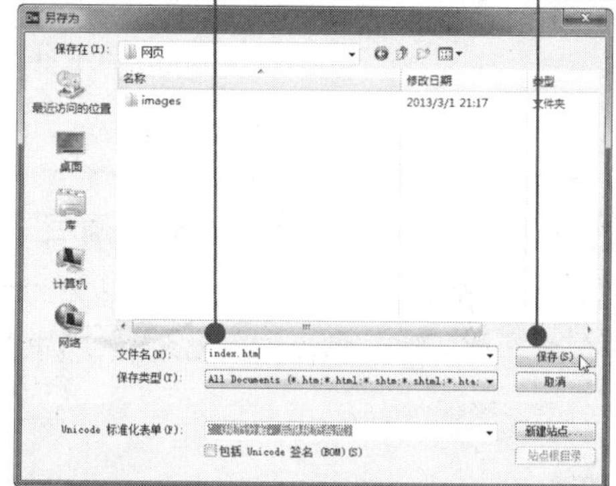

07 打开“网页”文件夹，新建文件夹并命名为 CSS。

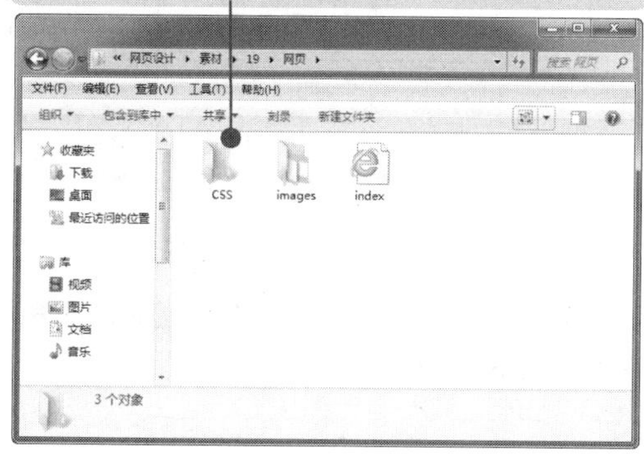

08 将 index.htm 切换为当前窗口。

09 打开“CSS 样式”面板，单击“新建 CSS 规则”按钮。

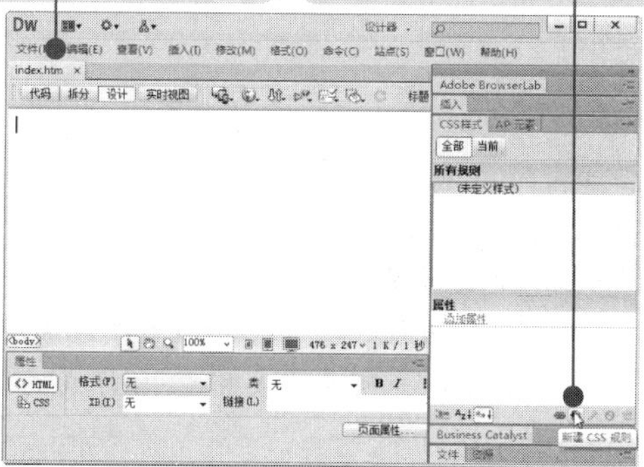

使用“CSS 样式”面板可以跟踪影响当前所选页面元素的 CSS 规则和属性（“当前”模式），也可以跟踪文档可用的所有规则和属性（“全部”模式）。

10 设置新建 CSS 规则属性，样式名为 body。

11 单击“确定”按钮。

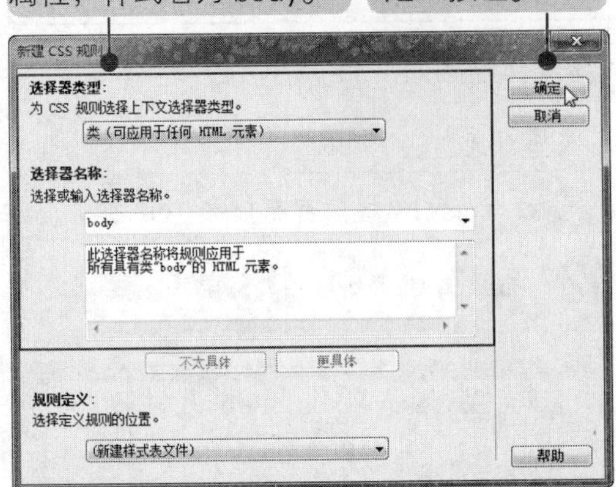

12 保存在“网页/CSS”文件夹下，命名为 style.css。

13 单击“保存”按钮。

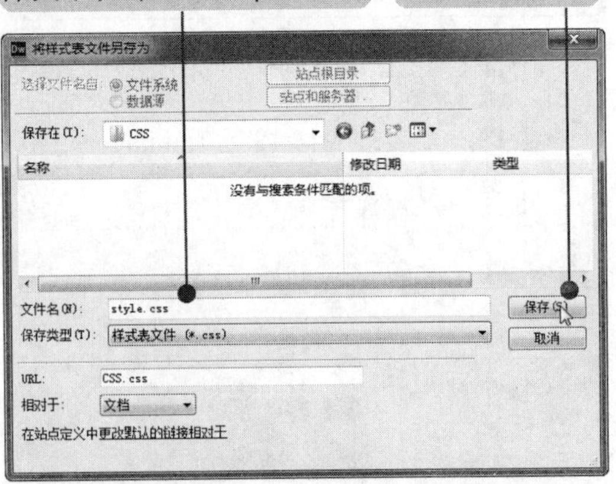

14 在弹出的对话框中选择“背景”类别。

15 设置“背景”属性。

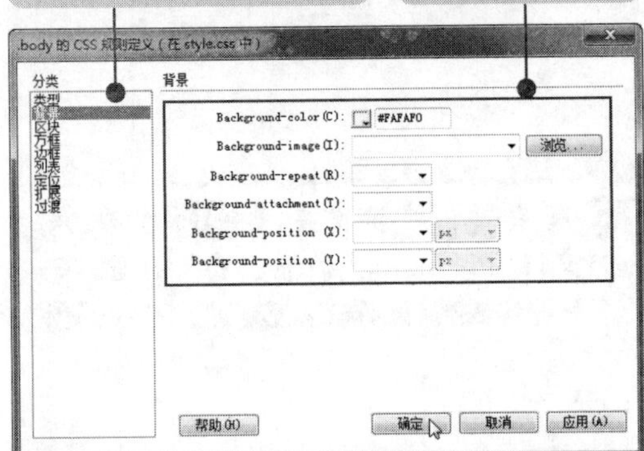

16 在分类列表中选择“方框”类别。

17 设置 CSS 样式 body 的“方框”属性。

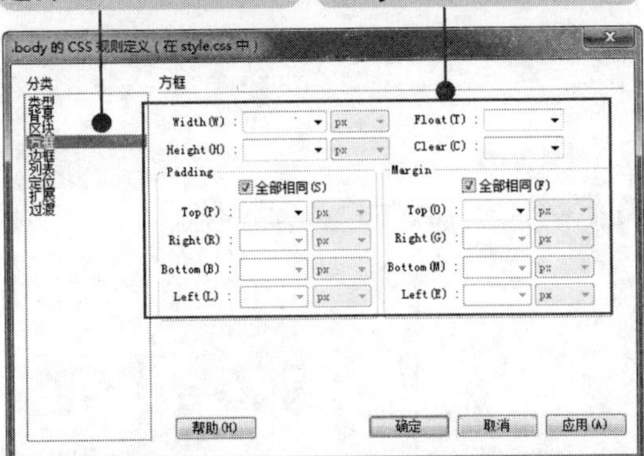

18 新建 CSS 样式，命名为 table。

19 单击“确定”按钮。

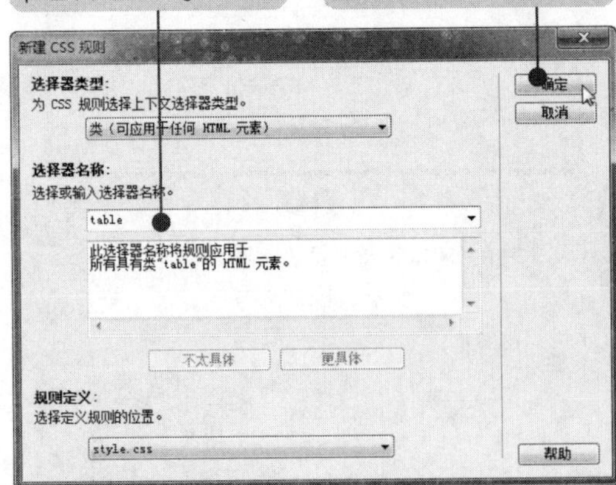

20 设置 CSS 样式 table 的“类型”属性。

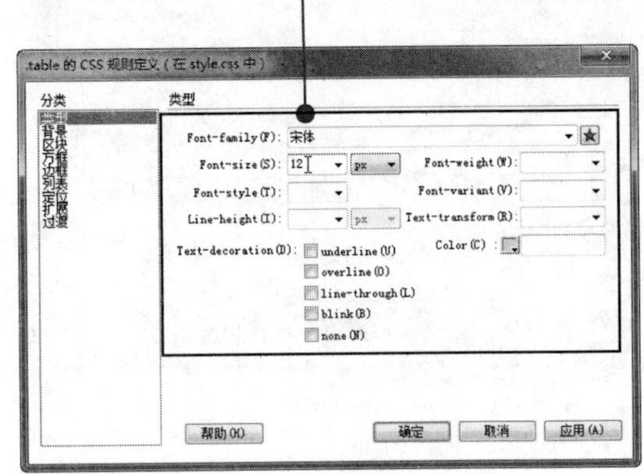

高手点拨

在浏览网页时，可能会因为浏览器默认字体大小不同，在不同的浏览器中浏览时造成版式混乱的情况，因此需要用 CSS 样式的类型属性来固定文本的大小。

小提示

在设置 CSS 样式的名称时，不能包含汉字；在 CSS 样式中设置的字号，浏览器也无法更改文字的显示大小。

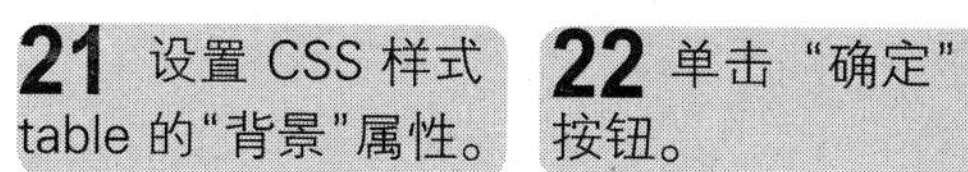

21 设置 CSS 样式 table 的“背景”属性。

22 单击“确定”按钮。

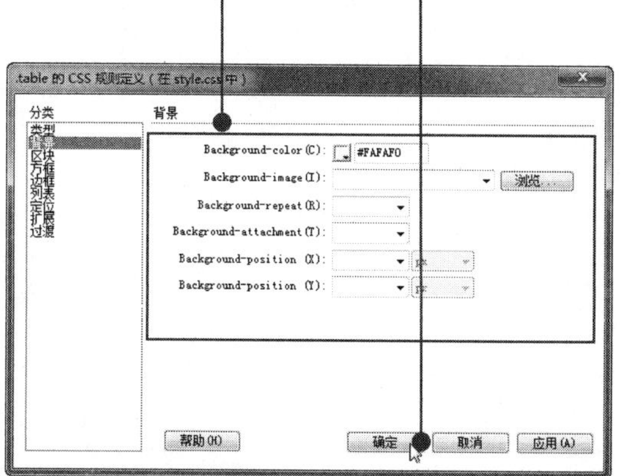

23 新建默认 CSS 链接样式，命名为 a。

24 单击“确定”按钮。

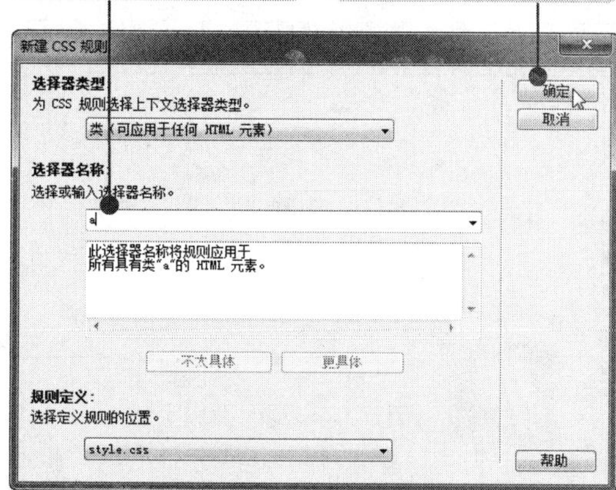

25 设置链接样式 a 的“类型”属性。

26 单击“确定”按钮。

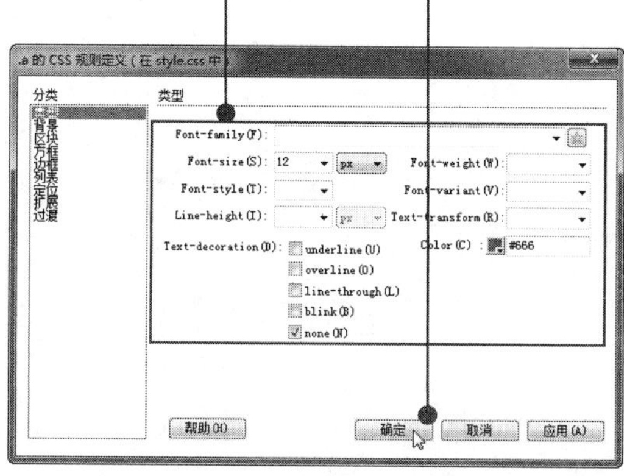

27 新建默认鼠标移上链接的 CSS 样式，命名为 a _ hover。

28 单击“确定”按钮。

29 设置鼠标移上链接样式 a _ hover 的“类型”属性。

30 单击“确定”按钮。

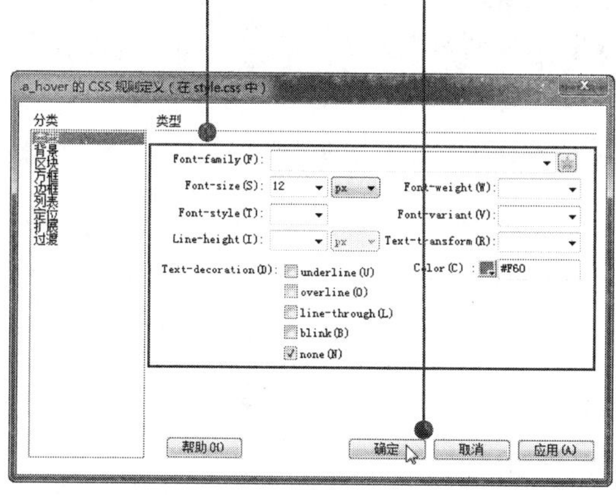

31 单击“插入”面板中的“表格”按钮。

使用 CSS 样式设置网页背景时，需要把图片和网页文档存放在同一个文件夹中，否则背景图片无法显示。

多学点

32 设置表格各项参数。

33 单击“确定”按钮。

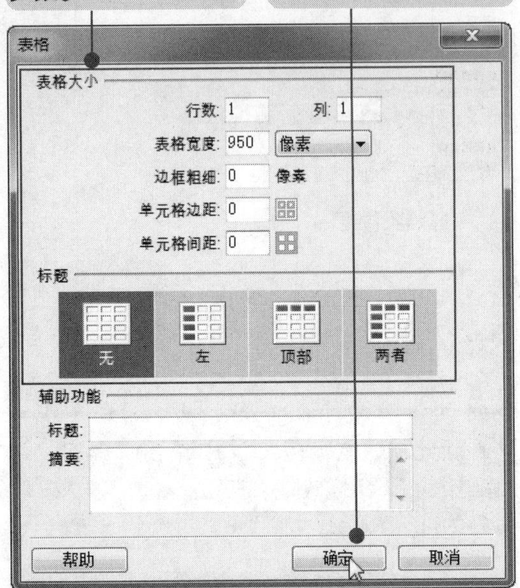

34 选中插入的表格。

35 设置对齐方式为“居中对齐”。

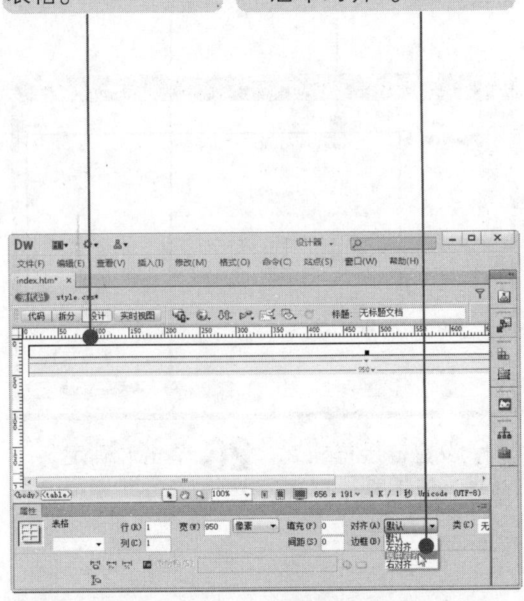

36 将鼠标指针定位在表格的单元格中。

37 单击“拆分单元格为行或列”按钮。

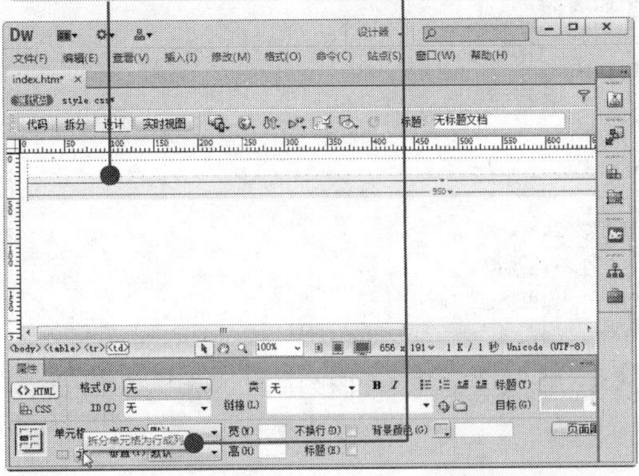

38 设置拆分单元格选项。

39 单击“确定”按钮。

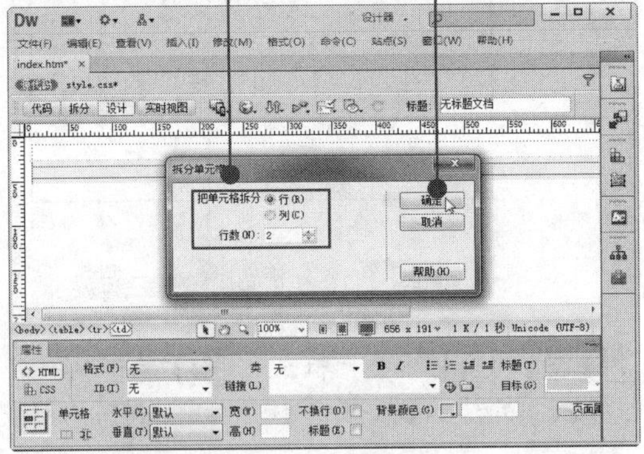

40 单击“插入”面板中的“图像”按钮。

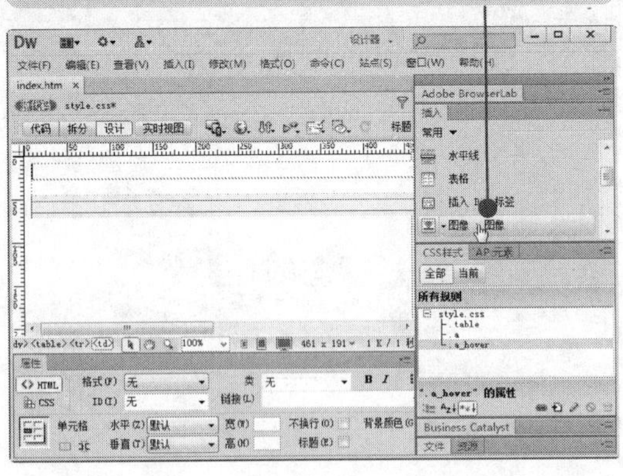

41 选择需要插入的图片。

42 单击“确定”按钮。

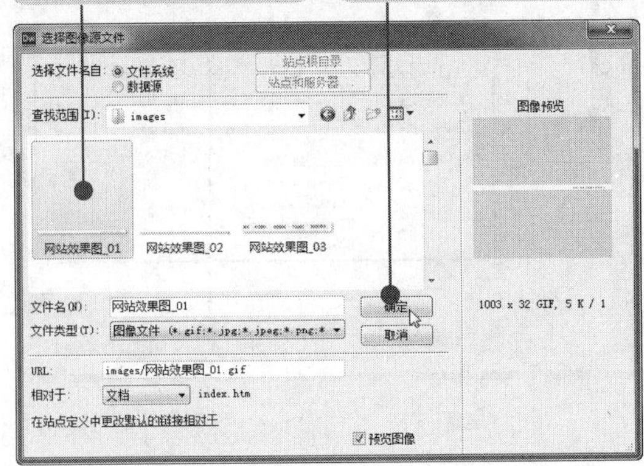

小提示

 单元格的对齐方式有 4 种：默认、左对齐、居中对齐、右对齐。默认情况下，单元格的对齐方式为左对齐。

43 选择插入的图片，设置其属性。

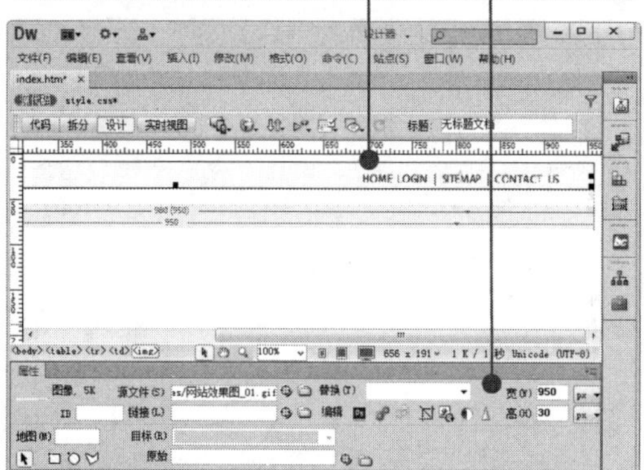

44 将鼠标指针定位在单元格中。

45 单击“拆分单元格为行或列”按钮。

46 设置所需的拆分选项。

47 单击“确定”按钮。

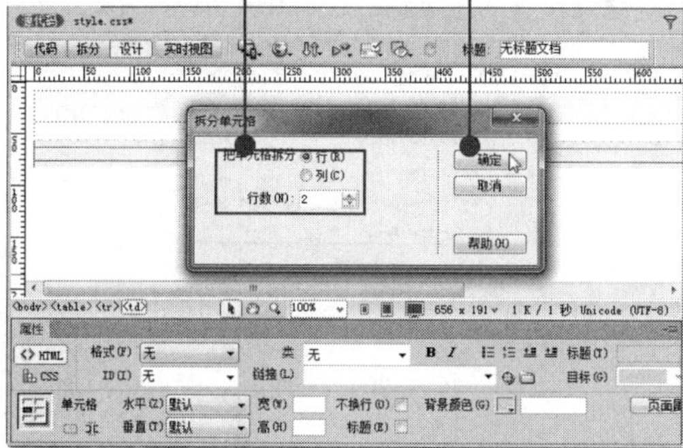

48 将鼠标指针定位在单元格中。

49 单击“插入”面板中的“图像”按钮。

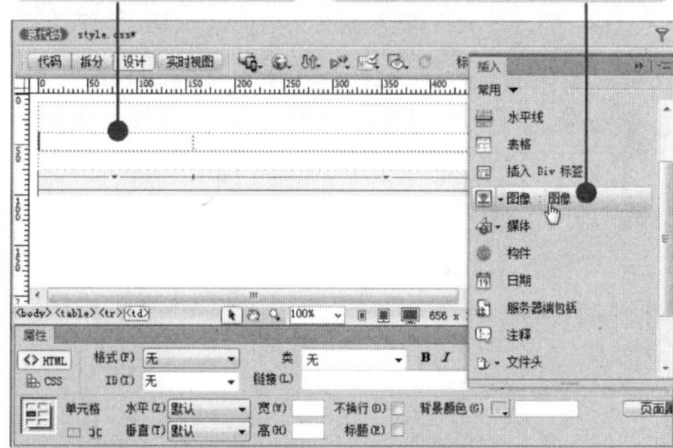

50 选择需要插入的图片。

51 单击“确定”按钮。

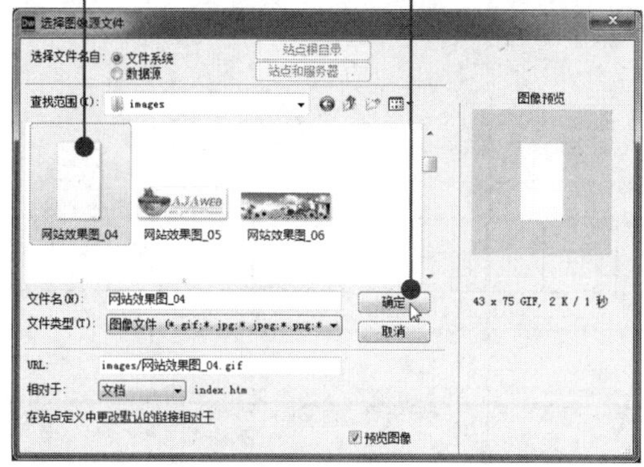

52 拖动单元格边框，调整单元格大小。

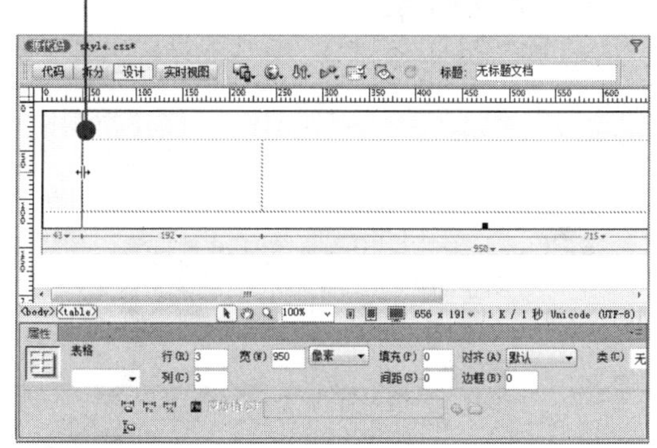

高手点拨

按【Ctrl+Alt+I】组合键,可以快速打开“选择图像源文件”对话框，选择要插入的图像，单击“确定”按钮,即可插入图像。

表格宽度可以在插入表格时设置，也可以在插入表格后在“属性”面板中设置。

53 同样在下一个单元格中选择插入图片。

54 单击“确定”按钮。

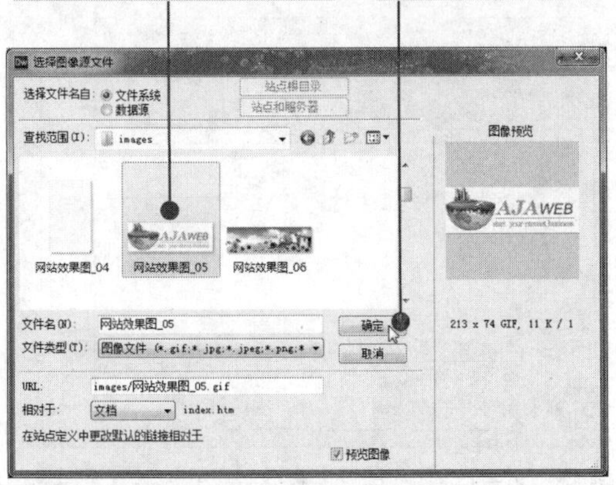

55 新建 CSS 样式，命名为 broder_bottom。

56 单击“确定”按钮。

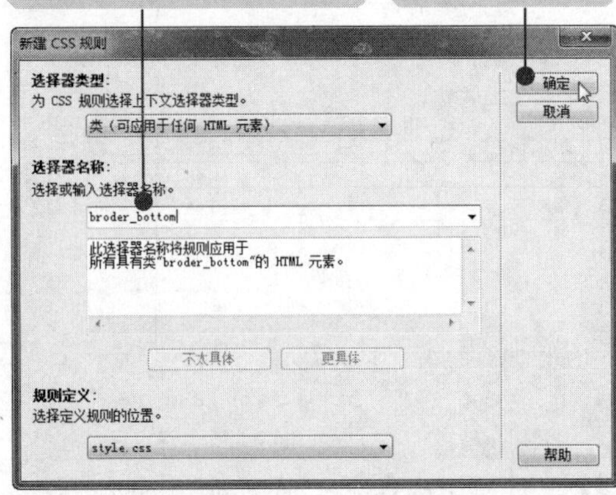

57 设置“类型”属性选项。

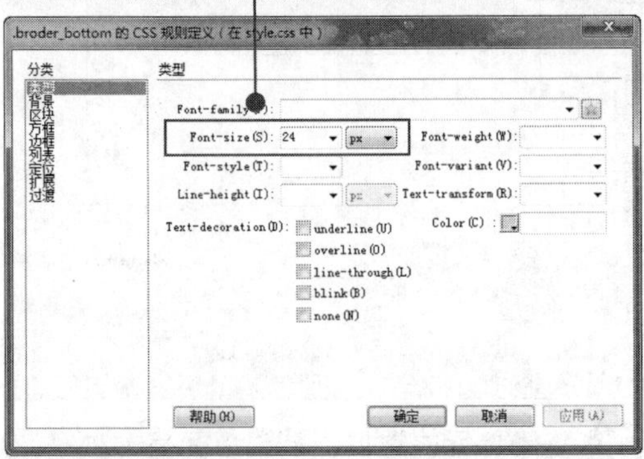

58 设置“区块”属性参数。

59 单击“确定”按钮。

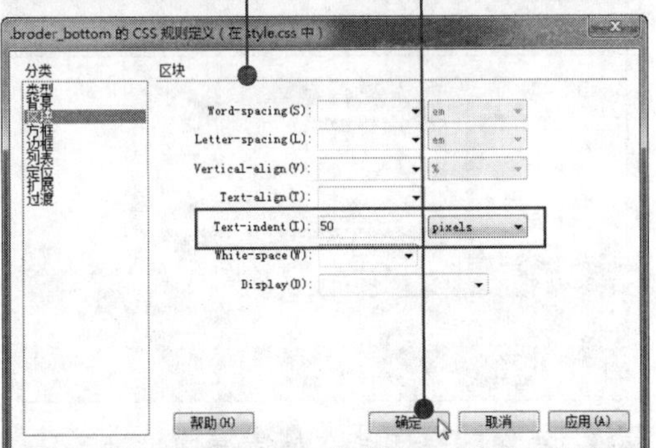

60 单击“拆分单元格为行或列”按钮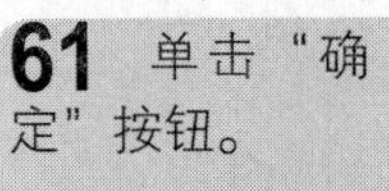。将单元格拆分为 9 列。

61 单击“确定”按钮。

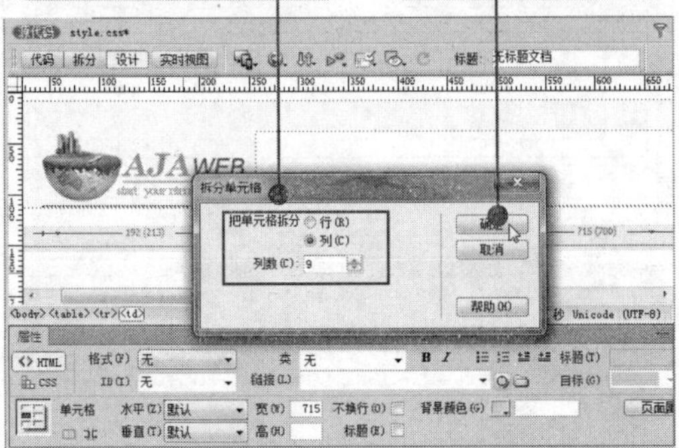

62 设置单元格水平居中对齐和垂直居中。

63 设置背景颜色。

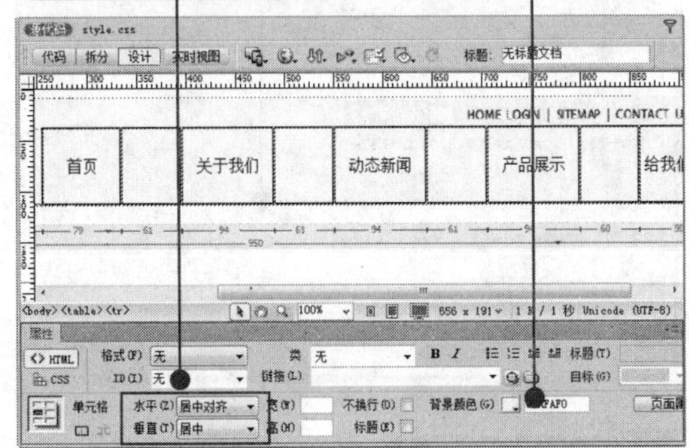

高手点拨

对于定制好的 CSS 样式，如果不满意其效果，可对其进行编辑修改或删除后重新创建等操作。

小提示

一个页面中可以创建多个所需的 CSS 样式，同一个 CSS 样式可以反复使用。

64 将鼠标指针定位在单元格中。

65 单击“插入”面板中的“图像”按钮。

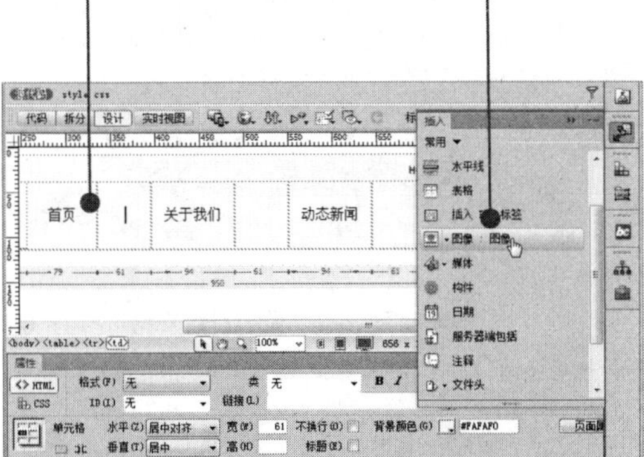

66 选择需要插入的图像。

67 单击“确定”按钮。

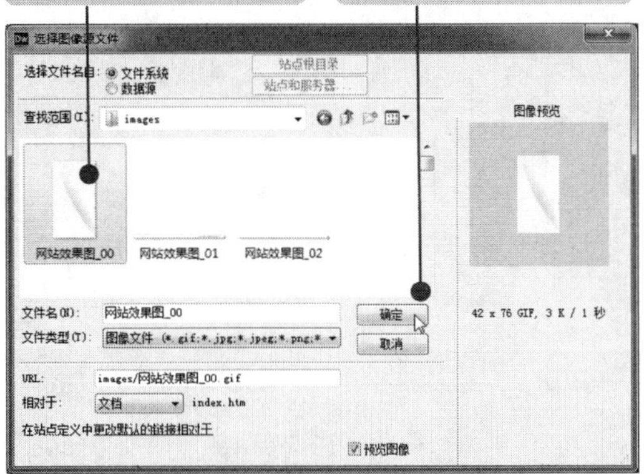

68 同样，在其他单元格中插入图像。

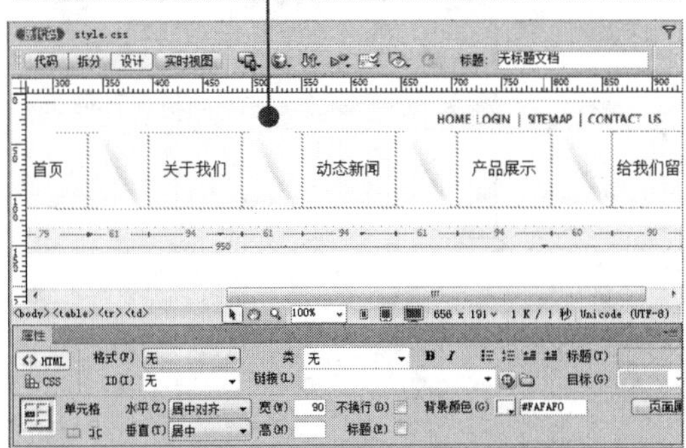

69 选中单元格文字。

70 应用 broder_bottom CSS 样式。

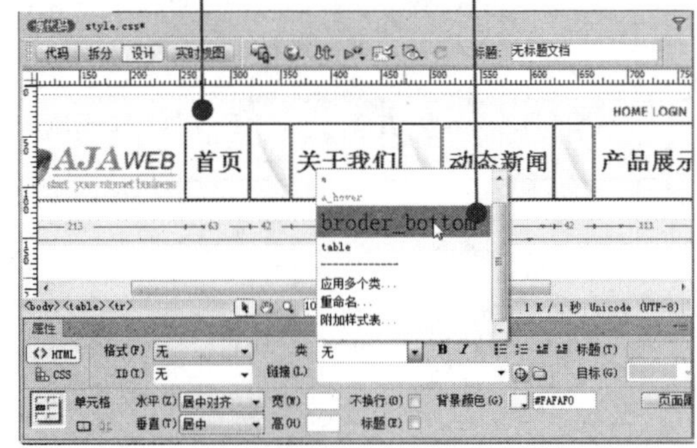

71 按【Ctrl+S】组合键保存网页，查看效果。

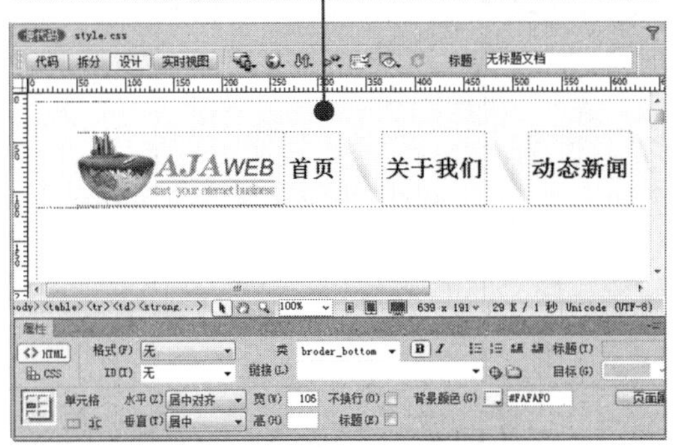

应用 CSS 样式有多种方法，前面已经详细介绍，这里就不再赘述，可以根据个人使用情况进行选择。

18.2.9 制作页面主体部分

下面将介绍如何制作页面主体部分，具体操作方法如下：

素材：光盘：素材\18\网页\images　　效果：光盘：无

难度：★☆☆☆☆　　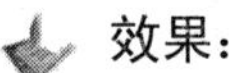视频：光盘：视频\18\制作页面主体部分.swf

表格中的图片可以从一个单元格中复制到另一个单元格中。所以在表格中插入多个相同的图片时，直接复制、粘贴即可。

多学点

01 选中单元格并右击。

02 选择“表格”|“插入行或列”选项。

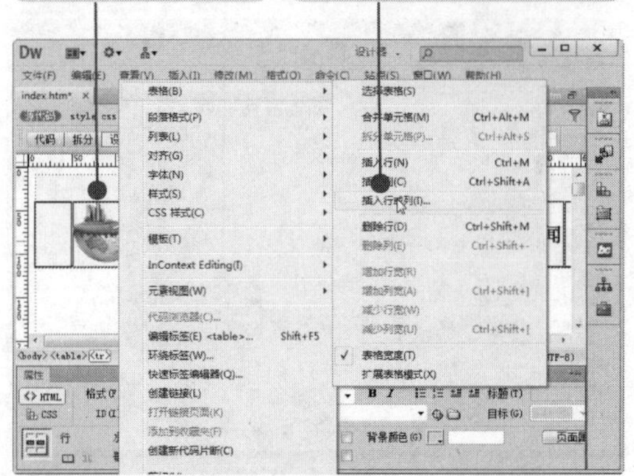

03 设置在所选位置之下插入 1 行。

04 单击“确定”按钮。

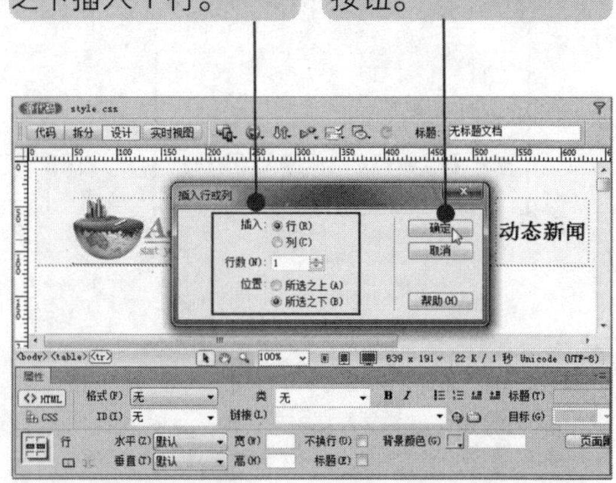

05 选择一行单元格。

06 单击“合并所选单元格”按钮□。

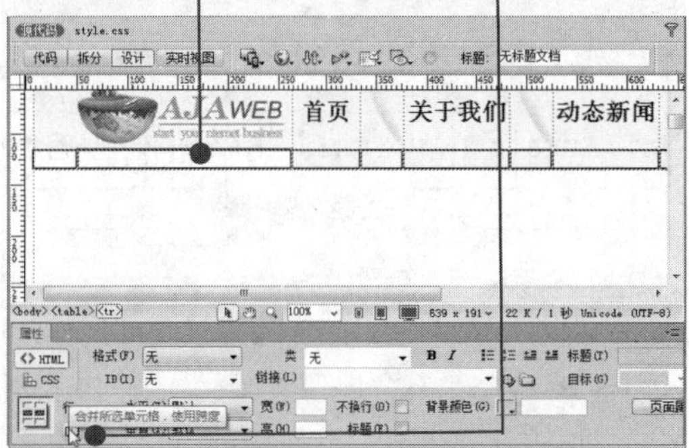

07 将鼠标指针定位在单元格中。

08 单击“插入”面板中的“表格”按钮。

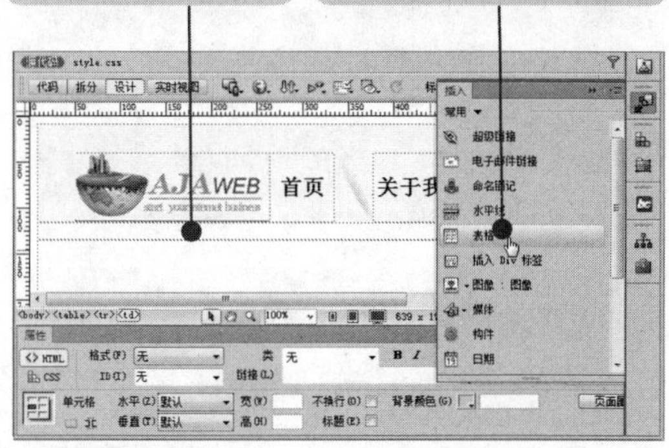

09 在弹出的对话框中设置表格各项参数。

10 单击“确定”按钮。

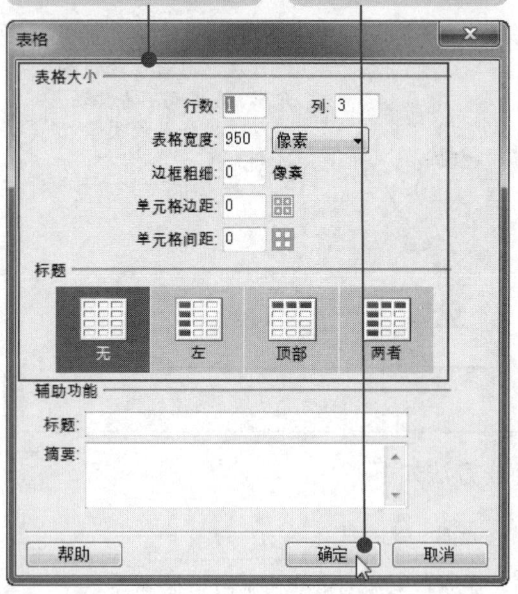

11 将鼠标指针定位在单元格中。

12 单击“插入”面板中的“图像”按钮。

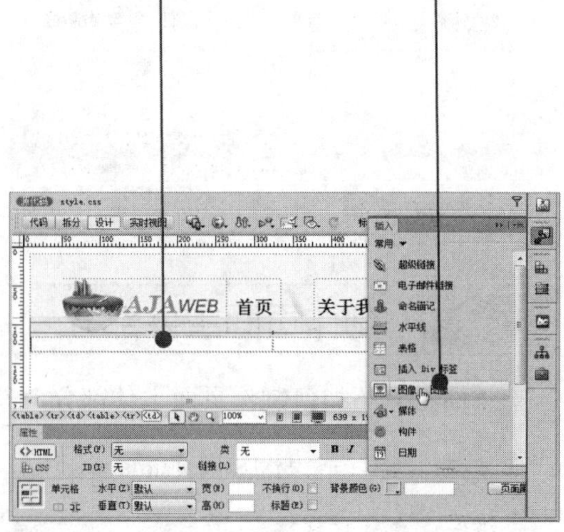

小提示

类似的表格可以通过复制、粘贴后再修改表格内容得到，这样可以减少重复操作。

13 选择要插入的图像文件。

14 单击"确定"按钮。

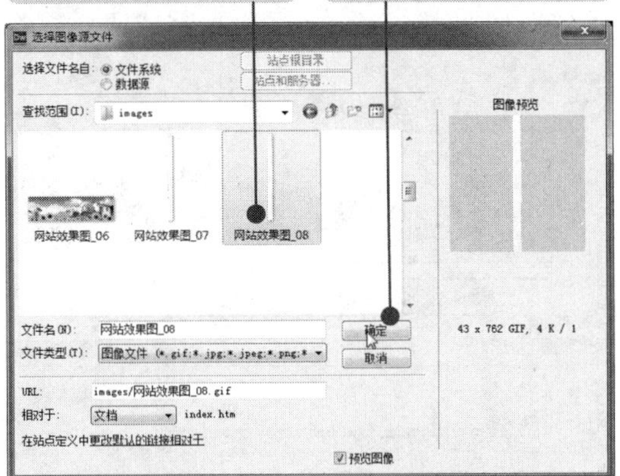

15 拖动鼠标调整单元格宽度。

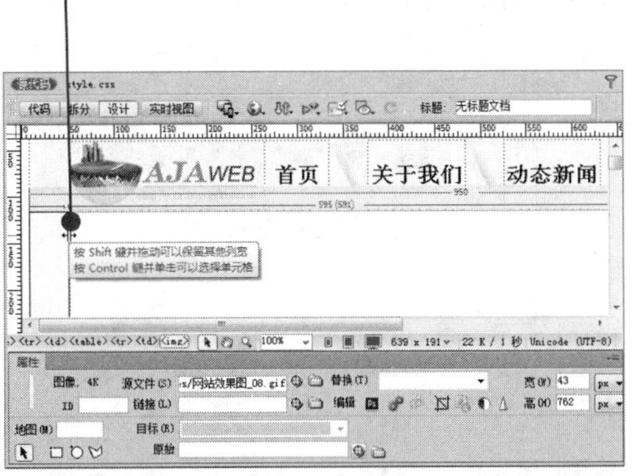

16 采用同样的方法插入其他图像。

17 拖动鼠标调整单元格宽度。

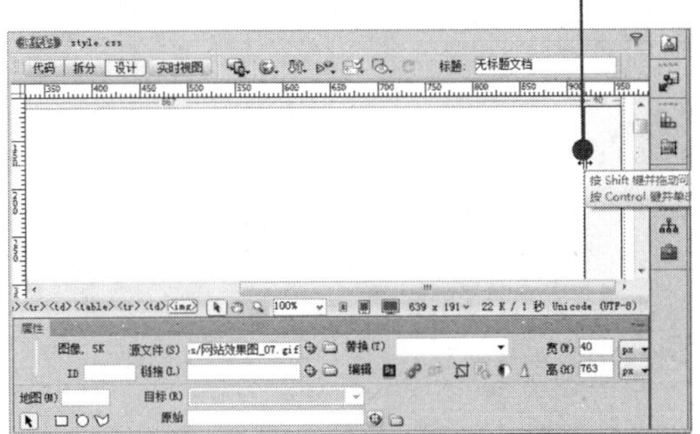

18 选中单元格，单击"拆分单元格为行或列"按钮。

19 设置拆分单元格选项，单击"确定"按钮。

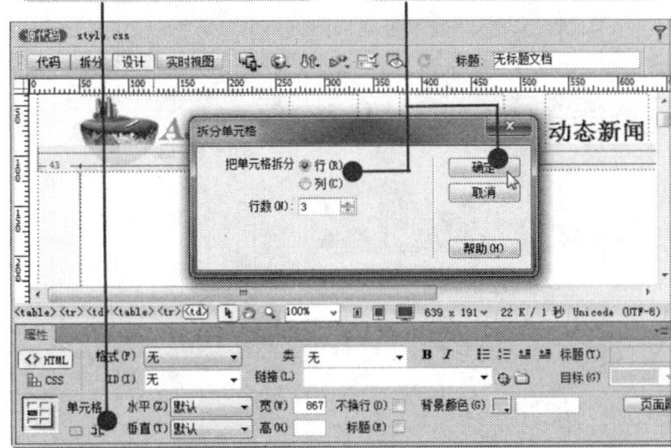

20 将鼠标指针定位在单元格中。

21 单击"插入"面板中的"图像"选项。

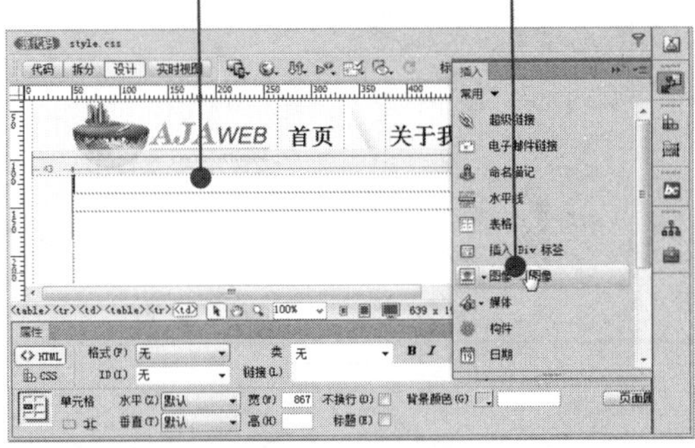

22 在"属性"面板中设置插入图像的宽度。

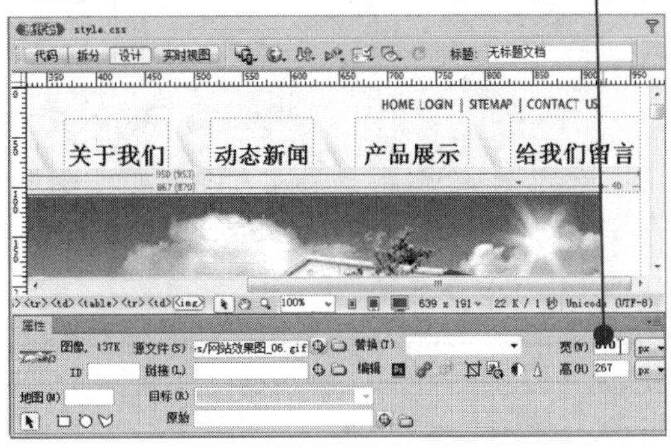

高手点拨

在主体部分中，可以按内容的类型将其分类放置，其各部分可以采用不同的排版方式。

在网页制作中，经常会用到一些特殊结构的表格，此时就需要拆分或合并单元格，再根据需要在属性检查器中设置单元格的属性。

23 选中单元格，单击“拆分单元格为行或列”按钮 ⌗。

24 设置拆分单元格选项，单击“确定”按钮。

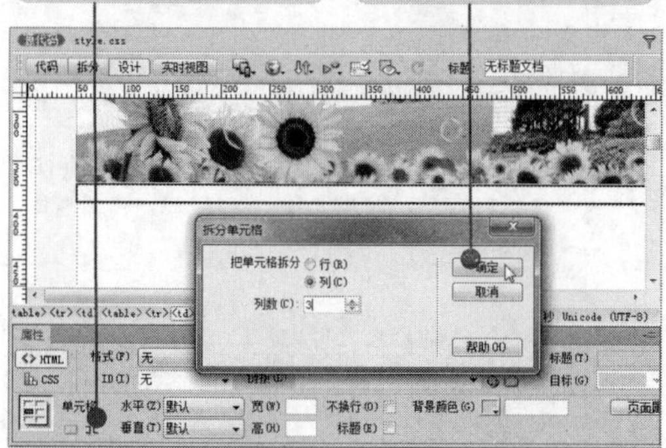

25 选中单元格，单击“拆分单元格为行或列”按钮 ⌗。

26 设置拆分单元格选项，单击“确定”按钮。

27 选中单元格。

28 单击“插入”面板中的“图像”按钮。

29 选择要插入的图像文件。

30 单击“确定”按钮。

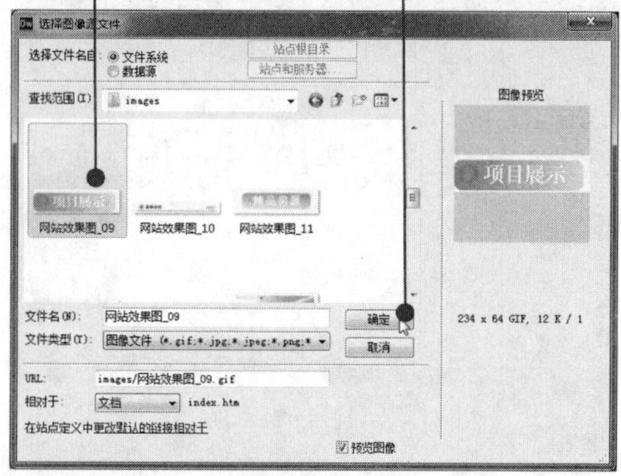

31 在“属性”面板中修改插入图像的宽度。

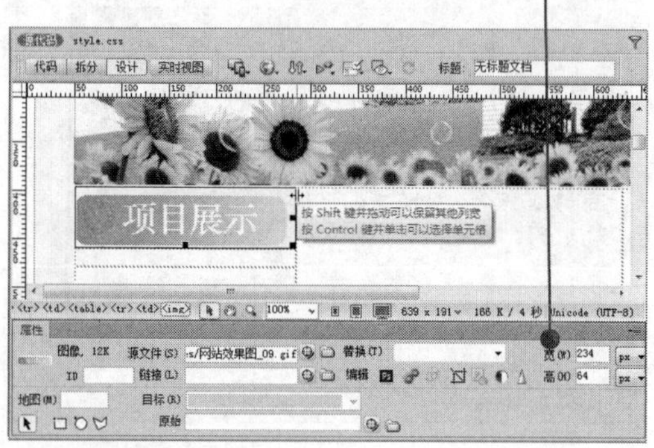

32 采用同样的方法在其他单元格中插入图像。

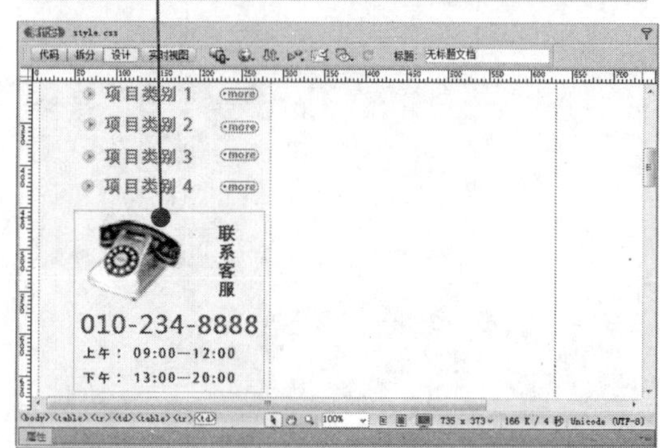

高手点拨

插入图像有两种方法：直接插入图像和用占位符插入图像。如果暂时还不确定要插入哪幅图像，但可以确定图像的大小，则可以使用占位符的方式插入图像，当确定好要插入的图片后再进行插入即可。

小提示

图像的来源有很多，可以自己利用图像处理软件进行制作，也可以从网上下载或购买一些网页素材，进行加工后用到自己的网页中。

33 选中单元格，单击“拆分单元格为行或列”按钮。

34 设置拆分单元格选项，单击“确定”按钮。

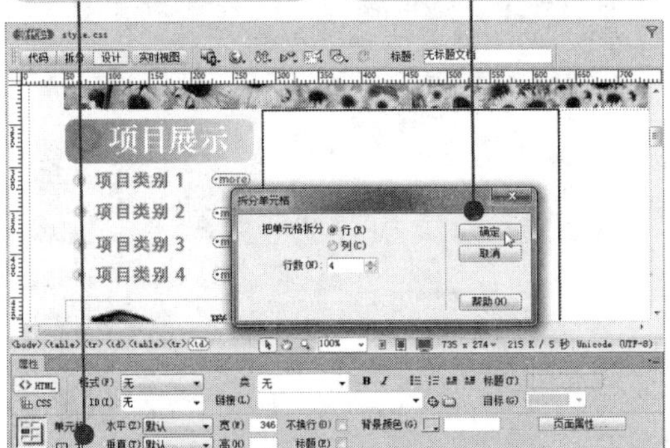

35 在单元格内分别插入图片并输入文字。

36 选中单元格，单击“拆分单元格为行或列”按钮。

37 设置拆分单元格选项参数，单击“确定”按钮。

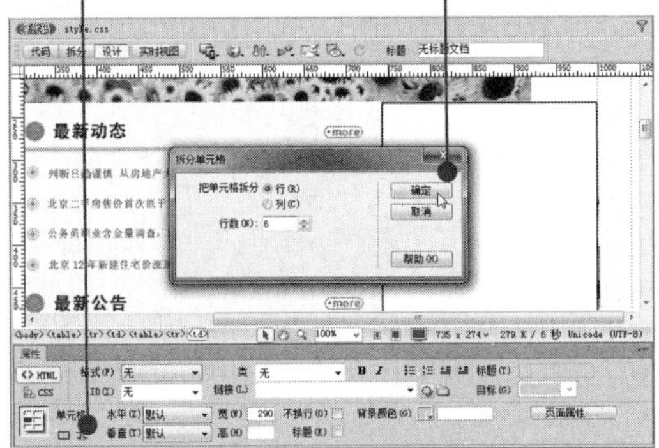

38 选中单元格。

39 单击“插入”面板中的“图像”按钮。

40 选择要打开的图像文件。

41 单击“确定”按钮。

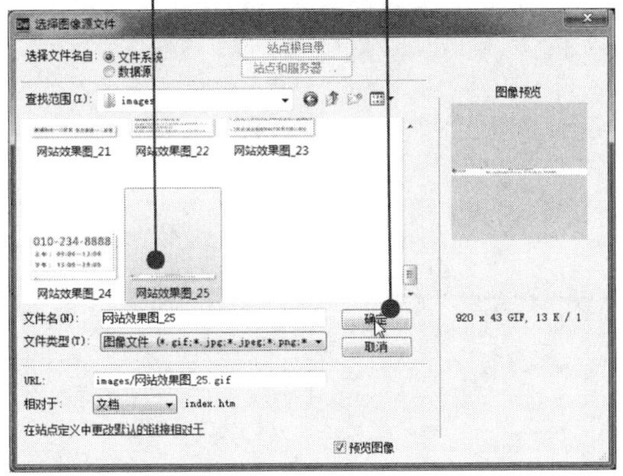

42 在“属性”面板中设置图片宽度。

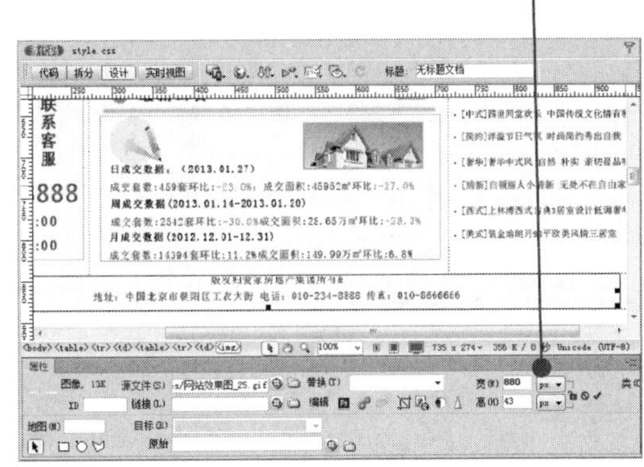

在表格中输入文字后，在 IE 中打开网页有时会发现各个网页的文字的位置不一样。这时可以一边编辑，一边测试，在浏览器中刷新查看结果，然后在 Dreamweaver 中做相应的调整。

多学点

43 保存网页，单击按钮。

44 选择“预览在IExplore”选项。

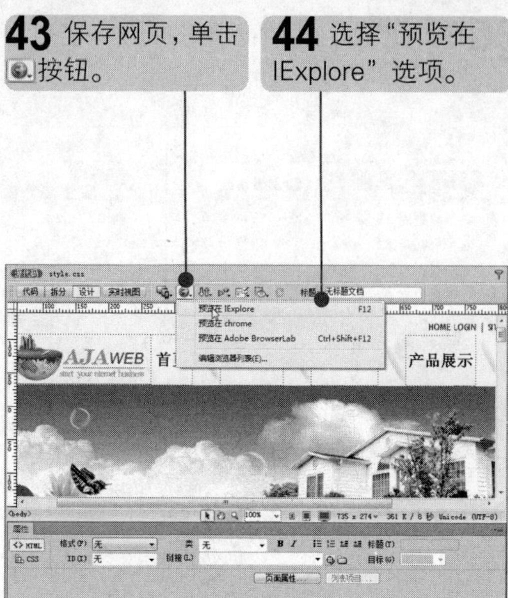

45 在浏览器中预览网页效果。

小提示

 页面的最终效果还要以浏览器中显示的效果为准，所以设计完成后需按【F12】键保存并进行预览。

读者意见反馈表

亲爱的读者：

感谢您对中国铁道出版社的支持，您的建议是我们不断改进工作的信息来源，您的需求是我们不断开拓创新的基础。为了更好地服务读者，出版更多的精品图书，希望您能在百忙之中抽出时间填写这份意见反馈表发给我们。随书纸制表格请在填好后剪下寄到：北京市西城区右安门西街8号中国铁道出版社综合编辑部 苏茜 收（邮编：100054）。或者采用传真（010-63549458）方式发送。此外，读者也可以直接通过电子邮件把意见反馈给我们，E-mail地址是：suqian@tqbooks.net。我们将选出意见中肯的热心读者，赠送本社的其他图书作为奖励。同时，我们将充分考虑您的意见和建议，并尽可能地给您满意的答复。谢谢！

所购书名：________________

个人资料：

姓名：________性别：________年龄：________文化程度：________

职业：________电话：________E-mail：________

通信地址：________________邮编：________

您是如何得知本书的：

□书店宣传 □网络宣传 □展会促销 □出版社图书目录 □老师指定 □杂志、报纸等的介绍 □别人推荐

□其他（请指明）________________

您从何处得到本书的：

□书店 □邮购 □商场、超市等卖场 □图书销售的网站 □培训学校 □其他

影响您购买本书的因素（可多选）：

□内容实用 □价格合理 □装帧设计精美 □带多媒体教学光盘 □优惠促销 □书评广告 □出版社知名度

□作者名气 □工作、生活和学习的需要 □其他

您对本书封面设计的满意程度：

□很满意 □比较满意 □一般 □不满意 □改进建议

您对本书的总体满意程度：

从文字的角度 □很满意 □比较满意 □一般 □不满意

从技术的角度 □很满意 □比较满意 □一般 □不满意

您希望书中图的比例是多少：

□少量的图片辅以大量的文字 □图文比例相当 □大量的图片辅以少量的文字

您希望本书的定价是多少：

本书最令您满意的是：

1.

2.

您在使用本书时遇到哪些困难：

1.

2.

您希望本书在哪些方面进行改进：

1.

2.

您需要购买哪些方面的图书？对我社现有图书有什么好的建议？

您更喜欢阅读哪些类型和层次的计算机书籍（可多选）？

□入门类 □精通类 □综合类 □问答类 □图解类 □查询手册类 □实例教程类

您在学习计算机的过程中有什么困难？

您的其他要求：